- 大类培养　交叉融合
- 逐步构建完整的专业知识体系
- 解决地理空间工程的能力

李华蓉　蔡晓禹　主　编
潘建平　副主编

基于ArcGIS Pro的地图学与地理信息系统实验教程

遵循循序渐进、逐步提升的原则

整合视频和实验数据资源

一本教程支撑多门课程的目标

人民交通出版社
北　京

内 容 提 要

本书充分考虑“地图学”和“地理信息系统原理”两门课程的内在联系，凝练共性教学目标，教材内容契合空间数据处理的流程及以上专业教学要求，采用项目驱动，兼顾趣味性与专业性，编排上遵循循序渐进、逐步提升的原则；在实验方法上，尽可能地介绍多种不同的方法，鼓励学生采用不同的方法进行探索并完成实验。

本书共 14 章，由两部分组成：第一部分为“地图学系列实验”，侧重于地理空间数据采集、地理数据的入库操作和可视表达；第二部分为“地理信息系统原理系列实验”，侧重于地理空间数据的处理和空间分析。每章围绕一个实验任务展开，目标明确，指导性强，以强化专业领域多课程知识点的综合应用能力。章节之间前后关联，共同构成完整的空间地理数据采集、编辑、处理和空间分析的流程，旨在培养学生利用时空数据解决空间问题的 STEM 能力和创新思维。

本教材适合作为交通土建、测绘工程、资源环境等专业本科生和研究生“地图学”和“地理信息信息系统原理”等相关课程的实验教材。

图书在版编目(CIP)数据

基于 ArcGIS Pro 的地图学与地理信息系统实验教程 / 李华蓉，蔡晓禹主编. —北京：人民交通出版社股份有限公司，2024. 8. — ISBN 978-7-114-19582-2

Ⅰ. P208

中国国家版本馆 CIP 数据核字第 2024KR9752 号

Jiyu ArcGIS Pro de Dituxue yu Dili Xinxi Xitong Shiyan Jiaocheng

书　　名：**基于 ArcGIS Pro 的地图学与地理信息系统实验教程**
著 作 者：李华蓉　蔡晓禹
责任编辑：戴慧莉
责任校对：赵媛媛　宋佳时
责任印制：刘高彤
出版发行：人民交通出版社
地　　址：(100011)北京市朝阳区安定门外外馆斜街 3 号
网　　址：http://www.ccpcl.com.cn
销售电话：(010)59757973
总 经 销：人民交通出版社发行部
经　　销：各地新华书店
印　　刷：北京建宏印刷有限公司
开　　本：787×1092　1/16
印　　张：22.75
字　　数：538 千
版　　次：2024 年 8 月　第 1 版
印　　次：2024 年 8 月　第 1 次印刷
书　　号：ISBN 978-7-114-19582-2
定　　价：68.00 元
审 图 号：GS 京(2023)2023 号

前　言

随着信息化建设的高速发展,地理空间信息成为国家战略信息资源,对地理空间数据的获取、处理、管理和应用理论与技术提出了更高的要求。作为观测学科和数据学科的测绘类和地理类专业,培养智能时代下具有时空大数据思维的“新工科”人才是当前高等教育的改革方向。面对工程创新能力和适应变化能力不足、学科知识体系不完善的现状,大类培养、交叉融合和强化实践是帮助学生构建学科知识体系、培养 STEM[1] 能力和创新思维的必经之道。

“大类培养、交叉融合”强调每门课程的教学都应着眼于专业课程体系,紧密围绕专业人才培养目标和就业岗位要求展开。必须厘清课程之间的关系,打破关联课程之间的壁垒,实现贯通教学,从而帮助学生逐步构建完整的专业知识体系,使其具备运用多门课程的知识和方法解决地理空间工程问题的能力。课程实验是从理论到实践的教学过程,为学生提供应用理论方法解决学科问题的训练途径,并培养学生发现问题、自主解决问题的能力。将多门课程的实验教学融合,能够显式地表达课程关系,帮助学生将零散的知识点建立内在联系,构建整体知识体系。以“地图学”和“地理信息系统原理”课程为例,利用地理信息系统(GIS)进行数据处理时需要首先确定数据的坐标系,而这是地图学中常用的地图数学基础内容。地理信息系统为地图的快速绘制提供了强有力的工具,也是地图数据管理和分析的重要手段;地图学为地理信息系统的空间数据组织提供数学基础,包括坐标系、地图投影和地图比例尺等内容,为空间信息的可视化提供地图符号基础,为空间信息的无级缩放提供制图综合理论支撑。由此可见,在信息化时代,地图学与地理信息系统的内容相互渗透融合,重点正逐步由信息的获取端向信息的深加工端转移,以地理空间信息获取、处理、服务的一体化为宗旨,建立一个开放的地理空间信息综合服务体系是地图学与地理信息系统共同的目标。

本书基于上述思考,对“地图学”与“地理信息系统原理”两门课程的实验目的、实验任务、实验内容和实验平台进行了系统的调查分析和研究,内容编排上契合空间数据处理的流程,从简单数据处理项目入手,遵循循序渐进、逐步提升的原则,整合视频和实验数据资源,

---

[1] STEM:科学(Science)、技术(Technology)、工程(Engineering)和数学(Mathematics)。

以实现一本教程适用于多门课程的目标：不仅注重“地图学”与“地理信息系统原理”课程知识的学习，而且要帮助学生构建面向地理空间数据处理的知识体系；不仅使学生掌握 ArcGIS 软件的操作，而且要帮助学生掌握实验方法、理解实验原理，能够由一个软件拓展至其他 GIS 软件；不仅培养学生利用空间大数据进行空间分析、解决问题的工程能力，还要培养学生综合运用多课程知识和技能解决复杂现实问题的创新思维。因此，本书的宗旨在于训练学生快速适应专业新动向、新软件、新技术和新方法的能力，培养学生利用时空数据解决空间问题的 STEM 能力和创新思维。

本书主要由两部分组成，共 14 章：第一部分为“地图学系列实验”，包括地图的分幅编号、地图矢量化、地图投影变换、地图符号设计与制作、专题地图设计与制作、基于基础地理数据的地图可视化；第二部分为“地理信息系统原理系列实验”，包括数据格式转换、拓扑分析、数据变换、地理配准、矢量数据空间分析、栅格数据空间分析、地形分析和网络分析。

本教材由重庆交通大学李华蓉、蔡晓禹担任主编，由潘建平担任副主编。参与实验数据整理和处理的研究生有李海明（实验 1、实验 2）、郑嘉欣（实验 3、实验 4）、门月阳（实验 5、实验 6）、辛伟（实验 7、实验 8）、崔颂宁（实验 9、实验 10）、戴双璘（实验 11）、毛宏宇（实验 12）、陈虎（实验 13）、叶晨昱（实验 14）、彭映雪（附录 A、B、C）、余双（附录 D、E）。

在本教材编写过程中，得到了重庆交通大学冯晓教授、潘国兵教授的关心和支持，在此谨致衷心的感谢。感谢重庆交通大学教务处、重庆交通大学土木工程学院、重庆交通大学智慧城市学院及其他参编单位的大力支持，感谢人民交通出版社为本教材出版所做的辛勤工作。

由于编者水平有限，书中难免存在不足和错误之处，敬请读者批评指正。

作 者

2023 年 2 月

目　　录

第一部分　地图学系列实验

第二部分　地理信息系统原理系列实验

第一部分　地图学系列实验

实验1　地图的分幅编号

1.1　实验任务书

比例尺是地图的基础。对于一个确定的制图区域来说,采用不同的比例尺制图,将涉及地图幅面的变化,引起纸张、印刷、保管和使用等一系列问题。

实验目的:了解国家基本比例尺和对应比例尺的分幅和编号体系;掌握根据点的地理坐标计算其在指定比例尺下图幅编号的方法;掌握利用 ArcGIS 软件绘制基本点、线、面要素,并实现地图编制和输出的技术。

实验数据: ArcGIS 自带的世界地图模板及相关数据源。

实验环境: ArcGIS Pro 或者 ArcGIS Desktop 中的 ArcMap。

实验内容:在地理底图上用点要素绘制出自己家所在的位置,并获取其经纬度坐标;根据经纬度坐标计算其在 1∶1 000 000、1∶250 000 和 1∶10 000 比例尺下的图幅编号和图幅范围;利用 ArcGIS 软件编绘三种比例尺下自己家所在的图幅并输出。

实验步骤:

①地图数据的加载。在 ArcGIS 软件中创建新的工程,并利用“添加底图”功能加载网络地图服务(如天地图)。

②添加“家”并获取位置信息。利用 ArcGIS 软件的编辑功能创建点 shape 文件,并参考底图将“家”的位置用点符号绘制出来,在其对应的属性表中添加“经度”“纬度”字段,并利用 ArcGIS 的字段计算器功能获得该点的经纬度坐标。

③计算不同比例尺下的分幅编号。根据公式(1-1)计算 1∶1 000 000 图幅编号,根据公式(1-2)计算所求比例尺地形图在 1∶1 000 000 地形图编号后的行列编号。

$$\begin{cases} a=\left[\dfrac{\varphi}{4^\circ}\right]+1 \\ b=\left[\dfrac{\lambda}{6^\circ}\right]+31 \end{cases} \tag{1-1}$$

式中:[ ]——表示分数值取整;

a——1∶1 000 000 图幅所在纬度带的字符所对应的数字码;

b——1∶1 000 000 图幅所在经度带的数字码;

λ——某点的经度;

φ——某点的纬度。

$$
\begin{cases}
c=\dfrac{4°}{\Delta\varphi}-\left[\left(\dfrac{\varphi}{4°}\right)\div\Delta\varphi\right] \\
d=\left[\left(\dfrac{\lambda}{6°}\right)\div\Delta\lambda\right]+1
\end{cases}
\tag{1-2}
$$

式中：( )——表示商取余；

[ ]——表示分数值取整；

c——所求比例尺地形图在 1：1 000 000 地形图编号后的行号；

d——所求比例尺地形图在 1：1 000 000 地形图编号后的列号；

λ——某点的经度；

φ——某点的纬度；

$\Delta\lambda$——所求比例尺地形图分幅的经差；

$\Delta\varphi$——所求比例尺地形图分幅的纬差。

④确定不同比例尺的图幅范围：根据表 1-1 所列不同比例尺地图的经差、纬差，确定“家”所在图幅的起止经度和纬度；利用 ArcGIS 软件的编辑功能创建线或者面 shape 文件，将图幅范围绘制出来。

1：1 000 000~1：5 000 地形图经纬差和行列数关系表 表 1-1

比例尺	1：1 000 000	1：500 000	1：250 000	1：100 000	1：50 000	1：25 000	1：10 000	1：5 000
经差 $\Delta\lambda$	6°	3°	1°30′	30′	15′	7′30″	3′45″	1′52.5″
纬差 $\Delta\varphi$	4°	2°	1°	20′	10′	5′	2′30″	1′15″
行、列关系数	1×1	2×2	4×4	12×12	24×24	48×48	96×96	192×192

⑤添加三种比例尺地图：根据上述基础数据，分别复制成三种地图，比例尺分别为 1：1 000 000、1：250 000 和 1：10 000，并根据我国不同比例尺地图的投影方式、坐标系统和地图范围设置地图的属性。

⑥地图布局设计、整饰和成果输出：根据地图的构成要素，明确地图的数学要素（包括地图投影、坐标网和比例尺）和辅助要素（包括图名、图号、接图表、内外图廓、注记、图例、资料和成图方法说明等），进行地图布局设计。利用 ArcGIS 软件将上述要素添加在地图上并输出为图片。

实验成果：提交实验报告、比例尺分别为 1：1 000 000、1：250 000 和 1：10 000 的三张地图（具有完整的布局设计），地图格式为 PNG。

1.2 网络地图的加载

1.2.1 ArcGIS 软件概述

ArcGIS 软件是 ESRI 公司创建的一个专业地理数据处理平台。2010 年，ESRI 推出了 ArcGIS 10，是首款支持云架构的 GIS 平台，其具备了真正的 3D 建模、编辑和分析功能，并实现了由三维空间向四维时空的飞跃，目前已更新至 10.8 版本。2015 年，ESRI 公司推出了全新构架的 ArcGIS Pro，目前已发展到 3.0 版本。与传统的 ArcGIS for Desktop 相比较，ArcGIS

Pro 将三个独立的制图与可视化应用程序 ArcMap、ArcScene 和 ArcGlobe 整合到一个桌面平台上，可以同时进行 2D 和 3D 数据处理和制图，并发布要素服务、地图服务、分析服务和 3D Web 场景等。

ArcGIS Pro 的用户界面如图 1-1 所示，主要包含功能区、视图和窗格三种主要组件。

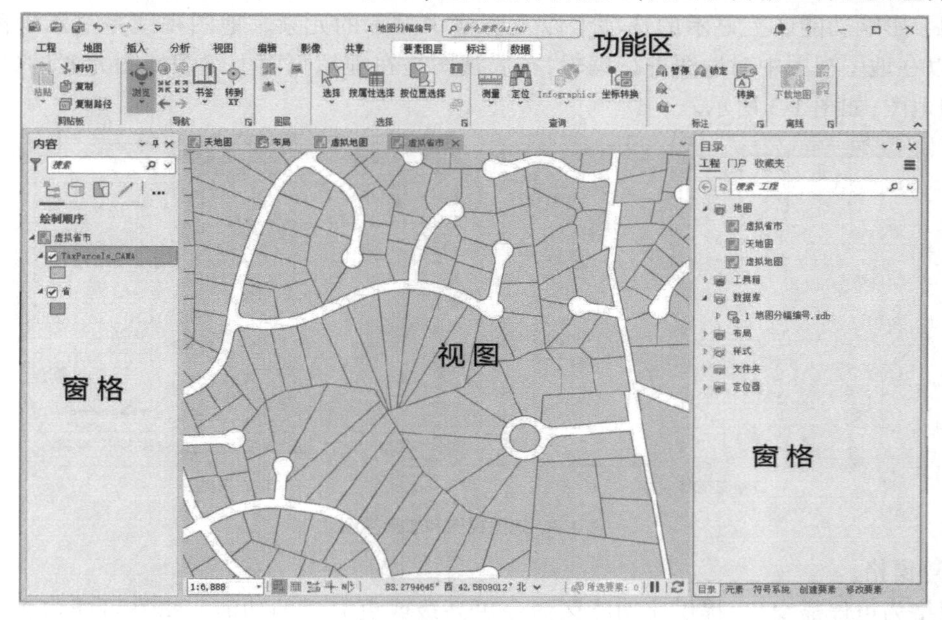

图 1-1　ArcGIS Pro 的用户界面

(1)功能区。

ArcGIS Pro 是一种基于功能区的应用程序，其界面顶部是 ArcGIS 的功能区，功能区提供了工程、地图、插入、分析、视图、编辑、影像和共享 7 个核心选项卡，每个选项卡均有各自的工具集，以多个组的形式呈现。如**地图**选项卡，提供了与地图进行交互的工具。需要注意：ArcGIS Pro 的功能区会随着窗格或视图的不同而不同，即当应用程序处于特定状态时，会显示其他选项卡(如上下文选项卡)。功能区元素如图 1-2 所示。

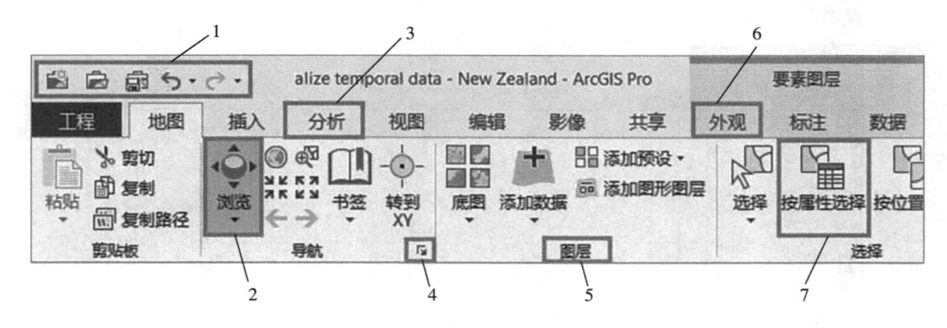

图 1-2　ArcGIS Pro 的功能区元素

1-快速访问工具条，包含常用命令，可以对其进行自定义；2-地图选项卡中的浏览工具，可用于导航地图和场景，并通过弹出窗口识别要素；3-功能区选项卡(分析)，可对功能进行组织；4-对话框启动器，将打开包含更多功能的窗格或对话框；5-选项卡中的组；用于功能的组织；6-上下文选项卡组及其关联的选项卡，其在特定的条件下显示；7-按钮和工具，执行相应的软件操作

(2)视图。

视图是用于处理地图、场景、表、布局、图表、报表及其他数据表示形式的窗口,每个视图都有一个选项卡,可用于关闭和移动视图。一个工程可能具有多个视图,可以根据需要打开和关闭这些视图。可以同时打开多个视图,但只有一个视图处于活动状态。处于活动状态的视图会影响功能区上显示的选项卡以及窗格中显示的元素。地图视图是显示地图的窗口,可以在地图视图中对地图进行编辑;布局视图是在虚拟页面上组织地图元素的集合,用于打印地图,如图 1-3 所示。

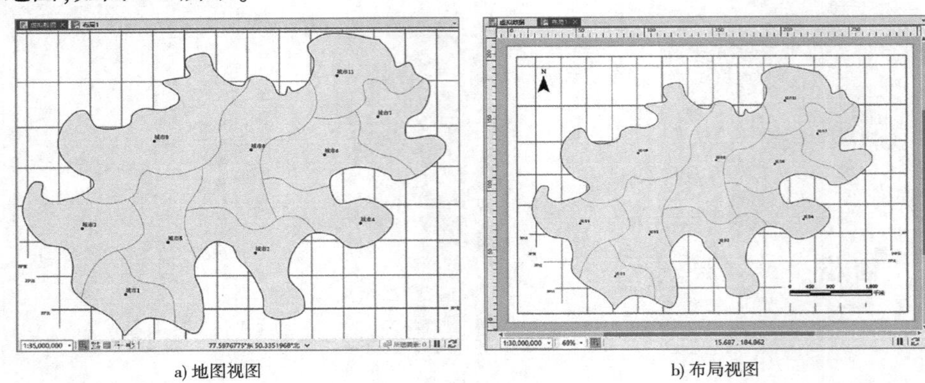

a) 地图视图　　　　b) 布局视图

图 1-3　地图视图和布局视图

(3)窗格。

窗格为可停靠窗口,提供比功能区命令更高级或更完整的功能。窗格可能包含多行用于对功能进行划分和组织的文本选项卡和图形选项卡,主要包括内容窗格、目录窗格、符号系统窗格、地理处理窗格等。首次打开 ArcGIS Pro 时,内容窗格和目录窗格处于开放状态,通常附着在应用窗体的左右两侧,如图 1-4 所示。其他窗格处于关闭状态。通过功能区的视图选项卡可以管理窗格,并可以通过鼠标拖动窗格改变其位置和布局。内容窗格用于显示视图内容,并随着视图类型的变化而变化;目录窗格用于管理工程或门户内容,其功能类似于 Windows 系统中的文件管理器。

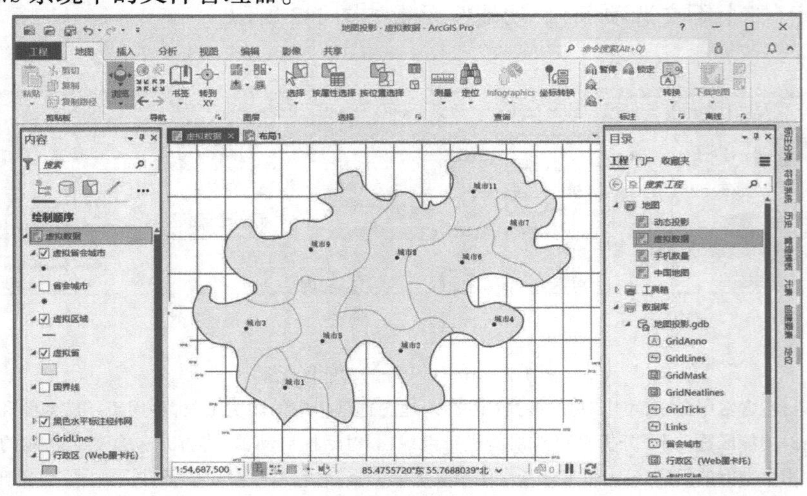

图 1-4　内容窗格和目录窗格

1.2.2　ArcGIS Pro 中的数据组织

ArcGIS Pro 以工程的形式来组织地理数据。工程是为完成一个或多个共同任务的相关项目(地图、布局、表、图表、数据连接等)的集合。默认情况下,一个工程中涉及的所有文件均存储在以工程名命名的文件夹中,如图 1-5 所示,主要包括工程文件(扩展名为 .aprx)、地理数据库(扩展名为 .gdb)、默认的工具箱(扩展名为.tbx)、索引文件夹(Index)、备份文件夹(Backups)、ImportLog 文件夹和数据及其他资源的连接(如图 1-5 中的天地图矢量地图服务连接)。工程文件、地理数据库和工具箱的文件均使用相同的文件名,只是后缀不一样。工程文件包含工程中的所有项目(如地图、布局、表、图表、报告等),以及数据及其他资源的连接。地理数据库用于存储该工程的地理要素。默认情况下,每个工程都具有自己的地理数据库,但是可以更改工程的默认地理数据库,甚至让多个工程共用一个地理数据库。

在目录窗口,可以浏览工程中的内容(地图、场景、布局、图表、报告),以及用于构建地图和场景的文件夹、数据库、服务器和其他数据存储库之间的连接,如图 1-6 所示。

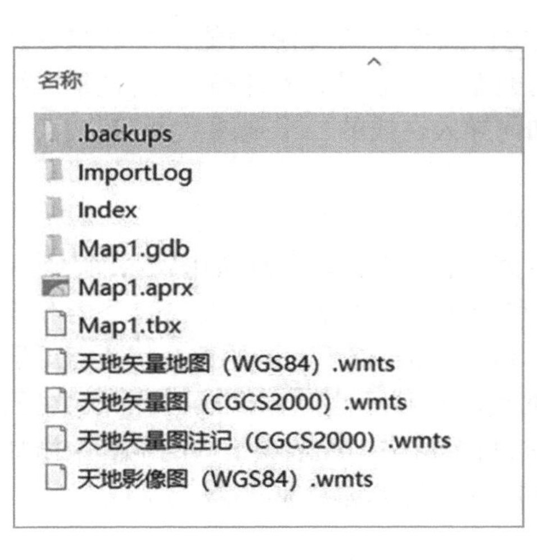

图 1-5　名为 Map1 的工程在 Windows 系统中文件管理视图

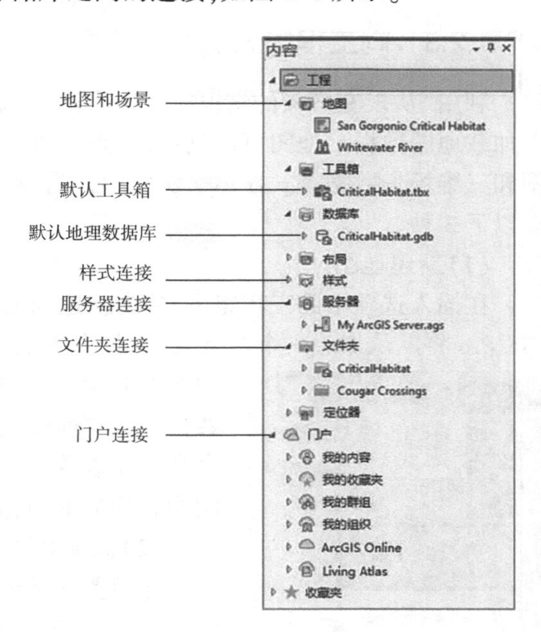

图 1-6　工程中的项目列表

利用 ArcGIS Pro 功能区中的**工程**选项卡可以新建、打开、保存工程,如图 1-7 所示。ArcGIS Pro 提供了空白的工程模板用于快速创建新工程,以支持指定的主题、任务和应用程序。其中,**地图**模板主要用于创建 2D 地图;**全局场景**模板用于创建 3D 全局场景,类似于 ArcGlobe;**局部场景**模板用于创建 3D 局部场景,类似于 ArcScene;**目录**模板用于目录视图的使用。同样,可以在**从没有模板的情况入手**创建一个新的空白工程,随后通过插入功能向工程中添加地图、场景等。

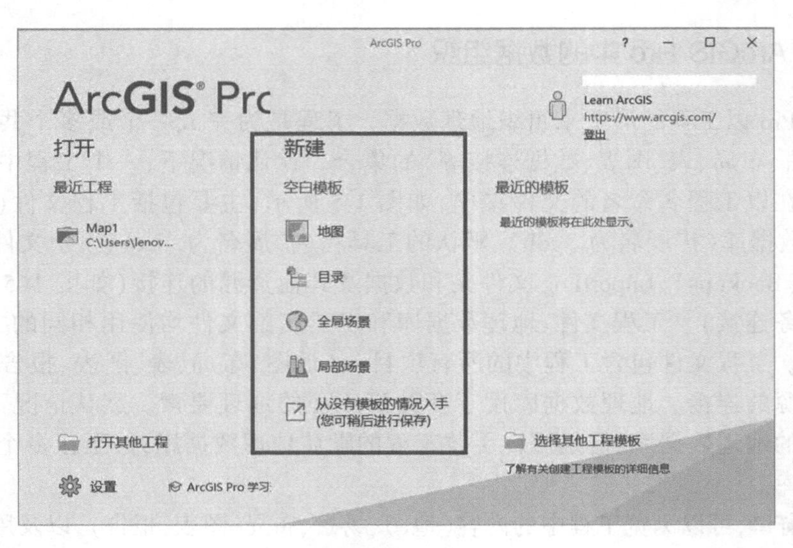

图 1-7 创建并打开工程选项卡

1.2.3 向工程中添加地图数据

利用“从没有模板的情况入手”创建一个新的空白工程，然后利用功能区中的多种选项卡加载地图数据。地图可以是本地、企业或在线的数据源。地图类型种类多样，包括二维地图和三维场景数据等。在本次实验中，主要解决如何导入在线的二维地图数据，其方法主要有以下 3 种。

(1)新建地图。

在**插入**选项卡的工程组中，单击**新建地图**下拉菜单，选择**新建地图**，如图 1-8 所示，ArcGIS Pro 将默认加载一个网络底图(如世界地形图和全球山影数据)到视图窗口。**内容**窗格中将按照绘制顺序显示地图数据，位于上层的数据将覆盖下层的数据。数据前的选择框代表其可见性，勾选表示显示该数据，反之则关闭该数据。同时，**目录**窗格工程选项卡中的地图中添加了刚刚新建的地图，如图 1-9 所示，名称为地图。

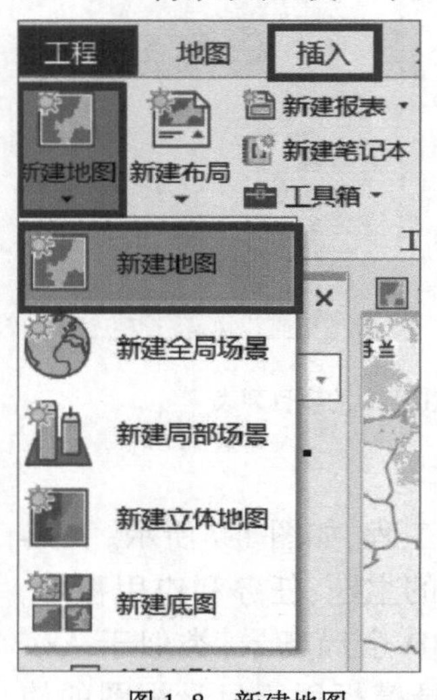

图 1-8 新建地图

(2)添加底图。

在**地图**选项卡的工程组中，单击**底图**下拉菜单打开 ArcGIS Pro 预定义的底图库，如图 1-10 所示，选择感兴趣的底图，其将添加到地图中，**内容**窗格和**目录**窗格的内容随即更新。底图库中包含的底图可在多种地图比例下使用，因此在各种地图比例范围内，可以根据比例尺描绘出地图对应的内容。底图的内容由权威部门提供的数据进行更新，更新频率较低，底图内容相对稳定。底图库中的内容来自 ArcGIS Online，会根据当前网络位置选择不同国家的地图。

(3)添加地图服务。

在 ArcGIS Pro 中，可以使用 Web 上提供的各种开放地理空间联盟(OGC)服务，如 Web

地图服务(WMS)、Web 地图切片服务(WMTS)、Web 覆盖服务(WCS)和 Web 要素服务(WFS),各地图服务的特点见表 1-2。

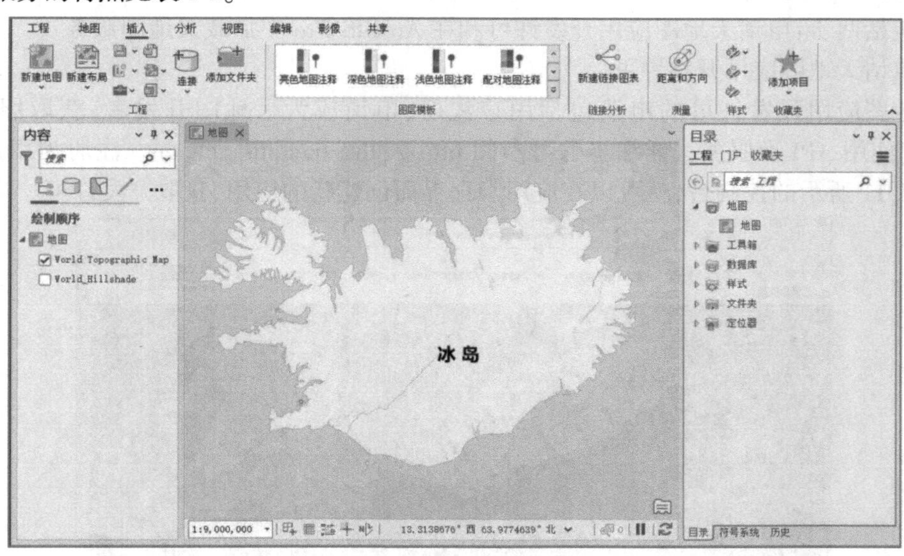

图 1-9　新建地图的效果(冰岛图)

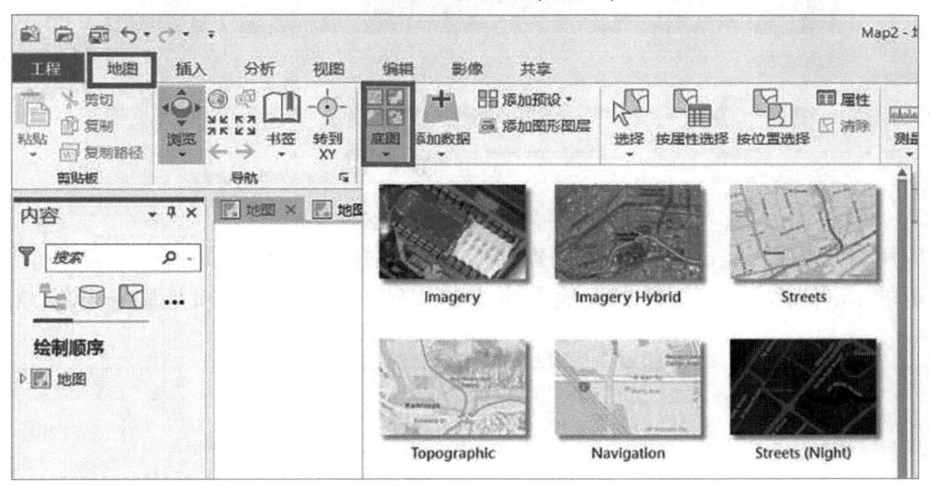

图 1-10　ArcGIS Pro 中的底图库

地图服务　　表 1-2

服务类型	特点
Web 地图服务(WMS)	提供经过地理配准的地图图像
Web 地图切片服务(WMTS)	提供预先生成的经过地理配准的地图图像,其可以包含多个样式、维度或切片方案
Web 覆盖服务(WCS)	提供栅格数据和像元值
Web 要素服务(WFS)	使用地理标记语言配置文件提供、查询和更新要素几何和属性

本教程以天地图服务为例介绍如何添加和使用 Web 地图切片服务。为了保证天地图地理信息公共服务的稳定可靠,更好地为用户提供地理信息应用开发支持,国家地理信息公

共服务平台"天地图"2024 版对天地图应用开发流程进行了升级改造。天地图应用程序编程接口(API)及服务接口调用都需要申请开发许可(Key)。因此,在 ArcGIS Pro 中添加天地图服务包括两步:申请天地图应用开发许可和在 ArcGIS Pro 中加载天地图服务。

①申请天地图应用开发许可。

天地图应用开发许可的申请包括用户注册、申请成为天地图开发者、获取服务许可(Key)和使用 API 及服务。详细步骤可参阅 http://lbs.tianditu.gov.cn。注册为用户后,点击如图 1-11 所示的**控制台**,就可以在应用管理界面创建新的应用,获取开发许可。

图 1-11　申请成为天地图开发者界面

在应用管理界面,点击右上角的**创建新应用**,根据向导的引导即可建立新的应用,获得开发许可的 Key。需要注意:根据天地图官方的规定,应用类型必须是**服务器端**,如图 1-12 所示。

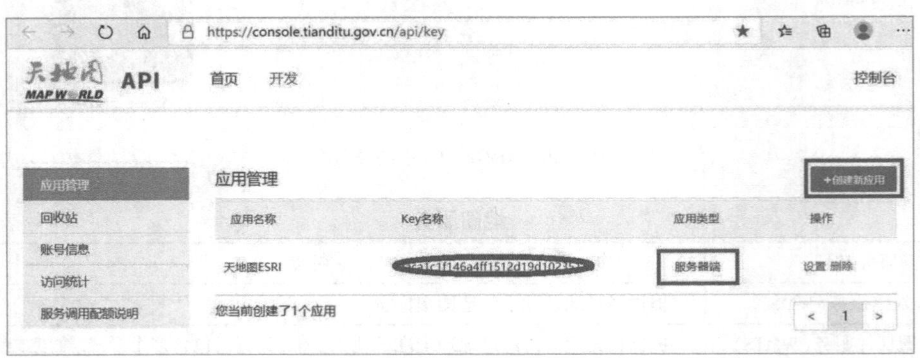

图 1-12　天地图应用

②ArcGIS Pro 中加载天地图服务。

在 ArcGIS Pro 中打开需要添加天地图服务的工程,在**插入**选项卡的**工程组**中,单击**连接**下拉列表,然后单击"新建 WMTS 服务",在弹出的**添加 WMTS 服务器连接**对话框中输入服务器域名、开发许可的Key、天地图的用户名和密码，即可创建一个天地图的WMTS连接文件并自动保存到工程的主目录文件夹中，如图1-13所示。随后在目录窗格中通过右键或者拖拽的方式将其添加至当前地图或新地图，在地图视图中显示出来。需要注意：因为天地图采用的标准和ESRI采用的标准不一样，因此在ArcGIS产品中加载天地图服务，需要使用基于ESRI标准纠偏后的天地图服务，其服务地址参见附录A。

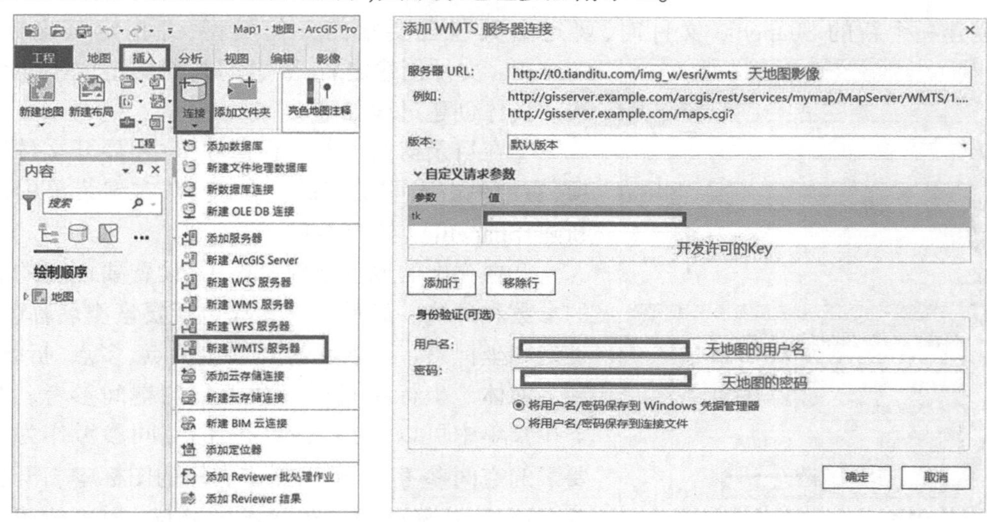

图1-13　WMTS服务器连接设置

1.3　地图数据操作

ArcGIS Pro可使用和集成各种数据类型，其中包括基于要素和栅格的空间数据（包括图像和遥感数据）、表格数据、建筑图纸、激光雷达、Web服务等。常用的三种数据组织方式为Shapefile文件、Coverage文件和地理空间数据库（Geodatabase）。

Shapefile存储简单要素类，用点、线、多边形存储要素的形状，其非拓扑几何对象和属性信息存储在数据表中，因此，这种文件结构不存储拓扑关系，具有简单、快速显示的优点。一个Shapefile至少由三个文件组成，空间信息和属性信息分离存储。其中，特征表中的几何对象存为以坐标点集表示的图形文件——SHP文件（*.shp）；有关*.shp存储的索引信息（包括空间数据如何存储、*XY*坐标的输入点在哪里、*XY*坐标对的数量特征等）记录在SHX文件中（*.shx）；地理数据的属性信息存储为dBase表格（*.dbf）。这三个文件是Shapefile的基本文件，其还可以包含其他文件，如*.prj文件存储Shapefile中定义的空间参考信息；*.shp.xml存储浏览元数据后生成的xml元数据文件；*.sbn、*.sbx存储Shapefile的空间索引，用于加速空间数据的读取。

Coverage是ArcInfo Workstation的原始数据，其利用Windows资源管理器，将空间信息和属性信息分别存放在两个文件中，因此称为“基于文件夹的存储”。Coverage将空间信息和属性信息结合起来，并存储要素间的拓扑关系。目前，ArcGIS软件只支持Coverage数据的显示，不能对该数据进行编辑操作，但提供了用于Coverage格式转换的一个交换文件（E00），方便 Coverage 数据与其他格式的数据之间进行转换。

Geodatabase 是 ArcGIS 数据模型发展的第三代产物，其利用数据库技术管理地理数据，具有高效、安全等优势。本书主要介绍基于 Shapefile 文件的点、线、面要素的编辑处理。

1.3.1 新建 Shapefile 文件

创建一个新的 Shapefile 文件时，要定义其包含要素的几何类型，并指定其坐标系。Shapefile 文件创建之后，要素的几何类型就不能被修改。具体创建过程如下。

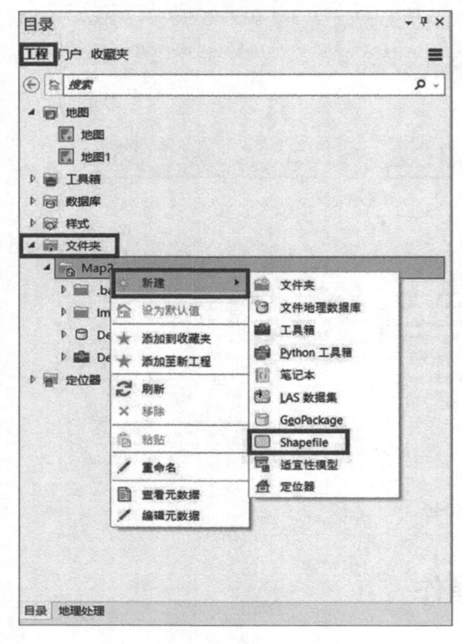

图 1-14 创建 Shapefile

①在**目录**窗格中的**工程**选项卡中，展开文件夹选项，右键单击当前工程的文件夹，在右键菜单中选择**新建|Shapefile**，如图 1-14 所示。

②在弹出的**地理处理**窗格中，设置要创建的文件的参数和环境。最重要的参数包括要素类名称、几何类型和坐标系。要素几何类型包括点、多点、折线、面和多面体。坐标系是要素数据集的空间参考。在其下拉菜单中可以选择当前地图的空间参考作为新建要素的空间参考；也可以点击右侧的图标🌐打开坐标系对话框，选择软件提供的系统坐标（如当前图层坐标、地理坐标、投影坐标）、导入或新建坐标，如图 1-15 所示。如果未提供空间参考，则输出将具有一个未定义的空间参考。注意：在一个工程或数据集中尽量保证所有数据在统一的空间参考中，以便于进行数据处理和空间分析。**环境**选项卡用于设置空间参考的各个方面，例如，(X,Y) 值域、Z 值域、M 值域、分辨率或容差。

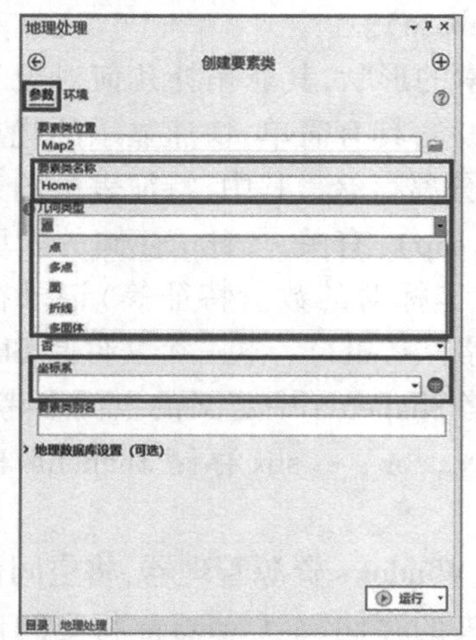

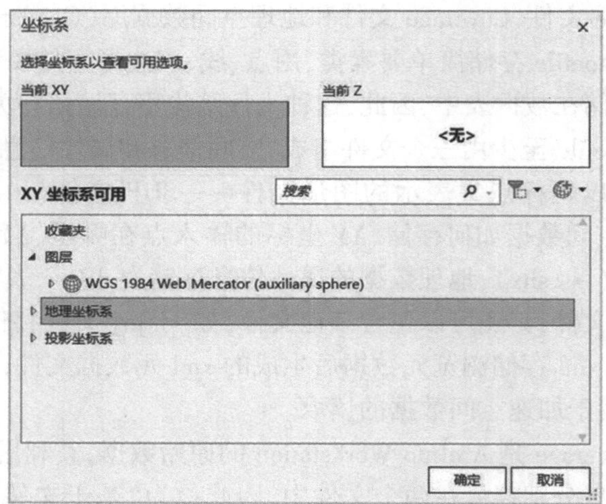

图 1-15 创建 Shapefile 窗口及坐标系窗口

③点击**地理处理**窗格右下角的**运行**按钮，将执行创建 Shapefile 文件的操作，操作完成后

将弹出结果对话窗格，如图 1-16 所示。其中罗列了地理处理结果的相关信息，如成功与否、处理耗时等。同时，新建的 Shapefile 出现在文件夹中。

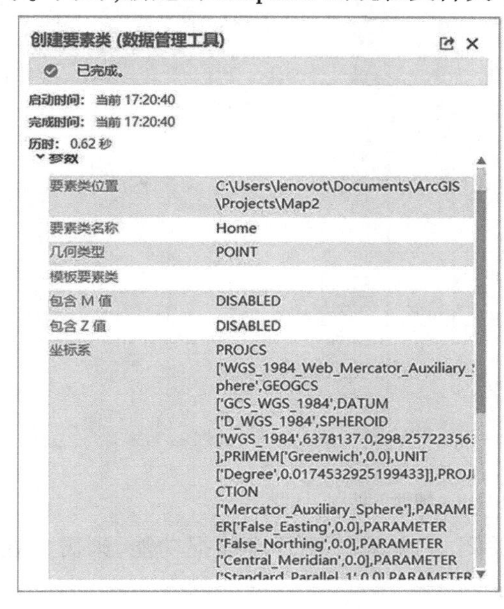

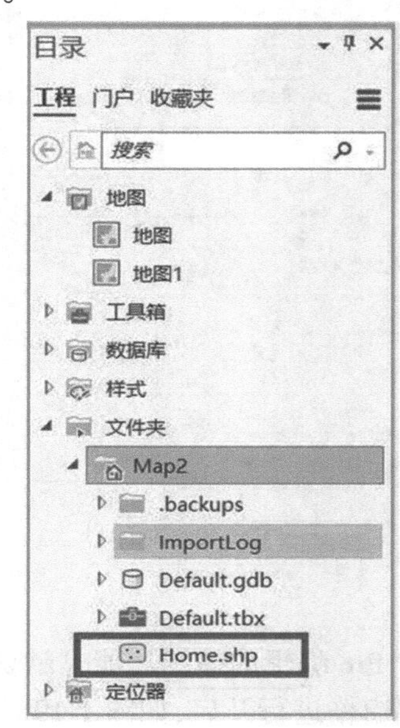

图 1-16　创建 Shapefile 结果对话窗格

1.3.2　编辑数据

数据编辑包括几何数据和属性数据的编辑。几何数据的编辑主要是针对图形的操作，如创建、对齐、修整、划分、构建等；属性数据的编辑包括要素属性的添加、删除、修改、复制、属性表导出等。

1.3.2.1　图形编辑

(1)创建要素。

进入 ArcGIS Pro 的工程环境，创建要素一般需要经过以下两步骤。

①加载需要创建要素的文件。文件可以是 Shapefile，也可以是存储在数据库中的要素。直接将其从**目录**窗格中拖拽至地图视图中，或者通过功能区的**地图**选项卡中的**图层**组，单击**添加数据**，在弹出的**添加数据**对话框中选择需要加载的数据层。

②创建要素。通过功能区中的**编辑**选项卡，单击**要素**组中的**创建**图标，打开**创建要素**窗格，如图 1-17 所示。要素图层进入编辑状态。ArcGIS Pro 提供了多种预定义的模板来绘制点、线和面要素，界面也更加人性化。当选中构造工具后，地图下方会出现可用的辅助工具，如直线、弧线、追踪编辑等。此外，可通过右键菜单调出这些辅助工具，如图 1-18 所示。

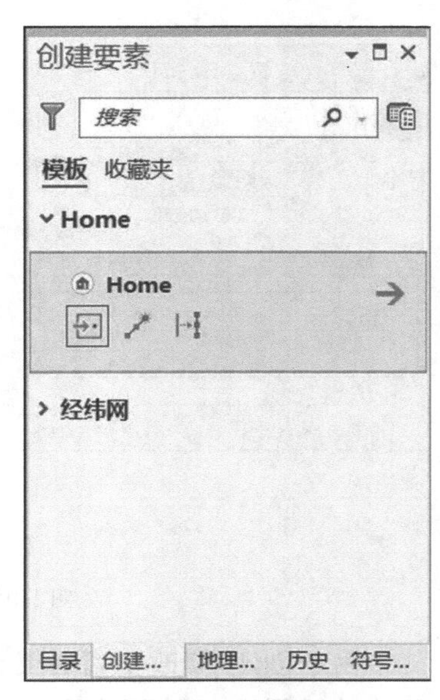

图 1-17　创建要素窗格

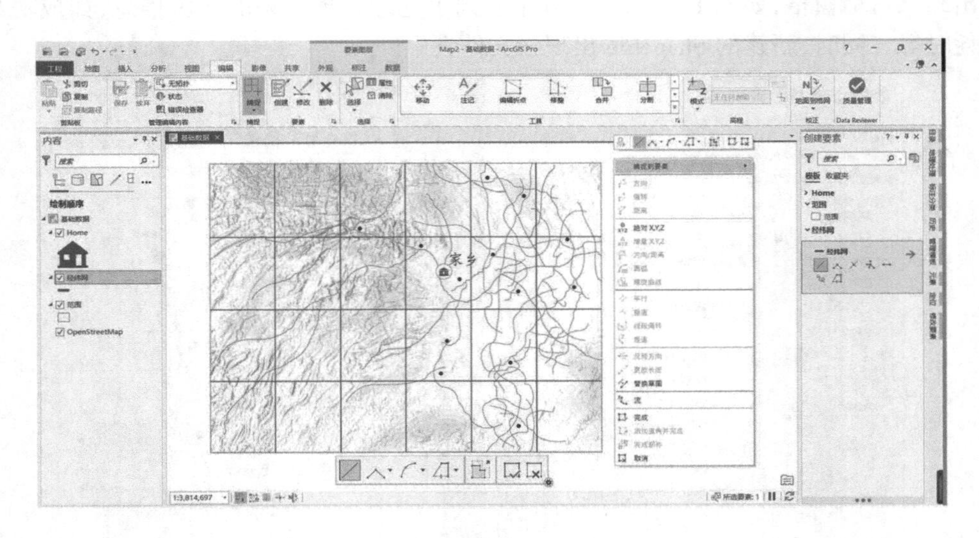

图 1-18　辅助工具

ArcGIS Pro 编辑的捕捉功能是默认关闭的，如果想要开启捕捉功能，则需要在**编辑**选项卡中的**捕捉**窗格进行开启，如图 1-19 所示。

(2)修改要素。

在**编辑**选项卡中的**要素**组中，单击**修改**图标，将打开**修改要素**窗格，如图 1-20 所示。其包含了对齐、修整、划分、构建、属性、验证等工具。

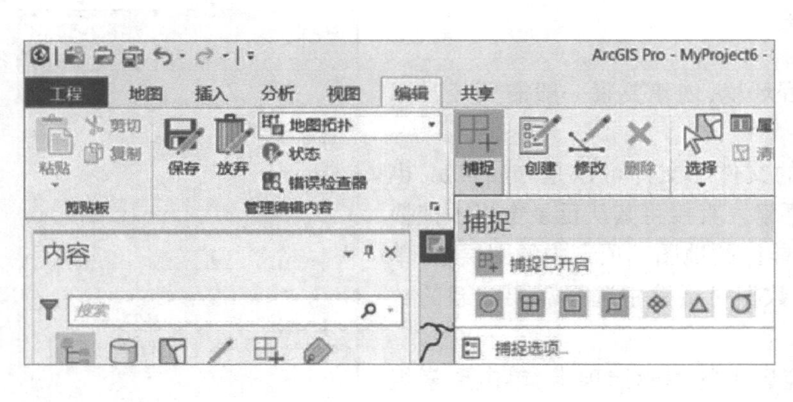

图 1-19　捕捉窗格

图 1-20　修改要素窗格

由于创建、修改要素的工具众多，本教程仅以绘制垂线并平行复制为例简要介绍新建和修改的过程。在**创建要素**窗格中选中要编辑的要素图层(如经纬网图层)，在其展开的构造工具中选择**线**工具，在地图视图中用鼠标点取线段的起点，然后拖动鼠标至要垂直的线段上单击右键，在右键菜单中选择**垂直**，回到地图视图，用鼠标左键双击要垂直的线段，程序自动绘制出垂点并完成该线段的绘制，如图 1-21a）所示。完成当前操作的标识为双击鼠标左键或者按 F2 键。

要平行复制绘制的直线，则先选中该直线，然后在**修改要素**窗格中的**构建**组中选择**平行复制**，在弹出的**属性**窗格中设置距离、方法、拐角等参数，点击右下角的**复制**按钮，即可实现直线的平行复制，如图 1-21b）所示。

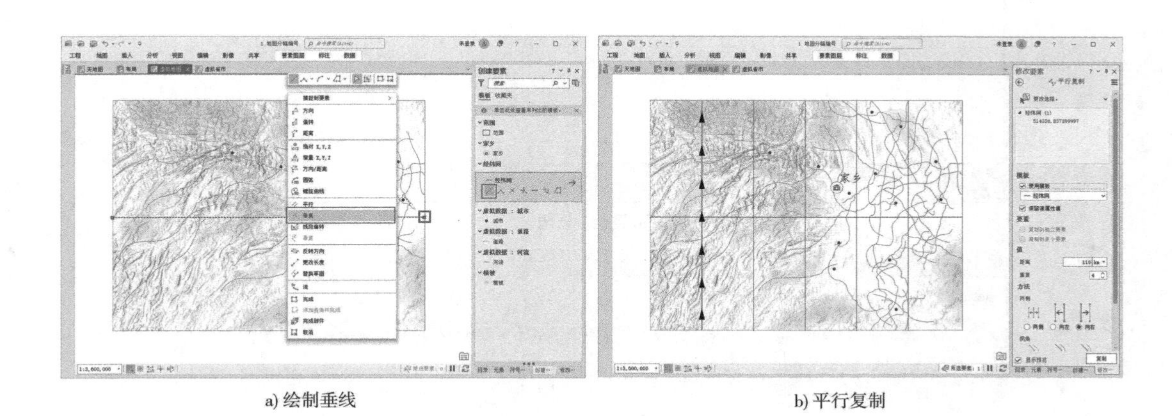

a) 绘制垂线　　　　b) 平行复制

图 1-21　要素的创建和修改

1.3.2.2　属性编辑

属性编辑包括对单要素或多要素属性进行添加、删除、修改、复制、传递或粘贴等多种编辑操作。在 ArcGIS Pro 中，属性表随着要素的构建而自动生成，包括三个默认的字段（FID、Shape 和 Id），但无法创建自定义的字段。通过以下三种方式可以打开属性表，对其进行操作：

（1）在**内容**窗格中，右键点击要素图层，在右键菜单中选择**属性表**选项；

（2）在功能区的**编辑**选项卡中，点击**选择**组中的**属性**图标；

（3）在**内容**窗格中选中**要素图层**，功能区会出现**要素图层**上下文菜单，在**数据**选项卡的**表**组中，点击**属性表**图标可以打开属性表视图，在**设计**组中点击**字段**图标可以打开表的设计视图。

通过上述三种方式可以打开对应要素图层的属性表视图，如图 1-22a）所示。若要对属性表的字段进行修改，则可以点击表视图上方的**添加**图标激活表的设计视图，如图 1-22b）所示。需要注意：如果**要素图层**中的要素修改后没有保存，该图标将呈现灰色（不可用）的状态；在**编辑**功能区的**管理编辑内容**组中点击**保存**图标，保存更改后的内容，添加字段的图标才可用。

在**属性表**视图中，可以选中需要修改的字段列，单击右键弹出右键菜单，可以基于该字段值对要素进行排序、计算、汇总等操作。此外，通过功能区中的数据选项卡可以对表进行空间连接、创建连接和关联等操作。

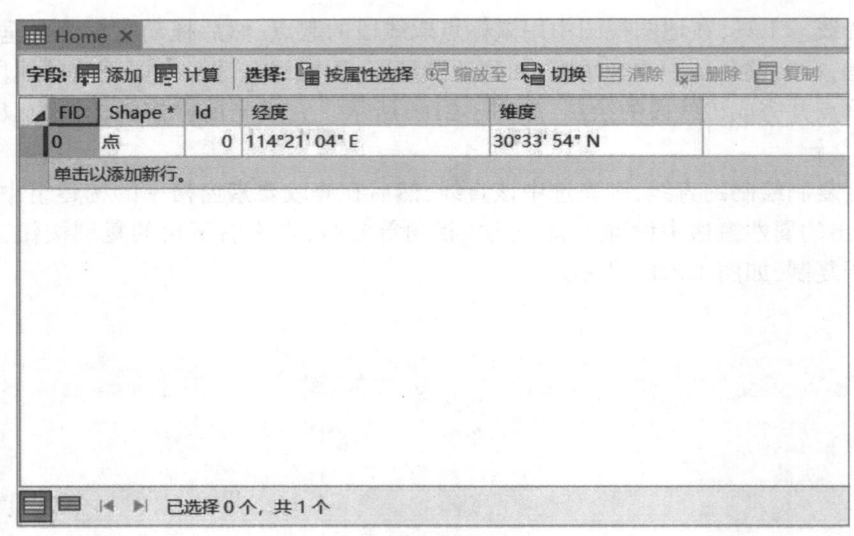

a) 属性表视图

Home　字段: Home

当前图层　Home

可见	只读	字段名	别名	数据类型	允许空值	高亮显示	数字格式	默认	精度	比例	长度
☑	☑	FID	FID	对象 ID	☐	☐	数值		0	0	
☑	☐	Shape	Shape	几何	☐	☐			0	0	
☑	☐	Id	Id	长整型	☐	☐	数值		6	0	
☑	☐	经度	经度	文本	☐	☐			0	0	50
☑	☐	维度	维度	文本	☐	☐			0	0	50
☑	☐	字段		长整型	☐	☐					

单击此处添加新字段。

b) 属性表设计视图

图 1-22　属性表

1.4　地图属性设置

地图属性用于设置地图或场景的属性，包括常规、范围、裁剪图层、元数据、坐标系、变换、照明度、标注和颜色管理 9 个方面。地图属性窗口的打开方式为：在**内容**窗格中右键选择地图，在弹出的菜单中选择**属性**，打开**地图属性**窗口，如图 1-23 所示。本教程主要介绍常用的四个选项卡：常规、范围、裁剪图层和坐标系。

1.4.1　常规

在**常规**选项中，可以对地图的名称、地图单位、显示单位、参考比例、旋转角度、背景颜色进行设置。需要注意：**地图单位**是由地图的坐标系定义的，如果地图具有指定的坐标系，则该选项为灰色，无法更改；只有通过更改地图的坐标系来更改地图单位。**参考比例**作用于地图上所有要素符号系统和标注显示比例。设置 2D 地图的参考比例后，会按照该比例将符号和文本的大小修复为所需的高度和宽度。缩放时，符号和文本的大小会相应地减小和增大。如果未设置任何参考比例（默认行为），则在进行缩放时地图中的符号和文本大小会保持不变。如果希望打印时地图上的详细信息显示形式与在屏幕上显示的形式相同，则设置参考比例是十分必要的。例如,创建将要以 1 : 50 000 比例打印的用于发布的地图,则将参考比例设置为 1 : 50 000,则屏幕上显示的形式就是打印地图的效果,据此可以评估是否要调整符号大小或文本。

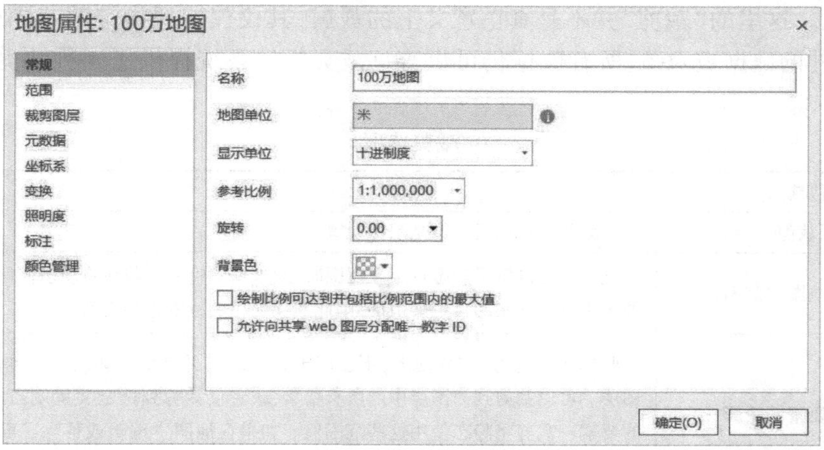

图 1-23　地图属性窗口

1.4.2　范围

范围选项用于定义地图的范围。地图范围由一系列边界坐标定义,这些边界坐标描绘了要使用的地图或场景区域。默认情况下,该范围是由地图或场景中所有图层中的所有要素覆盖的空间范围,也即意味着这是一个动态的范围。当在地图或场景中添加或移除数据时,该范围会进行相应的更新。选中**使用自定义范围**,可以通过手动输入范围坐标或者从系统提供的位置来源来定义范围,如图 1-24 所示。选择列出的图层,则**所选范围**中的数据将随之更改,也可以手动调节**顶部-底部**的数据。自定义地图范围是静态的,不会随着地图中数据的更新而更新。

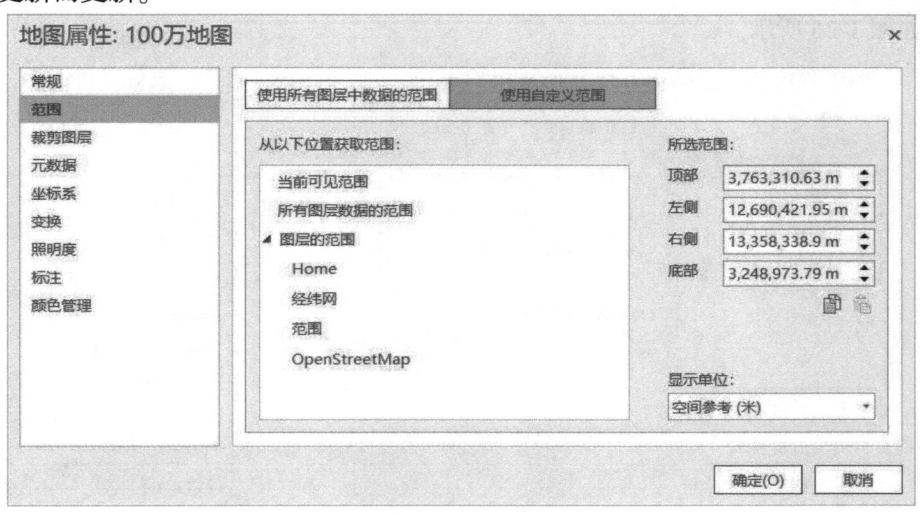

图 1-24　地图范围

1.4.3 裁剪图层

裁剪图层选项可以从视觉上裁剪地图,使范围内的图层数据显示出来,而范围外的图层数据不可见。这里的"裁剪"并不是真正意义上的裁剪,其仅仅按照指定的范围或形状绘制地图,区域外的数据被隐藏,所有数据仍可供查询或分析。系统提供了 4 种裁剪选项,具体内容见表 1-3。

裁剪选项　　表 1-3

裁剪选项	说明
无裁剪	不裁剪任何图层。这是默认设置
裁剪到地图的范围	仅当地图设置了静态自定义范围时,此选项才可用。裁剪将动态使用这些范围值。如果更改了地图的自定义范围,则此选项使用的范围也会更新
裁剪到要素的轮廓	此选项仅适用于 2D 地图,不适用于 3D 场景,并且地图必须至少包含一个面要素图层。可以裁剪到面图层中的所有要素,或者仅裁剪到选定要素或当前位于视图中的要素。裁剪将静态使用这些范围值。如果在地图中编辑或移除了面要素图层,则此选项使用的范围不会更新
裁剪到自定义范围	使用此选项可通过与指定地图范围相同的方式设置自定义范围。可使用以下任何源定义裁剪范围: (1)当前可见范围; (2)所有图层中数据的范围; (3)图层中所有要素的范围; (4)图层中所有可见要素的范围; (5)图层中所有选定要素的范围

如选择"裁剪到地图的范围",通过指定边界符号、颜色和线宽,将线符号应用于裁剪边缘,如图 1-25 所示。通过在"将某些图层从裁剪操作中排除"菜单选中地图图层,可将它们从裁剪操作中排除。从裁剪操作中排除的图层将延伸到裁剪边缘之外。按照地图范围裁剪的效果如图 1-26 所示。

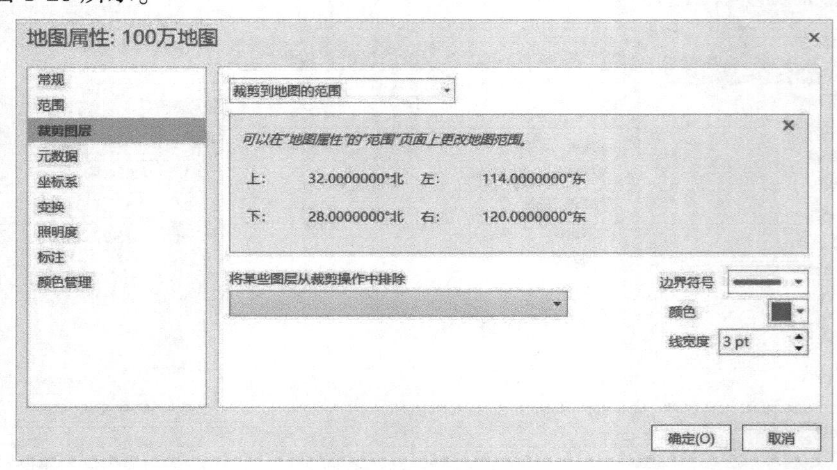

图 1-25　裁剪图层设置

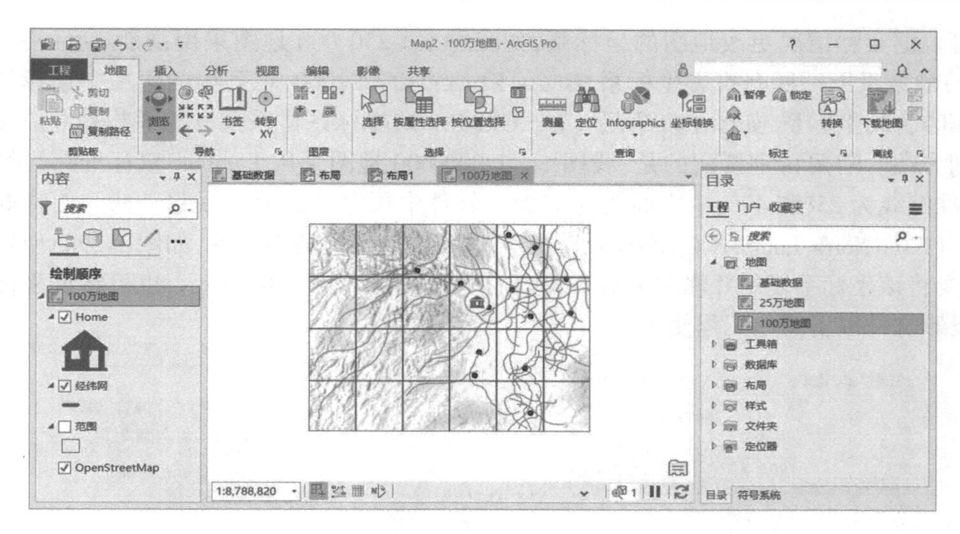

图 1-26　裁剪到地图的范围

1.4.4　坐标系

在坐标系选项中,可以查看地图或场景的当前水平和垂直坐标系,也可以更改水平或垂直坐标系。地图和场景通过坐标系在地球表面和相对位置上正确定位并显示数据。坐标系是一个参考框架,用于定义要素在二维或三维空间中的位置,可以是水平的(定义要素在地球上的位置),也可以是垂直的(定义要素相对于表面的高度或深度)。水平坐标系可分为三种类型:地理坐标系、投影坐标系和局部坐标系。通过检查图层的属性可以确定数据所使用的坐标系类型。地理坐标系(GCS)通常使用十进制度单位的经度和纬度来表示位置。投影坐标系即平面坐标系,采用线性测量单位的 X、Y 来表示位置。在一个新的空地图或局部场景中,默认的水平坐标系为 WGS 1984 Web Mercator 投影坐标系。对于全球场景,默认的水平坐标系为 WGS 1984 地理坐标。向地图或场景添加附加图层时,它们将使用与地图或场景相同的坐标系自动显示。如果图层源数据的本地坐标系与地图和场景的坐标系不同,则使用变换来动态投影数据使图层坐标系与地图坐标系相同。如图 1-27 所示,当前地图的水平坐标系为 WGS 1984 Web Mercator 投影坐标系,未定义垂直坐标系。

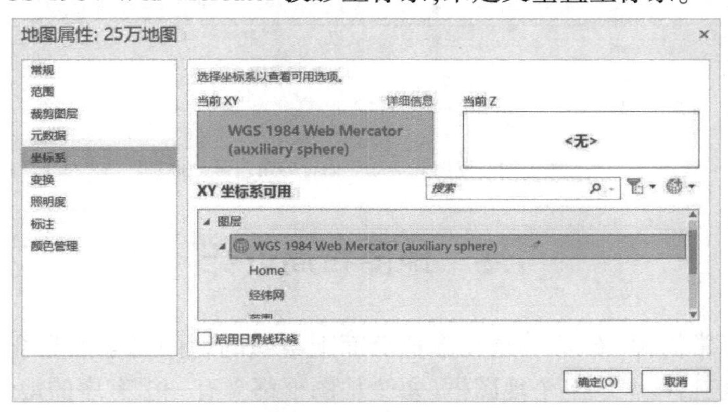

图 1-27　地图坐标系属性

可根据实际情况更改地图的坐标系,如我国 1 : 250 000 地图采用高斯-克吕格(Gauss Kruger)6°带投影。展开**投影坐标系|Gauss Kruger|CGCS2000**,在列出的选项中选择和实验数据相吻合的坐标系,如图 1-28 所示。ArcGIS Pro 的坐标系体系及其相关操作将在实验 3 中详细介绍。需要特别提醒的是:我国 1 : 1 000 000 地图采用 Lambert 双标准纬线等角投影,标准纬线为 25°和 47°、中央经线为 110°。软件中预定义的为亚洲北半球兰伯特等角投影坐标(Asia North Lambert Conformal Conic),其参数与我国的不一致,如图 1-29a)所示。因此,需要将该坐标系复制并修改为适合我国的坐标系,如图 1-29b)所示,也可将该坐标系另存为投影文件以备其他工程使用。

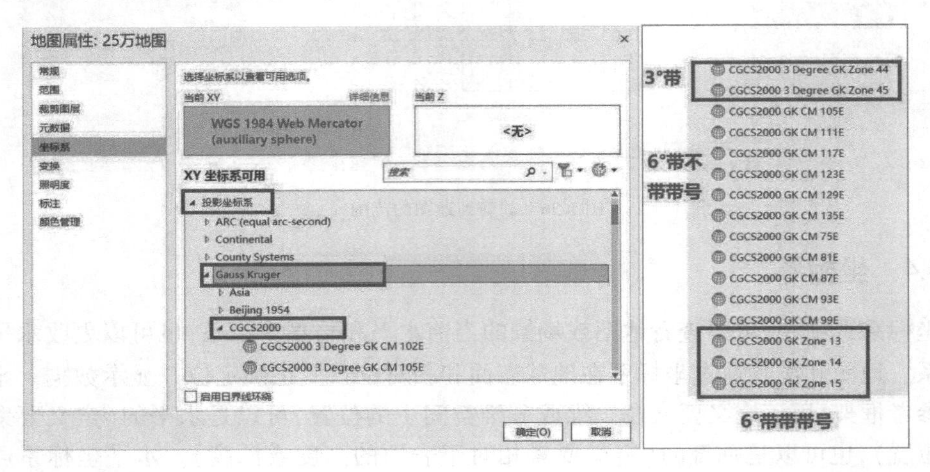

图 1-28 更改地图的坐标系

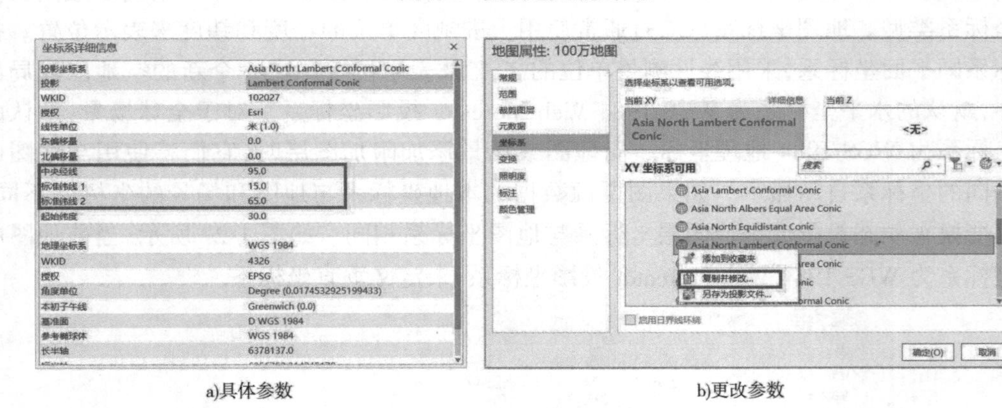

a)具体参数　　b)更改参数

图 1-29 亚洲北半球兰伯特等角投影坐标

1.5 地图布局设计

页面布局(通常简称“布局”)是在虚拟页面上组织的地图元素的集合,用于地图打印。常见的地图元素包括一个或多个地图框(每个地图框都含有一组有序的地图图层)、比例尺、指北针、地图标题、描述性文本、图例、格网或经纬网等。

1.5.1　添加布局

通过向工程添加布局,能够创建可打印或导出的页面。将布局添加到工程的步骤分两步:创建空白布局、选择或导入布局文件。

(1)创建空白布局。

在**插入**选项卡的工程组中,单击**新建布局**图标,在下拉菜单中选择系统提供的预定义页面即可在工程中插入新的布局。此时,界面上将新打开一个布局视图,点击布局视图,内容窗格随之变成布局内容,如图1-30所示。

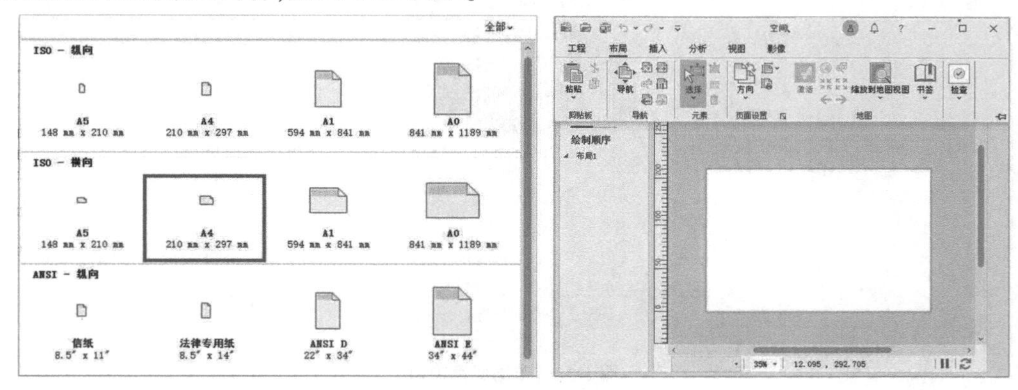

图1-30　新建布局

(2)选择或导入布局文件。

系统构建了布局库,其中包含预先构建的布局文件和用户自定义的布局文件,如图1-31所示。

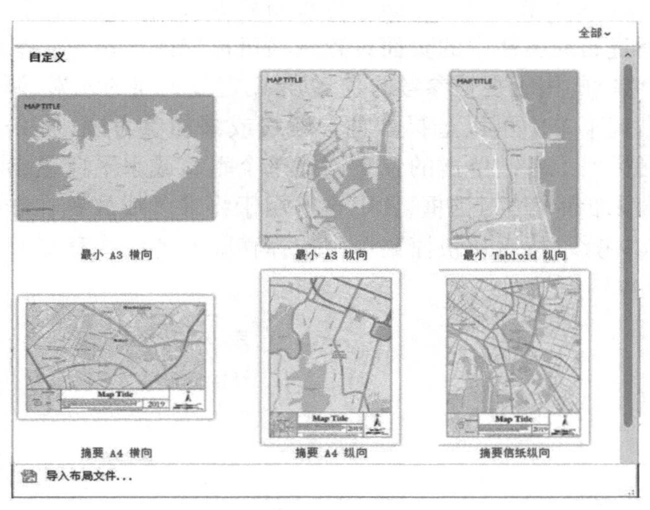

图1-31　布局库文件

可以通过以下操作将布局库文件添加到工程中,即在**插入**选项卡的**工程组**中,单击导入**布局**,在下拉菜单的库中选择一个布局文件或者选择导入布局文件,系统将在视图中随机添加一个新布局。

创建布局后,可以通过**布局属性**窗口查看和修改布局的属性。在内容窗格中右键单击布局名称,在弹出的右键菜单中选择**属性**即可打开**布局属性**窗口,如图 1-32 所示。布局属性包括五类,分别为常规(即布局的名称)、元数据(布局的标题、标签、摘要、说明等)、页面设置(包括布局的页面单位、页面大小和方向)、地图系列(地图系列的布局定义)和颜色管理(布局的颜色模型和颜色配置文件)。

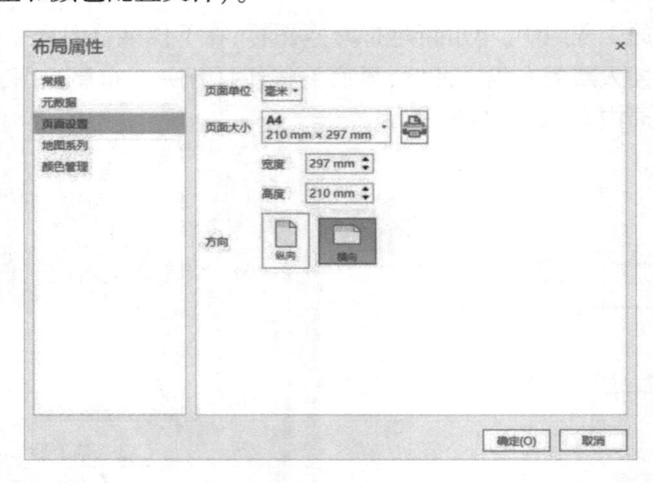

图 1-32　布局属性窗口

除了可以修改布局的属性外,还可以控制布局中标尺、参考线的显示和捕捉方式的设置。标尺和参考线有助于页面上的排版;捕捉可以提升元素的放置精度。在**布局**选项卡的**显示**组中通过勾选可以控制标尺和参考线的可见性,如图 1-33 所示。

标尺可以显示布局页面的大小,有助于将布局元素放置在特定的位置。标尺的单位和页面的单位一致,通过**布局属性**中的**页面设置**选项可以修改该单位。参考线是在页面上指定位置垂直或水平绘制的用于视觉参考的线,以帮助定位页面的元素、调整其大小。右键单击标尺,在弹出的右键菜单中可以选择**添加参考线**或**添加参考线(多条)**,如图 1-34 所示。选择**添加参考线**,在标尺上右键单击的位置创建单个垂直或水平蓝色参考线。选择**添加参考线(多条)**将打开添加参考线对话框,其中含有用于将参考线放置在准确位置的选项。在标尺上右键单击该参考线,然后从快捷菜单中选择移除参考线或移除所有参考线。添加了参考线的布局如图 1-35 所示。

图 1-33　布局中标尺、参考线显示的控制

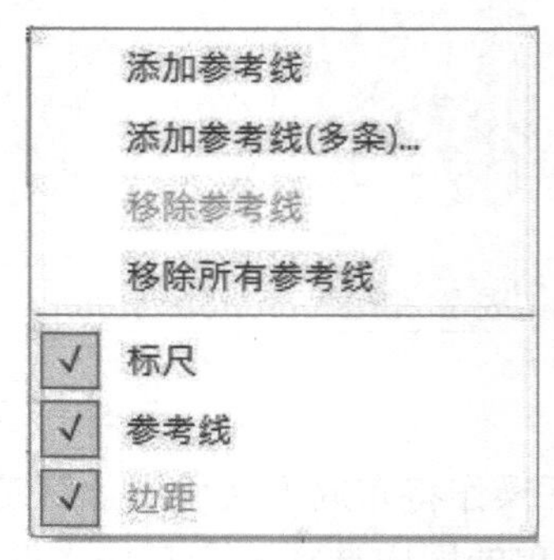

图 1-34　布局中标尺、参考线的设置

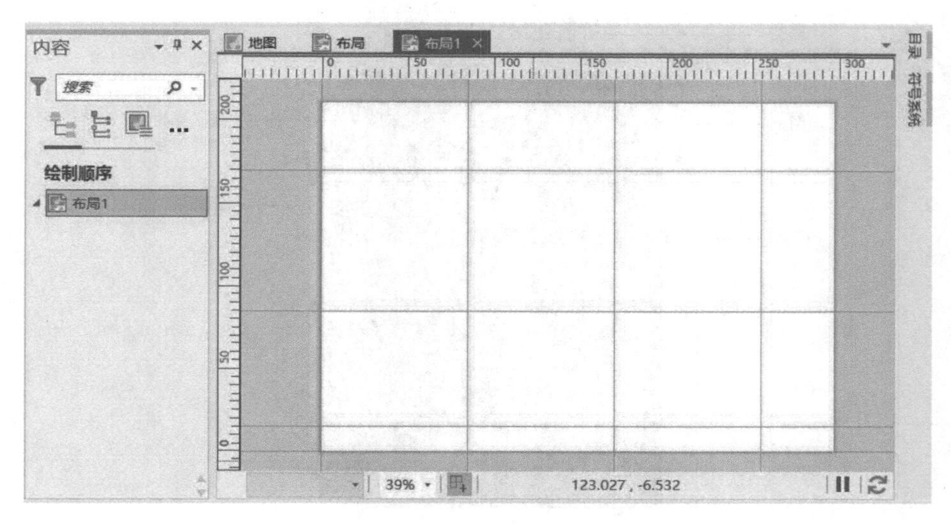

图1-35　带有参考线的布局视图

布局元素可以捕捉到参考线或现有页面元素。在启用捕捉功能的情况下，当创建、移动任何布局元素或重新调整其大小时，布局元素会在距离参考线足够近时捕捉到参考线。这同样适用于基于指针相对于现有元素的几何位置而显示的动态临时参考线。这在将元素彼此对齐时十分有用。布局上可用的捕捉模式有四种，见表1-4。要启用或禁用捕捉模式，可将鼠标悬停在**捕捉**图标上并单击以将其开启或关闭。

布局视图中的捕捉模式　　表1-4

捕捉模式	捕捉行为
参考线	元素会捕捉到最近的参考线
元素	当元素与该页面上其他元素的边或中心对齐时，元素会捕捉到将要显示的临时参考线
页面	元素会捕捉到布局页面的边
边距	元素将捕捉到页面上的虚线打印机页边距。仅当布局中包括打印机页边距时，此选项才适用

1.5.2　布局元素

可以添加到布局的所有内容都是布局元素，包括地图框、范围指示器、网格、指北针、比例尺、图例、图表框、表格框、图片、图形、文本和动态文本，如图1-36所示。元素可分为静态元素和动态元素。静态元素不随数据的变化而变化，而动态元素则会响应数据或地图范围的更改。

每个元素均有唯一用途和各自属性，有些属性是相同的，如边界、背景和阴影等。元素的创建和修改方式均相同。

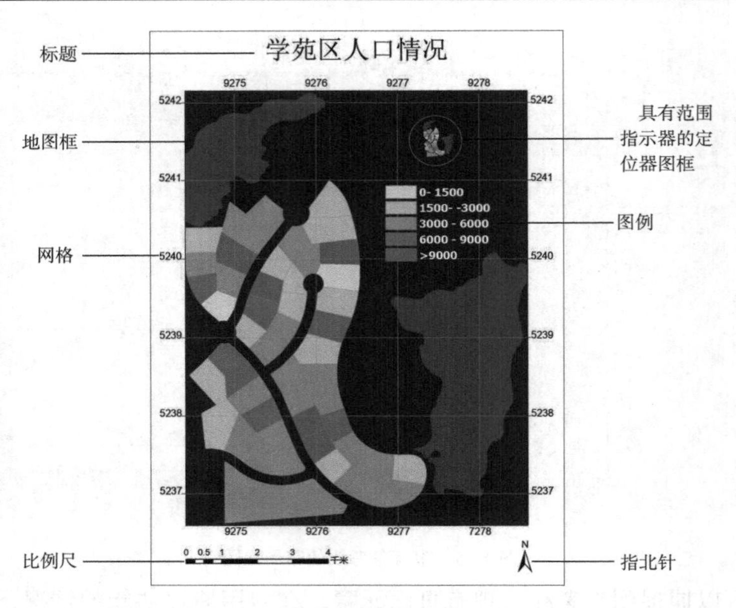

图 1-36　布局元素

(1)添加元素。

要将元素添加到布局,选择布局视图,在**插入**选项卡上,选择一个元素并拖动一个框以指定要在布局中添加该元素的位置。在**插入**选项卡上,包括地图框、地图整饰要素、图形和文本等元素,如图 1-37 所示。使用内容窗格可以修改元素的绘制顺序。

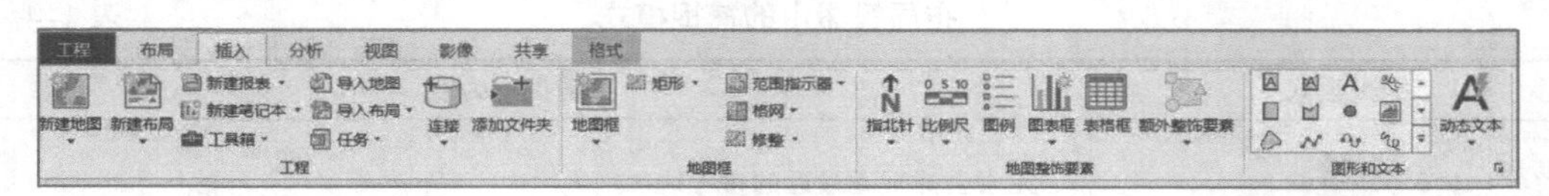

图 1-37　布局要素的**插入**选项卡

(2)修改元素。

修改元素的外观、位置等属性,可以通过**上下文格式**选项卡或者**元素**窗格两种方式实现。

当在**内容**窗格或**布局**视图中选择一个元素,软件功能区将显示**上下文格式**选项卡,如图 1-38 所示。其中包含了**图形和文本**、**编辑**等功能组,对应的功能说明见表 1-5。通过使用这些功能,可以修改选中元素的形状、外观、颜色,以及排列方式等。

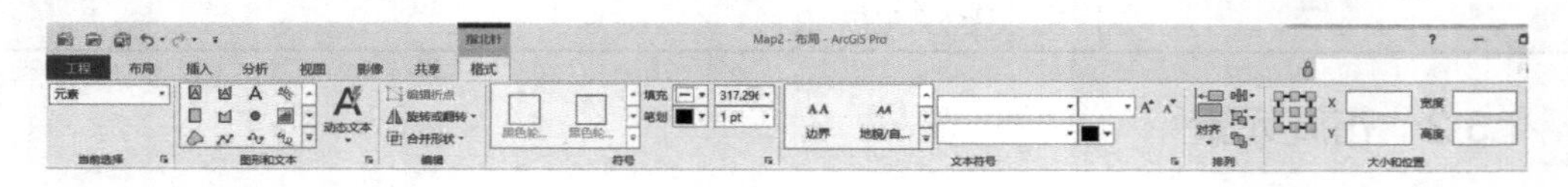

图 1-38　上下文格式选项卡

格式选项卡功能组　　表 1-5

分组	说明
当前选择	该组仅适用于多部件元素,即具有至少一个边界、一个背景和一个阴影的任一元素。使用下拉箭头来选择要使用的元素部分
图形和文本	使用图库以将图形、文本或图片添加到布局

续上表

分组	说明
编辑	使用编辑工具调整元素的几何形状
符号	使用库将相应类型的样式项目应用到所选项目,或使用可用控件设置各个符号的属性
文本符号	使用库将文本样式项目应用到所选文本,或使用可用控件设置各个文本符号的属性
排列	使用可用命令来对齐、分布、分组和重新排列所选元素
大小和位置	使用该组中的控件设置元素的确切位置和尺寸

另外一种修改元素的方式是通过**元素**窗格。**元素**窗格包含可为要素设置的所有属性,包括位于格式选项卡上的属性。要打开**元素**窗格,在**内容**窗格或者**布局**视图中选择一个元素,然后右键单击该元素并选择属性,或者在**布局**视图中双击元素,如图1-39所示。**元素**窗格中的“属性”被分组到选项卡中。这些选项卡根据特定的元素类型而有所不同,但是大部分元素都具有**选项**选项卡、**显示**选项卡和**放置**选项卡。**选项**选项卡包含元素的最常用属性,如元素的名称、可见性、符号等。**显示**选项卡包含元素的边界、背景和阴影的属性。**放置**选项卡包含与**格式**选项卡上的大小和位置组相同的属性。此外,还可以为元素设置旋转值。

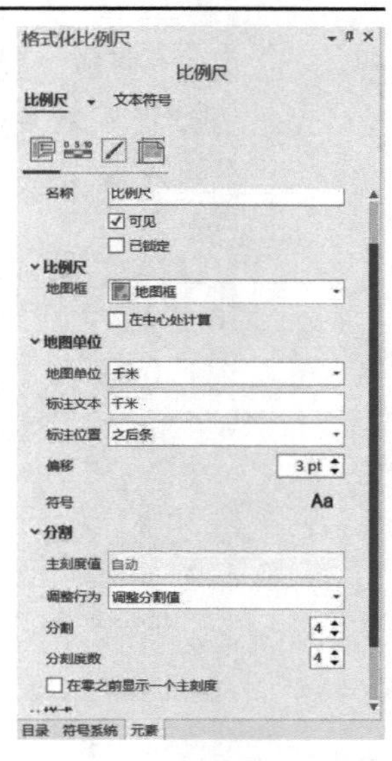

图1-39 元素窗格

1.6 布局中的地图

地图框是布局视图中地图的容器,只有通过地图框才能将地图添加到布局中,地图框可以装载工程中的任何地图和场景。注意的是:地图框与地图视图是相互独立的,在地图框中对地图进行操作(如缩放、平移)不会影响相应的地图视图。**布局**中可以包含多个地图框,地图框的内容可以相互独立,也可以相互关联。因此,在**布局**中添加地图主要是对地图框的操作,包括添加地图框和修改地图框。

1.6.1 添加地图框

在功能区的**插入**选项卡的**地图框**组中,首先选择地图框的形状。系统提供了矩形、面、套索、圆形和椭圆形五种形状。其中,矩形是默认的形状,面则是由**布局**上绘制的连接直线组成的,套索是由**布局**上绘制的连续曲线或直线组成的。然后单击**地图框**,在下拉列表中选择工程中的地图和场景,将地图框添加到**布局**中(图1-40),或者选择<无>以创建一个空的地图框,在随后的操作中为地图框选择地图视图、场景或书签。最后,在**布局**上单击并拖动鼠标创建选定形状的地图框。同样,可以从目

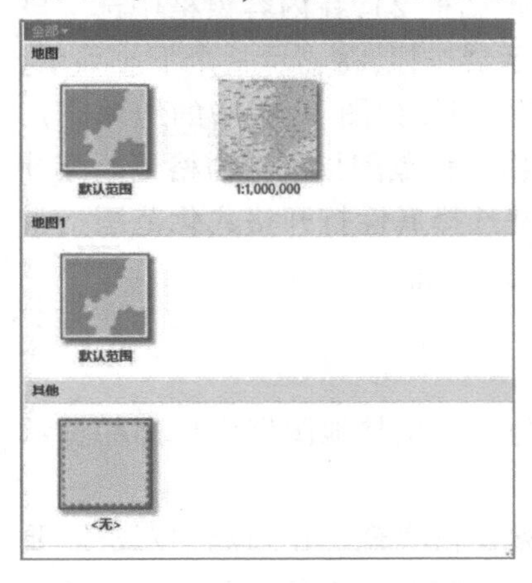

图1-40 地图框选项

录窗格中将要输出的地图直接拖动到**布局**上，该地图将作为矩形地图框以默认地图范围添加到**布局**中，添加了地图框的**布局**如图 1-41 所示。注意的是：该图的**布局**中包含两个地图框（见图中左侧**内容**窗格），其中一个是以矩形绘制的，作为主图；另一个是以圆形绘制的，作为附图，用来说明主图在中国的大致位置。这是一种典型的范围指示器的用法。ArcGIS Pro 提供了范围指示器，它是在其他地图框内显示某个地图框范围的一种方法，常用于定位器或鹰眼图的布局中。

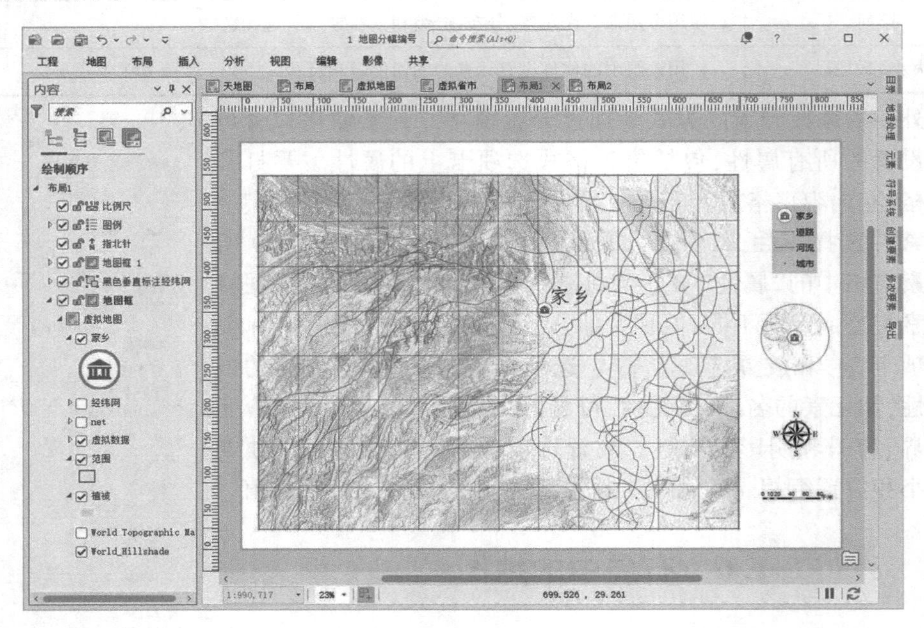

图 1-41　添加了地图框的布局

范围指示器需要**布局**中至少包含两个地图框（包含范围指示器的地图框和需要显示其范围的地图框），而且仅用于 2D 地图中。要在**布局**中添加范围指示器，首先在**布局**中添加两个地图框，设置地图框中的地图，如图 1-41 中的两个地图框中的地图均设置为工程中的地图。随后确定要添加范围指示器的地图框（如图 1-41 中的地图框 2），在**内容**窗格中选中该地图框，在功能区**插入**选项卡上的**地图框**组中，单击**范围指示器**按钮，将显示一个下拉菜单。其中包含页面中所有其他地图框列表，选择要显示范围的地图框（如图 1-41 中的地图框），地图框 2 中就会以矩形框显示出地图框的范围。可以通过**格式化范围指示器**窗格更改范围指示器的外观。在**内容**窗格中选择**范围指示器**，右键单击并选择**属性**打开**格式化范围指示器**窗格，如图 1-42 所示，可以更改范围指示器的形状、颜色等信息。

1.6.2　修改地图框

修改地图框包括更改地图框中的地图、更改地图框的外观和调整地图框内地图的显示范围。

地图框中的地图可以根据需要进行更改，主要通过**元素**窗格实现。在**布局**中双击需要修改的地图框，激活**格式化地图框**窗格，在**选项**选项卡的**地图**下，从下拉菜单中选择其他地图或场景，如图1-43所示。

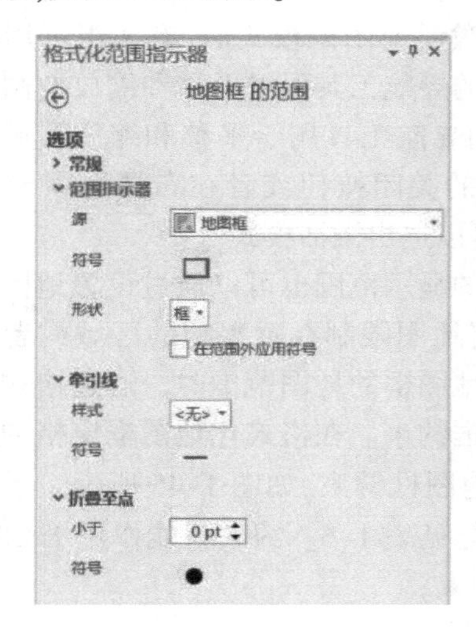

图1-42　格式化范围指示器

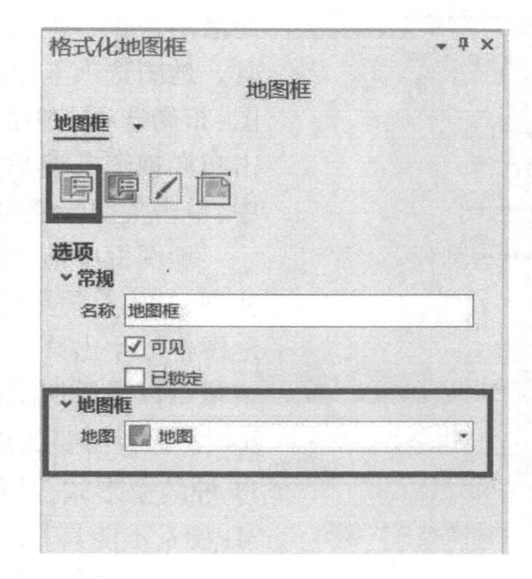

图1-43　格式化地图框

更改地图框的外观也是通过**格式化地图框**窗格，在**显示**选项卡中可以修改地图框的边框的线型、颜色、宽度等信息，以及背景阴影等。若要修改地图框的形状（如从矩形变成圆形），则选中该地图框，在功能区的**插入**选项卡下，单击**地图框**组中的**修整**下拉菜单，选择一个绘图工具，对选中的地图框绘制新的形状，如图1-44所示。

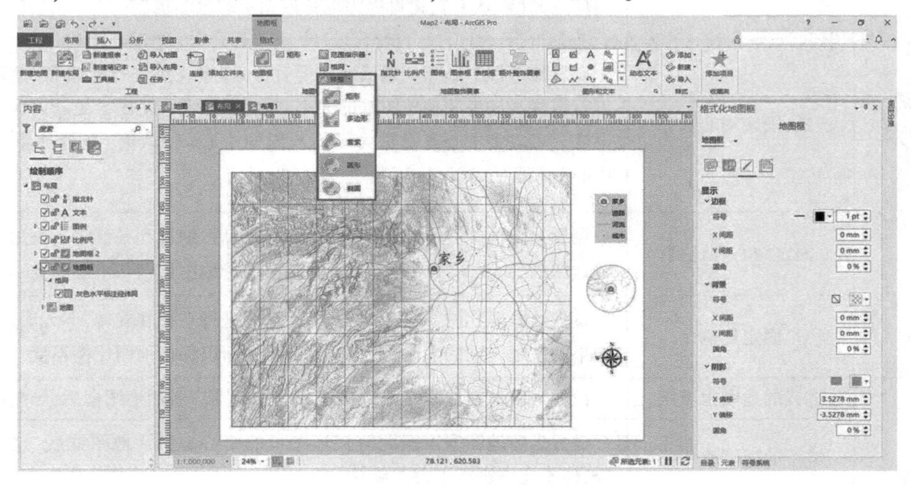

图1-44　修改地图框的形状

若要调整地图框内地图的显示范围，必须激活地图框。同样，必须激活地图框才能访问其他特定于地图视图的工具，例如添加数据或用于修改地图属性的任何工具。可以通过以下三种方法来激活地图框：

①选中地图框，在**布局**选项卡的**地图组**中，单击**激活**；

②在**内容**窗格中，右键单击**地图框**，然后单击**激活**；

③在**内容**窗格或**布局**中选中**地图框**，在右键菜单中单击**激活**。

在激活的地图框模式下，**布局**的其余部分将变为禁用状态，直到单击**布局**选项卡上的**关闭激活**为止。进入激活地图框模式后，有两组可用的导航工具。**地图**选项卡中的导航工具可以平移和缩放地图框中的地图；**布局**选项卡中的导航工具用于平移和缩放布局页面。单击**布局**视图右上角的**关闭**按钮或者在**布局**选项卡的**地图**组中，单击**关闭激活**可以退出激活模式。

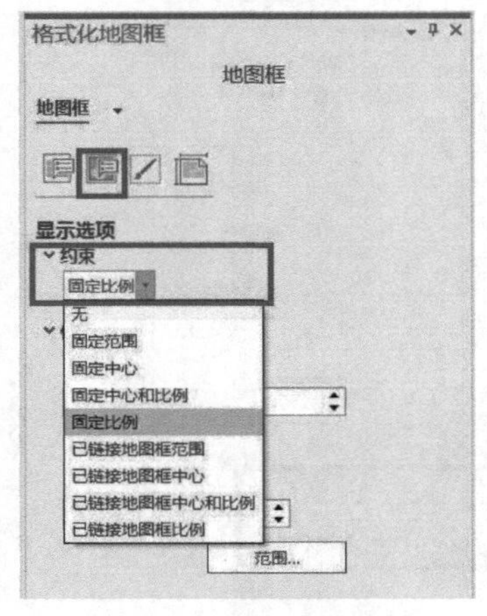

图 1-45　地图框约束的设置

地图框中地图的显示范围也可以通过设置地图框约束来实现，特别是需要将地图限制在感兴趣的区域或者基于其他地图框派生出某个地图框的地图范围时。通过**格式化地图框**窗格可以设置地图框约束。在**格式化地图框**窗格的**显示选项**中，选中需要的地图框约束，如图 1-45 所示。系统提供了 11 种约束形式，功能见表 1-6。约束只能作用于 2D 地图框，3D 场景不能具有约束。

地图框约束　　表 1-6

类型	约束	说明
单个标准地图框约束	无	地图框上没有约束。地图框被激活时允许的导航类型没有限制
	固定范围	将地图框设置为地图范围。激活地图框后，导航将不可用，如果调整地图框的大小，则地图比例将随即更改以保证范围不变。固定范围可以为地图的当前范围（默认值），也可以为地图内图层的全图范围
	固定中心	设置地图框中心点。激活地图框后，允许围绕点进行缩放和旋转，但无法进行平移。如果调整地图框的大小，则地图比例和范围会更新以保持中心点不变。可以将中心点设置为当前地图的中心（默认值）或者地图内图层的中心
	固定中心和比例	设置地图框中心点和比例。激活地图框后，缩放和平移将不可用。如果调整地图框的大小，则地图范围将更新以保持地图比例和中心不变
	固定比例	设置地图框比例。激活地图框后，允许进行平移和旋转，但无法进行缩放。如果调整地图框的大小，则地图范围将更新以保持地图比例不变
多个地图框约束	链接的地图框范围	设置当前地图框以匹配链接地图框的范围。激活地图框后，导航将不可用
	链接的地图框中心	设置当前地图框以匹配链接地图框的中心。激活地图框后，允许进行缩放，但不允许进行平移和旋转
	链接的地图框中心和比例	设置当前地图框以匹配链接地图框的中心和比例。激活地图框后，缩放和平移将不可用
	链接的地图框比例	设置当前地图框以匹配链接地图框的比例。激活地图框后，允许进行平移和旋转，但不允许进行缩放
地图系列约束	地图系列	将地图框设置为索引要素的范围。这将自动应用于包含索引图层的地图框，并且无法将其移除。要自定义使用的范围，需设置地图系列的范围选项
	链接的地图系列形状	将地图框设置为索引要素的范围

1.7　地图整饰

地图整饰是地图表现形式、表示方法和地图图型的总称，是地图生产过程的一个重要环节，包括地图色彩与地图符号设计、线划和注记的描绘、地形的立体表示、图面配置与图外装饰设计。整饰的目的是根据地图性质和用途，正确选择表示方法和表现形式，恰当处理地图上各种表示方法之间的相互关系，以充分表现地图主题及制图对象的特点，达到地图图形与内容的统一。结合 ArcGIS Pro 软件来说，地图整饰就是合理调整和放置布局元素，使其达到和谐统一，与地图内容相得益彰。

地图框是布局中的核心和主要内容，反映了制图区域的地理要素和符号颜色配置。但是，一幅完整的地图除了地图框中的内容外，还应包含与地理数据相关的一系列辅助说明元素，如图名、图例、指北针、比例尺、坐标格网等。

1.7.1　图名

图名是能反映一幅地图中心内容的名称，应放置在醒目的位置上，如此图廓线上方居中位置。在 ArcGIS Pro 中主要通过在布局中添加文本的功能来添加图名，如图 1-46 所示。

图 1-46　插入文本选项卡

首先，激活布局视图，在功能区**插入**选项卡的**图形和文本**组中，选中一种添加文本的方式；然后，在**布局**中要放置标题的位置绘制文本区域，并输入文字，可以在**格式**选项卡或者**元素**窗格中设置文本的字体、大小、颜色等属性，如图 1-47 所示。

系统提供了 6 种添加文本的方式，具体说明见表 1-7。

添加文本的方式　　表 1-7

文本元素类型	说明
矩形文本	矩形中的文本。矩形文本将保留设置的字体大小，且长文本将自动换行
多边形文本	绘制的多边形中的文本。多边形文本将保留设置的字体大小，且长文本将自动换行
圆形文本	圆形中的文本。圆形文本将保留设置的字体大小，且长文本将自动换行
椭圆形文本	椭圆形中的文本。椭圆形文本将保留设置的字体大小，且长文本将自动换行
平直文本	直线中的文本。字体大小会根据元素大小的调整而自动增大或减小。支持在文本中设置换行符，但文本不会换行
弯曲文本	曲线上的文本。弯曲文本将保留所设置的字体大小。不支持换行符和文字换行

系统还提供了动态文本的功能。所谓动态文本，是指能随工程、布局和地图框等的当前属性变化而变化的文本。当更新属性时，文本也将自动更新，如制图者的姓名随布局元数据中的制作者名单而变化、地图系列中图幅编号随着页面编号而变化、制图时间随地图框编辑结束时间而变化等。动态文本通过使用动态文本标签来实现文本内容的实时更新。

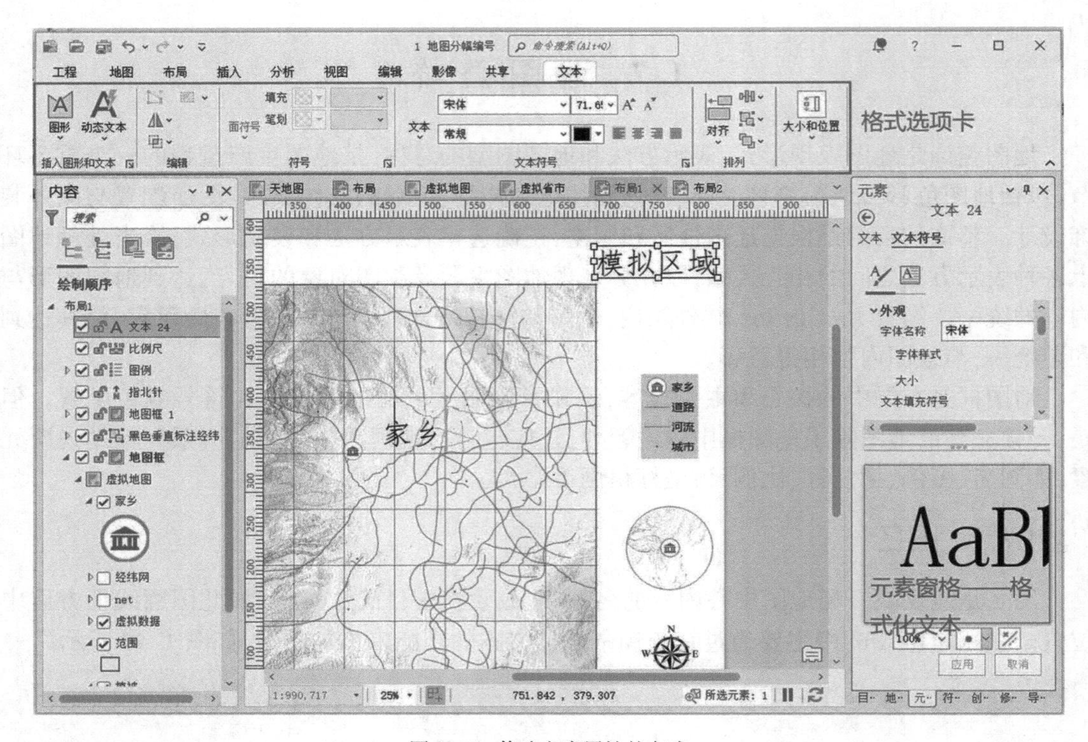

图 1-47　修改文本属性的方式

布局中添加动态文本的步骤如下：

①激活布局视图，在**插入**选项卡的**图形与文本**组中单击**动态文本**按钮，随即显示动态文本标签库，如图 1-48 所示。

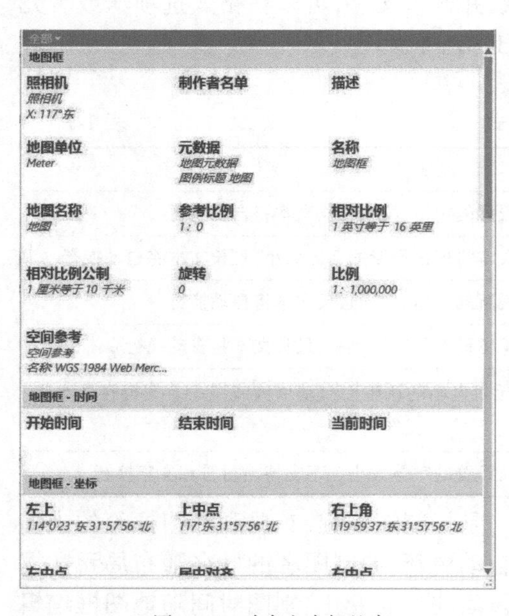

图 1-48　动态文本标签库

②从库中选择动态文本标签（如系统当前时间），在**布局**中确定要放置动态文本的位置和绘制文本区域，并可以在上下文**格式**选项卡或者**元素**窗格中设置文本的字体、大小、颜色等属性。在**元素**窗格**文本**选项卡中使用**标签视图**或**文本视图**可以查看和修改动态文本的内容。动态文本一般包含静态字符和动态文本标签两部分。在标签视图中，静态字符以通常的文本格式显示。动态文本标签显示为一个可以单击的文本标签按钮，如图 1-49 所示。单击该按钮将打开对应的编辑该标签的窗口。文本视图显示完整的动态文本标签以及任何静态文本。图中，可以将静态文本“当前时间”直接修改为“制图时间”，同时将 time 标签删除，最终的动态文本如图 1-50 所示。

系统提供了多种类型的动态文本标签，如地图框、布局、工程、用户、计算机、属性表、时间、日期等,可参阅 ArcGIS Pro 的线上帮助文档了解这些文本标签的语法。对动态文本的修改,尽量在标签视图的模式下进行,因为该模式下可以对动态文本的拼写进行检查。

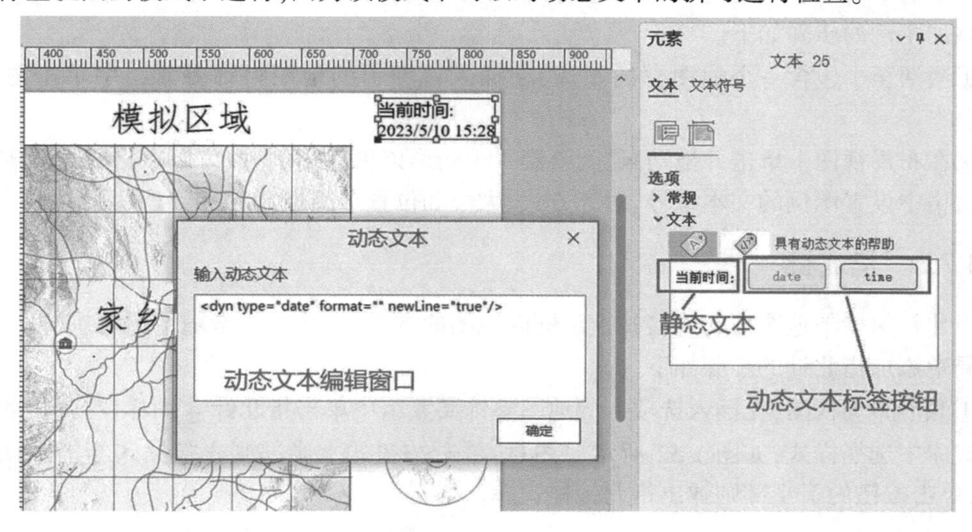

图 1-49　动态文本标签视图

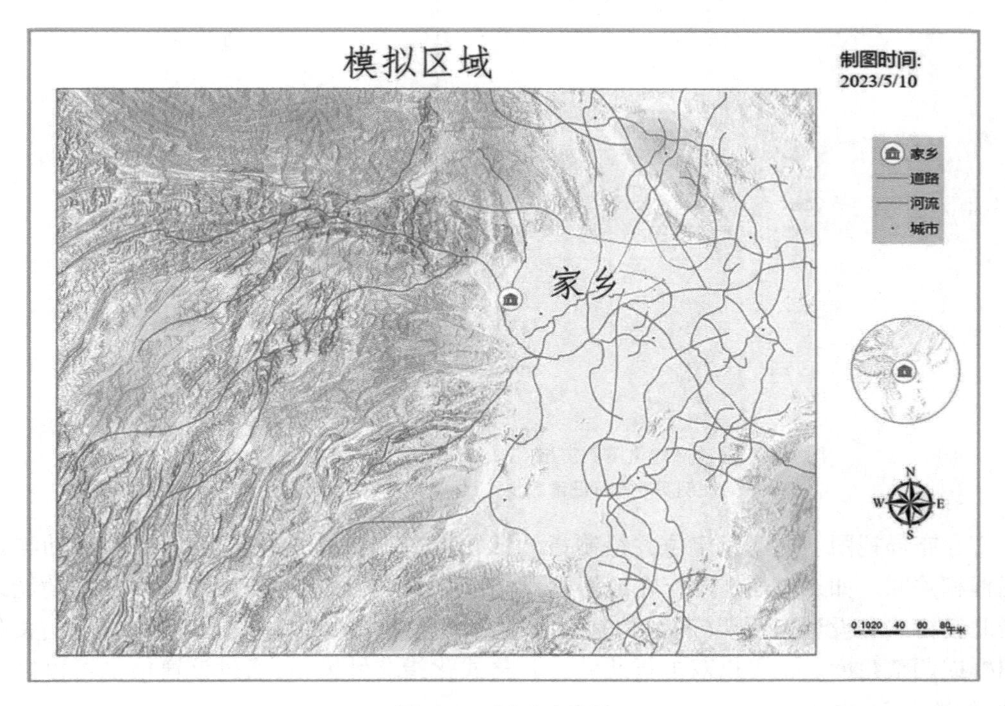

图 1-50　动态文本示例

1.7.2　图例

图例是对地图框中所有地图符号含义的简单说明,对于地图的阅读和使用具有重要的作用,一般放置在图幅的右侧或下侧。在 ArcGIS Pro 的**布局**视图中可以添加多个图例,图例可以指向**布局**中的任何地图框,但每个图例只能引用一个地图框。图例可以是静止的(即显示地图中的所有图层),也可以是动态的(仅显示在当前地图框范围内可见的图层)。在**布局**中添加图例的步骤如下。

①激活至少包含一个地图框的布局,在**插入**选项卡的**地图整饰要素**组中单击**图例**图标。

②在**布局**视图上单击并拖动鼠标,绘制一个矩形以创建图例,并可以在**格式**选项卡或者**元素**窗格中设置图例的文本符号、对齐方式、大小和位置等属性,如图 1-51 所示。

1.7.3 指北针

指北针保持与地图框的连接并指示框内地图的方向,指北针元素随地图的旋转而旋转。在**布局**中添加指北针的步骤如下。

①激活布局视图,在**插入**选项卡的**地图整饰要素**组中单击**指北针**图标,在弹出的指北针样式库中选择样式,如图 1-52 所示。注意:单击按钮的上半部则直接插入当前默认的指北针,单击按钮的下半部则弹出指北针样式库。

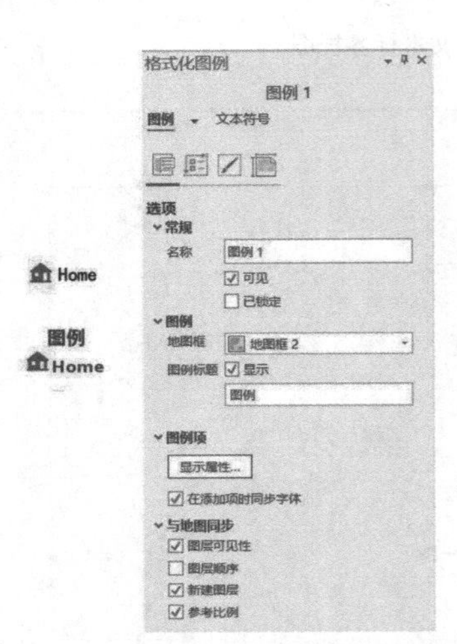

图 1-51 通过格式化图例窗格对图例属性进行设置

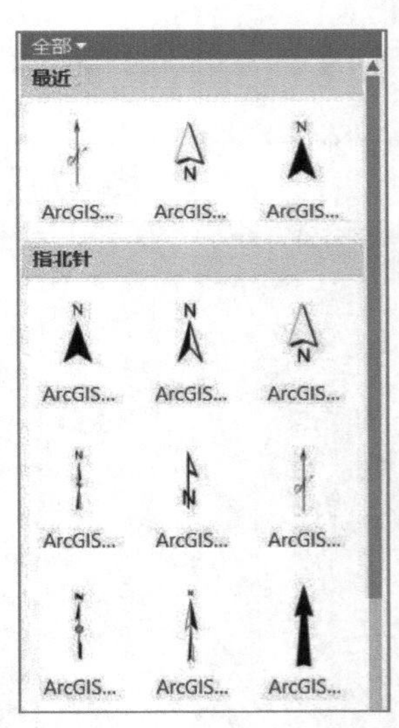

图 1-52 指北针样式库

②在**布局**视图上拖动以定位并绘制指北针。将指北针添加到页面后,其将自动与默认地图框相关联。如果页面上不存在地图框,则指北针不与任何地图相关联。同时,功能区出现指北针**格式**和**设计**选项卡(图 1-53),通过这两个选项卡,可以修改指北针的外观、关联的地图框或调整角度。也可以双击指北针打开**格式化指北针**窗格,通过该窗格也可以修改指北针,如图 1-54 所示。

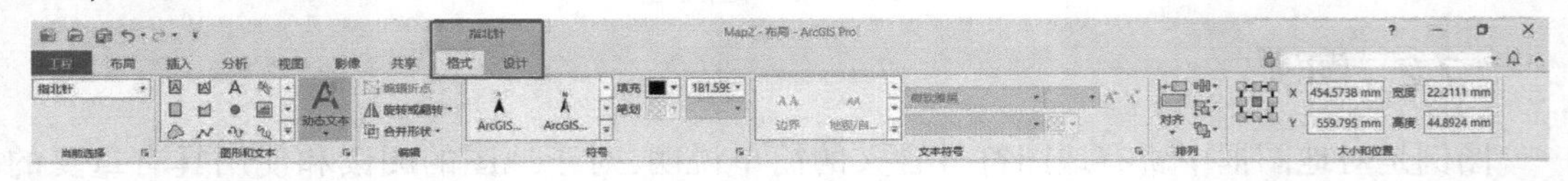

图 1-53 指北针的上下文选项卡

1.7.4　比例尺

比例尺用于对地图上的要素大小和要素间距离进行直观指示。它用地面长度进行标注,标注单位通常为地图单位的倍数,如几十千米。将比例尺添加到布局后,其将与地图框相关联并保持与框内地图的链接。如果地图比例发生变化,比例尺将更新以保持正确。布局中的比例尺大多采用数字式比例尺和线条式比例尺两种表达形式,一般放置在地图的下方。数字比例尺的添加方式与图名的添加方式类似,采用静态或动态文本的方式。此处主要介绍添加线条式比例尺。

①激活布局视图,在**插入**选项卡的**地图整饰要素**组中单击**比例尺**图标,在弹出的比例尺样式库中选择样式,如图1-55所示。注意:单击按钮的上半部则直接插入当前默认的比例尺,单击按钮的下半部则弹出比例尺样式库。

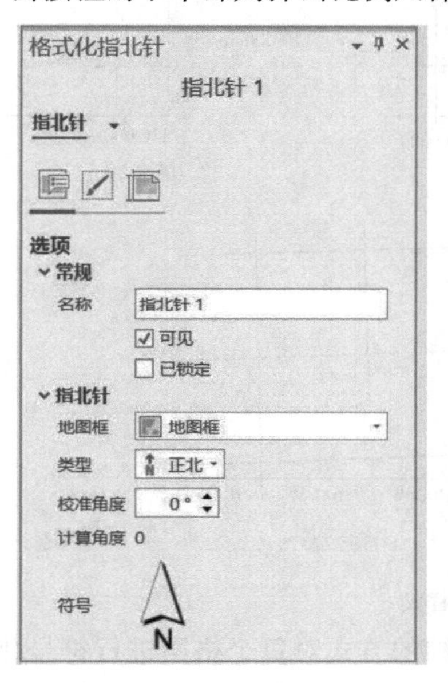

图1-54　格式化指北针窗格

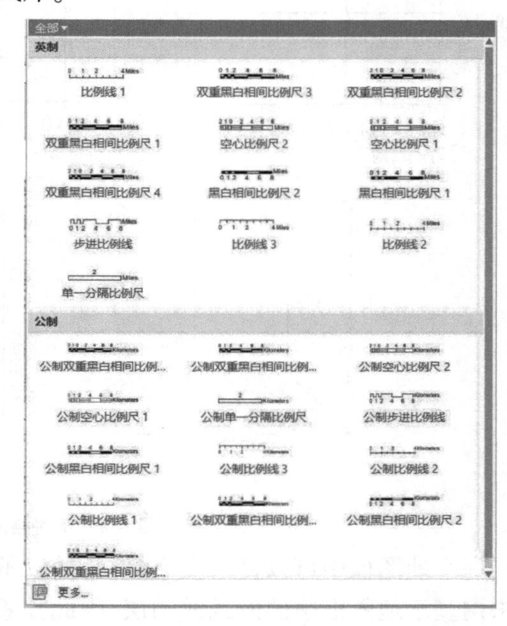

图1-55　比例尺样式库

②在布局视图上拖动以定位并绘制比例尺。使用功能区上的**格式**选项卡和**格式化比例尺**窗格可以修改比例尺的属性,例如外观、大小和位置。也可以重命名比例尺、打开或关闭其可见性,或将其锁定以便在布局上无法选择。如果布局中有多个地图框,还可以更改比例尺所引用的地图框。

1.7.5　坐标格网

布局中的格网元素用于显示坐标或划分地图框,以便于地图的阅读。格网样式库中提供了五种类型的格网:经纬网、方里格网、军事格网参考系(MGRS)格网、参考格网和自定义格网。

经纬网由地球上表示纬度的平行线和表示经度的子午线组成,描述地理坐标(经纬度),

如图 1-56a)所示。由于所有位置都具有经度和纬度,因此,可以在任何投影中将经纬网添加到地图框中。方里格网是由间隔均匀的水平线和垂直线组成的网络,用于描绘地图的投影坐标,常用于投影坐标位置的显示,如图 1-56b)所示。军事格网参考系(MGRS)格网是一种特殊类型的方里格网,可显示在通用横轴墨卡托投影(UTM)坐标系的特定信息,例如 100 000m 格网区标注,如图 1-56c)所示。参考格网是由列和行组成的网络,用于将地图划分为独立于地图坐标系的等面积方格。每个列和行均有标注,因此,格网中的每个方格都具有唯一的标识符,如图 1-56d)所示。自定义格网基于地图中的面或线要素,将面或线要素作为格网线,并且可以将地图框外部的这些线标注为自定义格网的一部分,如图 1-56e)所示。自定义格网的一个示例就是镇区和范围格网。

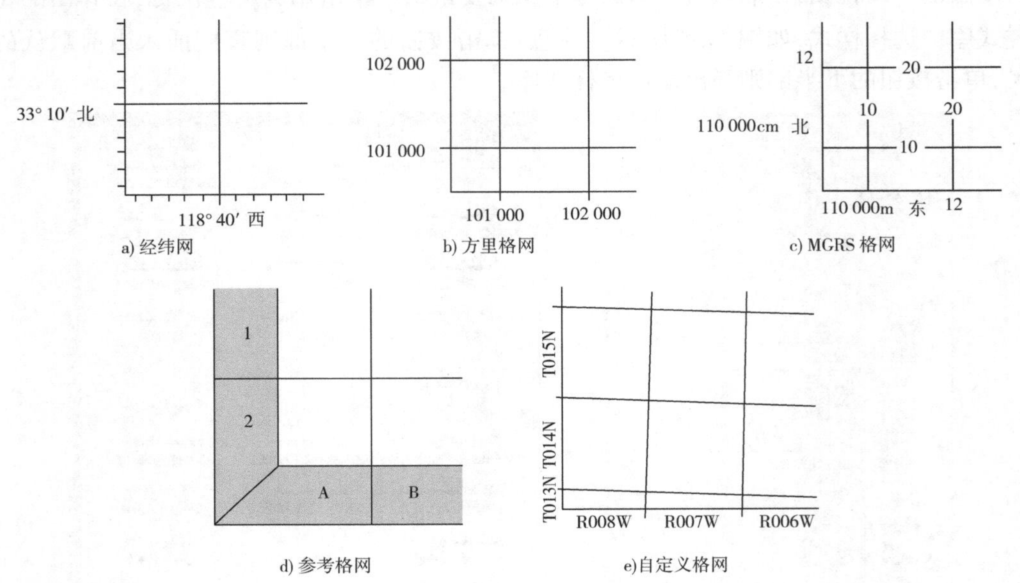

a) 经纬网　b) 方里格网　c) MGRS 格网

d) 参考格网　e)自定义格网

图 1-56　五种格网样式

在同一个地图框中可以显示多个格网,并以不同的方式对每个格网进行符号化。由于自定义格网基于地图框中的面或线图层,因此其添加方式与其他格网类型不同。这里主要介绍添加经纬网、方里格网、MGRS 格网和参考格网的方式,其步骤是相同的。

①激活布局视图,选择要插入格网的地图框,在**插入**选项卡的**地图框**组中单击**格网**图标,在弹出的格网样式库中选择样式(如灰色水平标注经纬网),在**内容**窗格的对应地图框中出现了添加的格网。

②在**内容**窗格中点击**灰色水平标注经纬网**并单击**属性**,**格式化地图格网**窗格随即出现,如图 1-57 所示。通过修改该窗格中的属性信息可以更改格网的外观,然后可以将其保存为"样式"以方便再次使用。

此处以经纬网的修改为例进行介绍,其他格网的修改不再一一赘述。**格式化地图格网**窗格中包含两个选项卡:**选项**和**组件**。

在**选项**选项卡中,可以设置网格的名称、可见性、间隔、经纬网的原点、内图廓线等属性。尤其需要注意:间隔属性中若勾选了**自动调整**选项,系统会根据地图的比例自动更改经纬组件的间隔,因此若要自定义各组件的间隔,应取消该选项。

单击选项卡右侧的**菜单**按钮 ☰,可以更改**元素**窗格中经纬度坐标的输入和显示方式。注意:这些坐标选项仅适用于**元素**窗格中的坐标。要更改坐标在经纬网上的显示方式,需要更新标注组件。

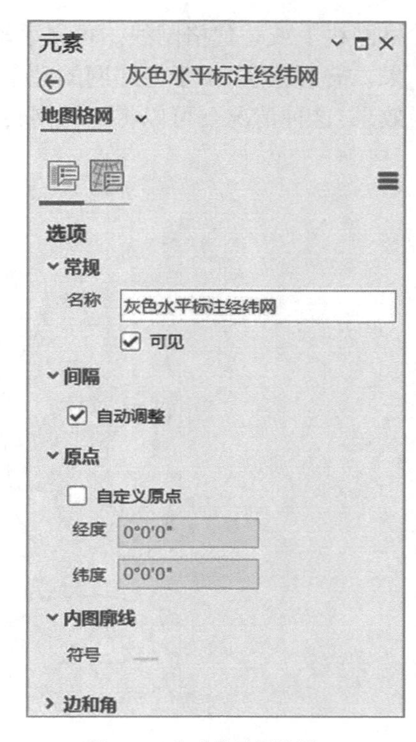

图1-57　格式化地图格网

组件选项卡主要用于对经纬网的组件进行添加、删除、管理及组件属性的设置。经纬网的组件包括格网线、刻度、标注、拐角标准、交叉点、内部标注和内部刻度。

格网线是跨越地图的线,用于描绘经度和纬度。默认情况下,格网线间隔基于比例进行计算。要手动设置这些间隔,需取消勾选**选项**选项卡中的**自动调整**,随后就可输入经度和纬度的间隔(若勾选同步值,则经纬度间隔值相同),还可以设置格网线的外观(颜色、宽度),按照自定义的格网间隔绘制的格网线如图1-58所示。

刻度是经纬网边上的线性标记。可以使用不同样式和间隔的多个刻度来描绘经纬网上的主刻度和分刻度。默认情况下,刻度间隔基于比例进行计算。和格网线一样,也可以手动设置刻度间隔、长度、宽度等属性值,图1-59显示了按照0.5°添加的刻度线。

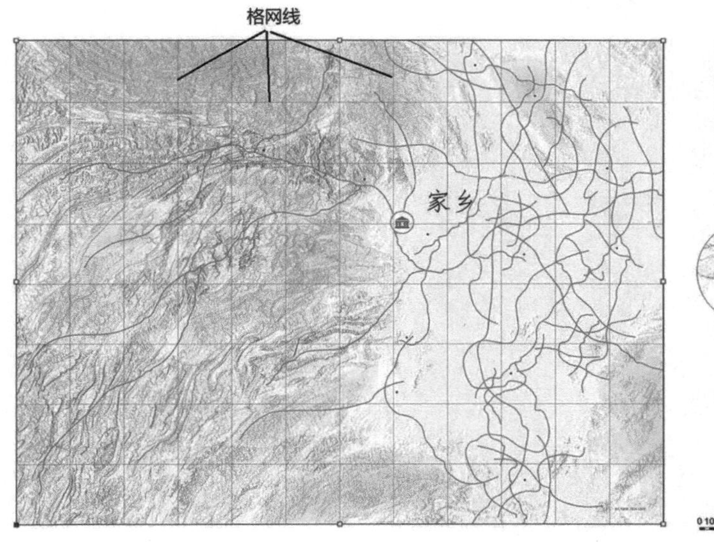

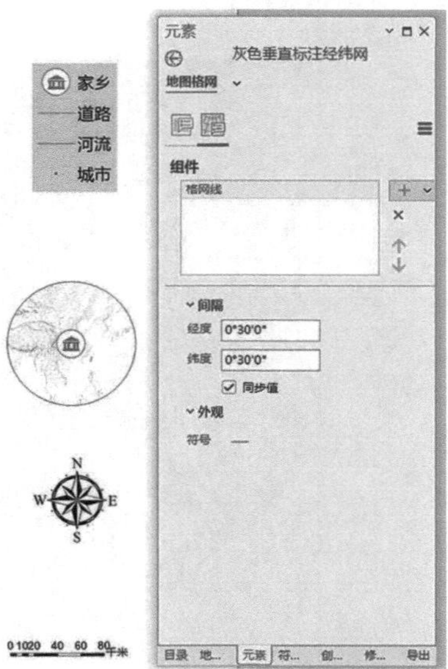

图1-58　格网线组件添加的效果

标注是经纬网边上以文本表示的经度和纬度坐标。拐角标注是地图框折点处以文本显示的经度和纬度坐标。交叉点是显示纬度线和经度线相交位置的点符号。可以使用交叉点(无须格网线)在地图上创建点格网。内部标注是经纬网中以文本表示的经度和纬度坐标,通常位于格网线顶部。内部刻度是格网内用于显示坐标间隔的线性标记。它们可以显示在格网线上或替代格网线。可以手动设置其外观等属性,图 1-60 显示了添加了其他组件的效果。需要注意:由于经纬网的动态特性,修改组件存在一些限制,可能导致无法达到想要的效果,这种情况下可以将经纬网转换为图形,然后修改生成的图形。

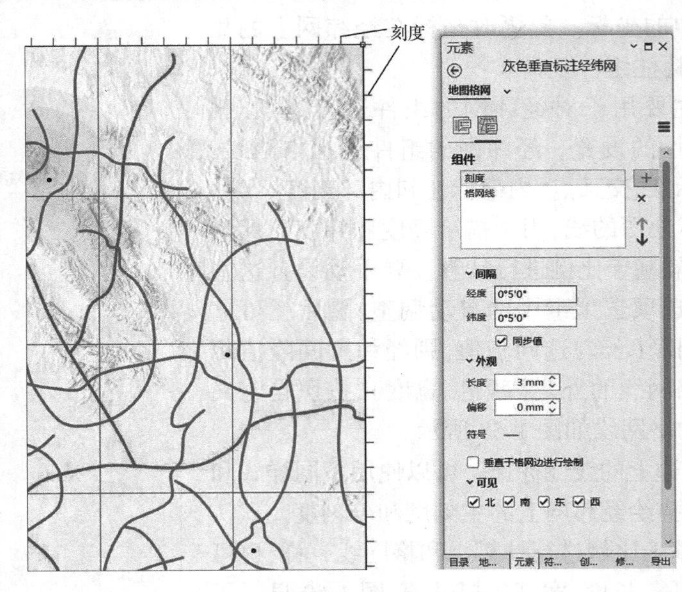

图 1-59　刻度组件添加的效果

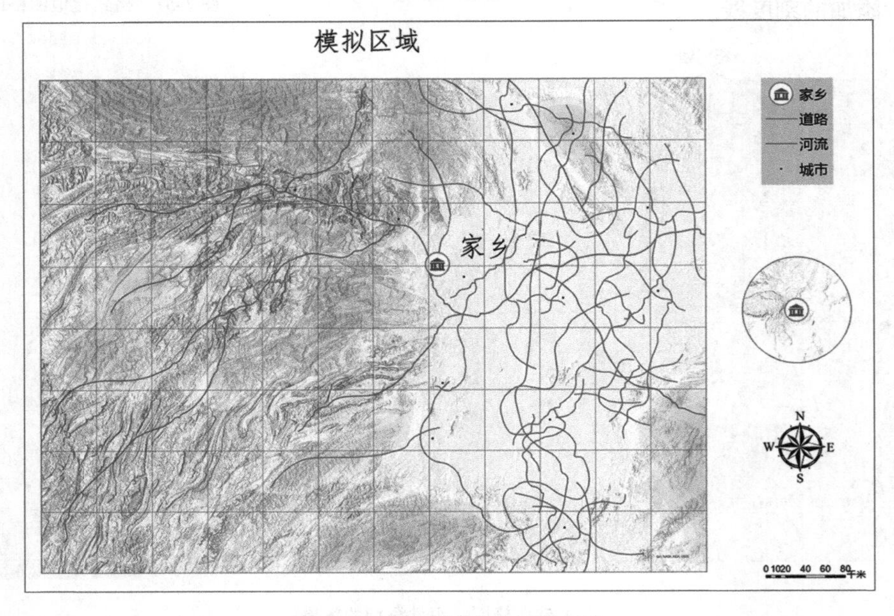

图 1-60　添加了经纬格网的地图

1.8　地 图 输 出

创建地图或布局后,可以通过两种方式将地图或布局转换为文件,即导出和打印。

1.8.1　导出地图或布局

对于创建完成的地图或布局视图,可以将其导出为文件与他人分享,导出地图或布局视图的步骤如下。

①激活地图或布局视图,在功能区的**共享**选项卡中,基于活动视图,单击**地图**或**布局**,以打开**导出**窗格,如图 1-61 所示。

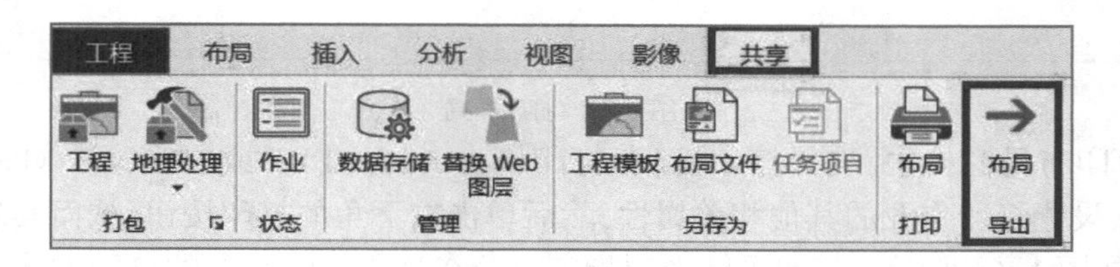

图 1-61　导出布局

②在**导出布局**窗格中,设置导出文件的类型、名称、位置,以及其他属性,然后单击右下角的 Export 按钮,从而实现地图或布局的导出,如图 1-62 所示。**导出布局**窗格打开后,可以在地图视图和布局视图之间切换以将其导出,而无须重置属性。

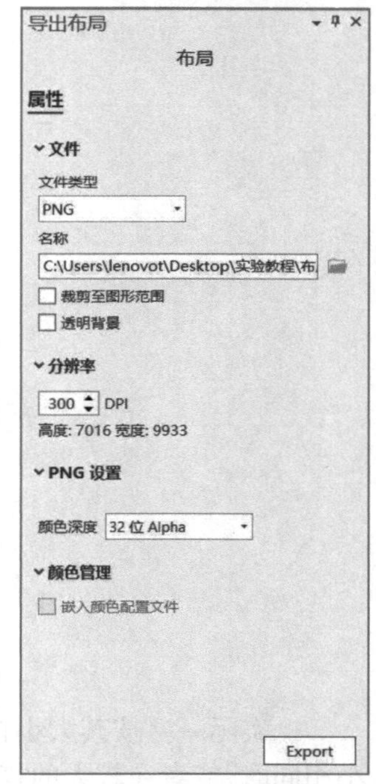

图 1-62　导出布局窗格

系统提供了 12 种导出文件类型,包括矢量和栅格格式。矢量格式包含 AIX、EMF、EPS、PDF、SVG 和 SVGZ,它们支持矢量和栅格数据的混合;栅格格式包含 BMP、JPEG、PNG、TIFF、TGA 和 GIF,它们仅为栅格导出格式,可自动栅格化地图或布局中的所有矢量数据。每种格式都具有可以在导出之前设置的不同属性。如 PDF 文件可在不同的平台上实现一致的查看和打印效果。它们常用于在 Web 上分发文档,并且此格式现在是文档交换的标准。PDF 在许多图形应用程序中均可编辑,并会保留地图的地理配准信息、注记、标注和要素属性数据。而 PNG 属于通用型栅格格式,可在各种 Web 浏览器上显示并且可插入其他文档。它支持高位深度颜色并使用无损压缩。对于地图而言,PNG 通常是最佳的栅格格式,因为无损压缩可防止产生 JPEG 格式中的那种压缩伪影,从而使文本和线条始终清晰可辨。PNG 文件还具有定义透明颜色的功能;在 Web 浏览器中图像的一部分可显示为透明,这样背景、图像或颜色便可以透过图像显示。PNG 将与一个坐标文件一同生成,可用作地理配准栅格数据。需要注意:BMP、PNG 和 JPEG 文件类型不支持 CMYK 颜色模型,如果布局或地图位于此颜色模型中,则将在导出中使用 RGB 颜色模型。

1.8.2　打印地图或布局

对于创建完成的地图或布局视图,也可以将其打印为文件与他人分享,打印地图或布局视图的步骤如下。

①激活地图或布局视图,在功能区的**共享**选项卡的**打印**组中,单击**地图**或**布局**,以打开**打印**窗格,如图 1-63 所示。

图 1-63　打印布局

②在**打印布局**窗格中,选择打印机(若打印机为 Adobe PDF 或 Microsoft XPS,则打印为 PDF 文档)、设置打印作业的其他相关属性,然后单击右下角的**打印**按钮,从而实现地图或布局的打印,如图 1-64 所示。打印平铺选项指定布局在打印机纸张上的打印方式。如果布局大于或小于打印机纸张大小,则此选项很重要,因为**平铺**选项用于确定是否要缩放布局。如果布局与打印机纸张大小相同,则不会发生缩放。存在以下三个选项。

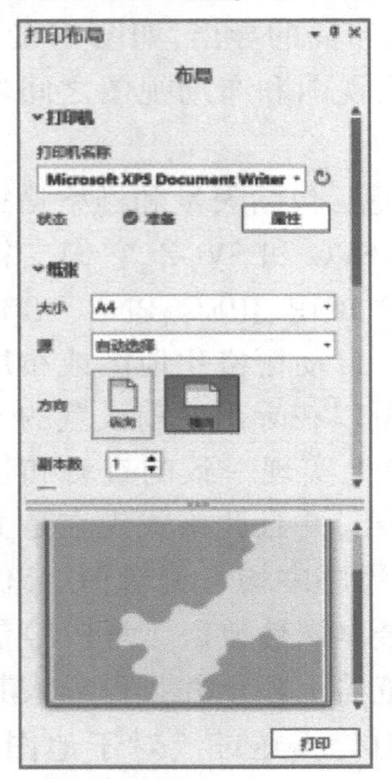

图 1-64　打印布局窗格

a. 实际——按其大小打印布局,而无须适合打印机纸张大小。当布局与打印机纸张大小相同时,或者在较大的打印机纸张上打印小布局并在其周围留出空白时,使用此选项。

b. 适合纸张大小——收缩或拉伸布局以适合打印机纸张。当布局需要填满整个页面时,可以使用此选项来处理大于或小于打印机纸张的布局。

c. 块超大——跨页打印整个布局。当需要保留布局大小时,可以使用此选项来处理大于打印机纸张大小的布局。

实验2　地图矢量化

2.1　实验任务书

多源空间数据可以为GIS提供详细、实时的基础地理信息,是地图制图和空间分析的数据源。多源的空间数据主要包括地图资料、影像资料、统计资料、文字资料等。GIS空间数据生产的任务就是将这些不同时间、不同格式的数据进行加工处理成符合GIS要求的空间数据,建成地理空间数据库。

随着野外数据采集技术的快速发展,基于扫描旧地图获得栅格影像进而矢量化得到数字线划地图的方式,已经不再是GIS获取空间数据的主要手段,但是其中涉及的地理信息数据采集、加工、处理及整合的技术方法和数据库建立的流程,仍旧是数据生产的主流模式。因此,以栅格地图为参考的矢量数据入库实验可作为对空间数据生产的一个训练。

实验目的:掌握读图的方法;能够设计、编写地理空间数据生产的技术方案;掌握栅格地图转化为矢量地图的方法和流程;掌握空间数据库的构建方法;能够利用ArcGIS软件对地理数据进行编辑处理。

实验数据:1∶50 000普通地形图扫描影像。

实验环境:ArcGIS Pro或者ArcGIS Desktop中的ArcMap。

实验内容:利用ArcGIS软件对指定区域的实验数据进行矢量化转换,构建符合要求的空间地理数据库,并对地图数据进行符号化表达和版面设计,处理范围:(3 422km,18 600km)~(3 424km,18 602km)。

实验步骤:

①数字矢量化方案设计。仔细研读待矢量化的地图,了解该地图的坐标系、比例尺等相关信息,待处理区域的地理要素特征,在此基础上参考《基础地理信息要素分类与代码》(GB/T 13923—2022)设计地理要素分类方案、数据库的结构、要素类的类型和属性、数据质量检查方案、符号化方案,以及布局和版面设计方案。

②地理空间数据库的建立。根据设计方案在ArcGIS软件中建立与实验地图坐标系相同的地理空间数据库、要素数据集和要素类(要素类不应少于7种)。

③栅格地图配准。扫描得到的栅格地图数据通常不包含空间参考信息(即地图实际的坐标系统),因此需要参照地图坐标系对栅格数据进行地理配准,使得栅格数据具有指定的地图坐标系,从而实现栅格数据与其他地理数据一起查看、查询和分析。

④交互矢量化。基于栅格底图数据,操作鼠标进行屏幕跟踪矢量化,将地图要素按照分类方案绘制到对应的要素文件(或图层)。注意:几何数据的形状轮廓应与底图数据相吻合;

等高线、高程点要素应具有高程属性,等高线能区分首曲线和计曲线。

⑤地理数据编辑。矢量化数据生产过程中需要对要素形态进行修正,还需要对要素的属性进行更新等操作;对完成的数据要进行质量检查;最后要对数据添加元数据以帮助用户更好地了解数据的基本状态、处理过程和数据质量。注意:矢量化和数据编辑在整个过程中是相互交融的。

⑥地图数据符号化和标注。矢量化完成后,对照原图样式并参阅《国家基本比例尺地图图式　第 3 部分:1 : 25 000 1:50 000 1 : 100 000 地形图图式》(GB/T 20257.3—2017)对成果进行符号设置、文字标注;并按照底图输出方法选择恰当的版式输出地图。

实验成果:提交实验报告、1 : 50 000 矢量化地图(PNG 格式)、地理数据库的打包文件。

2.2　地理数据库创建

2.2.1　ArcGIS Pro 中的地理数据库

在上一个实验中介绍了 Shapefile 文件管理地理数据。但是对于大量地理数据而言,采用地理数据库进行数据组织和管理,更加有助于提升数据查询检索和数据计算的效率,方便数据抽取与数据共享。因此,本实验中介绍地理数据库的使用方法,也建议在随后的实验中都采用地理数据库管理地理数据。

地理数据库(Geodatabase)是一种面向对象的空间数据模型,能够对矢量、栅格、不规格格网、网络等空间数据集进行统一的描述和存储,它是保存各种数据集的“容器”。这些数据对象包括表、要素类和栅格数据集,如图 2-1 所示。

Geodatabase 依据层次型的数据对象来组织空间数据,最常用的对象包括对象类(Object class)、要素类(Feature class)和要素数据集(Feature dataset)。

对象类没有空间特征,只是一个记录着某种关系的表(Table)。

要素类是具有相同空间制图表达(如点、线或面)和一组通用属性的常用要素的同类集合(例如,表示道路中心线的线要素类)。最常用的四个要素类是点、线、面和注记(图 2-2)。要素类之间可以独立存在,也可以具有某种关系。当不同要素类之间存在关系时,应考虑将它们组织到一个要素数据集中。

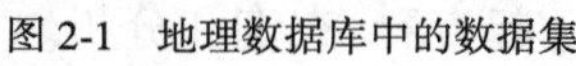

图 2-1　地理数据库中的数据集

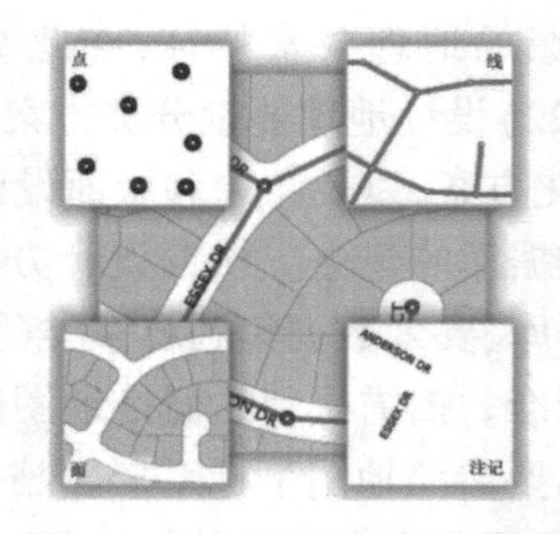

图 2-2　地理数据库中的要素类型

要素数据集是具有相同空间参考并具有某种关系的多个要素类的集合。一般而言,在以下三种情况下,应考虑将不同的要素类组织到一个要素数据集中。

①当不同的要素属于同一个范畴。例如,全省范围内某种比例尺的行政区划数据,其中的点、线、面类型的要素类可以组织为同一个要素数据集。

②在同一几何网络中充当连接点和边的各种要素类,必须组织到同一要素数据集中,如道路网络中的道路交叉点、车站和道路。

③对于共享公共几何特征的要素类,如用地、水系和行政区界等。当移动其中的一个要素时,其公共的部分也要求一起移动,并保持这种公共边关系不变。

当数据库中装载了这些数据后,还可以创建控制器数据集(有时也称为"扩展数据集"),例如宗地结构、拓扑或公共设施网络。图2-3显示了ArcGIS Pro要素数据集内受支持的数据类型(扩展数据集)。

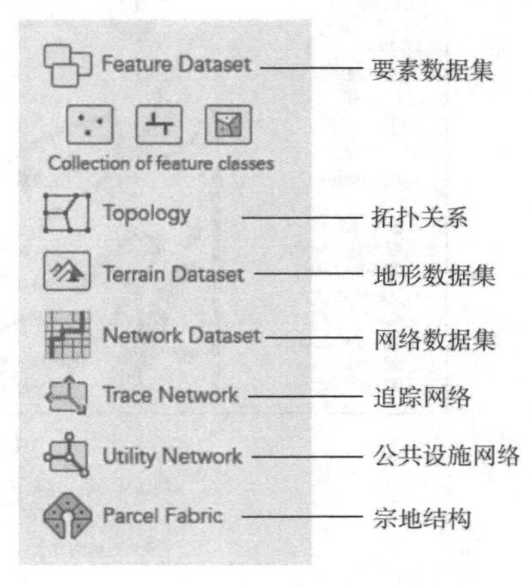

图2-3　扩展数据集

需要注意:如果使用过ArcMap,则会发现在ArcMap中可以创建三种类型的地理数据库,即文件地理数据库(*.gdb)、个人地理数据库(*.mdb)和ArcSDE数据库。但是,在ArcGIS Pro中由于一开始需要新建工程,创建工程后系统将会在项目文件下创建一个默认的文件地理数据库,也就是说ArcGIS Pro已经不能创建个人地理数据库(该数据集的容量只有2G),但是可以向工程中加载之前本地存储在个人地理数据库中的要素图层。本实验中重点介绍创建文件地理数据库、要素数据集、要素类。扩展数据集的创建将在后续实验中介绍。

2.2.2　创建文件地理数据库

(1)基于目录窗格新建文件地理数据库。

借助目录窗格可以在工程中新建文件地理数据库,具体步骤如下。

①选择**目录**窗格中的**数据库**,右击选择**新建文件地理数据库**(注意:虽然工程中自动创建了一个与工程名一样的文件地理数据库,但仍可以在工程中新建另外的文件地理数据库),如图2-4所示。

②在弹出的**新建文件地理数据库**窗口中设置数据库名称、存放路径(为了便于对一个工程项目进行统一的数据管理,一般将数据库放置在工程项目文件目录下),如图2-5所示,单击保存,则在目录窗口中的数据库下出现了新建的地理数据库。

(2)利用地理处理工具创建地理数据库。

除了上述的常用方法外,也可以使用地理处理工具**创建文件地理数据库**创建不同版本的文件地理数据库(如ArcGIS Pro、10.0、9.3等版本),具体步骤如下。

①在功能区的**分析**选项卡中,单击工具,打开**地理处理**窗格,如图2-6所示。

②在**地理处理**窗格的**查找工具**中,输入**创建地理数据库**,在匹配的结果列表中,选择**创建文件地理数据库**工具,打开**创建文件地理数据库**窗格,如图2-7所示,在窗格中输入数据库文件夹位置、名称、ArcGIS版本,单击**运行**,随即在指定的位置创建文件地理数据库。

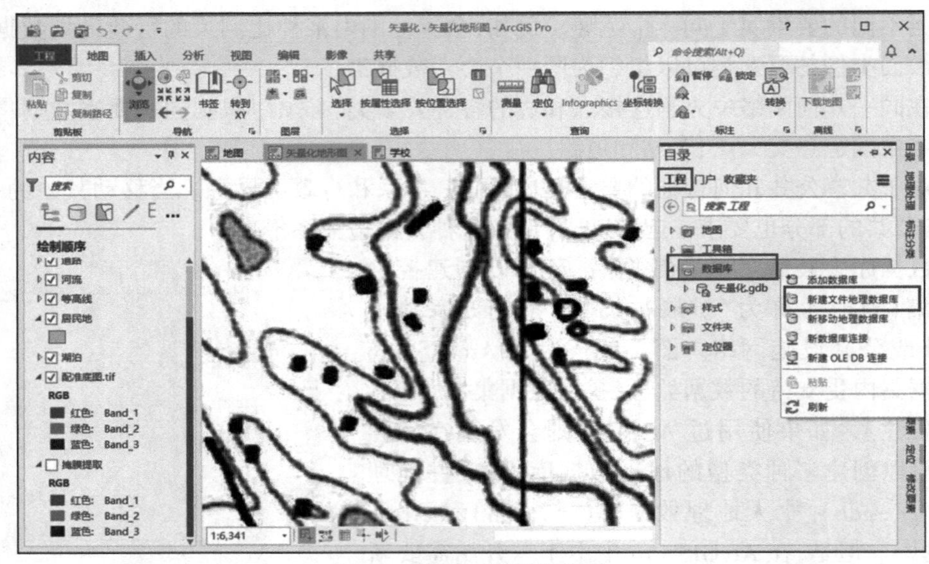

图 2-4　新建文件地理数据库

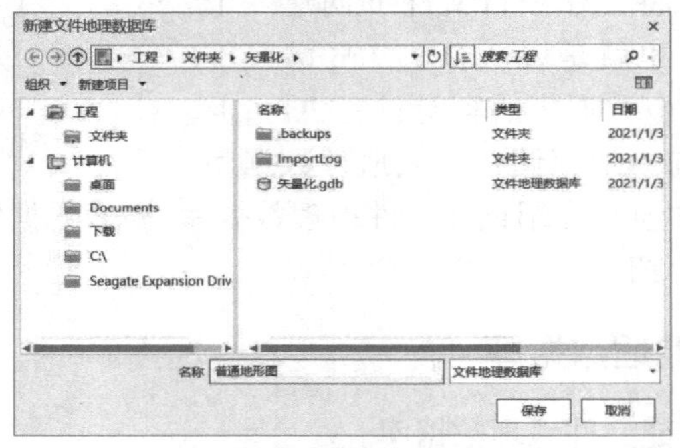

图 2-5　新建文件地理数据库窗口

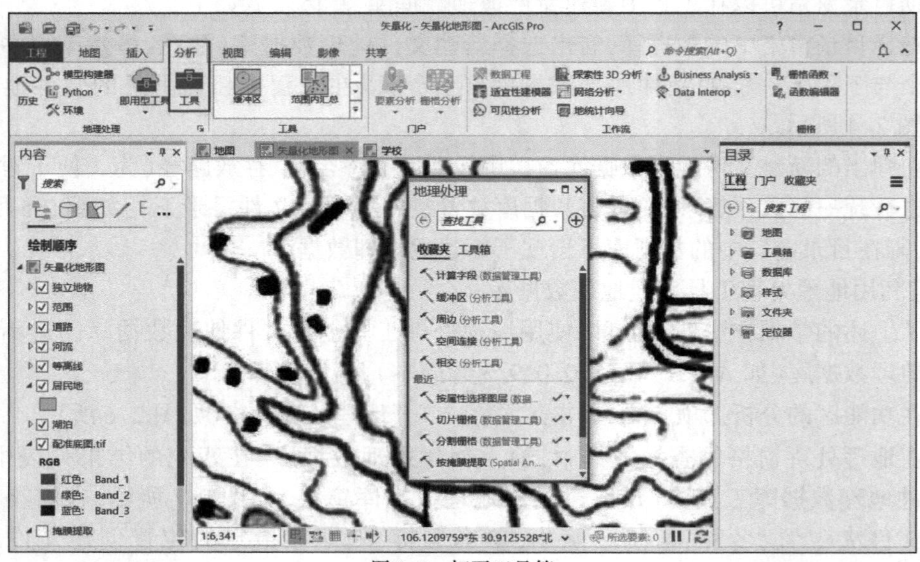

图 2-6　打开工具箱

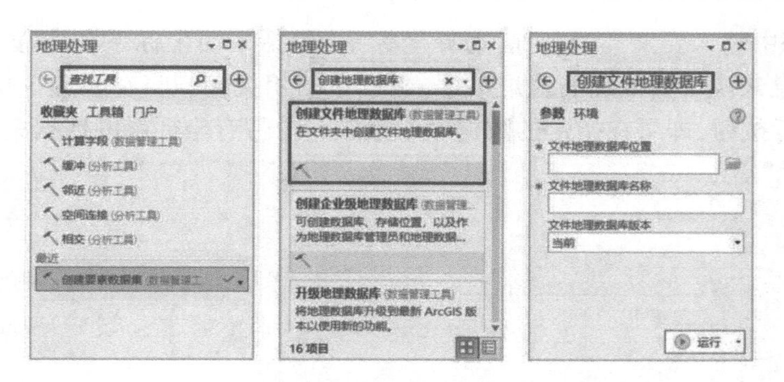

图 2-7　创建文件地理数据库工具

2.2.3　创建要素数据集

建立一个新的要素数据集，首先必须明确其空间参考，包括平面坐标系统和高程坐标系统。注意：数据集中的所有要素类都使用相同的坐标系统。

(1)在**目录**窗格中，在已建立的文件地理数据库上单击右键，选择**新建|要素数据集**，打开**创建要素数据集**窗格，如图 2-8、图 2-9 所示。

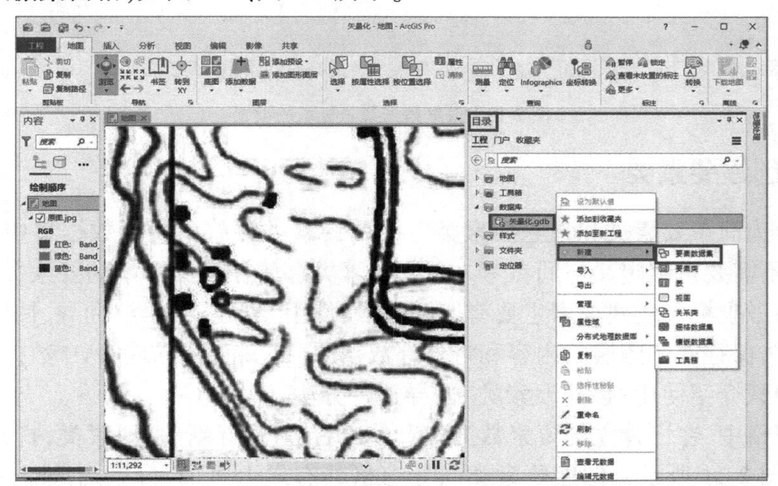

图 2-8　新建要素数据集

图 2-9　地理处理窗格

(2)在窗格中输入要素集的名称,选择坐标系(包括平面坐标系和高程系,如图 2-10 所示),坐标系信息来源于要处理的地理数据,坐标系的相关知识将在实验 3 中介绍。点击窗格右下角的**运行**按钮,即可在指定的数据库中生成一个带有坐标系的数据集。

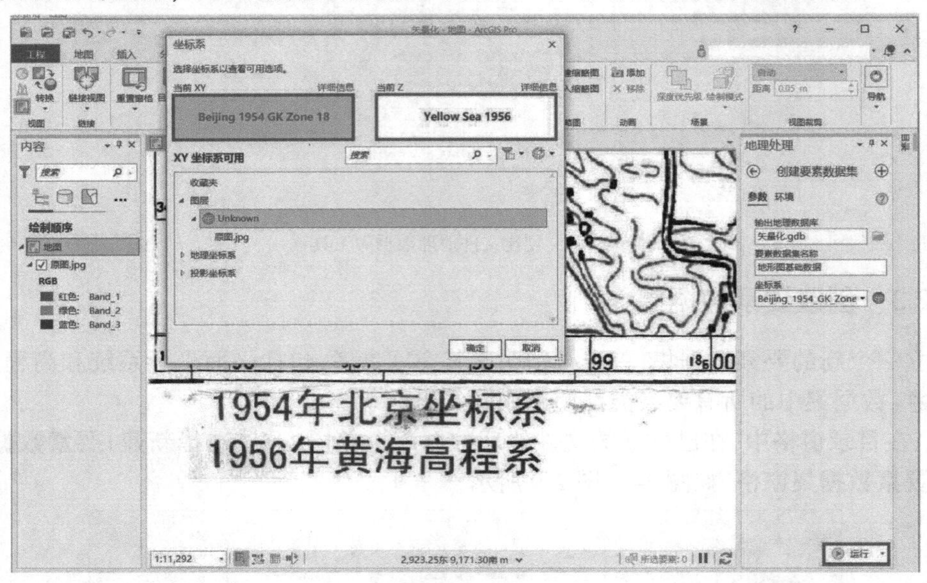

图 2-10　要素数据集坐标系的设置

2.2.4　创建要素类

要素类分为简单要素类和独立要素类。简单要素类存放在要素数据集中,使用要素数据集的坐标,不需要重新定义空间参考。独立要素类存放在数据库中的要素数据集之外,必须定义空间参考坐标。创建要素主要有四种方法:使用“创建要素类”向导、使用**创建要素类**地理处理工具、保存底图图层的内容和将外部数据源(如 Shapefile 或 CAD 数据)转换为要素类。本实验中只介绍使用“创建要素类”向导这种方法。

在**目录**窗格中,在已建立的要素数据集上单击右键,选择**新建|要素类**,打开**创建要素类**向导窗格,如图 2-11 所示。**创建要素类**向导窗格共有六个页面,分别对应定义、字段、空间参考、容差、分辨率和存储配置。根据向导对要素属性进行设置,最后单击**完成**创建新要素类。

(1)定义页面。

定义页面主要设置要素的名称、别名、类型等基本信息,如图 2-12 所示。要素类名称是标识要素类的唯一标注。要素类命名时最常用的方式是大写小写混写或使用下划线,例如,MajorRoads 或 Major_Roads。创建要素类时,尽量为其指定一个“所见即所得”的名称,以便于通过该名称能够知道其存储的数据。要素类名称在数据库或地理数据库中必须唯一,不能存在多个同名的要素类。也就是说,不允许在同一地理数据库中存在具有相同名称的两个要素类,即使这两个要素类位于不同的要素数据集中。**别名**就是一个替代名称。如果为表或要素类指定了一个别名,则此名称就是用户将表或要素类添加到地图时看到的名称。

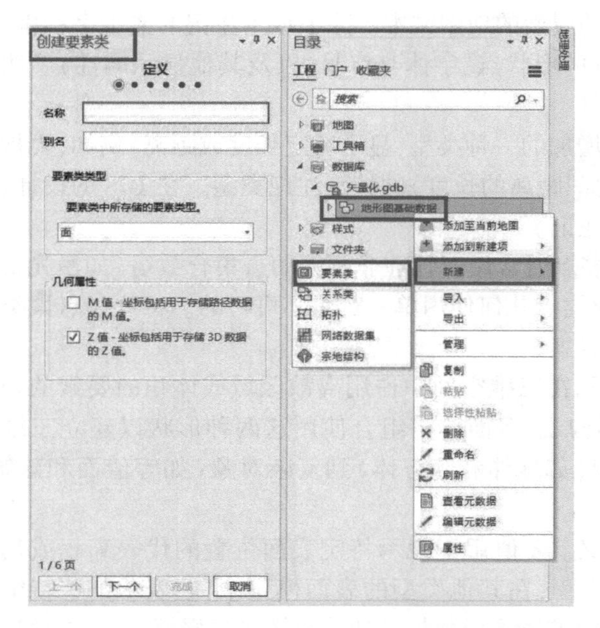

图 2-11　在数据集中创建要素类

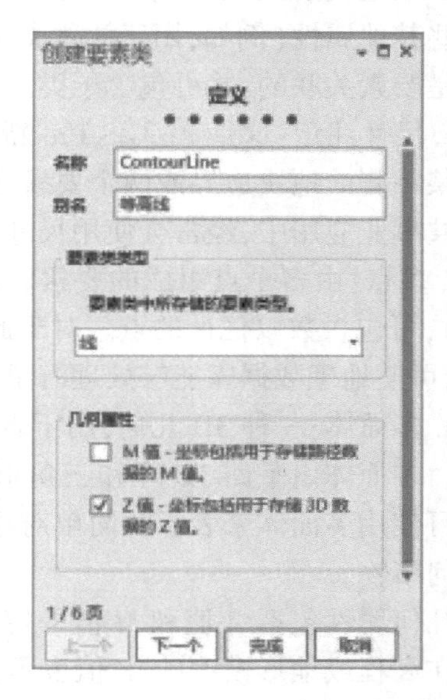

图 2-12　定义页面

①要素类和属性表的名称应遵循以下规则和限制。

a. 要素类和表名称中不能包含保留字,例如 select 或 add。有关其他保留字,请查阅数据库管理系统(DBMS)文档;

b. 不支持具有以下前缀的要素类名或表名:gdb_、sde_、delta_。

要素类和表名称字符规则见表 2-1。

要素类和表名称字符规则　　表 2-1

字符	名称开头	其他位置	别名中
字母(A—Z)	√	√	√
下划线(_)	√	√	√
数字(0—9)	—	√	√
空格	—	—	√
符号(下划线除外)	—	—	√
上标字母和数字	—	—	√
下标字母和数字	—	—	√

②要素类的类型包括点、线、面、注记、尺寸注记、多点和多面体。

a. 点:表示过小而无法表示为线或面以及点位置(如 GPS 观测值)的要素。

b. 线:表示形状和位置过窄而无法表示为区域的地理对象(如街道中心线与河流)。也使用线来表示具有长度但没有面积的要素(如等值线和边界)。

c. 面:一组具有多个边的面要素,表示同类要素类型(如州、县、宗地、土壤类型和土地使用区域)的形状和位置。

d. 注记:包含表示文本渲染方式的属性的地图文本。除了每个注记的文本字符串,还包括一些其他属性(例如,用于放置文本的形状点、字体与字号,以及其他显示属性)。注记也可以是要素关联的,并可包含子类。

e. 尺寸注记:这是 ArcGIS Pro 新增加的一种类型,显示特定长度或距离(例如,要指示建筑物某一侧或地块边界或两个要素之间距离的长度)的特殊注记类型。在 GIS 的设计、工程和公共事业应用中,经常会使用尺寸注记。

f. 多点:由多个点组成的要素。多点通常用于管理非常大的点集合数组(如激光雷达点聚类),可包含数以亿计的点。对于此类点几何使用单一行是不可行的。将这些点聚类为多点行,可使地理数据库能够处理海量点集。

g. 多面体:一种 3D 几何,用于表示在三维空间中占用离散区域或体积的要素的外表面或壳。多面体由平面 3D 环和三角形构成,多面体将组合使用这两种形状以建立三维壳模型。可使用多面体来表示从简单对象(如球体和立方体)到复杂对象(如等值面和建筑物)的任何事物。

几何属性包括 *Z* 值和 *M* 值的定义。*Z* 值用于表示特定表面位置的代表高程或其他属性。在高程或地形模型中,*Z* 值表示高程;在其他类型的表面模型中,它表示某些特定属性(如年降雨量、人口和其他表面测量值)的密度或数量。如果要构建高程模型、创建地形或处理任意 3D 表面,则坐标中必须包含 *Z* 值。*M* 值是一个线性参考值,代表一个有特殊意义点,要素的坐标都以 *M* 为基准进行标识。

(2)字段页面。

字段页面用于维护要素属性表中的字段。默认的字段只有 OBJECTID 和 SHAPE 两个字段,是系统自动生成的,无法更改和编辑。其中,OBJECTID 为要素的唯一标识码,SHAPE 字段用于存储要素的几何信息(如点的坐标、线的坐标系列对)。在此页面,可以添加自定义的字段,如图 2-13 所示。当然也可以在后续利用字段视图添加字段(参见实验 1 中 1.3.2)。

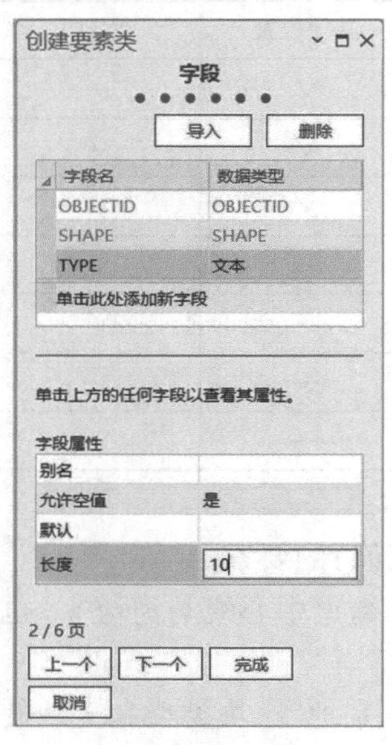

图 2-13　字段页面

(3)空间参考页面。

坐标系与容差和分辨率值一起组成要素类的空间参考。空间参考页面设置要素类的坐标系(即 *X*,*Y* 坐标和 *Z* 坐标)。可以通过多种方式为新要素类定义坐标系。

①选择一个 ArcGIS 系统中预定义的坐标系。

②导入由另一要素类使用的坐标系参数。如果想要使用另一个要素类的坐标系作为模板,可选择浏览到该要素类并导入以获取其坐标系。

③定义新的自定义坐标系。可输入值来创建符合要求的坐标系。

如果数据没有坐标系信息可选择未知坐标系。如果坐标中包含 *Z* 值,还需要指定垂直坐标系。垂直坐标系对 *Z* 值进行地理配准,通常用来指示高程。需要注意的是:如果创建的是简单要素类,则该页面无法编辑,如图 2-14 所示,其坐标系继承于要素数据集。

(4)容差页面。

容差是坐标间所允许的最小距离,如果两个坐标之间的距离在容差范围内,它们将被视为同一个坐标。在关系运算或拓扑运算中需要确定两个点是否足够近而成为一个坐标点,或两个点是否足够远而作为两个独立的坐标点时,可使用该设置。容差包括 *XY* 容差和 *Z* 容差,如图 2-15 所示。默认容差设定值为 0.001m,或者为其等效值(以地图单位表示),其为默认分辨率值的 10 倍,大多数情况下推荐使用此设置。如果容差值设置得较大,则会获得较低的坐标数据精度;相反,如果容差值设置得较小,则会获得较高的坐标数据精度。对于关系运算和拓扑运算,不同的容差值可能会产生不同的答案。例如,如果使用最小容差,两个几何体可能属于不相交几何(没有共有的点);如果使用较大的容差,则它们可能会属于接触几何。

图 2-14　空间参考页面

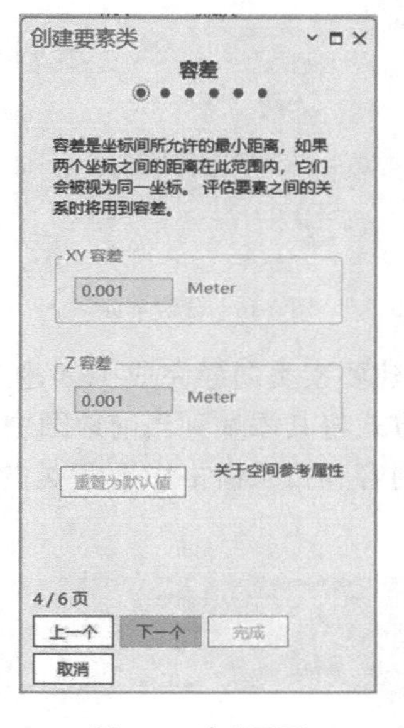

图 2-15　容差页面

(5)分辨率页面。

存储在要素类中的所有坐标都会被捕捉到基础坐标格网中。分辨率就是该格网的像元大小。降低分辨率可能会减少数据存储需要,但同时也可能降低坐标精度。分辨率值的单位与相关坐标系的单位相同。例如,如果空间参考所使用的投影坐标系的单位是米,则分辨率值的单位也定义为米。所用的分辨率值至少要比容差值小 10 倍。默认(和建议使用的)分辨率值是 0.000 1m(1/10mm),或者为其等效值(以地图单位表示),如图 2-16 所示。

(6)存储配置页面。

在该页面中配置关键字,并完成要素类的创建,如图 2-17 所示。配置关键字表示一项或一组设置,这些设置将告知地理数据库在哪些位置,以及使用哪种格式存储各数据集中的数据。配置参数将被组合为一个或多个配置关键字,其中一个关键字为 DEFAULT 配置关键字,用于指定默认存储参数。大多数情况下,应使用 DEFAULT 关键字。但是在某些情况下,在创建特定数据集或数据类型时可能要指定其他配置关键字,以将其性能最大化或对其在数据库中的存储方式的某一方面进行改善。

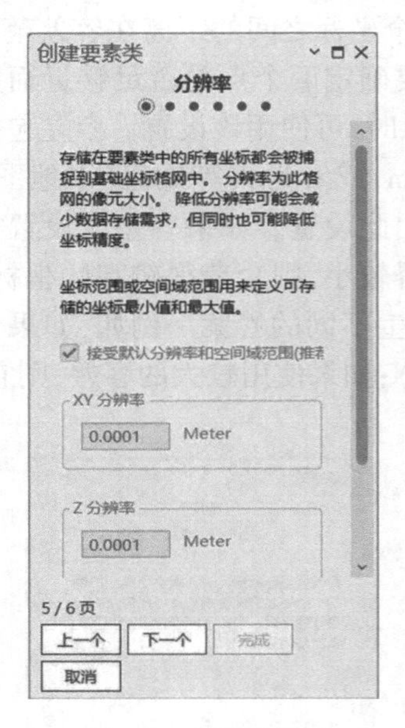

图 2-16　分辨率页面

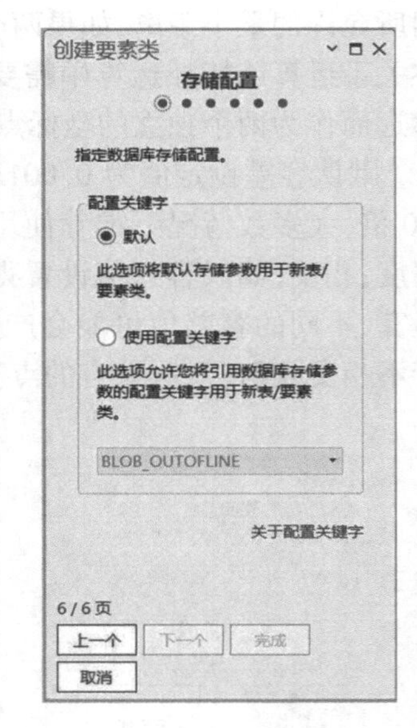

图 2-17　存储配置页面

由此,利用创建要素类向导完成了创建工作,在指定的数据集中出现了新建的要素类,可以通过拖拽的方式将其添加到当前地图中,如图 2-18 所示。图中框选的就是新建的要素类,需要注意:在内容和目录窗格中要素类的名称有所不同,是因为在内容窗格中显示的是要素类的别名。

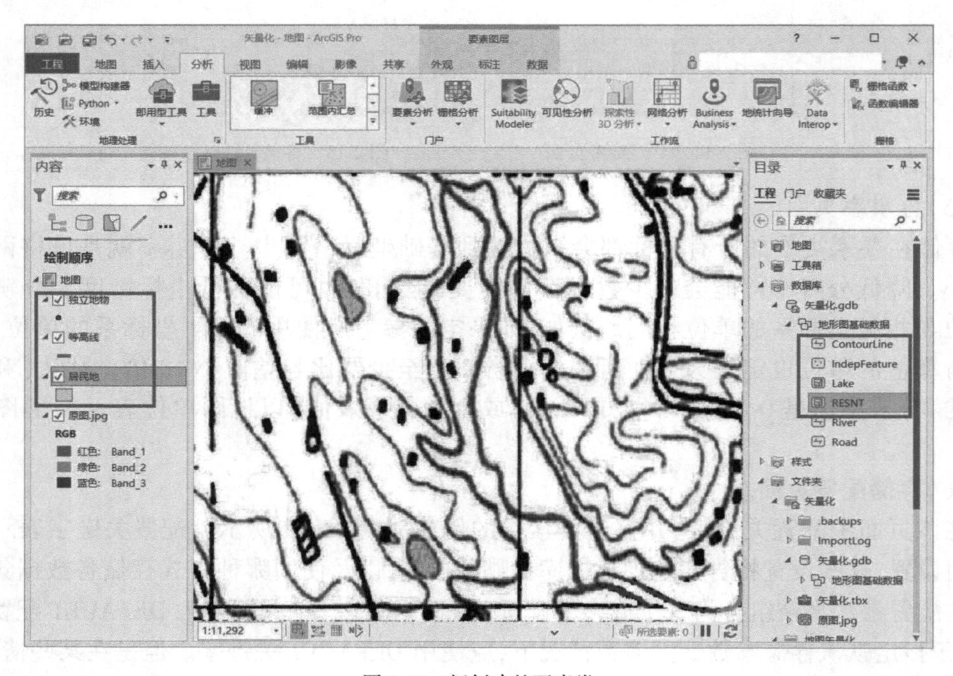

图 2-18　新创建的要素类

2.3　栅格地图配准

扫描地图通常不包含空间参考信息。在这种情况下,需要使用准确的位置数据来使栅格数据对齐或将其地理配准到地图坐标系。通俗地说,就是让扫描栅格地图上的位置具有正确的地理坐标。地理配准的原理及各种配准方法将在实验十地理配准中详细介绍。由于本实验的重点是数据生产的流程,因此仅介绍将栅格配准到 X, Y 坐标的操作过程。在图 2-19 中,黑色五角星的地理坐标可以从地图标注中读取得到(3 414 000 北,18 608 000 东)m,但软件识别的该点坐标为(6 634.44 东,8 894.15 南)m。地理配准的目的就是使得地图上格网点的坐标与地图上标注的坐标相同。

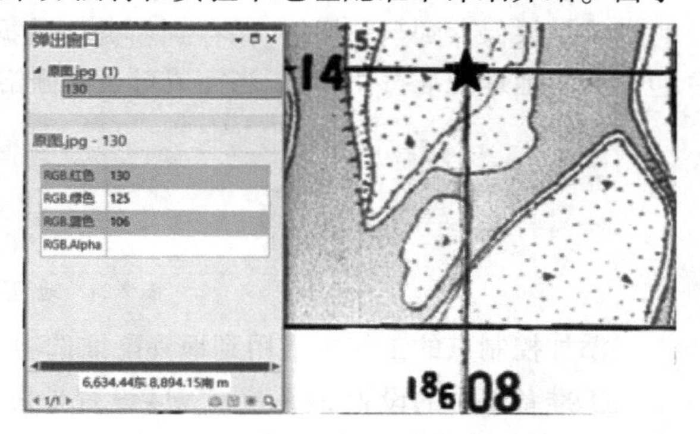

图 2-19　扫描栅格地图的坐标

一般来说,对数据进行地理配准需要三个步骤。

(1)加载栅格数据集,并激活地理配准选项卡。

在**目录**窗格中选择要配准的栅格图像,通过拖拽的方式将其加入当前地图中;这时,**内容**窗格中也出现了相应的源栅格图层,右键单击源栅格图层,点击**缩放至图层**。(注意:由于地图的坐标系和栅格图层的坐标系不一致,刚加入的栅格数据在显示范围外,看不见,因此需要此操作让源栅格图层显示在视图中间。)单击**影像**选项卡,然后单击**地理配准**以打开**地理配准**选项卡,如图 2-20 所示。

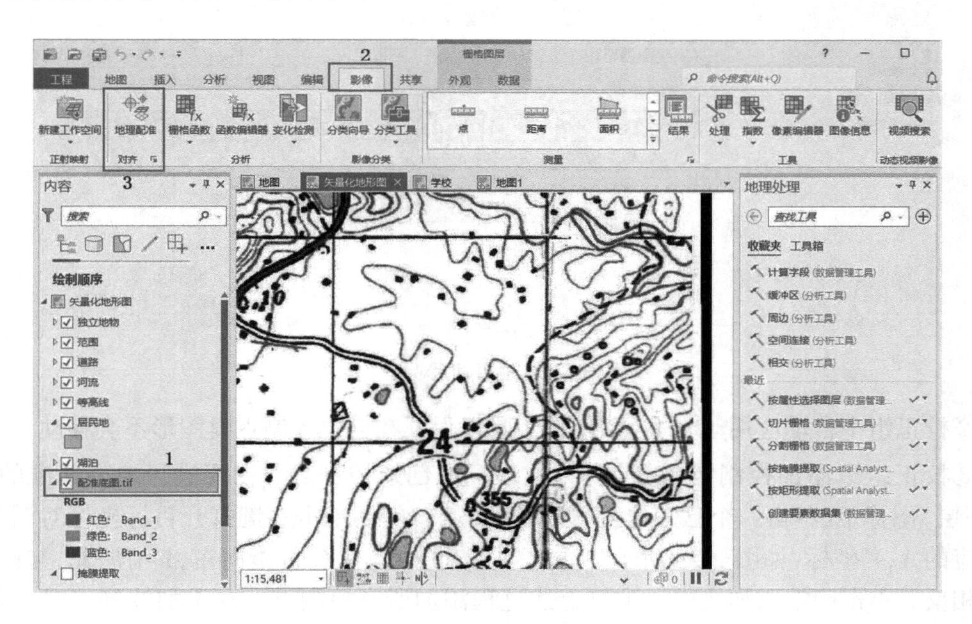

图 2-20　激活地理配准选项卡

(2)添加对齐栅格的控制点。

图 2-21 是地理配准模式选项卡,包括五部分:准备、校正、检查、保存和关闭。准备组中的工具主要用于设置源栅格和目标数据集。**校正组**中包含用于导入和创建控制点的工具。**检查组**中的工具可用于地理配准结果的质量控制,可对控制点进行编辑操作。控制点表可提供已创建的控制点对的相关信息。每行均表示一个控制点对,并列出起点坐标、校正坐标和残差。误差的总和由均方根(RMS)误差表示。**保存组**中的工具可用于保留变换的结果。可以将结果保存到当前栅格、保存到新栅格数据集或将控制点另存为文本文件。关闭组中包括关闭地理配准按钮,用于当完成对当前栅格图层的地理配准之后关闭模式选项卡。

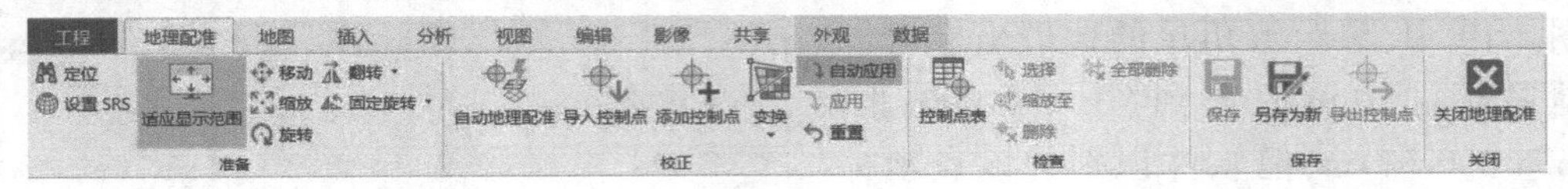

图 2-21 地理配准选项卡

添加控制点的工作主要用到地理配准选项卡中的以下几个工具。

①准备组中的**设置 SRS** 工具:设置地图的坐标系。如果栅格数据集已具有空间参考,系统会自动将其用作地图和地理配准会话的坐标系。如果栅格数据集没有空间参考,则地图属性对话框随即出现,可以为地理配准会话选择坐标系,如图 2-22 所示。默认的空间参考是地图的当前坐标系。

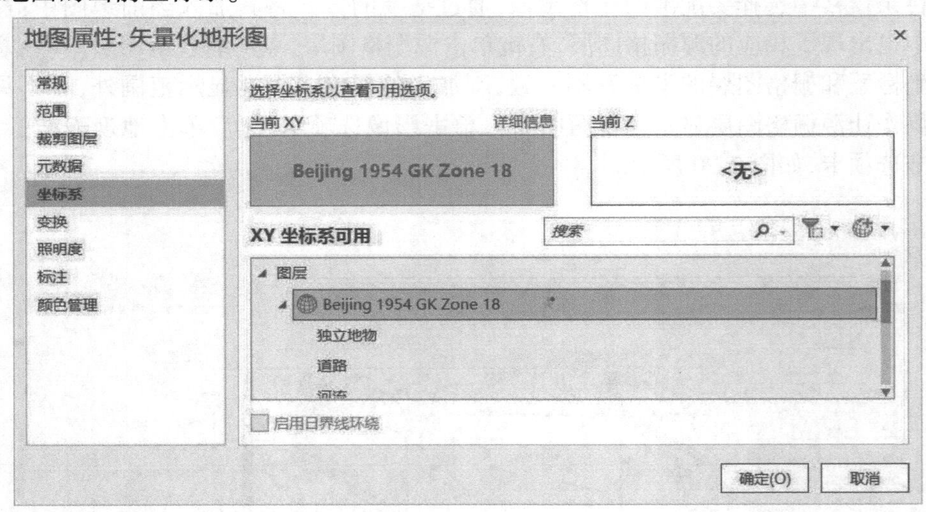

图 2-22 地图属性对话框

②校正组中**自动应用**工具:关闭该工具以保证在创建控制点时图形不会移动。

③校正组中**添加控制点**工具:为地理配准创建控制点。在要进行地理配准的栅格(源图层)图像上,单击一个已知位置(如格网交点),然后单击右键打开目标坐标对话框,输入相应的 X,Y 坐标,如图 2-23 所示。注意:ArcGIS 中坐标系 X 指向东,Y 指向北,与测量坐标系相反。单击确定添加完成。重复上述过程添加所有控制点。在添加控制点时,可以使用键盘快捷方式以方便执行任务,键盘快捷方式见表 2-2。

图 2-23 添加控制点

键盘快捷键 表 2-2

键盘快捷键	操作	键盘快捷键	操作
C	使用浏览工具覆盖活动工具	L	打开/关闭地理配准图层的可见性
Q	漫游	H	打开/关闭控制点屏幕提示的可见性
X	逐步缩小	A	指定移动、缩放或旋转的值
Z	持续缩放	Esc	取消控制点(在创建控制点对时)

(3)变换栅格。

如果已创建足够的控制点,则可将栅格数据集变换至目标数据的地图坐标。可选择使用多项式变换、样条函数变换、纠正变换、投影变换或相似变换等多个类型的变换。用到地理配准选项卡中的以下几个工具。

①校正组中**变换**工具:在其下拉菜单中选择使用的变换方法,本实验中选择“一阶多项式”。

②校正组中**应用**工具:利用添加的控制点,采用指定的变换方法实现地理配准。实现变换后的栅格图像可能会偏离视图可视范围,可单击源栅格图层,点击**缩放至图层**让图像重回视图中间。

③检查组中**控制点表**:打开控制点表,从中可以检查每个控制点的误差,如图 2-24 所示。误差就是源点所落到的位置与指定的实际位置之间的差。通过利用所有残差的均方根(RMS)总和计算 RMS 误差,再利用 RMS 误差计算得到总误差。此值可描述变换在不同控制点之间的一致程度。正向残差以与数据框空间参考相同的单位显示误差。反向残差以像素为单位显示误差。正向残差-反向残差是以像素为单位来测量精度的接近程度。残差越接近零,精度就越高。当误差非常大时,可通过先移除控制点再添加控制点来校正误差。

④保存组中**另存为新**:创建使用地图坐标和空间参考进行地理配准的新栅格数据集,实现永久性变换。也可使用该组中的保存工具将配准信息、栅格与辅助文件一起保存。

经过上述处理,可得到配准过后的栅格图像,将其加载到地图中,可以通过在地图视图中移动鼠标或点击地图上的点来检查是否具有正确的地理坐标。如图 2-25,当拖动鼠标时,视图中的状态栏“1”处的坐标与地图上标注的坐标相吻合,或者当点击地图上的某点,弹出的窗口中位置“2”处显示的坐标与实际地理坐标相一致,则说明地理配准正确。

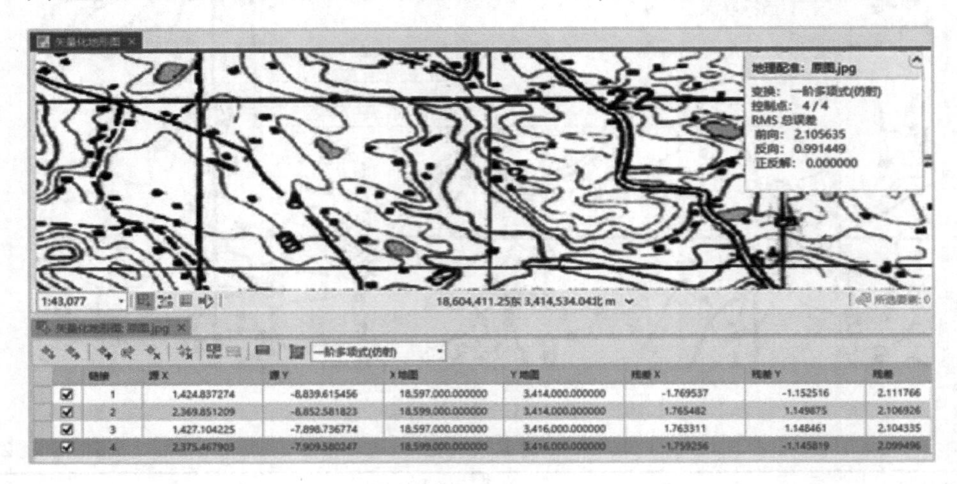

图 2-24 控制点表

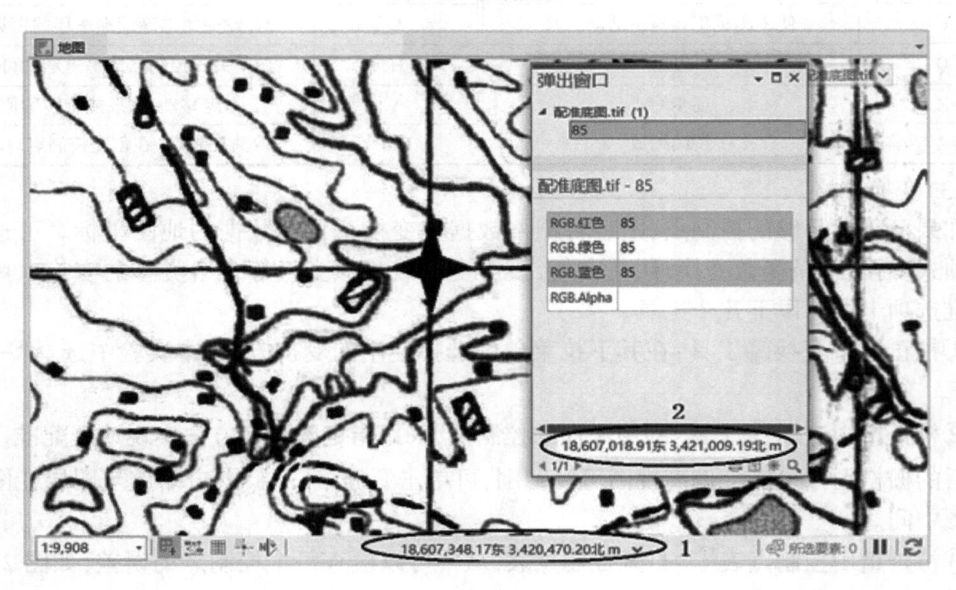

图 2-25 地理配准效果的检查

2.4 交互矢量化

2.4.1 实验范围的设置

根据配准的栅格底图数据,可以对地图上的点、线、面要素进行空间坐标信息的采集。采集之前应对实验区域进行处理,使得地图范围与实验区域相匹配,可以通过三种方法来实现:设置地图属性、栅格提取和栅格裁剪。

(1)设置地图属性。

参考实验 1 中 1.4,通过地图属性中地图范围和裁剪图层设置,就可以实现地图范围与实验区域的匹配,如图 2-26 所示。

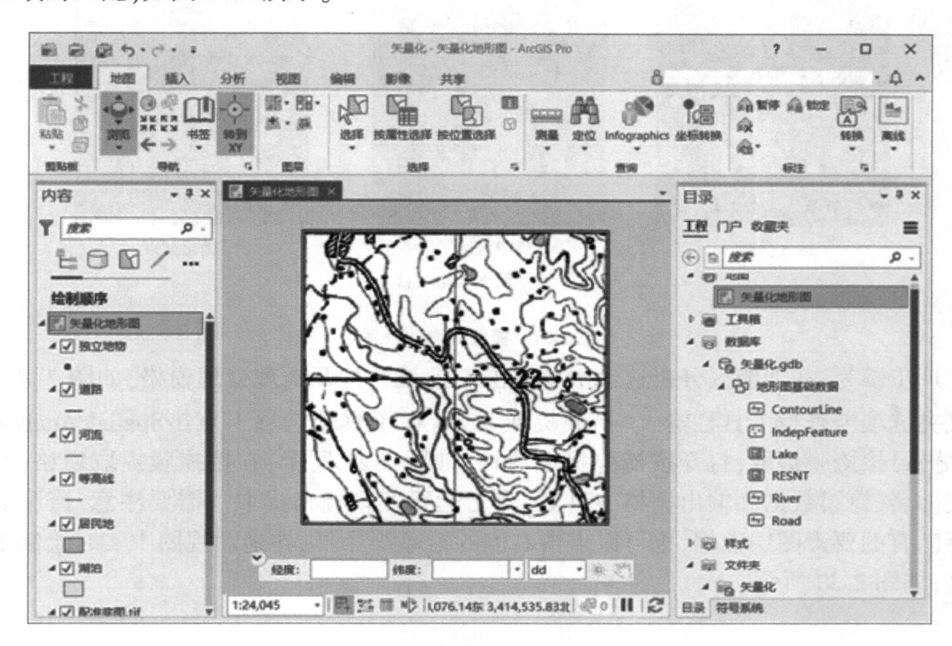

图 2-26　裁剪到地图范围

(2)栅格提取。

栅格提取要使用**空间分析**(Spatial Analyst)工具箱中的**提取分析**工具集。**提取分析**工具集可用于根据像元的属性或其空间位置从栅格中提取像元的子集,主要包括六种提取工具:按属性提取、按圆提取、按掩膜提取、按点提取、按多边形提取和按矩形提取,具体区别见表 2-3。本实验以按掩膜提取和按矩形提取为例来讲解。

提取分析工具　　表 2-3

工具	说明
按属性提取	基于逻辑查询(where 语句)提取满足条件的栅格像元
按圆提取	通过指定圆心和半径,基于圆提取栅格像元
按掩膜提取	提取掩膜所定义区域内的相应栅格像元
按点提取	基于一组坐标点提取栅格像元
按多边形提取	通过指定多边形顶点,基于多边形提取栅格像元
按矩形提取	通过指定矩形范围,基于矩形提取栅格像元

①按掩膜提取。

按掩膜提取工具的功能是提取掩膜所定义区域内的相应栅格像元。掩膜数据可以是栅格也可以是要素数据集。当输入掩膜数据为栅格时,将在输出栅格中为掩膜数据中的 No-

Data 像元指定 NoData 值。当输入掩膜是要素数据时，如果输入栅格中像元的中心位于要素周长范围内，则会在输出中包含这些像元，而其中心落在要素周长之外的像元将会收到 NoData，其原理如图 2-27 所示。

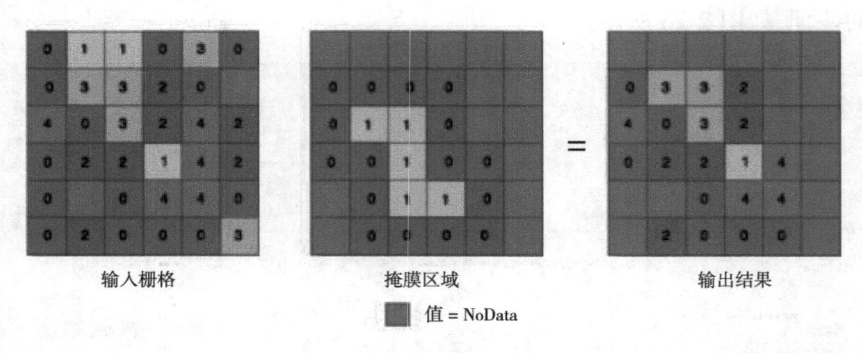

图 2-27　掩膜提取的原理

处理步骤为：在功能区**分析**选项卡中点击**工具**，打开**地理处理**窗格，如图 2-28 所示；在**收藏夹**选项卡查找工具栏输入“掩膜提取”或者在**工具箱**选项卡点击**Spatial Analyst** 工具 | **提取分析** | **按掩膜提取**，打开**按掩膜提取**窗格，如图 2-29 所示；在**按掩膜提取**窗格中，输入栅格文件名、掩膜数据和输出栅格文件名，点击**运行**实现栅格提取。需要注意：掩膜数据可以选择已有的要素图层数据，也可以点击右侧的铅笔符号，在地图视图中实时绘制要素掩膜数据，如图 2-30 所示。

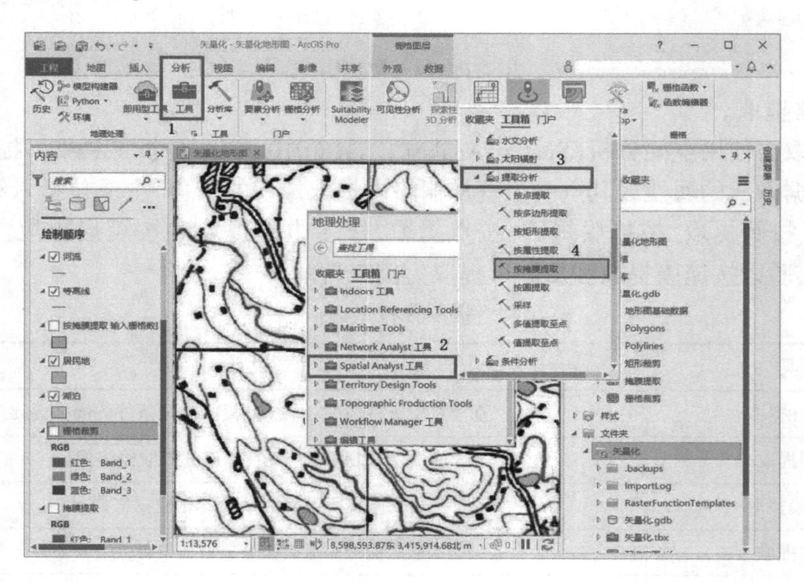

图 2-28　地理处理窗格

②按矩形提取。

按照上述相同的步骤打开**按矩形提取**窗格，输入对应的参数，如图 2-31 所示。范围可以手动输入，也可以点击“如下面的指定”下拉列表，选择事先准备的要素图层，如“范围”图层。

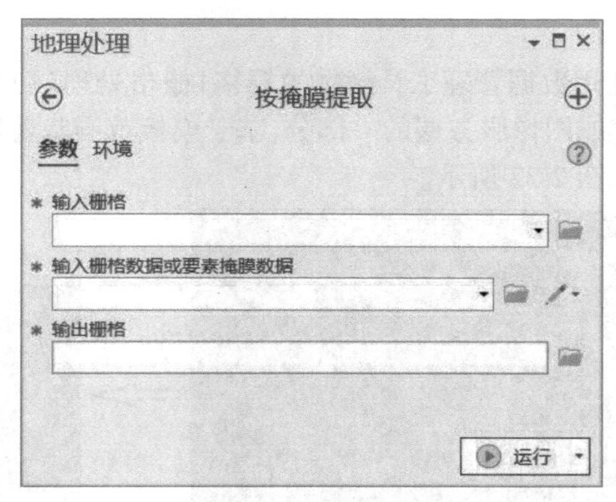

图 2-29　按掩膜提取窗格

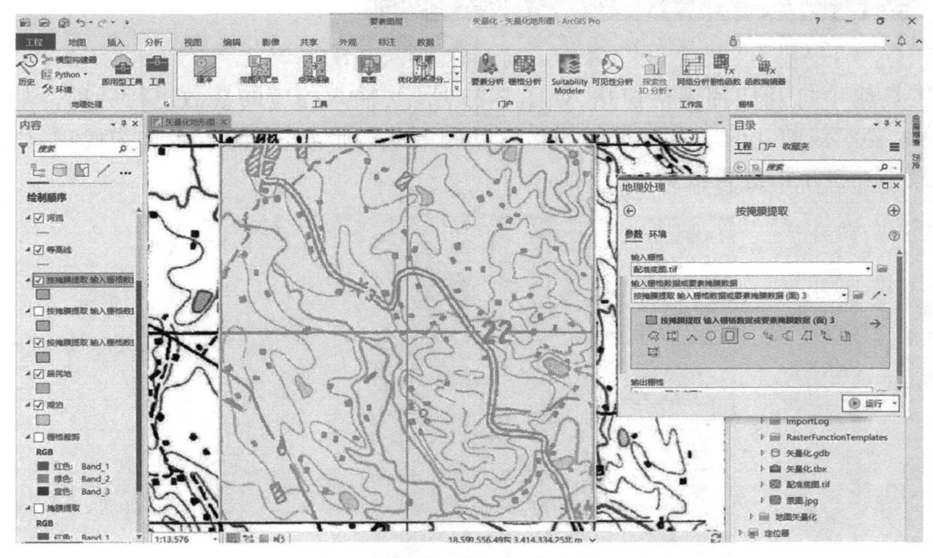

图 2-30　绘制掩膜数据

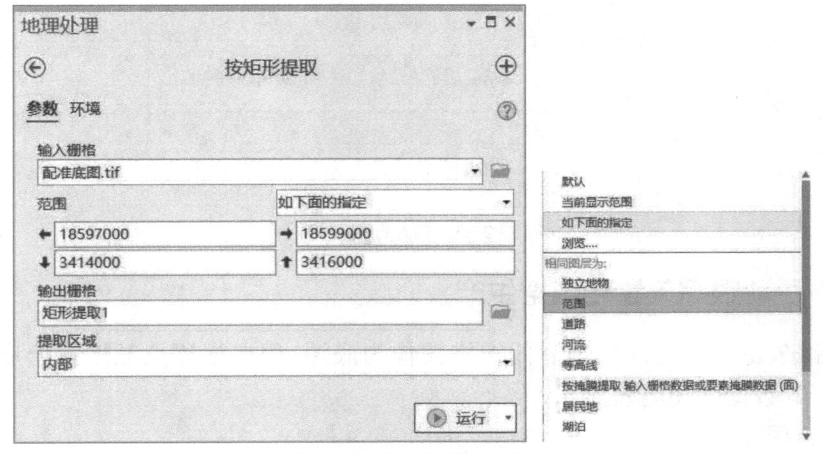

图 2-31　按矩形提取窗格

(3)栅格裁剪。

在 ArcGIS Pro 中,使用**数据管理**工具箱中的**栅格|栅格处理|切片栅格**工具可以裁剪掉栅格数据集、镶嵌数据集或图像服务层的一部分,基于模板范围裁剪输出包含与模板范围相交的所有像素,其原理如图 2-32 所示。

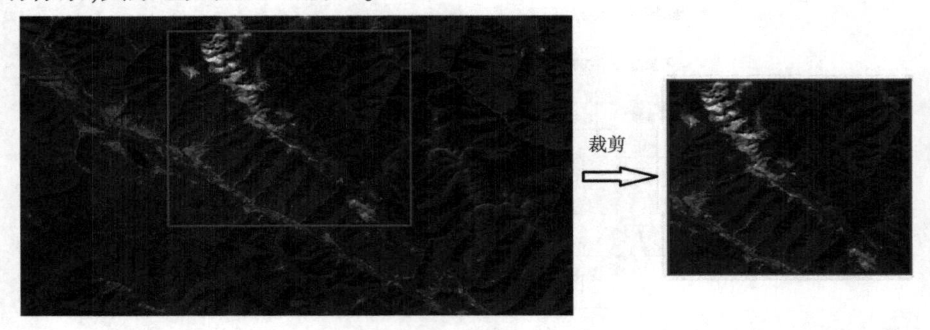

图 2-32 切片栅格处理的原理

在工具箱中打开**切片栅格**窗格,如图 2-33 所示,输入相应的参数进行裁剪。如果选中"使用输入要素裁剪几何",则裁剪的栅格形状与要素的形状一样;若未选中此项,则按照该要素的最小外接矩形进行裁剪。

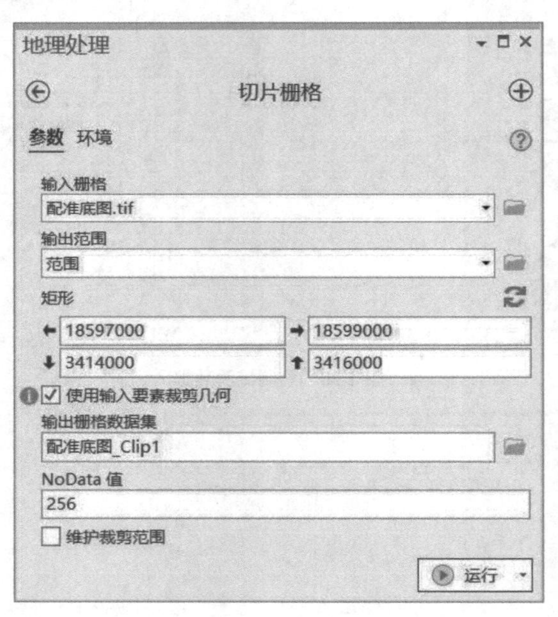

图 2-33 切片栅格窗格

2.4.2 手动跟踪矢量化数据生产

手动跟踪矢量化就是以处理后的栅格图像为底图,用鼠标逐点顺序描绘底图上的点、线、面要素。其数据处理流程如下。

①加载工程文件。

②打开工程中的地图,若没有地图则新建地图。

③将需要进行编辑的要素类添加到活动地图上(如等高线、道路、居民地等)。

④启动编辑要素,点击**编辑**选项卡中的**创建**或**修改**图标,自动启动编辑会话,系统自动根据要素的类型为每个要素图层创建默认的要素模板。

⑤利用**创建要素**窗格中的要素模板在特定的图层上绘制点、线和面,从而创建要素。

⑥停止编辑会话,保存或放弃编辑内容就会停止编辑会话。任何后续编辑操作都会恢复编辑会话,直到再次保存或放弃编辑内容。

在上述创建要素的过程中,针对数据相对简单的要素图层(如实验一中的点要素、图幅范围线要素),利用默认模板绘制已绰绰有余,但对于数据相对复杂的要素类(如建筑物要素图层包括高层、普通房屋和建设中的房屋;等高线要素图层包括首曲线、计曲线和陡坎),默认模板就无法满足需要,为了简化工作流程,可以根据需要自定义要素模板。本节以等高线要素图层为例,讲解自定义要素模板和基于要素模板创建要素的方法。

(1)要素模板。

要素模板是在 ArcGIS Pro 中创建要素的主要工具,包括构造工具、要素属性字段值,以及在特定图层上创建要素的属性。首次打开**创建要素**窗格,其中会显示默认的要素模板及符号和名称,如图 2-34 所示。通过该窗格,可以对要素模板进行创建和管理。

点击**创建要素**窗格右上角的,将打开**管理模板**窗格,如图 2-35 所示。在窗格中展开地图,列出了该地图下的所有要素图层,在下方的窗格中列出了对应的默认要素模板。右键单击地图或图层,然后单击快捷菜单中的**创建所有模板**,将自动生成地图或图层的所有要素模板。

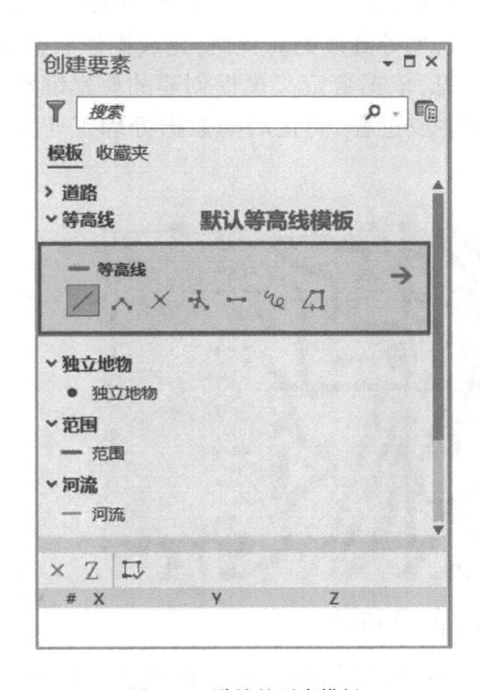

图 2-34　默认的要素模板

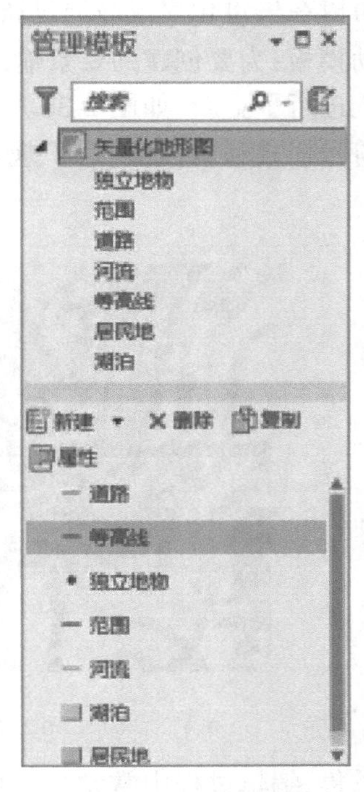

图 2-35　管理模板窗格

新建模板将为所选图层创建要素模板,并打开**模板属性**对话框,如图 2-36 所示。按照要求设置模板的名称、包含的构造工具和属性值,单击确定完成要素模板的新建。注意:几何类型的关键字将自动生成。**复制**将根据现有要素模板的属性创建新要素模板。可以通过**删除**删除所选要素模板。

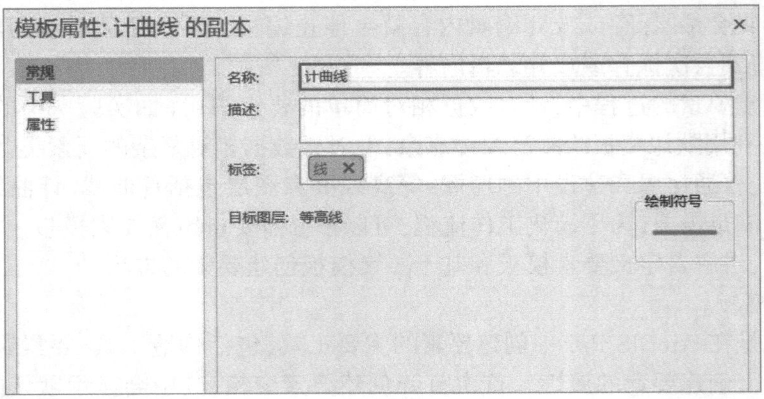

图 2-36　模板属性对话框

(2)基于要素模板创建要素。

在**创建要素**窗格中选择自定义的模板(如首曲线),选择构造工具“手绘”,在地图视图中用鼠标沿选定的首曲线移动,双击鼠标或按 F2 键完成当前的操作,如图 2-37 所示,要素的属性值可以在矢量化完成后通过属性表进行赋值。也可以点击模板右侧的→,进入创建要素的活动模板,为要创建的要素输入属性值,如等高线的高程值,完成操作后,要素的属性值就按输入进行了更新,如图 2-38 所示。可见,依据自定义模板创建的要素继承了模板已经定义的符号样式和属性值,对于规范数据生成过程、简化后期数据处理工作具有重要的意义。

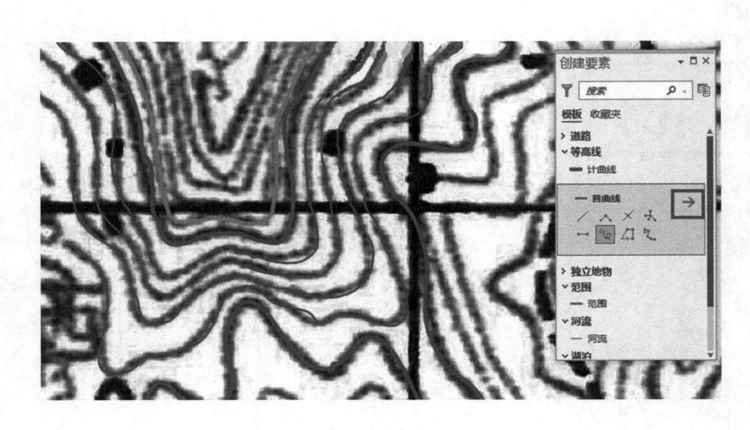

图 2-37　利用自定义模板绘制要素

要素采集、编辑过程中常常要平移、缩放视图、撤销和恢复操作等,可以使用键盘快捷键,配合单击鼠标执行命令将提高工作效率,常用的编辑键盘快捷键见表 2-4,其他的编辑快捷键参见附录 B。

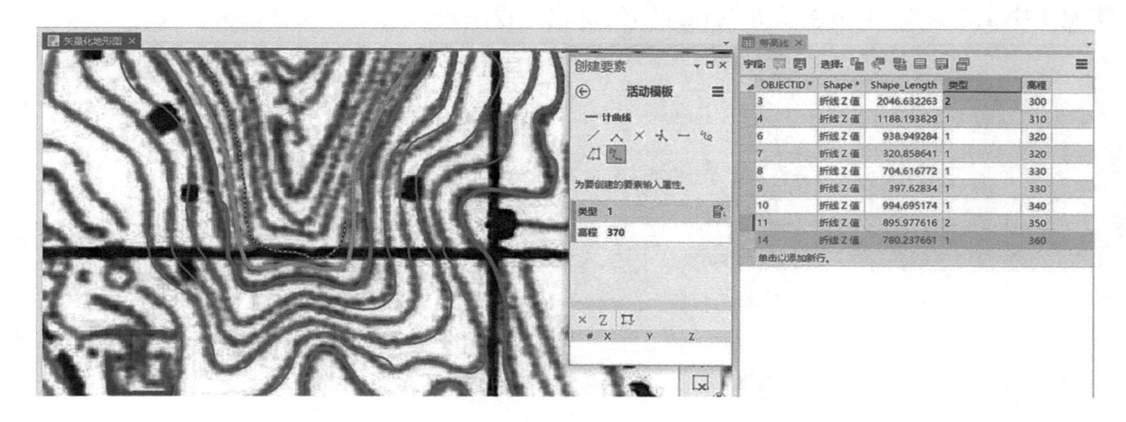

图 2-38　在模板中修改要素属性

常用的编辑键盘快捷键　　表 2-4

键盘快捷键	操作	说明
Ctrl+Shift+M	打开修改要素窗格	—
Ctrl+Shift+C	关闭创建要素窗格	—
C+拖动	平移	平移视图
X +拖动	缩小	按住并拖动光标。松开指针会进行缩小
Z +拖动	放大或缩小	放大或缩小视图
T	显示折点	绘制新线时，按住可在指针附近显示现有要素的折点
空格键	捕捉	创建或修改要素时，按住可打开或关闭捕捉功能
Esc 或 Ctrl+Delete	取消编辑	禁用当前的交互式编辑工具，并取消所有未完成的编辑
F2	完成	将更改应用于当前要素并完成激活操作
Ctrl+Z	撤销	逐步撤销记录在撤销堆栈中的操作和编辑
Ctrl+Y	恢复	逐步恢复记录在撤销堆栈中的操作和编辑

2.5　地理数据编辑

在矢量化数据生产过程中，常常需要对要素形态的某些部分进行局部修整和对属性信息进行更新等，以提高精度或维护要素的完整性。地理数据的编辑包括图形数据编辑、属性数据编辑、拓扑编辑、数据质量检查和元数据的编辑。属性数据编辑相对简单，编辑方法参考实验 1 中 1.3.2，拓扑编辑参考实验 8。

2.5.1　图形编辑

要素图形的修改主要使用**修改要素**窗格中提供的工具（如图 2-39 所示，打开方法参考实验 1 中 1.3.2)。本节主要介绍在地图矢量化过程中最常用到的几种编辑工具。

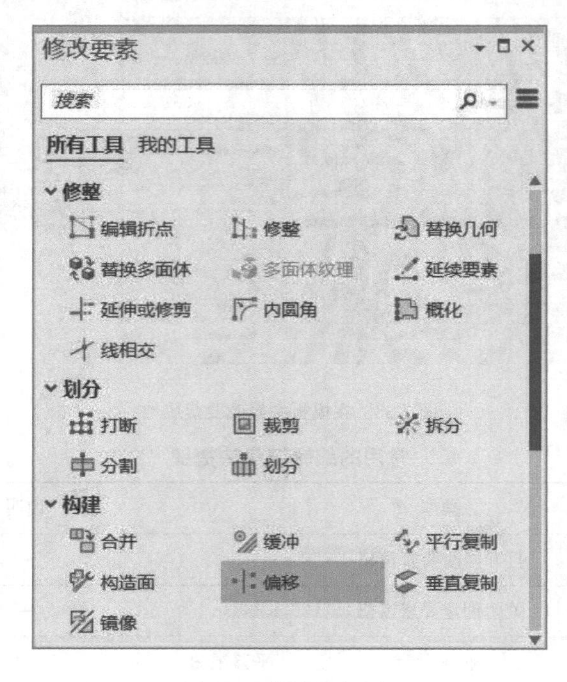

图 2-39 修改要素窗格

(1)要素合并。

合并操作是将折线或面要素与现有要素合并。如图 2-40 中的等高线要素 1 和 1′、2 和 2′在地图中分别是同一个要素,矢量化过程中由于幅面的影响在此处断开成为多个要素,因此需要使用合并工具。注意:在使用该工具时所选要素必须位于同一图层。单击**合并**图标,打开要素**合并**窗格,如图 2-41 所示,选择要合并的等高线(如 1 和 1′),点击右下角的**合并**按钮,将其合并成一个要素。

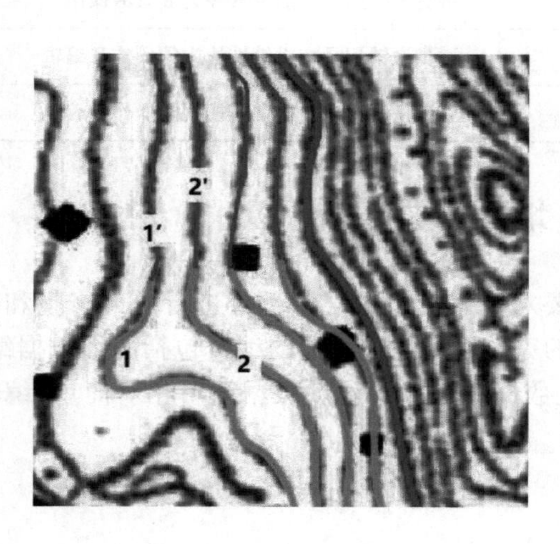

图 2-40 需要合并的等高线

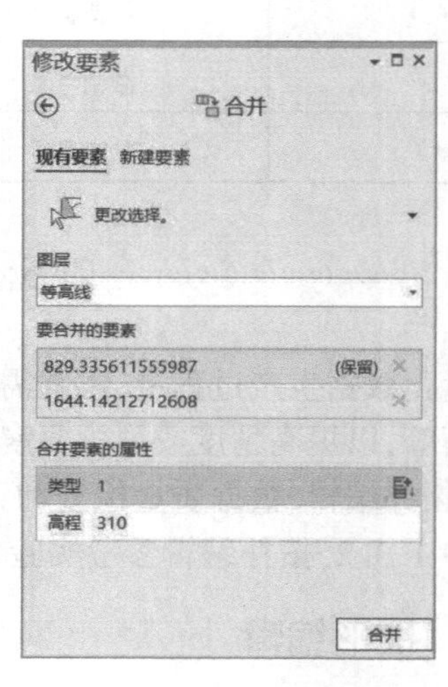

图 2-41 要素合并窗格

(2)要素分割。

分割操作是使用草绘线或选择的要素作为输入,将线要素或面要素分割为两个或多个要素。如图2-42中的等高线在绘制过程中,局部区域出现了错误。点击**分割**图标,打开要素**分割**窗格,用鼠标点击1、2点,该等高线在1、2点处分割为三部分,随后可将出错的局部区域删除。注意:对于线要素的分割,不需要草绘线,其将在鼠标点击处分割线段。

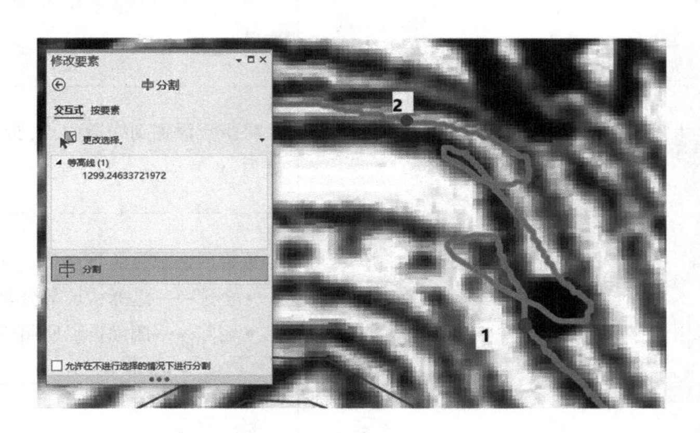

图2-42　要素分割窗格

(3)要素修整。

修整操作是在要素边界与要素有两处相交的位置,使用新几何替换部分要素边界,属性值将保持不变。对于上图中出现局部错误的等高线,可以使用修整工具达到相同的效果,如图2-43所示。点击**修整**图标,打开要素**修整**窗格,鼠标点击等高线上要修整的起点(如1点),然后依照底图绘制新线的形状(如2、3点),最后捕捉到等高线上要修改的终点(如4点),等高线1、4点之间的形状将由新绘制的线替换。

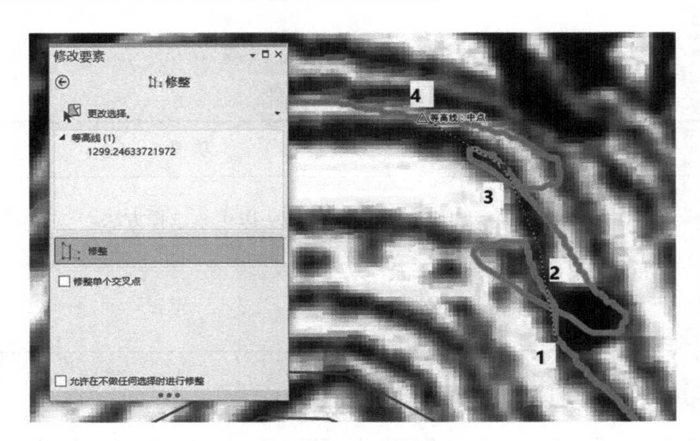

图2-43　要素修整窗格

(4)编辑折点。

编辑折点工具可移动、添加和删除构成折线或面要素的折点和线段。点击**编辑折点**图标,将打开**编辑折点**窗格,其中包括一个几何属性表,可用于编辑折点的 X 和 Y 值以及 Z 值和 M 值(如果存在),如图2-44所示。在窗格的几何属性表中,针对定义要在其上添加折点的线段的其中一个折点，右键单击该行，在右键菜单中选择相应的命令，具体见表 2-5。

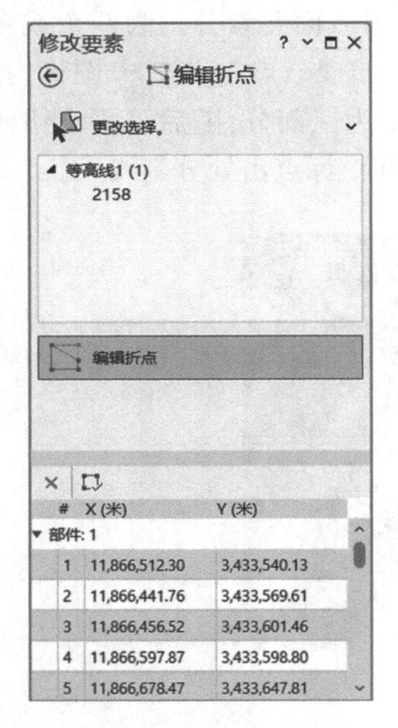

图 2-44 编辑折点窗格

编辑折点窗格右键菜单命令 表 2-5

命令	功能
插入其前	将折点添加到线段中点，折点位置位于所选折点之前
插入其后	将折点添加到线段中点，折点位置位于所选折点之后
部分	编辑所选部分的折点 • 全选——选择构成部分要素的所有折点； • 删除——删除折点所属的部分要素
删除	删除所选折点

同时在地图视图中出现编辑折点工具条，如图 2-45 所示。要拖动、添加或删除折点，也可以单击编辑折点工具条上的相应工具，对应的功能见表 2-6。

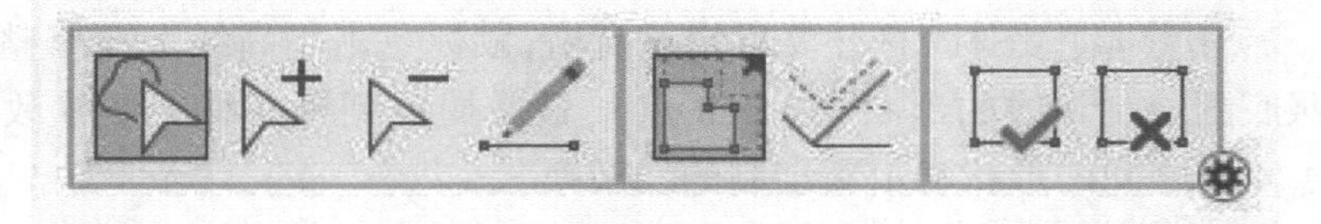

图 2-45 编辑折点工具条

编辑折点工具条 表 2-6

工具	功能
选择折点	选择并拖动折点。单击下拉箭头以更改选择方法
添加	每次单击都会添加一个折点
删除	删除单击的折点
按比例拉伸	通过在移动折点时按比例缩放线段来保留所选要素的常规形状。此设置默认关闭

也可以通过右键菜单来完成相应的修改折点操作。选中要编辑的要素，然后将鼠标悬停在折点上直到显示折点指针为止，右键单击该折点，弹出的右键菜单如图 2-46 所示，提供的命令见表 2-7。也可以使用键盘快捷键编辑折点，快捷方式参阅附录 B。

右键菜单命令　　表 2-7

命令	功能
删除折点	删除右键单击的折点
移动	将右键单击的折点移动指定 X、Y、Z 距离
移动到	将右键单击的折点移动至指定 X、Y、Z 位置
反转方向	更改线要素的方向。第一个折点变为最后一个折点
修剪之前	删除草图中从起始折点到右键单击的折点的所有折点
修剪之后	删除草图中从右键单击的折点到终止折点的所有折点

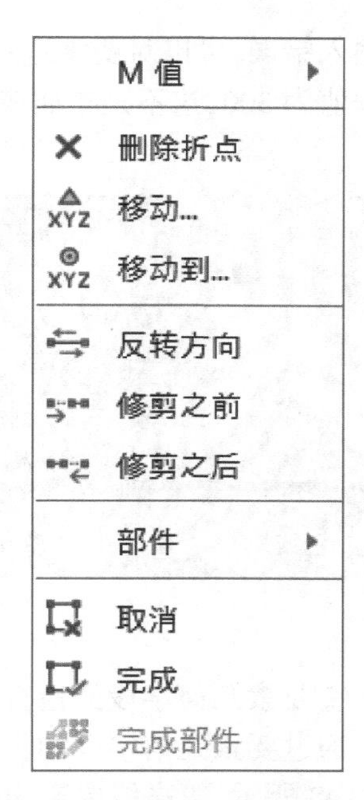

图 2-46　编辑折点右键菜单

2.5.2　数据质量检查

空间数据的质量控制体现在检测数据可靠性和分析数据的不确定性，从定位精度、属性精度、逻辑一致性、数据完整性等多方面对数据进行过程控制、结果检查与评价。空间位置精度主要包括数学基础、平面精度和高程精度；属性数据的质量控制主要是描述空间数据的属性项定义必须正确、属性值不得有异常、各属性表之间的相关性和映射关系应当正确；空间关系的质量控制包括空间实体点、线、面之间的组合表达实体间拓扑关系的正确性。本实验中主要针对空间位置精度和属性数据质量控制介绍两种数据检查方法：基于属性数据统计分析的质量检查和基于可视表达的质量检查。拓扑关系正确性的检查将在实验 8 中介绍。

(1)基于属性数据统计分析的质量检查。

在数据生产过程中，需要添加空间要素的属性值，包括名称、类型、高程值等信息。虽然在数据输入过程中已采取了一定的措施(如要素模板)来避免这类错误的发生，但仍然无法完全杜绝。因此，在数据录入完成后，可以通过属性数据的统计分析来快速发现明显的逻辑错误，如非正常空值、超出范围的异常值等。

①属性值值域的检查。

在数据生产过程中，空间要素的属性值一般具有确定的取值，如要素类型值等。以图 2-47 中的等高线要素为例，其类型字段取值为 1、2(分别对应首曲线和计曲线)；高程字段取值范围在 200~400(根据数据处理过程中该区域的实际情况得出)，并且 1 : 50 000 地形图的等高距为 10m，因此，相邻等高线高程值应呈 10 间隔增加，首曲线的高程值为 210、220、230、240、260 等，计曲线的高程值应是基本等高距的 5 倍，即取值应为 200、250、300、350 等。基于上述分析，可以对类型、高程进行排序，发现有高程值为 0 的要素，可以认定该高程值输入错误;可以对要素进行按属性选择(如类型=1),得到的选择集中发现有两个要素的高程值为 300,这不是首曲线应该具有的高程值,可以认定为错误。

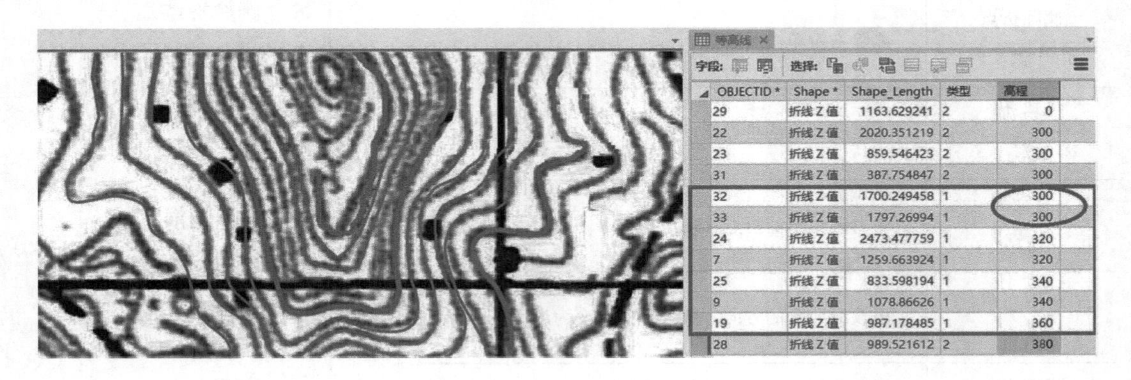

OBJECTID *	Shape *	Shape_Length	类型	高程
29	折线 Z 值	1163.629241	2	0
22	折线 Z 值	2020.351219	2	300
23	折线 Z 值	859.546423	2	300
31	折线 Z 值	387.754847	2	300
32	折线 Z 值	1700.249458	1	300
33	折线 Z 值	1797.26994	1	300
24	折线 Z 值	2473.477759	1	320
7	折线 Z 值	1259.663924	1	320
25	折线 Z 值	833.598194	1	340
9	折线 Z 值	1078.86626	1	340
19	折线 Z 值	987.178485	1	360
28	折线 Z 值	989.521612	2	380

图 2-47　属性值值域的检查

②要素几何字段的检查。

通过要素几何字段如长度、面积等空间属性也可以快速发现数据异常输入等问题。如图 2-48 所示,等高线要素为线要素,其有"Shape_Length"(长度值)字段,对其进行排序可以发现:有一些要素的长度值非常小,不符合实际情况,一般属于零碎线要素,经确认后可以统一进行删除处理。对于面要素,已有"Shape_Length"和"Shape_Area"(面积)两个字段,可以对其进行相同的操作来探查异常数据。

字段:　选择:

OBJECTID *	Shape *	Shape_Leng	类型	高程
41	折线 Z 值	2.523867	1	300
40	折线 Z 值	3.011559	1	300
38	折线 Z 值	13.963545	1	300
39	折线 Z 值	19.338443	1	300
31	折线 Z 值	387.754847	2	300
25	折线 Z 值	833.598194	1	320
23	折线 Z 值	859.546423	2	300
19	折线 Z 值	987.178485	1	340
28	折线 Z 值	989.521612	2	350
9	折线 Z 值	1078.86626	1	330
29	折线 Z 值	1163.629241	2	0
7	折线 Z 值	1259.663924	1	320
32	折线 Z 值	1700.249458	1	300
33	折线 Z 值	1797.26994	1	300
22	折线 Z 值	2020.351219	2	300
24	折线 Z 值	2473.477759	1	310

图 2-48　要素几何字段的检查

(2)基于可视表达的质量检查。

属性值值域检查只能发现明显的错误,对于有些错误如将高程值 320 输成了 220 这种比较隐晦的错误一般不易发现。但是,通过三维可视表达,能够快速发现这种高程异常和错误。基于二维、三维数据可视表达检查等高线数据质量的流程如下。

①在 2D 地图中观察等高线数据,了解等高线数据的基本特征,如高程值的范围、研究区域中地形的起伏趋势,以及地物之间的拓扑关系等。

②在 ArcGIS Pro 中可以将地图转换为场景,进而创建一个新的 3D 场景。具体的操作步骤如下。

首先,打开要转换为场景的地图。在**视图**选项卡的**视图**组中,单击**转换**下拉菜单,选择“至局部场景”。注意:系统提供了两种选项,选项一为“至全球场景”,可创建一个全球投影的 3D 场景,此场景在地理坐标系(GCS)中以全球视角和全球比例来显示实际内容,无法更改数据的裁剪范围;选项二为“至局部场景”,其创建一个局部投影的 3D 场景,此场景在地理坐标系(GCS)或投影坐标系(PCS)中以局部视角和比例来显示 3D 内容,可以更改数据的裁剪范围。

随后,在创建的局部场景中添加等高线数据,设置高程属性和符号系统。设置高程属性:在**内容**窗格中右键选中等高线图层,在弹出的右键菜单中选择**属性**,打开**图层属性**对话框,如图 2-49 所示。选择**高程**选项,设置高程基准和高程等参数。高程数据可以是二维或三维要素类型,如果为二维要素类型(Shape 字段为折线),此处可以从高程字段(如 ELEV)获得高程值;如果为三维要素类型(Shape 字段为折线 *Z* 值),则选择“几何 *Z* 值”获得高程。等高线的符号设置见本实验 2.6。

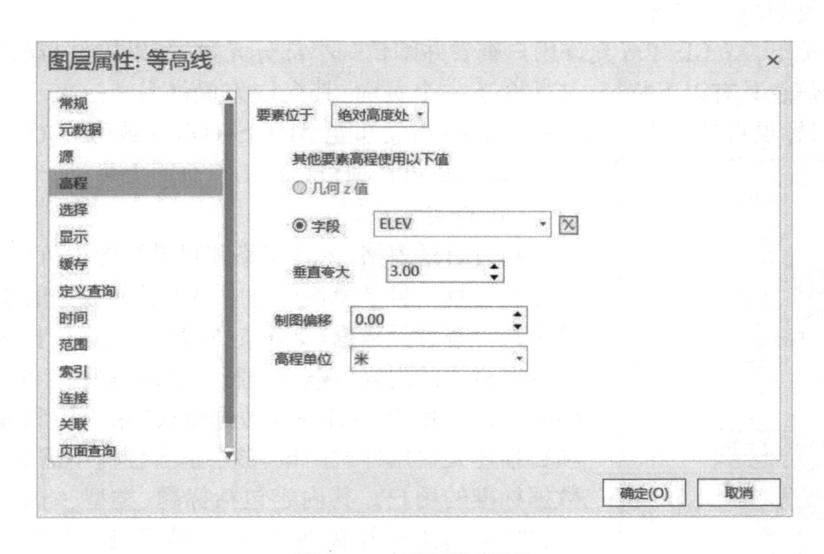

图 2-49 高程属性的设置

最终的等高线效果如图 2-50 所示。在三维场景中,调整观察视角,并通过放大、缩小和平移等操作观察等高线,结合地形特征分析判读等高线数据可能存在的错误并进行修正。

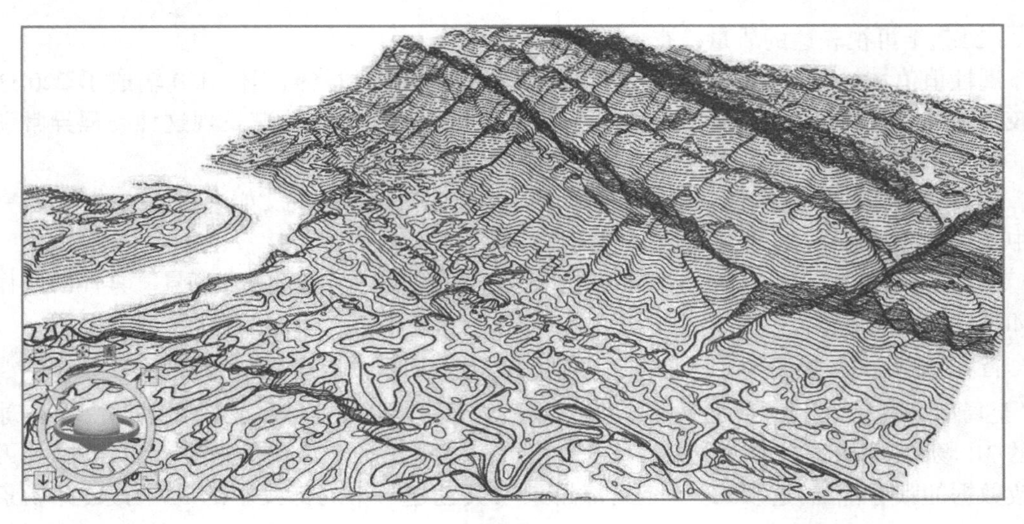

图 2-50　等高线的 3D 效果

2.5.3　元数据编辑

元数据(Metadata)是对数据的说明,能够帮助使用者更好地了解数据基本状态、处理过程、数据质量和应用场景等。ArcGIS Pro 可以为任何使用的内容和工程项添加元数据,包括地图、工程、地理处理模型、地理数据库数据集等。元数据将与其描述的项一起保存在以下位置:对于地理数据库项,保存在地理数据库中;对于工程项,保存在工程中;对于基于文件的项,保存在文件系统中,等等。元数据创建后,当使用 ArcGIS 进行管理时,元数据会和数据项一同被复制、移动和删除。

默认情况下,ArcGIS Pro 允许用户查看并编辑一小部分元数据,以提供与项相关的必要信息。这些信息具有以下特征:其适合于一个页面;其允许您提供由 ArcGIS 平台使用的信息;将对该目标项目进行索引,以便搜索它;当发布至 ArcGIS Online 或 ArcGIS Enterprise 门户时,该项目可在项目详细信息页面上可见。

图 2-51　查看元数据

(1)查看元数据。

通过**目录**窗格、**内容**窗格和目录视图均可以查看元数据的相关信息。**目录**窗格中选中要查看元数据的项目,右键菜单中选择**查看元数据**(如图 2-51 所示),可以打开目录视图,内容窗格中的内容也随着进行了更改,如图 2-52 所示。ArcGIS 默认采用“项目描述元数据样式”来组织和显示元数据,项目描述元数据样式简单有效,适合任何不需要遵守特定元数据标准的用户。其内容包括标题、类型、缩略图、标签、摘要、描述、制作者名单、使用限制、范围、比例范围。通过**内容**窗格中右键菜单的**查看元数据**也可以打开图 2-52 的目录视图。

(2)编辑元数据。

可以通过两种方式编辑项目的元数据,分别为“属性”

对话框中和“元数据”视图中编辑内容。

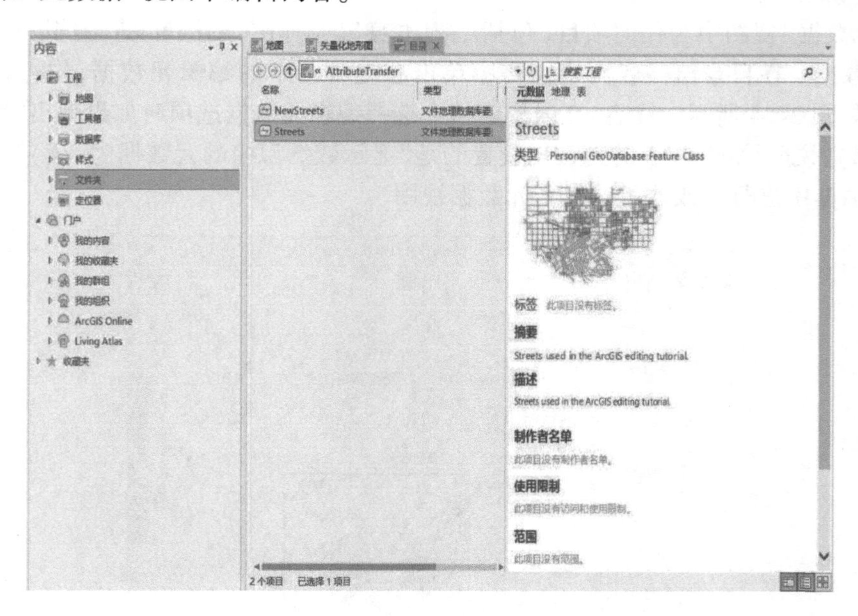

图2-52　元数据的内容

①“属性”对话框中编辑内容。

使用“属性”对话框来编辑用于描述地图和地图中图层或表的元数据，首先是通过内容窗格中的右键菜单打开“属性”对话框，然后在左侧选择**元数据**选项（图2-53），在第一个下拉框中列出了**图层/表具有自己的元数据**和**显示数据源中的元数据（只读）**两个选项。

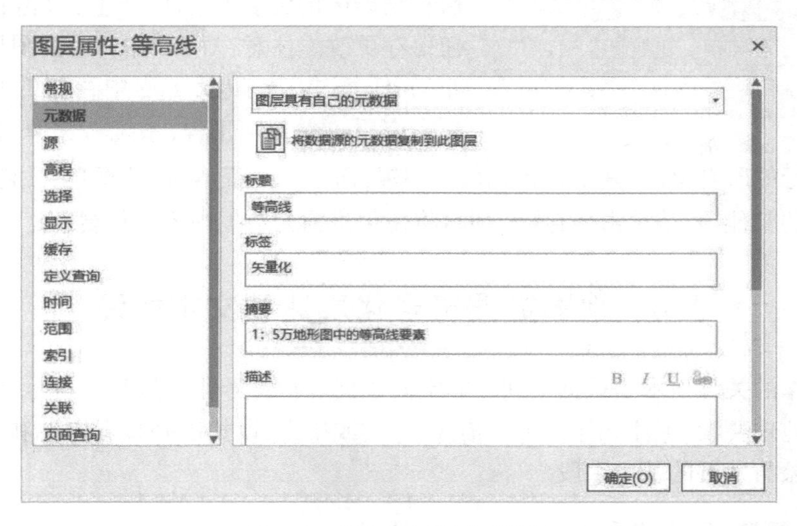

图2-53　属性对话框中的元数据

其区别为：当需要更改图层或表的元数据时选择前者，这样即可修改后续的元数据项；当需要引用数据源的元数据时选择后者（为默认选项），选中该项后，图层/表的元数据不可编辑。也可以通过双击图标将数据源的元数据复制到图层/表中。

②“元数据”视图中编辑内容。

在“元数据”视图中为任何项目(包括工程本身以及地图、图层和表)编辑完整的、基于标准的元数据。在**目录**窗格或**内容**窗格中单击右键菜单中的**编辑元数据**,均可打开“元数据”视图,如图 2-54 所示。注意:在**内容**窗格中选择编辑元数据选项时如果弹出“**警告**”对话框(图 2-55),说明该图层/表的元数据设置的是“显示数据源中的元数据(只读)”选项,需要在属性对话框中进行更改才可以打开元数据视图。

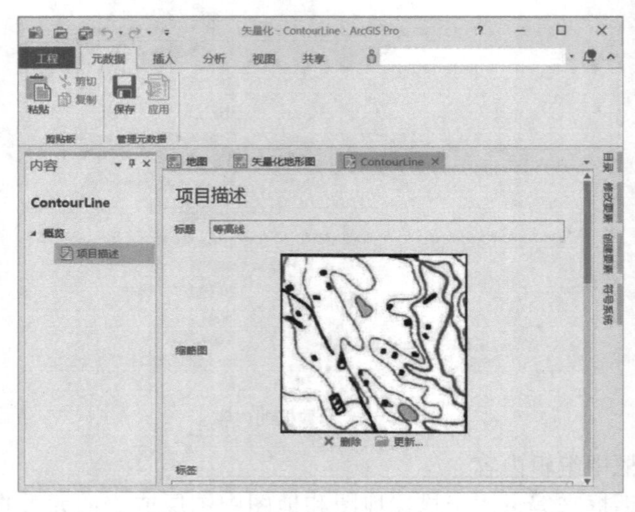

图 2-54　元数据视图

图 2-55　警告对话框

在“元数据”视图中编辑项目的各项描述,完成后在功能区的元数据选项卡上,单击**保存/应用**按钮保存更改。注意:对于地图、地图图层和独立表、布局、任务、报表,以及工程中存储的其他项目,请单击**应用**并保存工程,系统将保留自上次保存后对该工程进行的所有更改,其中包括元数据编辑;而对于工程本身、数据集、文件、工具,以及该工程引用的其他项,请单击**保存**,项目将使用当前元数据内容进行更新。

2.6　地图数据符号化表达和文本标注

地图制作的关键技术是根据空间和非空间数据进行符号化的过程。符号是以图形方式对地图中的地理要素、标注和注记进行描述、分类或排列,以找出并显示定性和定量关系,是表达地理现象与发展的基本手段。

2.6.1　要素图层符号化

要素图层符号化就是将已经处理好的矢量地图数据恢复成连续图形,并附之以不同符号表示的过程。符号化的原则是按实际形状确定地图符号的基本形状,以符号的颜色或者形状区分事物的性质。ArcGIS Pro 为要素图层提供多种符号化方法(又称“符号系统”):单一符号、唯一值、分级色彩、分级符号、二元色彩、未分类色彩、比例符号系统、点密度、图表等,见表 2-8。

ArcGIS Pro 中的符号系统　　表 2-8

符号系统	功能
单一符号	将对图层中的所有要素应用同一符号
唯一值	根据一或多个字段将一个不同的符号应用到图层中的各个要素类别
分级色彩	按照指定的分级方法将字段值的定量差异映射到一个色彩系列
分级符号	按照指定的分级方法将字段值的定量差异映射到符号的大小
二元色彩	用分级色彩来显示两个字段之间的要素值的定量差异
未分类色彩	显示具有一系列未划分为离散类色彩的要素值的定量差异
比例符号系统	将定量值表示为按比例调整大小的一系列未分类符号
点密度	将数量绘制为在面中分布的点符号。此方法仅适用于面要素
图表	使用图表符号根据多个字段绘制数量
热点图	将点密度绘制为连续的颜色梯度,仅适用于点要素
字典	用于将符号应用于使用多个属性的数据

(1)符号系统设置。

大多数要素图层使用一种符号系统对要素进行符号化,设置要素图层符号系统的步骤如下。

①**内容**窗格中单击要素图层的标题选中要素图层。**要素图层**上下文选项卡将显示在功能区中,如图 2-56 所示。

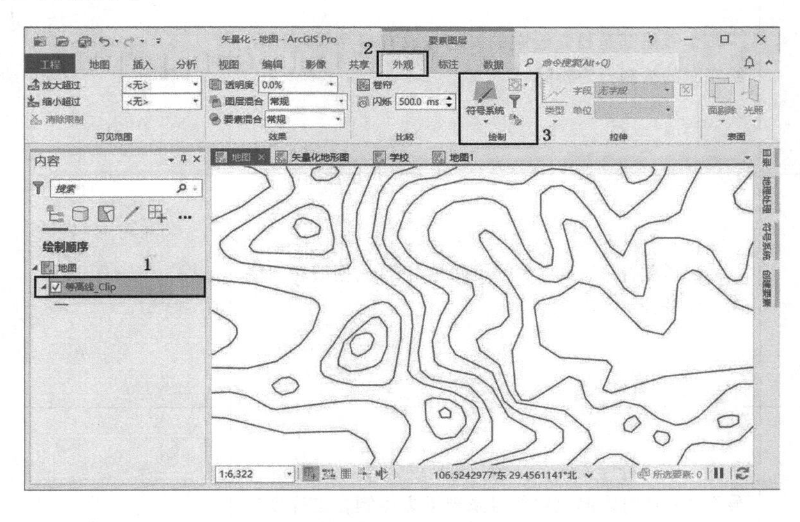

图 2-56　符号系统设置

②在**要素图层**下外观选项卡的**绘制**组中,单击**符号系统**　下的箭头以选择图层的符号化方式;同时,**符号系统**窗格随即显示,可在其中进一步自定义图层的分类和符号化方式,如

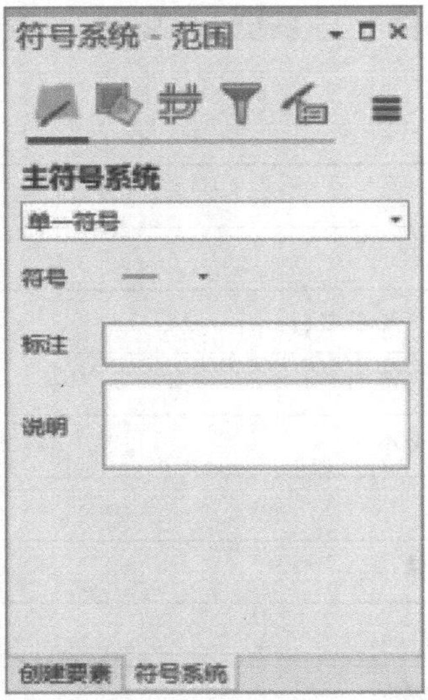

图 2-57 所示。该窗格中提供了 5 个选项卡，对符号系统进行设置。

图 2-57　符号系统窗格

主符号系统用于设置图层的符号系统、标注和说明字段。在内容窗格中将显示标注字段，在布局图例中将显示标注和描述字段。其参数会随着符号系统的不同而有所不同，不同符号系统的参数设置方法请参见实验五专题地图设计与制作。

按属性变更符号系统用于从字段菜单中选择数值字段或者通过表达式按钮编写表达式以确定符号的透明度、旋转方向、大小和颜色。

符号图层绘制用于当要素图层包含多个符号或者符号由多个图层组合而成时，通过该选项卡可以控制符号绘制的顺序。符号图层绘制对于实现某些图形效果非常有用，如将具有实线符号的道路符号类设置为连接以显示各路段间的连通性；通过将具有实线符号的多个道路符号类设置为连接来标记天桥和地下通道；通过在多个面符号类上设置连接与合并来按州消除面区域之间的县边界。可以使用基本和高级两种模式来建立符号图层的绘制。当使用具有多个符号图层的符号时，还可以使用连接和合并组合符号，不同选项的效果见表 2-9。

不同连接选项的绘制效果　　表 2-9

选项	说明	效果
无连接	每个线段都是独立绘制的。这与没有启用符号图层绘制时的绘制行为相同	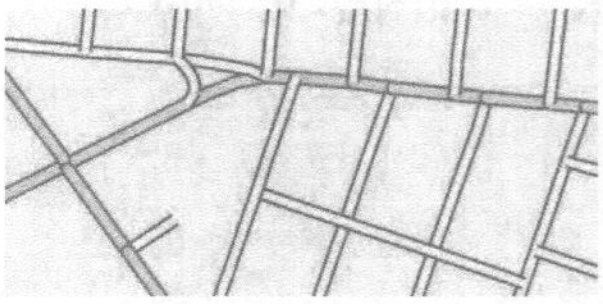
连接	内部道路符号系统在符号类间是组合的，但线轮廓将两个类分开	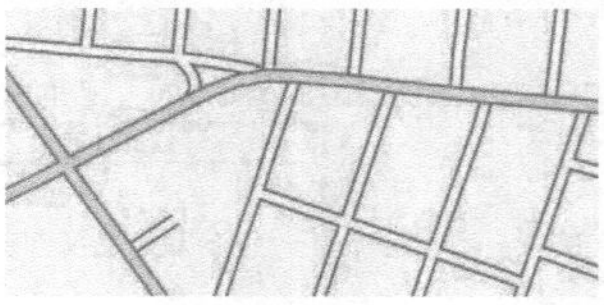
连接与合并	内部道路符号系统在符号类间是组合的，其中轮廓符号系统在所有内部道路符号系统下方绘制。在符号类上设置连接与合并后，该图层的符号系统将与绘制顺序列表中紧邻其上的符号类的符号系统合并	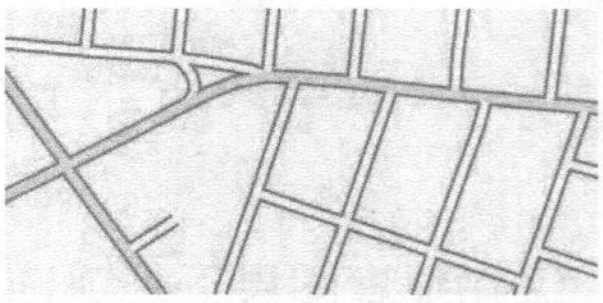

仅当需要控制符号类中各个符号图层的顺序时才使用高级模式。高级模式可独立地重新排序所有符号图层。图 2-58 显示了按照不同顺序绘制符号的效果。

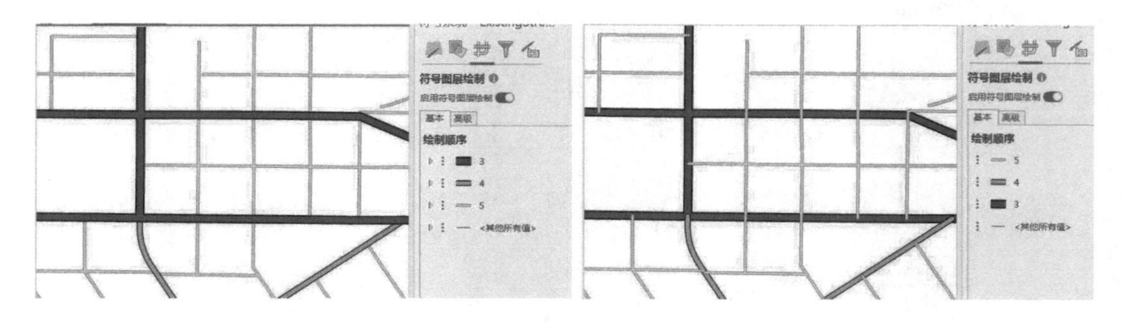

图 2-58　不同顺序绘制符号的效果

显示过滤器用于限制所绘制图层要素的查询。系统提供两种设置过滤器的方式,分别为“按比例”和“手动”。注意:显示过滤器仅影响显示的效果,从显示中过滤出的要素仍可用于查询和处理。

高级符号系统用于要素级掩膜的设置。掩膜技术用于在两个图层中的要素发生重叠时,使用一个图层中的要素隐藏或掩盖另一图层中的要素,以使密集或详细的地图内容变得更加清晰。掩膜最常见的用途是掩盖文本周围的注记以确保文本仍然可读。例如,在如下所示的分层高程地图中,等值线和文本可能会发生冲突。对黑色等值线的某些部分进行掩膜,可保留地图的高程信息并使得等值线更清晰,如图 2-59 所示。要素级掩膜是指按照两图层间关系类所指定的方式对各相关要素进行的掩膜。注意:必须在要素图层上启用符号图层绘制才能执行符号图层掩膜。

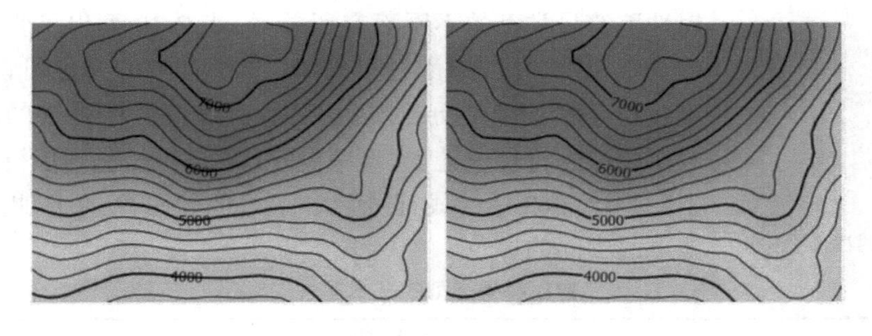

图 2-59　掩膜效果

(2)符号属性的修改。

符号以图形方式对地理要素和标注进行描述、分类或排列。符号的样式、颜色、宽度等属性可以通过**符号系统**窗格的“格式化符号”进行修改。打开“格式化符号”的方式有两种,如图 2-60 所示。

①单击主符号系统选项卡中的符号。

②在**内容**窗格中单击要修改的符号。

在**格式化符号**窗格中,提供了**图库**和**属性**选项卡,如图 2-61 所示。

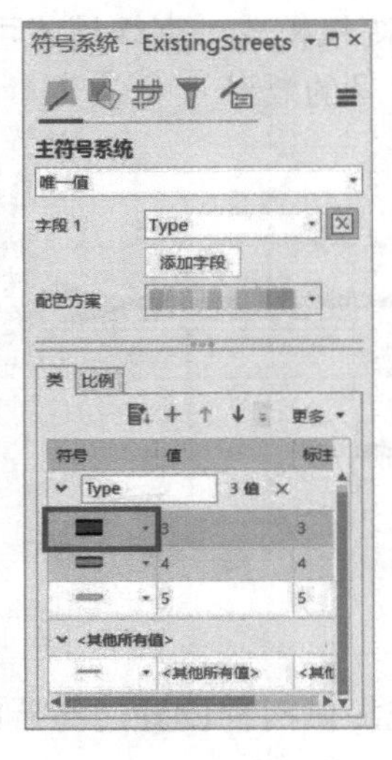

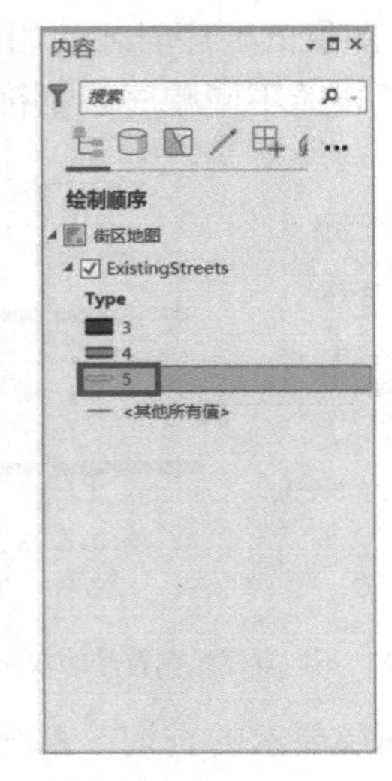

图 2-60　打开格式化符号的方式

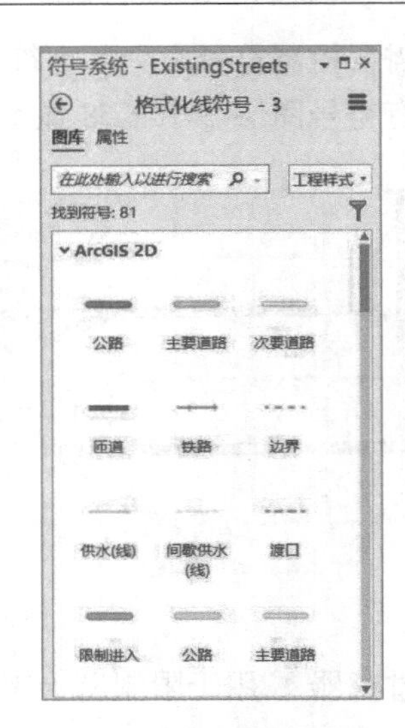

图 2-61　格式化符号窗格

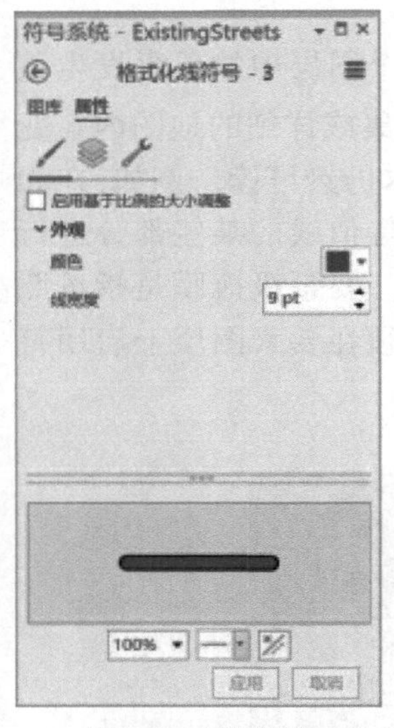

图 2-62　属性选项卡

图库选项卡列举了可用的符号库，用户可以选用库中现成的符号。通过该选项卡，可以浏览符号库来查找符号，或者键入搜索词来搜索符号；在“过滤器”菜单中可以更改库的视图。符号库由工程的样式统一管理，添加、新建样式请参阅实验四地图符号设计与制作部分。

属性选项卡提供了**符号**、**图层**和**结构**三个选项来修改符号的基本属性，如图 2-62 所示。

符号选项卡可以修改符号的基本属性，如颜色、大小等，基本属性因符号类型的不同而有所差异，表 2-10 列出了常用符号类型的基本属性。表中“颜色已解锁”表示符号的颜色可以进行修改，当在符号选项中更改颜色时，所有该符号中解锁的颜色均随之改变；反之，符号中处于“颜色锁定”状态的颜色则保持预定义颜色不变。图 2-62 中的线符号包含了黑色和棕色，更改此处的颜色只能更改中间的棕色。

常用符号类型的基本属性　　表 2-10

符号类型	基本属性
点	**大小**——点符号中最大标记符号图层的大小属性。更改按比例应用于所有标记图层[以及笔划图层的宽度（如果它们存在于点符号中）]。点符号大小可以按比例动态调整。 **角度**——点符号中所有标记符号图层的集体旋转（以度为单位，并按逆时针方向应用）。当点符号中有多个标记符号图层时，更改角度基本属性可更新每个标记符号图层的角度。 **角度对齐**——点符号相对于监控页面向上取向，或者相对于地图的坐标系向上取向。此属性在 3D 环境中被忽略。 **晕圈**——以面符号绘制的形状（从符号以设定距离向外辐射）。 **广告牌（3D 环境中）**——无论您在场景中导航的位置如何，广告牌点符号均为面向照相机的点符号。完全旋转表示符号始终面向照相机。路标旋转表示符号始终面向照相机，就像在立柱上旋转一样。 **旋转顺序（3D 环境中）**——定义在 3D 环境中将旋转操作应用于点符号的顺序

续上表

符号类型	基本属性
线	**颜色**——线符号中所有颜色已解锁的笔划符号图层的颜色。如果引用了多种颜色,则显示不确定的颜色。 **线宽**——最宽的笔划符号图层的宽度属性或面符号中沿轮廓放置的标记的高度(以较大者为准)。更改按比例应用于所有笔划符号图层、符号效果和标记放置。线宽可以按比例动态调整
面	**颜色**——面符号中所有颜色已解锁的填充符号图层的颜色。如果引用了多种颜色,则显示不确定的颜色。 **轮廓颜色**——面符号中所有颜色已解锁的笔划符号图层的颜色。如果引用了多种颜色,则显示不确定的颜色。 **轮廓宽度**——最宽的笔划符号图层的宽度属性或面符号中沿轮廓放置的标记的高度(以较大者为准)。更改按比例应用于所有笔划符号图层、符号效果和标记放置。轮廓宽度可以按比例动态调整
网格	**颜色**——填充符号图层的颜色,前提是颜色已解锁
文本	所有可用文本属性

在**图层**选项卡中可以控制符号的颜色锁定状态,如图 2-63 所示。图标表示该图层的颜色处于锁定状态,对基本属性图层进行全局颜色更改时,可保护该图层的颜色不发生变化,注意该图层的颜色可以在本选项卡的颜色属性中更改。图标表示该图层的颜色处于解锁状态,该图层颜色将随着基本属性颜色的更改而变化。

结构选项卡用于重建符号图层,具体使用方法参阅实验四地图符号设计与制作部分。

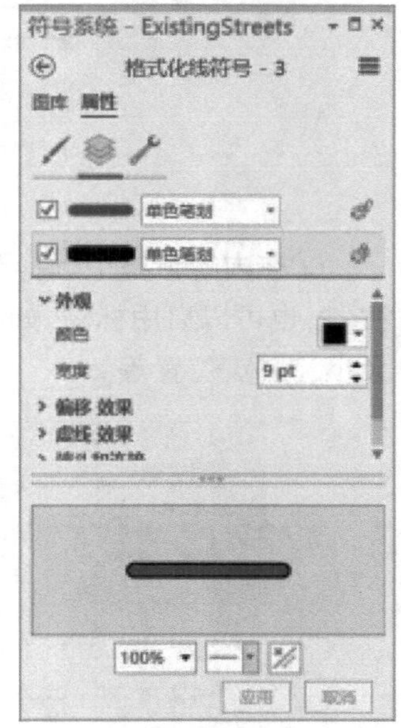

图 2-63　图层选项卡

2.6.2　文本标注

地图中的文本可以改善地图上地理信息的可视化效果。在 ArcGIS Pro 中提供了多种文本类型,如标注、注记、文本地图注释,以及布局中的图形文本和地图上的图形文本。本实验主要使用标注类型。

标注特指自动生成、放置在地图和场景中要素的描述性文本。标注是动态放置于地图上并且字符串内容是从一个或多个要素属性获得的文本信息,标注是依附于要素图层的,具有以下特点:

①标注位置是自动生成的;

②标注不可选;

③不能编辑单个标注的显示属性。

在数据可能发生更改或将以不同的比例创建地图的情况下,标注这一方法会非常有用。ArcGIS Pro 提供了两个标注引擎:Standard Label Engine 和 Maplex Label Engine。默认标注引擎是 Maplex Label Engine,其中默认字体名称是 Tahoma,默认字体样式是 Regular,默认字号是 10 磅。

(1)启用标注。

要对某一要素图层进行标注,通常有两种方式启动标注。

①在**内容**窗格选中要素图层,弹出的右键菜单中选中**标注**,则启用了该图层的标注,相应的地图视图中按照默认字段值显示标注,如图 2-64 所示。默认的标注字段为类型是字符串的第一个字段,并且其字段名中包含文本名称(不区分大小写)。如果任何字段的名称中均不包含文本,则标注字段默认为第一个类型为字符串的字段,然后默认为第一个类型为整数的字段,最后默认为第一个类型为任意类型的字段。

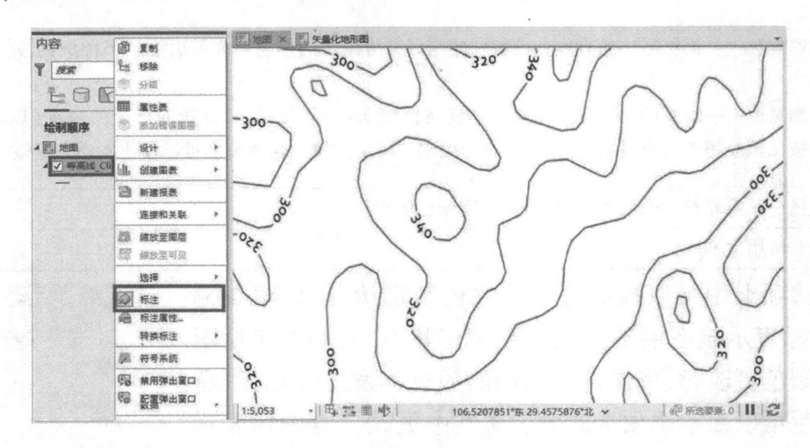

图 2-64　通过右键菜单启用标注

②在**内容**窗格中选择要素图层。在功能区的**要素图层**下,单击**标注**选项卡,然后选中**标注**,也可以启用标注,如图 2-65 所示。在该选项卡中可以更改标注的基本属性,如字段、大小、颜色、位置等。

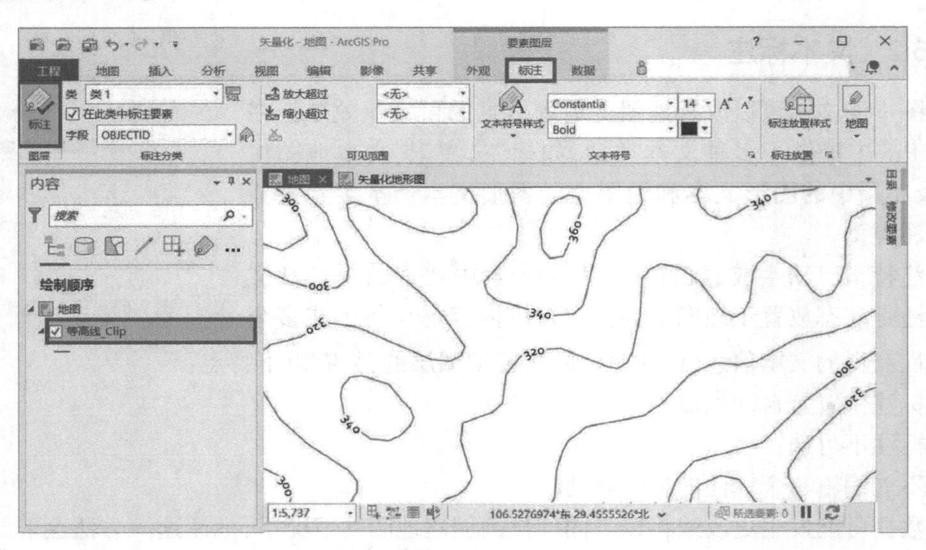

图 2-65　通过标注选项卡启用标注

关闭图层标注的方式与启用标注的方式相反,即在相同的菜单中取消标注。除此以外,**内容**窗格中的**按标注列出**也可以控制标注的可见性,效果与关闭标注相同。如图 2-66 所示，在标注列表中，取消图层的勾选就可以关闭标注。在此列表中，可以对标注进行重新排序、更改多个标注分类的标注属性，或在标注分类之间复制和粘贴标注属性。

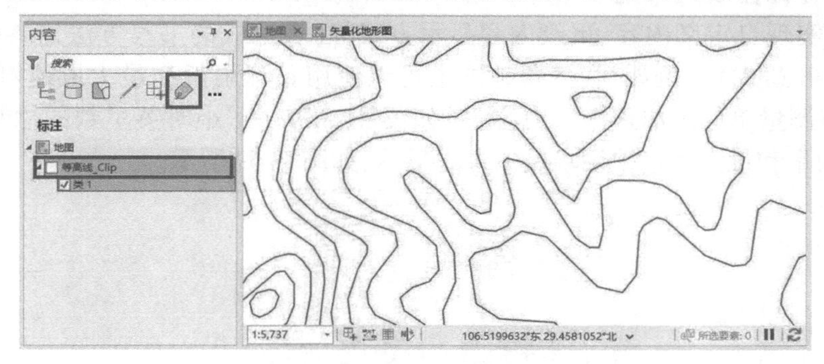

图 2-66　按标注列出

(2) 编辑标注属性。

通过**标注**选项卡和**标注分类**窗格可以对标注的高级属性进行设置。

在**内容**窗格中选中要素图层，在顶端的功能区将自动出现**标注**选项卡，提供了图层、标注分类、可见范围、文本符号、标注放置和地图等属性的设置，如图 2-67 所示。

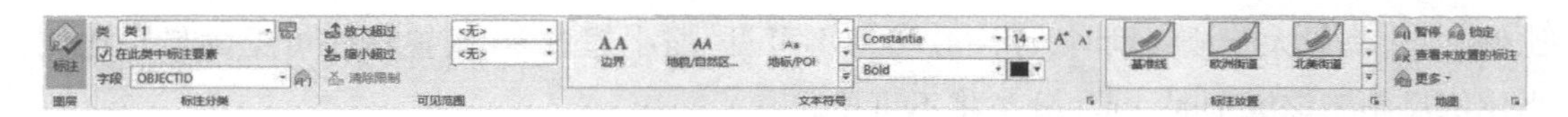

图 2-67　标注选项卡

标注分类：设置标注的要素和内容。通过 SQL 语句限定标注的要素，通过字段来设置标注的内容。如在等高线图层中标注计曲线的高程值，则可以自定义计曲线的标注类别，通过 SQL 查询按钮打开**标注分类**窗格（图 2-68），为标注设置条件（此处根据高程值的实际情况，选择高程值为 50 倍数的等高线）；字段选择 ELEV（高程值），从而实现计曲线的标注。

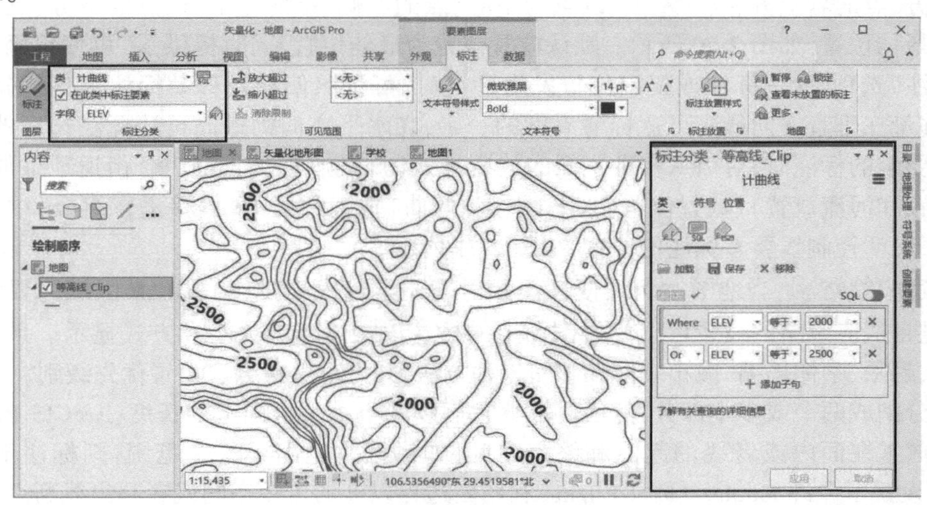

图 2-68　计曲线的标注

标注的内容可以从一个或多个要素属性字段中获得。通过**标注表达式**按钮打开**标注分类**窗格,在**标注表达式**选项卡中,使用 Arcade、Python、VBScript 或 Jscript 语言来创建标注表达式,实现自定义内容、更改内容显示方式等,表达式的书写方法请参阅 ArcGIS 帮助文档(标注表达式)。例如,在气象地图上可以使用日降雨量和最大风速对气象站进行标注, 可以将测量单位添加到标注内容中[如英寸、MPH(每小时英里数的缩写)],并且可以使得日降雨量和最大风速采用堆叠的方式显示,如图 2-69 所示。

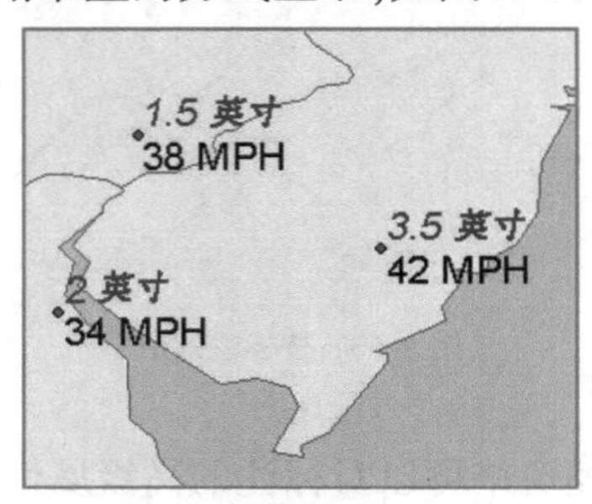

图 2-69 标注表达式

可见范围:通过两个比例尺来设置标注的可见范围。**放大超过**设置标注可见的最大比例,当比例尺大于该级别时,标注分类将不可见;**缩小超过**设置标注可见的最小比例,当比例尺小于该级别时,标注分类将不可见。

文本符号:设置文本样式、字体大小和颜色。可以通过**窗格启动器**打开**标注分类**窗格,设置更详细的文本外观、角度、晕圈、格式等。

标注放置:设置要素与标注之间的相对位置关系,也可以通过**窗格启动器**打开**标注分类**窗格设置标注的自适应策略和冲突解决方法。

标注放置位置是为标注分类所设置的第一个放置属性,系统针对点、线和面要素提供了多种预定义的放置位置,如在 Maplex Label Engine 中点的标注放置位置有:点的左上方、点的上方、点的右上方、点的左侧、以点为中心、点的右侧、点的左下方、点的下方、点的右下方以及最佳位置,如图 2-70 所示。默认放置位置为最佳位置,同时提供了"可偏移固定位置处的标注"选项,允许标注或要素位置发生冲突时,可按照偏移量移动标注,使用偏移选项时,平移量在垂直方向最高可达标注高度的一半,在水平方向则最高可达标注长度的一半。放置线要素的标注时,可以从多种不同的放置样式(规则放置、街道放置、街道地址放置、等值线放置和河流放置)、放置位置(水平|平直|弯曲|垂直和居中|偏移进行组合)中选择相应参数,灵活控制线要素标注的位置,如图 2-71 所示。

自适应策略:当地图比例尺使标注相对于要素过大或过小,或者某区域内要素过多时,通过自适应策略的设置可以使得图面上的标注以最恰当的大小和方式显示。系统提供了堆叠、超限、字体压缩、减小字体和缩写五种方法,并可对五种方法设置优先级别。"堆叠"将标注分割成两个或多个部分,然后再堆叠它们以减小水平方向上的长度;ArcGIS Pro 一般将标注放置在面内或者线的起点和终点之间,如果标注超出了这个范围,则标注不显示。"超限"设置了允许 Maplex Label Engine 利用面边界以外的可用空间或者超出线断点的距离来放置标注。

冲突解决方法：使用 Maplex Label Engine 放置标注时，所有可用空间都将调整以适合文本。有时这会造成标注放置过于密集。系统提供了冲突解决方法：创建标注缓冲区、移除同名标注、指定要标注的要素的最小大小、连接线段或指定仅标注最大要素，由此可以减少放置的标注数量，进而对标注放置的密度进行控制。

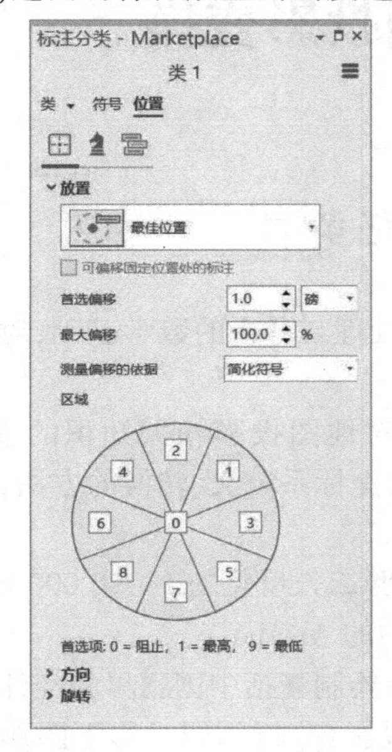

图 2-70　点标注位置放置

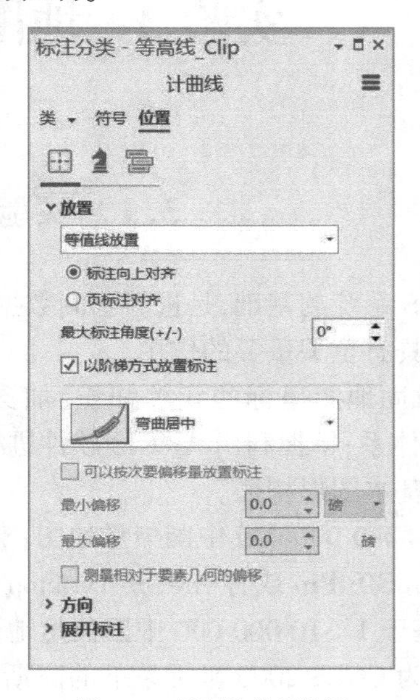

图 2-71　线标注位置放置

实验 3　地图投影变换

3.1　实验任务书

坐标系是 GIS 系统的基础,是进行空间数据处理与分析的数学基础,对于多源数据集成和统一地图表达具有至关重要的作用。

实验目的:巩固地图坐标的相关知识,加深对地图投影相关知识的理解与掌握;了解 ArcGIS 软件坐标体系;掌握利用 ArcGIS 软件进行坐标系定义、转换的方法;了解不同地图投影的变形性质和基本图形特征。

实验数据:1 : 1 0 000 000 中国矢量地图;实验二矢量化的 1 : 50 000 地形图。

实验环境: ArcGIS Pro 或者 ArcGIS Desktop 中的 ArcMap。

实验内容:基于 1 : 10 000 000 中国矢量地图绘制囊括中国疆界的经纬网;将经纬网、中国矢量地图转换为 CGCS 2000 坐标系下的高斯投影;分析不同投影下图形的特征和变形规律;将 1 : 50 000 矢量化地形图的地理坐标转换为 CGCS 2000 坐标系下的相同投影坐标系。

实验步骤:

①实验数据坐标系的获取。利用 ArcGIS Pro 软件的内容窗格和目录窗格获取实验数据的坐标系相关参数。

②经纬网的绘制。新建“经纬线”Shape 文件或要素文件,坐标系与 1 : 10 000 000 中国地图相同;按照经差 10°、纬差 5°绘制经纬网,经纬网应囊括整个中国疆界。

③将 1 : 10 000 000 的中国矢量地图(包括经纬网)转换为 CGCS 2000 坐标系下的高斯投影,并比较两种坐标系下经纬线、国界线的图形特征和变形规律,体会制图区域、地图用途和比例尺等因素对地图投影的影响。

④将 1 : 50 000 矢量地形图转换为 CGCS 2000 坐标系下的相同投影坐标系,并分析不同坐标系下图形的特征。

实验成果:提交实验报告、投影变换后的 1 : 10 000 000 中国地图和 1 : 50 000 矢量地形图(具有完整的布局设计),地图格式为 PNG。

3.2　ArcGIS Pro 软件中的坐标体系

坐标系统就是按规定方法选取的、有次序的一组数据,用来确定参照系中空间点的位置。在 ArcGIS 软件中提供了两种坐标系:地理坐标系(Geographic Coordinate System,GCS)和投影坐标系(Projected Coordinate System,PCS)。

3.2.1　地理坐标系

地理坐标系实质是球面坐标系，是基于参考椭球面建立的坐标体系，采用经纬度描述点的空间位置。在ArcGIS软件中，地理坐标系有四个参数：角度单位、本初子午线、基准面和参考椭球体。如图3-1所示，该地理坐标系名称为“Beijing 1954”；WKID为坐标系在ArcGIS软件中的唯一编码；EPSG是“European Petroleum Survey Group”的缩写，表示授权单位为“欧洲石油调查组织”；使用的角度单位为“Degree(0.017 453 292 519 943 3)”，这个数字等于“π/180”；使用的本初子午线为“Greenwich(0.0)”，即格林尼治皇家天文台(Greenwich)所在位置的经线；使用的基准面则为“D Beijing 1954”，该基准面定义参考椭球的方向和原点；使用的参考椭球为“Krasovsky 1940”(1940年的克拉索夫斯基)参考椭球，包含长半轴、短半轴和反扁率三个参数。

地理坐标系	Beijing 1954
WKID	4214
授权	EPSG
角度单位	Degree (0.0174532925199433)
本初子午线	Greenwich (0.0)
基准面	D Beijing 1954
参考椭球体	Krasovsky 1940
长半轴	6378245.0
短半轴	6356863.018773047
扁率	298.3

图3-1　地理坐标系的参数

基准面定义了参考椭球体相对于地心的位置，即经线和纬线的原点及方向。当使用地球的质心作为原点时，这样的基准面为地心基准面，可作为在世界范围内进行定位测量的框架，如WGS 1984、CGCS 2000基准面，对应的坐标系为地心坐标系。当使参考椭球体表面上的点与地球表面上的特定位置相匹配，并将该点作为基准面的原点，由此得到的基准面为区域基准面。区域基准面的坐标系原点不在地心上，其旋转椭球体只与地表某特定区域吻合得很好，所以，它不适用于该区域之外的其他区域。采用区域基准面定义的坐标常称为参心坐标系。我国常用的地理坐标系有：北京54坐标系、西安80坐标系、WGS 84坐标系和CGCS 2000坐标系，其具体的参数见表3-1。

我国常用的地理坐标系　　表3-1

名称	北京54	西安80	WGS 84	CGCS 2000
类型	参心	参心	地心	地心
参考椭球	Krasovsky 1940	Xian 1980	WGS 1984	CGCS 2000
长半轴	6 378 245.000 00	6 378 140.000 00	6 378 137.000 00	6 378 137.000 00
短半轴	6 356 863.0187 7	6 356 755.288 16	6 356 752.314 24	6 356 752.314 14
扁率	1/298.3	1/298.257	1/298.25722356	1/298.257 221 01
ArcGIS中的名称	Beijing 1954	Xian 1980	WGS 1984	China Geodetic Coordinate System 2000
WKID	4214	4610	4326	4490

由表中的参数可以知道:CGCS 2000 与 WGS 84 实质一样,采用的参考椭球非常接近。扁率差异引起椭球面上的纬度和高度变化最大达 0.1mm。在当前测量精度范围内,可以忽略这点差异,可以说两者相容至厘米级水平。另外,在 ArcGIS 地理坐标系中还提供了一个"New Beijing"坐标系,这是为了方便北京 54 与西安 80 坐标系之间的转换而设置的一个过渡坐标系。

3.2.2 投影坐标系

投影坐标系实质是平面直角坐标系,是通过一定的投影方法将地球曲面上的点表示在平面坐标体系中。投影坐标是由地理坐标和投影方法组成的,如图 3-2 所示,"CGCS 2000 3 Degree GK CM 105E"这个投影坐标系由两部分组成:名为"Gauss Kruger"的投影和名为"China Geodetic Coordinate System 2000"的地理坐标系。

坐标系详细信息 ×

投影坐标系	CGCS2000 3 Degree GK CM 105E
投影	Gauss Kruger
WKID	4544
授权	EPSG
线性单位	米 (1.0)
东偏移量	500000.0
北偏移量	0.0
中央经线	105.0
比例因子	1.0
起始纬度	0.0
地理坐标系	China Geodetic Coordinate System...
WKID	4490
授权	EPSG
角度单位	Degree (0.0174532925199433)
本初子午线	Greenwich (0.0)
基准面	D China 2000
参考椭球体	CGCS2000
长半轴	6378137.0
短半轴	6356752.314140356
扁率	298.257222101

图 3-2 投影坐标系

我国常用的投影包括高斯克吕格投影(Gauss Kruger)、兰伯特投影(Lambert)、通用墨卡托投影(UTM)、阿伯斯投影(Albers)和 Web 墨卡托投影(WebMercator)。

(1)高斯克吕格投影(Gauss Kruger)。

高斯克吕格投影又称横轴墨卡托投影,其为横轴等角切椭圆柱投影。我国 1 : 2.5 万~1 : 50 万采用 6°分带高斯克吕格投影,1 : 5 000~1 : 10 000 采用 3°分带高斯克吕格投影。不同的地理坐标和高斯克吕格投影组合起来,构成了多种投影坐标系,如 Beijing 1954 3 Degree GK CM 102E、Beijing 1954 3 Degree GK Zone 34、CGCS 2000 3 Degree GK Zone 28、CGCS 2000 GK CM105E、Xian 1980 GK CM 105E 等,其命名规则为地理坐标(Beijing 1954/ CGCS 2000)+分带信息+ 投影方法(GK)。当名称中包含"3 Degree"表示 3°分带,其余默认 6°分

带;CM 102E 表示中央经线为东经 102°;Zone 34 表示带号为 34,其区别在于东坐标是否带有带号,如图 3-3 所示,“Beijing 1954 3 Degree GK CM 102E”和“Beijing 1954 3 Degree GK Zone 34”均表示北京 54 地理坐标系下使用高斯克吕格 3°分带投影,中央经线为东经 102°的 34 投影带的投影坐标系,区别在于东偏移量:前者东坐标(500 000)没有加上带号,而后者加上了带号变为 34 500 000。其他投影坐标系的含义见表 3-2。

坐标系详细信息	×
投影坐标系	Beijing 1954 3 Degree GK CM 102E
投影	Gauss Kruger
WKID	2431
授权	EPSG
线性单位	米 (1.0)
东偏移量	500000.0
北偏移量	0.0
中央经线	102.0
比例因子	1.0
起始纬度	0.0
地理坐标系	Beijing 1954
WKID	4214
授权	EPSG
角度单位	Degree (0.0174532925199433)
本初子午线	Greenwich (0.0)
基准面	D Beijing 1954
参考椭球体	Krasovsky 1940
长半轴	6378245.0
短半轴	6356863.018773047
扁率	298.3

坐标系详细信息	×
投影坐标系	Beijing 1954 3 Degree GK Zone 34
投影	Gauss Kruger
WKID	2410
授权	EPSG
线性单位	米 (1.0)
东偏移量	34500000.0
北偏移量	0.0
中央经线	102.0
比例因子	1.0
起始纬度	0.0
地理坐标系	Beijing 1954
WKID	4214
授权	EPSG
角度单位	Degree (0.0174532925199433)
本初子午线	Greenwich (0.0)
基准面	D Beijing 1954
参考椭球体	Krasovsky 1940
长半轴	6378245.0
短半轴	6356863.018773047
扁率	298.3

图 3-3 CM 与 Zone 坐标的区别

ArcGIS 中的高斯克吕格投影坐标系 表 3-2

名称	含义
Beijing 1954 3 Degree GK CM 102E	北京 54 地理坐标系下使用高斯克吕格 3°分带投影,中央经线为东经 102°的不带带号的投影坐标系
Beijing 1954 3 Degree GK Zone 34	北京 54 地理坐标系下使用高斯克吕格 3°分带投影,中央经线为东经 102°的带带号的投影坐标系
Beijing 1954 GK CM 105E	北京 54 地理坐标系下使用高斯克吕格 6°分带投影,中央经线为东经 105°的不带带号的投影坐标系
Beijing 1954 GK Zone 18	北京 54 地理坐标系下使用高斯克吕格 6°分带投影,中央经线为东经 105°的带带号的投影坐标系
Beijing 1954 GK Zone 18N	北京 54 地理坐标系下使用高斯克吕格 6°分带投影,中央经线为东经 105°的不带带号的投影坐标系
CGCS 2000 3 Degree GK CM 102E	国家 2000 地理坐标系下使用高斯克吕格 3°分带投影,中央经线为东经 102°的不带带号的投影坐标系
CGCS 2000 3 Degree GK Zone 34	国家 2000 地理坐标系下使用高斯克吕格 3°分带投影,中央经线为东经 102°的带带号的投影坐标系
CGCS 2000 GK CM 105E	国家 2000 地理坐标系下使用高斯克吕格 6°分带投影,中央经线为东经 105°的不带带号的投影坐标系

续上表

名称	含义
CGCS 2000 GK Zone 18	国家 2000 地理坐标系下使用高斯克吕格 6°分带投影，中央经线为东经 105°的带带号的投影坐标系
Xian 1980 3 Degree GK CM 102E	西安 80 地理坐标系下使用高斯克吕格 3°分带投影，中央经线为东经 102°的不带带号的投影坐标系
Xian 1980 3 Degree GK Zone 34	西安 80 地理坐标系下使用高斯克吕格 3°分带投影，中央经线为东经 102°的带带号的投影坐标系
Xian 1980 GK CM 105E	西安 80 地理坐标系下使用高斯克吕格 6°分带投影，中央经线为东经 105°的不带带号的投影坐标系
Xian 1980 GK Zone 18	西安 80 地理坐标系下使用高斯克吕格 6°分带投影，中央经线为东经 105°的带带号的投影坐标系

(2)兰伯特投影(Lambert)。

兰伯特投影是正轴等角割圆锥投影，我国 1：1 000 000 地形图和大部分省区图均采用这一投影。软件中预定义了亚洲北半球兰伯特等角投影坐标(Asia North Lambert Conformal Conic)，其参数设置如图 3-4 所示。需要注意的是：该投影是针对北半球的所有区域定义的，和我国 1：1 000 000 地形图实际使用的参数不一致，主要表现在标准纬线 1、标准纬线 2 和中央经线三个参数。我国 1：1 000 000 地图采用 Lambert 双标准纬线等角投影，标准纬线为 25°和 47°，中央经线为 110°。可基于系统预定义的兰伯特投影坐标系自定义适合中国区域的投影坐标，具体操作方法参阅本实验 3.3 坐标系定义。

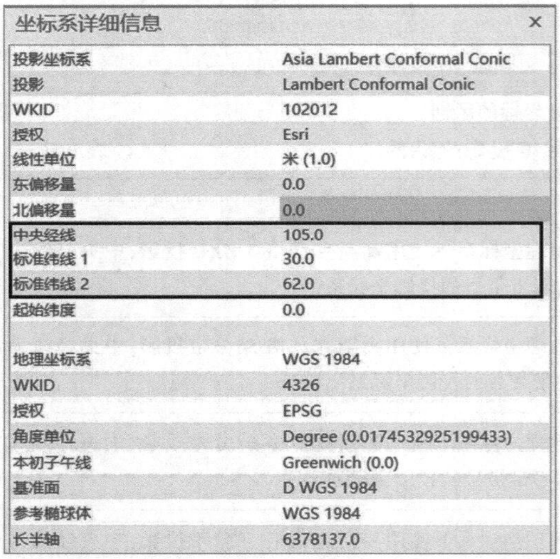

坐标系详细信息

投影坐标系	Asia Lambert Conformal Conic
投影	Lambert Conformal Conic
WKID	102012
授权	Esri
线性单位	米 (1.0)
东偏移量	0.0
北偏移量	0.0
中央经线	105.0
标准纬线 1	30.0
标准纬线 2	62.0
起始纬度	0.0
地理坐标系	WGS 1984
WKID	4326
授权	EPSG
角度单位	Degree (0.0174532925199433)
本初子午线	Greenwich (0.0)
基准面	D WGS 1984
参考椭球体	WGS 1984
长半轴	6378137.0

图 3-4 亚洲北半球兰伯特等角投影坐标

(3)通用墨卡托投影(UTM)。

通用墨卡托投影(Universal Transverse Mercator，UTM)是一种横轴等角割圆柱投影。圆柱割地球于南纬 80°、北纬 84°两条等高圈，将北纬 84°和南纬 80°之间的地球表面积按经差 6°划分为南北纵带(投影带)。从 180°经线开始向东将这些投影带编号，从 1～60(北京处于第 50 带)，中国国境所跨 UTM 带号为 43-53N。1 带的中央经线为-177，投影后的中央经线为原长度的 0.999 6 倍。每个纵带再划分为纬差 8°的四边形，从 80S 到 84N 共 20 个纬度带，分别用 C～X 的字母来表示(X 带多 4°)。南北带划分的基线是赤道。每个带的原点是其中央经线和赤道的交点。为了消除负坐标，东偏移量为 500 000m；而北偏移量对于北半球而言为 0m、对于南半球而言为 10 000 000m。UTM 投影是由美国军方在 1947 提出的，其与高斯克吕格投影的其他性质基本一样，因此被许多国家和地区采用，作为大地测量和地形测量的投影基础。美国本土采用 Clarke 1866 椭球体，在世界其他地方 UTM 都采用 WGS 1984 参考椭球。目前，遥感影像数据常采用这种投影,如 Landsat 和 Aster 数据都应用 UTM 投影发布的。在 ArcGIS Pro 中,常用的基于 WGS 1984 地理坐标定义的墨卡托投影坐标有:WGS 1984 UTM Zone 50N(表示 WGS 1984 地理坐标系下,采用 UTM 投影,投影带是 50N,N 表示北半球,具体参数设置如图 3-5 所示),WGS 1984 Complex UTM Zone 25N(表示 WGS 1984 地理坐标系下,采用复杂横轴墨卡托投影,投影带是 25N)。

坐标系详细信息

投影坐标系	WGS 1984 UTM Zone 50N
投影	Transverse Mercator
WKID	32650
授权	EPSG
线性单位	米 (1.0)
东偏移量	500000.0
北偏移量	0.0
中央经线	117.0
比例因子	0.9996
起始纬度	0.0
地理坐标系	WGS 1984
WKID	4326
授权	EPSG
角度单位	Degree (0.0174532925199433)
本初子午线	Greenwich (0.0)
基准面	D WGS 1984
参考椭球体	WGS 1984
长半轴	6378137.0
短半轴	6356752.314245179
扁率	298.257223563

图 3-5 WGS 1984 UTM Zone 50N 投影坐标系参数

(4)阿伯斯投影(Albers)。

阿伯斯投影是一种正轴等积割圆锥投影,常用于我国省(区、市)的投影,与兰伯特投影类似,区别在于前者为等积投影,而兰伯特投影为等角投影。在 ArcGIS Pro 软件中预定义了亚洲北半球阿伯斯等积投影坐标(Asia North Albers Equal Area Conic),其参数设置如图 3-6 所示。

(5)Web 墨卡托投影(WebMercator)。

Web 墨卡托投影是 Google 公司提出的为 GoogleMap 专门定义的一种投影,目前百度、高德等网络地图均采用这种投影。它是墨卡托投影(正轴等角圆柱投影)的一种变形,与常规墨卡托投影的主要区别是把地球模拟为正球体而非椭球体。Web 墨卡托投影坐标系以整个世界范围为研究区域,赤道作为标准纬线、本初子午线作为中央经线,两者交点为坐标原点,向东、向北为正,具体参数如图 3-7 所示。为了计算方便,该坐标系的取值范围为最小(−20 037 508.342 789 2, −20 037 508.342 789 2)到最大(20 037 508.342 789 2, 20 037 508.342 789 2),对应的地理坐标系范围最小(−180°, −85.051 128 779 806 59°),最大(180°, 85.051 128 779 806 59°)。

坐标系详细信息

投影坐标系	Asia North Albers Equal Area Conic
投影	Albers
WKID	102025
授权	Esri
线性单位	米 (1.0)
东偏移量	0.0
北偏移量	0.0
中央经线	95.0
标准纬线 1	15.0
标准纬线 2	65.0
起始纬度	30.0
地理坐标系	WGS 1984
WKID	4326
授权	EPSG
角度单位	Degree (0.0174532925199433)
本初子午线	Greenwich (0.0)
基准面	D WGS 1984
参考椭球体	WGS 1984
长半轴	6378137.0
短半轴	6356752.314245179
扁率	298.257223563

图 3-6　亚洲北半球阿伯斯等积投影坐标参数

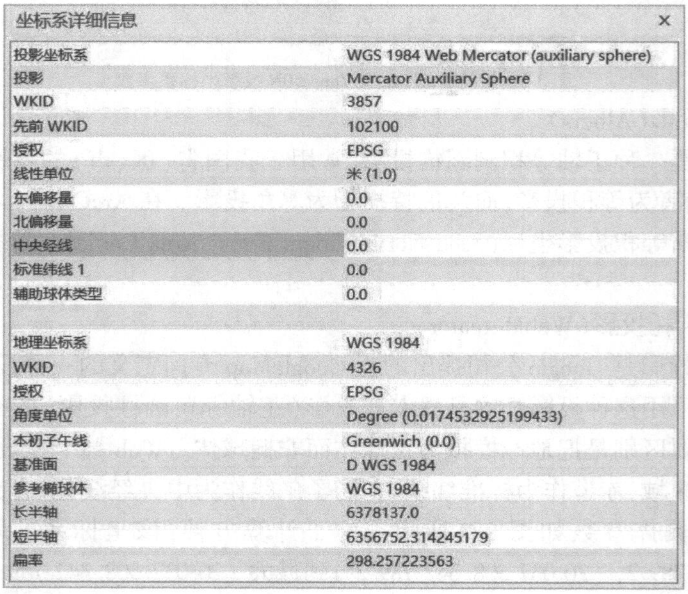

坐标系详细信息

投影坐标系	WGS 1984 Web Mercator (auxiliary sphere)
投影	Mercator Auxiliary Sphere
WKID	3857
先前 WKID	102100
授权	EPSG
线性单位	米 (1.0)
东偏移量	0.0
北偏移量	0.0
中央经线	0.0
标准纬线 1	0.0
辅助球体类型	0.0
地理坐标系	WGS 1984
WKID	4326
授权	EPSG
角度单位	Degree (0.0174532925199433)
本初子午线	Greenwich (0.0)
基准面	D WGS 1984
参考椭球体	WGS 1984
长半轴	6378137.0
短半轴	6356752.314245179
扁率	298.257223563

图 3-7　WGS 1984 Web 墨卡托投影坐标系参数

3.2.3　坐标系信息查询

在利用 ArcGIS 软件进行数据处理时,应掌握数据坐标系的三个概念:真实坐标系、属性坐标系和地图坐标系。

(1)真实坐标系。

地理空间数据的真实坐标系是数据记录本身所对应的坐标系,可能是地理坐标系或投影坐标系。如图 3-8 所示,地图中的任意一个点的坐标可从坐标格网中获得,星形点的坐标为(3 415 000m,18 598 000m)。该地图左下角明确说明了其采用的地理坐标系为北京 54 坐标,从其标注的坐标可以知道其采用的是 6°带高斯克吕格投影,带号为 18 带,因此,可以推出数据的真实坐标系为投影坐标系 Beijing 1954 GK Zone 18。

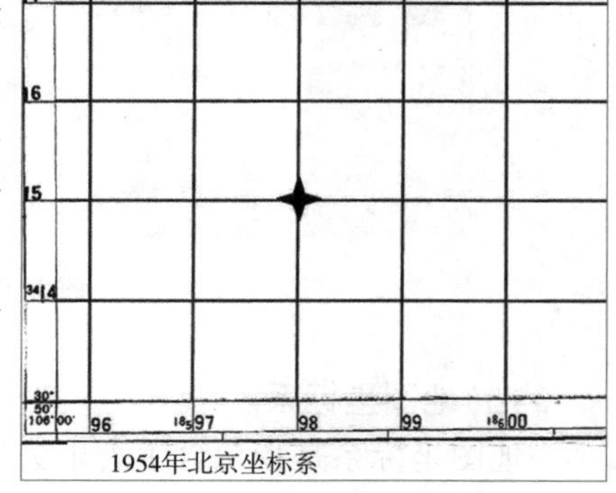

图 3-8　数据的真实坐标系

(2)属性坐标系。

数据的属性坐标系就是数据文件的属性所标称的坐标系。要查询数据文件的属性坐标系,可以通过以下两种方式进行。

①在**目录**窗格中选中数据文件,在右键菜单中选择**属性**,打开 Shapefile **属性**对话框,如图 3-9 所示。在该对话框中选择**源**|**空间参考**,则可以查看该数据文件的属性坐标系。

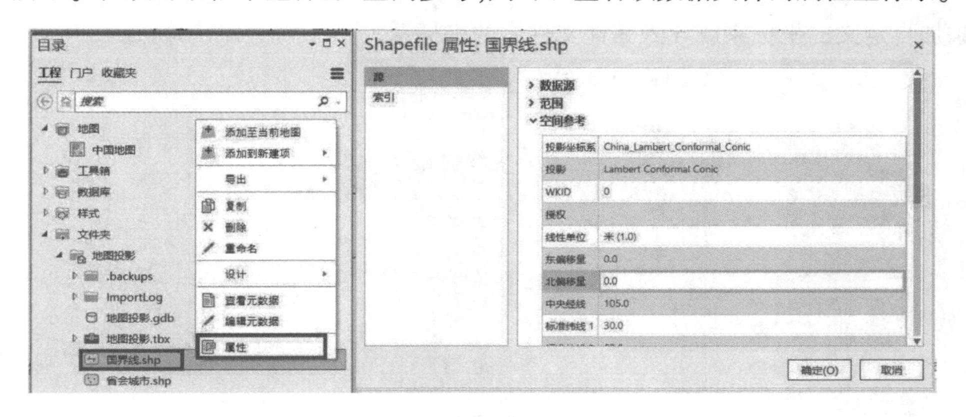

图 3-9　通过目录窗格查看属性坐标系

②将数据文件加载到地图视图中,在**内容**窗格中选中数据文件,在右键菜单中选择**属性**,打开**图层属性**对话框,如图 3-10 所示。在该对话框中选择**源**|**空间参考**,则可以查看该数据文件的属性坐标系。

需要注意:这两种方式均只能查看属性坐标系,不能对其进行修改。另外,要特别强调的是,数据的真实坐标系和属性坐标系可以不同,但当二者不同时,数据处理和空间分析将出现错误,因此使数据的属性坐标系和真实坐标系吻合,是进行数据处理和分析的必要前提。在 ArcGIS Pro 中如果属性坐标系与真实坐标系不相同,一般数据加载到地图视图中将无法正确显示。

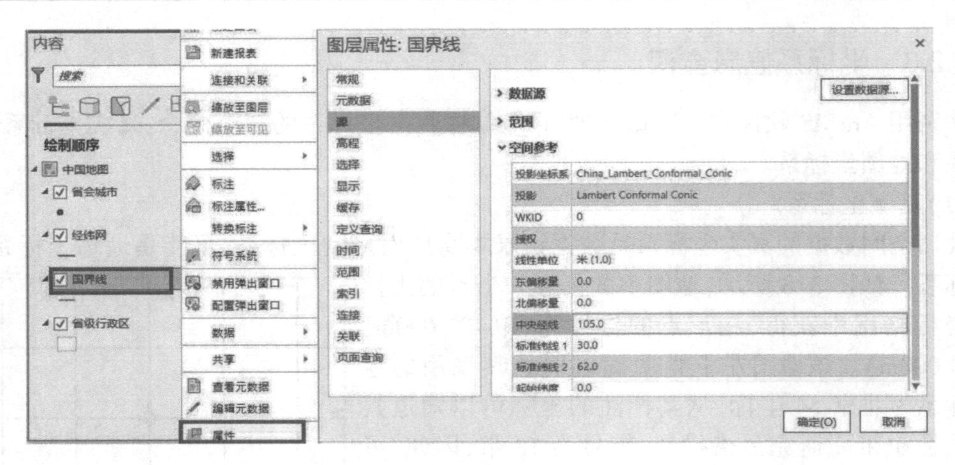

图 3-10　通过内容窗格查看属性坐标系

(3)地图坐标系。

地图坐标系是指包含了若干矢量或栅格图层数据的地图的坐标系。当在 ArcGIS Pro 中新建地图并加载了多个图层数据时,系统会自动将第一个加载进来的具有坐标系的数据的坐标系作为地图的坐标系。在**内容**窗格中选择地图,在右键菜单中单击**属性**,打开**地图属性**对话框,如图 3-11 所示。在该对话框中选择坐标系,则可以查看和修改该地图坐标系。可以在"*XY* 坐标系可用"列表框中为地图指定地理或投影坐标系,也可以通过**添加坐标系**按钮添加自定义的坐标系或导入其他文件中的坐标系。

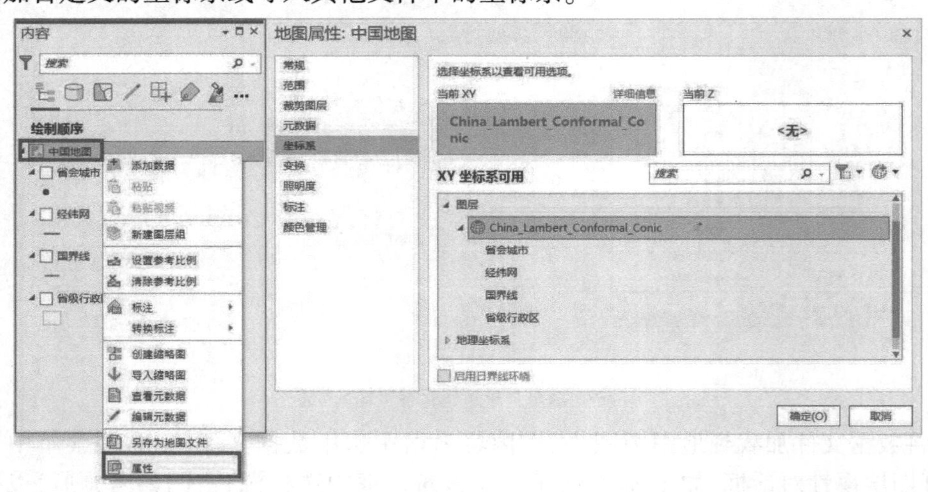

图 3-11　地图坐标系

地图包含了多个图层数据,这些图层数据的坐标系可以各不相同。因此,地图坐标系可以不同于其包含的各个图层的数据坐标系,可以选择某一图层的数据坐标系作为地图坐标系,也可以选择其他任意坐标系,只要这个坐标系的覆盖范围能覆盖所有图层数据的范围。为了使所有具有不同坐标系的数据图层都在同一地图坐标系下进行显示等操作,当某个图层的数据坐标系与地图坐标系不同时,系统会自动用一定的算法将数据坐标系临时转换为地图坐标系(动态投影)。需要注意:动态投影并不改变每个数据本身的坐标系,仅仅改变地图视图中数据的显示效果。图 3-12 显示地图坐标采用 China_Lambert_Conformal_Conic 和 Asia North Albers Equal Area Conic 两种坐标系时的显示效果。

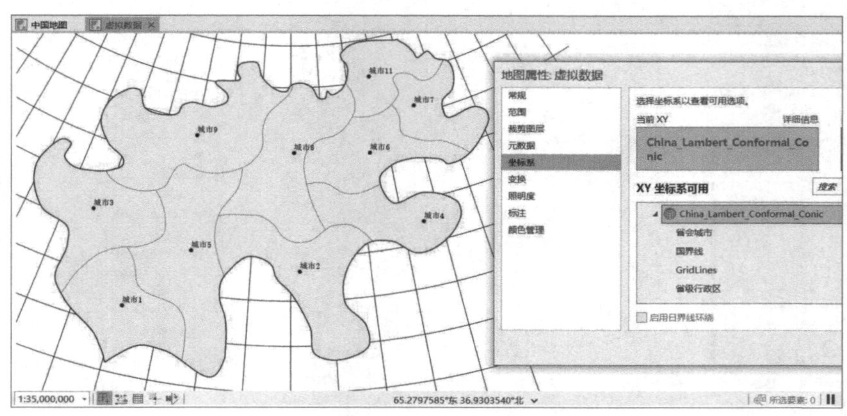

a) China_Lambert_Conformal_Conic 坐标系下的地图

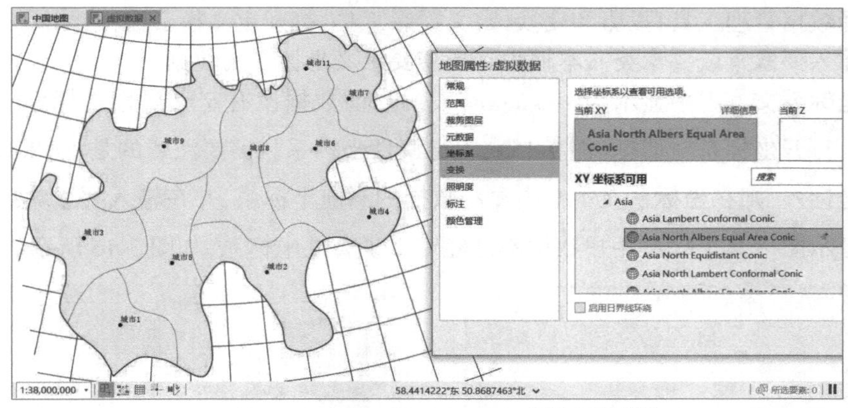

b) Asia North Albers Equal Area Conic 坐标系下的地图

图 3-12　不同地图坐标的显示效果

地图坐标系的重要性还体现在:在地图中编辑要素时,如果需要输入坐标值,那么此坐标值是相对于地图坐标系的。例如,在坐标系为“Asia_Lambert_Conformal_Conic”的地图中编辑坐标系为“GCS_WGS_1984”的 Point Shapefile 图层数据,增加点所需输入的坐标值就不能再是该点的经纬度,而是该经纬度在坐标系“Asia_Lambert_Conformal_Conic”中对应的坐标值。

3.3　坐标系定义

坐标系的定义(或定义投影)是指按照地图数据的真实坐标,定义数据的属性坐标系,使其与真实坐标系相吻合。

目前,ArcGIS Pro 只能通过地理处理工具“定义投影”来实现,具体步骤如下。

①在**功能**区的**分析**选项卡中单击**工具箱**图标,打开**地理处理**窗格,如图 3-13 所示。

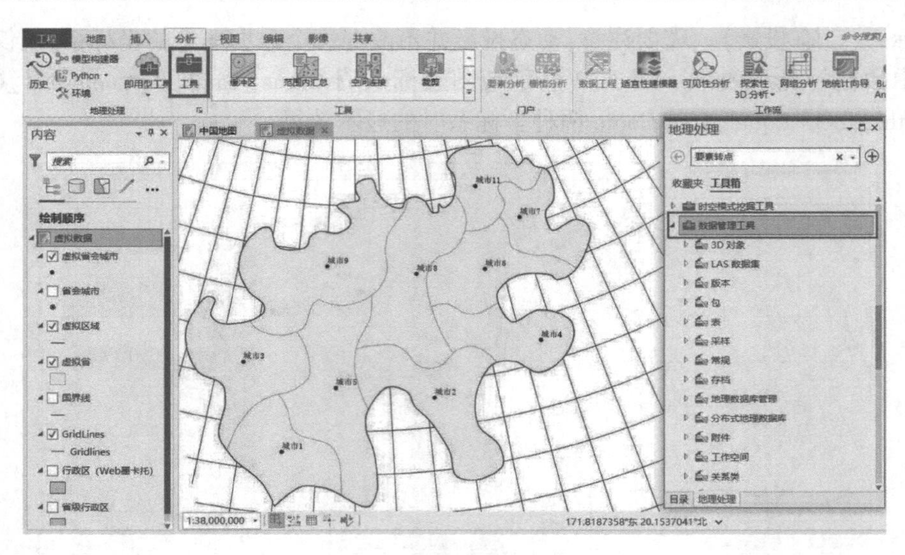

图 3-13 打开地理处理窗格

②选择**数据管理工具|投影和变换|定义投影**工具，打开**定义投影**窗格，如图 3-14 所示。

③在**输入要素集或要素类**文本框中选择需要定义坐标系的数据。

④在**坐标系**文本框中显示为 Unknown，表明当前数据没有定义属性坐标系。单击右侧的图标，打开**坐标系**对话框（图 3-15），定义属性坐标系。需要注意的是：如果数据已经定义了属性坐标系，则在**坐标系**文本框中显示数据的当前坐标系，并在**输入要素集或要素类**的左侧出现警示图标，提醒用户数据集已经定义了属性坐标系，如图 3-16 所示。

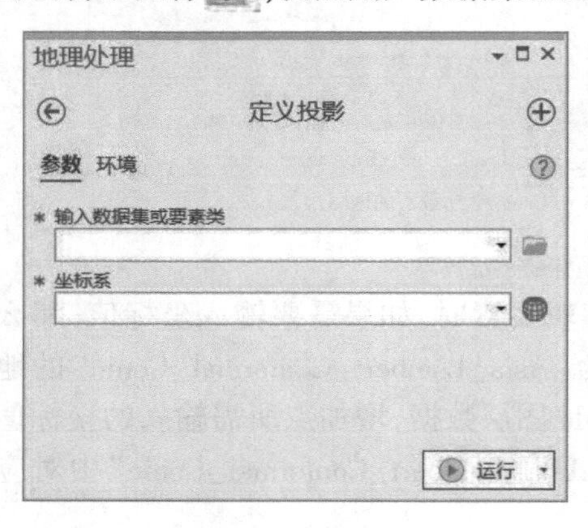

图 3-14 定义投影窗格

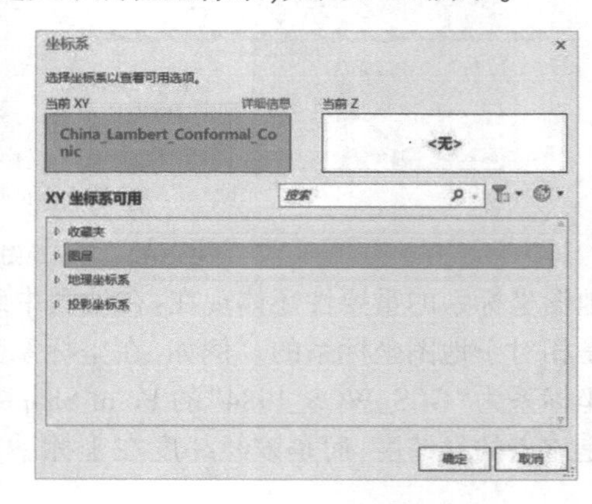

图 3-15 坐标系对话框

设置属性坐标系有三种方法。

第一种是在坐标系对话框（图 3-15）中为数据选择系统预定义的坐标系。包括平面坐标系（当前 *XY*）和垂直坐标系（当前 *Z*）。平面坐标系统提供了地理坐标系和投影坐标系的选择；垂直坐标系统提供了三种基本面下的高程系统：基于参考椭球的（Ellipsodal-based）、基于大地水准面的（Gravity-related）和未知的高程系统（Unknown Height Systems）。我国的 1956 年黄海高程系和 85 国家高程系均归属于 Gravity-related 类。

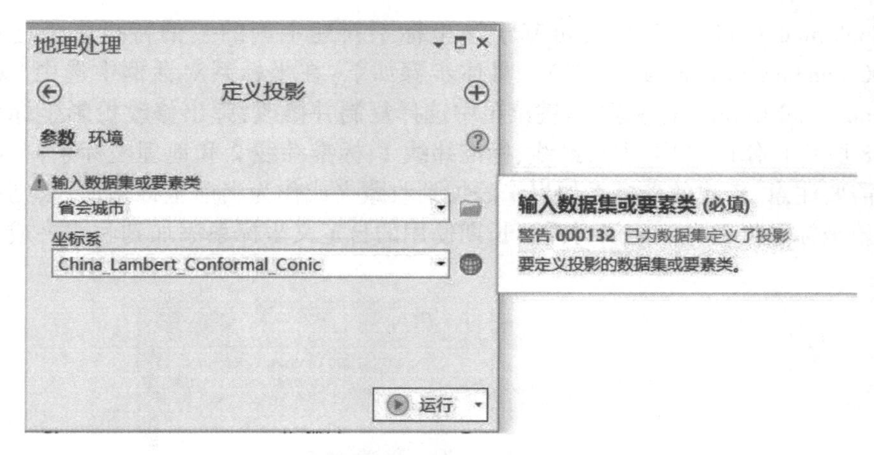

图3-16　警示对话框

第二种是当已知当前数据集与某一数据的坐标系相同，可单击图3-15中的**添加坐标系**图标 中的导入坐标系，打开**导入坐标系**对话框，选择具有相同坐标系的数据来定义当前数据集的坐标。

第三种是新建坐标系。单击图3-15中的添加坐标系图标 中的**新建坐标系**(可以是地理坐标系、投影坐标系和垂直坐标系)，打开新建坐标对话框，如图3-17所示，根据当前数据的真实坐标输入对应的参数(名称、角度单位、本初子午线、基准面、投影类型)，单击保存完成操作。

新建地理坐标系

名称	New Geographic Coordinate System_1
角度单位	Degree
弧度/单位	0.0174532925199433
本初子午线	Greenwich
相对于格林尼治的经度	0°
基准面	WGS 1984
参考椭球体	WGS 1984
长半轴	6378137
短半轴	6356752.31424518
扁率	298.257223563

保存　取消

图3-17　新建坐标系

新建坐标系中需要设置的参数较多，为了避免出错，较为稳妥的做法是基于系统提供的坐标系进行修改。如我国1∶1 000 000地图使用的兰伯特投影坐标系，标准纬线为25°和47°、中央经线为110°。其与软件中预定义了亚洲北半球兰伯特等角投影坐标(Asia North

Lambert Conformal Conic）有出入，可基于该坐标系新建中国的兰伯特投影坐标系（China CGCS 2000 Lambert Conformal Conic）。具体步骤如下：在**坐标系**对话框中选中“Asia North Lambert Conformal Conic”坐标系，右键菜单中选择**复制并修改**，弹出**修改投影坐标系**对话框（如图 3-18 所示），修改名称、中央经线、标准纬线 1、标准纬线 2 和地理坐标系，单击**保存**完成新建。需要注意：新建的坐标系如果未添加到收藏夹或作为当前坐标系使用，则关闭坐标系窗口后该坐标系将丢失。建议对需要长期使用的自定义坐标系添加到收藏夹或另存为投影文件。

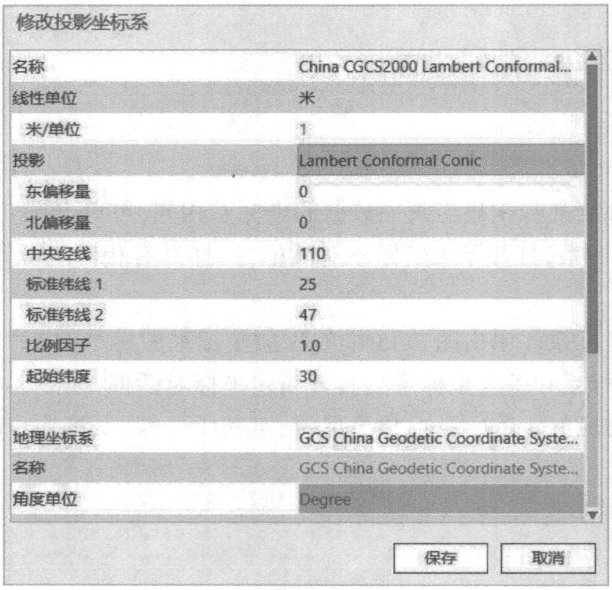

修改投影坐标系

名称	China CGCS2000 Lambert Conformal...
线性单位	米
米/单位	1
投影	Lambert Conformal Conic
东偏移量	0
北偏移量	0
中央经线	110
标准纬线 1	25
标准纬线 2	47
比例因子	1.0
起始纬度	30
地理坐标系	GCS China Geodetic Coordinate Syste...
名称	GCS China Geodetic Coordinate Syste...
角度单位	Degree

保存　取消

图 3-18　修改坐标系

3.4　创建经纬网要素

为了对比不同地图投影方式下，经纬网形状的分布规律及特征等，需要基于原始数据的坐标系创建经纬网要素。创建经纬网要素的方法有两种：一是采用新建要素并根据坐标值绘制经纬网要素；二是在布局中利用“插入格网”功能添加经纬网元素，然后将其转换为要素。

（1）绘制经纬网要素。

绘制要素的具体操作请参阅实验 1 中 1.3.2 和实验 2 中 2.4.2 基于 Shape 文件和要素文件创建要素的步骤。此处需要注意：经线和纬线的坐标值应根据中国地图的覆盖范围来确定。中国东西经度范围为东经 70°～140°，南北纬度范围为北纬 0°～60°，因此，最西侧的经线起点和终点坐标分别为（东经 70°，北纬 0°）（东经 70°，北纬 60°）；最南侧的纬线起点和终点坐标分别为（东经 70°，北纬 0°）（东经 140°，北纬 0°）。绘制经纬线时，应考虑不同地图坐标下经纬线的形状。例如，地图坐标采用兰伯特投影坐标系，则经线表现为辐射的直线束，纬线投影为同心圆弧，在该坐标系下绘制经线应选择直线模板，绘制纬线则应选择弧段模板；如果地图坐标采用 Web 墨卡托投影坐标系，则经纬线均投影成平行的直线，且经线、纬线相互垂直,在该坐标系下绘制经纬线则应选择直线模板。另外,还需注意地图属性中的地图单位和显示单位,如图 3-19 所示,地图单位由地图坐标系决定,此处无法更改;而地图显示单位可以与地图单位相同,也可以与地图单位不同。如地图坐标采用兰伯特投影坐标系,则地图单位为“米”,如果显示单位也为米,则要素的坐标值显示为 *XY* 平面坐标值(147 656. 62 东,3 651 115. 10 北);如果显示单位为十进制度,则要素的坐标值显示为 BL 球面坐标(106. 51°东,29. 478°北)。

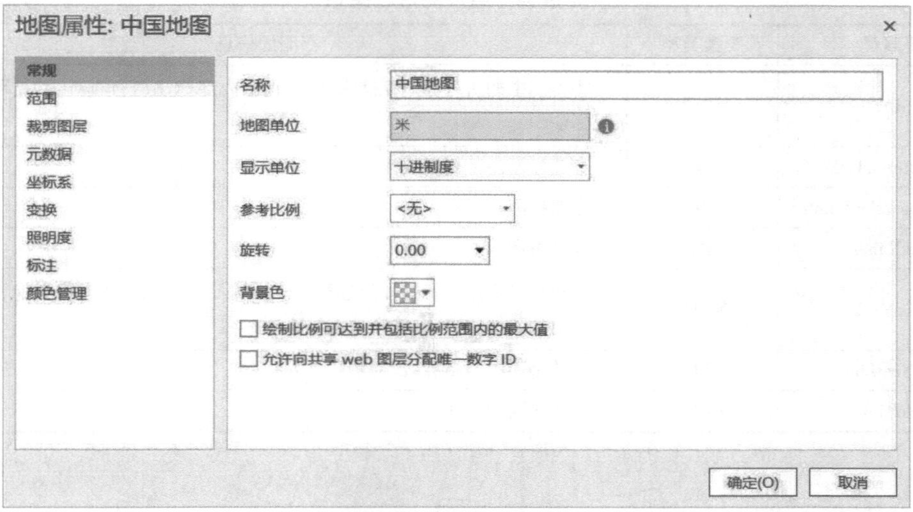

图 3-19 地图单位

(2)从经纬网元素转换为要素。

在实验 1 中 1. 7 详细介绍了在布局视图的地图框中添加经纬网的方法。但是这种方法绘制的经纬网只能在布局视图中显示,并且无法支持更高级的编辑操作。ArcGIS Pro 2. 7 以上版本提供了将布局视图中的格网转换为地图视图中绘制的要素的功能,具体的操作步骤如下。

①布局视图激活状态下,在**内容**窗格中右键单击经纬网,在快捷菜单中单击**转换为要素**,如图 3-20 所示。

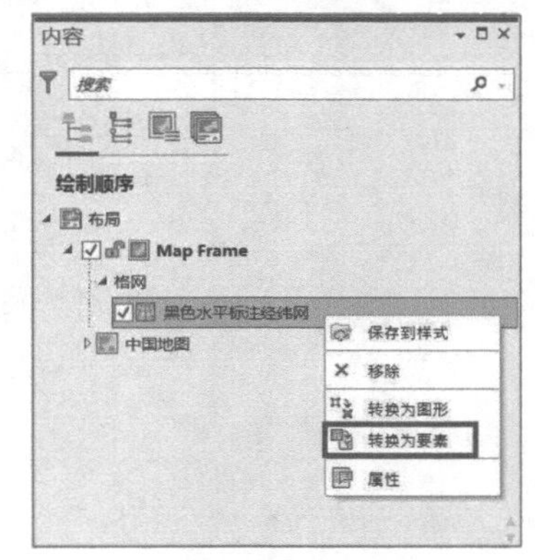

图 3-20 转换为要素

②在**将格网转换为要素**对话框中,为输出格网要素指定地理数据库和网格名称,单击**确定**生成格网要素,如图 3-21 所示。

格网要素只能写入地理数据库中的要素类。格网的组件将转换为要素类,对应的要素类包括 GridAnno、GridInteriorTicks、GridIntersectionPoints、GridLines、GridMask、GridNeatLines 和 GridTicks,具体信息见表 3-3。如果组件未包含在格网中,对应的要素类则不会创建。另外需要注意:参考格网和自定义格网无法转换为要素。可以将转换成功的要素加载到地图视图中,并根据需要对要素进行拆分、删除等操作,如图 3-22 所示。

图 3-21　将格网转换为要素对话框

要素类与组件的对应关系　　表 3-3

要素类	要素类型	存储的信息
GridAnno	注记	将格网中的所有标注存储为注释,包括内部标注、拐角标注和格网区域标识标注
GridInteriorTicks	线	存储格网内部刻度线
GridIntersectionPoints	点	存储格网相交点
GridLines	线	存储格网线
GridMask	多边形	创建从格网边开始向外经过格网标注的面。此掩膜要素可以遮挡底图或地图上的其他要素,以清晰地读取格网标注
GridNeatLines	多边形	存储格网的内图廓线
GridTicks	线	存储格网刻度线

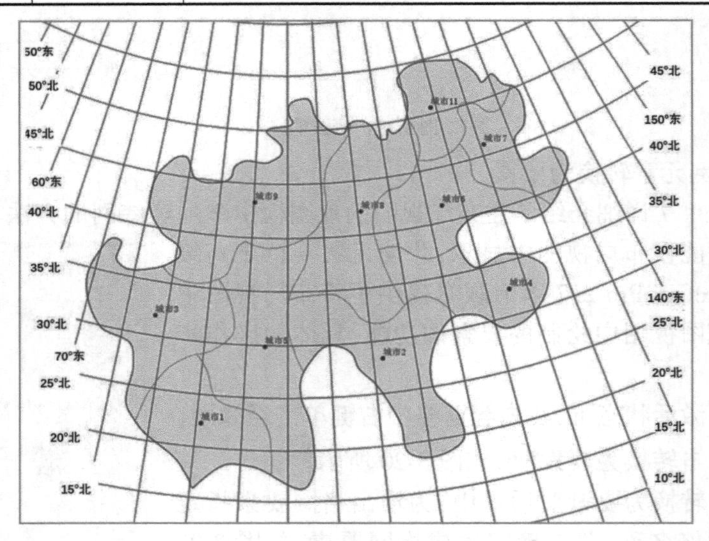

图 3-22　转化为要素的经纬网

3.5　坐标系变换

3.5.1　坐标系转换的原理

坐标系转换是指改变数据的真实坐标系。坐标系转换的前提是数据的属性坐标系与数据的真实坐标系吻合。坐标系转化可以在任意两个覆盖了数据范围的坐标系间进行,包括地理坐标系之间的转换、地理坐标系与投影坐标系之间的转换和投影坐标系之间的转换。

(1)地理坐标系-地理坐标系。

由于地理坐标系包含基于参考椭球的基准面,因此地理坐标系的变换还会更改基础参考椭球体。基准面之间的变换方法很多,目前常用的方法是基于方程的空间直角坐标变换方法(也称为"仿射变换")。将一个空间直角坐标系仿射到另一个坐标系的转换,需要进行平移、旋转、缩放三步,可以无序进行。这三步就会产生必需的七个参数,即三个平移变量 DX、DY、DZ,三个旋转变量(γ_x、γ_y、γ_z)和一个尺度缩放变量(s),从而实现空间坐标系转变成目标坐标系,这就是常见的**七参数方法**(见公式3-1),如图3-23所示。

$$\begin{bmatrix} X \\ Y \\ Z \end{bmatrix}_{新} = \begin{bmatrix} \Delta X \\ \Delta Y \\ \Delta Z \end{bmatrix} + (1+s) \begin{bmatrix} 1 & \gamma_z & -\gamma_y \\ -\gamma_z & 1 & \gamma_x \\ \gamma_y & -\gamma_x & 1 \end{bmatrix} \begin{bmatrix} X \\ Y \\ Z \end{bmatrix}_{原始} \tag{3-1}$$

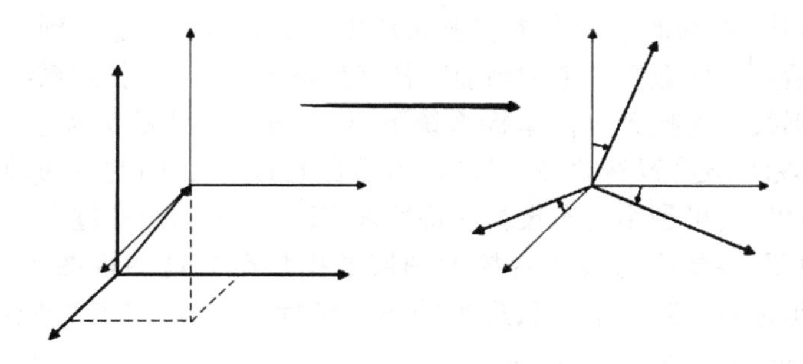

图3-23　地理坐标系转化参数

如果空间坐标系 XYZ 三个方向是重合的,则仅需要通过平移就可以实现坐标转换。平移只需要三个参数,并且常用的坐标比例大多一致,缩放比例为1,因此,七参数方法退化为**三参数方法**(公式3-2),即旋转变量为零、尺度缩放为1,三参数方法是七参数方法的特例。三参数方法也称为地心变换法,常见的应用是将区域基准面转换到地心基准面(如WGS 1984坐标系)。

$$\begin{bmatrix} X \\ Y \\ Z \end{bmatrix}_{新} = \begin{bmatrix} \Delta X \\ \Delta Y \\ \Delta Z \end{bmatrix} + \begin{bmatrix} X \\ Y \\ Z \end{bmatrix}_{原始} \tag{3-2}$$

如果不考虑 Z 方向,空间三维坐标系则退化为二维平面直角坐标系,则两个不同基准面下的二维平面直角坐标系的转换通常使用**四参数方法**。其包括两个坐标平移量(DX,DY)、平面坐标轴的旋转角度 θ 和尺度因子 K,见公式3-3。

$$\begin{bmatrix} X \\ Y \end{bmatrix}_{新} = \begin{bmatrix} \Delta X \\ \Delta Y \end{bmatrix} + (1+K) \begin{bmatrix} \cos\theta & \sin\theta \\ -\sin\theta & \cos\theta \end{bmatrix} \begin{bmatrix} X \\ Y \end{bmatrix}_{原始} \tag{3-3}$$

四参数方法和七参数方法的区别在于:一是前者用于两个平面直角坐标系之间的转换,而后者用于两个三维空间直角坐标系之间的转换;二是使用范围不同,四参数方法用于较小范围(一般5km以内),而七参数方法用于大范围(至少大于15km)。由此可见,地理坐标系之间的转换最终落脚点为仿射变换参数的定义。

(2)地理坐标系-投影坐标系。

地理坐标系和投影坐标系的相互转换实质是将球面坐标(B,L)投影到平面上,获得平面坐标(X,Y);或者由平面坐标(X,Y)转换为球面坐标(B,L)。高斯正反算就是典型的地理坐标系和投影坐标系的转换。

(3)投影坐标系-投影坐标系。

投影坐标系的转换即为重投影,最常见的就是网络地图一般为 Web 墨卡托投影,但实际需要高斯投影,因此需要进行重投影。需要注意的是:重投影可以是基于同一地理坐标系下两种投影方式的转换,也可以是基于不同地理坐标系下的两种投影方式的转换,后者由于涉及不同的参考椭球,因此在实际转换中需要三参数或七参数转换。

在 ArcGIS 中进行坐标系转换的方法有两种:动态投影和地理处理中的投影变换。

3.5.2　动态投影

在 ArcGIS Pro 中,地图的空间参考或坐标系统是默认为第一加载到当前工作区的要素文件的坐标系统,后加入的数据如果和当前工作区坐标系统不相同,则系统会自动作投影变换,把后加入的数据投影变换到当前坐标系统下显示,这一过程称为动态投影。需要注意:此时数据文件的坐标系统并没有改变,只是显示形态上的变化,因此称为动态投影。如果需要改变数据文件的坐标,可利用动态投影的特性来实现,具体的操作过程如下。

①新建空白地图,将要进行投影变换的图层数据加载到地图视图中,如图 3-24 所示。注意:此时地图的坐标系与第一个加载进来的图层坐标系一致(如与"省会城市"图层的坐标一样,为 China_Lambert_Conformal_Co)。

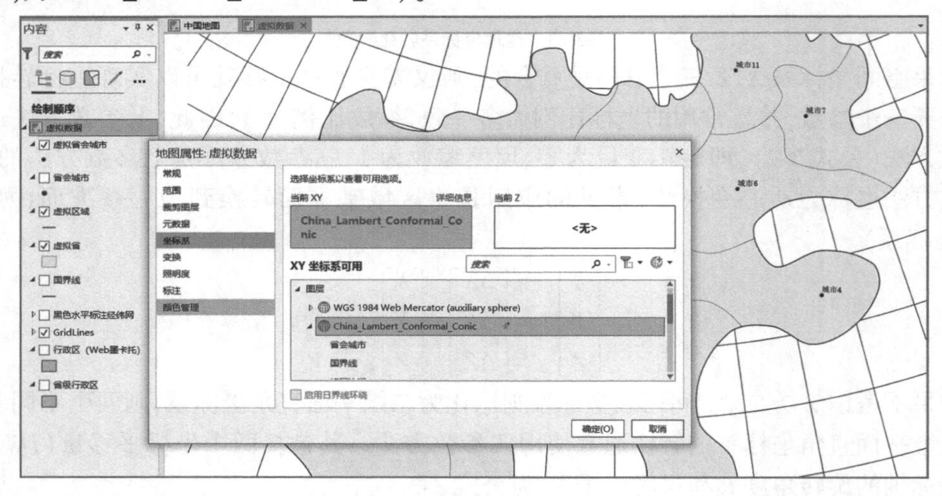

图 3-24　地图坐标系

②在**地图属性**窗口中设置地图的坐标系,如 Web 墨卡托投影,此时,地图中的数据层均进行投影变换,从原坐标系 China_Lambert_Conformal_Co 转换为地图坐标系 Web 墨卡托投影,如图 3-25 所示。注意:此时数据文件的坐标系并没有改变,只是显示形态上的变化。

③若要确实改变数据文件的真实坐标,则要在**内容**窗格中右键单击要素图层,点击右键菜单中的**数据|导出数据**,打开**导出要素**对话框,如图 3-26 所示。

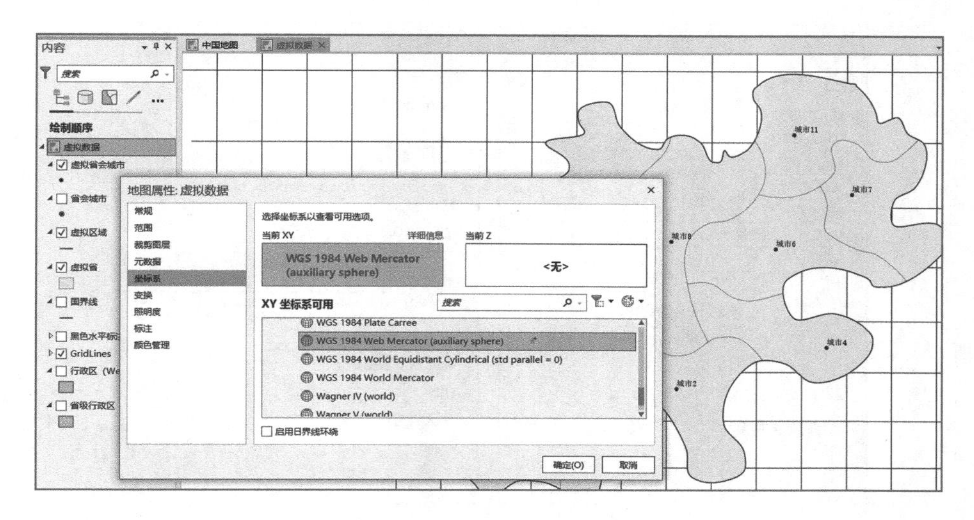

图 3-25　基于动态投影显示的地图

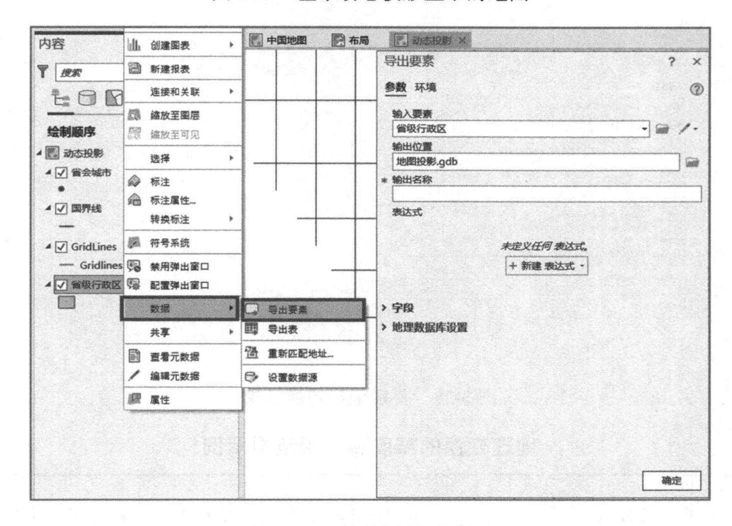

图 3-26　导出要素对话框

④在**导出要素**对话框的**参数**选项卡中，设置“输入要素”“输出位置”“输出名称”等参数；在**环境**选项卡中，设置“输出坐标”[选择**当前坐标(动态投影)**选项]。如果地图坐标系与图层坐标系的参考椭球不一样，还要设置“地理变换”方法(如地图坐标系采用的是1984参考椭球，而图层坐标系采用的是北京54参考椭球，因此可以选择Beijing_1954_To_WGS_1984_1变换方法)，如图3-27所示。单击**确定**按钮，实现图层数据坐标系的转换，转换后的要素坐标系对比结果如图3-28所示。

ArcGIS软件预定义了多种地理变换方法，特定的地理变换具有不同的精度和使用范围(表3-4)。地理变换的命名规格为基准面名称_to_基准面名称，其指定地理变换的方向。如名称为NAD_1927_to_NAD_1983_NADCON的变换可以执行从NAD 1983变换为NAD 1927，以及从NAD 1927变换为NAD 1983。如果在地理变换时未指定地理变换方法，应用程序会基于命名规格自动选择恰当的方法。

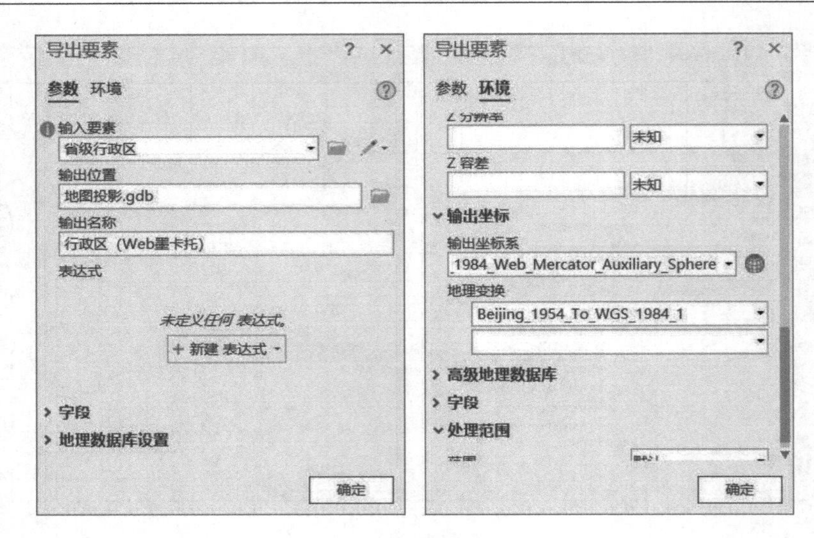

图 3-27　导出要素设置

图 3-28　要素坐标转换结果

地理变换的精度和使用范围示例　　表 3-4

地理变换名称	WKID	精度（m）	使用范围	最小纬度	最小经度	最大纬度	最大经度
Beijing_1954_To_WGS_1984_1	15 918	1.000	China-Ordos-108° E to 1805° E and 37.75° N to 38.25°N	35.000 0	107.000 0	39.000 0	110.010 0
Beijing_1954_To_WGS_1984_2	15 919	15.000	China-offshore-Yellow Sea	31.230 0	119.230 0	37.400 0	125.060 0
Beijing_1954_To_WGS_1984_3	15 920	15.000	China-offshore-Pearl River basin	18.310 0	110.130 0	22.890 0	116.760 0
Beijing_1954_To_WGS_1984_4	15 921	1.000	China-Tarim-77.5° E to 88°E and 37°N to 42°N	37.000 0	77.450 0	41.990 0	88.000 0
Beijing_1954_To_WGS_1984_5	19 935	10.000	China-offshore-Bei bu	17.810 0	107.150 0	21.690 0	110.170 0

3.5.3　地理处理中的投影变换

利用应用程序中地理处理的**数据管理工具|投影和变换**可以实现矢量(要素类)和栅格两种数据的投影变换。

(1)矢量数据的投影变换。

①选择**地理处理**工具箱中的**数据管理工具|投影和变换|投影**工具,打开**投影**对话框(图3-29)。

②在**投影**对话框的**参数**选项卡中,“输入数据集或要素类”文本框中选择进行投影的矢量数据。如果输入数据自身没有坐标信息,则需要通过“定义投影”明确输入数据的属性坐标系;如果输入数据有明确的坐标系,则系统自动读取相关信息并显示在下方(如China_Lambert_Conformal_Conic)。在“输出数据集或要素集”文本框中键入输出矢量数据的路径和名称。在“输出坐标系”文本框中指定输出数据的坐标系。如果原始坐标系和目标坐标系具有相同的参考椭球,如图3-30a)中China_Lambert_Conformal_Conic坐标系和Beijing_1954_GK_Zone_19坐标系的参考椭球均为Beijing 1954 ,则“地理变换”选项前不会出现警告⚠图片,不需要指定地理变换方法;如果原始坐标系和目标坐标系具有不同的参考椭球,则“地理变换”选项前将出现警告⚠图片,提醒用户需要进行基准面变换,如图3-30b)中Beijing 1954转CGCS 2000,需要进行七参数转换,因此需要指定明确的地理变换方法。

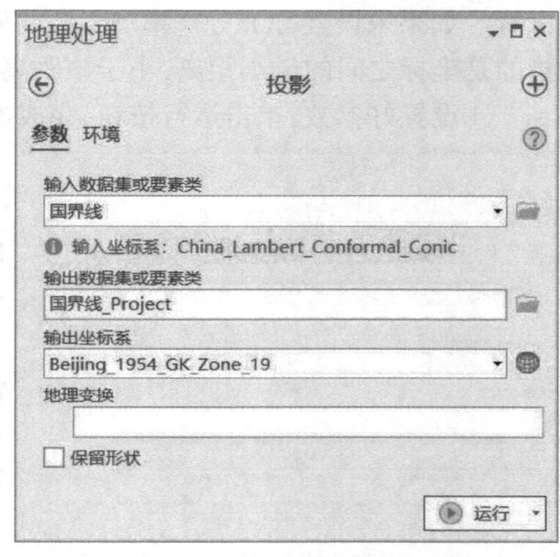

图3-29　投影对话框

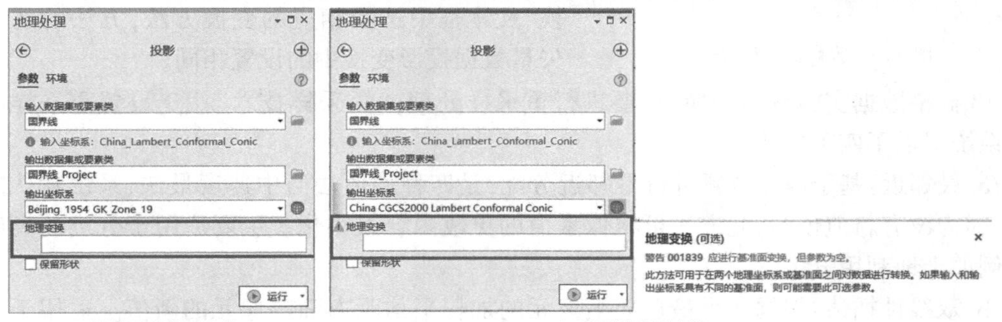

a)不需要基准面变换　　b)需要基准面变换

图3-30　地理变换方法

ArcGIS软件预定义了多种地理变换方法,但适宜中国范围的只有Beijing 1954和WGS 1984基准面之间的变换方法,其他基准面之间的转换方法需要自己定义。自定义地理变换的步骤参见下文中的“定义地理变换”部分。

“保留形状”选项用于控制投影后形状的准确性。如果选中保留形状,会在投影前向线或面要素添加额外的折点,这些额外的折点将保留要素的投影形状。“最大偏移偏差”参数控制要添加的额外折点数,该值为工具所计算的投影要素可从其准确投影位置偏移的最大距离。值越小,添加的折点越多。

③在**环境**选项卡中,可以设置“维护附件”“*XY* 分辨率”和“*XY* 容差”。选中“维护附件”,输入要素中的附件将被复制到输出要素类中,这是默认设置。“*XY* 分辨率”(表示非常小的距离)是指用于存储 *XY* 坐标值的有效数字的位数。该工具可将 *XY* 分辨率应用到输出地理数据集中。默认情况下,使用此环境设置的工具将使用输入要素类空间参考的 *XY* 分辨率。不建议覆盖默认 *XY* 分辨率。如果输出位于地理数据库要素数据集内,则将忽略此环境设置。如果未设置“*XY* 分辨率”环境,将默认 *XY* 分辨率设置为 0.000 1 个单位。“*XY* 容差”指的是坐标之间的最小距离,小于该距离的坐标将合并到一起。

④设置好参数,单击**运行**按钮,完成操作。

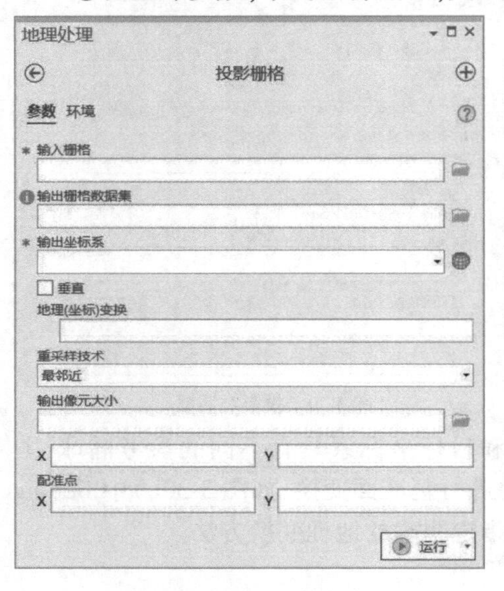

图 3-31 投影栅格对话框

(2)栅格数据的投影变换。

①选择**地理处理**工具箱中的**数据管理工具|投影和变换|栅格|投影栅格**工具,打开**投影栅格**对话框(图 3-31)。

②在**参数**选项卡中,“输入栅格”文本框中指定需要进行投影变换的栅格数据,注意该栅格数据必须已具有坐标信息;在“输出栅格数据集”文本框中键入输出栅格数据集的路径和名称;在“输出坐标系”文本框中指定输出栅格数据的新坐标系。要执行垂直变换,请选中对话框中的可选“垂直”参数。默认情况下,垂直参数不可用,并且仅在输入坐标系和输出坐标系都具有垂直坐标系(VCS)且输入要素类坐标具有 *Z* 值时才可用;在“地理(坐标)变换”文本框中选择相应的变换方法,方法的选择与矢量数据投影变换中的设置相同。

③栅格数据实施投影变换时,要进行重采样处理,“重采样技术”用于设置重采样的方法,系统提供了四种方法。

a. 最邻近:基于像元位置进行最邻近分配,是四种插值法当中速度最快、系统默认的方法。因为没有新值创建,此方法可将像素值的更改内容最小化。主要适用于分类的离散数据,例如土地利用分类。

b. 双线性插值:根据 4 个最近周围像元的加权平均距离确定像元的新值。适用于连续数据。

c. 三次卷积插值法:根据周围的 16 个像素拟合平滑曲线来计算每个像素的值。这些对于连续数据来说是最适合的选择,但可能会引起平滑处理。请注意:三次卷积插值法可能会导致输出栅格包含输入栅格范围之外的值,因此适用于连续数据。

d. 众数重采样法:基于 3×3 窗口中出现频率最高的值来确定每个像素的值。适用于离散数据。

④“输出像元大小”定义输出数据的像元大小或者指定其宽度(*X*)和高度(*Y*)。默认状

态下与原始数据的栅格大小相同;可以选择其他栅格数据集来定义栅格的大小。通过配准点(*X*,*Y*)坐标值的输入来设置输出相应左下角的点。

⑤设置好参数,单击**运行**按钮,完成操作。

(3)定义地理变换。

ArcGIS 软件预定义了多种地理变换方法,同时也提供了"**创建自定义地理变换**"工具用于创建新的变换方法,用于在两个地理坐标系或基准面之间对数据进行转换,具体操作步骤如下。

①选择**地理处理**工具箱中的**数据管理工具**|**投影和变换**|**创建自定义地理(坐标)变换**工具,打开**创建自定义地理(坐标)变换**对话框,如图 3-32 所示。

②在**参数**选项卡中,"地理变换名称"文本框中输入地理转换方法,建议尽量遵循 ArcGIS 软件中的命名规则;在"输入地理坐标系"文本框中设置起始地理坐标系;在"输出地理坐标系"文本框中设置最终地理坐标系。

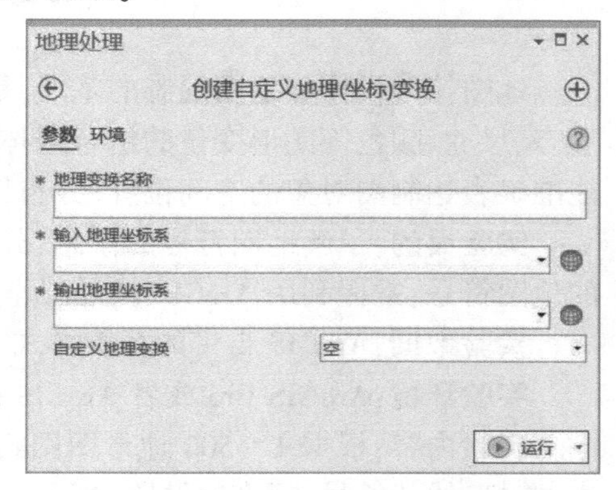

图 3-32　创建自定义地理(坐标)变换对话框

③在"自定义地理变换"的方法下拉列表中选择转换方法,并输入相应的转换参数值。应用软件共提供了 12 种转换方法。

a. 地心变换(Geocentric_Tramslation):即三参数变换,Parameters 中包含 3 个平移转换参数。

b. MoloDensky、MoloDensky_Abridged 和 MoloDensky_Badekas:均为莫洛琴斯基模型。区别在于 MoloDensky_Abridged 为简化的莫洛琴斯基算法,MoloDensky_Badekas 是扩展的莫洛琴斯基算法,包括 10 个参数。

c. 位置矢量(Position_Vector)和坐标框架(Coordinate_Frame):即布尔沙模型,Parameters 中包含 7 个转换参数。区别在于位置矢量是旋转角度按逆时针定义,一般在欧洲使用;坐标框架是旋转角度按顺时针定义,一般在美国使用。

d. NADCON、HARN 、NTV2 和经度旋转(Longitude_Rotation):均是格网算法。

e. 单位更改(Unit_Change):单位数据转换。

f. 地理 2D 偏移(Geographic_2D_Offset):包括经度偏移和维度偏移。

需要注意:我国的转换参数是保密的,转换参数可以从国家测绘部门获得或者通过数值解算的方法计算获得。

④设置好参数,单击**运行**按钮,完成操作。

实验 4　地图符号设计与制作

4.1　实验任务书

地图符号设计是地图编制的基准,是直观、形象表达地理数据的基本方法。地图符号用形态、尺寸、颜色等图形变量的组合来体现相互之间的差异性,因此,合理设计地图符号,才能准确表达制图对象的空间位置、分布特征、质量和数量特征,以及各要素之间的相互关系。

实验目的:了解地图符号的概念、分类和设计的原理;能够应用视觉变量设计符合要求的地图符号;掌握利用 ArcGIS 软件制作点、线、面符号的方法。

实验数据:ArcGIS 自带的系统样式、1∶500 地形图图式。

实验环境:ArcGIS Pro 或者 ArcGIS Desktop 中的 ArcMap。

实验内容:根据 1∶500 地形图图式制作指定的符号(点状符号:埋石图根控制点、水磨房、路灯;线状符号:标准轨铁路、坝顶宽不依比例尺的堤、轻轨;面状符号:旱地、沙泥地、水生作物地);设计并制作自定义 2D 符号:孔子学院(点)、轻轨站(点)、人口迁徙线(表示迁徙方向和数量)、遛狗场所(面);设计并制作自定义 3D 符号:树(点)、小轿车(点)。

实验步骤:

①在工程中新建自定义的样式。

②在自定义样式中创建点符号、线符号和面符号项目。

③在点符号项目中,根据实验内容创建点符号,并通过符号结构的调整和符号图层的修改使其满足要求。

④在线符号项目中,根据实验内容创建线符号,并通过符号结构的调整和符号图层的修改使其满足要求。

⑤在面符号项目中,根据实验内容创建面符号,并通过符号结构的调整和符号图层的修改使其满足要求。

⑥在地图中新建点、线、面要素图层,并在图层中绘制一定数量的要素,利用自定义的样式对要素图层进行符号化。

⑦在场景中新建点要素图层,并在图层中绘制一定数量的要素,利用自定义的样式对要素图层进行符号化。

实验成果:提交实验报告,自定义点符号、线符号和面符号的应用效果(图片格式为 PNG)。

4.2　样　　式

4.2.1　ArcGIS Pro 中的样式

样式是用于存储符号、颜色、配色方案、标注放置和布局项目的容器或者包含所有此类元素的库。它可以提升地图、场景和布局的一致性和标准化程度,能在用户间实现对这些元素的共享。ArcGIS 中的样式作为单个文件存储在文件系统中的数据库中,常用的格式为.stylx(ArcGIS Pro 的样式)和.style(ArcMap、ArcScene 和 ArcGlobe 中创建和使用的样式)。

4.2.1.1　样式的类型

ArcGIS Pro 提供了不同类型的样式。常见的样式有系统样式、收藏夹样式、工程样式、自定义样式、Web 样式和移动样式。

(1)系统样式。

系统样式是由 ESIR 创作并随 ArcGIS Pro 一起安装的样式。系统样式中的符号为只读模式,若要修改其中的符号,可以将项目符号复制到自定义样式或收藏夹样式中进行修改。系统样式包括 ArcGIS 2D、ArcGIS 3D、ArcGIS 颜色和 ColorBrewer 方案(RGB)。ArcGIS 2D 样式是为基本制图应用程序设计的 2D 符号、标注放置和布局元素;ArcGIS 3D 是为基本制图应用程序设计的 3D 符号;ArcGIS 颜色是 RGB 调色板和专题配色方案;ColorBrewer 方案(RGB)是基于宾夕法尼亚州立大学 Cynthia A. Brewer 博士的研究和 ColorBrewer 的 RGB 配色方案。需要注意:工程打包时,将不会包括系统样式。

(2)收藏夹样式。

收藏夹样式始终为可用状态,无法将其移除。它与 ArcGIS 用户的账户链接在一起,而非工程本身,因此可以跨工程使用存储在收藏夹样式中的项目。收藏夹样式可用于存储经常使用的样式项目,或作为建立新样式项目的测试区域。创建项目包或共享工程时,收藏夹样式不会包括在工程样式中。

(3)工程样式。

工程中的所有样式统称为工程样式。工程样式包括收藏夹样式、系统样式、自定义样式、Web 样式、移动样式和字典样式的任意组合。添加到工程中的样式是系统中样式的副本,因此在工程中对符号或样式项目的修改只影响工程中的数据,不会影响其他工程中的数据,系统中的样式也不会发生变化。

(4)自定义样式。

自定义样式是指系统样式以外的任何样式。默认情况下,用户可创建并编辑自定义样式,也可以从文件系统或门户向工程添加自定义样式,还可以创作新的自定义样式。自定义样式是可编辑的,为了防止意外更改可以将其设置为只读。注意:打包或共享工程时,将包含自定义工程样式。

(5)Web 样式。

Web 样式是指 ArcGIS Pro 工程中的自定义样式被共享至 ArcGIS Online 或 ArcGIS Enterprise,以使其可用于 ArcGIS 平台中的 Web 应用程序和移动应用程序。

(6)移动样式。

移动样式适用于移动应用程序。它们所支持的样式项属性比 ArcGIS Pro 样式少。在移动应用程序中使用移动样式时,除点、线、面和文本符号之外的所有其他样式项都将被忽略。这些符号仅引用 RGB 颜色。从字体字形构建的任何形状标记符号图层都将被矢量化,且字体的引用也将被删除。类似地,存在于形状标记图层中的任何真实曲线都将被增密为简单的折点和直线段。

图 4-1　样式的内容

4.2.1.2　样式的内容

样式中可以包含多种类型的样式项目。目前 ArcGIS Pro 提供的样式项目有点符号、线符号、面符号、网格符号、文本符号、尺寸样式、标准标注放置、Maplex 标注放置、颜色、配色方案、指北针、比例尺、网格符号、经纬网和地图整饰要素。

任何一种样式中可包含多种样式项目,如 ArcGIS 2D 系统样式中就包含了点符号、线符号、面符号、文本符号等 11 种样式项目,如图 4-1 所示。其中,点符号项目中包含了 347 种点符号,线符号项目中包含了 131 种线符号。再如,ArcGIS 颜色系统样式中包含了颜色和配色方案两种样式项目。其中,颜色项目包含了 120 种颜色,配色方案中包含了 173 种配色的色带,如图 4-2 所示。

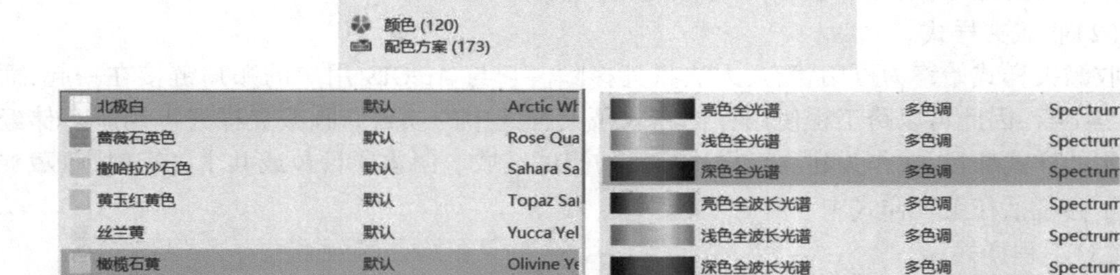

图 4-2　ArcGIS 颜色系统样式的内容

4.2.2　管理样式

样式是可重复使用,可以通过目录视图对样式及其内容(符号和地图元素)进行组织,可复制、粘贴、重命名、修改样式内容,也可以创建新的样式和符号。

4.2.2.1　浏览样式

在**目录**视图中可以查看工程中的所有样式、样式中的项目、描述信息和图形属性。浏览样式内容的具体步骤如下。

(1)在**视图**选项卡的**窗口**组中单击**目录视图**,或者在**目录**窗格的**样式**文件夹中选择任意一种系统样式,在右键菜单中选择**管理**,可以激活**目录**视图,如图 4-3 所示。

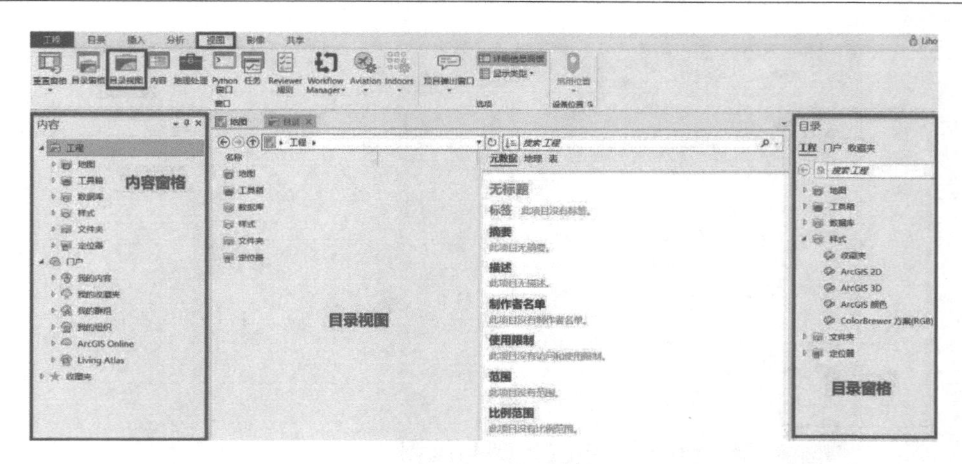

图 4-3　目录视图的激活

(2)在**内容**窗格中,单击**样式**文件夹可以查看所有工程样式的列表。在**视图**选项卡上的**选项**组中,单击**详细信息面板**,或者在**目录**视图中的右下角单击**详细信息面板**,确保详细信息面板打开,如图 4-4 所示。在**详细信息面板**中包含**描述**和**属性**两个选项卡。

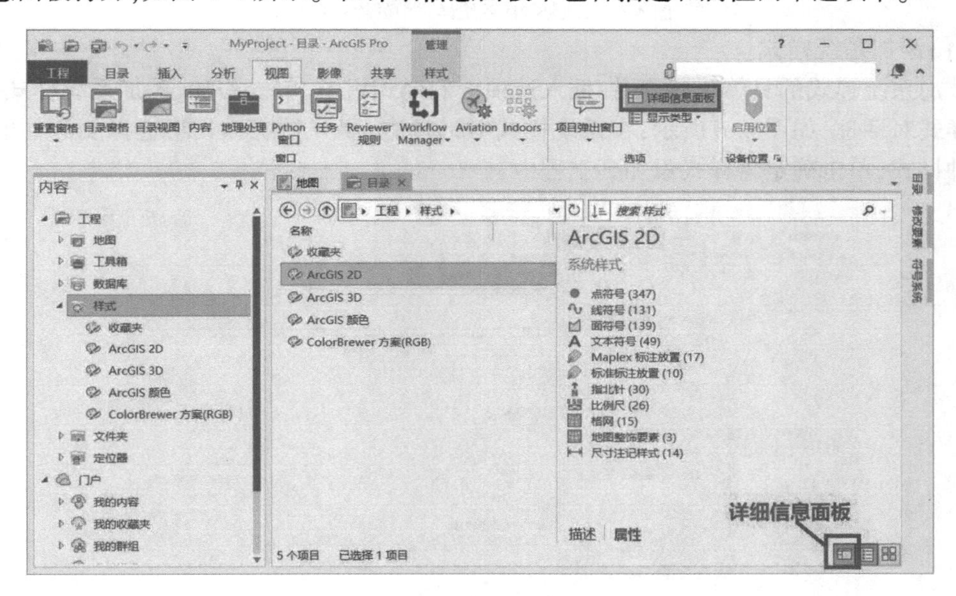

图 4-4　目录视图

①**描述**选项卡:描述选项卡中显示了名称、状态、描述、标签和颜色管理属性。可以一次选择多个样式。如果其描述或标签不相同,则会显示一条消息,提示存在多个值。可为所选样式输入新的描述,但请注意,这将覆盖这些样式的任何现有描述或标签。

②**属性**选项卡:属性选项卡显示样式的内容、每个包含项目的样式类,以及数量。单击任意样式类将其打开以查看其内容,单击一个样式项目可将其突出显示,如图 4-5 所示。

4.2.2.2　添加样式

样式将作为工程中的项目进行管理,可以向工程中添加任意数量的样式,其类型包括系统样式、自定义样式、Web 样式和移动样式。

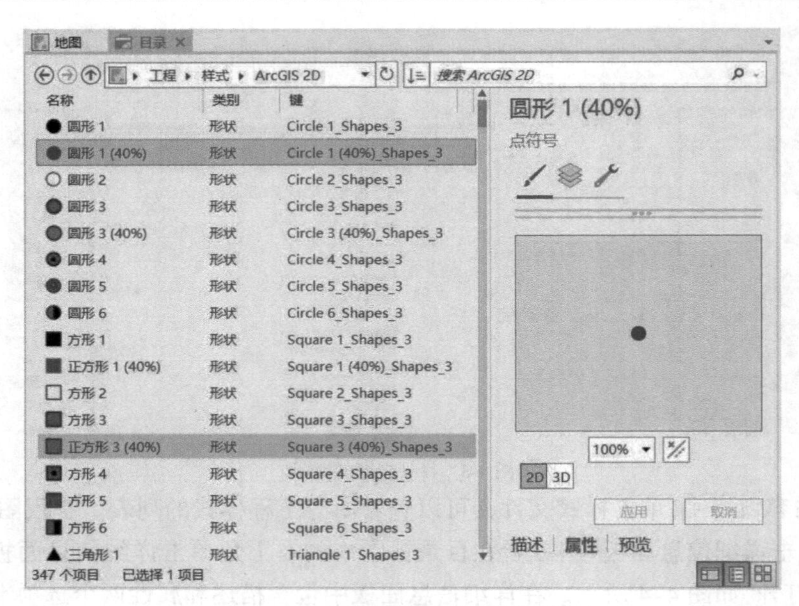

图 4-5　ArcGIS 2D 系统样式中的样式项目

(1)添加系统样式。

添加系统样式的具体步骤为:在**插入**选项卡的**样式**组中,单击**添加|添加系统样式**,打开**系统样式**对话框,如图 4-6 所示;在**系统样式**对话框中,展开系统样式组选择要添加的一种或多种样式,单击**确定**将样式添加到工程中。

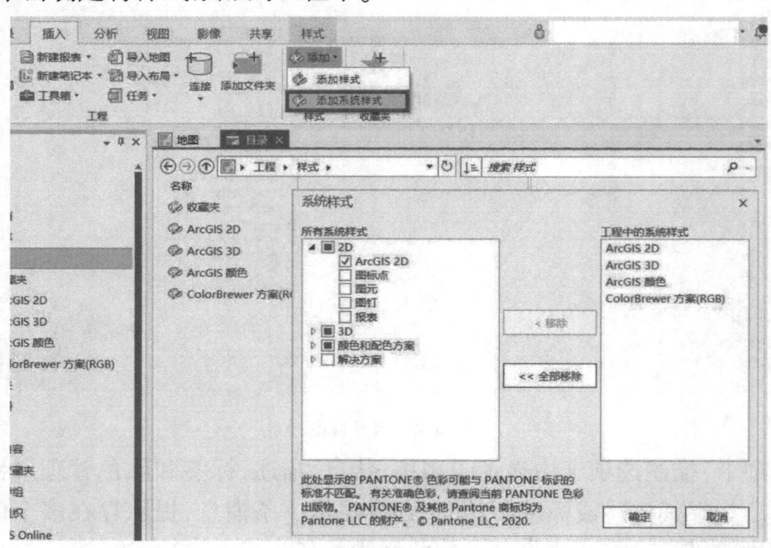

图 4-6　添加系统样式

也可以从**目录**窗格、**内容**窗格或**目录**视图中打开**添加系统样式**。在**目录**、**内容**窗格中选择**样式**文件夹,在右键菜单中选中**添加|添加系统样式**,或者在**目录**视图的空白区域单击右键,在弹出的菜单中选中**添加|添加系统样式**,均可打开如图 4-6 所示的**系统样式**对话框。

(2)添加自定义样式。

添加自定义样式(包括 Web 样式和移动样式)的具体步骤为:在**插入**选项卡的**样式**组

中,单击**添加|添加样式**,打开**添加样式文件**对话框,如图 4-7 所示;在**添加样式文件**对话框中,浏览到样式的位置,选择一种或多种自定义样式(文件后缀名为 stylx 或者 webstyle),单击**确定**,将样式添加到工程中。也可通过**目录窗格**、**内容窗格**或**目录**视图中打开**添加样式文件**对话框。

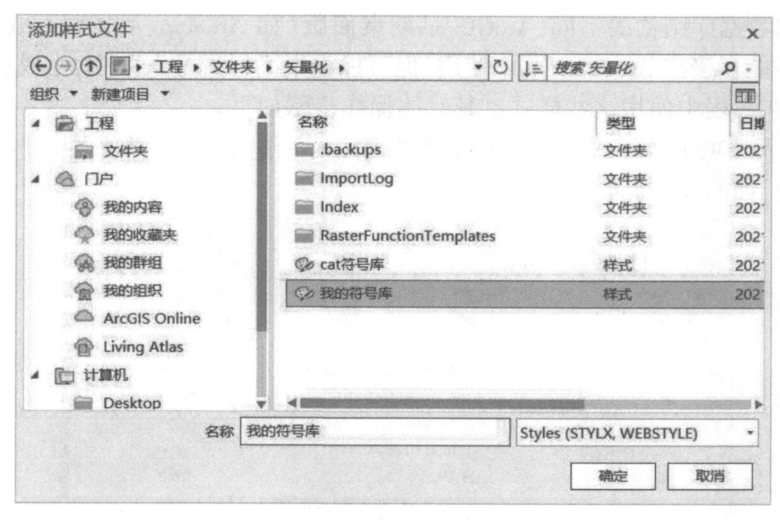

图 4-7　添加自定义样式

4.2.2.3　创建样式

可以在工程中创建自定义样式,其具体步骤如下。

(1)在**插入**选项卡的**样式**组中或者在**目录**视图的右键菜单中,单击**新建样式**,或者单击**新建移动样式**,可以打开**新建样式**或者**新建移动样式**对话框,如图 4-8 所示。

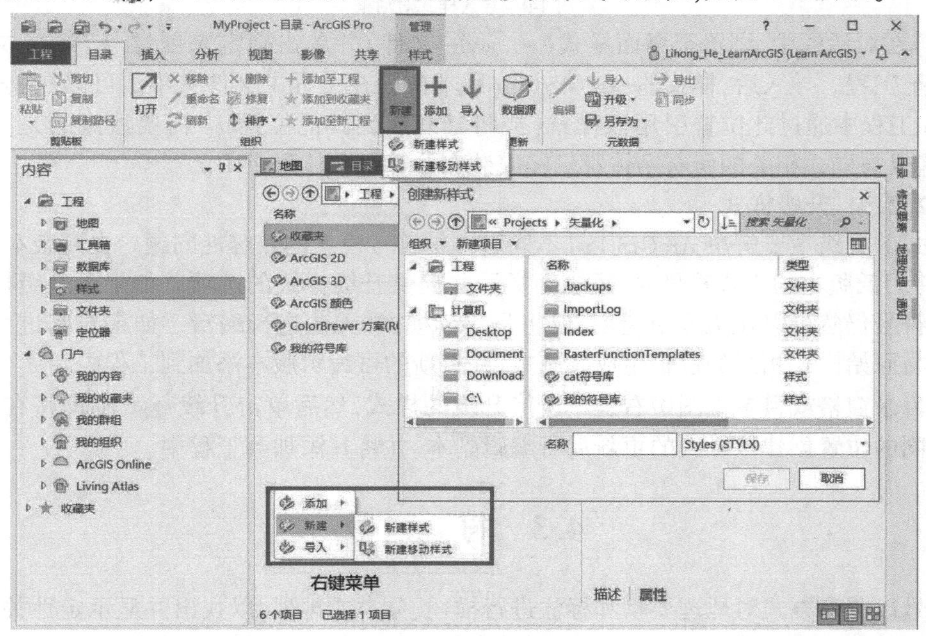

图 4-8　新建样式

(2)在对话框中浏览至存储新样式的文件夹,输入新样式的名称,然后单击**保存**,完成新样式的创建。需要注意的是:自定义的样式是空的,不包含任何的样式项目或符号,可以新建符号或复制其他样式中的符号到新建样式中,具体操作参见本实验 4.3。

4.2.2.4 导入样式

由于基础数据库结构的不同,ArcGIS 早期桌面版(如 ArcMap、ArcGlobe 或 ArcScene)中使用的样式不能直接在 ArcGIS Pro 中使用,但可以将桌面样式导入其中,生成 ArcGIS Pro 版本,从而可以在工程中使用这些样式。其具体操作步骤如下。

(1)在**插入**选项卡的**样式**组中或者在**目录**视图的右键菜单中,单击**导入**图标,打开**导入样式**对话框,如图 4-9 所示。

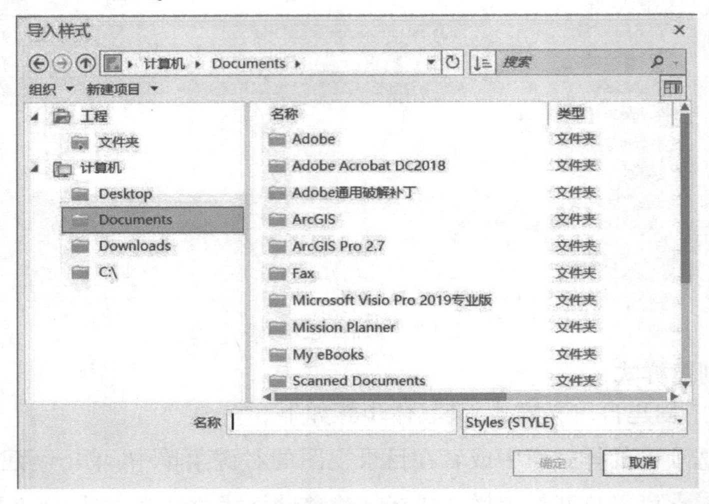

图 4-9 导入样式对话框

(2)在对话框中,浏览至桌面样式(*.style 文件)并单击**确定**来创建 *.stylx 文件,将其添加至工程。导入后,样式的 ArcGIS Pro 版本放置在工程主文件夹中。可以在其他 ArcGIS Pro 工程中通过此位置引用该样式(或将其复制到其他位置)。需要注意的是:在导入前,要确保与样式相关的所有字体都已经安装在计算机字体目录中。

4.2.2.5 升级样式

样式的升级主要解决 ArcGIS Pro 不同版本中符号模型的兼容性问题。在高版本 ArcGIS Pro 中使用低版本的样式符号时,系统会提示并提供升级样式的选项。如果不升级样式,这些样式符号仍然可以在工程中使用,但将是只读模式,无法进行编辑。如果对其进行升级,则会在与原始样式相同的位置生成其副本,并将新的可编辑版本添加到工程中。

在**目录**窗格或**目录**视图中右键单击待升级的**样式**,然后单击**升级**。随即将在与原始样式相同的位置创建该样式的更新后可编辑副本,并将其添加到工程中。

4.3 符　　号

符号以图形方式对地理要素和标注进行描述、分类或排列,以找出并显示定性关系和定量关系。通过样式将符号组织成集合,对其进行管理和共享。根据符号描述的几何类型,将符号分为五种:点、线、面、网格和文本,每种符号类型具有唯一特征和相应的属性,并通过组件图层的组合形成丰富的图形描述。对符号图层的任何编辑(如添加、移除、重排)都将更改符号的外观;同样,对符号效果的应用也会更改符号。因此,要利用 ArcGIS Pro 设计自定义的符号,必须了解符号图层和符号效果。

4.3.1　符号图层

符号图层是构成符号的基本单元,一个符号包含至少一个符号图层。符号图层根据其包含的图形元素分为标记符号图层、笔画符号图层、填充符号图层和程序符号系统,不同的符号图层的属性不尽相同。

4.3.1.1　符号图层的分类

(1)标记符号图层。

标记符号图层是在相对于几何的特定位置绘制特定形状(例如圆、树或三维灯柱)的符号组件,常用于点符号中,但也可以包括在线符号和面符号中以沿线和轮廓线绘制形状或在区域内绘制形状。标记符号图层有四种类型,分别为形状标记、图片标记、3D 模型标记和程序标记。

形状标记符号图层使用矢量图形几何来定义标记的形状和外观。几何形状可以通过形状、样式、字体和文件四种方式获得。其中,“形状”是从简易的常见形状库中进行选择,“样式”则是在工程包含的样式中选择,“字体”是在已安装的字体中选择字形作为标记图层形状的几何来源,“文件”则是选择一个可伸缩矢量图形文件(.svg)或者一个增强型图元文件(.emf)。在目录视图右侧的**属性选项卡|图层**选项中,可以浏览选中符号的图层类型,并在下方的**外观**选项中设置形状的来源,如图 4-10 所示。在**外观**选项中还可以设置形状的绘制方式、颜色、轮廓颜色、轮廓宽度和大小属性。调整形状标记符号图层大小时,可勾选“考虑框架”确保相关符号图层大小一致。通常,框架比符号图形的可视部分更大一些。

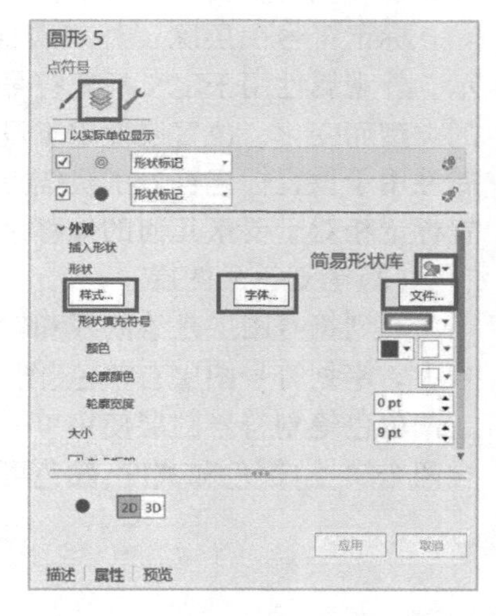

图 4-10　形状标记符号图层的外观设置

图片标记符号图层使用图像文件而非矢量形状来定义标记,可以从样式中现有点符号或图像文件获得该图像,文件格式包括 *.bmp、*.jpg、*.png 和 *.gif。同样,在目录视图右侧的**属性选项卡|图层**选项中,可以浏览选中符号的图层类型,并在下方的**外观**选项中设置形状的来源,如图 4-11 所示。在**外观**选项中还可以设置图片的质量、颜色和大小属性。将色彩属性设置为白色(默认设置),则以其自身颜色绘制图像。在 3D 环境中,如果从反面查看图像,可以选中“反转背面图像”以正读方向显示图像;可以指定图片标记图层的深度来赋予其厚度感;选中“垂直竖立”可使符号直立,如同锁定在原位一样。

3D 模型标记符号图层使用真正的三维图形模型来定义标记。系统提供了形状、样式和文件三种方式定义 3D 模型的形状。其中,“形状”是从简易的常见三维形状库中选择,“样式”则是在工程中包含的点符号中选择,“文件”则是选择 COLLADA(.dae)、3ds Max

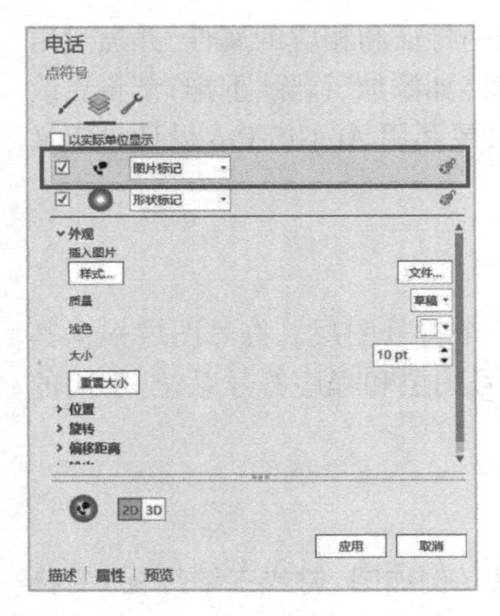

图 4-11　图片标记符号图层的外观设置

(.3ds)、OpenFlight(.flt)、Wavefront(.obj)、GL 传输格式(.glTF)或二进制 GL 传输格式(.glb)文件。根据需要,在**外观**组中可以调整标记符号图层的高度(Z)、宽度(X)和深度(Y)属性。如果对 3D 模型标记设置颜色,必须选中"对模型进行着色"复选框以激活颜色选取器。默认情况下将应用白色。颜色可应用于整个模型,也可以仅应用于特定面,具体取决于创作基础 3D 模型的方式。如果取消选中"对模型进行着色",则不会对模型应用颜色,并使用其自然颜色进行绘制。注意:如果取消选中"对模型进行着色",将禁用颜色选取器,并且符号图层状态为颜色锁定并禁用。这意味着无论从**符号**选项卡或图层符号系统对符号整体颜色进行更改,都不会影响此 3D 模型标记符号图层的颜色。

程序标记符号图层利用规则包将 3D 对象定义为标记。规则包是定义这些对象的外观和显示一些配置属性的脚本,可在 ArcGIS CityEngine 中创建规则包。

标记符号图层除了外观属性外,还包括位置、旋转、偏移距离和输出属性,如图 4-12 所示。外观属性用于定义标记符号的视觉形状,主要包括形状、颜色和大小,其随着标记符号的类型而变化。位置属性用于设置标记符号的锚点,即标记相对于要素几何的位置。旋转属性用于设置标记符号围绕锚点的三个旋转角度(X、Y、Z 方向)。而偏移距离属性用于设置标记相对于要素几何的偏移量。

(2)笔划符号图层。

笔划符号图层是绘制线和轮廓的符号组件,通常作为轮廓用于线符号、面符号或网格符号中。笔划符号图层有单色、图片和渐变三种类型。

单色笔划符号图层使用单一颜色和宽度绘制线状几何,如图 4-13 所示,因此,其外观包含两个属性:颜色和宽度,颜色可以设置透明度。

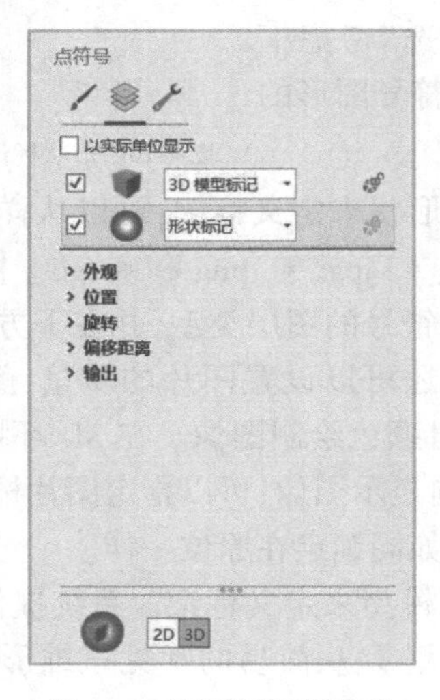

图 4-12　标记符号图层属性

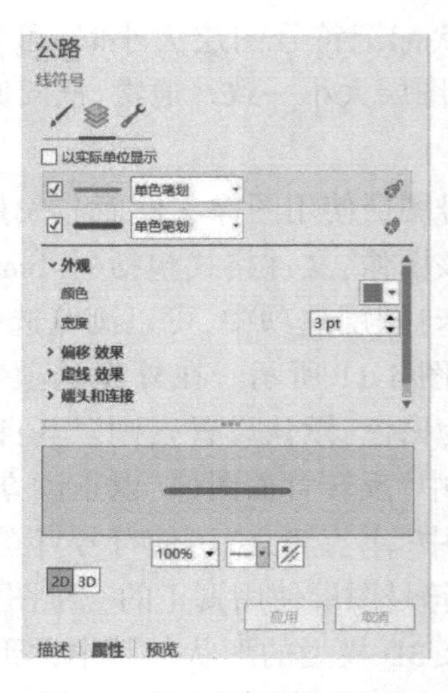

图 4-13　单色笔划的外观属性

图片笔划符号图层使用图像文件来绘制线性几何,可用的图片格式包括 *. bmp、*. jpg、*. png 或 *. gif。可根据需要调整图片的质量、色彩和大小属性,如图 4-14 所示。注意:将色彩属性设置为白色(默认设置),以其自身颜色绘制图像;如果将此属性设置为"无颜色",将会导致根本不绘制图像。单击**重置大小**按钮将恢复图像至原始大小。

渐变笔划符号图层使用配色方案绘制线状几何,渐变方向遵循线方向,因此其外观包含的属性有配色方案、颜色的开始色和结束色,以及笔划宽度,如图 4-15 所示。也可通过**翻转配色方案**按钮反向当前的配色方案。

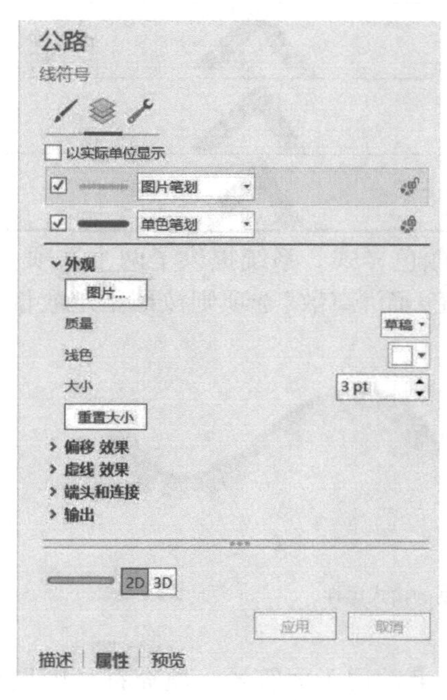

图 4-14　图片笔划的外观属性

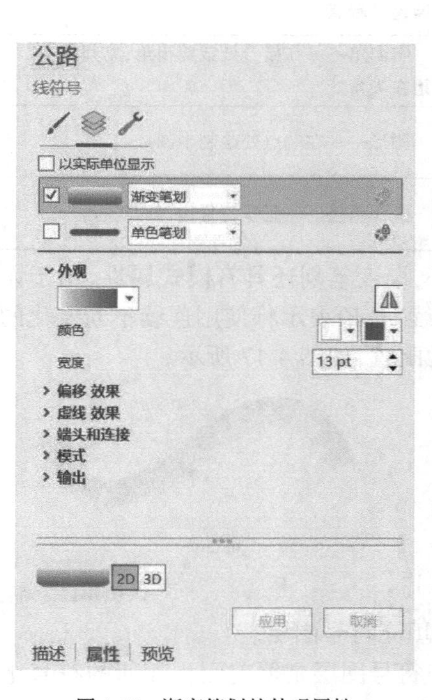

图 4-15　渐变笔划的外观属性

除了外观属性外,笔划符号图层还具有偏移效果、虚线效果、端头和连接等属性(图 4-15)。**偏移效果**用于设置笔划相对于线几何中心的偏移距离,如图 4-16 所示。该线符号包含黑色和黄色两个单色笔划图层,其中黄色笔划图层设置了偏移距离(如 2pt),则该笔划相对于线几何的中心线(红色虚线)偏移设定的距离,而黑色笔划直接位于线几何上。**虚线效果**用于设置笔划绘制时采用的线型样式,可以从虚线类型下拉库中选择虚线,并根据需要调整虚线模板值。模板中的每个虚线值都表示了虚线中笔划和间隔的大小;例如,值为"7 3"的虚线模板将返回 7 磅笔划和 3 磅间隔交替的虚线。**端头和连接**用于定义如何在笔画(端头)末端处和接合点(连接)处绘制笔划。系统提供了三种端头样式和连接方式,具体情况见表 4-1。

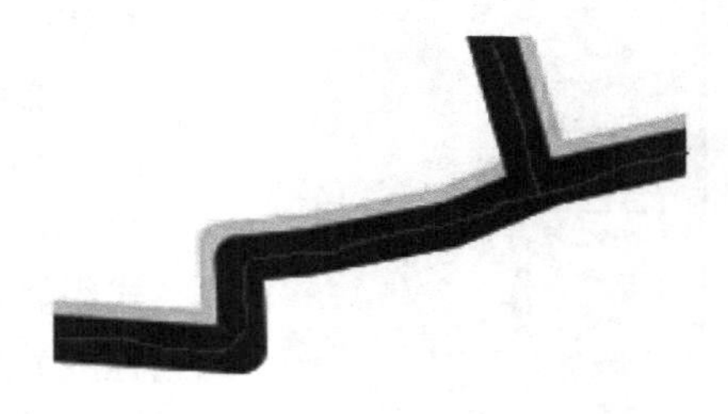

图 4-16　笔划图层的偏移效果

端头和连接样式　　表 4-1

内容	样式	示例
端头	平端头——线符号正好停在端点处	
	圆形——半圆延伸超过端点	
	方形——线符号的一半符号宽度延伸超过端点	
连接	斜面角——在接合处裁剪拐角，尤其是在尖角处	
	圆形——在端点处绘制半圆	
	尖头斜接——延长符号边，创建尖角	

另外，渐变笔划还具有**模式**属性，用于设置颜色样式。系统提供了两个选项：连续和离散。“连续”选项表示将使用连续不断变化的颜色，而“离散”选项则按照指定数量的间隔进行颜色的配置，如图 4-17 所示。

a) 连续　　b) 离散

图 4-17　渐变笔划的模式属性

（3）填充符号图层。

填充符号图层是覆盖面积几何的符号组件，最常用于面符号。填充符号图层有七种类型，分别为：实心填充、影线填充、渐变填充、图片填充、程序填充、动画填充和材料填充。

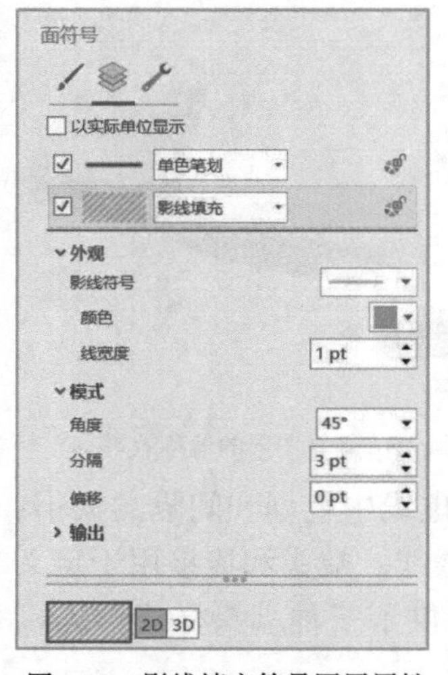

图 4-18　影线填充符号图层属性

实心填充符号图层采用单一颜色填充几何，因此其外观只有颜色一个属性值，颜色可以设置透明度。

影线填充符号图层采用一系列均匀的平行线符号填充面几何。其**外观**组包含的属性有影线符号、颜色和线宽，更改这些属性，可以改变影线的外观；除了**外观**组属性外，该图层还具有**模式**组属性，用于定义影线的排列方式，包括角度（线符号的倾斜程度）、分割（定义线符号之间的距离）和偏移（线符号相对于面边界的偏移距离）三个属性，如图 4-18 所示。

渐变填充符号图层使用配色方案在面区域上绘制颜色的排列方式。其**外观**组包含的属性有配色方案、颜色的开始和结束色，也可通过**翻转配色方案**按钮反转当前的配色方案，注意：仅可将连续色彩方案应用至渐变填充符号图层。另外，**模式**组中的属性定义渐变色的排列方式，其中，“方向”定义颜色的渐变方向,“类型”定义配色方案的类型(如离散或连续,注意缓冲渐变只能是离散类型),“间隔”定义离散情况下需要绘制的颜色数量、“范围”和“大小”定义在绝对距离或相对百分比中配色方案所覆盖的要素数量,如图 4-19 所示。

图片填充符号图层使用图像文件来填充面区域,可用的图片格式包括 * . bmp、* . jpg、* . png 或 * . gif。在图层选项的**外观**组中,单击**图片**按钮可以选择所需要的图片文件;可根据需要调整图片的质量、浅色和大小属性,如图 4-20 所示。注意:将色彩属性设置为白色(默认设置),以其自身颜色绘制图像;如果将此属性设置为“无颜色”,将会导致根本不绘制图像。

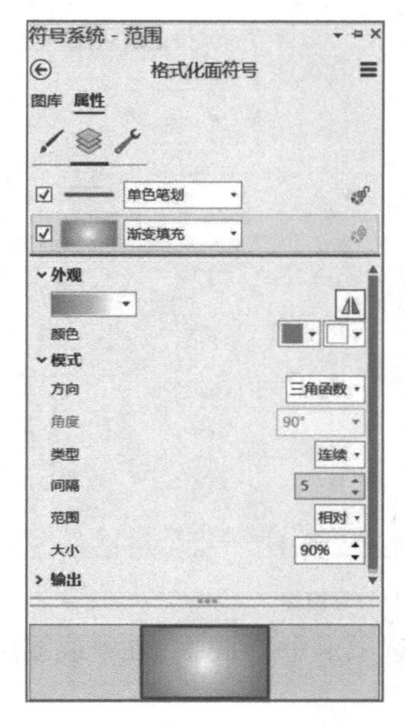

图 4-19　渐变填充符号图层属性

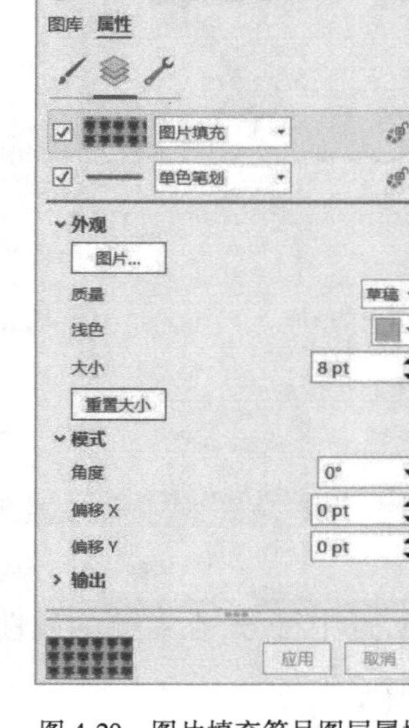

图 4-20　图片填充符号图层属性

程序填充符号图层仅在 3D 环境中绘制,其符号属性取决于源规则包(. rpk 文件),可在 ArcGIS CityEngine 中创建规则包。

材料填充符号图层仅在 3D 对象要素的网格符号中可用。

动画填充符号图层仅在场景的 3D 图层类别下绘制,且在应用于平面多边形时效果最佳。如果将使用“动画填充”进行符号化的图层移至场景的 2D 图层类别或移至地图中,则面符号将通过动画填充符号图层中指定的颜色使用实心填充进行绘制。目前,动画填充仅支持“水域”一种类型,可通过更改主要的颜色、水体大小、波浪强度,以及有选择地更改波浪方向属性来修改水表面的外观。

(4)程序符号系统。

程序符号系统使用基于脚本的逻辑,从简单几何构造复杂的 3D 对象和纹理,以显示点要素、面要素或多面体要素。例如,程序符号系统可用于将点要素渲染为真实的树,将面要素渲染为建筑物或带有基于规则的涂绘纹理的多面体要素。在 3D 环境中时,填充符号图层和标记符号图层都可以是程序符号图层;在 2D 环境中,程序符号内容会被忽略而不绘制。程序符号利用 CityEngine 规则包(. rpk)中的逻辑来绘制要素,规则包旨在显示某些符号属性以便进行配置，可以通过调整这些符号属性或者将属性连接到要素属性字段来自定义程序符号图层的外观。

4.3.1.2 符号图层的管理

一个符号可以包含多个符号图层，可以对这些符号图层进行管理，包括添加、删除、复制、重新排序、关闭和修改。管理符号图层可以通过以下两种方式进行。

(1)**符号系统**窗格中，激活“格式化符号”模式，选择**属性**选项卡，通过**图层**或**结构**选项对其进行管理，如图 4-21 所示。

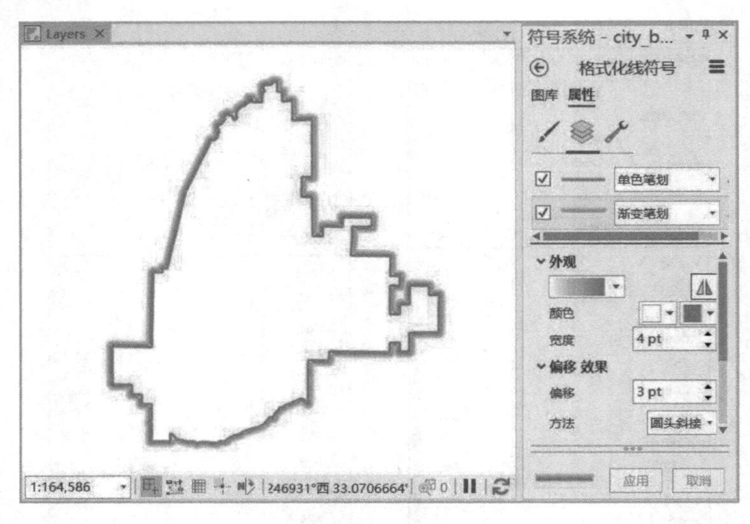

图 4-21 格式化符号窗格

(2)**目录视图**中，选中符号，在右侧的**属性**选项卡中，通过**结构**或**图层**选项对其进行管理，如图 4-22 所示。

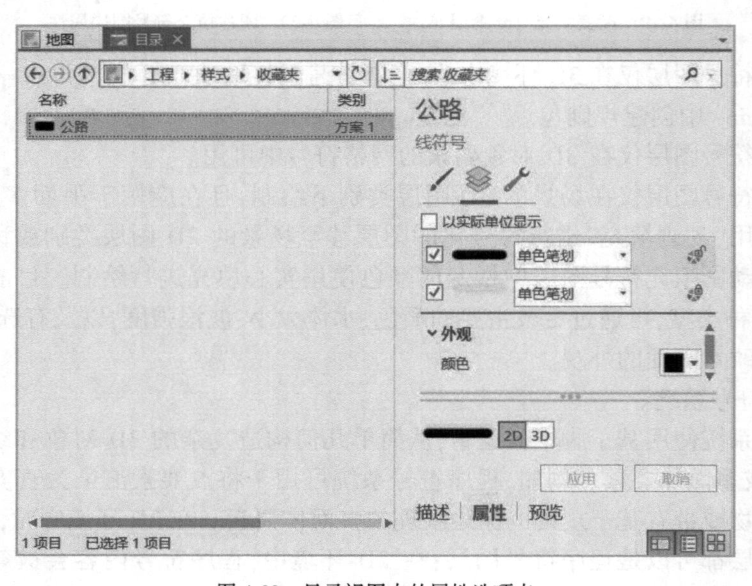

图 4-22 目录视图中的属性选项卡

在**结构**选项卡中，可以添加、删除、重新排序和复制图层，如图4-23所示。单击**添加符号图层**按钮，选择符号图层的类型（标记图层、笔划图层、填充图层），新图层将被添加到符号的最上层，单击**应用**按钮完成对符号的更改。单击**删除图层**按钮移除不需要的符号图层，单击**应用**按钮完成对符号的更改。

单击符号图层的**三个点**并将它拖动到堆栈中的新位置。注意：图层的排列顺序决定了其绘制的顺序，窗格中最低位置的符号图层首先绘制，窗格顶部的图层最后绘制。单击**复制图层**，新图层即放置在堆栈中原图层的上方。

在**图层**选项卡中，可以关闭和修改符号图层，如图4-24所示，**图层**选项卡被分割成三部分，分别为图层面板（显示组成符号的所有图层）、属性面板（显示所选图层对应的相关属性）和预览面板（符号的预期效果）。其中，在**图层**选项卡的图层面板中，取消选中符号图层图形左侧的框可以关闭该符号图层。在**图层**选项卡的属性面板中，修改选中图层的对应属性，如外观、位置、旋转、偏移距离或模式等，并可通过下部的预览面板查看符号的预期效果。需要注意：属性选项会随着符号图层的类型而有所不同，此处不再赘述。

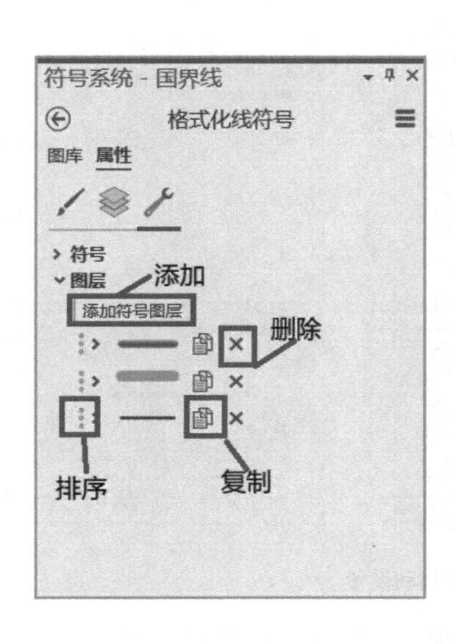

图4-23　在结构选项卡中管理图层

图4-24　在图层选项卡中管理图层

4.3.2　符号效果

符号效果是动态更改要素几何供符号使用的符号组件。效果会添加至符号来生成增强符号描述。

效果可整体应用至符号，即影响符号中的所有符号图层，也可以在单个符号图层使用符号效果。大多数效果仅会改变要素的符号化显示，但有些效果实际上会以其符号化方式变换几何类型。例如，一个线符号可包含偏移效果，该效果仍将生成使用笔划符号系统绘制的线几何。包含缓冲区效果的线符号具有可使用填充符号图层绘制的动态面几何（缓冲的线)。符号效果的应用主要通过格式化符号模式中的**结构**选项卡来实现,具体步骤如下。

①通过单击地图或场景的**内容**窗格中的一个符号,或直接以可编辑样式打开一个符号便可访问符号属性。在**符号系统**窗格的**属性**面板上,单击**结构**选项卡。

②单击**符号**标题下的**添加效果**,可添加能应用于整个符号的全局效果,单击该效果旁边的"删除"按钮可将其移除。

③单击**图层**标题下任一图层下的**添加效果**,向该图层添加一个效果,单击该效果旁边的"删除"按钮可将其移除。

新效果会始终添加至列表的最底部,所以它是最后一个应用的效果。此处对符号效果的修改将改变**图层**选项卡中**属性**面板中所列的属性项。如某笔划图层添加了偏移和虚线效果,则在**图层**选项卡中能够看到偏移效果和虚线效果的设置,如图 4-25 所示。

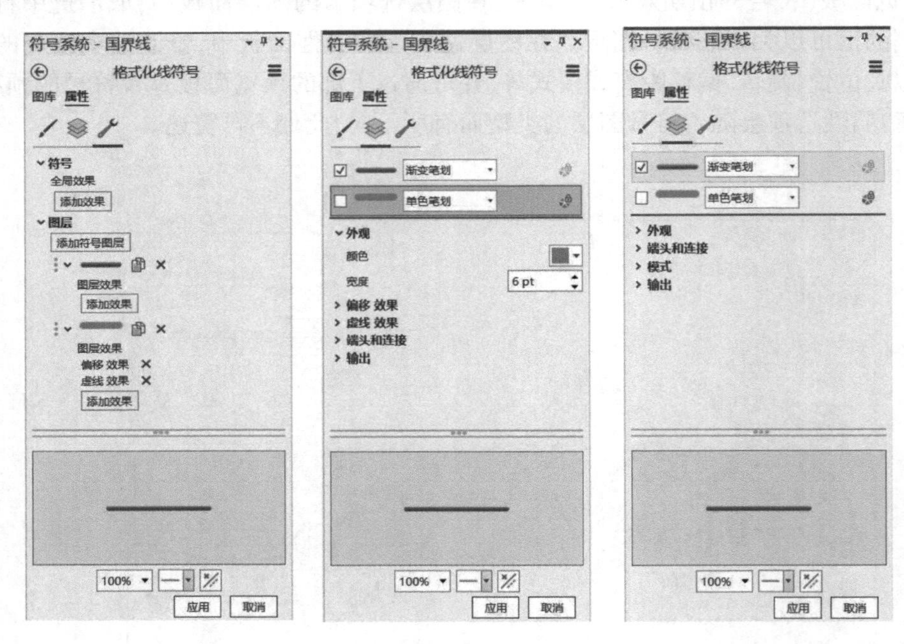

图 4-25 符号效果的添加和设置

系统提供了比例、波形、反向、缓冲区等多种效果,详细内容参见附录 C。

4.3.3 点符号

点符号用于在地图、场景和布局中绘制点要素和点图形,同时,点符号也可作为符号图层参与线、面和文本符号的组成。点符号通常包含至少一个标记符号图层,少数情况下可以包含笔划或填充符号图层。自定义一个点符号主要通过对组成该符号的符号图层及其对应的符号效果进行设置来实现。现以自定义防疫点符号为例讲解具体的操作过程。

(1)在**视图**功能选项卡中打开**目录视图**,在**目录视图**中选择要添加符号的样式,如"我的符号库",在**管理样式**选项卡中单击**新建项目|点状符号**,则在"我的符号库"样式中添加了一个自定义的点符号,如图 4-26 所示。

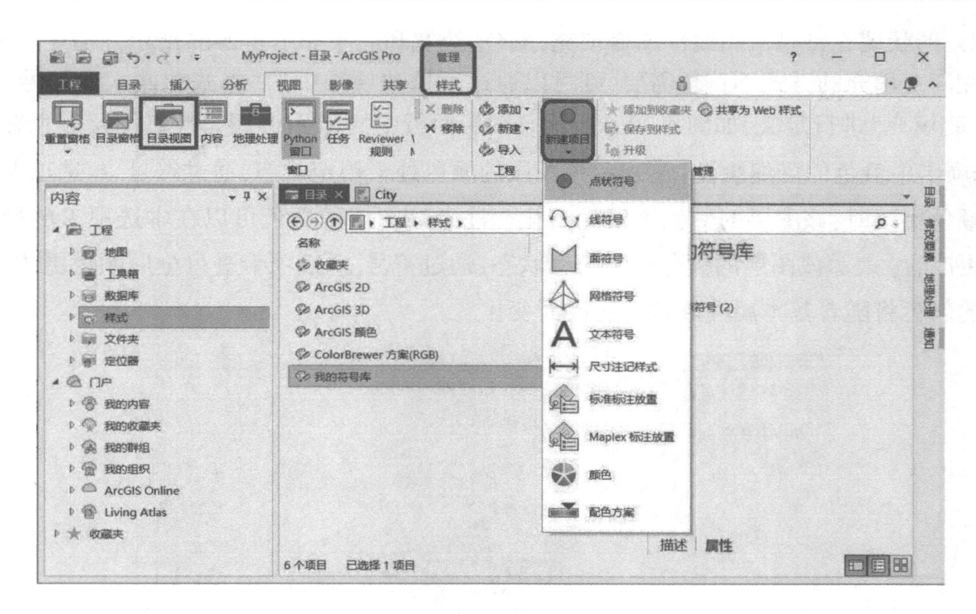

图 4-26　新建点符号

(2)在**目录视图**右侧的**属性**选项卡中点击**点符号**,**目录视图**中将显示所有的点符号。选择新建的点符号,在右侧的**描述**选项卡中更改符号的名称、类别等属性,如图 4-27 所示。

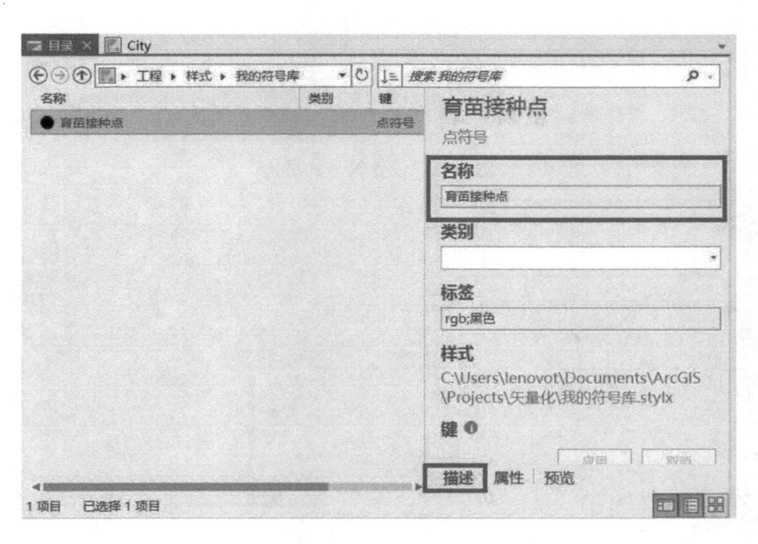

图 4-27　更改符号的描述信息

(3)在**属性**选项卡中,选择**结构**标签,在**图层**标题下,单击**添加符号图层**|**标记图层**,使得该符号包含两个标记图层,点击**应用**按钮完成图层添加,结果如图 4-28 所示。

(4)在**属性**选项卡中,选择**图层**标签,此时在图层面板中显示了两个图层,类型为默认的形状标记。选择第一个图层,更改为"图片标记类型",并在下方的属性面板中设置图片文件的路径、大小和旋转角度,如图 4-29a)所示;然后选择第二个图层,设置对应的属性:形状采用圆形,形状填充符号采用线性渐变填充,颜色、线宽和大小如图 4-29b)所示。需要注意:如果线性渐变填充的方式不符合需要,则可以通过下拉选项卡中的“格式化嵌入面符号”选项对“渐变填充”进行定义,如图 4-29c)所示。图层面板中的图标用于控制图层颜色在符号选项卡中颜色的可编辑性:表示该图层的颜色处于锁定状态,通过符号选项卡进行全局颜色更改时,该图层的颜色不发生变化。注意该图层的颜色可以在本选项卡的颜色属性中更改;表示该图层的颜色处于解锁状态,通过符号选项卡进行全局颜色更改时,该图层的颜色将随着基本属性颜色的更改而变化。

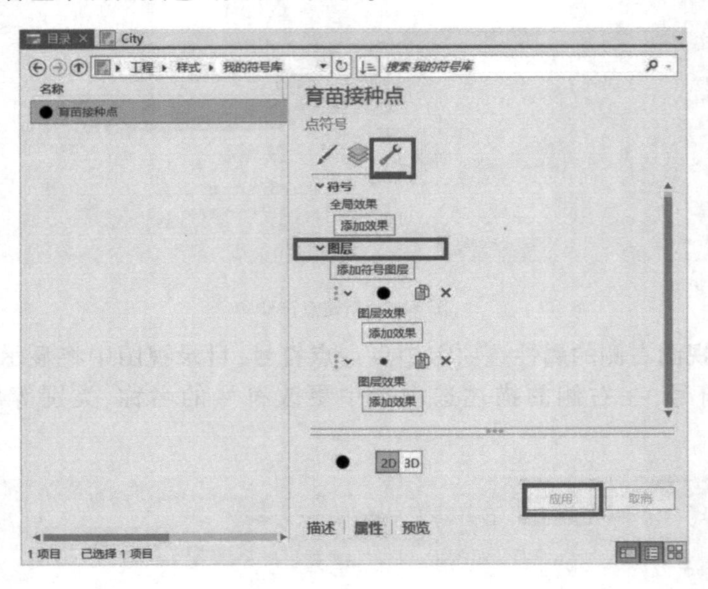

图 4-28 设置符号的结构

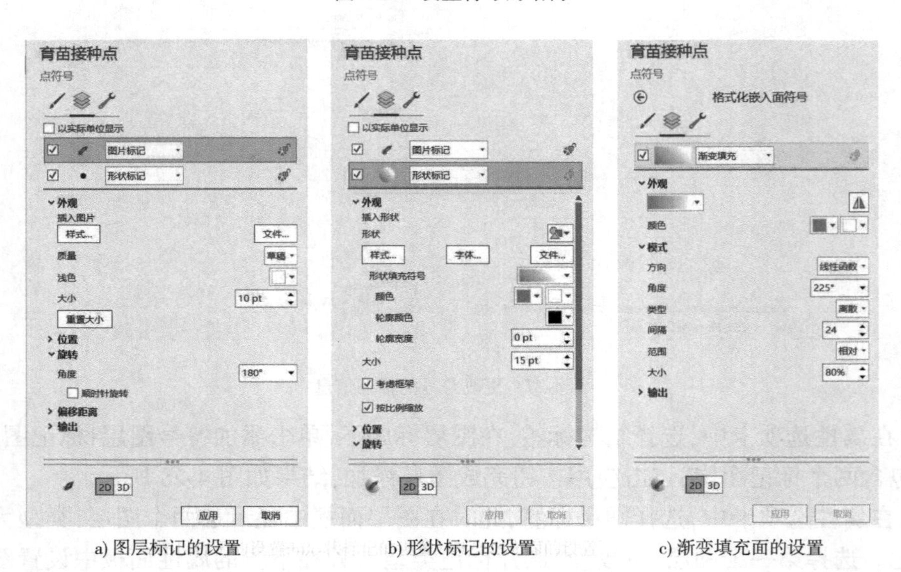

a) 图层标记的设置　　b) 形状标记的设置　　c) 渐变填充面的设置

图 4-29 设置符号图层属性

(5)点击**应用**按钮完成点符号的定义,并可以通过**预览**选项卡查看自定义符号的效果,如图4-30所示。

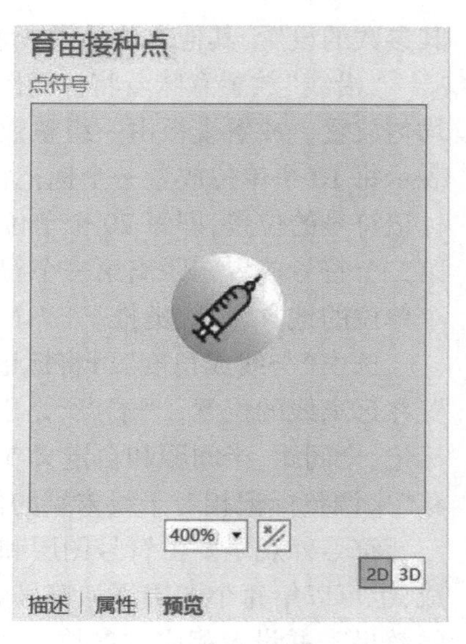

图4-30　预览自定义符号效果

4.3.4　线符号

线符号用于在地图、场景和布局中绘制线状要素和图形。线符号通常包含一个或多个笔划符号图层,也可以包含标记符号图层,以沿着线的长度或在端点处绘制标记。标记放置属性包含线符号中的标记符号图层;在极少数情况下,线符号还包含填充符号图层。

现以自定义“火舌前端线”符号(图4-31)为例讲解操作过程。该符号包含了一个标记图层、一个笔划图层,标记图层的放置方法采用沿线放置方式,具体的设置过程如下。

①在**结构**选项卡的**图层**标题下,添加一个标记符号图层、一个笔划符号图层。

②在**图层**选项卡,为笔划图层选择“单色笔划”类型,并在**属性**面板中设置符号的颜色和线宽。

③在**图层**选项卡,为标记图层选择“形状标记”类型,并在**属性**面板中设置符号的形状、颜色、大小和位置属性,如图4-32a)所示。

图4-31　火舌线符号

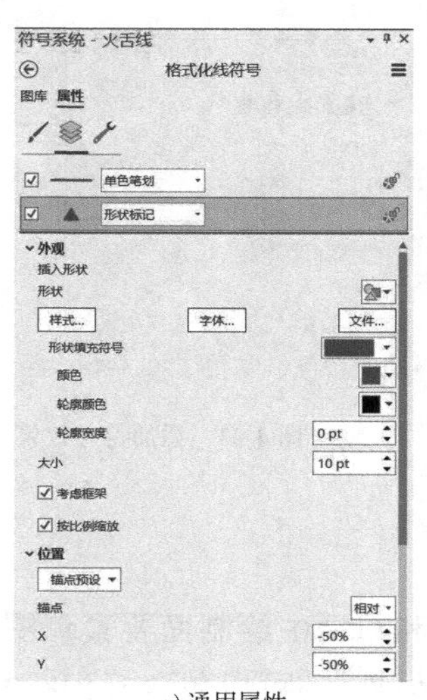

a)通用属性

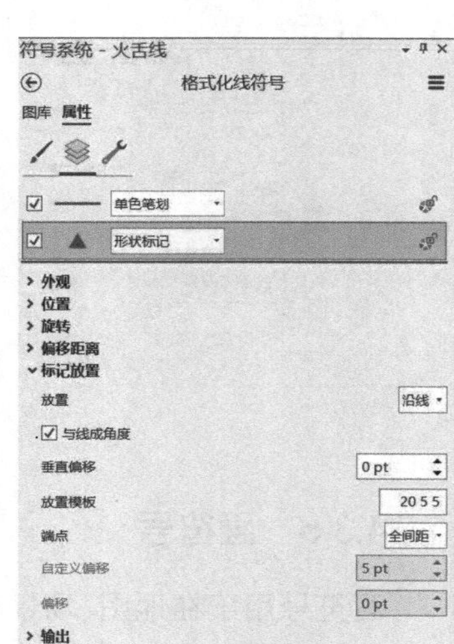

b)标记放置

图4-32　形状标记图层的参数设置

④在**图层**选项卡,为标记图层设置“标记放置”参数,如图4-32b)所示。标记放置的参数包括放置方法、放置模板、垂直偏移、自定义偏移等,其中放置方法决定了其他参数。针对线符号中的标记位置放置,系统共提供了8种方法:沿线、沿线(随机大小)、沿线(大小可变)、在端点处、在线上、在折点上、位于比例位置和采用测量单位。此处以“沿线”为例介绍

其参数的设置，其他方法的设置请参阅附录 D。

“沿线”放置意味着将标记图层符号按照放置模板的定义组合起来沿标记线或面轮廓线均匀放置。放置模板由一组整数来定义，可以是单个数字，也可以是一系列数字。如，“10”表示每 10 个单位放置一个标记符号；“20 5 5”表示放置 3 个标记符号，其中 20 表示第一个标记符号的位置，即每 20 个单位放置一个标记符号，后两个数字表示后续符号间的间隔，即第二个符号放置在距离第一个符号 5 个单位的地方、第三个符号放置在距离第二个符号 5 个单位的地方，依次类推。

选中“与线成角度”可将标记符号相对于线进行定向，而非向上。“垂直偏移”将标记放置在远离线的位置。“端点”是以一定的标记、间距或自由绘制标记符号，包括无约束、使用标记、全间距、半间距和自定义 5 个选项。将端点设置为“自定义”时，可以设置“自定义偏移”来调整标记相对于线末端的位置。设置“偏移”将沿线放置所有标记。

符号外观主要由符号图层和符号效果共同决定。上述的线符号“火舌线”由两个图层组成，也可以给每个图层添加符号效果使得符号的外观更加形象，如给笔划图层添加“偏移影线效果”，并设置相应的参数，如图 4-33 所示。

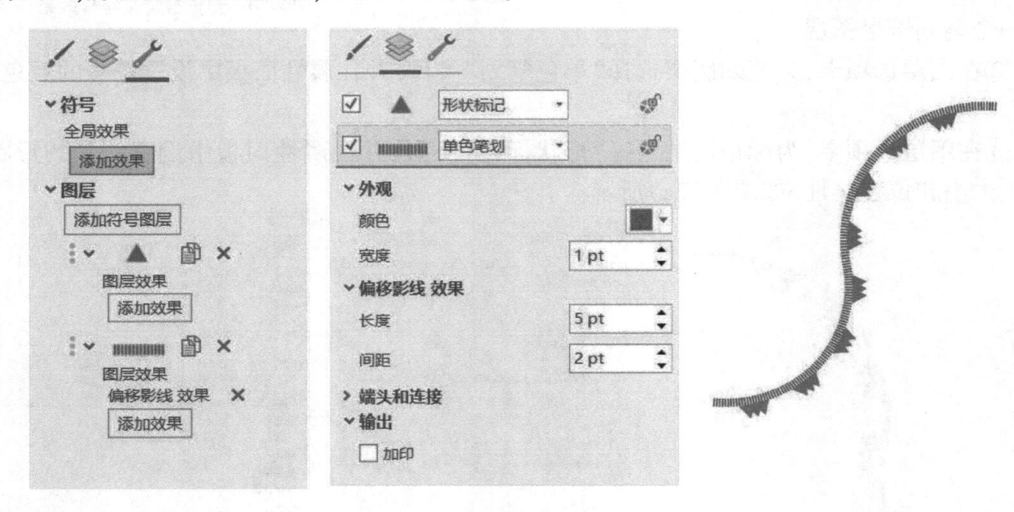

图 4-33　添加符号效果

4.3.5　面符号

面符号用于在地图、场景和布局中绘制面要素和图形。通常包含至少一个填充符号图层和至少一个笔划符号图层；另外，还可以包含标记符号图层，以在其内或沿其轮廓绘制标记。现以自定义“熊猫自然保护区”符号（图 4-34）为例讲解操作过程，该符号包含了两个标记符号图层、一个笔划符号图层和一个填充符号图层组成，具体的设置过程如下。

①在**结构**选项卡的**图层**标题下，添加两个标记图层、一个笔划符号图层和一个填充符号图层。

②在**图层**选项卡，为笔划图层选择“单色笔划”类型，并在属性面板中设置符号的颜色和线宽。

③在**图层**选项卡，为填充图层选择“实心填充”类型，并在属性面板中设置符号的颜色。

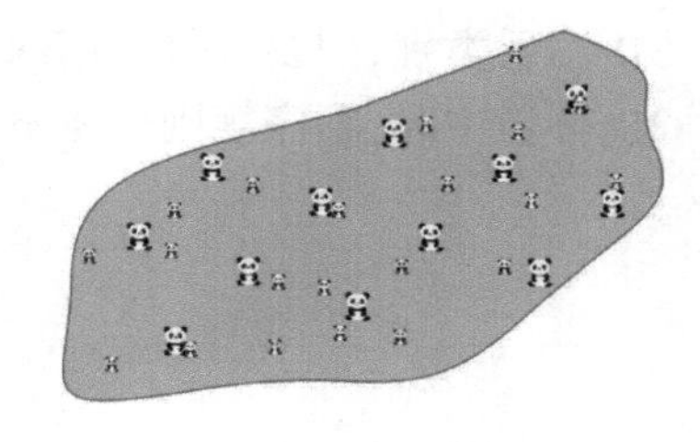

图 4-34　熊猫自然保护区面符号

④在**图层**选项卡，为两个标记图层选择“图片标记”类型，并在**属性**面板中设置图片文件的位置、图片的大小、浅色等属性，最重要的是标记放置的设置，两个标记图层中标记放置的设置如图 4-35 所示。如果两个标记图层一起随机绘制，可以指定不同的种子值，以确保实现不同的随机放置。完全相同的种子值会将两个标记符号图层中的标记随机放置在相同的位置。

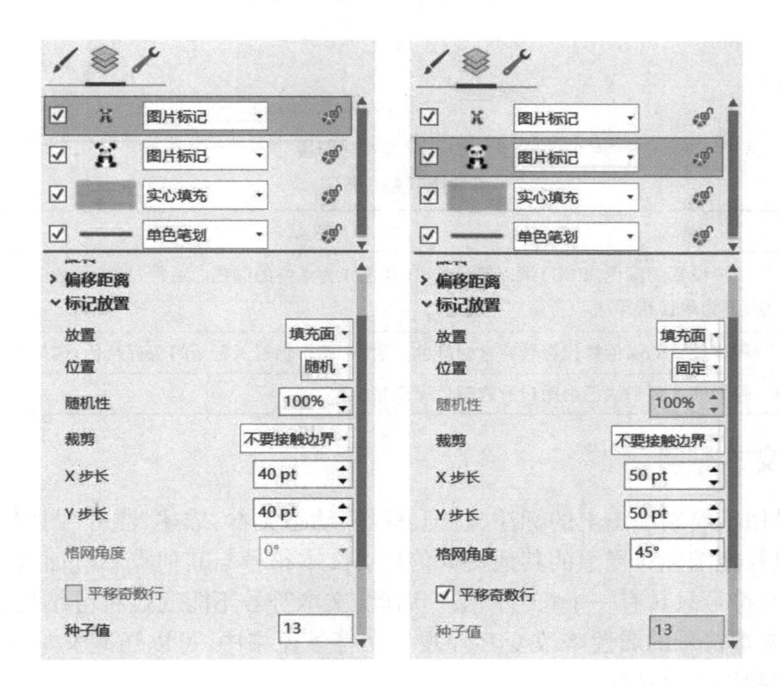

图 4-35　标记位置的设置

4.3.6　网格符号

网格符号用于在多面体图层和 3D 对象场景图层中绘制要素。网格符号最多包含一个填充符号图层和一个笔划符号图层，必须包含一个填充符号图层。

填充符号图层用于绘制格网要素的表面，只支持材料填充和程序填充两种类型。材料填充类型的属性只有两个，即材料模式和颜色，如图 4-36 所示。材料模式用于指定网格符号在应用中用户设置的颜色的应用方式，系统共提供了三种类型，分别为乘、浅色和替换，具体含义见表 4-2。

笔划符号图层用于描绘要素的边，但只能为实线笔划类型，并且绘制的宽度只能为 1 个像素。因此，笔划图层只有颜色一个属性。

如果将以网格符号表示的图层移动到场景的 2D 图层类别（或将其复制到地图）中，则将使用面符号重新绘制这些要素。相反，如果将多面体图层从 2D 图层类别拖动到场景的

3D 图层类别,则要素将使用网格符号绘制。当将具有程序填充符号图层的网格符号移动到 2D 环境中时,程序规则包将不再有效。

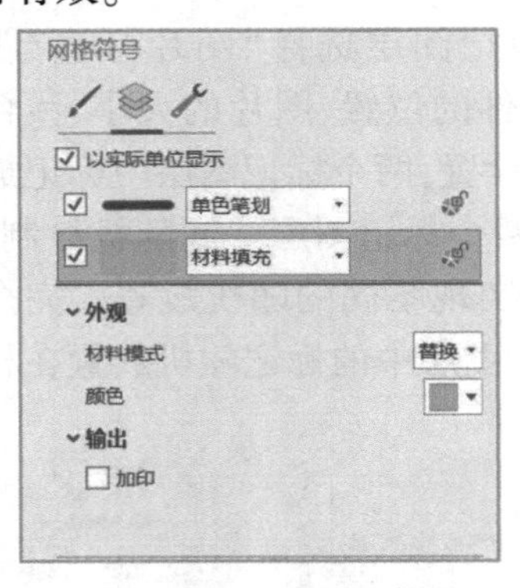

图 4-36 填充符号图层

材料模式类型 表 4-2

类型	含义
乘	用户设置的颜色(RGB)乘以符号的 RGB 色作为最终的颜色。通常,当符号是白色或近乎白色的时候,其为最佳选择
浅色	用户设置的颜色替代符号原来的颜色。通常,如果想覆盖符号的现有颜色,这是最佳选择
替换	符号的纹理和颜色由用户所选颜色完全替换

4.3.7 文本符号

文本符号用于绘制地图上的标注、注记、标题、动态文本、描述、注释、图例、比例尺、经纬网标注、表,以及地图和布局上的其他文本信息。文本符号与其他点、线、面常用符号的关键区别在于:文本符号只具有一个符号图层。因此,文本符号不能通过符号结构和图层进行定义,只能通过文本符号的属性来改变其外观。在**符号**窗格中,可以访问文本符号的属性,包括常规选项卡和格式化选项卡。

在**常规**选项卡中可访问的属性包括:外观、位置、旋转、晕圈、阴影、注释和输出,如图 4-37 所示。此处重点介绍“注释”属性的设置。

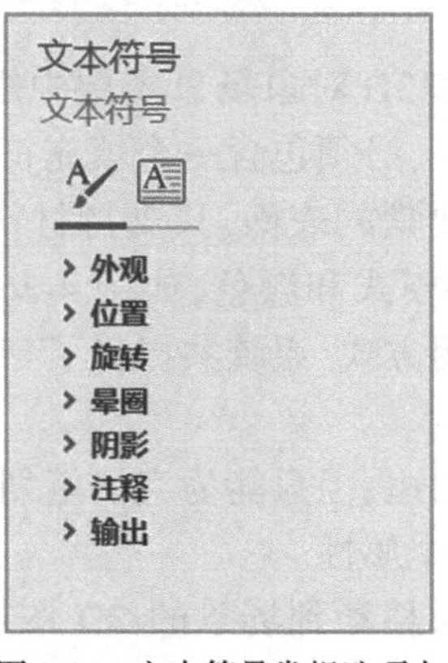

图 4-37 文本符号常规选项卡

系统共提供了无、简单线、背景、点符号、气球和复合六种类型，效果如图 4-38 所示。“简单线”用于为文本符号绘制牵引线，并可以设置牵引线的颜色、宽度、容差和自动捕捉；“背景”用于绘制文本符号的背景，可以通过设置背景的填充符号、强调线符号、牵引线符号、牵引线样式等属性为文本绘制个性化的背景；“点符号”用于绘制文本背景的形状，如高速公路盾牌，其中重要的属性就是点符号的设置，除此以外还可以设置符号的大小、颜色、比例等属性；“气球”用于为文本符号添加气球状的背景，可以设置气球的样式、符号、颜色等属性；“复合”是一种包含了背景、气球等效果的高级注释，可以设置背景、阴影、牵引线等样式。

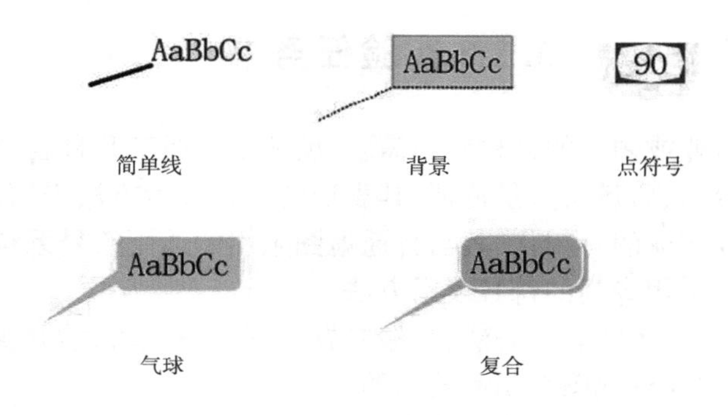

图 4-38　注释属性的设置

格式化选项卡中包含的属性有设置格式、段落、国际化和 3D，如图 4-39 所示。“设置格式”可以设置文字间距、字符间距、字符宽度、行间距、翻转角等属性；“段落”适用于单行和多行文本，主要设置段落缩进；“国际化”用于设置文本方向、字形方向、多行文本的堆叠方向、语言和编码；“3D”仅在 3D 视图中可用，用于设置布告栏模式、旋转顺序、主要大小轴和比例等。

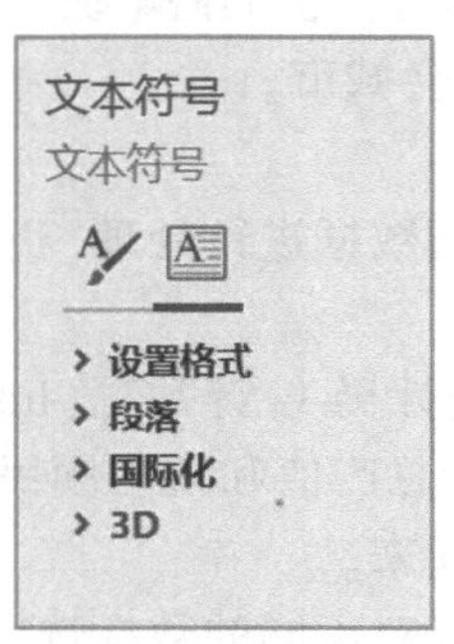

图 4-39　文本符号格式化选项卡

实验 5　专题地图设计与制作

5.1　实验任务书

专题地图是针对行业或领域的某种专门需求,反映某种或某几种自然地理要素、社会经济要素或其他要素的分布、质量及数量特征,其表现内容和表示方法丰富多彩。由于专题地图制图对象的特殊性和用途的专门化,其与普通地图采用的通用符号系统不同,需依据要素的几何形态和分布特点采用专门的符号表示方法。

实验目的:了解专题地图的表示方法;掌握专题地图设计的方法;掌握利用 ArcGIS 软件制作专题地图的方法,并实现地图编制和输出的技术。

实验数据:1∶10 000 000 中国全图、属性数据(Excel 表格)。

实验环境:ArcGIS Pro 或者 ArcGIS Desktop 中的 ArcMap。

实验内容:根据给定的制图资料,设计"中国经济"专题地图并利用 ArcGIS 软件制作该专题地图,需要包含以下信息。

①表示全国人均国民收入的差别。根据各省(自治区、直辖市)人均国民收入的统计资料,分为五级(单位:元)。

②表示各省(自治区、直辖市)社会总产值的概略统计值(分级)及其构成(一、二、三产业)。

③表示 GDP 排名前十的各省省会城市。

实验步骤:

①底图数据的处理。对中国全图数据进行处理,获得各省级行政单位的图形数据,并对其进行符号化。

②属性数据的处理。在"国家统计局-统计数据(https://data.stats.gov.cn/index.htm)"网站下载各省(自治区、直辖市)社会总产值和人均国民收入数据,通过连接 Excel 表将各省份图形数据与对应的属性数据对应起来。

③专题地图表示方法的设计。针对不同的数据选用不同的表示方法对属性数据进行可视表达,即实现图层的符号化。

④地图布局与版面设计。添加布局视图,并进行图名、图例、比例尺、指北针、统计图表等元素的插入,形成完整的专题地图成果并输出。

实验成果:提交实验报告、专题地图成果(具有完整的布局设计),地图格式为 PNG。

5.2　图层文件及其应用

在 ArcGIS 中,图层是地理数据的集合,是将空间数据源有效地组织在地图、场景或布局中,并使用用户设定的符号、文本、图形和图像按照一定的顺序可视表达数据的载体。大多数地图、场景和布局都具有多个图层,并按照内容窗格中排列的顺序进行显示。

5.2.1　图层的类型

根据图层表示数据类型的不同,可以将其分为要素图层和栅格图层。

(1)要素图层。

要素图层是包含了点、折线、多边形、多点或多面体矢量要素数据及其相关属性的图层,对应的数据一般为 Shapefile 和地理数据库中的要素类文件。

要素图层将地理对象表示为矢量,可以使用相同的符号或者根据一个或多个属性字段使用基于值的唯一符号来符号化要素。对于通常用于专题制图的定量数据,可以使用定义的分类范围、比例符号、图表或点密度来表示图层,形成各种不同类型的专题地图。

ArcGIS Pro 还提供了其他类型的要素图层,如流图层、地图注释图层和启用网格的要素图层,这些要素图层将聚合要素并根据其属性绘制地图。其中,流图层是数据源为流服务的要素图层。流图层参考实时数据集,其中观测为实时观测,观测点可以包括位置和/或属性的变化。流图层可包含点、折线或面要素。与其他数据源为服务的要素图层不同,流图层不会明确调用数据,而是主动收听流服务广播的数据流,相应地更新其显示,通过动态刷新以响应此数据广播。目前有两种类型的流图层:空间流图层和属性流图层。空间流图层包含的要素具有变化的位置,例如飞机、飓风或斑海豹;属性流图层包含的要素具有静态的位置和变化的属性,例如气象站或流量计。

(2)栅格图层。

栅格图层以栅格或图像作为数据源。根据栅格波段计数、是否存在色彩映射表,以及栅格是否表示唯一值数据等特性,通过栅格图层的外观选项卡可以用多种显示类型可视化栅格数据;同样,也可以使用多种标准分类技术对栅格进行分类,使用多种图像分析功能对栅格执行可视分析,得到多种基于栅格形式的专题地图。

(3)其他图层类型。

除了上述常见的要素图层和栅格图层外,ArcGIS Pro 还提供了场景图层、服务图层、查询图层、选择图层,子类型图层、体素图层和图形图层等。

①场景图层。场景图层用于显示 3D 数据,包含的数据类型有点、点云、3D 对象、建筑物或集成网格。根据数据的类型,可以对场景图层进行查询、符号化、标注和编辑。

②服务图层。服务图层即包含引用地图、要素、切片、矢量切片和开放地理空间联盟(OGC)服务的图层。要素服务允许使用全套 ArcGIS 符号系统在客户端绘制矢量要素。

③查询图层。查询图层即使用 SQL 查询来访问并引用空间和非空间数据库表创建得到的图层。如果查询包含空间列,则结果集将作为图层添加到地图上;如果查询不包含空间列,则结果集将作为独立表添加到地图上。

④选择图层。选择图层即根据现有图层中要素的子集来创建的新图层。选择图层仅可用作临时工作数据集。原始数据源升级或发生更改后,选择图层的内容不会随之变化。

⑤子类型图层。将具有子类型的要素类添加到地图或场景时,将使用唯一值符号系统

创建要素图层并对其进行符号化，其中，每个子类型将分配唯一的符号类。子类型图层组是复合要素图层，其中包含名为子类型图层的多个子图层。每个子类型图层都与源要素类或要素服务中的一个子类型相对应。子类型图层组的绘制效率高于一组等效的单个图层，因为在进行平移、缩放或者重新绘制时，只需对整个子类型图层组的源数据进行一次调用即可。

⑥体素图层。体素图层即在 3D 体积可视化中表示多维空间和时间信息。例如，可以将大气或海洋数据、地下地质模型或时空立方体可视化为体素图层。体素图层基于存储在 ArcGIS Pro 内 netCDF 文件中的体积数据。只能将体素图层添加到具有相同坐标系的局部场景。如果将一个体素图层添加到全球场景或地图，则该体素图层在内容窗格中将不可用，并且不会绘制。

⑦图形图层。图形图层即用于存放图形元素（几何形状、线、点、文本或图片）的容器，提供一种可在地图或布局上包括简单标记以突出显示特定区域或标签位置的方式，可使用图形图层来可视化地图，而无须创建要素。

5.2.2 图层的共享

在地图制作过程中，精心设计和定义的图层信息（如符号系统、标注和自定义弹出窗口等）可以通过两种方式保存：一是随工程保存在地图文件中（.mapx），二是存储为单独的图层文件（.lyrx）。通过在一幅新地图中直接添加保存的图层文件，可以将与图层文件关联的数据源和符号化信息快速导入新地图。因此，图层文件是一种简单的数据共享方式。

（1）保存图层文件。

保存图层文件的具体操作步骤如下。

①在**内容**窗格中选择要保存为图层文件的图层，在菜单栏的**共享**选项卡的**保存为**组中，单击**图层文件**，或者在**内容**窗格中右键单击要保存为图层文件的图层，在右键菜单中选择**共享|另存为图层文件**，如图 5-1 所示，将打开“将图层另存为 LYRX 文件”对话框。

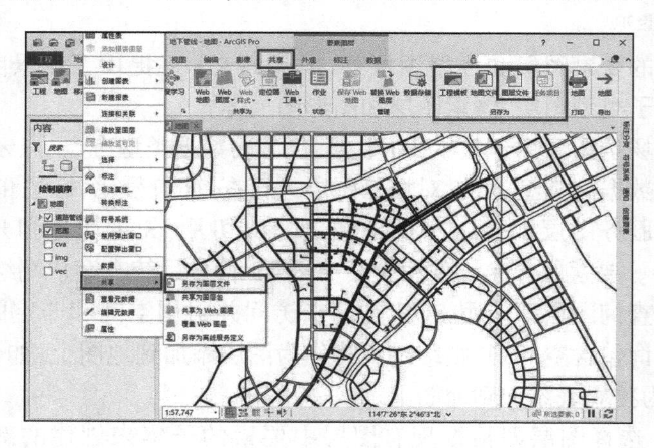

图 5-1　保存图层文件的方法

②在“将图层另存为 LYRX 文件”对话框中，键入名称、选择储路径，单击**保存**完成图层文件的存储，如图 5-2 所示。

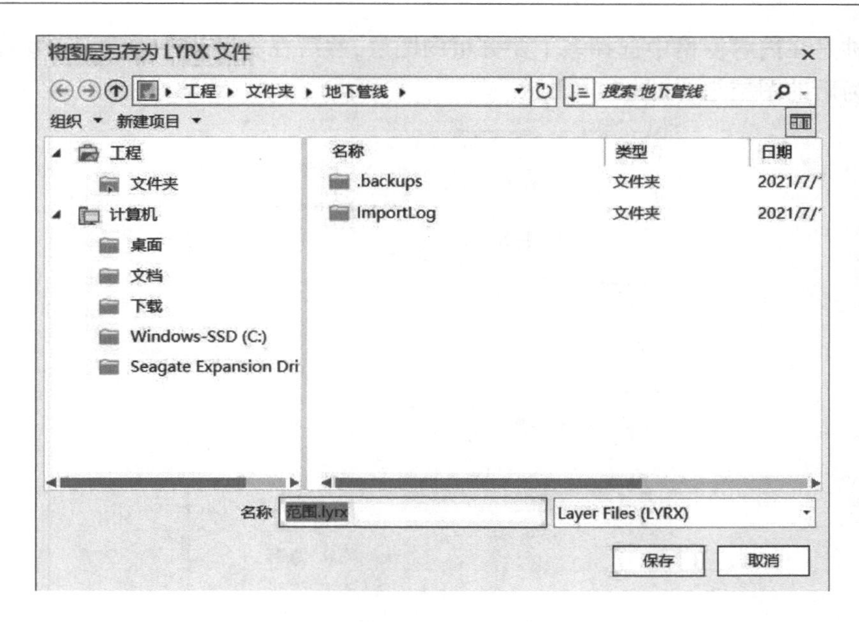

图 5-2　将图层另存为 LYRX 文件对话框

(2)创建及管理图层组。

图层组是具有某一特定主题的一系列相关图层的集合(如高程图层组包括等高线、高程点和地貌晕渲等子图层,水文图层组包含河流和湖泊子图层)。图层组的使用有助于数据组织且易于使用,特别是在共享地图和工程时尤其如此。图层组中的图层(称为"子图层")可以是相同类型的图层,也可以是不同类型的图层。

在 ArcGIS Pro 中创建图层组的方式有两种:

一种是在**内容**窗格中右键单击地图或场景的名称,然后单击**新建图层组**(图 5-3)或者双击图层组,打开"图层组属性"对话框,对图层组进行重命名,然后将相关的图层拖动到图层组中即可;

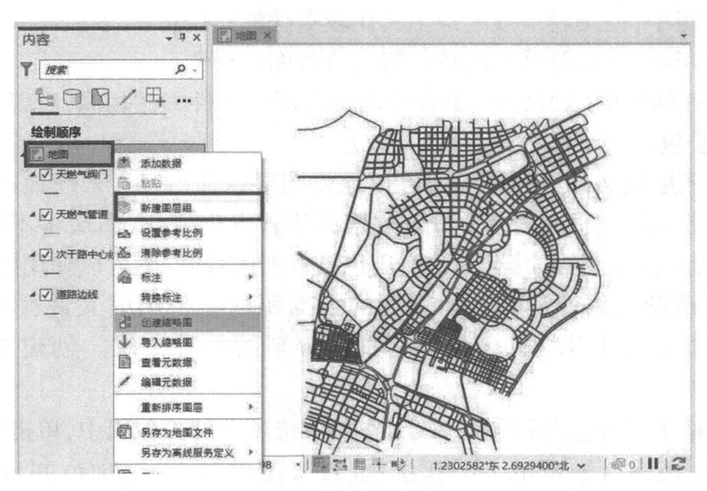

图 5-3　新建图层组

另一种是在**内容**窗格中选择多个要分组的图层，然后在右键菜单中选择**分组**，将所选图层创建为新的图层组，如图 5-4 所示。

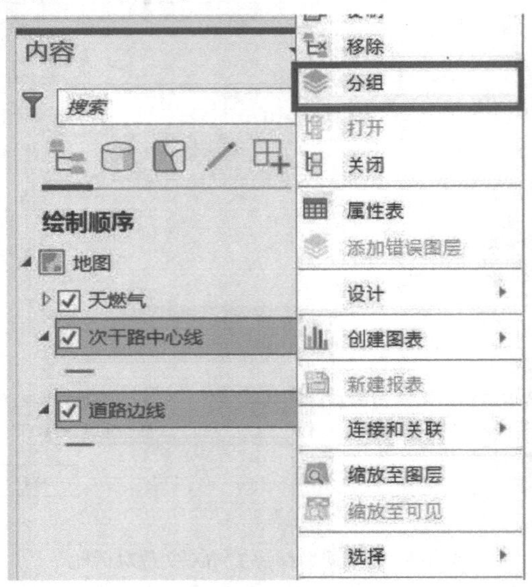

图 5-4 新建图层组

图层组可控制组中所有图层的绘制性质。如果关闭图层组的可见性，则其所有子图层的可见性也将同时关闭。图层可随时添加或移除。要对图层组取消分组，可在**内容**窗格中右键单击该图层组，然后单击**取消分组**。

图层组中的图层将保留大多数的原始属性。但是，在图层组上设置的任何属性都将覆盖其子图层。要管理图层组的内容，通过在**内容**窗格中单击图层组以将其突出显示，在**图层**下的**外观**选项卡上（图 5-5），可以设置以下属性：

①在"可见范围"组中，将图层组的可见性设置为以某种比例显示；

②在"效果"组中，对组中的所有图层调整透明度或应用图层混合；

③在"比较"组中，使用卷帘或闪烁工具比较重叠的图层；

④在"绘制"组中，单击**符号**系统按钮启用符号图层绘制。

图层组也可存储为图层组文件，其操作与保存图层文件方法相同，后缀名均为. lyrx。

(3)创建图层包。

图层文件或图层组文件虽然可以很方便地将图层设计内容导入新地图中，但需要特别注意维护图层和数据源之间的关系，如果数据源位置发生变化，图层将不能正确加载。因此，当需要分享的不仅是图层的设计内容，还包括数据内容时，则可以使用图层包。

图层包是包括图层属性和图层所引用的数据源的一种压缩文件（. lpkx），其为 ArcGIS Pro 用于将图层及其引用数据源一起打包分享的一种方式。创建图层包的操作流程如下。

①在**内容**窗格中选择想要打包的图层，在**共享**选项卡的**打包组**中，单击**图层**；或者，右键单击所选图层，选择右键菜单中的**共享**|**共享为图层包**，随即打开**打包图层**窗格，如图 5-6 所示。

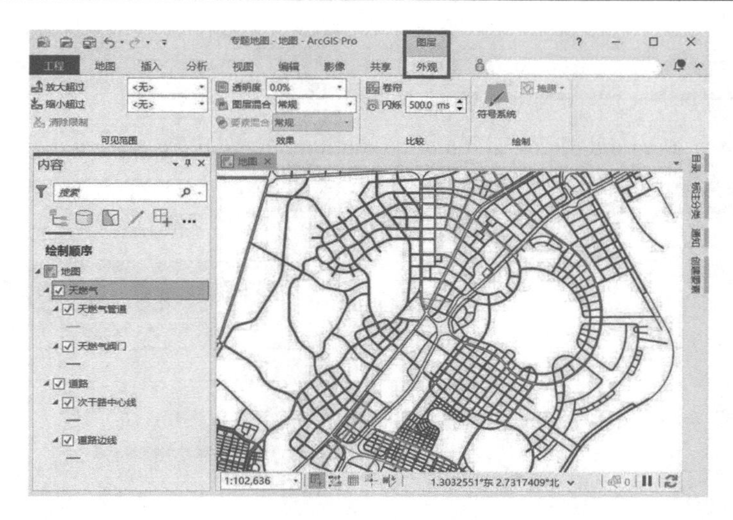

图 5-5　图层组属性的设置

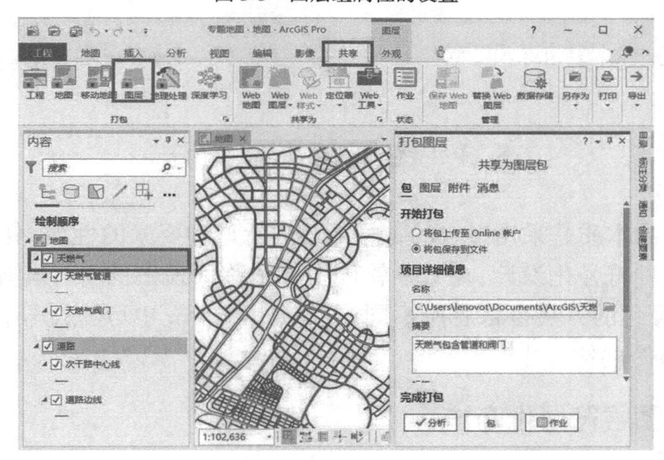

图 5-6　创建图层包

②在**打包图层**窗格的**包**选项卡中指定保存包的位置(可以保存到在线账户中,也可以保存为磁盘上的文件,默认情况下,包将存储在内容的根目录下)、名称、摘要和标签信息,若要将数据从企业级地理数据库或 UNC 路径数据提取至文件地理数据库,请选中“包括企业级数据和 UNC 路径数据”复选框,如果未选中此选项,则地图图层将继续引用企业地理数据库数据和 UNC 路径数据;选中“仅打包方案”,将创建“仅方案”图层包,此类型的包允许用户共享图层设计和对应的数据模型设计,而不必共享数据。

③在**附件**选项卡中,可以将要包含的项目以附件的形式添加到图层包中,项目类型可以是详细文档、报告、图表等,但不能包含以下类型文件:* . js、* . vbs、* . py、* . pyc、* . pyo、* . bat 和 * . ocx,如图 5-7 所示。

④在完成共享前,单击**分析**以检查是否存在问题。单击**消息**选项卡,可以查看错误,如图 5-8 所示。右键单击消息可以打开其帮助主题或在软件中执行更正操作。**错误**☒ 解决之后方可共享图层包。验证后,单击**包**以创建包。

图 5-7 图层包中的附件

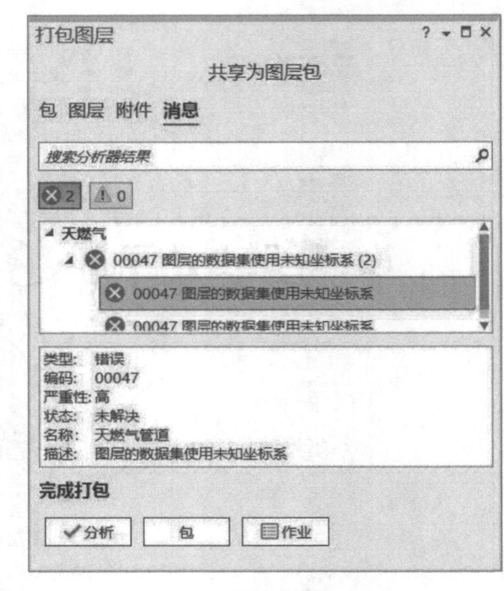

图 5-8 消息选项卡

5.3 图层符号化方法

地图表示方法的本质是采用适合的符号形式表示地理要素的性质、分类、分级等内容以反映地图主题的一种符号化设计,在 GIS 软件中常被称为地图的符号化或图层渲染。图层类型不同,图层符号化的方法也将有所不同。在 ArcGIS Pro 中可将符号化分为要素图层符号化和栅格(影像)图层符号化。

5.3.1 要素图层符号化方法

要素图层以点、线和面的矢量形式表示地理要素。要素图层的符号化就是对要素的位置及其属性进行编码以反映要素维度之间的相互作用。ArcGIS Pro 为要素图层提供了多种符号化方法(又称"符号系统"):单一符号、唯一值、分级色彩、分级符号、二元色彩、未分类色彩、比例符号系统、点密度、图表、热点图、字典等,见表 5-1。

ArcGIS Pro 中的符号系统 表 5-1

符号系统	功能
单一符号	将对图层中的所有要素应用同一符号
唯一值	根据一个或多个字段将一个不同的符号应用到图层中的各个要素类别
分级色彩	按照指定的分级方法将字段值的定量差异映射到一个色彩系列
分级符号	按照指定的分级方法将字段值的定量差异映射到符号的大小
二元色彩	用分级色彩来显示两个字段之间的要素值的定量差异
未分类色彩	显示具有一系列未划分为离散类色彩的要素值的定量差异
比例符号系统	将定量值表示为按比例调整大小的一系列未分类符号

续上表

符号系统	功能
点密度	将数量绘制为在面中分布的点符号。此方法仅适用于面要素
图表	使用图表符号根据多个字段绘制数量
热点图	将点密度绘制为连续的颜色梯度,仅适用于点要素
字典	用于将符号应用于使用多个属性的数据

5.3.1.1　单一绘制(单一符号绘制图层)

仅使用同一符号绘制图层的方法为单一符号方法。该方法将对图层中的所有要素应用同一符号,如采用蓝色的带圆心的**圆圈**来符号化点要素图层、棕色的实线来符号化线要素图层,如图 5-9 所示。要使用单一符号绘制要素图层,在**符号系统**窗格中的**主符号系统**选中单一符号,为标注和说明字段输入文本。在**内容**窗格中使用此标注,标注和描述都将显示在布局上的图例中。同样,也可以点击“符号”图标来激活**格式化符号**窗格,更改符号的外观、颜色、大小、透明度和角度等属性,详细操作请参阅实验 2 中 2.6。

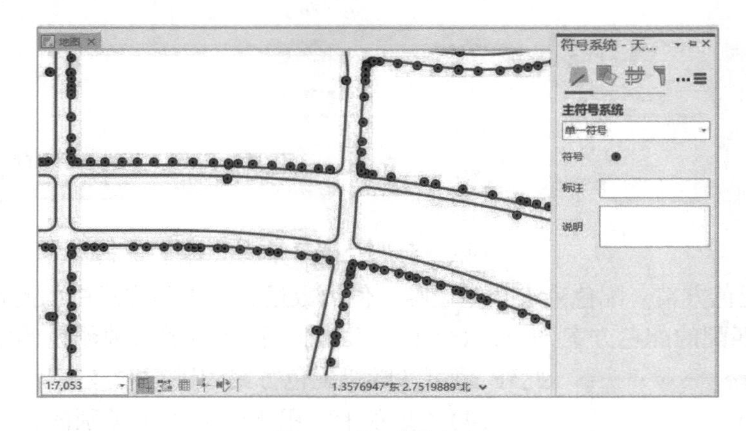

图 5-9　单一符号方法

5.3.1.2　按类别符号化图层

按类别符号化图层的方法为唯一值方法,其是根据要素所具有的一个或多个属性字段值定性分为若干类别,不同的类别采用不同的符号来表示的方法。如栖息地类型、规划区域、投票意向和土壤分类,图 5-10 为使用唯一值符号系统来显示某研究区域土壤的广义分类。

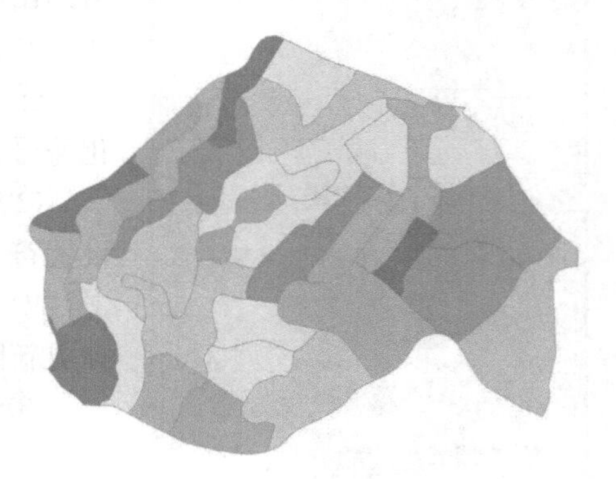

图 5-10　唯一值方法

要使用唯一值方法进行符号化,可通过**符号系统**窗格进行设置,具体步骤如下。

(1)在**内容**窗格中选择要素图层。在**外观**选项卡上的**绘制**组中,单击**符号系统**|**唯一值**以打开**符号系统**窗格,如图 5-11 所示。

(2)在**符号系统**窗格**主符号系统**选项卡的

“字段 1”菜单中，选择要进行符号化的字段；或者，单击其后的表达式按钮打开表达式构建器对话框，编写表达式并单击“验证”以对其进行验证；或者单击添加字段以添加符号排列。注意：最多可以有三个符号系统字段，仅第一个字段可以使用表达式。

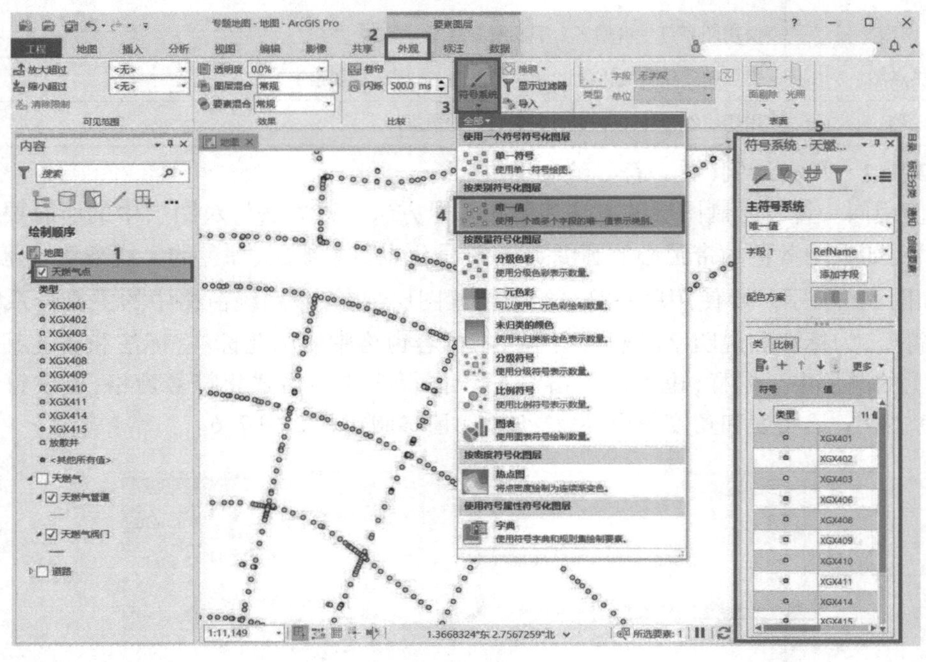

图 5-11 打开符号系统窗格

（3）设置配色方案。配色列表会基于唯一值的数量过滤工程样式中的配色方案，仅显示与类型数量相匹配的配色方案，如有六个唯一值，就会看到显示六种颜色的定量配色方案。此外，也可从随机配色方案中进行选择。

符号系统 - 天燃气点

主符号系统

唯一值

字段 1　RefName

添加字段

配色方案

类　比例

更多

符号	值	标注	计数
●	XGX403	XGX403	22
●	XGX406	XGX406	1
●	XGX408	XGX408	7
●	XGX409	XGX409	11
●	XGX410	XGX410	51
●	XGX411	XGX411	22
●	XGX414	XGX414	1874

图 5-12 类选项卡

（4）类选项卡。用于管理每个类别的符号、符号图面形状、值、描述性标注，以及符号类的分组，如图 5-12 所示。在类选项卡中单击“添加所有值按钮”，将按照选定的字段值列出所有唯一值，并按照默认设置每个唯一值的符号和标注。在该列表中可以修改唯一值符号系统。

①要编辑符号，单击表的符号列中的符号可以打开**格式化符号**窗格，以便修改符号或选择不同的符号。

②对于线要素和面要素，单击符号旁边的下拉箭头可以设置符号的图例图面。要同时更改多个图面，按住“Shift+单击”或“Ctrl+单击”来选择符号，右键单击所选内容，然后选择更新图例图面以选择图面形状。

③要编辑符号类标注，单击标注列中的标注并输入新标注。

④要更改符号类的顺序，则将符号类行拖到表中的新位

置，或者单击“上移所选值 ↑ ”或“下移所选值 ↓ ”。要对值进行排序，请右键单击值或标注标题，然后单击“升序排列 ”或“降序排列 ”。符号类顺序会反映在**内容**窗格中及布局上的图例中。

⑤要移除符号类，右键单击符号类，然后单击**移除** ✕ 。该操作不删除任何数据，但也不绘制相关要素。注意：这些要素仍然可由表底部的所有其他值组符号化，该组会统一绘制其他未由符号类符号化的所有值。

⑥要移除所有其他值集合组以便仅绘制参与符号类的要素，请右键单击符号类，然后单击**移除** ✕ ，或单击“更多”并取消“显示所有其他值”选项。

⑦要添加符号类，单击**添加未列出的值** ＋ 以在选择要添加的值子窗格中打开一个表。此表列出了当前尚未符号化的所有值。单击“选项”，然后单击**添加新值** ＋ 以输入新值。添加新值时，它们会与 <所有其他值> 符号类的符号一起添加。

⑧将符号类分组，按住 Ctrl 键的同时，单击表中的多个符号类行以选择它们，右键单击选定值之一的值或标注单元格，然后单击**分组值** 以将所选的类合并为一个组，并可更改标注的内容，标注的内容会反映在**内容**窗格中及布局上的图例中。如图 5-13 所示，将值为 XGX401、XGX402 和 XGX403 分成一个组，并将标注内容改为“中间阀”，相应地在**内容**窗格中的图例标注也发生了变化。

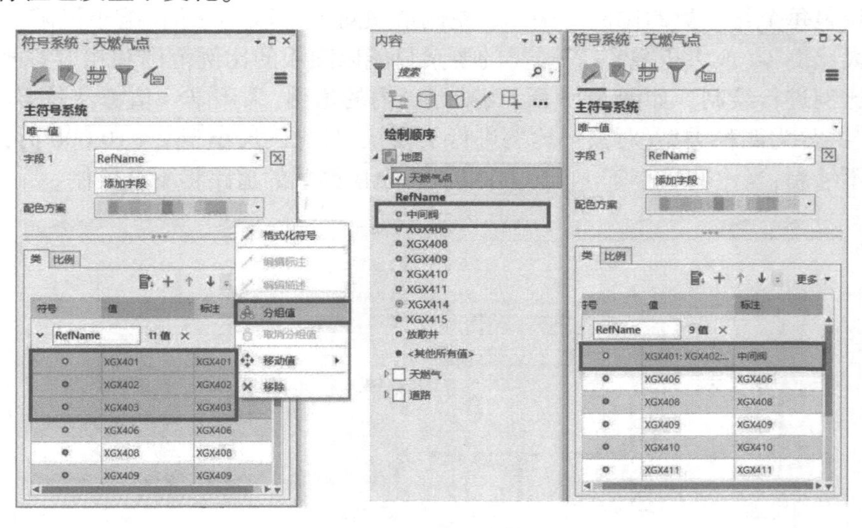

图 5-13　符号类分组

⑨将符号类按照标题组织，单击一个符号类行以将其选定，或按住 Ctrl 键的同时，单击多个符号类行以选择它们；右键单击选定值之一的值或标注单元格，然后单击**移动值** ，单击**新组** 以将选定的符号类放置在新标题下，标题会反映在**内容**窗格及布局上的图例中；或者单击**现有群组** ，然后单击标题名称以添加选定的类。如图 5-14 所示，将值为 XGX406、XGX408、XGX409、XGX4010 和 XGX4011 分成一个组，并将组的标题改为“交叉阀”，相应地在**内容**窗格中的图例标注也发生了变化。注意对符号类按照组或标题进行组织

的区别,如果符号类数量较多,可以将组和标题结合起来组织符号类。

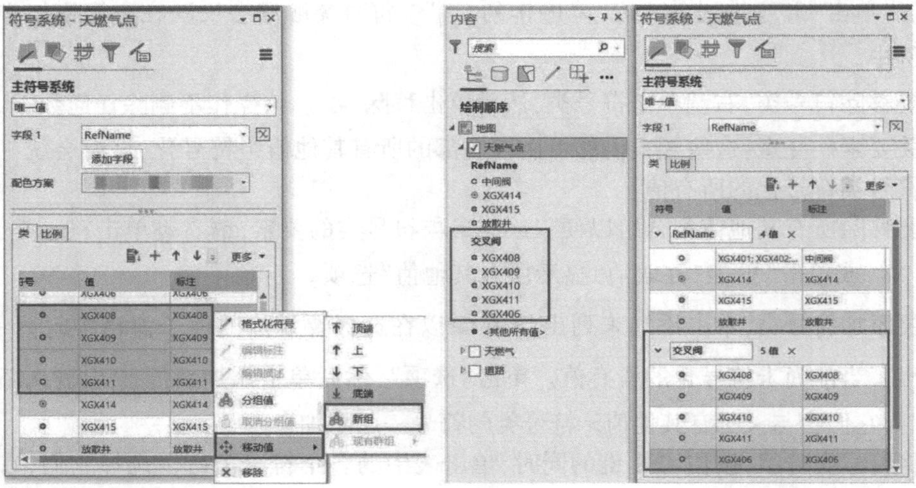

图 5-14　符号类按照标题组织

(5)**比例**选项卡:用于指定每个符号类绘制时的比例范围,从而实现地理要素的分级显示。如用不同比例尺显示不同级别的城市、道路等。具体操作过程如下:在**比例**选项卡上,根据需要调整每个符号类的比例滑块。最左侧滑块对应无限小比例(缩小极限),最右侧滑块对应极大比例零(放大极限)。符号类的要素只能以图层的比例范围和相应符号类的比例范围内的比例进行绘制。如图 5-15 所示,某城区内的道路,采用唯一值方法符号化,按照字段“TYPE”共分为四种类型,对极小比例进行了设置,当比例尺小于 1 : 10 000 时,AVE 类型的道路将不绘制;当比例尺小于 1 : 50 000 时,ROAD 类型的道路将不会绘制。

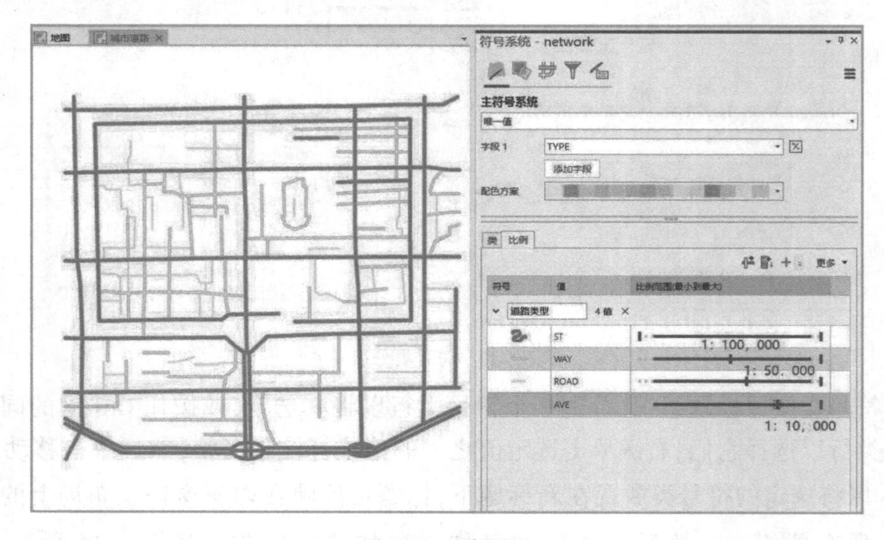

图 5-15　比例设置

5.3.1.3　按数量符号化图层

ArcGIS Pro 提供了多种按数量符号化图层的方法,包括分级色彩、二元色彩、未归类的颜色、分级符号、比例符号、点密度、图表等方法。

按数量符号化图层的过程中,涉及对数据进行分类处理。目前 ArcGIS Pro 中提供了众多的标准分类方法:手动间隔、定义间隔、相等间隔、分位数、自然间断点分级法、几何间隔和标准差。

①手动间隔:手动输入分类间隔并设置适合数据的类范围。或者从某个标准分类入手,根据需要进行调整。

②定义间隔:指定一个间隔大小以定义一系列值范围相同的类。例如,定义间隔大小为 75,则每个类的长度为 75 个单位。系统将自动确定基于间隔大小和最大采样大小的类的数量。注意:间隔大小必须足够小以符合允许的最小类数量(即 3 类)。要使用"定义间隔"分类方法,将方法设置为"定义间隔",然后指定间隔大小,如图 5-16 所示。

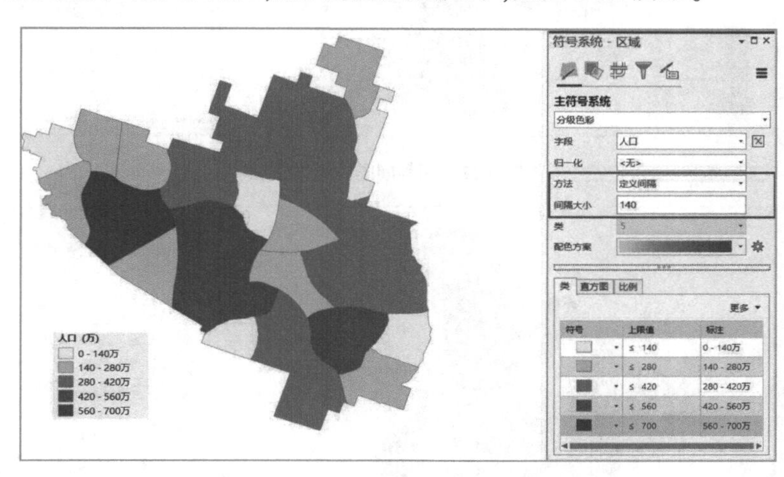

图 5-16　定义间隔分类方法

③相等间隔:将属性值的范围划分为若干个大小相等的子范围。通过指定间隔数,系统将自动确定基于值范围的分类间隔。例如,如果为取值范围为 0~300 的某字段指定三个类,系统将计算出分类间隔为 100,并基于此创建三个类,取值范围分别为 0~100、101~200 和 201~300。相等间隔最适用于常见的数据范围,侧重于某个属性值与其他值的相对量,如百分比和温度。要设置"相等间隔"分类,将分类方法设置为"相等间隔",然后指定类的数量,如图 5-17 所示。

④分位数:将观测值跨分类间隔平均分布,以便使每个类包含相等数量的要素。分位数分类非常适用于呈线性分布的数据,不存在空类,也不存在值过多或过少的类。但是由于使用分位数分类将要素以同等数量分组到每个类中,因此得到的地图往往具有误导性,可能会出现相似的要素置于相邻的类中,或将值差异较大的要素置于相同类中的问题。可通过增加类的数量将这种失误降至最低。要设置"分位数"分类,将分类方法设置为"分位数",然后指定类的数量,如图 5-18 所示。

⑤自然间断点分级法:基于数据中固有的统计特性分组。将对分类间隔加以识别,可对相似值进行最恰当地分组,并可使各个类之间的差异最大化。要素将被划分为多个类,对于这些类,会在数据值的差异相对较大的位置处设置其边界。自然间断点是数据特定的分类,不适用于比较基于不同基础信息构建的多个地图。要设置自然间断点分级法分类,即指定

类的数量即可，如图 5-19 所示。

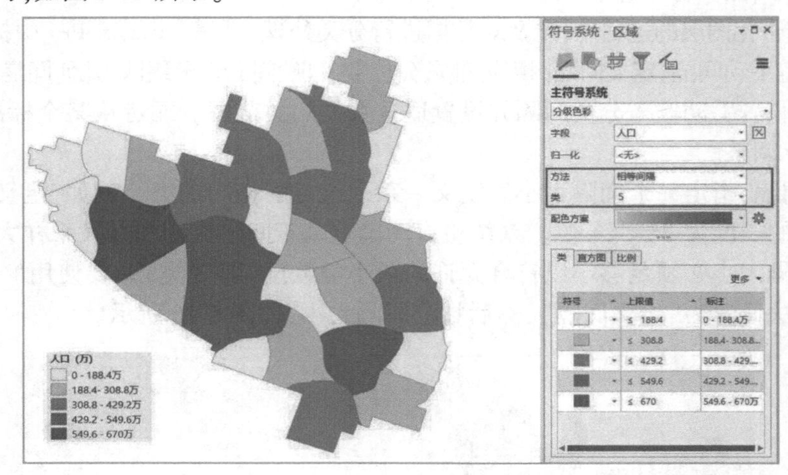

图 5-17　相等间隔分类方法

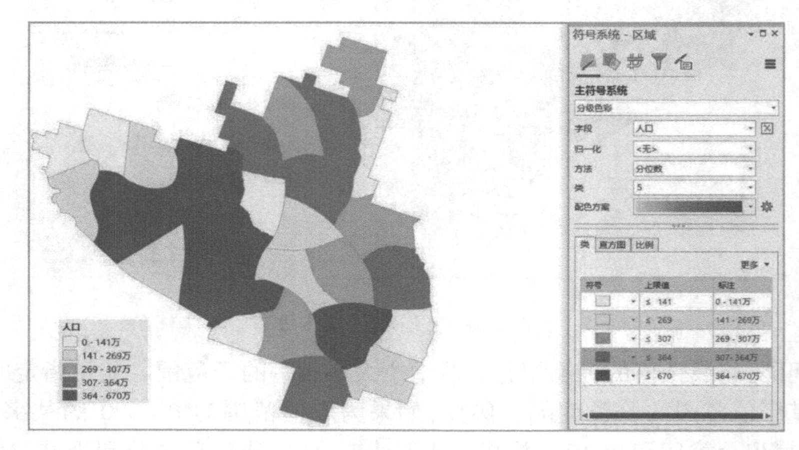

图 5-18　分位数分类方法

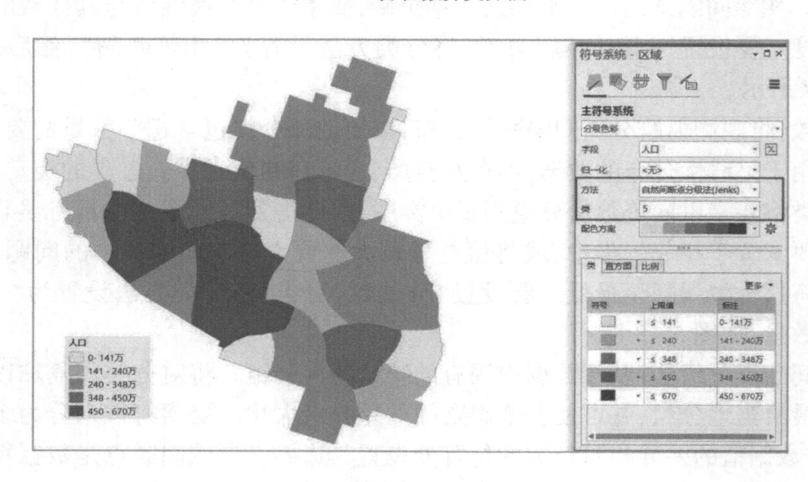

图 5-19　自然间断点分级法

⑥几何间隔：根据具有几何系列的组距创建分类间隔。该算法创建几何间隔的原理是：使每个类的元素数的平方和最小。由此可确保每个类范围与每个类所拥有的值的数量大致相同，且间隔之间的变化非常一致。该方法较适用于处理连续数据。这是相等间隔、自然间断点分级法和分位数间的折中方法。其在突出显示中间值变化和极值变化之间达成一种平衡，因此生成的结果外形美观、地图内容详尽。要设置“几何间隔”分类，将分类方法设置为“几何间隔”，然后指定类的数量，如图5-20所示。

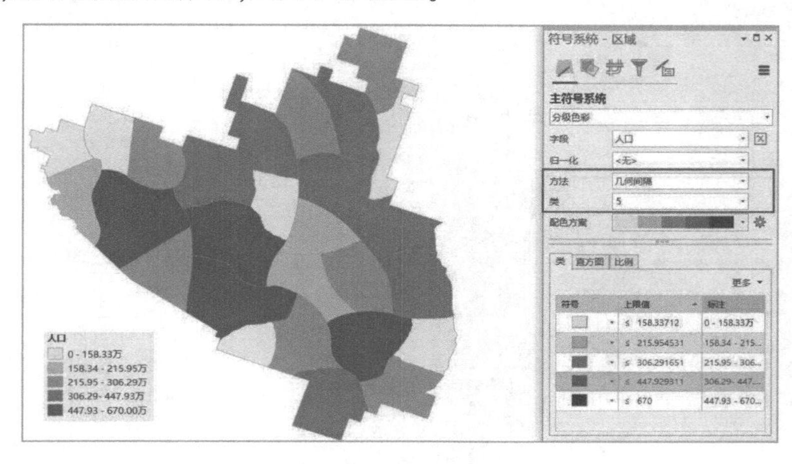

图5-20　几何间断点分级法

⑦标准差：用于显示要素属性值与平均值之间的差异。ArGIS Pro可计算平均值和标准差，并使用与标准差成比例的等值范围来创建分类间隔，间隔通常为1倍、1/2、1/3或1/4的标准差，并使用平均值，以及由平均值得出的标准差。要设置“标准差”分类，将分类方法设置为“标准差”，然后指定标准差的比例以定义每个类范围，如图5-21所示。

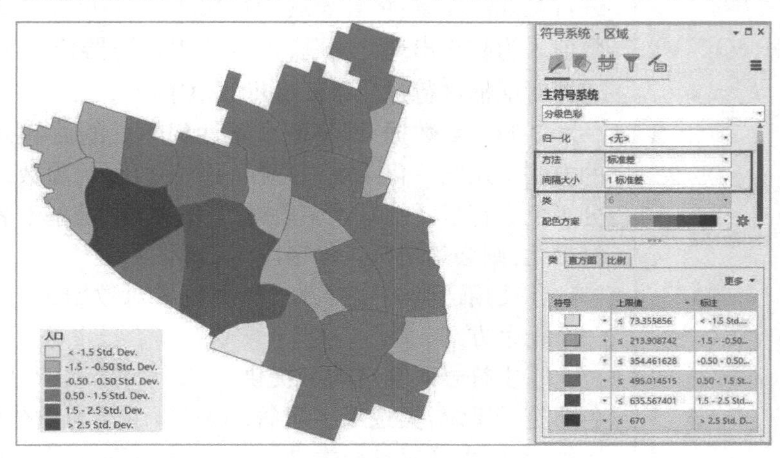

图5-21　标准差分级法

(1)分级色彩。

分级色彩符号系统使用符号的颜色来显示制图要素之间的数量差异。符号颜色是量级现象中表示差异的有效方式，对应专题地图表示中的范围法、质底法和分区统计图。虽然颜色的变化能够更容易地区分数量的差异性,但也要注意颜色类别不宜过多,特别是使用浅色时,7 种颜色的范围是可在地图上轻易区分的颜色的大致上限。符号的颜色可以采用配色方案让系统自动分配,也可在此基础上更改每个符号的颜色。分级色彩方法的设置方法如下。

①在**内容**窗格中选择要素图层。在功能区**外观**选项卡的**绘制**组中,依次单击**符号系统**|**分级色彩**以打开**符号系统**窗格,如图 5-22 所示。

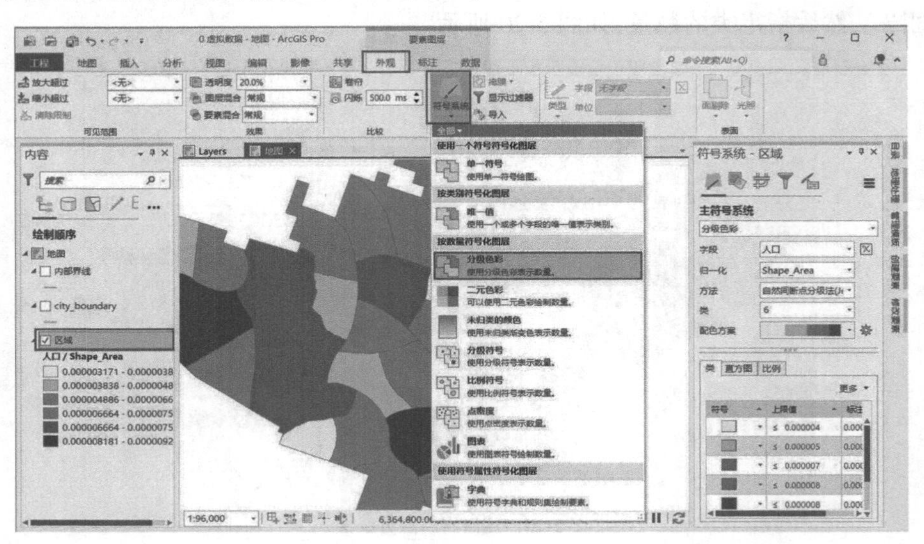

图 5-22　分级色彩的设置

②在**符号系统**窗格的**主符号系统**选项卡中,为要映射的数据选择数值字段,如图 5-23 所示。或者单击**表达式按钮**打开表达式构建器对话框,编写表达式并单击**验证**以对其进行验证。注意:尽管表达式有效,但是其可能无法返回有效的数值。为防止出现此问题,可以使用**过滤器按钮**对表达式构建器对话框进行过滤以仅显示数值字段。

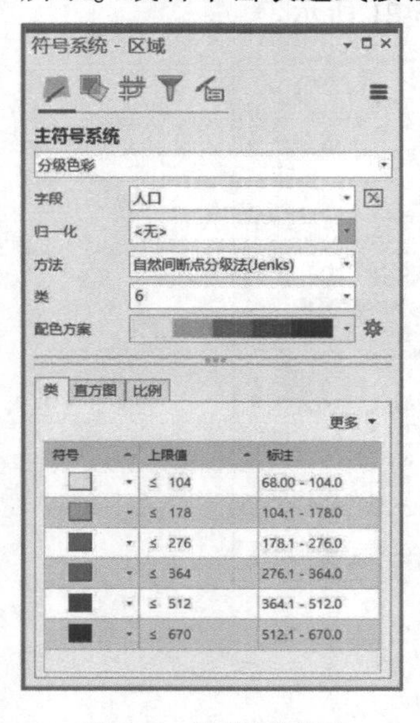

图 5-23　符号系统窗格

③归一化数据,即将两个属性相除后的商值控制显示符号的方法。从归一化菜单中选择一个字段作为除数。归一化仅在分级色彩符号系统基于字段时可用。如果是基于表达式进行的符号化,则会禁用归一化字段。

④使用适当的分类方法和类数量对数据进行分类,并选择一个配色方案。

⑤**主符号系统**选项卡提供了三个子选项卡,用以建立分级色彩符号系统:**类**选项卡可管理符号、手动为类分配值、创建描述性标注,以及对符号类进行分组;**直方图**选项卡可用于查看和编辑符号类的数据范围;**比例**选项卡可用于指定每个符号类绘制时的比例范围。

(2)二元色彩。

二元色彩符号系统将显示要素图层中两个变量之间的定量关系。该类型的符号系统将使用二元配色方案来直观比较、突显或描绘值。与分级色彩符号系统相似的是,系统将对每个变量进行分类,并为每个类分配一种颜色。图 5-24 中二元配色方案是将两个具有三个离散类的变量的乘积,由此创建由九种唯一颜色组成的正方形格网,使用这种符号系统的地图通常称为二元分区统计图。二元配色方案最适合用来突显数据集中的最高和最低值,或者用于查找数据集中的相关性。

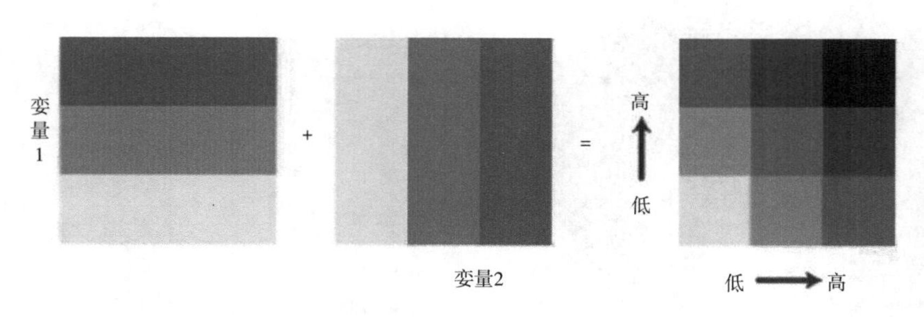

图 5-24　二元配色方案

二元色彩的设置中需要两个字段值和颜色格网的大小,如图 5-25 所示。

①在**符号系统**窗格中的**主符号系统**选项卡上,单击“字段1”和“字段2”下拉菜单,选择要可视化的数值字段。也可以对两个字段进行表达式的构建。同样,可以对字段值进行归一化处理,可以一次归一化一个字段,也可以同时归一化两个字段。注意:如果是基于表达式进行的符号化,则归一化字段不可用。

②单击“方法”下拉菜单,选择恰当的分类方法。注意:定义间隔和标准差分类不适用于二元色彩符号系统。

③单击“格网大小”下拉菜单,然后为两个字段选择离散类的数量。共有三种选项:2×2、3×3 和 4×4,由此对应的颜色总数分别为 4 色、9 色和 16 色。

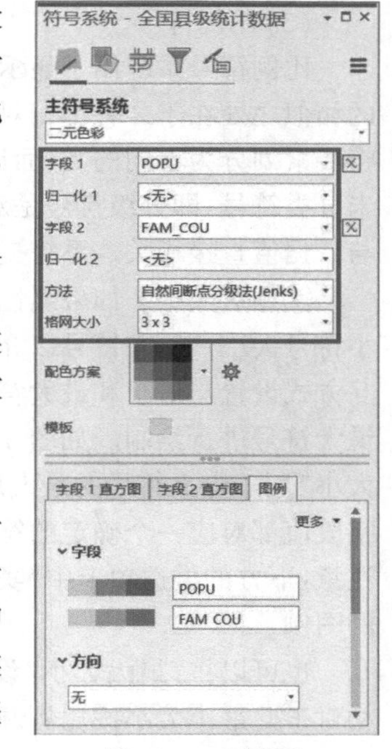

图 5-25　二元色彩

(3)未归类的颜色。

未归类色彩符号系统与分级色彩符号系统的相似之处在于二者都用于绘制分区统计图。分级色彩符号系统使用唯一符号将数据划分为离散的类,而未归类色彩符号系统将配色方案均匀分配至要素或者按照连续的颜色配置要素。因此采用未归类颜色方法时,使用渐变的、连续的色带能够更好地体现数据的差异性,如图 5-26 所示。

(4)分级符号。

分级符号用于通过改变符号的大小来显示制图要素之间的数量差异。数据被划分到不同的范围中,然后为每个范围分配一个符号大小来表示该范围。图 5-27 的分类方案有 5 个类,则分配 5 个不同的符号大小,而符号的颜色保持不变。“最小大小”用于定义符号的最小尺寸,“最大大小”用于定义符号的最大尺寸,之间的符号大小则由系统自动计算分配,当然也可以在**格式化符号**窗格中更改这些符号的大小。注意:符号的大小与数据值不直接相关,但与比例符号直接相关。这意味着可以设计一组在大小上具有足够变化的符号来表示每个数据类,从而将不同的数据类区分开。

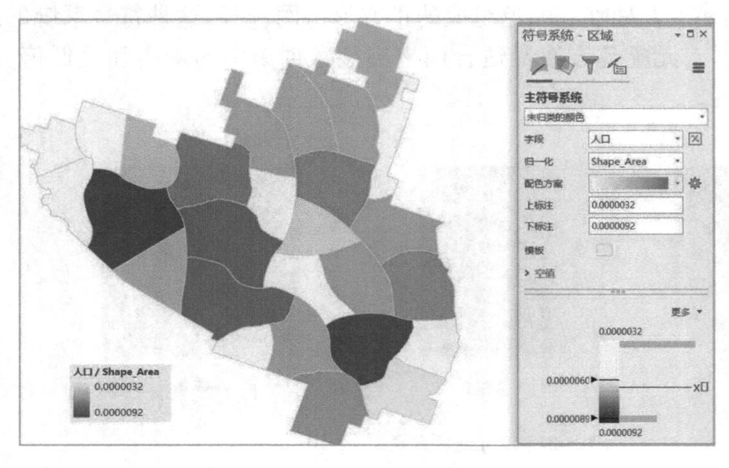

图 5-26 未归类的颜色

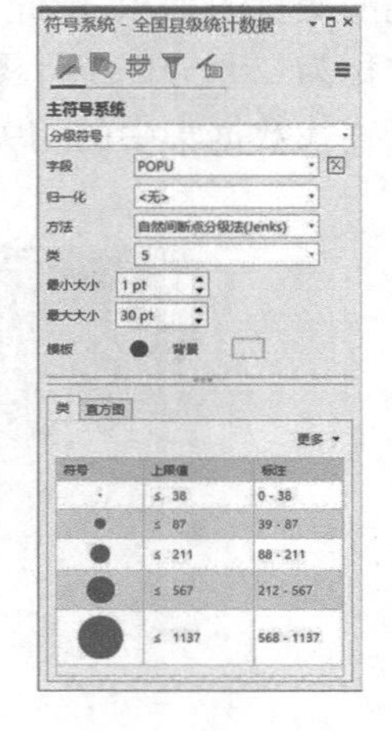

图 5-27 分级符号

(5)比例符号。

比例符号系统用于显示要素之间在数量上的相对差异。比例符号系统与分级符号系统的相似之处在于二者都相对于要素属性的量级来绘制相应大小的符号。但是,分级符号是将要素划分为不同的类,而比例符号是将定量值表示为根据每个特定值调整大小的一系列未分类符号,即分级符号是对数据的离散可视化,而比例符号则是对数据的连续可视化,其与数据值直接相关。系统提供了“相对大小”和“实际大小”来定义符号的大小。

①相对大小。如果属性值表示计数(例如人口量),或者单位未知,则可以指定最大和最小符号大小。所有符号以介于这两个大小之间的大小进行绘制,并且可以使用直方图以交互方式设置与最小和最大符号大小相对应的数据值,低于或高出此范围的值分别以最小和最大符号进行绘制。如图 5-28 的比例方案中,“最小大小”用于定义符号的最小尺寸,“最大大小”用于定义符号的最大尺寸,之间的符号大小则由系统自动计算分配,任何一个特定的字段值都对应一个确定的符号大小,当然也可以在格式化符号窗格中更改这些符号的大小。注意:下方的**类**选项卡中“类别计数”设置的是图例的类别,只体现在**内容**窗格和布局视图中的图例。

也可以将“最大大小”设置为无。在这种情况下,最小大小对应于数据中的最小值,并且相对于此最小大小按比例调整所有其他符号的大小。如果通过不定义最大符号大小保持范围开放,则允许相对真实地调整符号范围大小;但是如果存在大值分布,可能会导致一些符号过大。图 5-29 显示了“最大大小”设置为“无”时的效果。

地图浏览者倾向于低估地图上比例圆的大小,尤其在范围较大的一端。要抵消这种认知,可以选中“外观补偿(Flannery 法)”,如图 5-30 所示。外观补偿采用由 James Flannery 定义的算法,该算法会对较大的符号按比例进行扩大以抵消这种认知。仅当具有相对调整大小的比例符号(即未指定单位的比例符号)且未指定最大大小时,才能使用外观补偿。因为 Flannery 的研究特别适用于圆的认知,所以外观补偿仅适用于圆形符号。

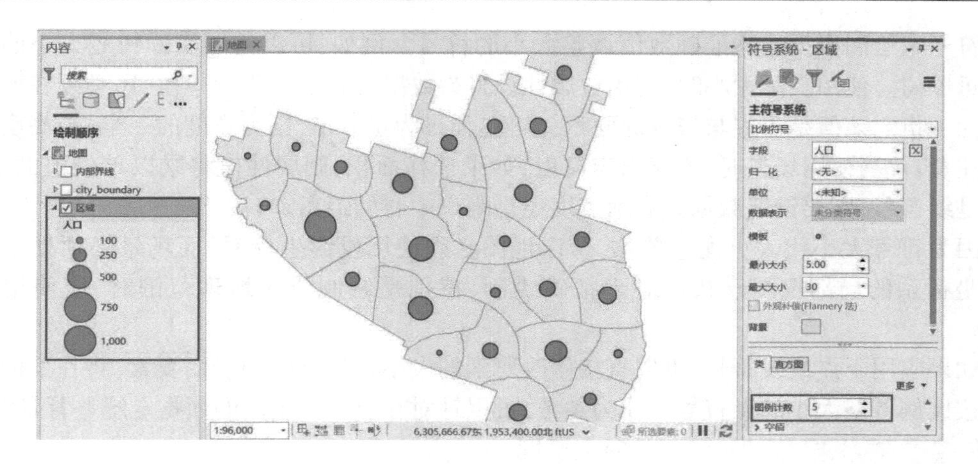

图5-28 比例符号系统

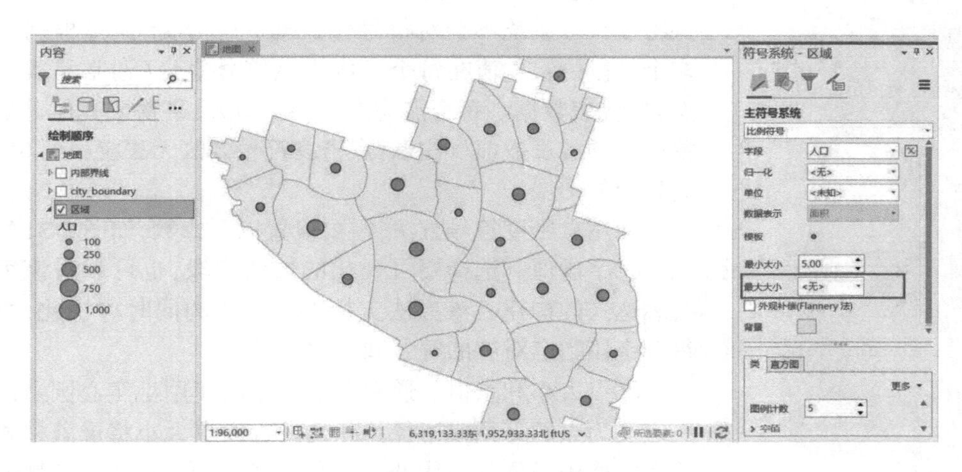

图5-29 “最大大小”设置为“无”的效果

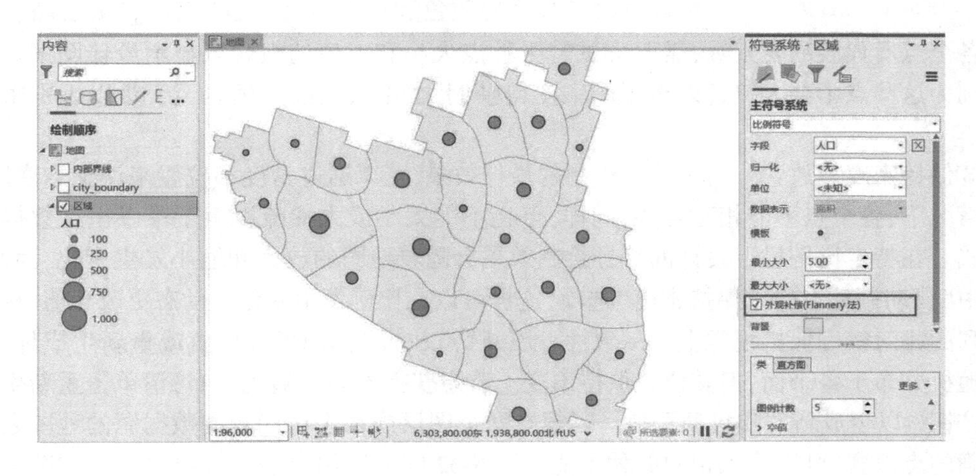

图5-30 采用“外观补偿”的效果

②实际大小。如果符号化的属性与具有已知测量单位的实际值直接相关,则可以使用

比例符号来绘制根据这些准确数值调整大小的符号。例如,可以使用实际树冠大小的圆来表示每棵树。使用实际大小时,将单位属性设置为数据所表示的测量单位,还必须在数据表示属性中指定该值是否应与符号的面积、半径(如果为正方形,则为宽度的一半)或高度相对应。注意:仅当使用场景时,才能指定高度;如果选择面积,则属性值将乘以单位值的平方;如果是线符号,则要设置数据是表示宽度还是距离中心的距离。

因为符号大小代表可测量单位,所以地图必须使用投影坐标系,而场景必须处于使用投影坐标系的局部视图模式。对于精确绘制,特别是绘制较大地理范围时,应使用等积投影。

如果应用于点或线符号,可以直接修改要素的大小。如果应用于面要素,将在面的中心绘制按比例调整大小的点符号。作为参考,可以针对在点下方绘制的面指定统一背景符号。

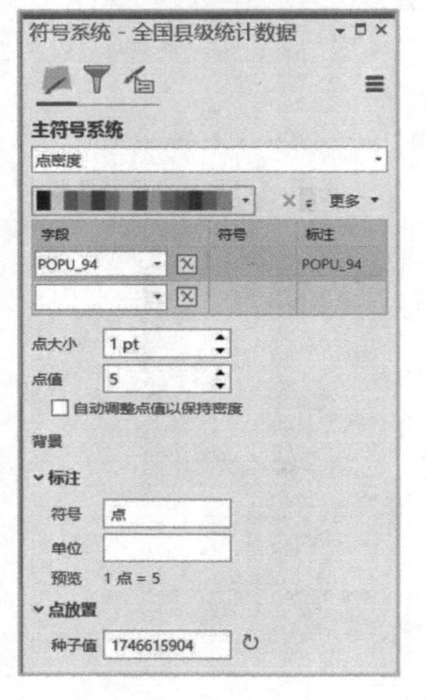

图 5-31　点密度

(6)点密度。

点密度符号系统是一种表示地图中面内数量的方式。使用点密度符号系统不会对符号化数据进行分类,而是根据一个或多个字段的定量值在每个面内用点符号集合(通常是实心圆或点)来代表数据。每个点均表示一个与人、事物或其他可量化现象相关的常量数值。注意:点密度符号方法无法应用到 3D 类别场景中的图层。

使用点密度符号方法,需要设置以下参数,如图 5-31 所示。

①字段值。选择要可视化的数值字段,也可以对该字段进行表达式的构建。该方法支持多个字段的同时可视化,可以为每个字段指定对应的符号和标注。

②点大小和点值。通常点密度地图使用小实心圆点。点大小定义为点的直径或半径。此处设置的点大小将屏蔽格式化点符号窗格中设置的点大小。也就是说,在格式化点符号窗格中可以更改点符号的颜色和形状,但设置的大小将被忽略。点值是指各个点所代表的要素数,需要尝试若干种点大小和点值的组合以显示最佳图案。一般的原则为这些点不会太接近以至于图案变得模糊,也不会相隔太远以至于难以识别密度的变化。

③保持密度和放置。为了获得绘制的最佳效果,可以通过密度和位置来调整点密度图。理想情况下,各个点不能相互合并;同样,点也不能太小或太稀疏以至于难以识别数据的空间模式。在特定比例尺下设计的符号绘制效果会随着地图的放大和缩小发生变化,因此,可以选中"自动调整点值以保持密度"选项,这样可以在比例发生变化时动态更改点值,从而使点排列的相对密度保持视觉上的一致性。展开"点放置"标题可以设置或重新生成种子值,使点随机分布于各个面,但其位置保持不变。若想获得不同的随机分布,请单击**重新生成点放置按钮**以生成新的随机种子值。若想在两个图层或两个访问相同数据源的地图之间匹配精确的点放置,可以输入相同的种子值。图 5-32 中分别用点表示人口数量。左图为各区人口,使用点密度符号系统以灰色绘制,显示于以深浅单一颜色表示的各区上方;右图将人口中的男、女分别用两种颜色来显示。

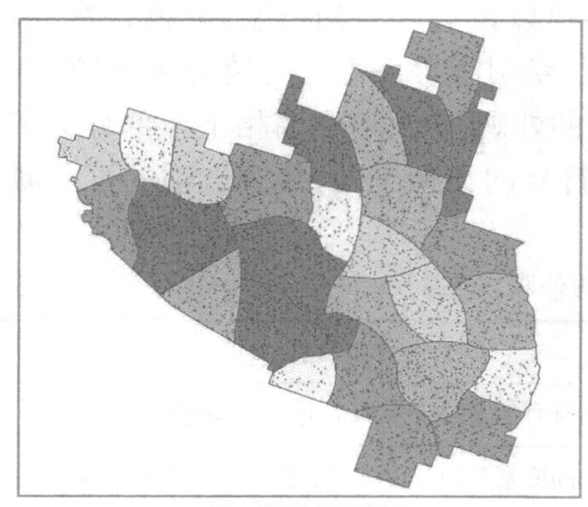

a)单一颜色点密度图

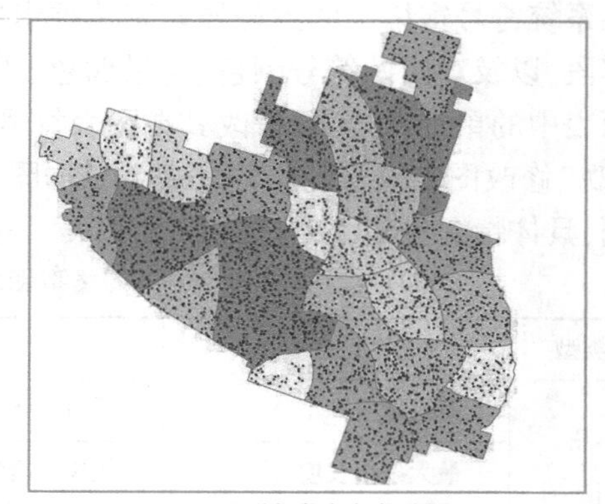

b)两种颜色点密度图

图 5-32　点密度图示例

(7)图表。

图表是用于表示数据的统计图形。在 ArcGIS Pro 中,图表可以用作多元符号系统,以显示属性之间的定量差异,图表中每个部分都代表一个用于构成整组数值的属性值。图表符号系统可以用于点、线或面要素,对应专题地图表示方法中的定位图表法、分区统计图表和分级统计图表法。图 5-33 中使用饼图符号来表示城市中某个区的种族,饼图的每个扇区都代表一个种族;同时,可以根据该区的总人口按比例调整每个图表符号的大小。注意:局部和全球场景中不支持绘制图表符号。

在图表方法中,系统共提供了三种图表类型:条形图、饼图和堆叠图,如图 5-34 所示。其中,条形图表示每个要素属性均使用垂直柱体或水平条块来符号化。饼图表示每个要素属性均表示为饼图的一个扇区。堆叠图表示每个要素属性都堆叠在单个条形图上。堆叠图表符号最适合按类别显示数量。

图 5-33　分级的饼图表示方法

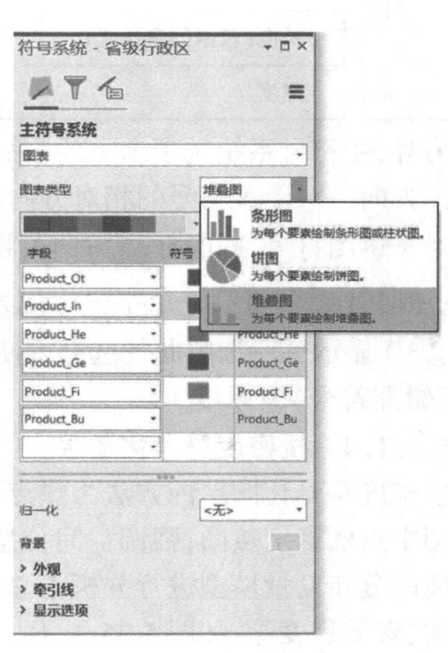

图 5-34　图表类型

在**系统符号**窗格中的**主符号系统**选项卡中，可以设置图表的类型、配色方案、添加要表示的字段，以及对应的符号颜色、背景颜色、外观、牵引线等属性。在**符号系统**窗格中，双击符号列表中的单个符号，以修改其在图表符号中的外观，也可以在窗格下半部分的扩展器属性“外观”修改图表符号的整体外观。根据图表符号的类型不同，外观选项的可用属性也有所不同，具体情况见表 5-2。

不同类型图表的外观属性　　表 5-2

图表类型	属性选项	详细信息
条形图	**条块宽度**	将每个条形图符号的宽度设置为指定大小(单位为磅)
	最大条块长度	确定所有字段间要素条块长度的最高值。最小条块长度始终为零
	条块间距	设置条块之间的空间量。该值不能小于零
饼图	**大小类型** • 固定大小 • 所选字段的总和 • 字段	确定如何设置饼图符号的大小 **固定大小**以相同大小映射所有饼图符号 **所选字段的总和**将使用饼图符号中每个字段的值总和来确定大小 **字段**将使用字段值来更改饼图符号的大小。从属性表中选择字段，并且可以选择应用归一化方法
	大小(仅限固定大小)	设置每个饼图符号的固定大小(单位为磅)
	最小大小	确定所有字段总和最小时的饼图符号大小(单位为磅)
堆叠图	**长度类型** • 固定长度 • 所选字段的总和	确定如何设置堆叠图表符号的长度 **固定长度**将以相同的长度映射所有堆叠图表符号 **所选字段的总和**将使用堆叠图表符号中每个字段的值总和来确定大小
	长度(仅限固定长度)	设置每个堆叠图表符号的长度(单位为磅)
	宽度	设置每个堆叠图表符号的宽度(单位为磅)

另外，主符号系统选项卡上的“显示选项”，可以使用图表符号的其他功能，具体如下。

①方向——图表符号的相对方向或位置。条形图和堆叠图符号的方向可以为水平或垂直。对于饼图符号，顺时针方向可将第一个符号化字段标记为 90°，并按顺时针方向显示字段；逆时针可将第一个字段标记为 0°，并按逆时针方向显示字段。

②3D 显示——选中此复选框可使图表符号具有 3D 外观。使用滑块条更改符号的倾斜(仅限饼图符号)或厚度。

5.3.1.4　按密度符号化图层

按密度符号化图层的方法为热点图方法，其将点要素通过密度函数进行可视化用于表示地图中点的密度热图，强调空间位置和基本的空间分布特征。密度函数一般是简单的基于距离的分布度量模型进行分析汇总得到空间分布特征，如点集的中心位置、中心要素、分布方向、聚散程度等，如图 5-35 所示。

理想情况下，配色方案为从冷色到暖色平滑变化的颜色集来代表低点密度和高点密度。

密度采用核密度方法计算，其与核密度地理处理工具使用的算法相同。点要素核密度分析用于计算每个输出栅格像元周围的点要素的密度：概念上，每个点上方均覆盖着一个平滑曲面；在点所在位置处表面值最高，随着与点的距离的增大表面值逐渐减小，在与点的距离等于搜索半径的位置处表面值为零。仅允许使用圆形邻域。曲面与下方的平面所围成的空间的体积等于此点的权重字段值，如果将此字段值指定为 NONE，则体积为 1。每个输出栅格像元的密度均为叠加在栅格像元中心的所有核表面的值之和。核函数以 Silverman 的四次核函数为基础，点 P(x,y) 的预测密度公式如下：

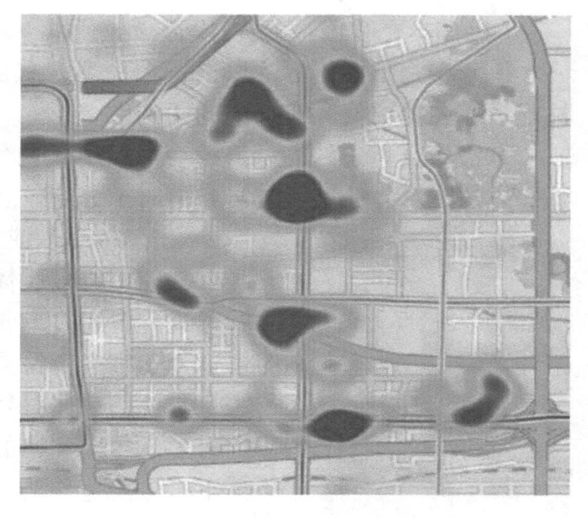

图 5-35　热点图

$$Density=\frac{1}{(radius)^2}\sum_{i=1}^{n}\left\{\frac{3}{\pi}\cdot pop_i\left[1-\left(\frac{dist_i}{radius}\right)^2\right]^2\right\} \tag{5-1}$$

式中：i——输入点，$i=1,2,\cdots,n$ 是输入点，如果它们位于 (x,y) 位置的半径距离内，则仅包括总和中的点；

pop_i—— i 点的权重字段值，它是一个可选参数；

$dist_i$——点 i 和 (x,y) 位置之间的距离。

然后将计算后的密度乘以点数，或者乘以权重字段的总和（如果有）。这种校正使空间配额等于点数（或总和或权重字段），而非总等于 1。

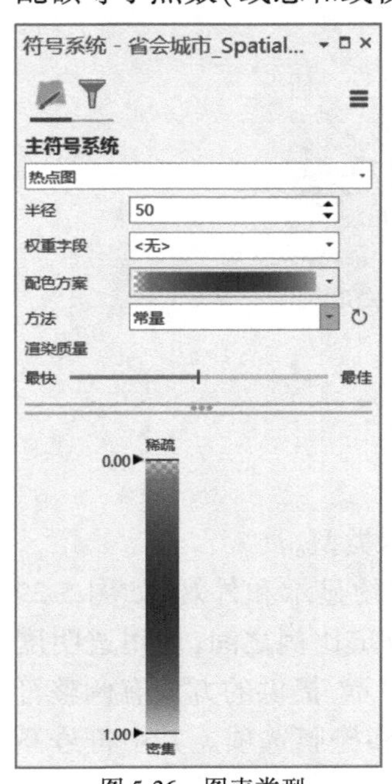

图 5-36　图表类型

使用热点图符号系统绘制图层的具体步骤如下。

（1）在**内容**窗格中选择点要素图层。在要素图层**外观**选项卡的绘制组中，单击**符号系统 1 热点图**。

（2）在**符号系统**窗格的**主符号系统**选项卡上，设置“半径”以控制计算要素密度时所搜索的区域。注意：半径是在屏幕单位点中指定的设定距离。为“权重字段”选择含数值数据的属性字段以根据属性值对密度计算进行加权，然后选择“配色方案”，如图 5-36 所示。

（3）选择“渲染方法”。系统提供了两种方法。

①常量：无论地图范围如何，密度均保持不变。这一方法可用于在相同的地图比例下比较地图不同区域的密度。

②动态：密度为相对值，仅根据当前显示的要素进行评估。这一方法可用于进行放大以查看局部细节和变化，然后进行缩小以获得概览视图。

将渲染质量设置为“最快”可以缩短地图的绘制时间，或设置为“最佳”以最大程度优化图像质量。

(4)在垂直颜色条上,可以选择执行以下任一或两项操作。

①双击上下图例标注以进行重命名。默认情况下,其名称为 Sparse 和 Dense。这些标注显示在**内容**窗格和布局上的图例中。

②沿着颜色条的高低值滑动可限制颜色分布,从而有效绘制“较暖”或“较冷”的地图。这一方法在存在一些极端异常值时十分有效。

5.3.1.5 使用符号的属性符号化图层

使用符号属性符号化图层的方法为字典符号系统方法,其通过配置有多个属性的符号字典来符号化图层。当需要多种不适用于唯一值符号系统的符号排列时,可使用此方法。

使用字典符号系统,图层中要素的符号化将基于连接到符号显示规则字典的一个或多个属性实现。ArcGIS Pro 支持将以下符号规范作为字典:联合军事符号系统规范 MIL-STD-2525B Change 2、MIL-STD-2525C 和 MIL-STD-2525D,以及北大西洋公约组织联合军事符号系统规范 APP-6(B) 和 APP-6(D)。

使用配置字典符号系统的具体步骤如下。

(1)选择**内容**窗格中的要素图层,在要素图层**外观**选项卡上,单击**绘图**组中的符号系统下拉箭头。在使用符号属性符号化图层标题下,单击**字典**,随即打开**符号系统**窗格。

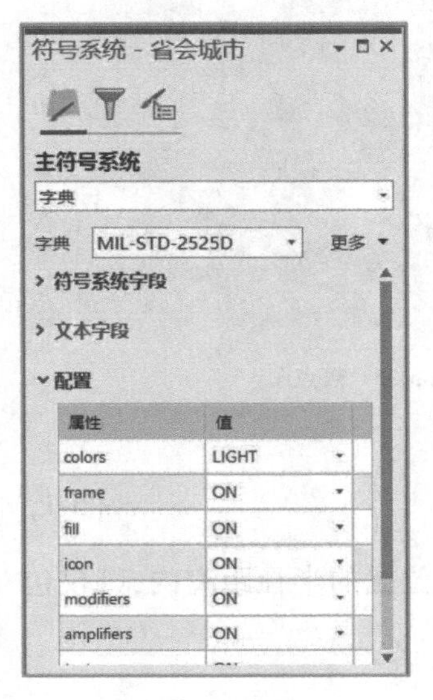

图 5-37 字典符号

(2)在**符号系统**窗格中,设置字典的类型、符号系统的字段、文本字段和配置选项,如图 5-37 所示。**配置**标题下的设置用于优化符号系统,主要包括颜色(colors)、框架(frame)、填充(fill)、图标(icon)等设置,通过修改这些设置可以更改符号的外观,如图 5-38 所示。

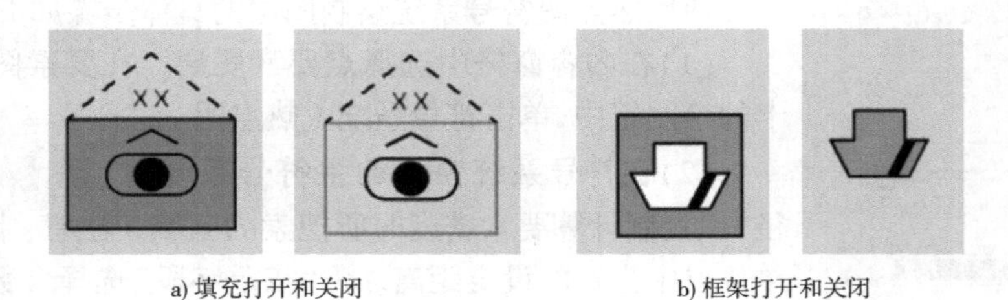

a) 填充打开和关闭　　b) 框架打开和关闭

图 5-38 配置选项设置的不同效果

5.3.2 栅格图层符号化方法

与要素图层一样,系统也为栅格图层的可视化提供了多种显示类型。

在栅格图层的**外观**选项卡上,可通过基本栅格功能调整影像的显示和外观,如图 5-39 所示。使用**放大超过**和**缩小超过**可将栅格的可见性限制在两个特定比例之间;使用**透明度滑块**可降低所选栅格的不透明度;**渲染**选项组控制栅格和影像的显示,提供的方法有调整符号系统、拉伸类型、动态范围调整(DRA)、重采样类型、波段组合和掩膜选项。其中**符号系统**是管理栅格图层显示类型的主要控件。

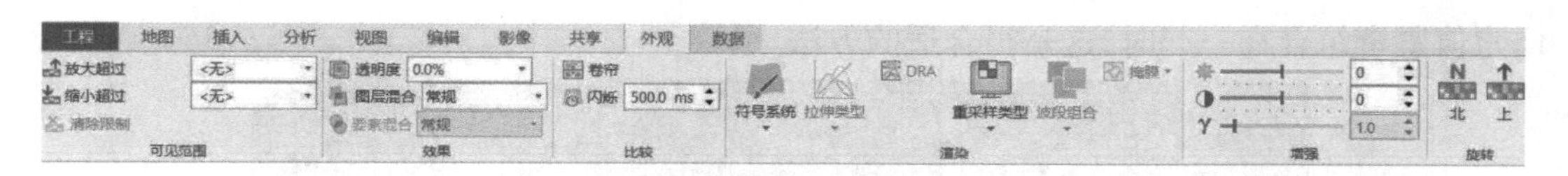

图 5-39　栅格图层的外观选项卡

要修改栅格图层的外观,具体操作步骤如下。

①在**外观**选项卡上,单击**符号系统**按钮打开**符号系统**窗格,如图 5-40 所示。

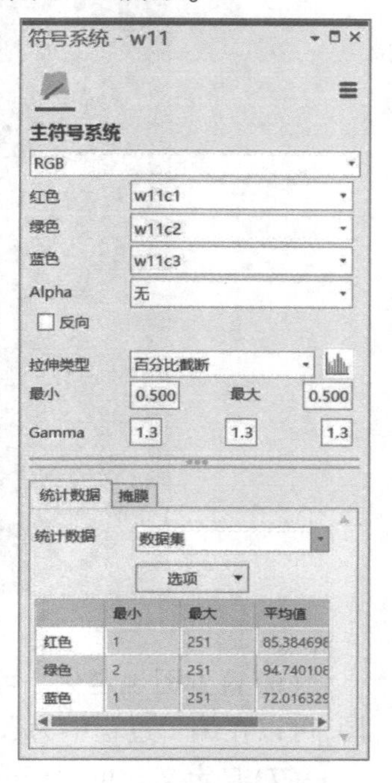

图 5-40　符号系统窗格

②在**主符号系统**选项卡中,设置方法、对应的参数,从而实现栅格图像的显示。

系统提供了 RGB、唯一值、拉伸、分类、离散和矢量字段等方法。

5.3.2.1　RGB 符号系统

RGB 符号系统可用于将多光谱波段加载到每个通道(R、G 和 B)中,从而创建合成图像。多种波段组合有助于在图像上高亮显示特定要素,如图 5-41 所示。在波段组合下,选择要显示为红色、绿色和蓝色的波段。注意:要获得真实自然的影像,需将红色图像波段与红色视频显示通道(绿色、蓝色同理)进行匹配。而且,也可创建其他颜色合成模式,以高亮显示要素针对电磁光谱各个部分的响应方式。例如,将近红外波段加载至红色下拉列表;将红色波段加载至绿色下拉列表,将绿色波段加载至蓝色下拉列表。这样创建的彩色红外合成模式会在近红外波段使用植被强反射,并将高植被区域显示为红色。“Alpha 波段”用来充当透明度掩膜,用于确定每个像素的透明度值。可将使用 RGB 合成渲染器渲染的多波段栅格数据集的 alpha 波段切换为开启或关闭状态。

可以使用“拉伸类型”定义要显示的值的范围,从而消除表示影像内噪点的极高和极低值。系统提供了多种拉伸类型。

(1)无。不对图层应用任何拉伸,即使存在统计数据。要显示 8 位数据以外的数据,图像值将在 0 和 255 之间线性映射。如果要检验栅格数据集中的绝对值,则“无”将是一个很好的选择。

(2)最小值最大值。以最小输出和最大输出像素值作为直方图的端点,应用线性拉伸。例如,在 8 位数据集中,最小值和最大值可为 33 和 206。线性拉伸用于在 256 个值(0 到 255)之间分布值。在本示例中,33 映射到 0,206 映射到 255,并且这些端点之间的值呈线性分布。这样会更易于识别整个数据集中各个值之间的差异。

(3)裁剪百分比。会切断一定比例的最大值和最小值,并将线性拉伸应用到数据类型的可用动态范围内的其余值。这将减少数据集中异常值的影响并增强其余数据的作用。

(4)标准差。在标准差(n)值定义的值之间应用线性拉伸。例如,如果定义了两个标准差,则超过第 2 个标准差的值将变为 0 或 255,且其余值将在 0 和 255 之间线性拉伸。

(5)直方图均衡化。应用非线性对比度拉伸,其中值在位深度范围内进行分布。在许多像素值紧密组合在一起时,这是很合适的方法。

图 5-41　RGB 符号系统显示的栅格图层

(6)直方图规定化。可用于加载来自 XML 文件的直方图,也可将其用于分段编辑直方图,可以在编辑过程中为数据中的多个值范围分配线性拉伸。

(7)自定义。可用于分段编辑直方图,可以在编辑过程中为数据中的多个值范围分配线性拉伸。当创建任何类型的自定义拉伸时,可设置此拉伸类型。

(8)ESRI 。基于反曲线拉伸,适用于保持明亮区域(例如沙漠所包围的城区)的对比度。

可以通过**直方图**按钮查看像素的直方图分布,此外最小值最大值、裁剪百分比和标准差拉伸类型可用于查看像素分布和交互式设置最小和最大输入值。**主符号系统**选项卡上还提供了**统计**和**掩膜**两个子选项卡。**统计数据**子选项卡用于确定数据的显示方式,**掩膜**子选项卡用于移除背景值和设置 NoData 值。

5.3.2.2　唯一值符号系统

唯一值符号系统可为数据集中的每个值随机分配颜色。其参数的设置包括"字段 1"和"配色方案"。"字段 1"为属性表中指定的字段,用于对唯一值进行符号化;"配色方案"可用于对每个唯一值进行快速配色。如果字段 1 的值类别数量较少,对应的配设方案将显示相同数量的颜色,如土地利用类型;若字段 1 的值类别很多或呈连续分布,则可选择渐变配色方案与连续数据配合使用,其效果如图 5-42 所示。

5.3.2.3　拉伸符号系统

拉伸符号系统可用于定义待显示值的范围,并对这些值应用色带。其参数的设置包括波段、配设方案、拉伸类型和 Gamma。"波段"可在多波段数据集中选择要拉伸的波段;"配设方案"定义栅格图像的显示颜色;"拉伸类型"定义所要显示值的范围,通过其后的直方图按钮可查看像素的直方图分布并编辑直方图拉伸的最小值最大值、裁剪百分比和标准差拉伸类;调整影像的"Gamma"值可突出中等像素值的对比效果,如图5-43所示。

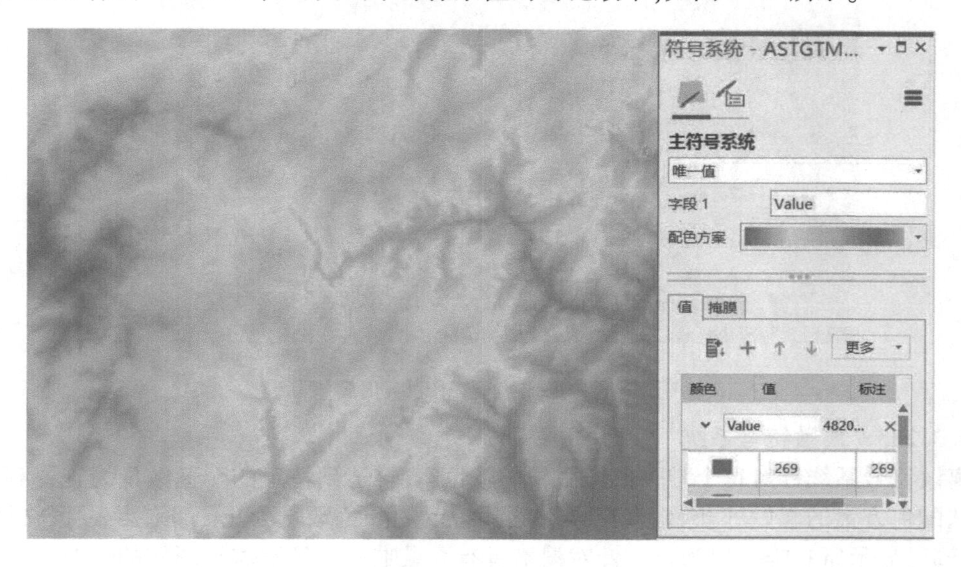

图5-42　使用唯一值符号系统可视化栅格图层

图5-43　使用拉伸符号系统可视化栅格图层

5.3.2.4　分类符号系统

分类符号系统将像素分组为指定的类别中,并用相应的颜色显示每个类别,如图5-44所示。其参数的设置包括字段、归一化、方法、类、配色方案。此处的方法与要素图层符号化的分类方法相同,不再赘述。另外,**主符号系统**选项卡的下方提供了三个子选显卡,分别为类、掩膜和直方图。**类**选项卡显示每个类的颜色和分界范围,可以试用预设的方法调整分界范围,也可以在表格中手动更改该值;**掩膜**选项卡提供了NoData像素颜色的设置。

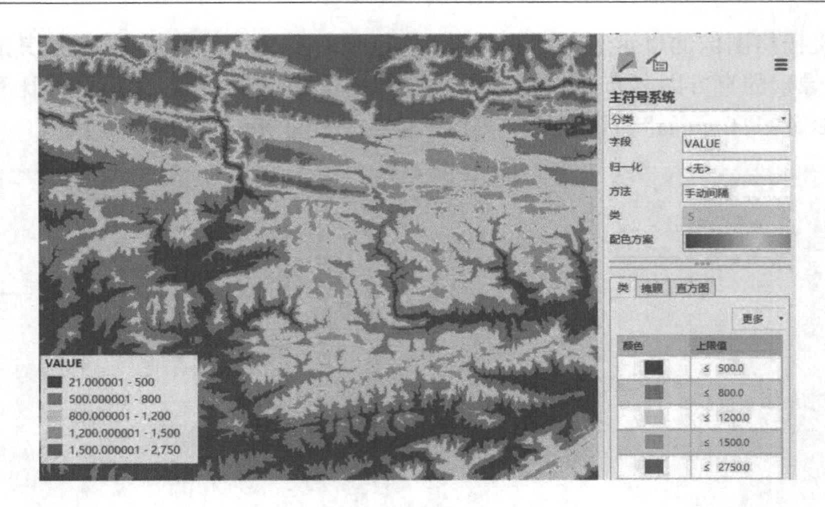

图 5-44 使用分类符号系统可视化栅格图层

5.3.2.5 离散符号系统

离散符号系统针对每个唯一值应用新的颜色，直至达到特定的颜色数量为止；随后唯一值将从配色方案的起始处开始，直至再次达到特定的颜色数量为止。此渲染过程将循环执行，直到已显示所有唯一值为止。针对栅格具有大量唯一值且不需要图例的情况，此方法十分有用。其参数的设置包括字段和配设方案。"配设方案"的选择应与像素值的数量相匹配，颜色数量较少意味着只能使用部分配色方案；数量越多意味着相邻值之间的差异越小，如图 5-45 所示。

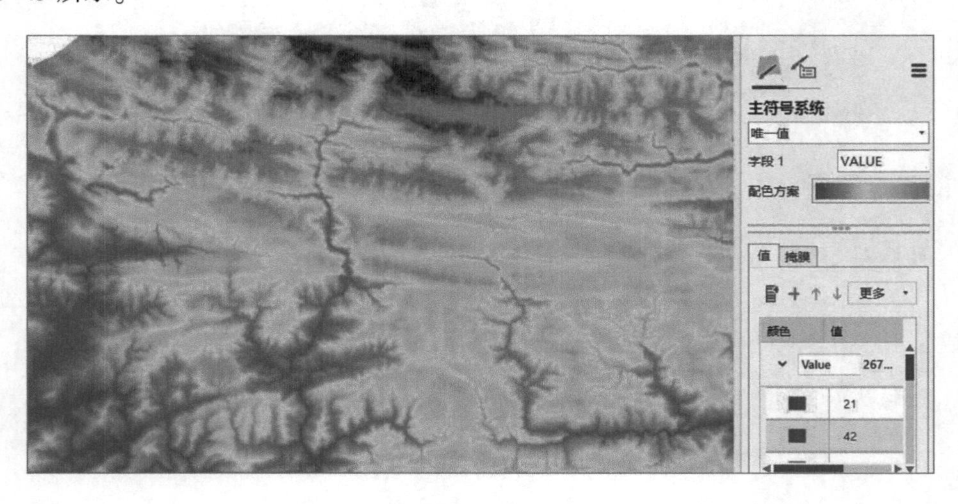

图 5-45 使用离散符号系统可视化栅格图层

5.3.2.6 矢量字段符号系统

矢量字段符号系统使用量级和方向分量或者 *U* 和 *V* 分量（有时称为纬向速度和经向速度）来显示栅格数据。其常规用途是将洋流或风流显示为箭头，其中箭头方向表示该流的方向，箭头的大小与该流的强度相关。在**主符号系统**窗格中，可以设置其量级、方向、符号的类型、符号间隔和大小。可通过"更多属性"按钮调整量级的最小值和最大值、更改单位，以及调整角度参考系和方向，如图5-46所示。

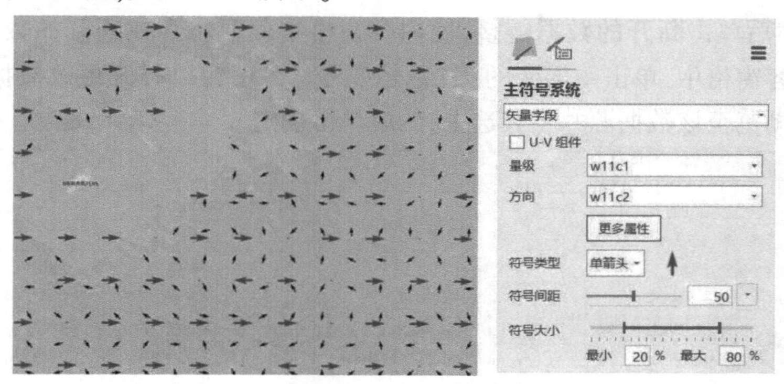

图5-46　使用矢量字段符号系统可视化栅格图层

5.4　其他数据引用到图层

5.4.1　修复损坏的数据链接

在打开地图或场景时，将访问每个图层所引用的数据。如果数据源已被移动、重命名、删除或无法访问，将无法绘制该图层，此时在**内容**窗格的图层左侧将使用红色惊叹号图标❗指示其断开状态，如图5-47所示。

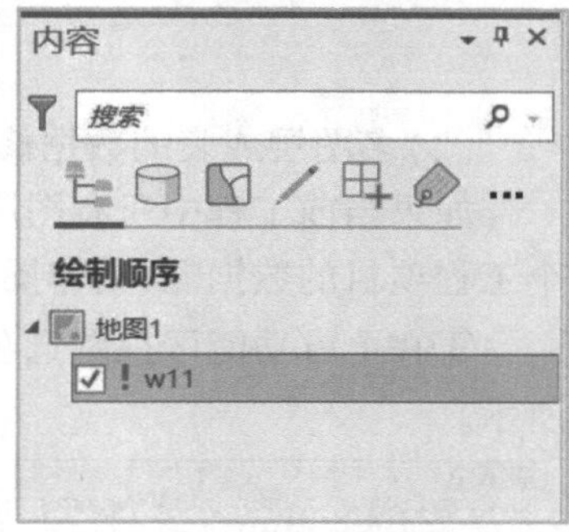

图5-47　数据链接断开

(1)单图层或表的数据修复。

要为图层或独立表修复断开的数据源链接，具体操作步骤如下。

①在地图的**内容**窗格中，右键单击数据集，然后单击**属性**，打开属性对话框，如图5-48所示。

②在**源**选项卡上，单击**设置数据源**按钮，在随即显示的对话框上，浏览至该数据源并将其选中，然后单击**确定**。

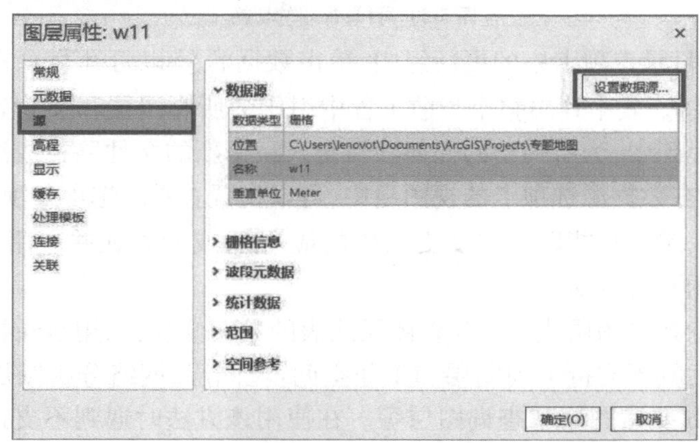

图5-48　修复断开的数据源链接

如果地图中多个图层的数据源均需要修复，则可以对**内容**窗格的视图进行过滤，单击**过滤器**按钮，然后单击**断开的数据链接**，使**内容**窗格中仅显示存在断开的数据源链接的图层。然后在**内容**窗格中，单击图层旁的“**红色惊叹号** **!**”按钮以打开**更改数据源**对话框，如图 5-49 所示，浏览至该数据源并将其选中，然后单击**确定**。

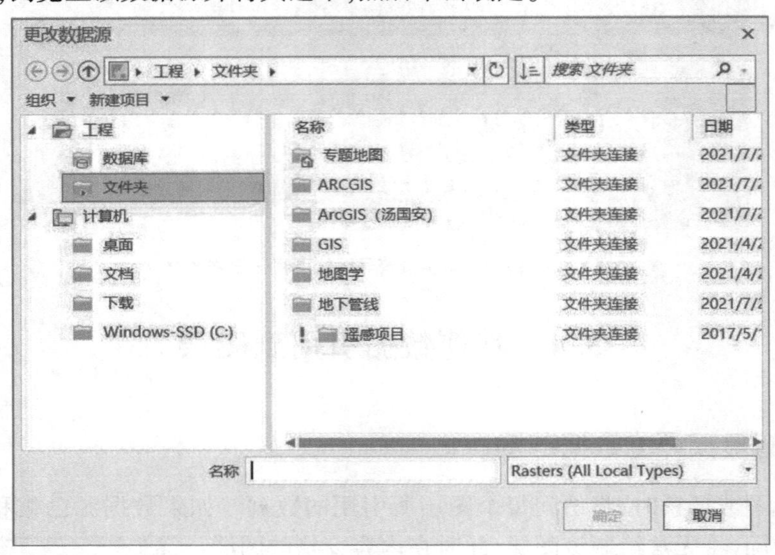

图 5-49　更改数据源对话框

（2）多图层或表的数据修复。

如果当前工程中所有图层和独立表的数据源均需要修复，则可以通过**目录**视图更新整个工程项目的数据源，具体操作过程如下。

①在上方功能区**视图**选项卡的窗口组中单击**目录视图**，切换到**目录视图**，如图 5-50 所示。

图 5-50　目录视图的切换

②在功能区的**目录**选项卡中的**更新**组中，单击**数据源**以打开**目录视图**的更新数据源模式，如图 5-51 所示。表中列出整个当前工程中引用的所有图层和独立表及其数据源的路径，可以在新建路径列中，为所列出的任何项目键入一个新的文件路径或浏览到所列出的任何项目的新路径。在**数据源**选项卡的**视图**组中，可以设置查看的选项是**项目**或**工作空间**。

③更改完成后，单击功能区**管理变更**组中的**应用**或者**验证并应用**，这些更改将保存在该工程中，如图 5-52 所示。

需要注意：无论是单图层或表还是多图层或表的数据修复，采用**目录视图**更新数据源路径时存在一些限制，其不支持下列图层和工作空间：流图层、网络分析图层、地图服务图层、路径事件图层、Web 要素图层和查询图层等。在使用该方法时遇到不支持的图层和工作空间，均会在**目录视图**的数据源列表中单独列出。

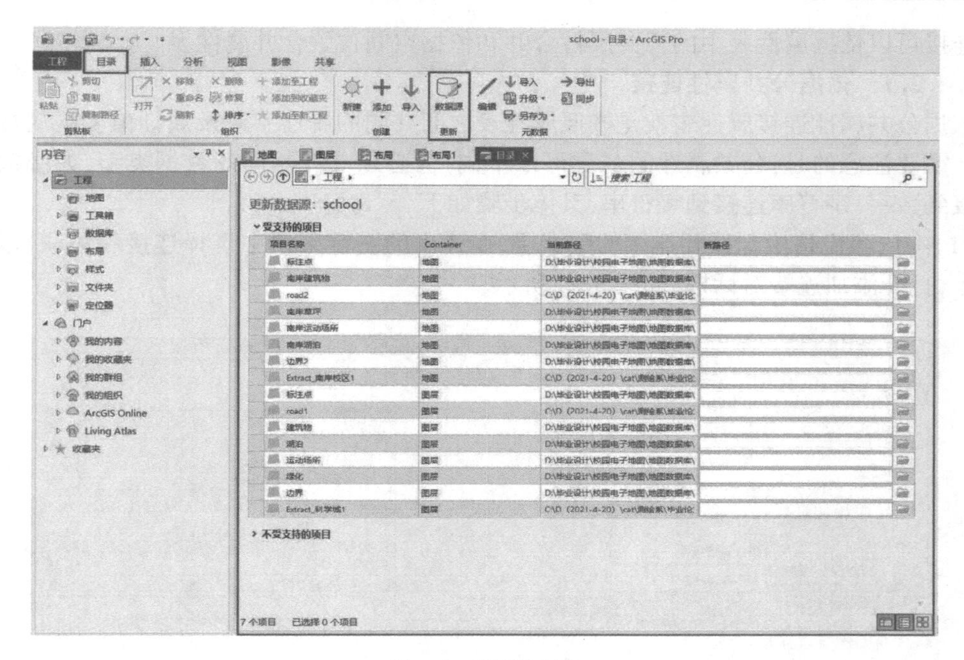

图 5-51 更新数据源

图 5-52 数据源管理

5.4.2 连接

ArcGIS 中属性数据的连接功能可以实现两个属性表格的合并,主要适用于两个属性表中的相关字段具有一对一或多对一关系。连接将产生一个新的临时性汇总表,将两个表的数据合并到一个表中,其原理如图 5-53 所示。

输入

对象 ID#	土地利用代码
1	2
2	0
3	1

← 连接字段 → ＋

土地利用代码	土地利用类型
0	未分类
1	灌木丛
2	水域

输出

对象 ID#	土地利用代码	连接表土地利用代码	连接表土地利用类型
1	2	2	水域
2	0	0	未分类
3	1	1	灌木丛

图 5-53 属性表的连接

连接可以依据属性表中的公共属性合并和依据空间位置合并属性表。

5.4.2.1 依据公共属性连接

依据公共属性连接属性表就是按照属性表之间共同的属性字段及属性值实现属性表的合并。需要注意的是:公共属性的名称可以不同,但必须具有相同的数据类型,如必须将数字连接到数字、字符串连接到字符串,具体步骤如下。

(1)在**内容**窗格中选择要连接的数据层,在弹出的右键菜单中选择**连接和关联|添加连接**命令,打开**添加连接**对话框,如图 5-54 所示。

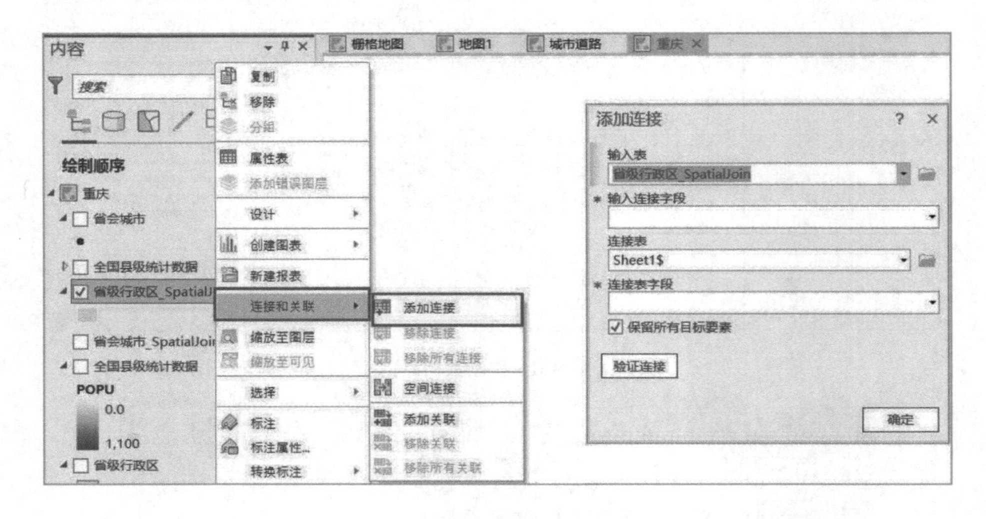

图 5-54　添加连接对话框

(2)在**添加连接**对话框中,设置输入连接字段、连接表以及连接表字段,可以点击**验证连接**按钮查看连接是否成功,随后点击**确定**按钮实现两个属性表的合并,其结果是将连接表的属性追加到输入表中。根据输入表和连接表之间的关系,连接的结果有以下几种情况。

①一对多连接,但输入表记录小于连接表:所有的记录都具有匹配项,“保留所有目标要素”选项不会出现空值现象,如图 5-55 所示。

输入表		连接表		结果			
输入字段	类型	连接字段	值	输入字段	类型	连接字段	值
1	A	1	100	1	A	1	100
2	B	2	200	2	B	2	200
		1	300	1	A	1	300
		2	400	2	B	2	400

图 5-55　一对多连接的结果(无空值)

②一对多连接,但输入表记录大于连接表:部分记录没有匹配项,“保留所有目标要素”选项将保留所有匹配记录和输入表中未匹配的记录,将出现空值现象,如图 5-56 所示。

输入表		连接表		结果			
输入字段	类型	连接字段	值	输入字段	类型	连接字段	值
1	A	1	100	1	A	1	100
2	B	2	200	2	B	2	200
3	C	1	300	1	A	1	300
4	D	2	400	2	B	2	400
				3	C	<空>	<空>
				4	D	<空>	<空>

图 5-56　一对多连接的结果(有空值)

③一对一连接:输入表和连接表按照一对一方式进行匹配,输入表中没有匹配的记录根据“保留所有目标要素”的选项进行显示,而连接表中未匹配的记录将不显示,如图 5-57 所示。

输入表		连接表		结果			
输入字段	类型	连接字段	值	输入字段	类型	连接字段	值
1	A	1	100	1	A	1	100
2	B	2	200	2	B	2	200
		3	300				
		4	400				

图 5-57　一对一连接结果

进行表的连接,需要注意以下几点:

第一,输入表仅允许进行一个连接;

第二,连接仅在图层持续时间内有效,若要长期保存这种连接,可以使用“另存为图层文件”将其保存在图层中,供下次打开时使用;

第三,可以通过**连接和关联|移除连接**命令解除两个表之间的连接,此时输入表中添加的信息将被删除。

5.4.2.2　依据空间位置连接

空间连接即根据空间关系将要素类的属性连接到另一个要素类的属性。目标要素和来自连接要素的被连接属性写入到输出要素类中。具体操作如下。

(1)在**内容**窗格中选择要连接的数据层,在弹出的右键菜单中选择**连接和关联|空间连接**命令,或者点击功能区上下文选项卡**要素图层|数据**中的**空间连接**命令,打开**空间连接**对话框,如图 5-58 所示。

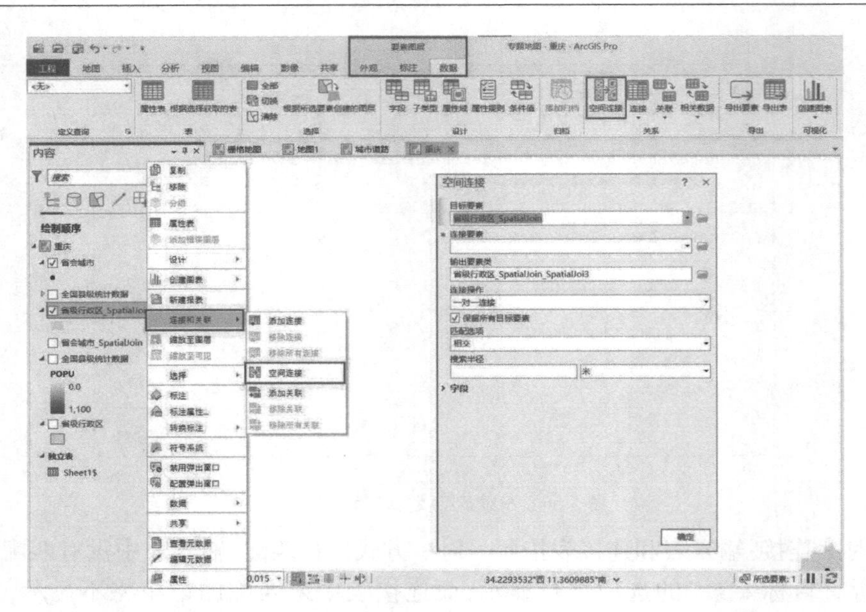

图 5-58　空间连接对话框

（2）在**空间连接**对话框中设置目标要素、连接要素、输出要素、连接操作、匹配项，以及搜索半径等参数。其中最复杂的是匹配项的设置，其随着点、线、面要素的不同而不同。系统提供了多种可供选择的匹配选项，具体含义见表 5-3。该选项中的“相交、在某一距离范围内、在某一测地线距离范围内、最近或最近测地线”必须与搜索半径一起使用。“搜索半径”的意思为，如果连接要素与目标要素的距离在此范围内，则有可能进行空间连接。例如，当“搜索半径”设置为 100m 且空间关系设置为“在某一距离范围内”时，将会连接距离目标要素 100m 以内的要素。对于“在某一距离范围内”的三种关系而言，如果未指定搜索半径的值，则距离将为 0。

匹配项　　表 5-3

选项	含义
相交	如果连接要素与目标要素相交，将匹配连接要素中相交的要素。这是默认设置。在搜索半径参数中指定距离
3D 相交	如果连接要素中的要素与三维空间（x、y 和 z）中的某一目标要素相交，则将匹配这些要素。在搜索半径参数中指定距离
在某一距离范围内	如果连接要素在目标要素的指定距离之内，将匹配处于该距离内的要素。在搜索半径参数中指定距离
在某一测地线距离范围内	与在某一距离范围内相同，不同之处在于采用测地线距离而非平面距离。如果数据涵盖较大地理范围或输入的坐标系不适合进行距离计算，请选择此项
在某一 3D 距离范围内	在三维空间内，如果连接要素中的要素与目标要素间的距离在指定范围内，则匹配这些要素。在搜索半径参数中指定距离
包含	如果目标要素中包含连接要素中的要素，将匹配连接要素中被包含的要素。目标要素必须是面或折线。对于此选项，目标要素不能为点，且仅当目标要素为面时连接要素才能为面

续上表

选项	含义
完全包含	如果目标要素完全包含连接要素中的要素，将匹配连接要素中被包含的要素。面可以完全包含任意要素；点不能完全包含任何要素，甚至不能包含点；折线只能完全包含折线和点
Clementini 包含	该空间关系产生的结果与完全包含相同，但有一种情况例外：如果连接要素完全位于目标要素的边界上（没有任何一部分完全位于内部或外部），则不会匹配要素。Clementini 将边界面定义为用来分隔内部和外部的线，将线的边界定义为其端点，点的边界始终为空
位于	如果目标要素位于连接要素内，将匹配连接要素中包含目标要素的要素。它与包含相反。对于此选项，只有当连接要素也为面时目标要素才可为面。只有当点为目标要素时连接要素才能为点
完全在其他要素范围内	如果目标要素完全在连接要素范围内，则匹配连接要素中完全包含目标要素的要素。这与完全包含相反
Clementini 位于	结果与范围内相同，但下述情况例外：如果连接要素中的全部要素均位于目标要素的边界上，则不会匹配要素。Clementini 将边界面定义为用来分隔内部和外部的线，将线的边界定义为其端点，点的边界始终为空
与其他要素相同	如果连接要素与目标要素相同，将匹配连接要素中相同的要素。连接要素和目标要素必须具有相同的形状类型——点到点、线到线和面到面
边界接触	如果连接要素中具有边界与目标要素相接的要素，将匹配这些要素。如果目标和连接要素为线或面，则连接要素的边界只可接触目标要素的边界，且连接要素的任何部分均不可跨越目标要素的边界
与其他要素共线	如果连接要素中具有与目标要素共线的要素，将匹配这些要素。连接要素和目标要素必须是线或面
与轮廓交叉	如果连接要素中具有轮廓与目标要素交叉的要素，则将匹配这些要素。连接要素和目标要素必须是线或面。如果将面用于连接或目标要素，则会使用面的边界（线），将匹配在某一点交叉的线，而不是共线的线
中心在要素范围内	如果目标要素的中心位于连接要素内，将匹配这些要素。要素中心的计算方式如下：对于面和多点，将使用几何的质心；对于线输入，则会使用几何的中点。在搜索半径参数中指定距离
最近	匹配连接要素中与目标要素最近的要素。在搜索半径参数中指定距离
最近测地线	与最近相同，不同之处在于采用测地线距离而非平面距离。如果数据涵盖较大地理范围或输入的坐标系不适合进行距离计算，请选择此项

默认情况下，连接要素的所有属性会被追加到目标要素的属性中并复制到输出要素类。例如，要将各个省会城市的点要素信息合并到行政区划面要素属性中，采用空间连接的方法，参数设置、目标要素和输出要素类的结果如图 5-59 所示。可以看到，经过空间连接，在输出要素类的属性表中，除了加入了连接要素的属性如“name、id”等，还加入了空间连接状态

的字段“join_count”。同样需要注意:空间连接只能进行一次。

空间连接
目标要素
省级行政区
连接要素
省会城市
输出要素类
省级行政区_SpatialJoin1
连接操作
一对一连接
☑ 保留所有目标要素
匹配选项
包含
搜索半径
米
› 字段
确定

省级行政区

FID	Shape *	PRODUCT	PRODUCT_1	PRODUCT_2	Product_Bu	DZM	NAME
0	面	3253	357	1868.55	204.2	230000	黑龙江
1	面	1364.36	288.18	586.84	164.76	650000	新疆
2	面	1643.81	179.86	827.59	121.2	140000	山西
3	面	265.57	45.95	120.04	27.04	640000	宁夏
4	面	117.46	36.32	27.21	17.08	540000	西藏
5	面	8542.44	1268.57	4244.4	507.02	370000	山东
6	面	5137.66	1161.58	2413.78	334.84	410000	河南
7	面	8582.73	1031.17	4435.89	587.37	320000	江苏
8	面	3038.24	732.19	1296.31	195.86	340000	安徽
9	面	4276.32	662.3	2123.7	220.42	420000	湖北
10	面	6036.34	664.16	3183.47	300.1	330000	浙江
11	面	2003.07	485.14	700.76	160.98	360000	江西
12	面	3691.88	784.92	1461.86	231.15	430000	湖南
13	面	1955.09	436.26	843.24	145.55	530000	云南

省级行政区　省级行政区_SpatialJoin1

OBJECTID *	Shape	Join_Count	TARGET_FID	PRODUCT	PRODUCT_1	PRODUCT_2	Product_Bu	DZM	NAME	name	id	Sh
1	面	1	0	3253	357	1868.55	204.2	230000	黑龙江	哈尔滨	0	52
2	面	1	1	1364.36	288.18	586.84	164.76	650000	新疆	乌鲁木齐	0	73
3	面	1	2	1643.81	179.86	827.59	121.2	140000	山西	太原	0	22
4	面	1	3	265.57	45.95	120.04	27.04	640000	宁夏	银川	0	16
5	面	1	4	117.46	36.32	27.21	17.08	540000	西藏	拉萨	0	7
6	面	1	5	8542.44	1268.57	4244.4	507.02	370000	山东	济南	0	33
7	面	1	6	5137.66	1161.58	2413.78	334.84	410000	河南	郑州	0	27
8	面	1	7	8582.73	1031.17	4435.89	587.37	320000	江苏	南京	0	2
9	面	1	8	3038.24	732.19	1296.31	195.86	340000	安徽	合肥	0	26
10	面	1	9	4276.32	662.3	2123.7	220.42	420000	湖北	武汉	0	31
11	面	1	10	6036.34	664.16	3183.47	300.1	330000	浙江	杭州	0	
12	面	1	11	2003.07	485.14	700.76	160.98	360000	江西	南昌	0	25
13	面	1	12	3691.88	784.92	1461.86	231.15	430000	湖南	长沙	0	31
14	面	1	13	1955.09	436.26	843.24	145.55	530000	云南	昆明	0	

图 5-59　空间连接的结果

5.4.3　关联

当两个属性表中的相关字段具有一对多或多对多关系时,建议使用关联操作。关联与连接操作最大的区别是:关联只在两个表之间定义一个关系,其外观上仍然是两个独立的表,一个表的记录进入选择集时,另一个表中的记录根据其定义的关系也同步进入选择集,但分别显示在各自的窗口中。其不会像连接表那样将连接的表合并到结果集中显示在一个窗口中。操作步骤与连接类似,具体如下。

(1)在**内容**窗格中选择要连接的数据层,在弹出的右键菜单中选择**连接和关联|添加关联**命令,打开**添加关联**对话框,如图 5-60 所示。

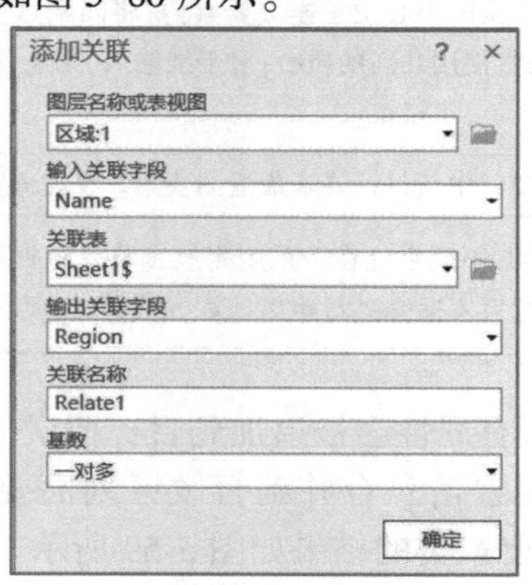

图 5-60　数据关联

（2）在**添加关联**对话框中设置图层名称、输入关联字段、关联表、输出关联字段、关联名称，以及匹配基数等参数。“关联名称”是给两表之间定义的关系进行的命名。点击**确定**按钮，两个表之间的关联关系就建立成功了，表在外观上没有任何更改。在使用建立了关联关系的表时，在上方功能区的上下文菜单**要素图层|数据**中**相关数据**按钮变成可用状态，单击该按钮选择关联的表格，将显示关联的表格并且相关记录处于选定状态，如图 5-61 所示。

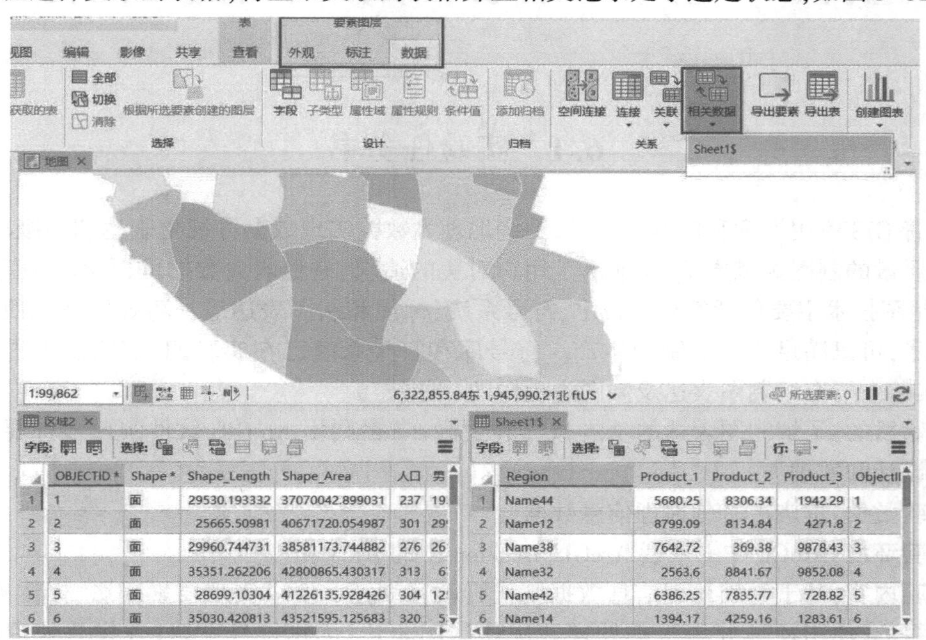

图 5-61　关联属性表的使用

进行表的关联，需要注意以下几点：

第一，要保存关联关系，必须使用“另存为图层文件”将图层保存到图层文件中。此方法仅适用于图层，表视图不能使用此方法保存；

第二，要建立永久性关联，可以使用**创建关系类**工具；

第三，可以通过**连接和关联|移除关联**命令解除两个表之间的关联关系。

实验 6　基于基础地理数据的地图可视化

6.1　实验任务书

随着 GIS 应用深度和广度的推进,围绕地理大数据实现数据可视化表达和高级渲染,既满足高质量的制图规范要求,又能满足用户对美的追求,是目前大数据可视化的宗旨。ArcGIS 的制图技术主要包括符号库技术、符号系统、标注和制图表达等。巧妙地搭配使用这些制图技术,可以满足专业的制图生产。符号库和符号系统已在实验四、实验五中进行了讲解,本实验主要介绍制图表达及制图过程中的一些技巧。

实验目的:了解制图表达的基本概念和逻辑;掌握利用 ArcGIS 软件实现多种要素的制图表达设计和实现。

实验数据:重庆市基础地理信息数据。

实验环境: ArcGIS Pro 或者 ArcGIS Desktop 中的 ArcMap。

实验内容:基于基础地理信息数据制作行政区划图。要求实现要素阴影、标注掩膜、天桥等的特效;使用地理处理工具处理和优化制图表达;优化符号系统;查找并处理图像冲突等。

实验步骤:

①基础地理数据的符号化。编辑整理基础地理数据,使其坐标系为 CGCS 2000,投影坐标为高斯投影 3°带,并对其进行符号化(包括河流、道路、城市、铁路等)。

②使用制图表达实现市边界的阴影效果,注记添加晕圈效果。

③行政区划采用四色填充,相邻行政区划的颜色要不同。

④使用地理处理工具。

⑤地图布局与版面设计。添加布局视图,并进行图名、图例、比例尺、指北针、经纬网等元素的插入,形成完整的专题地图成果并输出。

实验成果:提交实验报告、重庆市行政区划地图,地图格式为 PNG。

6.2　制 图 表 达

制图表达用一种灵活的、基于规则的结构对数据进行符号化,该结构将与数据一同存储在地理数据库中,允许用户对要素的外观进行自定义。通过这一附加控制,用户可满足苛刻的制图规范要求或仅改进要素的显示效果。要素类可同时支持多个要素类制图表达,因此,可在不存储数据副本的情况下从单个数据库中获取多个地图产品。

制图表达既继承了 ArcGIS 基于规则的配图模式,也具有类似于普通制图软件对要素自由编辑的功能。由于制图表达是属性的系列字段,规则和绘制方式都存贮在属性表当中,所以,制图表达的图形可以与几何图形分离,修改表达方式而不会影响到数据本身,这样在制图的过程中对制图表达的修改不会引发任何数据上的风险。

另外,制图表达在提供基于规则的符号系统组织结构的同时,还保留了很大的灵活性,可以在必要时修改单个或部分要素的制图表达,以覆盖制图表达规则的默认参数设置或几何效果。

要理解制图表达,需要弄清楚要素、图层和制图表达三个概念。

要素是最原始的数据,它是一系列普通的点、线、面图形,没有颜色没有符号,保存在文件或者数据库中。图层是 ArcGIS 中地理数据集的显示机制。当数据加载到 ArcGIS 软件时,会默认创建一个图层,图层实际上把配色方案和符号化方案跟数据关联起来,达到可视化的效果。一般来说,普通地图的制图到图层这一级别就可以了,但是某些高级制图或者专题制图,有着更高要求的时候,就需要使用到制图表达。例如在国家 1:50 000 地形图制图中,河流的源头必须是细,中下游按照标准变粗,这种采用制图表达是最好的选择。还有一些更高的要求,例如线要素在边界部分要实现实部相交,拐角处要求实部相连,要素需要垂直或水平分布,这些都是非 GIS 传统制图可以处理的,这时可以考虑使用制图表达实现,如图 6-1 所示。

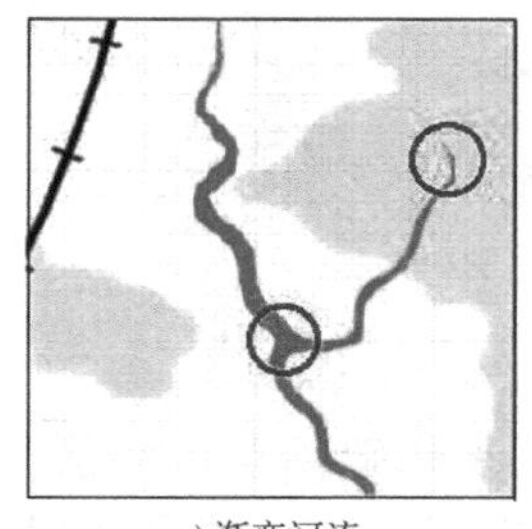

a) 渐变河流

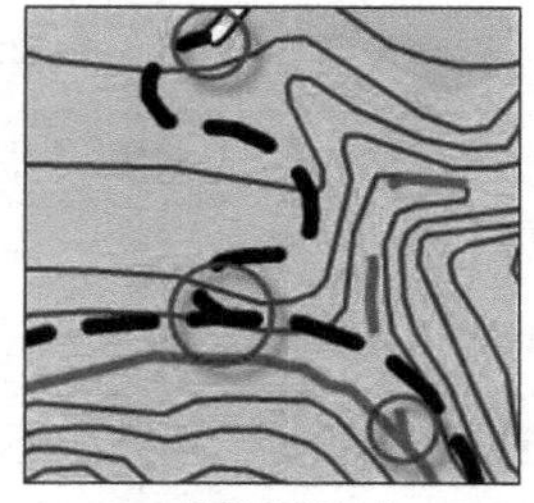

b) 线的实部相交

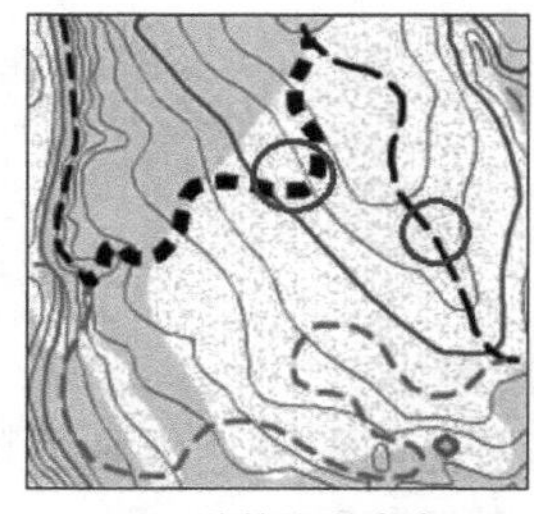

c) 不同粗细的小路

图 6-1　使用制图表达的可视化效果

制图表达通过制图表达规则和制图表达覆盖来定义。作为要素类的属性,当创建制图表达时,要素类的属性表中将添加两个字段:RuleID 字段是一个整型字段,用于保存对每个要素的制图表达规则的引用;Override 字段是一个 BLOB 字段,用于保存特定于要素的制图表达规则的覆盖值。

6.2.1　制图表达规则

制图表达规则包含符号图层和几何效果,以定义制图表达中一组相关要素的绘制方式。要素类制图表达必须包含至少一个制图表达规则,也可包含多个制图表达规则,从而将要素对应分类为多个组。对应于要素类制图表达中的各种制图表达规则的 RuleID 字段是一个整型字段。

(1)符号图层。

符号图层是组成制图表达规则的结构单元。它定义分配给制图表达规则的每个要素的几何显示方式,包括填充图层、笔划图层和标记符号图层。一个规则包含一个或多个符号图层,以便为用户提供有关要素的主要绘制规则符号说明。

填充图层 通过单色、影线和梯度三种模式对面几何进行符号化。**笔划图层**用于以实心笔划对线几何和面轮廓进行符号化。可就颜色、线宽度、端头类型和连接类型几方面对其进行定义。**标记图层**用于以制图表达标记符号对点或位置进行符号化。制图表达标记可将多种几何类型的集合组合成单一图形符号。可使用"标记编辑器"修改制图表达标记,然后便可将制图表达标记保存到样式中的 Representation Markers 文件夹。需要注意:标记符号图层不仅必须使用制图表达标记定义点要素或位置的外观,而且还必须选择和定义标记放置样式。符号图层在制图表达规则中的显示顺序即为其绘制顺序,如图 6-2 所示,最下面的选项卡表示最先绘制的符号图层。

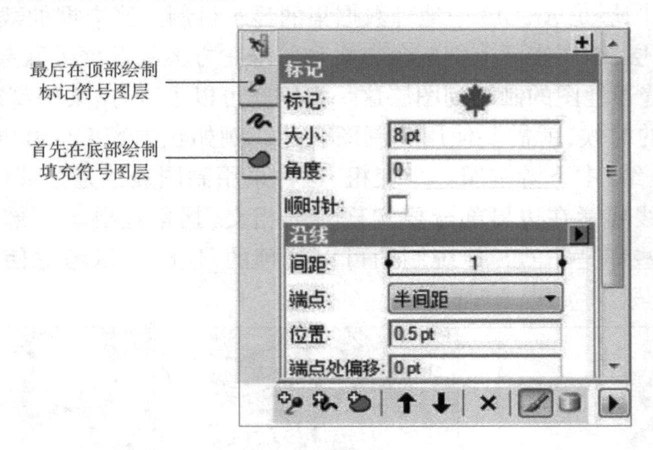

图 6-2　符号图层

(2)几何效果。

几何效果是制图表达规则的可选组成部分,用于在不更改基础要素几何信息的情况下动态修改要素的几何形态。在表达规则中可以将几何效果应用于一个符号图层,也可以全局方式应用于所有符号图层。几何效果会按顺序绘制。几何效果参阅附录 C。

6.2.2　制图表达覆盖

覆盖是制图表达规则特定于要素的异常处理。如要高亮显示某些特殊的要素,可在编辑过程中为各个要素制图表达指定这些例外或覆盖,从而不破坏制图表达规则的结构;还可以对要素几何进行覆盖,以修改要素的外观,而不影响源几何。几何覆盖有时称为形状覆盖。有时,需要完全控制要素的显示并使其完全不参与制图表达规则,这样就形成了自由式制图表达。需要注意:应尽可能少用覆盖以使模型保持简单和高效;地图上如果存在了大量覆盖,则意味着当前这组规则并不合适,应该重新进行评估。

6.3　基于 ArcGIS Pro 的制图表达

目前,ArcGIS Pro 并不完全支持制图表达,不能像 ArcMap 中将图层符号转化为制图表达。当使用"导入地图"按钮将 MXD 文件导入 ArcGIS Pro 时,可以在 ArcGIS Pro 中查看制图表达。但是,由于 ArcGIS Pro 中无法使用制图工具,因此无法编辑导入的 MXD 文件中的制图表达。而且将带有制图表达的要素类直接从地理数据库添加到 ArcGIS Pro 中时,这些制图表达也无法显示。

虽然 ArcGIS Pro 不完全支撑制图表达,但其符号模型支持制图表达规则,并且可以与属性驱动型符号系统相结合,以通过基于字段的制图表达覆盖来实现制图结果。由于符号和属性驱动型符号系统配置存储在图层中,因此此方法比制图表达更灵活。更新不需要对地理数据库中的要素类进行方案变更,并且可以将符号系统应用于所有要素图层数据源,而不仅仅是地理数据库要素类。

ArcGIS Pro 的符号模型请参阅实验四,本实验主要介绍使用符号模型设计实现典型的制图效果:要素的发光、线要素相交和面的阴影。

6.3.1　要素的发光

在 ArcGIS Pro 中,点、线和面要素的发光效果均通过符号系统中“渐变填充/笔画”来实现。下面详细介绍点、线和面要素的发光效果设置。

(1)点要素。

选中点图层,依次点击**外观|符号系统**,或者右键菜单中选择**符号系统**,打开**符号系统**窗格,如图6-3所示。具体设置如下。

①双击**符号**,打开**属性**对话框,点击**图层**按钮,进入符号图层设置界面,如图6-4所示。

②在**外观**设置中,点击“形状填充符号”的下拉小箭头,选择“已缓冲的渐变填充”,然后设置颜色及大小,单击**应用**,完成设置,效果如图6-5所示。

图6-3　符号系统

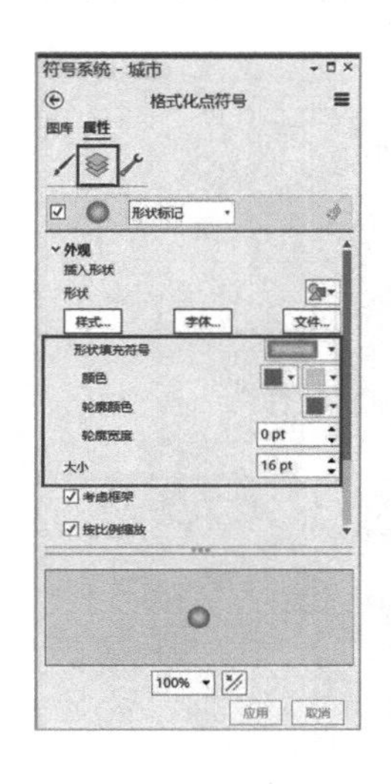

图6-4　属性设置对话框

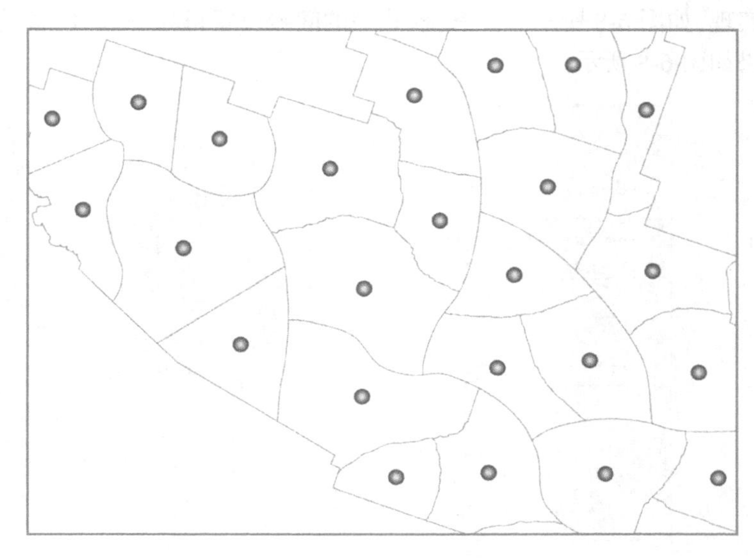

图6-5　点要素的发光效果

(2)线要素。

线的发光制作,类似于缓冲区制作晕圈效果。选择要设置的图层,点击**外观|符号系统**,打开**符号系统**窗格,具体设置如下。

①双击**符号**,打开**属性**对话框,点击**图层**按钮,进入符号图层设置界面,如图 6-6 所示。

②选择要修改的线图层(如单色笔划图层),将其更改为“渐变笔划”,并设置外观、颜色和宽度,单击**应用**,完成设置,效果如图 6-7 所示。

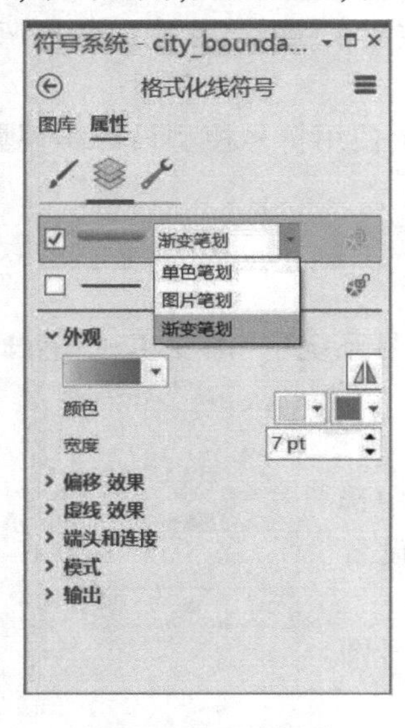

图 6-6　属性设置对话框

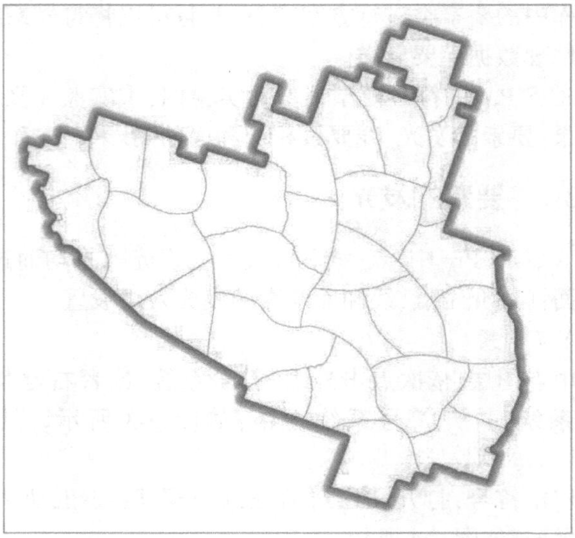

图 6-7　线要素的发光效果

(3)面要素。

面要素的发光效果设置与线要素类似,在图层设置界面,通过设置面图层为“渐变填充”来实现,如图 6-8 所示。注意:模式中的间隔设置得大一些,色彩过渡会更加细腻,面的发光效果如图 6-9 所示。

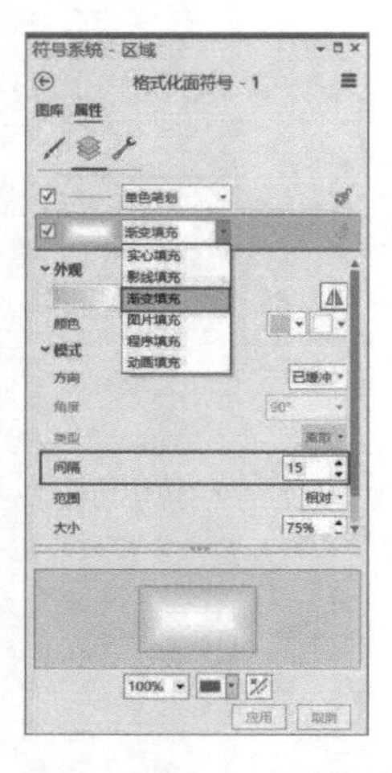

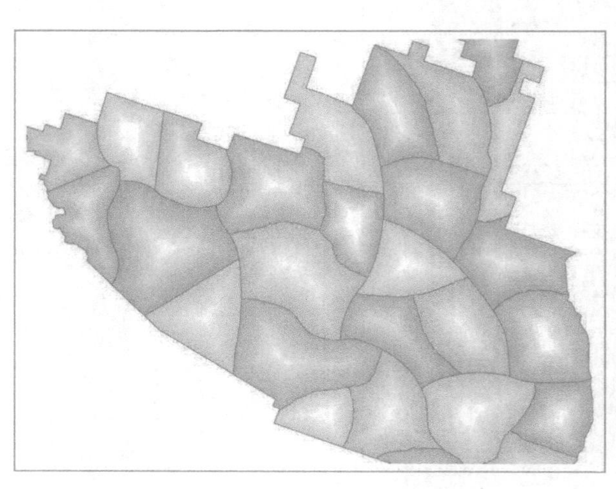

图 6-8　属性设置对话框

图 6-9　面要素的发光效果

6.3.2　线要素相交

当线要素图层包括多个符号或者线要素形状复杂、交叉频繁，如道路图层，在绘制道路图层时，往往希望道路交叉处能够按照实际连通性进行绘制，这时可以使用**符号图层绘制**选项卡提供的功能来实现这样的制图效果。

例如，同类高速公路平交的绘制效果，具体操作如下。

①选中高速公路图层，在右键菜单中打开**符号系统**窗格，将高速公路的符号设置为“公路”符号，如图6-10所示。

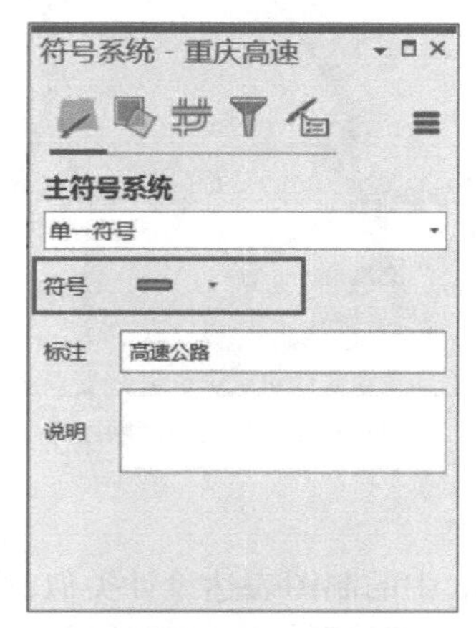

图6-10　符号系统

②点击**符号系统**窗格中的**符号图层绘制**选项卡，将“启用符号图层绘制”开关打开，并在“基本”选项卡中将该图层对应的连接方式设置为“连接”，从而实现了高速公路平交的绘制效果，如图6-11所示。

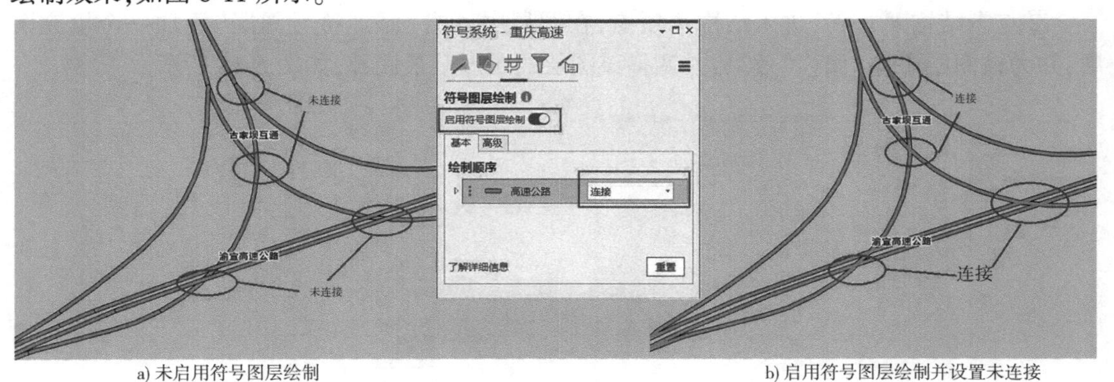

a) 未启用符号图层绘制　　b) 启用符号图层绘制并设置未连接

图6-11　高速公路平交绘制效果

又如，同一图层包含了不同等级的道路（高速公路、国道和省道），在绘制这些道路时可能希望按照等级顺序绘制，具体操作如下。

在**符号系统**窗格中，点击**符号图层绘制**选项卡，将“启用符号图层绘制”开关打开，并在**高级**选项卡中将要素按照绘制顺序排序，从而实现了不同类道路的顺序绘制效果，如图6-12所示。该图中采用高速公路压盖国道、国道压盖省道的模式。需要注意：基本选项卡中的连接方式会影响绘制顺序。

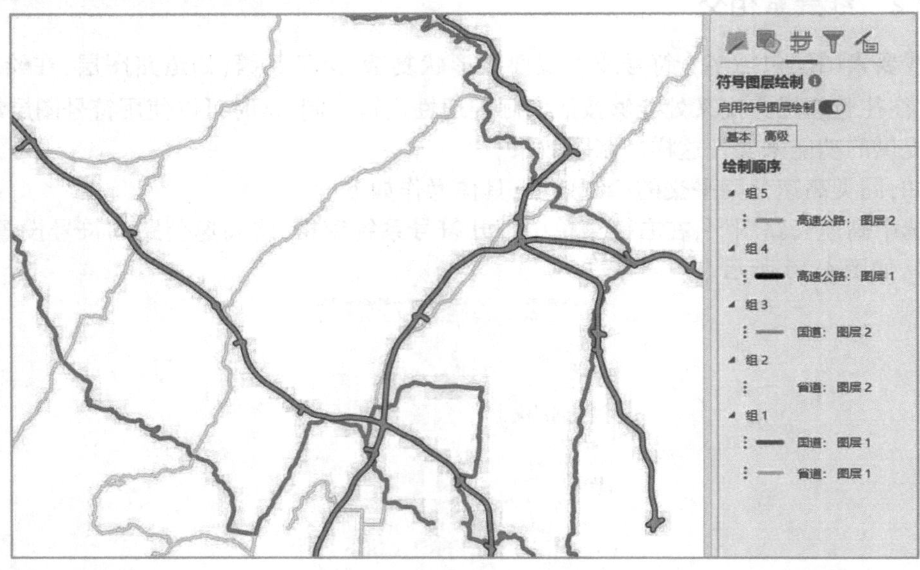

图 6-12　图层的绘制顺序

6.3.3　面的阴影

面要素阴影的实现与 ArcMap 中的制图表达设计类似，均是通过图层叠加和偏移来实现的。只不过在 ArcGIS Pro 中是通过符号系统来实现的，具体操作如下。

①选择要进行阴影处理的面要素图层，打开**符号系统**中的**属性**对话框，如图 6-13 所示；在**图层**选项卡中可以看到包含两个图层：单色笔画图层和实心填充图层，分别对应面要素的边界和内部区域的填充设置。

②点击**结构**按钮，进入**结构**选项卡，在图层中点击“添加符号图层”添加一个填充图层；并为该图层添加“偏移”效果；并调整该图层的顺序至最底部，如图 6-14 所示。

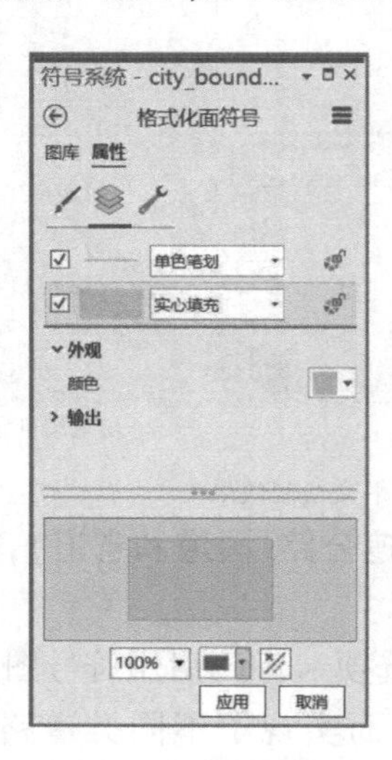

图 6-13　符号系统

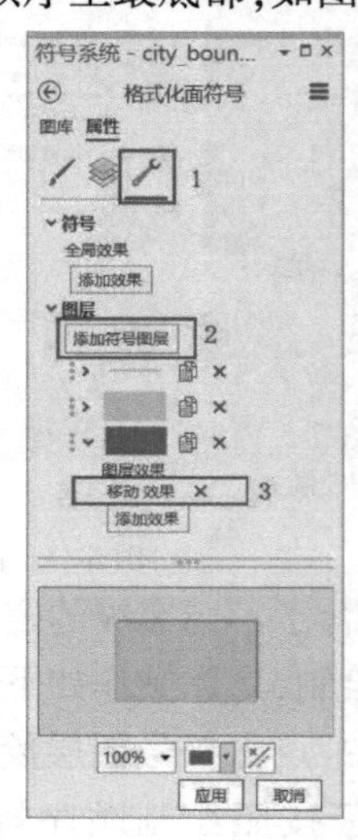

图 6-14　添加填充图层图

③回到**图层**选项卡，新增加的填充图层显示出来，选中该图层，设置其外观和偏移距离，单击**应用**按钮，完成阴影效果的设计，结果如图6-15所示。

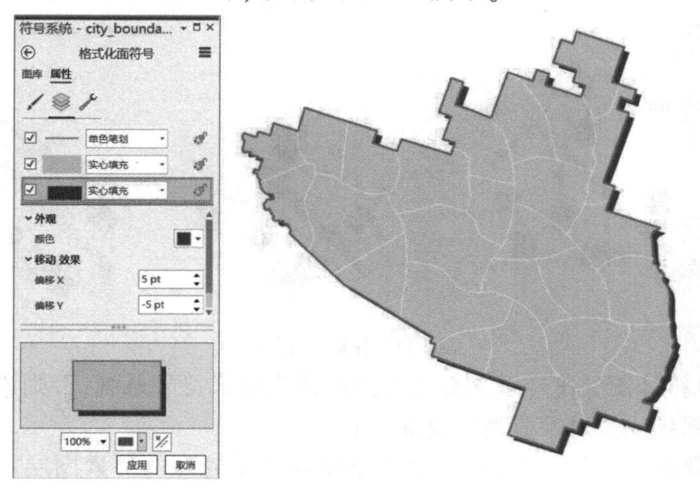

图6-15　阴影效果的设置

6.4　基于地理处理工具优化制图表达

ArcGIS Pro除了具有强大的符号系统外，还提供了一组优化和辅助制图表达效果的工具，归纳在制图工具箱，包括制图优化工具集、图形冲突工具集等。

6.4.1　制图优化工具集

制图优化工具集包括可通过调整符号的对齐方式和排列方式，以及创建桥梁和隧道要素来丰富符号系统的工具，如对齐标记、分散标记、创建天桥、创建地下通道等。

(1)对齐标记。

对齐标注工具是将点要素类的标记符号图层与指定搜索距离内某个线或面要素类中最近的笔划或填充符号图层对齐。比如，人行天桥应与道路垂直，输水渡槽与水渠平行。具体操作如下：选择**制图工具|制图优化|对齐标记**，打开**对齐标记**窗格，如图6-16所示。

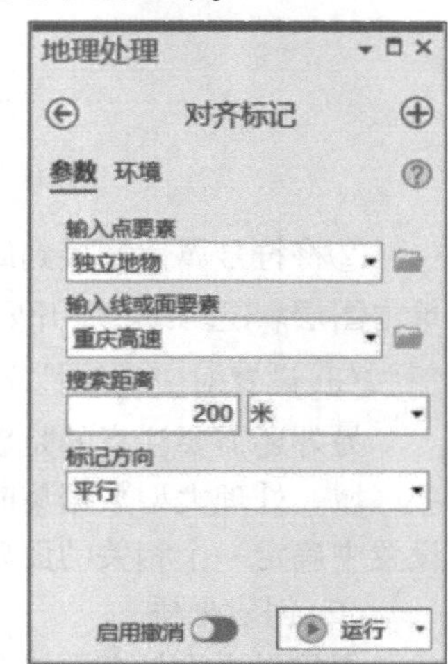

图6-16　对齐标记

该工具的主要参数包括输入点要素、输入线或面要素、搜索距离和标记方向。“输入点要素”即输入包含要与邻近线或面对齐的点符号图层。“输入线或面要素”即输入要与输入点符号对齐的线或面要素。“搜索距离”用于设置点要素到线(笔划图层)或面(填充边)要素之间的距离，该距离必须大于或等于零。位于搜索距离之外的点符号不会进行旋转。如果搜索距离为零，将只对齐与线或面符号重合的标记图层。“标记方向”用于指定相对于笔划或填充符号图层的边来定向标记符号图层，包括垂直(标记符号图层将与笔划或填充边垂直对齐,这是默认设置)和平行(标记符号图层将与笔划或填充边平行对齐)两个选项,参数具体含义如图 6-17 所示。设置好参数后,点击**运行**按钮,实现桥梁标记的对齐放置,如图 6-18 所示。

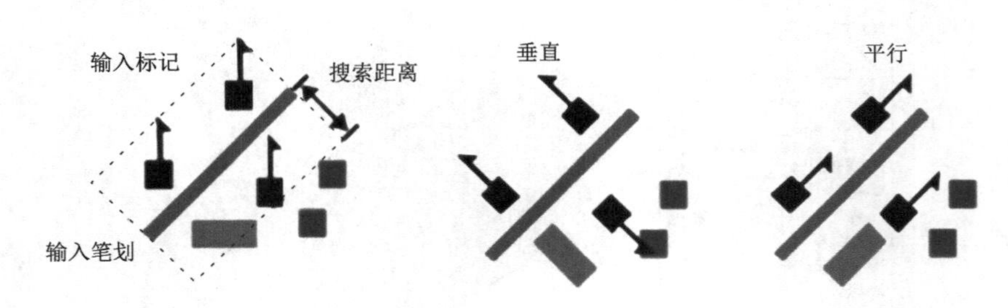

图 6-17　各参数的意义

需要注意:点符号图层符号系统必须支持属性驱动式符号系统,否则该工具无法使用。点符号图层符号系统支持属性驱动的设置如下。

①启动属性驱动的符号系统:在**内容**窗格中选择要处理的要素图层,激活**符号系统**窗格;在**符号系统**窗格中的**按属性变更符号系统**选项卡上,选中"允许符号属性连接"选项,如图 6-19 所示。

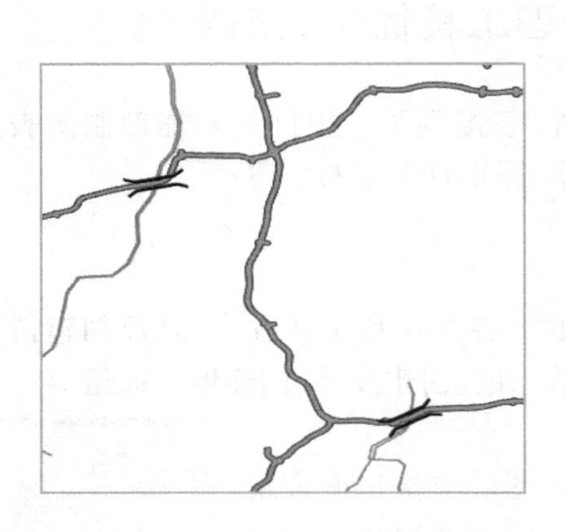

图 6-18　对齐标记的效果

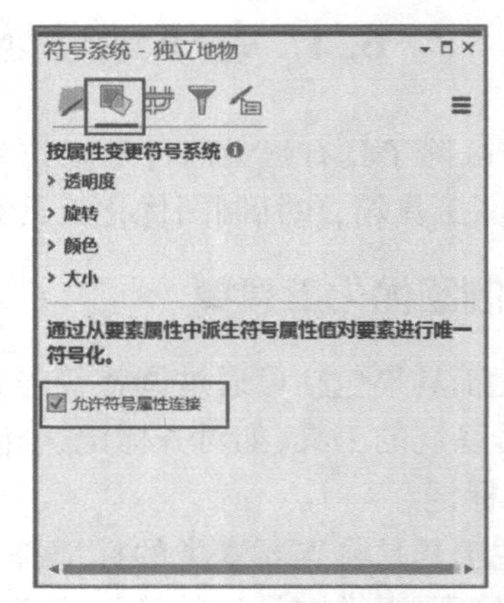

图 6-19　启动属性驱动

②将符号属性连接到属性:在**符号系统**窗格的"格式化符号"中,单击**属性**选项卡,然后单击**图层**选项卡;展开要映射的属性(如旋转),单击对应参数后的"无定义的属性映射"按钮,设置对应的属性字段,该字段中的值将作为每个要素的符号属性,如图 6-20 所示。

另外还需要注意的是旋转标记可能会产生图形冲突,可使用检测图形冲突工具识别这些区域。处理大型数据集时可能会超出内存限制,在这种情况下,考虑通过在制图分区环境设置中确定一个相关的面要素类来通过分区处理输入数据。

(2)创建天桥。

创建天桥工具在两线交点处创建桥护栏和面掩膜来指示天桥。例如,根据公路与铁路、道路与河流的位置关系自动生成过河桥梁或隧道。具体操作如下。

①选择**制图工具|制图优化|创建天桥**,打开**创建天桥**窗格,如图 6-21 所示。

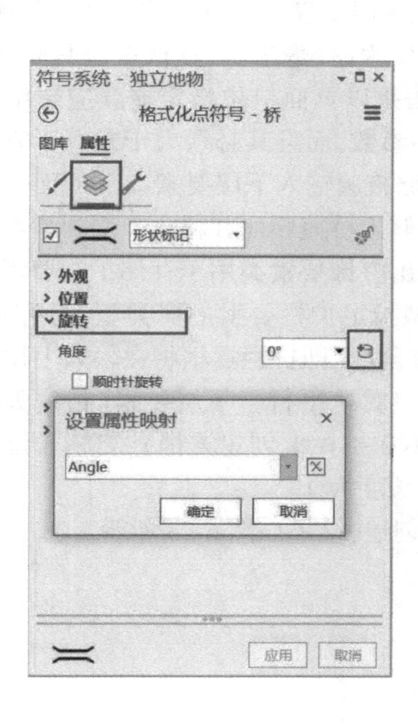

图6-20　将符号属性连接到属性

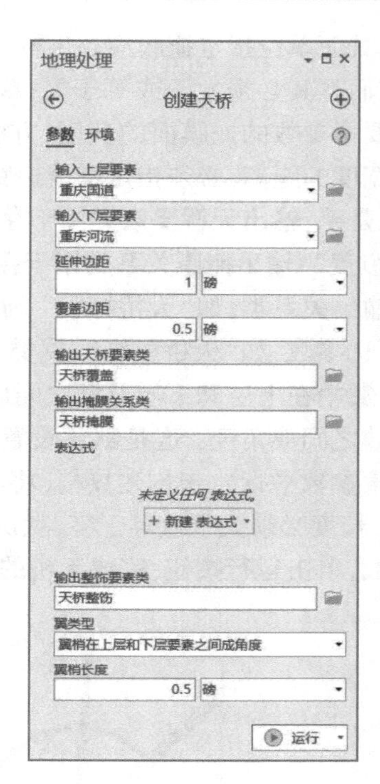

图6-21　创建天桥

②该工具的主要参数包括输入上层要素、输入下层要素、延伸边距、覆盖边距等，具体含义如图6-22所示。

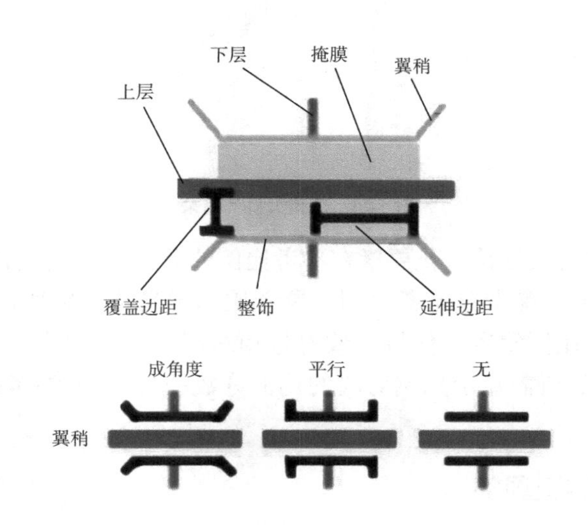

图6-22　各参数的具体含义

其中，**上层要素图层**表示位于上层的线要素，其与输入下层要素的线相交，如"重庆国道"；**下层要素图层**表示位于下层的线要素，其与输入上层要素的线相交，并且将被输出天桥要素类参数中创建的面掩膜，如"重庆河流"；**延伸边距**表示沿输入上层要素参数的掩膜面的长度,方法是以页面单位指定掩膜应超出输入下层要素参数笔划符号宽度的距离,必须指定延伸边距参数,而且其必须大于或等于零,单位为磅、毫米等,默认单位是磅;**覆盖边距**表示穿过输入上层要素参数的掩膜面的宽度,方法是以页面单位指定掩膜应超出输入下层要素参数笔划符号宽度的距离,必须指定覆盖边距参数,而且其必须大于或等于零,单位为磅、毫米等,默认单位是磅;**输出天桥要素类**用于存储掩膜输入下层要素参数的面而创建的输出要素类,如“天桥覆盖”;**输出掩膜关系类**用于存储天桥掩膜面和输入下层要素参数的线之间的连接而创建的输出关系类,如“天桥掩膜”;**输出整饰要素类**用于存储护栏要素而创建的输出线要素类,为可选参数,如“天桥整饰”;**翼类型**指定护栏要素的翼类型,为可选参数,系统提供了三种选项:翼梢在上层和下层要素之间成角度(即护栏翼梢将在输入上层要素参数和输入下层要素参数之间成角度,这是默认设置)、翼梢平行于下层要素(指定天桥翼的翼梢将与输入下层要素参数平行)、未创建翼梢(将不在护栏上创建翼梢);**翼梢长度**指定护栏翼长度(页面单位),长度必须大于或等于零,默认长度为 1。

设置好参数,单击**运行**按钮,完成天桥的创建,结果如图 6-23 所示。

图 6-23　创建天桥的结果

需要注意:该工具将根据符号化要素在参考比例的显示情况设置其图形大小和范围,因此需要在**环境**选项卡中正确设置参考比例。参考比例定义符号以所需大小显示时的比例。在设置参考比例之后,比例发生变化将导致符号相对周围要素的大小发生变化。输入的参考比例是与输入数据的所需显示比例对应的比例分数的分母,如参考比例为 1 : 25 000,则输入值为 25 000。

6.4.2　图形冲突工具集

制图过程中各个图层采用了多种制图表达设计,可能会导致最终的制图结果产生一些几何效果冲突,如房屋和道路重叠、道路和河流重叠等。因此,制图表达的最后一步是检查每个图层内部和相关图层之间的符号化数据是否发生了重叠。ArcGIS Pro 提供了图形冲突工具集,用于检测和解决符号化要素之间的图形冲突,包括检测图形冲突、传递位移,解决道路冲突和解决建筑物冲突工具。

检测图形冲突工具可以检测两个或多个符号化要素发生图形冲突的位置,并在该位置处创建面,具体使用步骤如下。

(1)选择**制图工具|图形冲突|检测图形冲突**,打开**检测图形冲突**窗格,如图 6-24 所示。

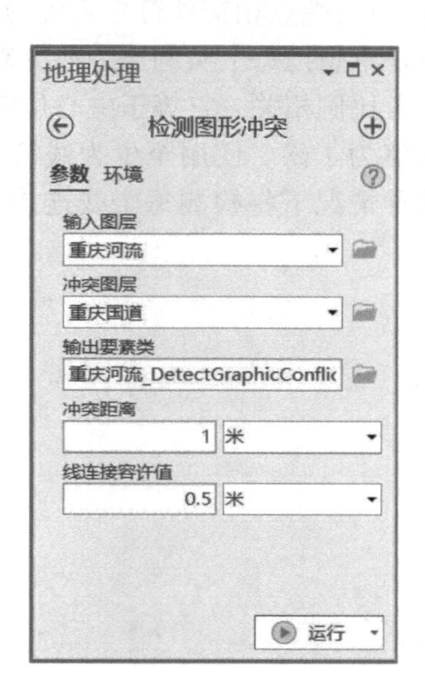

图 6-24　检测图形冲突

(2)该工具的主要参数包括输入图层、冲突图层、输出要素类、冲突距离等,具体含义如图 6-25 所示。输入和冲突图层均为包含符号化的要素图层,可包括要素注记、Shapefile 和 CAD 图层,但不能是 CAD 注记、Coverage 注记、VPF 注记、尺寸、栅格图层、网络数据集和专题符号系统。输出要素类存储的是面要素,每个面要素表示的是符号化的输入要素与符号化的冲突要素之间发生图形冲突的区域。与这两个冲突要素关联的要素 ID 连同冲突面一起存储在 FID_<input_layer_name> 和 FID_<conflict_layer_name> 字段中。如果冲突图层与输入图层相同,则第二个字段将被命名为 FID_<input_layer_name>_1。如果未发现任何图形冲突,则输出要素类将为空。

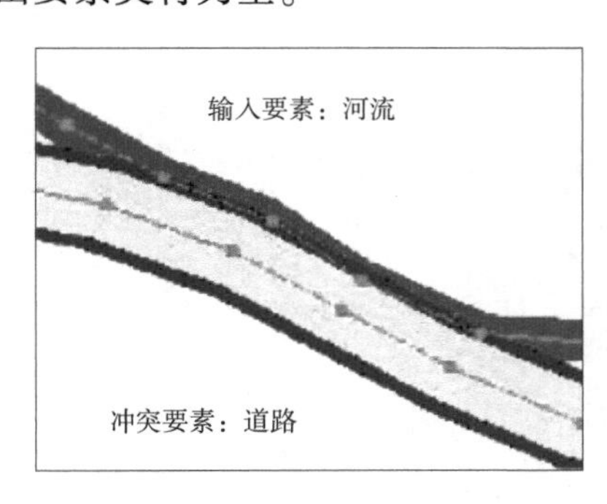

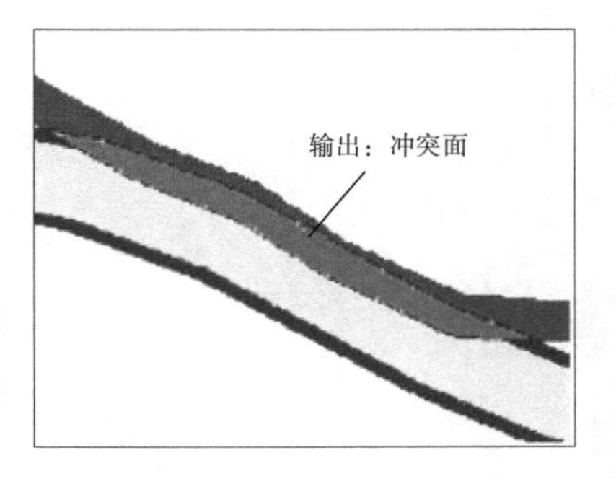

图 6-25　检测图形冲突的参数

冲突距离参数用于设置输入和冲突符号系统比指定距离近的区域。其将在符号周围创建大小为冲突距离值一半的临时缓冲区,随后将在这些缓冲区叠置的任意位置生成冲突面。当冲突距离为零时,会在符号系统实际叠置的位置处检测冲突,这是默认设置。注意:冲突的计算基于参考比例完成,因此必须正确设置参考比例。

线连接容许值参数可以忽略对线端点相交处符号叠置的检测。如果只是使用线符号端头确保线要素在视觉上连接,但是不想把每个实例作为冲突来检测,这项设置非常有用。线连接容许值采用页面单位,与参考比例相关。它等于中心位于线连接位置的圆的半径,在此圆内不会检测到图形叠置,默认值为 1 磅。使用至少为线符号一半宽度的值来忽略上述连接。零值意味着没有容许值,这种情况下将检测每个线连接处的冲突。仅在输入图层和冲突图层相同时,才考虑此参数。

第二部分　地理信息系统原理系列实验

实验 7　数据格式转换

7.1　实验任务书

地图数据来源多种多样,数据格式不一致,要将不同格式的数据组织起来构建成地理数据库,涉及对不同格式数据进行转换和处理。ArcGIS 软件提供了读取常用 GIS 数据格式的功能,而且能够将这些不同格式的数据转换为 ArcGIS 软件的本地文件或数据库格式。

实验目的:了解常见的 GIS 数据格式的转换方法;能够利用不同的转换方法实现矢量数据格式的转换。

实验数据:1∶500 车库设计平面图,格式 *.dwg。

实验环境: ArcGIS Pro 或者 ArcGIS Desktop 中的 ArcMap。

实验内容:利用 ArcGIS 软件将车库设计平面图数据转化为 ArcGIS 的要素数据,并对设计数据合理取舍形成地图数据,构建符合导航电子地图要求的空间地理数据库,并对地图数据进行符号化表达和版面设计。

实验步骤:

①数据转换方案设计。仔细研读车库设计平面图,了解该图的坐标系、比例尺等相关信息,待处理区域的地理要素特征,在此基础上参考《基础地理信息要素分类与代码》国家标准设计地理要素分类方案、数据库的结构、要素类的类型和属性、数据格式转换方法、数据取舍方案、符号化方案,以及布局和版面设计方案。

②数据转换。采用恰当的数据转换方法将 AutoCAD 数据转换为 ArcGIS 软件的数据。

③地理空间数据库的建立。根据设计方案在 ArcGIS 软件中建立与实验地图坐标系相同的地理空间数据库、要素数据集和要素类(要素类不应少于 7 种),对地图数据内容合理取舍。

④地图数据符号化和标注。根据导航电子地图的符号使用规则对成果进行符号设置、文字标注,并按照地图输出方法选择恰当的版式输出地图。

实验成果:提交实验报告、车库地图(PNG 格式)、地理数据库的打包文件。

7.2　ArcGIS 数据格式及其转换

ArcGIS 的数据存储格式有 Coverage E00、Shapefile 和 Geodatabase。

7.2.1 Coverage 与 E00 数据格式

Coverage 是 ArcInfo workstation 的原生数据格式,是一种“基于文件夹存储”的拓扑数据,其将空间信息和属性信息分别存放在两个文件夹中。空间信息以二进制文件的形式存储在独立的文件夹中,文件夹名称即为该 Coverage 名称;属性信息和拓扑数据则以 INFO 表的形式存储。Coverage 是一个集合,它可以包含一个或多个要素类。应该说,Coverage 是一个非常成功的早期地理数据模型,二十多年来深受用户欢迎,很多早期的数据都是采用该格式。ESRI 没有公开 Coverage 的数据格式,但是提供了 Coverage 格式转换的一个交换文件(interchange file,即 E00),其通过明码的方式表达了 Arc/Info 中几乎所有的矢量格式及属性信息,这样就方便了 Coverage 数据与其他格式的数据之间的转换。

目前,ArcGIS Pro 已经不支持 Coverage 数据格式的转换。如果要使用 Coverage 数据,只能借助 ArcGIS 10. X 版本中提供的相关 Coverage 数据转换工具,具体操作过程如下:点击工具箱中的**转换工具|转为 Coverage|从 E00 导入**,打开**从 E00 导入**对话框,如图 7-1 所示,设置相应的参数,单击**确定**按钮,完成要素的转换。

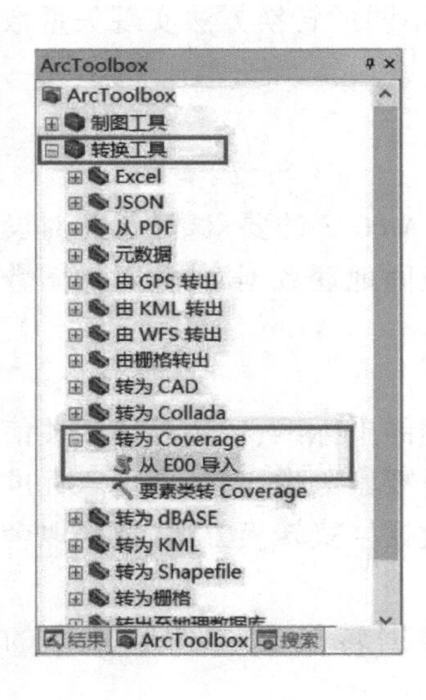

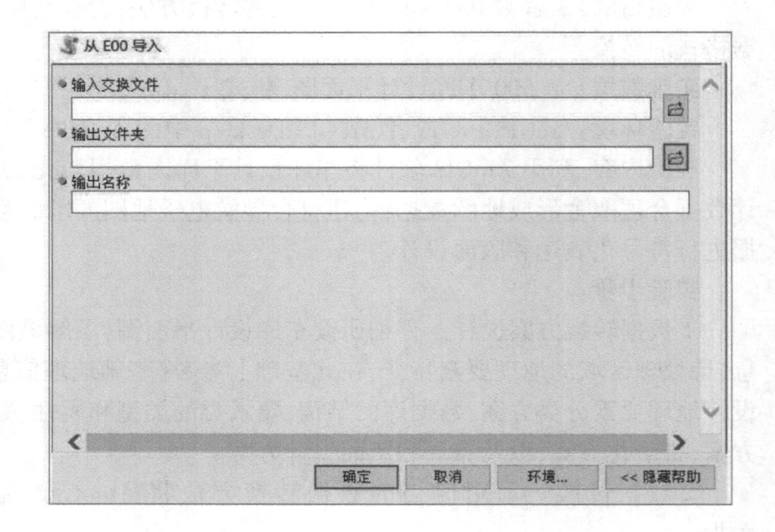

图 7-1　从 E00 导入对话框

进行该操作时需要特别注意以下几点,否则转换将失败:

①输入 E00 文件的路径中不能包含空格字符。

②输出文件夹的名称中不能包含空格字符。

③输出名称不得超过 13 个字符长度,包括空格(允许存在下划线)或特殊字符,例如 #、@ 、%。

④coverage 名称可与原始 E00 文件相同,但并非必须如此。

⑤coverage 名称无扩展名。例如,如果 E00 文件命名为“parcels. e00”,则可将输出 coverage 命名为不带扩展名的 “parcels”。

⑥输出 coverage 名称使用小写字母。

7.2.2 Shapefile 文件格式

Shapefile 文件是 ESRI 所研制的 GIS 矢量数据文件,目前已成为矢量数据存储的行业标准。Shapefile 将空间特征表中的非拓扑几何对象和属性信息存储在数据集中,特征表中的几何对象存为以坐标点集表示的图形文件——SHP 文件。注意:Shapefile 文件并不含拓扑(Topological)数据结构。

一个 Shapefile 文件必须包括三个文件:主文件(*.shp)、索引文件(*.shx)和 dBASE(*.dbf)表,如图 7-2 所示。主文件是一个直接存取变长度记录的文件,其中每个记录描述构成一个地理特征(Feature)的所有 vertices 坐标值。在索引文件中,每条记录包含对应主文件记录距离主文件头开始的偏移量。dBASE 表包含 SHP 文件中每一个 Feature 的特征属性,表中几何记录和属性数据之间的一一对应关系是基于记录数目的 ID。在 dBASE 文件中的属性记录必须和主文件中的记录顺序相同。图形数据和属性数据通过索引号建立一一对应的关系。所有文件名都必须符合以下命名规则:主文件、索引文件和 dBASE 文件有相同的前缀;前缀必须是由字符(a—Z)或数字(0—9)开始,后跟 0 到 7 个字符;主文件的后缀是 shp,索引文件的后缀是 shx,dBASE 表的后缀是 dbf;文件名中的所有字母在对文件名敏感的操作系统中都是小写的。

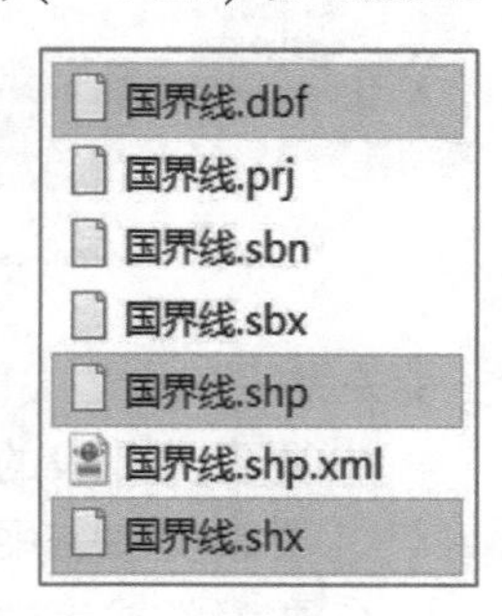

图 7-2 Shape 文件结构

Shapefile 文件除了上述三个必需的文件外,还可以包括后缀名为 prj、sbn、sbx 和 xml 的文件。其中,*.prj 是投影系统的元数据,*.sbx 是用于优化查询的空间索引文件,*.sbx 是优化了加载时间的文件,*.xml 是关联的元数据。

Shapefile 文件是 ArcGIS 中最基本、最常用的矢量数据格式,但在使用过程中也应注意其自身的限制:

①Shapefile 大小限制为 2GB;

②最大字段名称长度为 10 个字符;

③最大字段数为 255;

④空值仅适用于 Date 字段数据类型,而不适用于 Shapefile 中数值和文本字段数据类型;

⑤Shapefile 无法存储拓扑信息或关系;

⑥Shapefile 和 dBASE 文件默认无法存储非英文字符;

⑦在字段视图中,可添加、删除或复制字段,但字段保存后,无法修改字段属性;

⑧添加属性或空间索引当前不受图层属性索引选项卡上 shapefile 的支持。

E00 与 Shapefile 文件的转换是通过先将其转成 Coverage(操作方法见上),然后将 Coverage 转为 Shapefile 文件。

7.2.3 Geodatabase 数据格式

地理数据库(Geodatabase)是存储在通用文件系统文件夹或多用户关系数据库管理系统中的各种类型地理数据集的集合,是 ArcGIS 的原生数据结构,并且是用于编辑和数据管理的主要数据格式。地理数据库包含三种主要数据集类型:要素类、栅格数据集和表,如图 7-3 所示。Geodatabase 是一个存储数据集的容器,同时将空间数据和属性绑定起来。拓扑数据也能够存储在 Geodatabase 中并对特性进行建模,比如说在表示道路交叉时可以对道路之间的相关性进行设定。需要注意:ArcGIS Pro 版本已经不支持个人地理数据库。默认情况下,文件地理数据库中数据集的最大大小为 1TB;对于大型数据集,可以将最大大小增加到 256TB,这由配置关键字控制。文件地理数据库的限制如下:

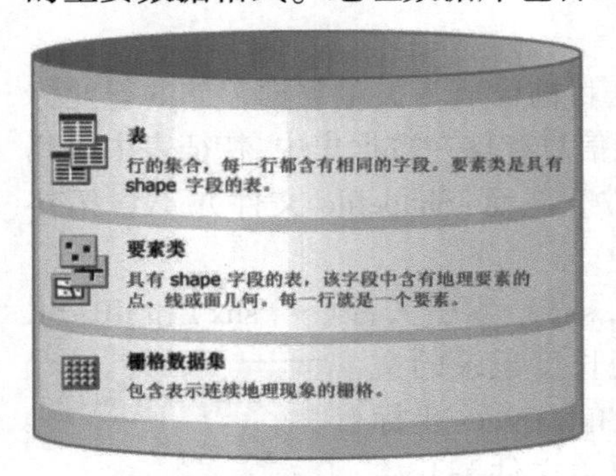

图 7-3　Geodatabase 的文件类型

①文件地理数据库的大小为无限制;

②表或要素类大小为 1TB(默认值)、4TB 或 256TB(带关键字);

③要素类和表的数量为 2 147 483 647;

④要素类或表中的字段数为 65 534;

⑤要素类或表中的行数为 2 147 483 647;

⑥地理数据库名称长度为操作系统所允许的文件夹名的字符数;

⑦要素类或表名的长度为 160 个字符;

⑧字段名称长度为 64 个字符;

⑨文本字段的宽度为 2 147 483 647 个字符。

将 Shapefile 文件导入数据库,可通过多种方法实现,具体操作如下。

(1)单个文件的转换。通过工具箱中**转换工具|至地理数据库|要素类至要素类**(图 7-4a),或者在目录窗格选择要转换的 Shapefile 文件,右键菜单中选择**导出|要素类至要素类**(图 7-4b),打开**要素至要素类**窗格(图 7-4c),设置相应的参数,单击**运行**按钮,完成要素的转换。

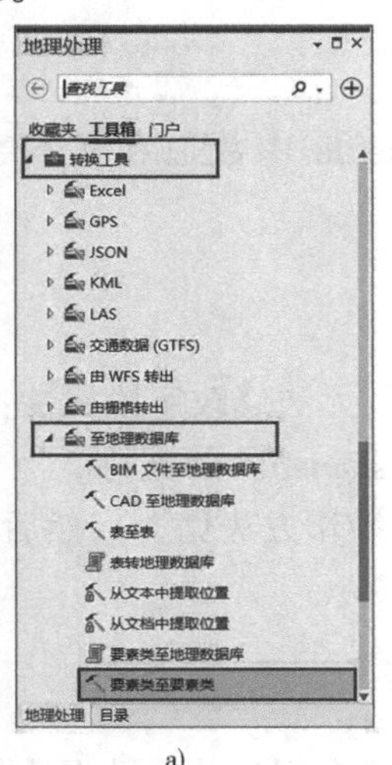

a)

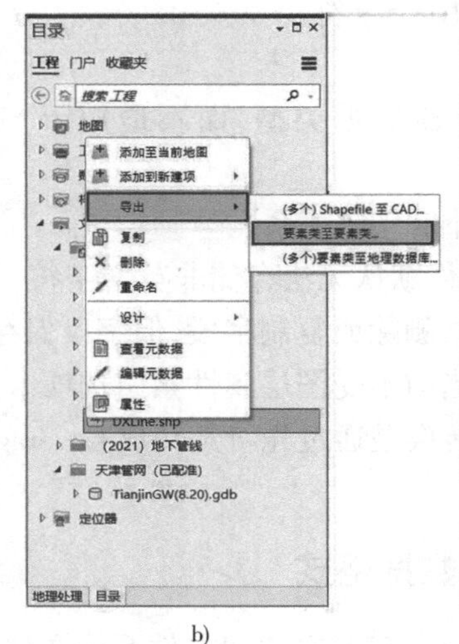

b)

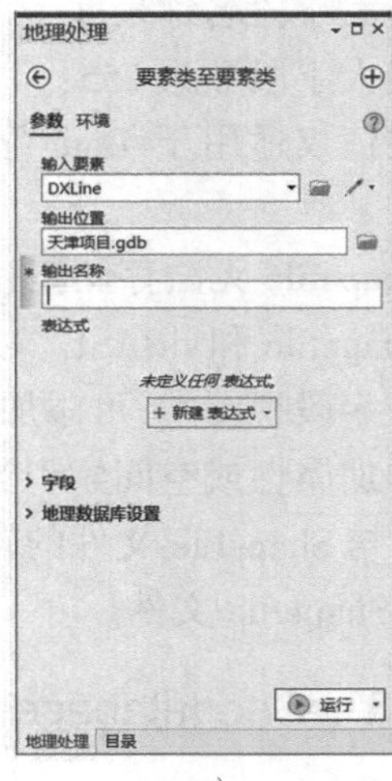

c)

图 7-4　单一要素类转换

(2)多个文件批量转换。通过工具箱中**转换工具|至地理数据库|要素类至地理数据库**,或者在目录窗格选择要转换的 Shapefile 文件,右键菜单中选择**导出|(多个)要素类至地理数据库**,打开**要素类至地理数据库**窗格,如图 7-5 所示,设置相应的参数,单击**运行**按钮,完成要素的转换。

图 7-5　要素类至地理数据库窗格

7.3　CAD 矢量数据格式转换

CAD 数据是一种常用的矢量数据类型,大多数的工程图、规划图都是 CAD 格式。Auotdesk 公司提供了 DWG 和 DXF 两种类型的格式,其中 DWG 是用于创建和共享 CAD 数据的常用格式;DXF 是一种交换格式,用于与其他软件实现互操作。目前,许多软件借助 Autodesk 提供的许可读/写技术直接支持 DWG 格式,DXF 的用途不断减少。在 ArcGIS Pro 中,CAD 文件被读取为要素类的 ArcGIS 要素数据集。该要素数据集包含空间参考和只读 ArcGIS 要素类的集合;可以将只读要素数据集和包含的要素类添加到地图或场景中,或以与其他 ArcGIS 数据集相同的方式,将其用于地理处理工作流中,而无须进行转换,但无法编辑修改要素。要想使 CAD 数据成为 ArcGIS 中可以编辑的要素,需采用数据转换的方法将其转换为要素类。系统提供了多种转换方法。

7.3.1　导出要素

这是 ArcGIS Pro 提供的最简单的转换 CAD 数据的方法,主要通过**内容窗格**中的右键菜单来实现,具体步骤如下。

(1)加载 CAD 数据,系统将以图层组(点 Point、线 Polyline、面 Polygon、体 MultiMatch 和注记 Annotation)的形式显示 CAD 数据,每个图层组下又按照 CAD 数据的图层组织数据,如图 7-6 所示。可以控制每个图层要素的可见性,可以修改其符号系统,也可以将其移除,但不能对其进行编辑。

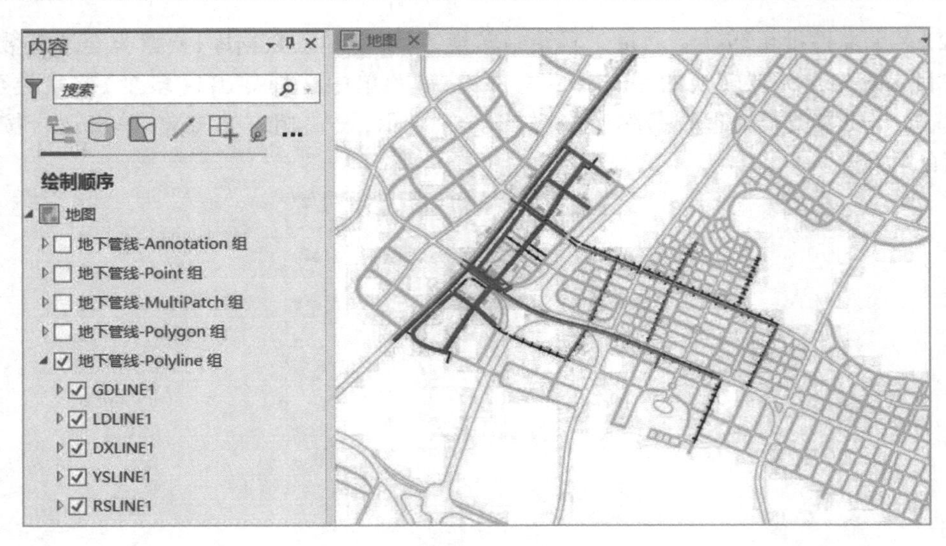

图 7-6 加载 CAD 数据

(2)在**内容**窗格中选择要导出的要素图层,如“RSLINE1”,在右键菜单中选择**数据|导出要素**,将打开**导出要素**对话框,如图 7-7 所示。在对话框中,设置相应的输入要素、输出位置和输出名称等参数,点击**确定**按钮,完成 CAD 数据的转换。需要注意:“输出位置”可以是地理数据库和文件夹,如果输出位置是地理数据库,则输出为要素类;如果输出位置是文件夹,则输出为 Shapefile 文件。

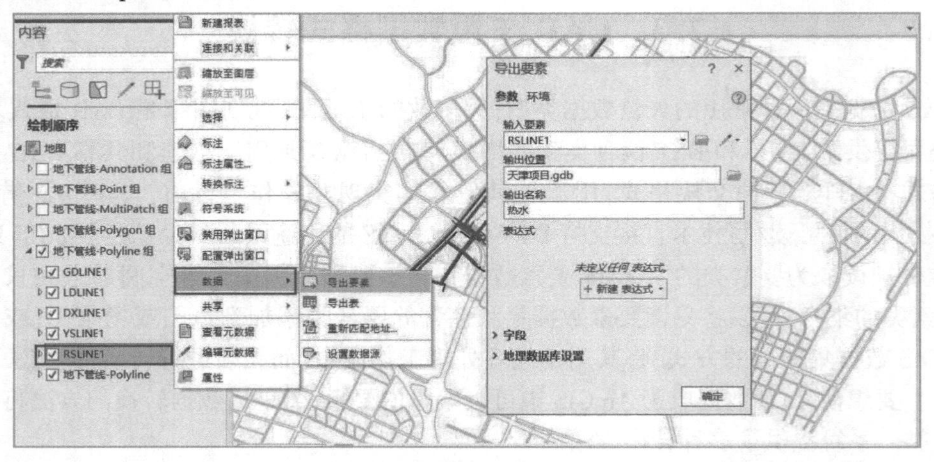

图 7-7 使用“导出要素”功能

这种方式也可以基于表达式进行条件筛选,导出满足条件的要素。但是其一次导出的要素存储在一个文件中,无法按照 CAD 图层自动导出成若干个图层,其操作简单,易于理解。但要实现多图层的分层导出只能逐个多次操作。

7.3.2 复制要素

在 ArcGIS Pro 中加载了 CAD 数据后,当选中了 CAD 图层后,其功能区会出现上下文选项卡**CAD 图层管理**。该选项卡提供了操作 CAD 数据的多种工具,如地理配准、要素转面、复制要素等,如图 7-8 所示。

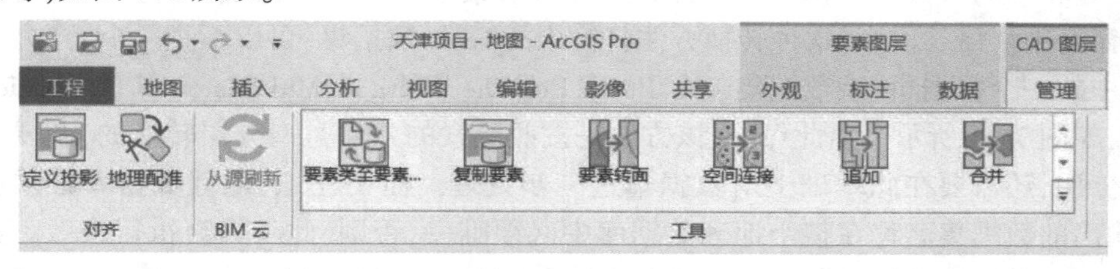

图 7-8 CAD 图层管理选项卡

利用工具组中的“复制要素”地理处理,可以实现 CAD 数据的转换。具体操作过程如下。

点击**复制要素**按钮,打开**复制要素**窗格,如图 7-9 所示,设置相应的参数:输入要素和输出要素类,也可以设置其环境参数,单击运行按钮,完成要素的转换。转换成功的要素将自动添加到内容窗格中。同样的,“输出要素类”参数如果设置的输出位置是地理数据库,则输出为要素类;如果输出位置是文件夹,则输出为 Shapefile 文件。

7.3.3 要素类至要素类

利用工具组中的**要素类至要素类**地理处理实现 CAD 数据的转换。具体操作过程如下。

点击**要素类至要素类**按钮,打开**要素类至要素类**窗格,如图 7-10 所示,设置相应的参数:输入要素、输出位置和输出名称,也可以设置其环境参数,单击运行按钮,完成要素的转换。

图 7-9 复制要素

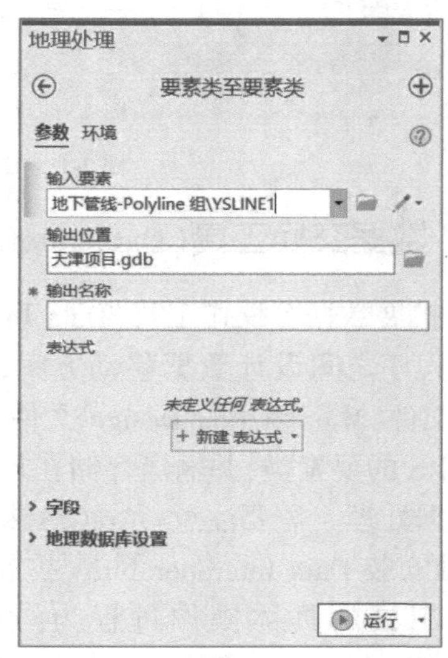

图 7-10 要素类至要素类

7.3.4 CAD 至地理数据库

可以利用转换工具中的**CAD 至地理数据库**实现 CAD 数据的转换。具体操作过程如下。

点击工具箱中的**转换工具|至地理数据库|CAD 至地理数据库**,打开**CAD 至地理数据库**

窗格,设置相应的参数,单击单击运行按钮,完成要素的转换。转换成功的要素将自动添加到内容窗格中。需要注意:这种转换方法将输入的 CAD 数据集(可以不止一个)合并为地理数据库中的一个数据集,该数据集包含 Point、Polyline、Polygon、MultiMatch 和 Annotation 5 个要素类,如图 7-11 所示。由此可见,该方法是按照要素的几何类型分层转换的,若要按照图层属性分层,还需要在此基础上对数据集进一步处理。需要注意:地理数据库必须已经存在,且输出的数据集名称在整个地理数据库中必须唯一,否则,此工具会执行失败。如果存在输入 CAD 文件的投影文件,则会使用此投影信息自动填充空间参考参数;如果将多个 CAD 文件用作输入,则会从具有有效投影信息的第一个 CAD 文件中获取空间参考;如果目录中存在通用投影(esri_cad. prj)文件,且未定义第一个 CAD 文件的坐标系,则会从该通用投影文件中获取投影信息;如果空间参考设置错误,转换的数据集将是空集。

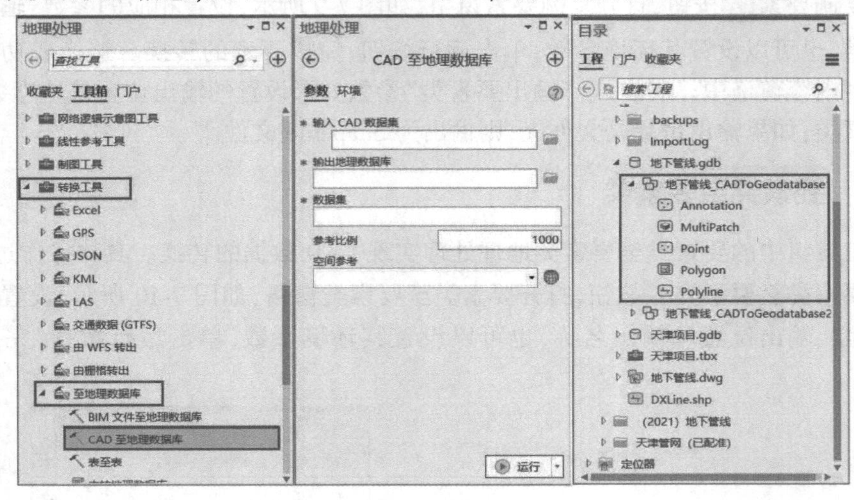

图 7-11 CAD 至地理数据库工具

7.3.5 数据交换工具(Data Interoperability Tools)

ArcGIS 扩展数据互操作工具(Data Interoperability Tools)使用可视化编程界面在数百个系统和应用程序之间设计数据移动方案,可以直接访问几十种空间数据格式,包括 GML、DWG/DXF 文件、MicroStation Design 文件、MapInfo MID/MIF 文件和 TAB 文件类型等,将其转换为 ArcGIS 的要素类,并输出存储在地理数据库中,从而可以直接使用地理数据库进行接下来的数据处理。需要注意:ArcGIS 未安装 Data Interoperability 扩展模块,要想使用该工具,必须单独安装 Data Interoperability 扩展模块并获得许可授权,如图 7-12 所示。

使用该工具的具体操作过程为:点击工具箱中的 **Data Interoperability Tools | Quick Export**,打开 **Quick Export** 窗格,如图 7-13 所示,设置相应的参数,单击运行按钮,完成要素的转换。该工具最大的优势是对文件可以实现批量分层导入。

CAD 数据可以通过上述介绍的方法转换为 ArcGIS 的要素类;反过来,ArcGIS 的要素或要素图层也可以转换为 CAD 格式的数据。具体操作过程如下。

点击工具箱中的**转换工具|转为 CAD|导出为 CAD**,打开**导出为 CAD** 窗格,如图 7-14 所示,设置相应的参数,单击运行按钮,完成要素的转换。

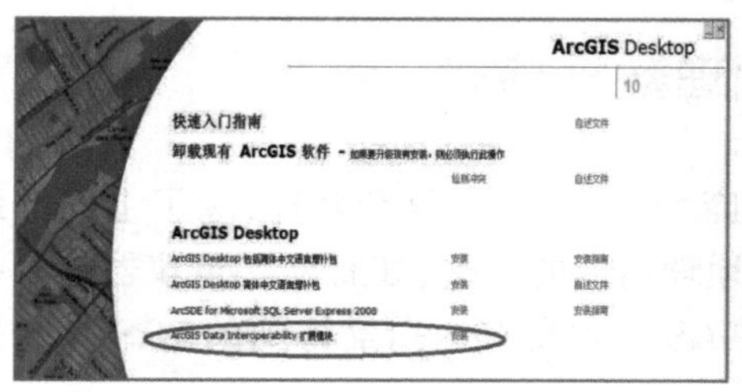

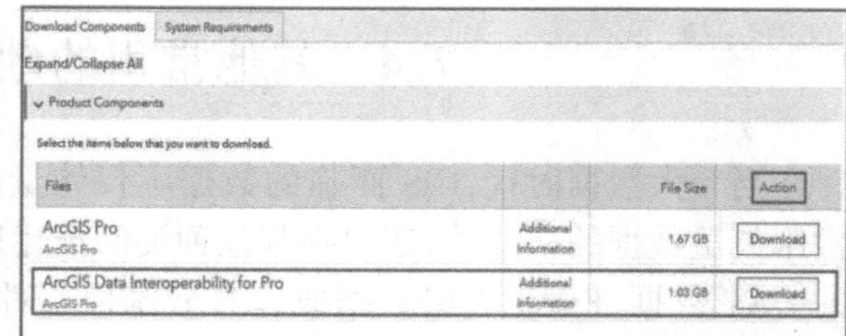

图 7-12　安装 Data Interoperability 扩展模块

图 7-13　快速导入工具

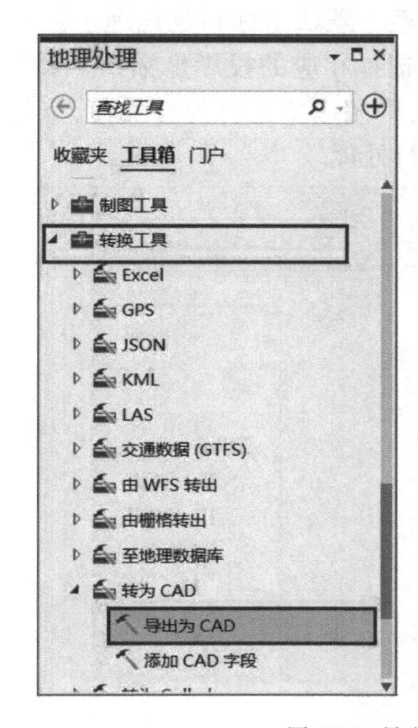

图 7-14　导出为 CAD 窗格

7.4　其他常用的地理数据格式

在当今大数据时代,GIS 面临的数据不仅体量庞大,而且类型复杂多样,除了上述介绍的常用矢量数据的格式外,还包括其他种类的描述地理信息的数据,如野外测量仪器采集得到的 DAT 数据、Excel 表格数据或逗号分割值文件 CSV、激光雷达扫描得到的 LAS 点云数据、地理标记数据格式 KML/KMZ 等。

7.4.1　DAT 文本数据的访问

目前,常规的野外数据采集方法是全站仪数据采集,其格式一般为 DAT,是一种记录坐标信息的文本数据。在 ArcGIS Pro 中,可以将带有坐标信息的文本数据导出为点、线要素。具体操作步骤如下。

(1)DAT 数据预处理。ArcGIS Pro 软件只能处理标准分隔符是逗号、扩展名为 .csv 或 .txt 的文本文件,因此需要将 DAT 文件转换为 TXT 文件,将分隔符修改为英文逗号;如果文件中不包含字段信息,还要在第一行添加字段信息,字段命名必须遵循数据库字段名的规则,一般采用 26 个英文字母(区分大小写)、汉字和 0~9 的自然数(经常不需要)加下划线'_'组成,自然数不能位于第一位,如图 7-15 所示。

宗地 .txt - 记事本

文件(F)　编辑(E)　格式(O)　查看(V)　帮助(H)

```
点号,类型,东坐标,北坐标,高程
j2,林地,39465715.101,3754150.523,587.975
j1,林地,39465546.419,3754584.076,570.460
j3,林地,39465310.865,3754537.953,572.845
j3,林地,39465572.503,3753947.660,598.384
ka4,林地,39465572.542,3753947.880,598.377
ka5,林地,39465571.005,3753944.853,598.753
```

图 7-15　DAT 数据预处理

(2)在 ArcGIS Pro 功能区的**地图**选项卡中,点击图层组中的**添加数据**|*XY* **点数据**,打开*XY* **表转点**地理处理窗格,如图 7-16 所示。在该窗格中,设置相应的参数,单击运行按钮完成数据的转换。默认坐标系是地理坐标系 WGS 1984,如果 DAT 数据中的坐标系是 *XY* 平面坐标,则应选择相应的投影坐标系。要素的任一输入 *X* 或 *Y*(或 *Z*,如果指定)坐标为空值或非数字值,则相应要素将为空几何,空几何对后续的空间分析不利,可采用检查几何工具对空几何进行处理。

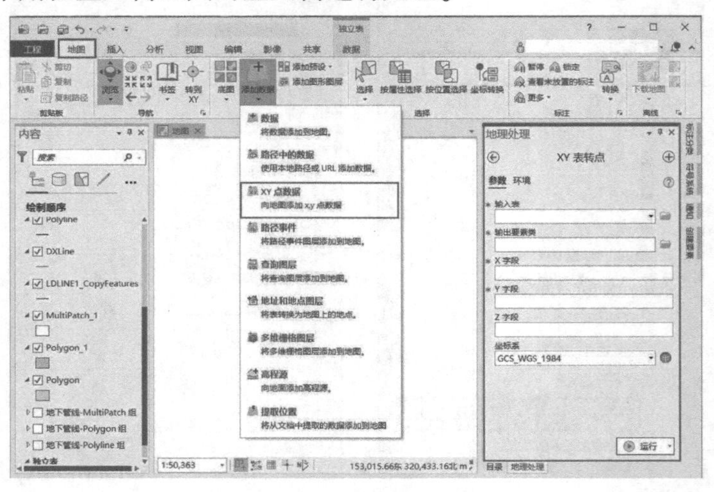

图 7-16　*XY* 表转点地理处理

ArcGIS Pro 增加了 XY 转线和椭圆要素的功能,现以“XY 转线”为例讲解具体操作步骤:

在目录窗格选中要转换的文本文件,在右键菜单中点击**导出|表转线要素**,打开**XY 转线**地理处理窗格,如图 7-17 所示。在该窗格中,设置相应的参数,单击**运行**按钮完成数据的转换。

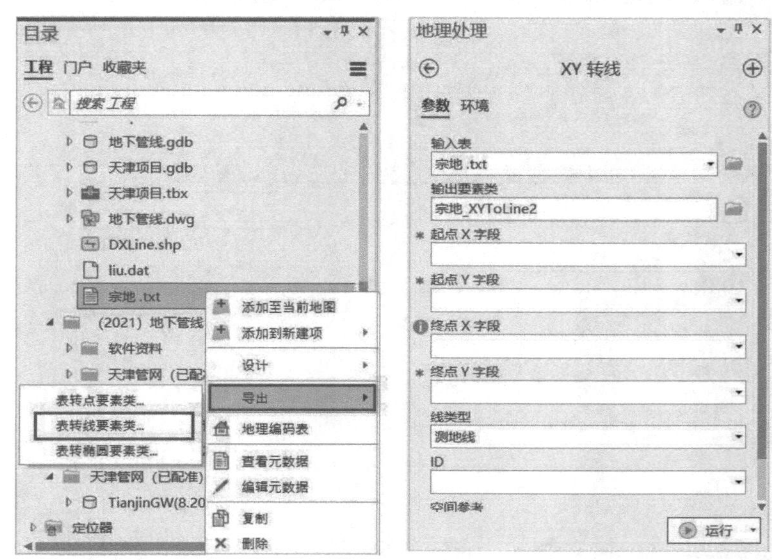

图 7-17　XY 转线地理处理

7.4.2　Excel 表格数据的访问

目前,在许多基于位置服务的应用中,用户发布的兴趣点信息,以及通过互联网爬虫技术访问的带位置信息的数据多为 Excel 表格数据,其可以在 Excel 软件中将其转换为 CSV 格式后按照上述方法处理,也可直接对 Excel 表格数据进行处理,转换为点或者线要素,方法一样,此处不再赘述。但需要注意的是:Excel 表格中存储的 X、Y、Z 坐标信息的列必须转换为数据格式,如经纬度坐标在 Excel 表格中往往写成如下格式“102°58′51. 3″”,ArcGIS Pro 软件将其归为字符串类型,因此必须将其转换为十进制度“102. 980 92”才能转换成功。

7.4.3　LAS 数据访问

LAS 数据是一种用于激光雷达数据交换的标准文件格式,记录与激光雷达数据有关的特定信息。每个 LAS 文件包括页眉块和每个激光雷达脉冲的记录,其中页眉块包含激光雷达测量的元数据:数据范围、飞行日期、飞行时间、点记录数、返回点数、使用的所有数据偏移即比例因子等;每个激光雷达脉冲记录包括强度、回波编号、回波数、点分类值、在飞行航线边缘的点、RGB(红、绿和蓝)值、GPS 时间、扫描角度和扫描方向等。

在 ArcGIS Pro 中可以使用单个 LAS 或 ZLAS 文件,这样可以快速检查 LAS 或 ZLAS 文件。具体操作是在 3D 场景中,直接将 LAS 数据拖进场景视图中即可。

如果要在 ArcGIS Pro 中查看和编辑激光雷达数据,需要定义 LAS 数据集(后缀为 *.

lasd)。LAS 数据集是位于文件夹中的独立文件,并且引用 LAS 格式的激光雷达数据和用于定义表面特征的可选表面约束要素。通过创建 LAS 数据集工具或目录窗格中的 LAS 数据集属性窗格,可以在 ArcGIS Pro 中快速生成 LAS 数据集。具体步骤如下。

(1)在**分析**选项卡的**地理处理**组中,单击**工具**按钮,将出现**地理处理**窗格,如图 7-18 所示。在搜索框中输入“创建 LAS 数据集”,然后按 Enter 键搜索该工具。

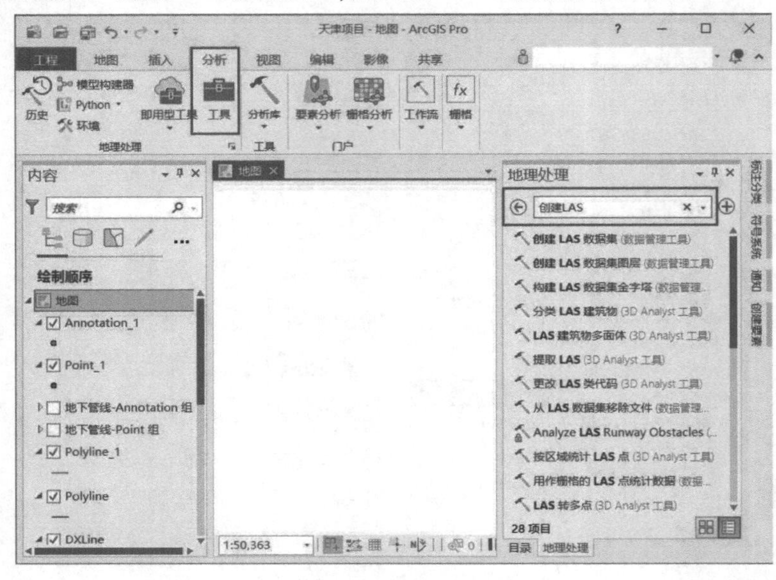

图 7-18　打开“创建 LAS 数据集”地理处理

(2)双击**创建 LAS 数据集**打开该工具,如图 7-19 所示,在窗格中输入参数,单击**运行**按钮,执行该工具。注意:如果要应用基于要素的表面定义(如隔断线或裁剪多边形),可选择“表面约束”。表面约束是几何可捕获或定义表面特征的要素。隔断线、水域多边形或区域边界都是表面约束的示例。表面约束可以是要素类或 Shapefile。对于每个要素类,需设置相应的属性以指明其如何用于定义表面。

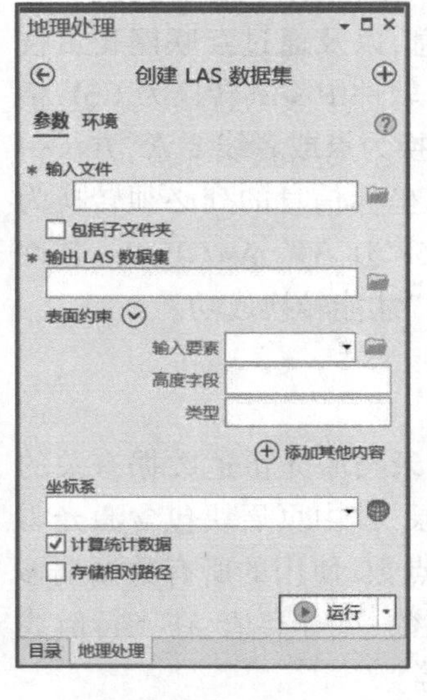

图 7-19　创建 LAS 数据集

也可以为 LAS 数据集指定坐标系。LAS 文件应包含空间参考信息。在工具参数中指定坐标系时,LAS 文件将被投影到 LAS 数据集指定的空间参考中。如果未指定坐标系,则 LAS 数据集的空间参考将被设置为与 LAS 数据集引用的第一个 LAS 文件相关的坐标系。不含坐标系定义的 LAS 文件将显示在 LAS 数据集的空间参考中。或者,可以通过在 LAS 文件所在的目录中使用相同名称创建投影文件(*.prj)来覆盖单个 LAS 文件的空间参考。或者,为 LAS 数据集指定为 LAS 文件创建 PRJ。可以通过在 LAS 文件所在的目录中使用相同名称创建投影文件(*.prj)来覆盖单个 LAS 文件的空间参考。

如果选中计算统计数据,将会创建包含每个 LAS 文件的统计信息和空间索引的 LAS 辅助文件,能提升 LAS 数据集的整体性能,显示的 LAS 数据如图 7-20 所示。

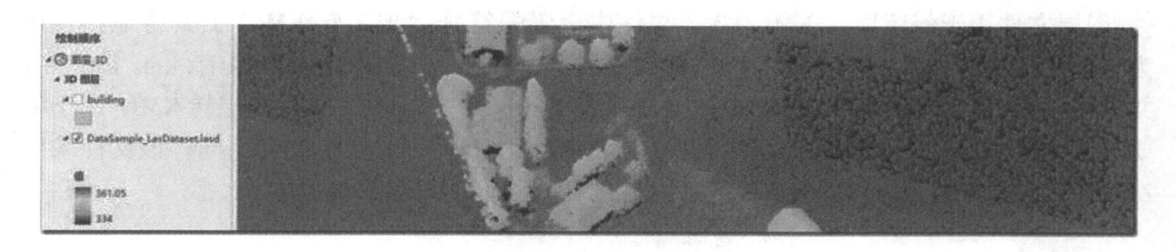

图 7-20　LAS 数据集的显示

7.4.4　KML 和 KMZ 数据访问

KML(Keyhole Markup Language)是一种基于 XML 语法的文件格式,用于显示地理环境中的信息(如点、线、多边形、图像和模型等)。KML 信息可在多种基于 Earth 的浏览器中进行绘制,包括 ArcGIS Earth 和 ArcGIS Pro。KML 已经成为开放地理空间联盟(Open Geospatial Consortium,OGC)维护的国际标准。KMZ 文件是压缩过的 KML 文件,不仅包括 KML 文本,还可以包含其他类型的文件。如地标描述中包含了图片文件,则可以将其保存为 KMZ 压缩包。

在 ArcGIS Pro 中可以直接加载 KML/KMZ 数据,单个 KML 文件可包含不同几何类型的要素,甚至可以包含矢量数据和栅格数据。ArcGIS Pro 将这些内容全部绘制为单个图层,如图 7-21 所示。当选中内容窗格中的 KML 图层后,在功能区将出现上下文菜单“KML 图层”,通过外观与标注选项卡更改图层显示的某些方面。但是需要注意:系统支持在源文件中定义的 KML 设置,可以导航并浏览 KML 信息,但无法修改 KML 本身。

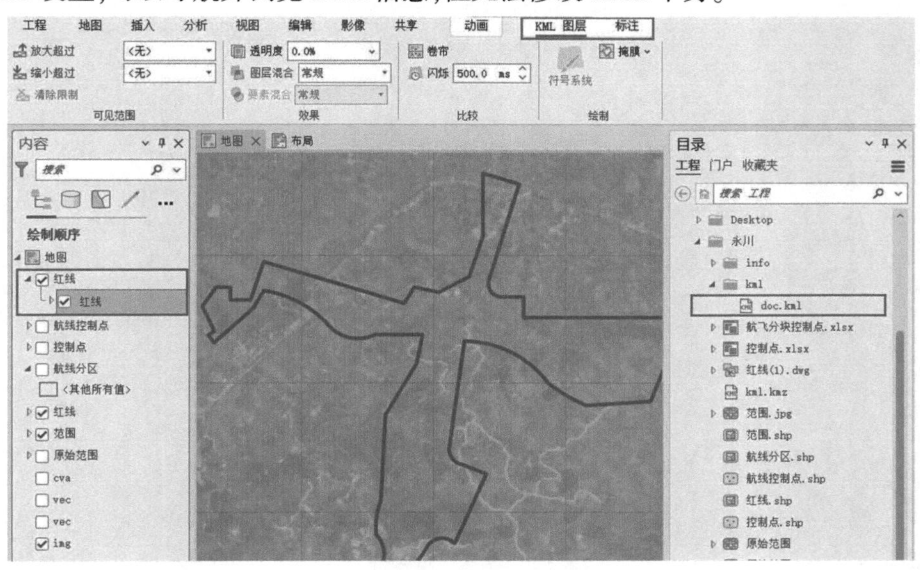

图 7-21　KML 数据的加载

另外,系统也提供了多种 KML 文件的操作工具。在**分析**选项卡中打开**地理处理**窗格,在搜索框中输入“KML”;或者展开**转换工具 | KML**,列表中显示了三个与 KML 相关的地理处理,如图 7-22 所示。其中“KML 转图层”工具将 KML/KMZ 文件转换为要素类和图层文

件，图层文件用于保留原始 KML/KMZ 文件中设置的符号；“地图转 KML”工具将地图转换为包含几何和符号系统的 KML 文件，输出文件采用 ZIP 压缩方式压缩，具有. kmz 扩展名，并且可以由任何 KML 客户端读取，包括 ArcGIS Earth 和 Google Earth；“图层转 KML”用于将要素或栅格图层转换为 KML 文件，其中包含 ESRI 几何和符号系统的转换，同样该文件采用 ZIP 压缩方式压缩，具有. kmz 扩展名，并且可以由任何 KML 客户端读取。

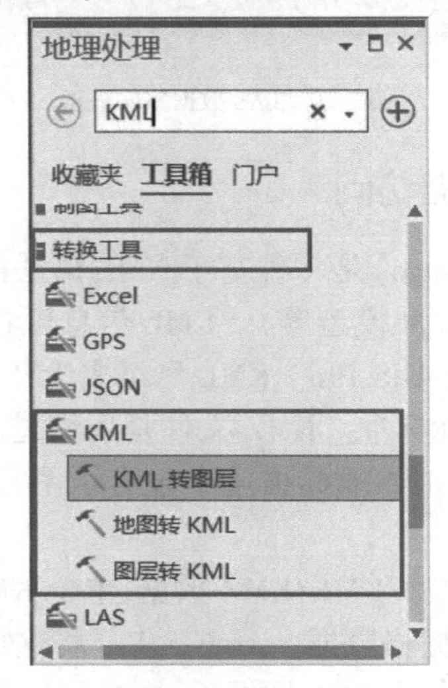

图 7-22　KML 地理处理

实验8　拓扑分析

8.1　实验任务书

数据是GIS的核心，数据质量直接决定了GIS空间分析结果的正确与否。在现实生活中，由于数据的多源性，数据格式多样性，数据生产、数据转换、数据处理标准的不一致性等原因，造成数据质量无法满足现实的需要。需要进行数据检查，拓扑分析无疑是最有效、最快捷、最简便的一种检查方式。拓扑分析可以保证数据质量、提高空间查询统计分析的正确性和效率，进而为相关行业提供真实有效的指导，同时也使地理数据库能够更真实地反映地理要素。

实验目的：掌握创建拓扑关系的具体操作流程，包括设计与创建拓扑、验证拓扑、编辑和修改拓扑错误等基本操作。

实验数据：实验七的成果——室内车库的地理数据库。

实验环境：ArcGIS Pro或者ArcGIS Desktop中的ArcMap。

实验内容：利用ArcGIS软件地理数据库中的数据进行拓扑设计，并建立拓扑数据集，随后对拓扑进行验证，修改拓扑错误。

实验步骤：

①设计地理数据库拓扑。在充分了解拓扑规格的基础上，对地理数据库中的要素类之间，以及同一要素中元素之间设计拓扑规则、坐标精度等级等，优化并调整设计，直至获得可行的设计方案。

②创建拓扑。根据设计方案，采用“创建拓扑”向导或地理处理工具创建拓扑。

③验证拓扑。对构建的拓扑采用恰当的方法进行验证，检查数据完整性以确定是否违反了拓扑定义的规则、对要素折点进行裂化和聚类以查找共享几何(通用坐标)的要素、并将通用坐标折点插入到共享几何的要素中。

④修改和编辑拓扑。对拓扑错误进行修改和编辑，直至其满足拓扑规则。

实验成果：提交实验报告、拓扑数据集、经过拓扑验证且不存在错误的地理数据库打包文件。

8.2　拓扑规格

拓扑是定义点要素、线要素，以及多边形要素共享重叠几何方式的排列布置。它使地理数据库能够更准确地构建几何关系模型。拓扑的使用提供了一种对数据执行完整性检查的机制。在地理数据库中,每一个拓扑都具有名称、拓扑容差、坐标相对精度等级、拓扑规则等属性,在构建拓扑之前,要对其属性了解透彻。

8.2.1 拓扑容差

拓扑容差为两个相邻点要素之间最小的距离限值,当两个相邻点的 X、Y、Z(Z 代表高程,如果要素携带高程信息)距离小于给定的限值时,两个点会聚合成为一个点,共享同一坐标。可见,不同拓扑容差下的拓扑验证得到的拓扑错误数量会不同。在 ArcGIS 中,拓扑容差包括 XY 容差和 Z 容差。

XY 容差用于对应处于彼此水平距离范围内的折点。

Z 容差用于区分折点的 Z 高度或高程是否处于彼此容差范围内,以及是否应进行聚类。

拓扑容差的单位为 m,默认的拓扑容差基于数据集中 X、Y 的分辨距离计算得出,一般为 X、Y 分辨距离的 10 倍,且在大多数情况下均推荐此设置。如果坐标以经纬度表示,则默认 XY 容差为 0.000 000 055 6 度。例如,拓扑容差为 0.001m 的拓扑数据集中,两邻近线段的端点 V_1、V_2,如果它们的 X、Y 坐标差值中有任意一个小于 0.001m(两点间的距离小于 $\sqrt{2} \times 0.001$m)时,两点就会融合成为一点,两条邻近的线段融为一条线段,如图 8-1 所示。

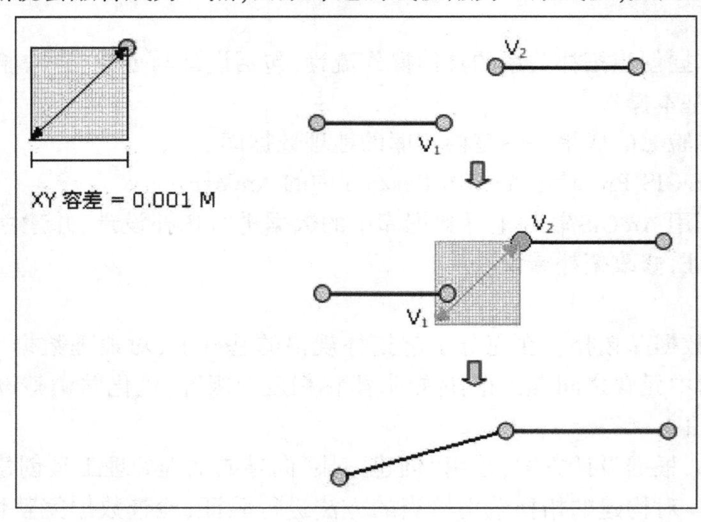

图 8-1 拓扑容差

拓扑容差的设置主要影响要素折点的聚类处理,其定义了坐标在聚类过程中可在 X 或 Y(或两者)方向上移动的距离。如果坐标在 X 维度或 Y 维度上处于 XY 容差范围内,则可以对其进行聚类。换句话说,处于拓扑容差范围内的所有折点在验证过程中均可以轻微移动。坐标等级较高的要素的折点移动较少,并对等级较低的坐标产生更大引力,同等级要素的折点将从几何上进行平均。需要注意的是:XY 容差并非用于概化几何形状,相反,它用于在拓扑操作过程中整合线作业和边界,也就是帮助发现重叠且折点处于同一位置的要素。因此,设置恰当的拓扑容差来处理数据集可以解决许多潜在问题,如极小的过失、重复线段的自动分离删除,以及沿边界线的坐标稀疏化。当然也应注意到由于拓扑容差的存在,构建拓扑时数据就有可能发生变化。如果拓扑容差设置不合理,可能导致意想不到的结果,因此,建议在进行拓扑构建之前一定要对数据进行备份处理。

在使用拓扑容差时,可遵循以下基本原则:

①通常,使用10倍于 *XY* 分辨率的XY容差,可获得非常好的结果。

②典型XY容差的数量级小于数据采集的真实精度。例如,尽管要素坐标可能会精确到2m,但默认XY容差为0.001m。

③为了使移动距离较小,也应使XY容差较小。但是,过小的XY容差(例如 *XY* 分辨率的2倍或更小)可能无法正确整合重叠边界的线作业。

④相反,如果XY容差过大,要素坐标则可能彼此重叠。这会影响要素边界制图表达的精度。

8.2.2　坐标等级

在地理数据库拓扑中,要素的坐标等级影响折点聚类处理中的移动方式。在ArcGIS中,精度最高的要素获得等级1,精度次高的要素获得等级2,依次类推。

拓扑容差范围内低等级要素的折点将被捕捉到邻近的高等级要素的折点;当同级折点处于彼此拓扑容差范围内时,对这些折点的位置从几何上进行平均。

利用这一规则,可以提高数据的精度。如通过测量或差分全球定位系统得到的点精度高,则可将坐标等级设为1,而通过遥感图像获得的点精度低,可将坐标等级设为2。这样在进行拓扑验证时,如果在拓扑容差内,则确保移动坐标等级为2(精度低)的折点到坐标等级为1(精度高)的折点上,从而保证图形质量的精度。

8.2.3　点拓扑规则

点的拓扑规格定义了点要素与点、线及面要素间的关系。ArcGIS共提供了6种点的拓扑规则。

(1)必须与其他要素重合(Must coincide with)。

该规则要求一个要素类(或子类型)中的点必须与另一个要素类(或子类型)中的点重合。当一个要素类(或子类型)中的点应与另一个要素类(或子类型)中的点对齐时使用此规则。例如,电力公用设施网络中的配供表必须与服务点重合,如图8-2a)所示。如果第一个要素类中的点没有被第二个要素类中的点覆盖,则该点将被标记为错误,如图8-2b)所示中的深色点。

(2)必须不相交(Must be disjoint)。

该规则要求相同要素类(或子类型)内的点不能重叠。当一个要素类(或子类型)内的点不能占用相同空间的情况下使用此规则。例如,配水线网络中的井不能重叠。图8-3显示了满足和不满足该规则的两种情况。

(3)必须被其他要素的边界覆盖(Must be covered by boundary of)。

该规则要求一个要素类(或子类型)中的点必须触及另一个要素类(或子类型)中的面边界。当希望点位于面边界上时使用此规则。例如,界址点需要位于宗地边界范围上。如图8-4所示,左侧图中的浅色点为满足该规则的点要素,深色点则为不满足该规则的点要素。

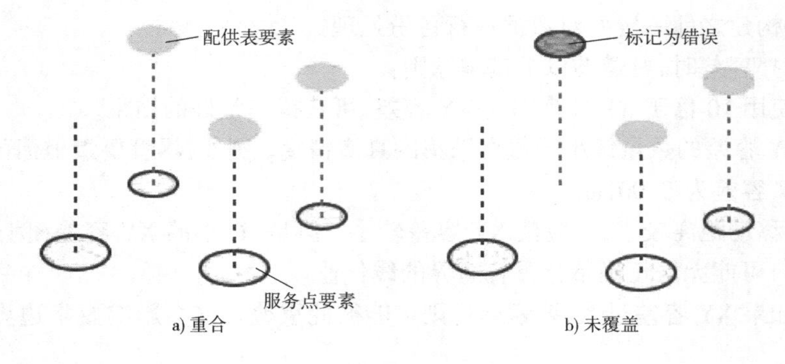

图 8-2　必须与其他要素重合

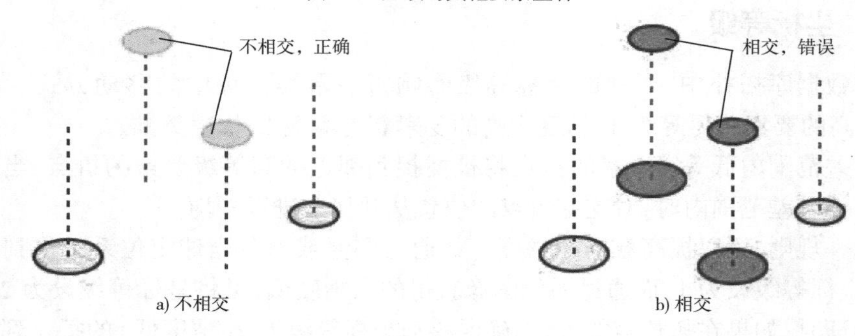

图 8-3　必须不相交

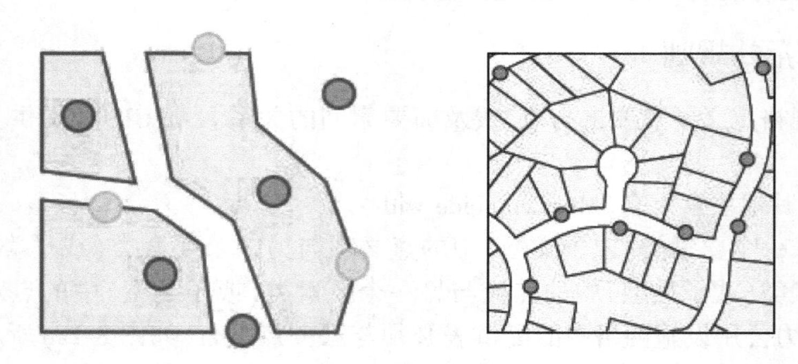

图 8-4　必须被其他要素的边界覆盖

(4)必须完全位于面内部(Must be properly inside)。

该规则要求一个要素类(或子类型)中的点必须位于另一个要素类(或子类型)的面内。当希望点完全位于面的边界内时使用此规则。例如,省会城市必须位于各省内,如图 8-5 所示。

(5)必须被其他要素的端点覆盖(Must be covered by endpoint of)。

该规则要求一个要素类(或子类型)中的点必须被另一个要素类(或子类型)中的线端点覆盖。当希望模型点与线端点重叠时使用此规则。例如,街道交叉路口必须被街道中心线端点覆盖,如图 8-6 所示。

(6)点必须被线覆盖(Must be covered by line)。

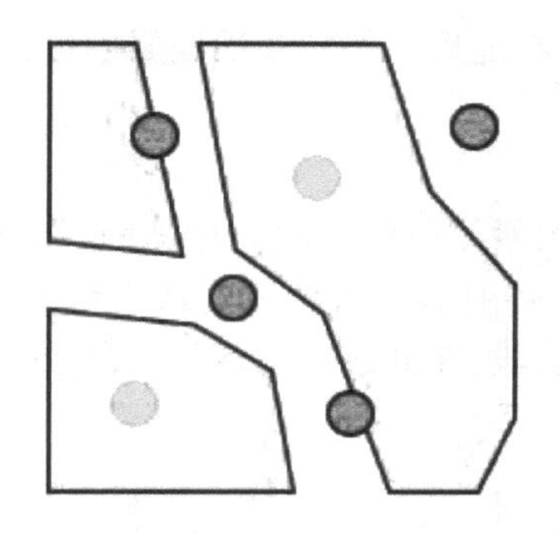
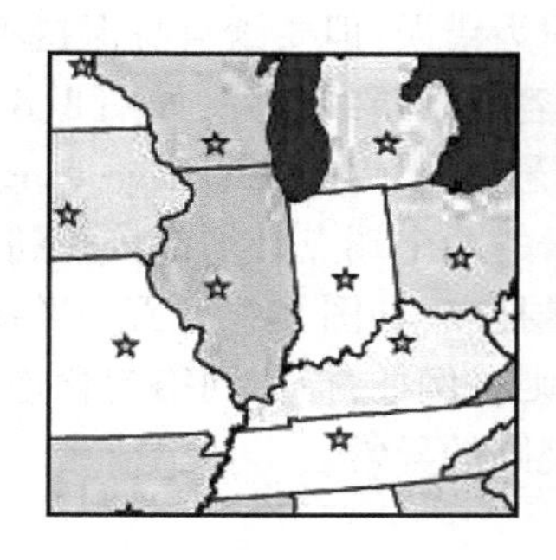

图 8-5　必须完全位于面内部

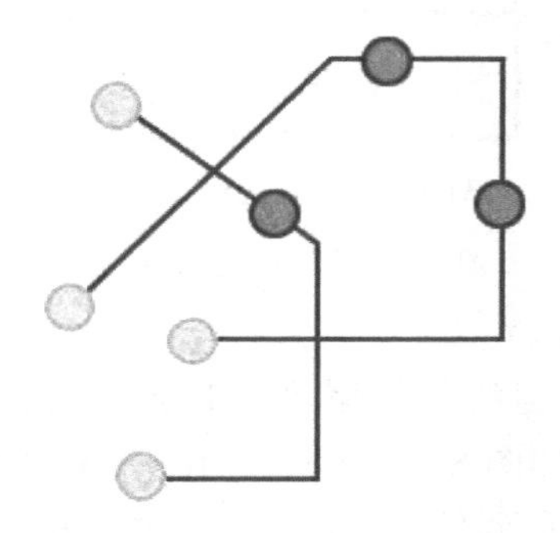
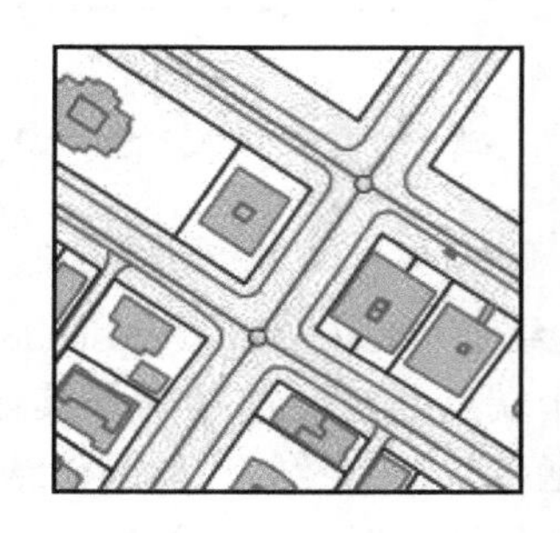

图 8-6　必须被其他要素的端点覆盖

该规则要求一个要素类(或子类型)中的点必须被另一个要素类(或子类型)中的线覆盖。当希望模型点与线重叠时使用此规则。例如,监测站必须沿河流设置,如图 8-7 所示。

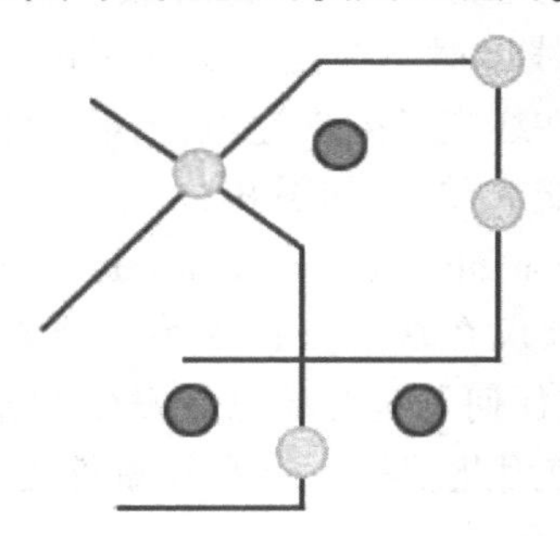
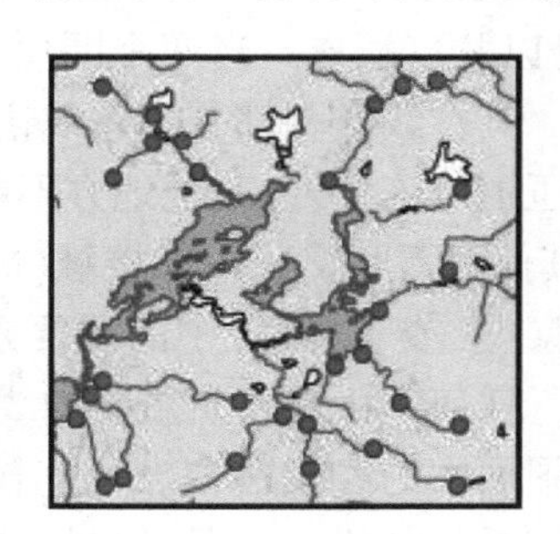

图 8-7　点必须被线覆盖

8.2.4　线拓扑规则

线的拓扑规格定义了折线要素与点、线及面要素间的关系。ArcGIS 共提供了必需大于集群容差、不能重叠、不能相交、不能与其他要素相交、不能有悬挂点、不能有伪结点、不能相交或内部接触等 16 种线的拓扑规则。本书主要介绍几种常用且不易理解的线拓扑规则。

(1)必须大于集群容差(Must be larger than cluster tolerance)。

集群容差是构成要素的折点之间的最小距离。位于集群容差范围内的折点被视为重合的折点。此规则是拓扑的强制规则,应用于所有的折线要素类。违反此规则的折线在拓扑验证中将被标识为错误,但要素自身保持不变。在随后的拓扑错误编辑中可以使用“删除要素”将小于集群容差的折线移除,如图 8-8 所示。

(2)不能有悬挂点(Must not have dangles)。

要求线要素的两个端点必须都接触到相同要素类(或子类型)中的线。未连接到另一条线的端点称为悬挂点,如图 8-9 所示。当线要素必须形成闭合环时或者线通常会连接其他线时,使用此规则。例如,街道网络包含连接的线段,在此应用中,对于死巷或末端为死角的路段可设为此规则的异常。

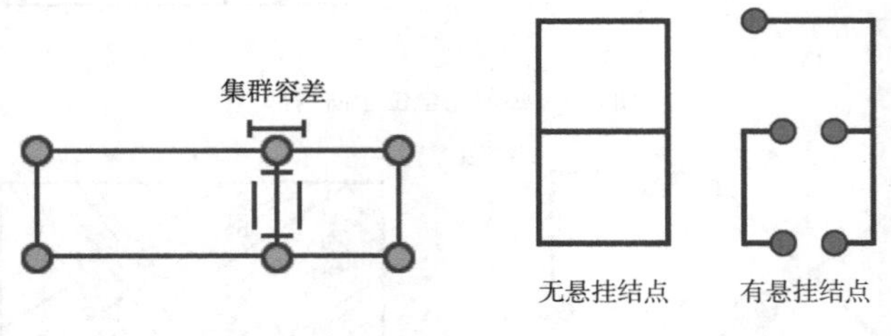

图 8-8　必须大于集群容差　　　图 8-9　不能有悬挂点

(3)不能有伪结点(Must not have pseudo-nodes)。

要求线在每个端点处至少连接两条其他线,但线的结尾可与其自身的任意部分接触。两个结点相互接触,形成一个结点,称为伪结点,如图 8-10 所示。当线要素必须在每个端点连接两条以上其他线要素时使用此规则,其可以清除不恰当的细分线的数据。例如,对于水文分析,河流系统段受限,结点只存在于端点或交汇点处。

(4)不能与其他要素相交(Must not overlap with)。

要求一个要素类(或子类型)中的线要素不能与另一个要素类(或子类型)中的线要素相交或重叠,线可以共享端点。当两个图层中的线绝对不应当交叉或只能在端点处发生相交时使用此规则。其在线重叠部分创建线错误,在线交叉处创建点错误。例如,高速公路和城市道路除了在匝道口连接外,其他地方不能相交或重叠,如图 8-11 所示。

(5)不能与其他要素相交或内部接触(Must not intersect or touch interior with)。

要求一个要素类(或子类型)中的线要素必须仅在端点处接触另一要素类(或子类型)中的其他线要素。任何其中有要素重叠的线段或任何不是在端点处发生的相交都被认为是错误的。当两个图层中的线仅在端点处连接时使用此规格。将在线重叠处创建线错误,并且将在线交叉或接触处创建点错误,如图 8-12 所示。

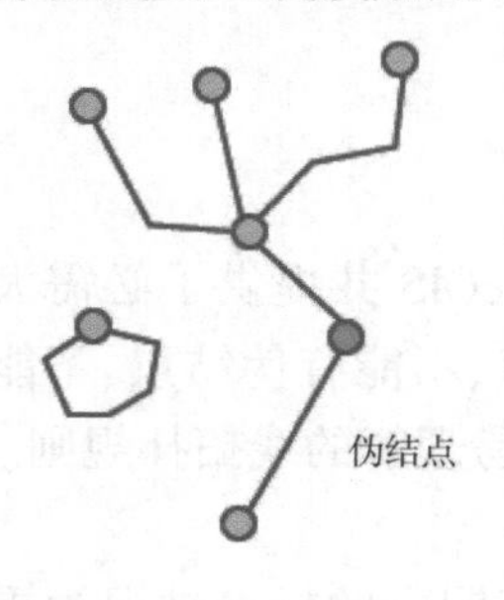

图 8-10　不能有伪结点

图 8-11　不能与其他要素相交

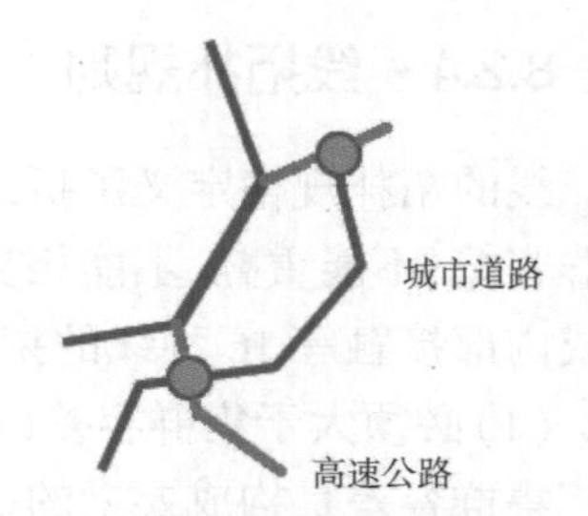

图 8-12　不能与其他要素相交或内部接触

8.2.5　面拓扑规则

面的拓扑规格定义了面要素与点、线及面要素间的关系。ArcGIS 共提供了必需大于集群容差、不能重叠、不能有空隙、不能与其他要素重叠、必须互相覆盖、必须被其他要素覆盖、必须被其他要素的要素类覆盖、边界必须被其他要素覆盖、面边界必须被其他要素的边界覆盖、包含点和包含一个点共 11 种面的拓扑规则。“必须大于集群容差”的面拓扑规则与线的类似，此处不再赘述。

(1)不能重叠(Must not overlap)。

要求要素类(或子类型)中的面不可重叠，即同类面要素不能相交，但可以分离、相接于一点或相接于边，如图 8-13 所示。可通过此规则确保同一要素类(或子类型)中的面要素不会发生重叠。例如，此规则适用于行政边界(如邮政编码区或选举区)以及相互排斥的地域分类(如地貌类型)中不可发生重叠时。

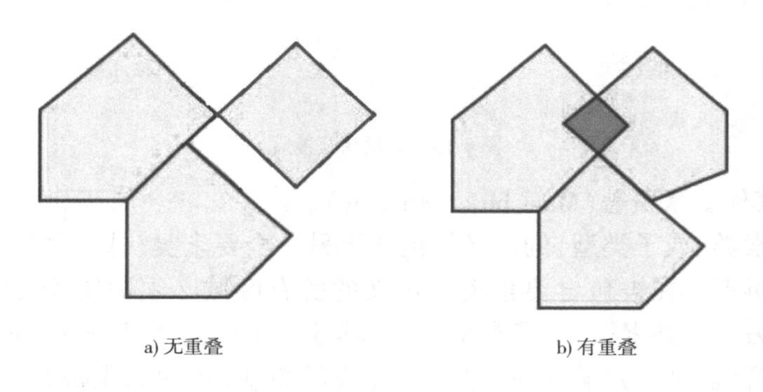

a) 无重叠　　b) 有重叠

图 8-13　不能重叠

(2)不能与其他要素重叠(Must not overlap with)。

要求第一个要素类(或子类型)中的面不能与第二个要素类(或子类型)的面重叠。两个要素类的面可以共享边或折点，或完全不相交，如图 8-14 所示。如果面重叠，则在重叠处创建面错误。可在一个要素类(或子类型)的面不能与另一个要素类(或子类型)的面重叠时使用此规则，例如，在不同要素类中的湖泊和地块不可重叠时。

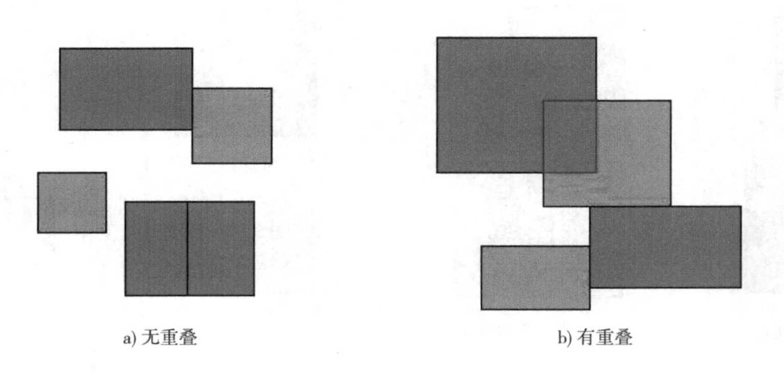

a) 无重叠　　b) 有重叠

图 8-14　不能与其他要素重叠

(3)必须互相覆盖(Must cover each other)。

要求第一个要素类中的所有面和第二个要素类中的所有面必须互相覆盖。这意味着:一号要素类 (1) 必须被二号要素类 (2) 覆盖,并且二号要素类 (2) 必须被一号要素类 (1) 的要素类覆盖。任何一个要素类中存在未与另一个要素类共享的区域都被视为错误,如图 8-15 所示。当两个分类系统用于相同的地理区域时使用此规则,例如,在植被区域和土壤区域必须互相覆盖时。

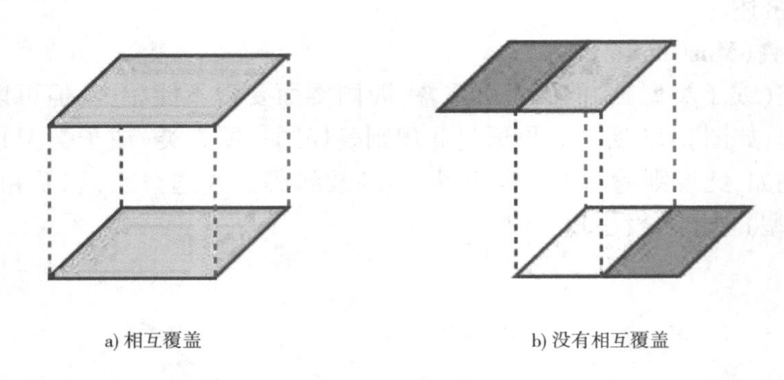

a) 相互覆盖　　b) 没有相互覆盖

图 8-15　必须相互覆盖

(4)必须被其他要素覆盖(Must be covered by)。

要求一个要素类(或子类型)的面必须包含于另一个要素类(或子类型)中的单个面中。面可以共享边或折点。在被包含要素类中定义的所有区域必须被覆盖要素类中的区域覆盖。当一组面被另一个要素类(或子类型)中的其他单个面的某部分覆盖时使用此规则,比如,在县必须被省覆盖时。如果第一个要素类(或子类型)中的面未被第二个要素类(或子类型)中的单个面覆盖,则未覆盖面处创建面错误,如图 8-16 所示。

(5)必须被其他要素的要素类覆盖(Must be covered by feature class of)。

要求一个要素类(或子类型)的面必须被第二个要素类(或子类型)中的面覆盖,如图 8-17 所示。可在一个要素类(或子类型)中的每个面均必须被另一个要素类(或子类型)中的所有面覆盖时使用此规则。

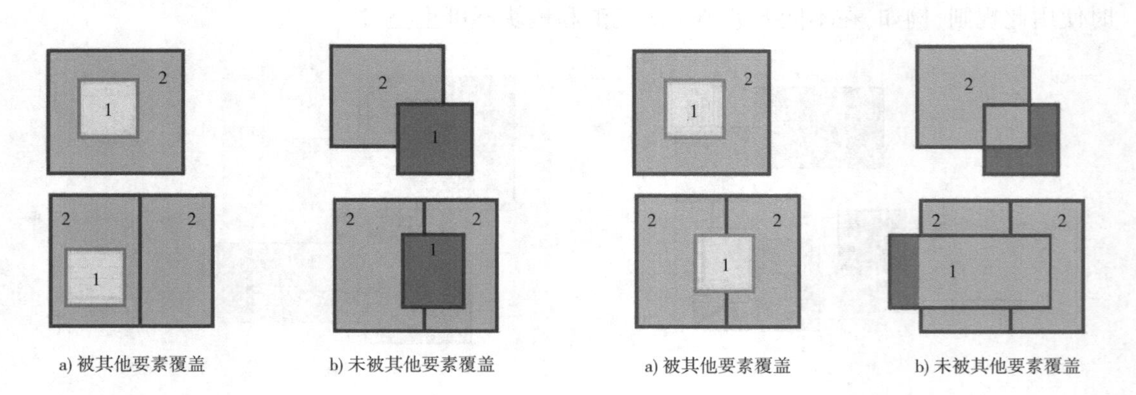

a) 被其他要素覆盖　　b) 未被其他要素覆盖

图 8-16　必须被其他要素覆盖

a) 被其他要素覆盖　　b) 未被其他要素覆盖

图 8-17　必须被其他要素的要素类覆盖

8.3　创建拓扑

拓扑表达的是地理实体间的邻接、包含和关联等空间关系。拓扑关系能够在图形连续变形状态(如地图投影)下保持不变,相较于几何数据具有更大的稳定性,能够更清楚地反映实体之间的逻辑结构关系。创建拓扑关系可以使地理数据库中的要素数据更符合现实情况,有利于空间要素的查询和地理实体的重构等。

特别强调:无论是在 ArcMap,还是在 ArcGIS Pro 中,创建拓扑都需要在数据库里的要素数据集中进行。可以使用"创建拓扑"向导和"创建拓扑"地理处理工具创建拓扑。

8.3.1　使用"创建拓扑"向导创建拓扑

一个拓扑关系存储了三个参数:规则(rules)、坐标等级(ranks)和拓扑容差(cluster tolerance)。创建拓扑的具体流程如图 8-18 所示,包含两步:一是创建需要构建拓扑的地理数据库和数据集,二是在数据集上创建拓扑。地理数据库和数据集的创建此处不再赘述,具体操作步骤请参阅实验 2 中 2.2。

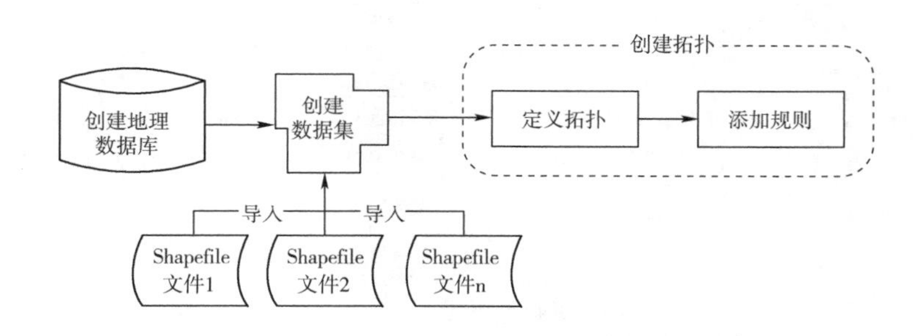

图 8-18　创建拓扑的流程

(1)向数据集导入数据。

可以单个文件导入,也可以批量导入;可以是 Shapefile 文件,也可以是数据库中的要素类文件。具体操作过程如下。

目录窗格中右键单击要处理的数据集(如基础数据),在弹出的右键菜单中选择**导入|要素类**。如图 8-19 所示,将打开**要素类至地理数据库**地理处理窗格,按照要求分别设置输入要素(可多选)、输出地理数据库等参数,点击**运行**实现多个要素的批量导入。

(2)创建拓扑。

使用"创建拓扑"向导创建拓扑,具体步骤如下。

①在**目录**窗格中,右键单击要向其中添加拓扑的要素数据集(如基础数据),然后单击**新建|拓扑**,打开**创建拓扑向导**对话框,如图 8-20 所示。

②在**创建拓扑向导**对话框中**定义拓扑**,如图 8-21 所示,包括拓扑名称、拓扑容差、坐标精度等级和参与拓扑的要素类。拓扑容差包括 *XY* 和 *Z* 拓扑容差,理想的默认值是 0.001m 或以空间参考单位表示的等效值。要素类列表将显示要素数据集中所有的要素类,勾选要

素类前的复选框则表示其将参与拓扑。设置好这些参数后单击下一步，进行添加规则设置页。

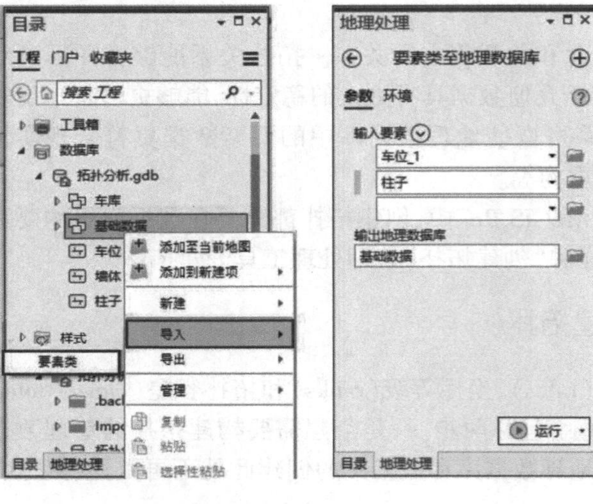

图 8-19 向数据集导入数据

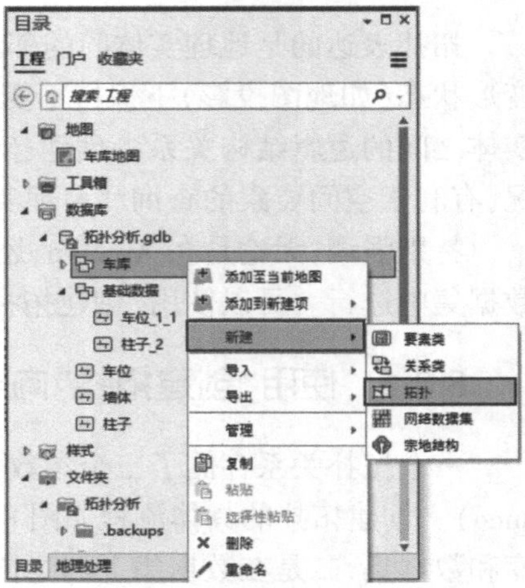

图 8-20 新建拓扑

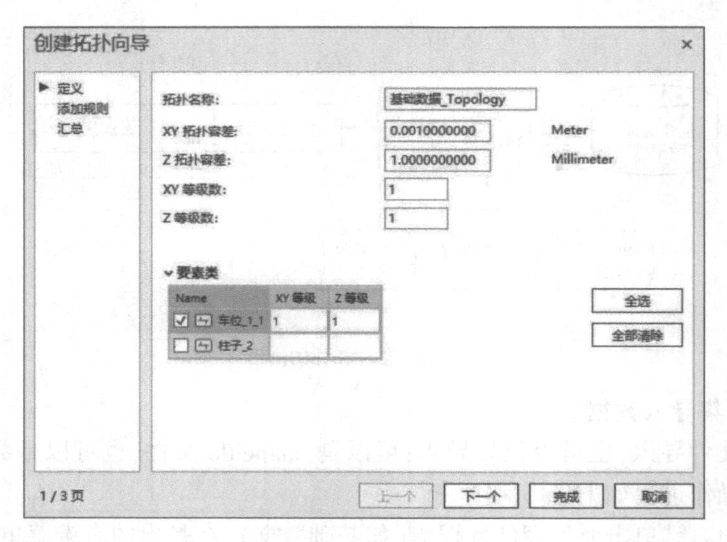

图 8-21 定义拓扑

③在**创建拓扑向导**对话框中**添加规则**，如图 8-22 所示。点击 ＋添加 按钮，规则列表中将添加一个空表规则，在“要素类 1”下拉菜单中，选择一个要素类(如车位_1_1)。如果要创建与子类型相关联的规则，请使用“子类型 1”下拉菜单选择一个子类型。在下一列中，选择相应的规则(如不能重叠)。如果要创建两类要素间的拓扑约束关系，则从“要素类 2”和“子类型 2”下拉菜单中选择第二个要素类和子类型，以完成规则。可根据需要添加多个拓扑规则，对不需要的规则也可选中后点击 × 移除 删除。规则设置完后单击下一步，进入汇总页面。

④在**创建拓扑向导**对话框中汇总页面，可以查看之前所有配置的摘要信息，然后单击完

成,实现拓扑的创建。在目录窗格中的数据集中会出现刚刚创建的拓扑数据。

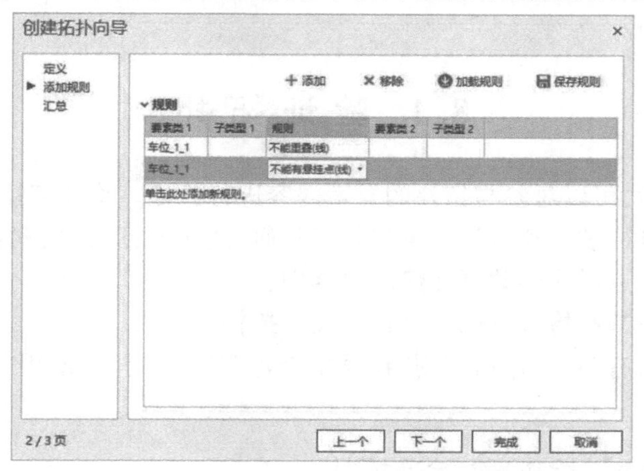

图 8-22　添加拓扑规则

8.3.2　使用地理处理工具创建拓扑

ArcToolbox 提供了一系列用于拓扑的地理处理工具,拓扑工具集位于“数据管理”工具箱中,包括创建拓扑、向拓扑中添加要素类、添加拓扑规则等,如图 8-23 所示。要使用**创建拓扑**工具创建拓扑,一般要使用**创建拓扑→向拓扑中添加要素类→添加拓扑规则**工具。需要注意:此处的创建拓扑仅仅只是一个定义了参与拓扑的要素集、拓扑名称和拓扑容差的空拓扑,拓扑规则为空,需要进一步定义。

对于这样的空拓扑,可以通过拓扑工具添加规则,也可以通过“拓扑属性”对话框设置相应的参数,具体操作如下。

在**目录**窗格中右键单击拓扑(如基础数据拓扑),右键菜单中选择“属性”,打开**拓扑属性**对话框,如图 8-24 所示。在常规、要素类和规则页面设置相应的参数,单击**确定**按钮,可实现拓扑的完善。

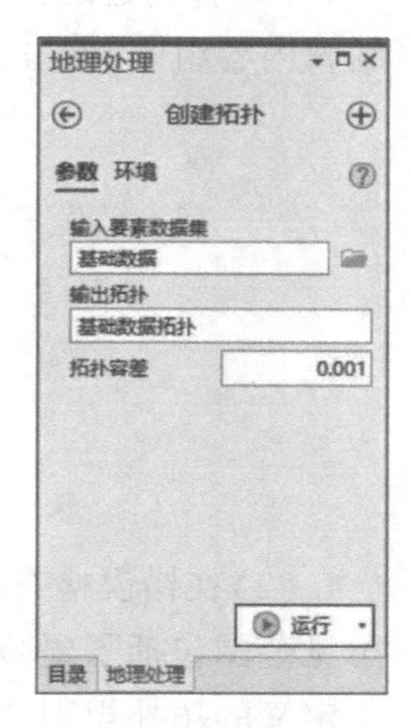

图 8-23　创建拓扑

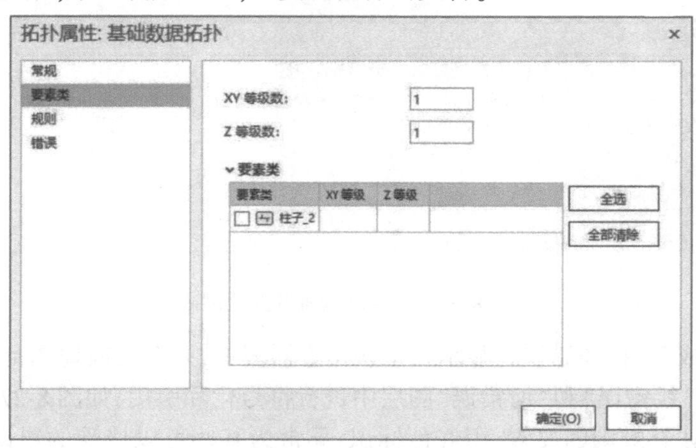

图 8-24　拓扑属性对话框

注意:无论是采用哪种方式创建拓扑,一个数据集可以包含多个拓扑,但其中的要素只能参与到一个拓扑中。

8.4 验证拓扑

拓扑创建完成后,可以对参与拓扑的要素内容进行验证。验证拓扑主要执行以下任务:

①对要素折点进行裂化和聚类以查找共享几何(通用坐标)的要素;

②将通用坐标折点插入到共享几何的要素中;

③运行一系列完整性检查以确定是否违反了拓扑规则。

验证拓扑的方法有两种,包括使用"错误检查器"验证拓扑和使用"验证拓扑"地理处理工具验证拓扑。

8.4.1 使用"错误检查器"验证拓扑

(1)将构建的拓扑以及参与构建拓扑的要素加载到地图窗口,随后在**编辑**选项卡的**管理编辑内容**组中,单击**错误检查器**,如图 8-25 所示,打开**错误检查器**工具条。

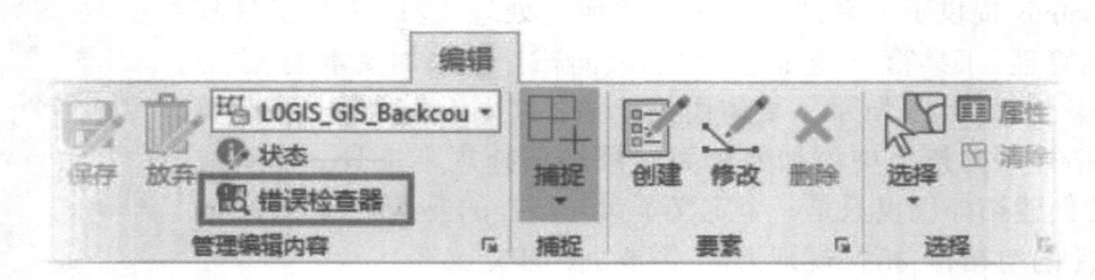

图 8-25 打开错误检查器工具条

(2)在**错误检查器**工具条中设置**来源**为要验证的拓扑(如基础数据_Topolog),同时确保可见范围包括了要验证的整个地图区域,然后单击**验证**按钮以开始根据源拓扑要素图层中定义的拓扑规则进行验证的过程,如图 8-26 所示。

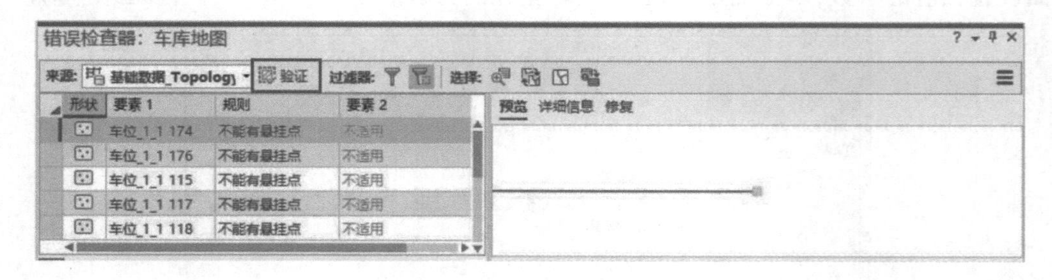

图 8-26 利用错误检查器验证拓扑

验证过程完成后,拓扑错误将显示在**错误检查器**表中,并在当前地图范围的拓扑图层中分组的"点错误""线错误"和"面错误"图层中进行符号化和引用,如图 8-27 所示。

错误为违反拓扑规则的要素,用红色标识;异常为某些可以接受的错误,将这些错误要素标记为异常,用绿色表示。脏区是已通过添加或删除要素而被编辑、更新或影响的区域。

图 8-27 拓扑错误

8.4.2 使用“验证拓扑”地理处理工具验证拓扑

在 ArcGIS Pro 的**地理处理**窗格中，搜索并选择**验证拓扑**地理处理工具，将打开**验证拓扑**对话框（图 8-28），输入要验证的拓扑名称（可以使用浏览按钮浏览到要验证的拓扑；如果拓扑位于地图中，可在内容窗格中将图层拖动到输入拓扑参数文本框），点击**运行**按钮完成验证。需要注意：如果在地图中打开拓扑图层时使用了该工具，则仅会验证地图显示中的当前可见范围；如果该工具引用了地图中未显示的拓扑，则将验证拓扑的整个范围，这是默认设置；如果该工具是在 Python 窗口或 Python 脚本中运行，则不管此参数如何设置都将验证拓扑的全图范围。

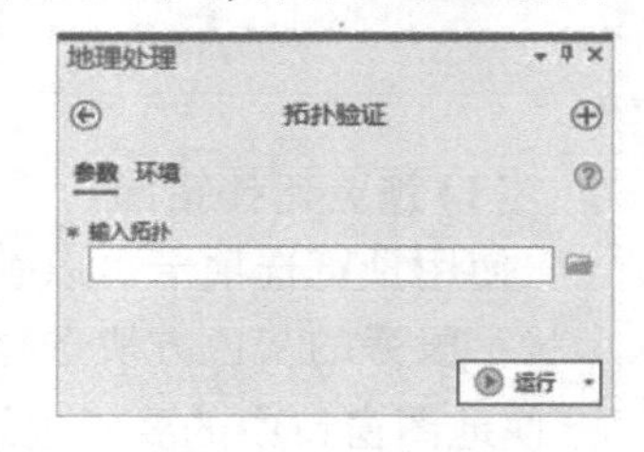

图 8-28 地理处理工具验证拓扑

这两种验证拓扑的方法区别在于“错误检查器”是在活动地图的可见范围内针对拓扑同步运行；而“验证拓扑”地理处理工具可以同步、异步运行，并提供选项来验证拓扑的全图范围或拓扑要素服务的当前可见范围。如果预计验证过程可能很漫长，或者针对要素服务的全图范围进行验证，则建议使用“验证拓扑”地理处理工具。

进行拓扑验证时，应谨记以下信息。

①通常，仅须对每个拓扑整体验证一次。所有其他验证仅重新验证发生更改的脏区。

②在编辑数据及更改拓扑定义时，ArcGIS 会自动追踪脏区。验证拓扑时，ArcGIS 将自动定义所要验证的脏区。

③如果更改拓扑定义（如添加了拓扑规则），则可能需要重新验证拓扑。

④重新验证拓扑并不意味着聚类处理在每次后续验证都会使坐标移动更多。在初次验证中对坐标进行聚类后，它们在后续验证中不会移动，除非添加了属于现有要素的 XY 容差范围内的新几何。

⑤参与拓扑的要素类始终可在 ArcGIS 中使用，与最近是否已验证该拓扑无关。如果拓扑尚未验证，某些要素可能不符合完整性规则。但无论是否有错误，它们都可以使用。

8.5 修复拓扑错误

验证拓扑会将要素几何与源地理数据库中定义的所有拓扑规则进行比较,不满足拓扑规则的要素被标记为错误,并显示在错误检查器列表中。通过错误检查器可以查看和修复拓扑错误。

拓扑错误检查器左侧的列表显示当前地图拓扑可见范围内的所有拓扑错误;右侧包含三个选项卡:预览、详细信息和修复;右下角工具条上包含**修复**、**缩放至错误**、**转至上一个错误**和**转至下一个错误**工具,如图 8-29 所示。

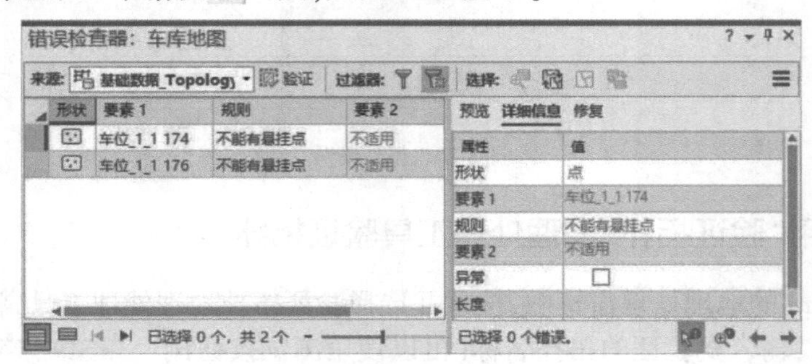

图 8-29　拓扑错误检查器

(1)预览拓扑错误。

使用**预览**选项卡可以查看引起错误的几何要素。单击**预览**选项卡,在错误列表中,单击形状字段旁的灰色方块选择错误,在预览窗口则显示选中的错误,并且可以使用**缩放至错误**使地图窗口中的要素也缩放至选中的错误处,如图 8-30 所示。

(2)查看拓扑错误的详细信息。

使用**详细信息**选项卡查看有关引起错误的要素的信息。单击**详细信息**选项卡,并在错误列表中选中需要查看的错误,该要素的详细信息将显示出来,如图 8-31 所示。在错误表中,要选择一系列要素记录,可以在行中向上或向下拖动指针,或按住 Shift 并单击序列中的最后一条记录;要选择多个要素记录,请按 Ctrl 并单击每个记录。

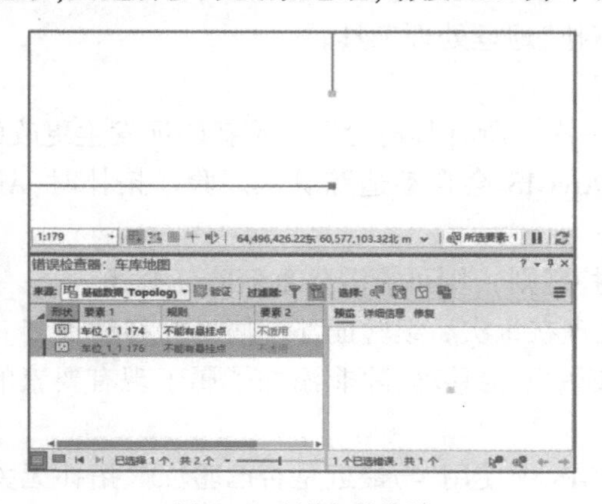

图 8-30　预览拓扑错误

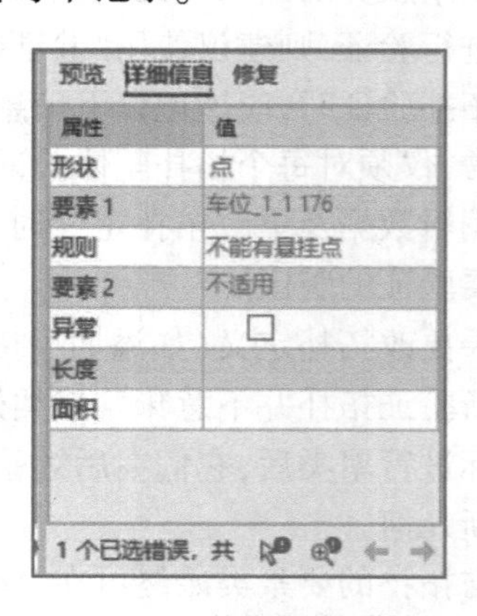

图 8-31　拓扑错误详细信息

(3)修复拓扑错误。

使用**修复**选项卡上的工具修复拓扑错误并管理异常。如果没有可用的预定义错误工具,则可使用标准编辑工具选择并修复错误。单击**修复**选项卡,并在错误列表中选中需要修复的错误,修复选项卡中列出适合的修复方法,如图 8-32 所示。

可以通过**标记为异常**和**清除异常**对异常进行管理。异常是数据创建与更新过程中的正常部分。例如,拓扑规则要求建筑物要素不得跨越宗地边界,但对于高密度住宅综合体或商业建筑物则可能不受此限制。因此可以使用"标记为异常"将被标记为错误的商业建筑物要素的符号移除,并且在验证编辑内容时忽略该要素。

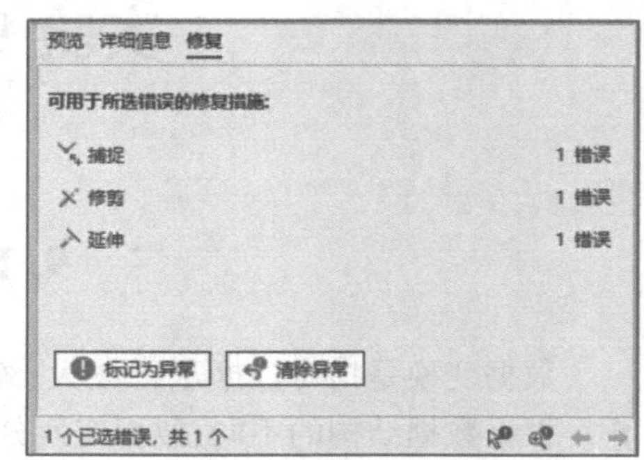

图 8-32　修复拓扑错误

要修复拓扑错误,可以使用以下方法之一。

①单击**修复**选项卡上显示的、适用于所选错误的适当修复,如选择"延伸"并输入"最大距离"10m,该拓扑错误自动被修复,再次点击**验证**,拓扑错误消失。

②要以交互方式修复错误,可以单击选项卡底部的**修复错误**,用指针在地图上选择错误,然后使用弹出菜单上显示的命令进行修复。

③如果没有可用的预定义修复程序,可使用标准编辑工具选择并编辑要素。

实验9 数据变换

9.1 实验任务书

数据变换是指对数据进行放大、缩小、翻转、移动等几何位置、形状和方位的改变等操作。根据数据结构的不同,数据变换分为矢量数据的变换和栅格数据的变换。

实验目的:掌握矢量数据和栅格数据的各种变换方法;能够根据项目目的选取恰当的数据变换方法;能够利用 ArcGIS 软件对地理数据进行各种变换处理,使其满足项目需求。

实验数据:丰都县跨两个图幅 30m 分辨率的 DEM 数据(tif 格式),重庆行政界线图(线要素),丰都县道路图(跨两个图幅,线要素),丰都县城街区图(独立坐标系的县城街区线和面要素),丰都县城局部街区更新图(线要素)。

实验环境:ArcGIS Pro 或者 ArcGIS Desktop 中的 ArcMap。

实验内容:利用 ArcGIS 软件提取出丰都县行政范围内的 DEM 数据;将位于两个图层中的丰都县道路数据匹配起来;更新丰都县城的街区图,使所有数据统一为高斯克吕格投影。

实验步骤:

分析已有数据的特点,矢量数据包括:北部道路.shp 为县域内北部的道路,南部道路.shp 为县域内南部的道路、城区_线.shp 为县城街区详细布局,城区_面.shp 为县城街区的大致布局、局部街区_更新.shp 为局部街区的更新数据,重庆区县.shp 提供了重庆市所有县城的边界线。坐标系采用的自定义投影坐标系 Krasovsky_1940_Lambert_Conformal_Conic,大地基准为 D_Krasovsky_1940,参考椭球是 Krasovsky_1940。栅格数据包括 DEM1 和 DEM2,为地理坐标系 GCS_WGS_1984。道路数据在拼接处存在缝隙;两幅街区图的坐标不一致、街区图的坐标系与道路坐标系也不一致,由此确定数据处理流程和方法:拼接 DEM 数据和道路数据;提取丰都县城的矢量边界;更新街区数据;并进行坐标转换,具体流程如图 9-1 所示。

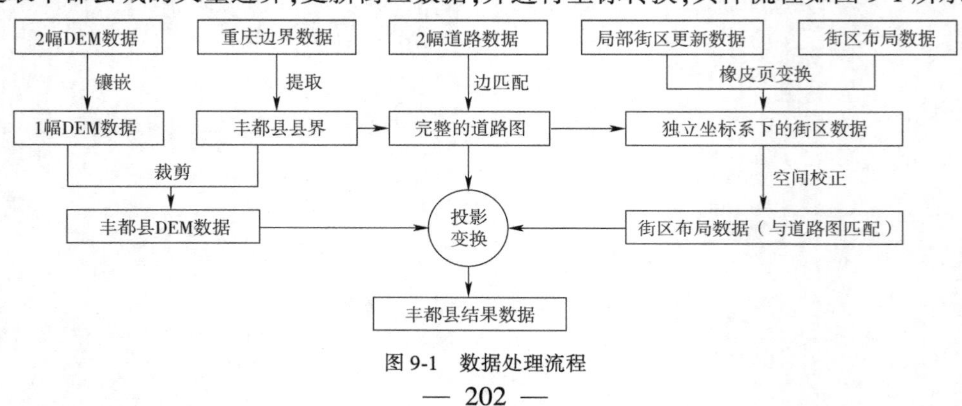

图 9-1 数据处理流程

数据处理中涉及的变换方法包括栅格数据的镶嵌、裁剪和提取、投影变换，矢量数据的提取、裁剪、空间校正、边匹配、拼接、橡皮页变换和投影变换等操作。

实验成果：提交实验报告、完整的丰都县结果数据（包括县域内的 DEM 数据、道路数据、县城街区数据）。

9.2　栅格数据的拼接

栅格数据的裁剪和提取请参阅实验 2 中 2.4.1，此处主要介绍栅格数据的拼接。数据拼接是指将空间相邻的数据拼接为一个完整的目标数据。ArcGIS 软件为管理和支持大型栅格数据集提供了丰富的工具集合，包括栅格数据集、栅格目录和镶嵌数据集。

栅格数据集是指存储在磁盘或地理数据库中的任何栅格数据模型。目前大多数影像和栅格数据（例如正射影像或 DEM）都以栅格数据集的形式提供。栅格数据集是组织成一个或多个波段的任何有效的栅格格式，每个波段由一系列像素（单元）数组组成，每个像素都有一个值。注意：栅格数据集至少有一个波段。存储栅格数据集的格式有 70 多种，常见的如 TIFF、JPEG 2000、ESRI Grid 和 MrSid 等。

栅格目录是以表格式定义的栅格数据集的集合，其中每个记录表示目录中的一个栅格数据集。栅格目录可以大到包含数千个影像。栅格目录通常用于显示相邻、完全重叠或部分重叠的栅格数据集，而无需将它们镶嵌为一个较大的栅格数据集。栅格目录管理的数据集存储在地理数据库中，以目录形式进行查看，如图 9-2 所示。

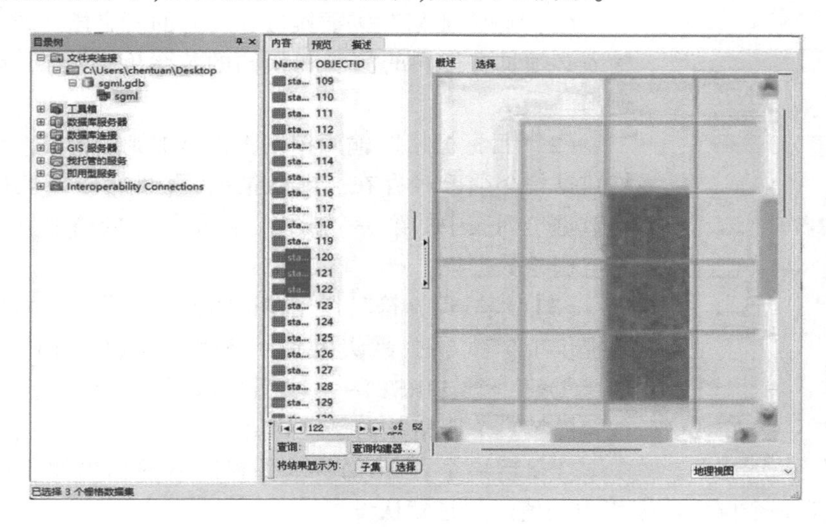

图 9-2　栅格目录

镶嵌数据集是若干栅格数据集（影像）的集合，以目录形式存储并以单个镶嵌影像或单独影像（栅格）的方式显示或访问。镶嵌数据集中的数据可以重叠，也可以不必重叠和相邻，甚至可以是不同空间、光谱、时间和辐射分辨率的栅格数据，如图 9-3 所示。镶嵌数据集中的栅格数据集可以采用本机格式保留在磁盘上，也可在需要时加载到地理数据库中，其非常适用于管理大型栅格数据集合。

a) 显示连续数据范围　　b) 显示不连续数据范围

图 9-3　镶嵌数据集管理的影像数据

本节主要介绍利用栅格数据集对影像数据的拼接,包括两个工具:镶嵌和镶嵌至新栅格。

9.2.1　镶嵌

镶嵌工具位于**数据管理工具|栅格|栅格数据集**中,其作用是将多个现有栅格数据集或镶嵌数据集合并到一个现有栅格数据集中。选择**地理处理**窗格中的**数据管理工具|栅格|栅格数据集|镶嵌**工具,打开**镶嵌**地理处理窗格,如图 9-4 所示,按照要求设置对应的参数。

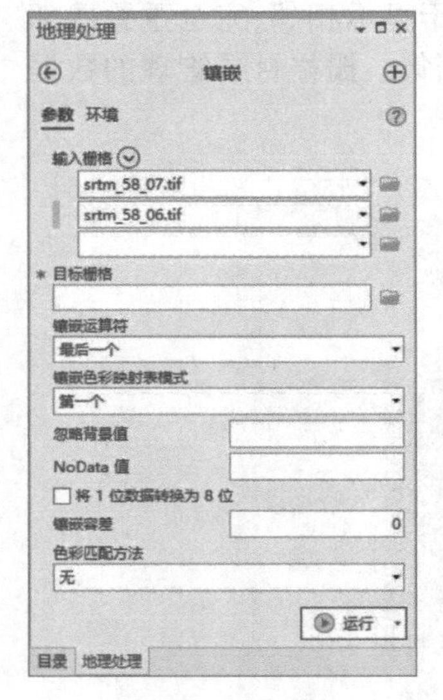

图 9-4　镶嵌

(1)"输入栅格":需要镶嵌在一起的所有栅格数据集。注意输入必须具有相同的波段和相同的位深度,否则工具将报错并退出。

(2)"目标栅格":输入栅格将被添加到的栅格。注意目标栅格数据集必须已经存在。默认情况下,目标栅格被视为输入栅格数据集列表中的第一个栅格。使用**创建栅格数据集**工具可创建空栅格数据集。

(3)"镶嵌运算符":用于镶嵌重叠区域像元的取值方法。系统提供了 7 种方法,默认状态为"最后一个(LAST)"。

①第一个(FIRST)——叠置区域的输出像元值为镶嵌到该位置的第一个栅格数据集中的值。

②最后一个(LAST)——叠置区域的输出像元值为镶嵌到该位置的最后一个栅格数据集中的值。这是默认设置。

③混合(BLEND)——叠置区域的输出像元值为叠置区域中各像元值的水平加权计算结果。

④平均值(MEAN)——重叠区域的输出像元值为叠置像元的平均值。

⑤最小值(MINIMUM)——重叠区域的输出像元值为叠置像元的最小值。

⑥最大值(MAXIMUM)——重叠区域的输出像元值为叠置像元的最大值。

⑦总和(SUM)——重叠区域的输出像元值为叠置像元的总和。

(4)“镶嵌色彩映射表模式”:对输入栅格中应用于镶嵌输出的色彩映射表进行选择的方法。系统提供了4种方法。

①第一个(FIRST)——列表中第一个栅格数据集中的色彩映射表将应用于输出栅格镶嵌。这是默认设置。

②最后一个(LAST)——列表中最后一个栅格数据集中的色彩映射表将应用于输出栅格镶嵌。

③匹配(MATCH)——镶嵌时将考虑所有色彩映射表。如果已经使用了所有可能的值(对于位深度),则该工具将与具有最接近的可用色彩的值进行匹配。

④拒绝(REJECT)——仅对那些不包含关联色彩映射表的栅格数据集进行镶嵌。

(5)“忽略背景值”:使用此选项将移除在目标栅格数据周围创建的指定的值,这些指定的值是不需要的,与栅格数据集中的其他有用数据不同。例如,栅格边界上为零的值不同于栅格数据集内的零值。指定的像素值在输出栅格数据集中将被设置为 NoData。注意:对于基于文件的栅格和地理数据库栅格,要忽略背景值,必须将其设置为与 NoData 相同的值。

(6)“NoData 值”:具有指定值的所有像素将在输出栅格数据集中被设置为 NoData。

(7)“将1位转换为8位”:选择是否将输入1位栅格数据集转换为8位栅格数据集。使用这种转换方法时,输入栅格数据集中的值1将在输出栅格数据集中更改为255。对于1位栅格数据集,将其导入地理数据库时这一选项将十分有用,因为1位栅格数据集存储在文件系统中时包含8位金字塔图层,但在地理数据库中,1位栅格数据集只能包含1位金字塔图层,这会使得显示画面看起来非常粗糙。

(8)“镶嵌容差”:发生镶嵌时,目标及源像素并不总是准确地排成直线。如果像素未对齐,则需要确定是重新采样或者平移数据。“镶嵌容差”可控制是否对像素执行重采样,或者是否平移像素。如果输入的数据集与目标数据集之间的像素偏差大于该容差,则执行重采样。如果输入的数据集与目标数据集之间的像素偏差小于该容差,则执行像素平移。

容差的单位为像素,有效值范围为0~0.5。如果容差设为0.5则必然执行平移,设置为0则必然执行重采样。例如,源像素和目标像素的偏差值为0.25,如果将镶嵌容差设置为0.2,由于像素偏差大于该容差,因此将执行重采样;如果将镶嵌容差设置为 0.3,则会平移像素。

(9)“色彩匹配方法”:指定将应用于栅格的色彩匹配方法。系统提供了4种方法。

①无(NONE)——镶嵌栅格数据集时将不使用颜色匹配操作。

②匹配统计数据(STATISTIC_MATCHING)——来自重叠区域的描述性统计数据将被匹配,然后将变换应用于整个目标数据集。

③匹配直方图(HISTOGRAM_MATCHING)——参考重叠区域中的直方图将与源重叠区域匹配;然后将变换应用于整个目标数据集。

④线性相关(LINEARCORRELATION_MATCHING)——重叠的像素将被匹配,而源数据集的其余部分将被插值;没有一对一关系的像素将使用加权平均值。

在镶嵌窗格中设置好相应的参数,点击运行按钮,完成镶嵌操作,如图9-5所示。

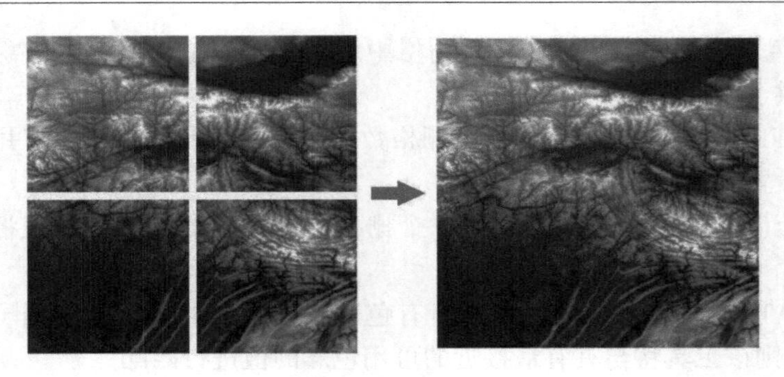

图 9-5 镶嵌的结果

9.2.2 镶嵌至新栅格

镶嵌至新栅格工具位于**数据管理工具|栅格|栅格数据集**中,其作用是将多个现有栅格数据集合并到一个新的栅格数据集中。选择**地理处理**窗格中的**数据管理工具|栅格|栅格数据集|镶嵌至新栅格**工具,打开**镶嵌至新栅格**地理处理窗格,如图 9-6 所示,按照要求设置对应的参数。

(1)"输入栅格":待合并的栅格数据集,注意输入必须具有相同的波段数和相同的位深度,否则工具将报错并退出。

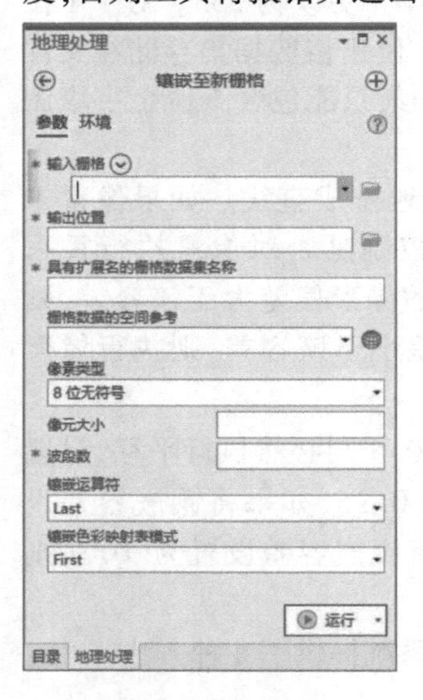

图 9-6 镶嵌至新栅格

(2)"输出位置":用于存储栅格的文件夹或地理数据库。

(3)"具有扩展名的栅格数据集名称":新栅格数据集的名称。当以文件格式存储栅格数据集时,需要指定文件的扩展名称,其包含的文件类型有 BIL、BIP、BMP、BSQ、DAT、Esri Grid、GIF、IMG、JPEG、JPEG 2000、PNG 和 TIFF 格式。当将栅格数据集存储到地理数据库时(即 ESRI Grid),请勿向栅格数据集的名称添加文件扩展名。

(4)"栅格数据集的空间参考":输出栅格数据集的坐标系,可以和输入的栅格数据集坐标系相同,也可以采用其他的坐标系(如当前地图的坐标系)。

(5)"像元类型":镶嵌数据集的位深度或辐射分辨率。系统提供了 11 种选项。如果不设置像元类型,将使用默认值 8 位无符号。注意:像元类型选择不正确可能导致结果错误。

①1_BIT——1 位无符号整数,值可以为 0 或 1。

②2_BIT——2 位无符号整数,支持的值为 0 到 3。

③4_BIT——4 位无符号整数,支持的值为 0 到 15。

④8_BIT_UNSIGNED——8 位无符号数据类型,支持的值为 0~255。

⑤8_BIT_SIGNED——8 位有符号数据类型,支持的值为 -128~127。

⑥16_BIT_UNSIGNED——16 位无符号数据类型,取值范围为 0~65 535。

⑦16_BIT_SIGNED——16 位有符号数据类型,取值范围为-32 768~32 767。

⑧32_BIT_UNSIGNED——32 位无符号数据类型,取值范围为 0~4 294 967 295。

⑨32_BIT_SIGNED——32 位有符号数据类型，取值范围为-2 147 483 648~2 147 483 647。

⑩32_BIT_FLOAT——支持 32 位浮点型数据格式。

⑪ 64_BIT——支持小数的 64 位数据类型。

(6)“像元大小”：新栅格数据集的像元大小。

(7)“波段数”：输出的新栅格数据集具有的波段数。

在**环境**选项卡中可以设置新栅格的输出范围，其只支持“如下面的指定”选项，即输入矩形各侧的坐标（上、下、左、右侧）。注意：即使输入的是一个矢量形状（如行政区划边界），系统也将自动获得该形状的外接矩形，得到的是矩形区域。输出数据集的范围通常会大于“范围”设置，以便将穿过范围矩形的要素或像元包括在内。如果要为输出的栅格指定形状范围，则要使用裁剪工具。在**镶嵌至新栅格**窗格中设置好相应的参数，点击**运行**按钮，完成镶嵌操作。

9.3　矢量数据的变换

矢量数据的变换包括裁剪、合并、提取、空间校正、橡皮页变换和边匹配等操作，涉及的工具集有合并工具集、提取分析工具集和常规工具集。

9.3.1　合并工具集

合并工具集位于**编辑**工具箱中，将批量编辑应用到要素类中的所有（或所选）要素，用于解决不同数据源之间的空间与属性的不一致性问题，如坐标不一致、边不匹配等。合并工具集通过空间校正、橡皮页变换和边匹配使不同来源的矢量数据的空间定位精度达到一致性。

9.3.1.1　变换要素

变换要素根据控制点之间的变换链接，通过缩放、平移及旋转方式将输入要素的坐标从一个位置转换到另一个位置。在**编辑**选项卡的工具组中点击**变换**（或者在**修改要素**窗格的对齐组中点击**变换**），将打开**变换**窗格，操作过程如图 9-7 所示。实现数据变换的具体操作如下。

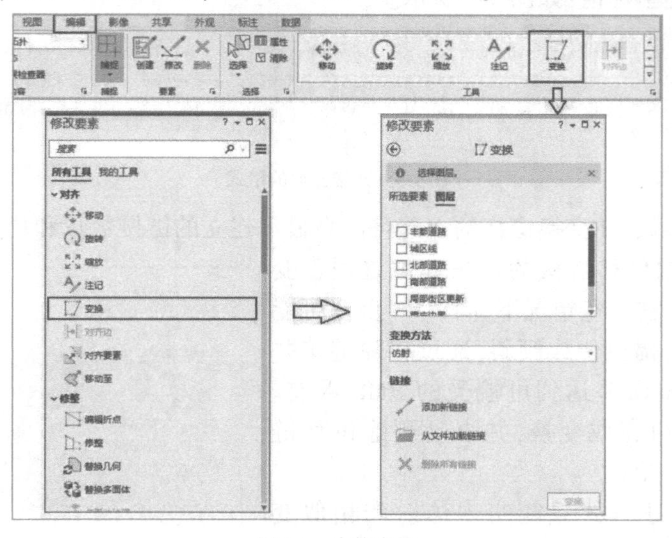

图 9-7　变换窗格

(1)选择要变换的数据:在**变换**窗格的**所选要素**选项卡中单击**选择**并在地图窗口选择要素;如果要变换一个或多个图层上的所有要素,则单击**图层**选项卡并选择要变换的图层。

(2)设置变换方法:单击**变换方法**下拉箭头选择变换方法。系统提供了仿射、相似、射影方法。“仿射变换”可以不同程度地缩放、旋转、平移和倾斜要素,此方法需要至少三个位移链接。对于大多数变换,推荐使用此方法。“相似变换”可以均匀缩放、旋转和平移要素,但不会单独对轴进行缩放,也不会产生任何倾斜。“相似变换”可使变换后的要素保持原有的横纵比。此方法至少需要两个位移链接。对于通常不倾斜的 CAD 工程图和其他基于文件的要素数据,或要保持要素的相对形状,选用此方法。“射影变换”基于更复杂的公式,要求至少四个位移链接,此方法可用于变换直接从航空摄影捕获的数据,变换前后共点、共线、相切、拐点一阶切线的不连续性均保持不变,需要通过**变换要素**地理处理工具进行。

(3)添加位移链接:单击**添加新链接**,在地图窗口针对要变换的要素捕捉边的端点,捕捉新目标位置的端点,建立位移链接,结果如图 9-8 所示。添加新链接的时候,**内容**窗格中会自动添加一个“链接”要素图层,可以改变要素图层的符号。单击**选择**,选择链接,然后按 Delete 键可以删除该位移链接;也可以在**变换**窗格中单击**删除所有链接**按钮删除建立的所有链接。也可以单击**从文件加载链接**,加载使用 ArcMap 创建的链接文件中所包含的预定义链接。链接文件一般为 TAB 分隔的 ASCII 文本文件,每行包含每个链接的两对 *XY* 坐标值,可以是四列或五列的。四列链接文件包含一对源坐标值和目标坐标值,五列链接文件包含一个 ID 列(字符串或数值),其后面的列中包含上述坐标值,如图 9-9 所示。

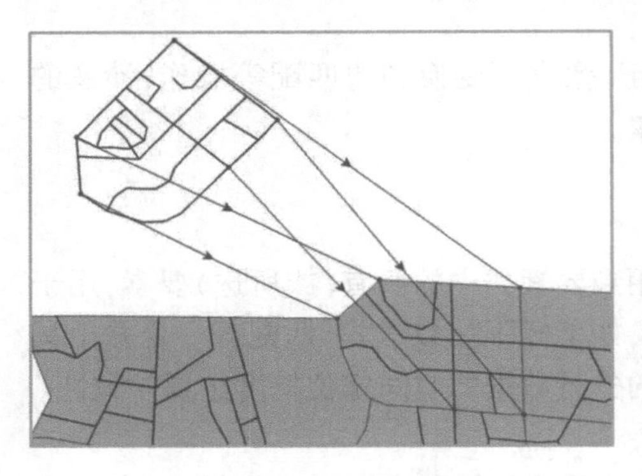

图 9-8　位移链接

3	1032507.603691	1865947.186470	1032507.207115	1865926.170407
2	1032508.350801	1865986.785187	1032509.079486	1866025.405116
1	1032388.666424	1865961.179459	1032361.009572	1865981.280533

图 9-9　链接文件的格式

设置好上述参数,在**变换**窗格的上部将高亮显示建立的链接数量和均方根(RMS)误差。RMS 误差表示根据位移链接的数量和位置报告变换的整体适应度。在某些情况下,高 RMS 误差可能表示数据将发生大幅拉伸或倾斜,通过移除链接并添加新控制点调整误差达到可接受的 RMS 误差。然后单击**变换**按钮完成变换,并自动删除位移链接,结果如图 9-10 所示。

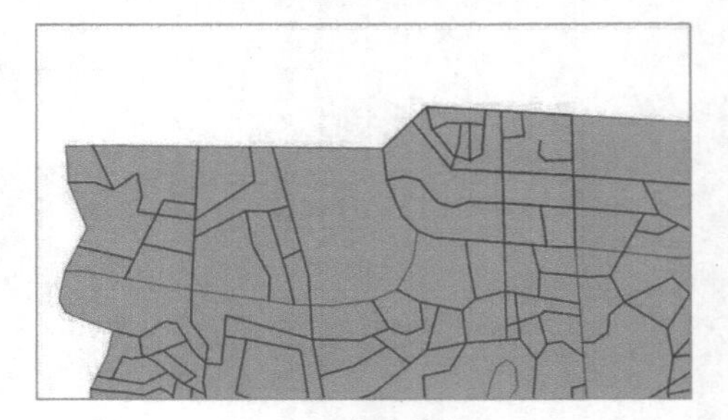

图 9-10　变换结果

注意:通过上述方式只能实现仿射和相似变换,如果要实现投影变换,则要通过**变换要素**地理处理工具进行。该工具可以实现仿射、相似和投影三种变换。

变换要素的具体操作步骤如下：

点击工具箱中**编辑工具|合并|变换要素**，打开**变换要素**地理处理窗格，如图 9-11 所示。在**变换要素**地理处理窗格中，设置变换所需的参数和环境。“输入要素”即需要变换的点、线、面或注记；“输入链接要素”为代表已知相应控制点间变换链接要素。链接的起点为源控制点位置，链接的端点为相应目标控制点位置，可以通过编辑中的变换要素建立这一链接要素文件。方法可以选择仿射、相似和投影三种。“输出链接表”用于存储变换结果的质量，包括输入的链接及其残差。点击**运行**按钮完成变换。

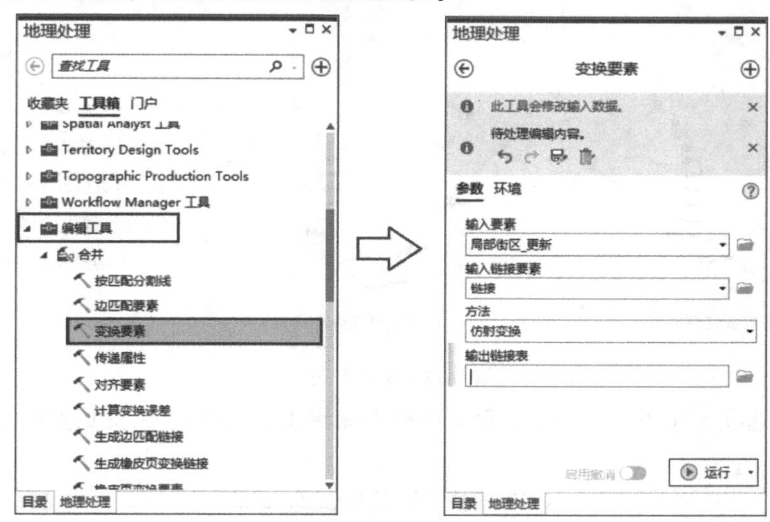

图 9-11　变换要素地理处理窗格

注意：所有输入的数据必须位于统一坐标系中；变换完成后需要变换的图层更新数据，但链接要素不会自动删除，如图 9-12 所示。

图 9-12　变换要素地理处理结果

9.3.1.2 橡皮页变换要素

由于数据收集不一致或其他原因,来自不同数据源并覆盖相同区域的线要素(例如由市政府维护的道路和来自商业数据提供商的同一城市的道路)可能不会完全对齐。对应要素之间的空间平移常常并不统一。如果了解某个源的数据精度低于其他源的数据,则可以通过橡皮页变换调整来提高数据精度。

橡皮页变换用于对两个或多个图层进行小型的几何校正,使得输入要素更精确地与目标要素对齐。与"变换要素"处理比较,其不仅可以点对点地建立链接,还可以对曲线自动添加链接,也可以对一些不需要变换的点标识出来,原理如图 9-13 所示。

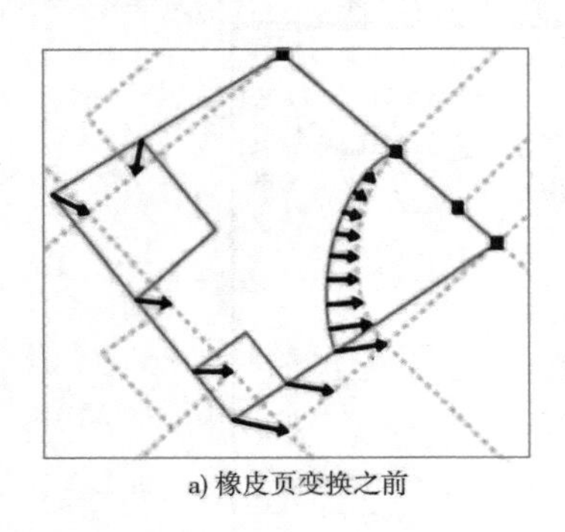

a) 橡皮页变换之前

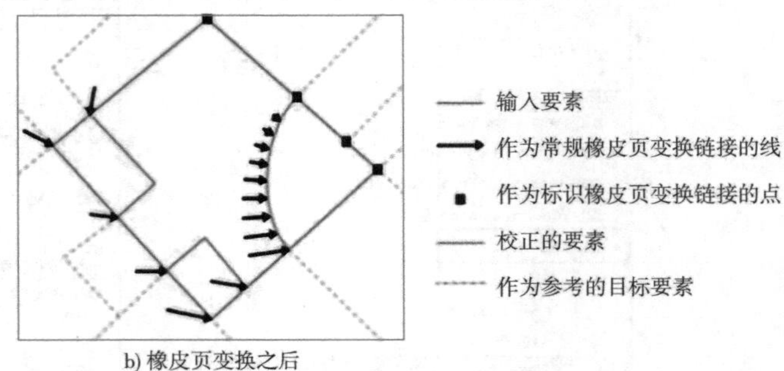

b) 橡皮页变换之后

图 9-13 橡皮页变换

通过**编辑**选项卡中的**变换**,或者工具箱中**编辑工具|合并|橡皮页变换要素**可以实现橡皮页变换。

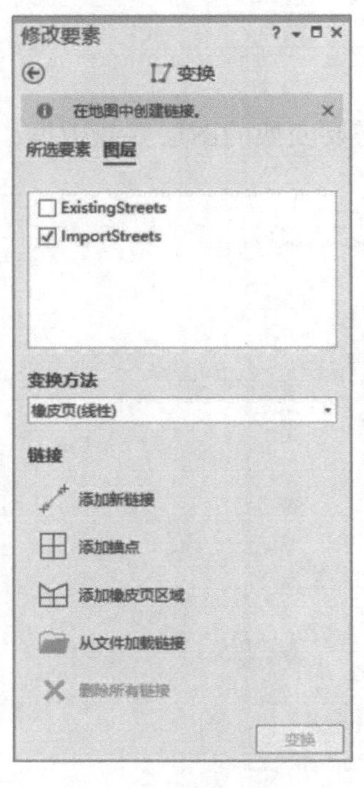

图 9-14 橡皮页变换窗格

(1)基于**变换**的橡皮页变换。

①选择要变换的数据:在**变换**窗格的**所选要素**选项卡中单击**选择**,并在地图窗口选择要素;如果要变换一个或多个图层上的所有要素,则单击**图层**选项卡并选择要变换的图层,如图 9-14 所示。

②设置变换方法:单击**变换方法**下拉箭头选择变换方法。方法用于确定在橡皮页变换过程中创建临时 TIN 的插值方法。系统提供了两种橡皮页变换方法:线性和自然邻域。其中,线性方法用于创建快速的 TIN 表面,但并不真正考虑邻域。此方法速度稍快,并且当许多橡皮页变换链接均匀分布在要调整的数据上时,将得到优质结果。自然邻域方法稍慢,但当橡皮页变换连接线不是很多并且分布不均匀时,得出的结果会更加精确。

③添加链接:橡皮页变换可以添加三种链接,分别为添加新链接、添加锚点和添加橡皮页区域。

添加新链接在内容窗格中将自动加载"链接"图层用于存储位移链接。在地图窗口针对要变换的要素捕捉端点,随后捕捉新目标位置的端点,建立位移链接,结果如图 9-15 所示,在源位置 ImportStreets 和目标位置 ExistingStreets 图层间建立 6 个位移链接。

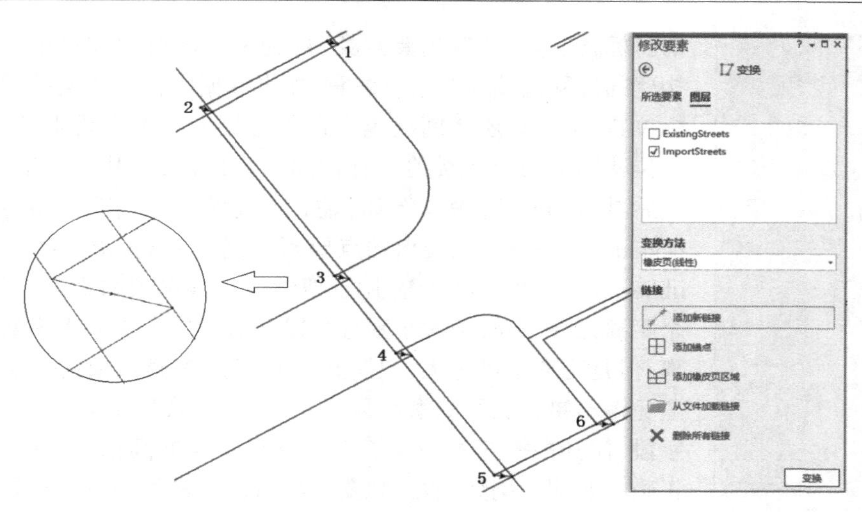

图9-15　添加的位移链接

添加锚点在内容窗格中将自动加载"锚点"图层用于存储标识链接。标识链接主要用于标识那些在变换中无须纠正的线段。在地图窗口捕捉不需要纠正的线的端点，建立标识链接，如图9-16所示，建立了5个标识链接。

添加橡皮页区域在内容窗格中将自动加载"橡皮页变换区域"图层用于存储橡皮页区域面。橡皮页区域主要用于进一步限制需要校正的区域，在区域内的点将进一步发生变化，而区域外的点都不发生变换。

设置好上述参数，单击**变换**按钮完成变换，位移链接将被删除，且目标点将转换为锚点，结果如图9-17所示。

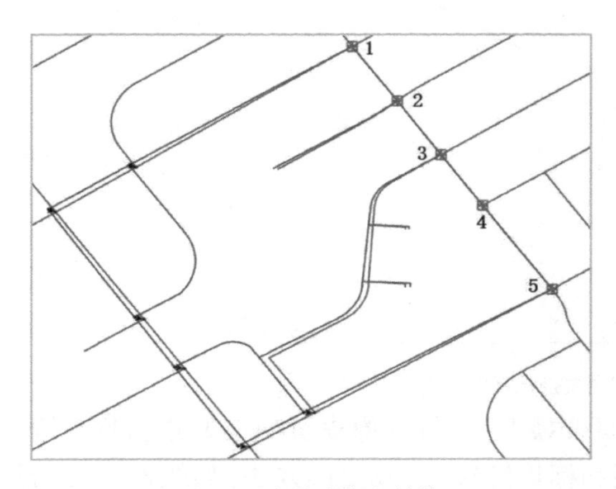

图9-16　添加的标识链接

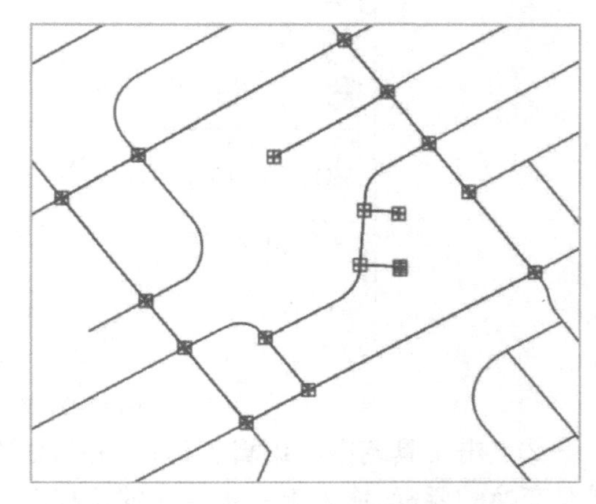

图9-17　橡皮页变换的结果

(2)基于地理处理的橡皮页变换。

基于地理处理实现橡皮页变换需要联合"生成橡皮页变换链接工具"。具体操作步骤如下。

①点击工具箱中的**编辑工具|合并|生成橡皮页变换链接**，打开**生成橡皮页变换链接**窗格，如图9-18所示。"源要素"即为需要进行变换的线要素。"目标要素"即为变换链接匹配

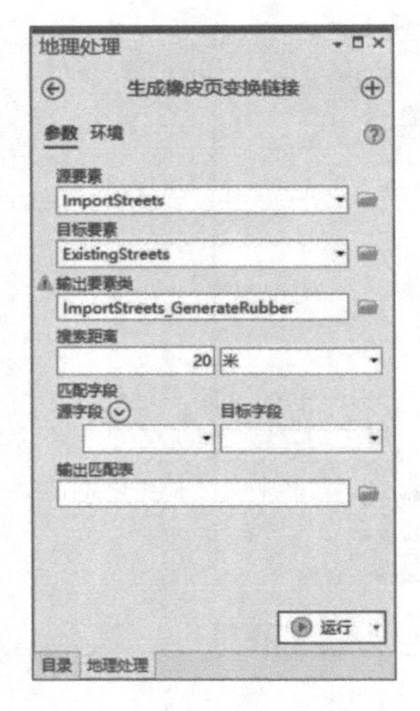

图 9-18　生成橡皮页变换链接

的目标线要素。“输出要素类”即为基于源要素和目标要素匹配而构建的位移链接线要素。注意:如果数据中存在相同的源位置和目标位置,该工具还会创建包含标识链接的派生点要素类,点要素类与位移链接的线要素类具有相同的输出位置,其名称也相同,但是其后具有_pnt 后缀。例如,输出要素类的名称为“ImportStreets_GenerateRubber”,则输出的点要素类名称“ImportStreets_GenerateRubber_pnt”。“搜索距离”用于搜索匹配候选项的距离,必须指定一个距离,此距离必须大于零且足以获取相应要素间大多数偏移的距离;但是距离不可过大,以防止出现对过多候选项的不必要处理并避免得出错误匹配的潜在风险。“匹配字段”参数指定一对或多对字段,使其根据这些字段值来检查空间匹配候选项,从而帮助确定正确的匹配。例如,假设源要素和目标要素均具有包含街道名称的 STREET_NAME 字段。如果某个源要素在空间上与两个目标要素匹配,但是只有一个目标要素具有与源要素相同的 STREET_NAME 值,那么该目标要素与源要素的匹配度更高。“输出匹配表”用于存储完整的要素匹配信息,其中包括源 FID 与目标 FID、匹配组、匹配关系,以及从空间和属性匹配条件中获取的匹配置信度级别,能够帮助用户了解匹配情况,并有助于进行后检查、后编辑和进一步分析,此为可选项。点击“运行”按钮完成链接的生成,将生成的位移链接和标识链接添加到内容列表,更改其显示符号,结果如图 9-19 所示。

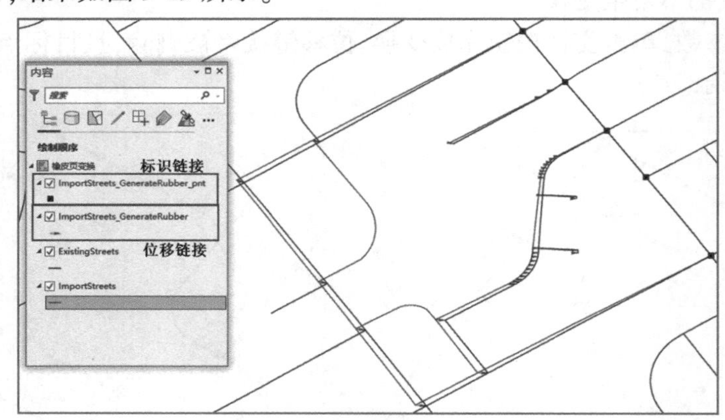

图 9-19　生成橡皮页变换链接的结果

②点击工具箱中的**编辑工具|合并|橡皮页变换要素**,打开**橡皮页变换要素**窗格。输入需要变换的要素,输入上一步生成的位移链接和标识链接,选择变换方法(如线性),点击运行按钮完成橡皮页变换,结果如图 9-20 所示。

9.3.1.3　边匹配要素

由于数据采集不一致或其他原因,两个相邻数据集的线要素(例如相邻国家的道路)可能存在空隙或沿着连接边的方向发生偏移。可以使用“生成边匹配链接”和“边匹配要素”工具使相邻的要素相互连接起来,如图 9-21 所示。这两组线要素称为源要素和相邻要素。“生成边匹配链接”工具在指定搜索距离内查找没有相交但是彼此对应的源线与相邻线,并生成表示源线与相邻线之间边匹配链接(也称“位移链接”)的线;然后使用“边匹配要素”工具对要素进行调整使要素相互连接。

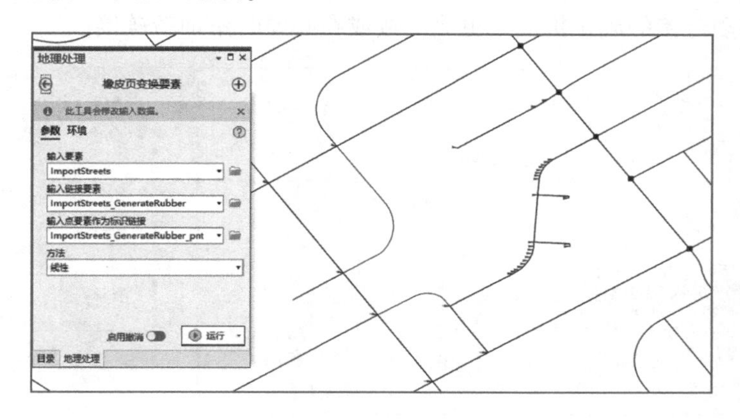

图 9-20　橡皮页变换结果

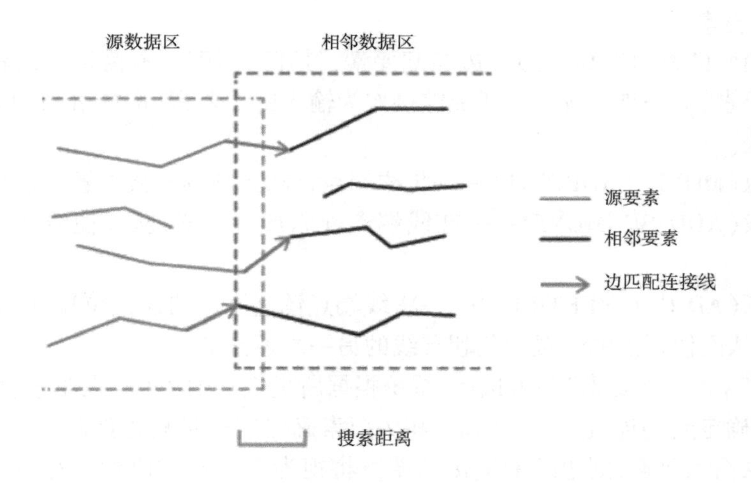

图 9-21　边匹配原理

(1)生成边匹配链接。

点击工具箱中的**编辑工具|合并|生成边匹配链接**,打开**生成边匹配链接**窗格。设置源要素、相邻要素、输出要素类、搜索距离等参数。“搜索距离”参数用于查找匹配候选项。使用足以获取相应要素间大多数偏移的距离,但是距离不可过大,以防止出现对过多候选项的不必要处理并避免得出错误匹配的潜在风险。“输出要素类”用于存储源要素和相邻要素的匹配链接,为线要素,包含三个字段:

①SRC_FID——链接起点处的源要素 ID。

②ADJ_FID——链接终点处的相邻要素 ID。

③EM_CONF——表示边匹配置信度级别的值。该值说明了在搜索距离内发现的候选项数量、属性匹配情况和源要素与相邻要素之间的连续性。其范围为 0~100(不包括 0),其中 100 表示最高的置信度级别。EM_CONF 值越大,链接正确的可能性就越大。

设置好参数，点击运行按钮完成边匹配链接的生成，结果如图 9-22 所示。与任何线要素一样，可以对边匹配链接的符号进行修改，也可对错误的链接进行修改，比如删除不需要的链接、通过移动链接的起止折点来更改链接或在必要时添加新链接。

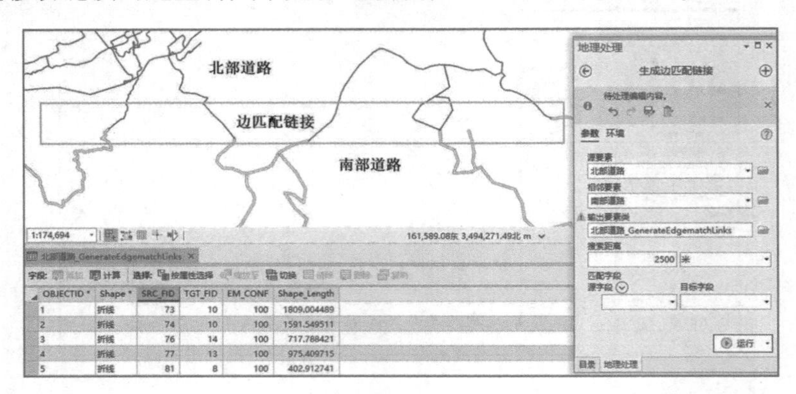

图 9-22 边匹配链接结果

(2)边匹配要素。

点击工具箱中的**编辑工具|合并|边匹配要素**，打开**边匹配要素**窗格。设置要调整的线要素作为输入要素，上一步生成的边匹配链接作为输入链接要素，选择恰当的方法。系统共提供了三种方法。

①移动端点(MOVE_ENDPOINT)——将线端点移动至新的连接位置。这是默认设置。

②添加线段(ADD_SEGMENT)——在线端点处添加直线段，从而使线端点位于新的连接位置。

③调整折点(ADJUST_VERTICES)——将线端点调整至新的连接位置；同时也会对其余折点进行调整，从而使折点的位置变化朝着线的另一端逐渐减少。

“邻接要素”和“边界要素”为可选项，系统根据所提供的输入(输入要素、相邻要素和边界要素)相应地确定新的连接位置，并调整相关要素确保连接匹配的要素。

如果仅提供输入要素，则边匹配链接的端点将视为新的连接位置。对边匹配链接相关的输入线(即要素 ID 与链接的 SRC_FID 值相匹配)进行调整，从而使输入线的端点位于链接端点处。这样可确保输入线与所需相邻要素互相连接。

如果同时提供输入要素和相邻要素，则边匹配链接的中点将视为新的连接位置。将同时对相关的输入线和相关的相邻线(即其要素 ID 与链接的 ADJ_FID 值相匹配)进行调整，从而使其端点连接到链接的中点。

如果指定边界要素，则该工具将距离边匹配链接中点最近的边界位置用作新的连接位置。输入要素和相邻要素(如果指定)都会进行调整，从而使这些要素的端点连接到计算出的边界位置。

设置好参数，点击运行按钮完成边匹配要素，结果如图 9-23 所示。

9.3.2 提取分析工具集

GIS 数据集中通常会包含超出实际需求的数据。“提取分析”工具允许通过查询(SQL

表达式）或空间和属性提取操作来选择要素类或表中的要素和属性。常用的工具包括选择、裁剪、分割和按属性分割。

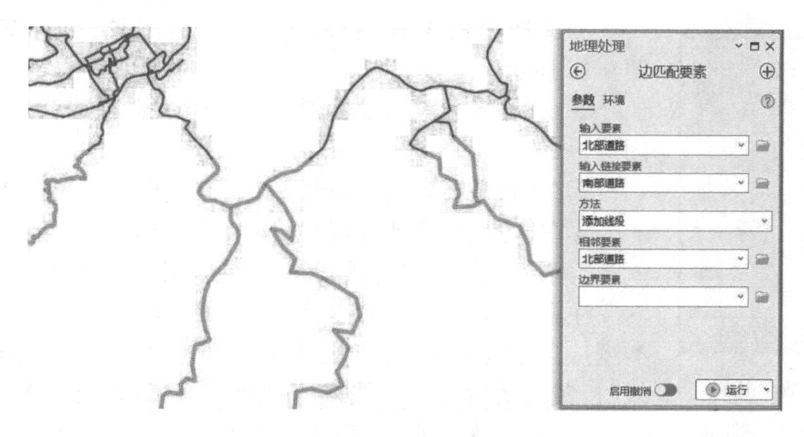

图 9-23　边匹配结果

（1）选择。

选择分析是从输入要素类或输入要素图层中提取满足 SQL 表达式条件的要素，并将其存储于输出要素类中。具体操作如下。

①选择**分析工具**|**提取分析**|**选择**工具，打开**选择**窗格，如图 9-24 所示。

②在“输入要素”文本框中选择要输入的要素类或图层。

③在“输出要素类”文本框键入输出要素类的名称。

④单击＋新建表达式按钮，设置 SQL 表达式。

⑤单击**运行**按钮完成操作，结果如图 9-25 所示。

注意：如果以图层作为输入要素并且未输入任何表达式，则仅将所选要素写入到输出要素类。如果将图层用于输入要素并且输入了表达式，则仅对所选要素执行表达式，并将所选集合中基于表达式的子集写入到输出要素类。

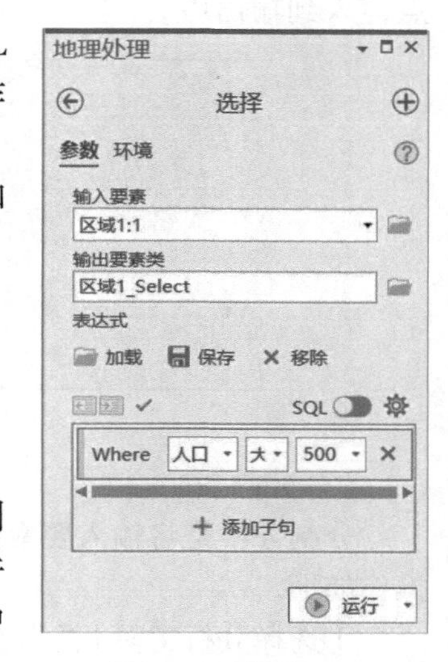

图 9-24　选择窗格

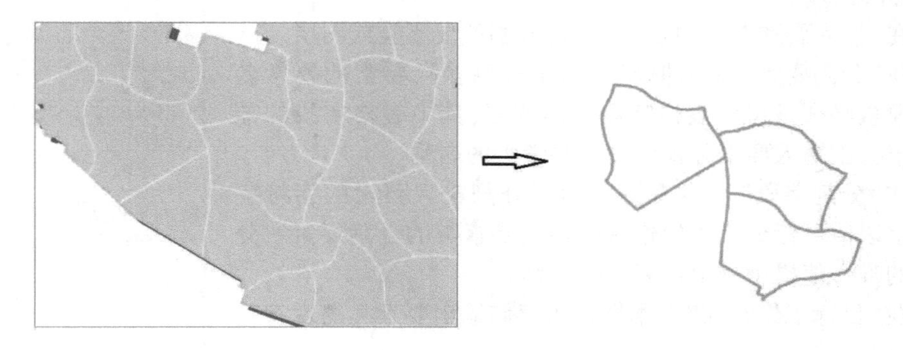

图 9-25　选择分析的结果

(2)裁剪。

裁剪分析是提取与裁剪要素相重叠的输入要素。具体操作如下。

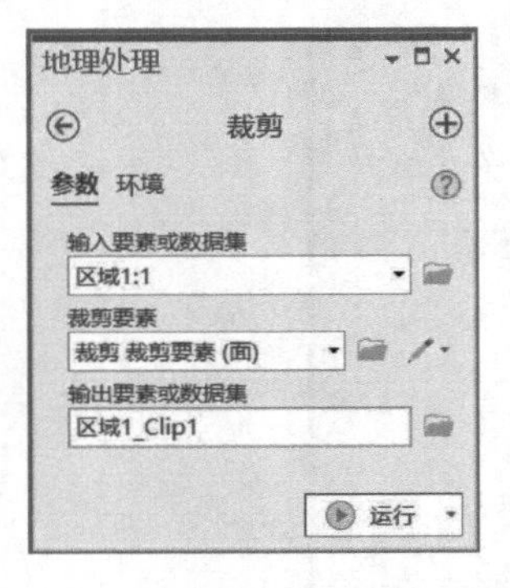

图 9-26 裁剪窗格

①选择**分析工具|提取分析|裁剪**工具,打开**裁剪**窗格,如图 9-26 所示。

②在"输入要素或数据集"文本框中选择待裁剪的要素类或图层。

③在"裁剪要素"文本框键入用于裁剪输入要素的要素名称。

④在"输出要素或数据集"文本框键入输出要素类的名称。

⑤单击**运行**按钮完成操作,结果如图 9-27 所示。

注意:裁剪要素可以是点、线或面,具体取决于输入要素参数类型。当输入要素为面时,裁剪要素也必须为面;当输入要素为线时,裁剪要素可以为线或面;用线要素裁剪线要素时,仅将重合的线或线段写入到输出中。当输入要素为点时,裁剪要素可以为点、线或面;用点要素裁剪点要素时,仅将重合的点写入到输出中;用线要素裁剪点要素时,仅将与线要素重合的点写入到输出中。

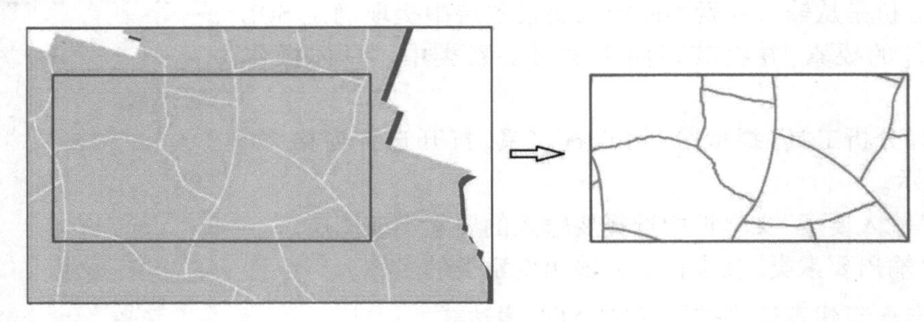

图 9-27 裁剪分析的结果

(3)分割。

分割分析是将输入要素按照分割要素的区域划分批量分割,创建若干子集要素。具体操作如下。

①选择**分析工具|提取分析|分割**工具,打开**分割**窗格,如图 9-28 所示。

②在"输入要素"文本框中选择待分割的要素类或图层。

③在"分割要素"文本框键入用于分割输入要素的要素名称。该要素必须是包含表格字段的面要素,其中表格字段的唯一值用于分割输入要素并提供输出要素类的名称。

④在"分割字段"文本框键入用于分割输入要素的字符字段。此字段值可标识用于创建每个输出要素类的分割要素。分割字段的唯一值提供输出要素类的名称。

⑤在"目标工作空间"文本框输入存储输出要素类的现有工作空间。

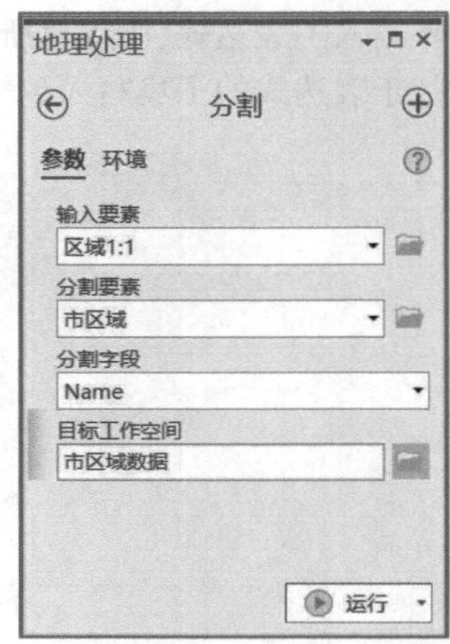

图 9-28 分割窗格

⑥单击**运行**按钮完成操作。例如,现有某省的市行政区和

县行政区，但两个数据没有关联起来，即不清楚哪个县属于哪个市。因此，可以采用分割分析将县行政数据按照市行政区进行分割，得到每个市的数据，结果如图9-29所示。

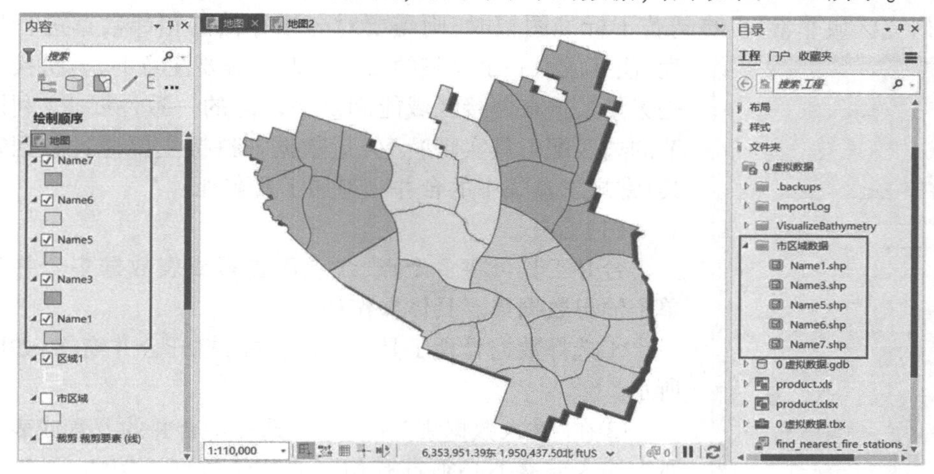

图9-29　分割分析的结果

(4)按属性分割。

按属性分割是根据唯一属性分割输入要素。具体操作如下。

①选择**分析工具**|**提取分析**|**按属性分割**工具，打开**按属性分割**窗格，如图9-30所示。

②在“输入表”文本框中选择待分割的要素类或表。

③在“目标工作空间”文本框键入存储输出要素类的现有工作空间。

④在“分割字段”文本框选择分割字段。

⑤单击**运行**按钮完成操作。例如，现有某区域县界的面要素，其属性表中字段“PROVINCE”表明了该县隶属的市域。因此，可以依据该字段将县域数据按照市分割成若干个文件，结果如图9-31所示。

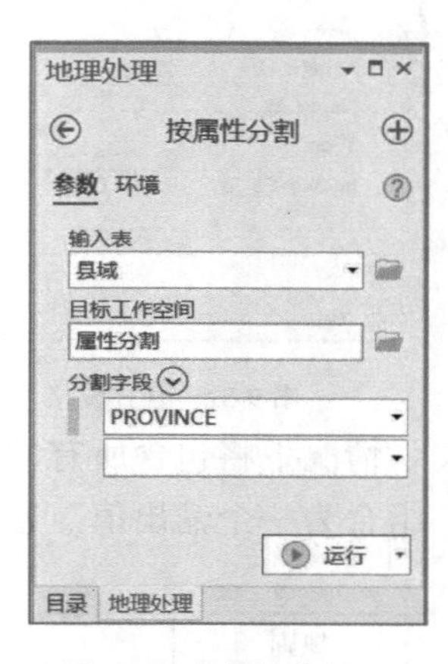

图9-30　按属性分割

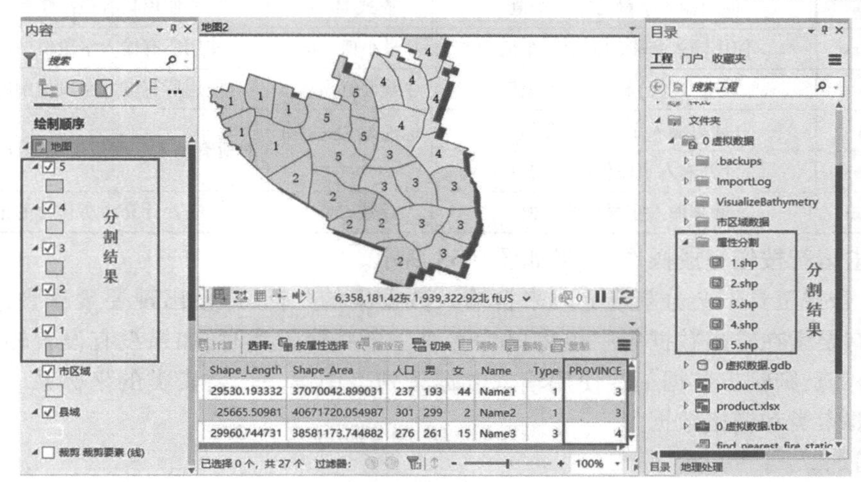

图9-31　按属性分割的结果

9.3.3 常规工具集

当研究区域非常大、跨越若干标准图幅时，则需要对分幅存储的相邻数据进行拼接处理，使其成为一个完整的目标数据。需要注意的是：拼接的前提是矢量数据在邻接区域能满足边匹配的一致性要求（利用上一节的边匹配工具实现）。矢量数据的拼接主要通过**数据管理工具|常规工具集**中的**合并**和**追加**工具实现。

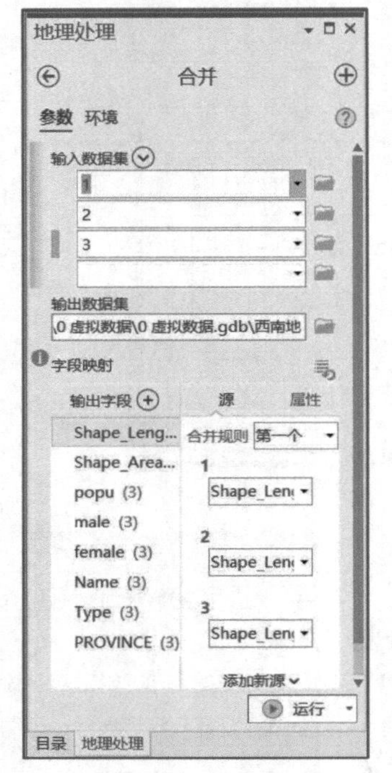

图 9-32 合并窗格

（1）合并。

合并工具可将多个点、线或面要素或表数据集合并到新的单个输出数据集。具体操作如下。

①选择**数据管理工具|常规|合并**，打开**合并**窗格，如图 9-32 所示。

②在“输入数据集”文本框中选择待合并的要素或表；注意，所有输入要素类必须具有相同的几何类型。例如，点要素类之间可以合并，但线要素类却无法同面要素类合并。表和要素类可在单一输出数据集中合并。

③在“输出数据集”文本框中输入合并后的输出数据集的名称。输出类型由第一个输入确定。如果第一个输入是要素类，则输出将是要素类；如果第一个输入是表，则输出将是表。如果将表合并到要素类中，则输入表中的行将具有空几何。

④在“字段映射”列表中设置输出中要包含的属性字段，默认情况下将包含所有的字段。合并规则用于指定如何将两个或更多个输入字段的值合并或组合为一个输出值。系统提供了多种合并规则，见表 9-1。

合并规则 表 9-1

规则	含义	规则	含义
第一个 First	使用输入字段的第一个值	模式 Mode	使用具有最高频率的值
最后一个 Last	使用输入字段的最后一个值	最小值 Min	使用所有输入字段值中的最小值
连接 Join	串连（连接）输入字段的值	最大值 Max	使用所有输入字段值中的最大值
总和 Sum	计算输入字段值的总和	标准差 Standard deviation	对所有输入字段值使用标准差分类方法
平均值 Mean	计算输入字段值的平均值		
中值 Median	计算输入字段值的中值	计数 Count	查找计算中所包含的记录数

⑤单击**运行**按钮完成操作，结果如图 9-33 所示。

注意：合并工具不会分割或更改来自输入数据集的几何，即使出现要素重叠，输入数据集中的所有要素在输出数据集中也将保持不变。合并要素类时，如果没有设置输出坐标系地理处理环境，则输出数据集将使用输入数据集列表中第一个要素类的坐标系。此工具不支持注记要素类和栅格数据集。

（2）追加。

追加工具可以将多个输入数据集（要素类、表格、Shapefile、栅格、注记或尺寸注记要素类)追加到现有目标数据集中。

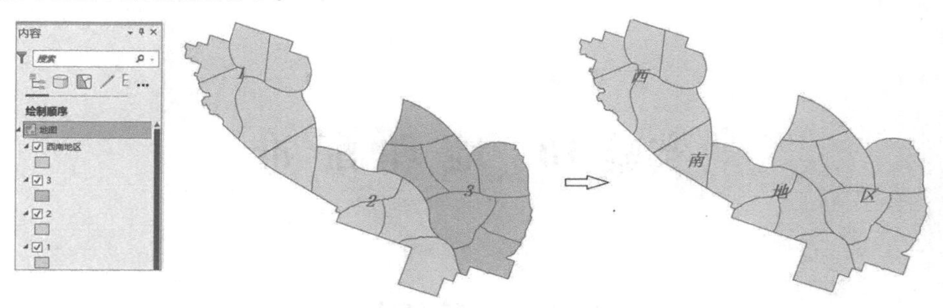

图 9-33　合并结果

①选择**数据管理工具|常规|追加**,打开**追加**窗格,如图 9-34 所示。

②在“输入数据集”文本框中选择待合并的数据集;注意,输入数据集可以是点、线、面要素类,表、栅格、注记要素类或尺寸要素类。可将表和要素类组合起来。如果将要素类追加到表,则将传递属性,但不会移除要素;如果将表追加到要素类中,则输入表中的行将具有空几何。

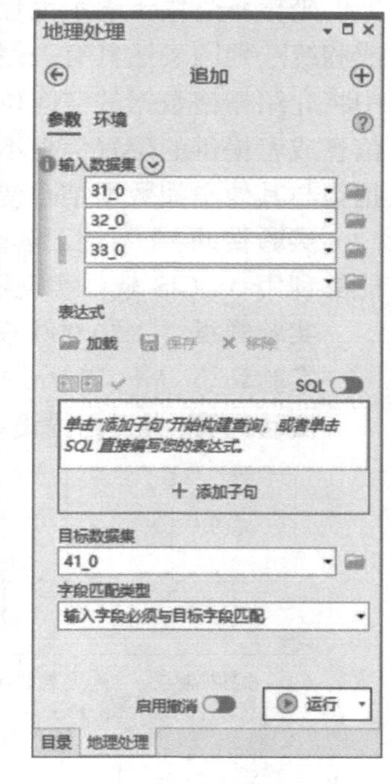

图 9-34　追加窗格

③在“表达式”中设置 SQL 语言,选择满足条件的数据参加处理。

④在“字段匹配类型”文本框中选择输入数据集的方案是否必须与目标数据集的字段相匹配才能追加数据。有三个选项:

输入字段必须与目标字段匹配——输入数据集的字段必须与目标数据集的字段相匹配。如果字段不匹配,则系统将返回一条错误。

使用字段映射协调字段差异——输入数据集的字段不需要与目标数据集的字段相匹配。如果输入数据集的任何字段与目标数据集的字段不匹配,将不会被映射到目标数据集,除非在字段映射参数中对映射进行了显式设置。

方案不匹配时跳过并警告——输入数据集的字段必须与目标数据集的字段相匹配。如果任何输入数据集包含与目标数据集不匹配的字段,则该输入数据集将被忽略,并会出现警告消息。

⑤单击运行按钮完成操作。

注意:追加工具不会执行边匹配,也不会对要素的几何进行任何调整。如果输入要素类和目标要素类的空间参考不匹配,追加工具会将输入要素类中的要素投影到目标要素类所使用的坐标系中。与合并工具相比较,其可以处理栅格、注记和尺寸要素。

实验 10 地理配准

10.1 实验任务书

坐标系是用于表示地理要素、影像数据的参照系统，是空间分析的基础，对多源数据集成和统一地图表达具有关键作用。实验 9 中介绍了矢量数据的空间位置校正方法，本实验中将介绍栅格数据的空间位置匹配。扫描地图、航空相片和卫星影像通常不包含空间参考信息或者提供的位置信息不够准确，无法与其他现有数据完全对齐。因此，要将这些栅格数据集与其他空间数据结合使用，通常需要将这些数据对齐或配准到某个地图坐标系。

实验目的：在系统了解空间参考系列参数的基础上，理解栅格数据配准的原理和方法；能够利用 ArcGIS 软件实现栅格数据的地理配准处理。

实验数据：1∶50 000 普通地形图扫描影像 2 张。

实验环境：ArcGIS Pro 或者 ArcGIS Desktop 中的 ArcMap。

实验内容：由于扫描设备的限制，1∶50 000 地形图在扫描时分成了左、右两部分，且在拼接线两侧有一定的重叠区域。本实验要求按照地图上的坐标系，采用地理配准方法使得左、右栅格数据均具有真实的地理坐标，并将左、右两张图拼接成一张图。

在进行地理配准时需满足以下要求：①控制点须均匀分布在图幅中，数量不得少于 10 个；②至少采用一阶、二阶、三阶和样条函数变换进行处理，研究不同方法得到的配准精度；③对精度最好的变换方法，采用增加控制点个数的方法，研究控制点数量对配准精度的影响。

在进行拼接时需要满足以下要求：①拼接线处地物没有明显的错位情况出现；②公共区域（拼接区域）的颜色与原图没有明显出入。

实验步骤：

仔细研读扫描地图，获得地形图的坐标系信息并能读出公里格网交点的坐标信息；确定地理配准的控制点选择方案；随后在 ArcGIS Pro 软件中采用地理配准工具实现栅格数据的配准和拼接，具体过程如图 10-1 所示。

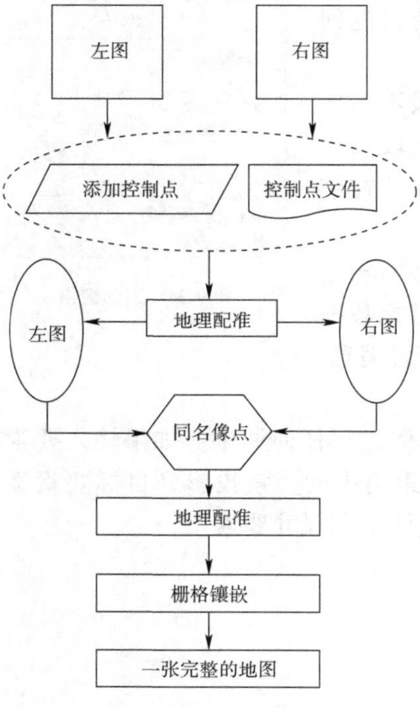

图 10-1 数据处理流程

实验成果：提交实验报告、一张拼接完成且具有正确坐标系的 1 : 50 000 地形图。

10.2　地理配准方法

遥感影像和航空相片往往具有相对准确的位置信息，但可能需要进行轻微调整后，才能与其他来源的 GIS 数据对齐；而扫描地图和历史数据中通常不包含空间参考信息，在这种情况下，需要使用准确的位置数据来使栅格数据对齐或将其地理配准到地图坐标系。对栅格数据进行地理配准，就是在目标数据集中识别并添加一系列地面控制点（已知 x,y 坐标），与待配准的栅格数据中的同名地物点之间建立一一对应的关系，随后按照一定的变换方法将栅格数据从现有的位置平移和扭曲到空间正确的位置，使栅格数据具有真实的地图坐标，过程如图 10-2 所示。

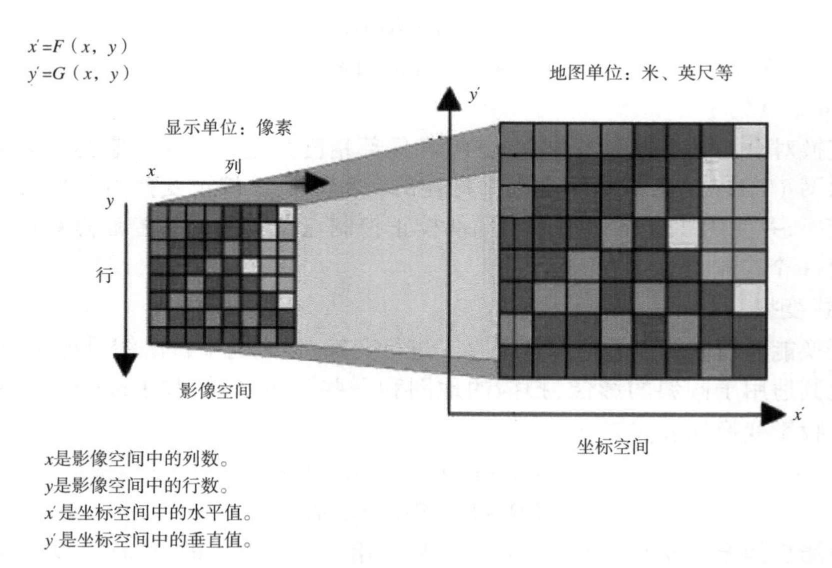

图 10-2　地理配准的变换方法

系统共提供了 8 种变换方法：零阶多项式、一阶多项式（仿射变换）、相似变换、校正、投影变换、二阶多项式、三阶多项式和样条函数变换。

（1）零阶多项式。

零阶多项式用于平移数据。当数据已进行地理配准但通过微小的平移可以更好地排列数据时，通常使用该方法；或者数据位置相差较远，可先采用零阶多项式变换将数据平移到大致的空间坐标范围内，以方便后续控制点的添加。执行零阶多项式平移只需要一个控制点。最佳方法可能是创建多个链接，然后选择其中最准确的链接。

（2）一阶多项式。

一阶多项式为仿射变换，通过平移、缩放和旋转栅格数据集使其具有真实的地理坐标。仿射变换的数学公式如下：

$$x' = Ax + By + C$$
$$y' = Dx + Ey + F$$

可以看出,仿射变换有 6 个参数需要求解,因此,至少需要 3 个控制点构建 6 个方程,从而求解出这 6 个参数。当控制点个数多于 3 个时,则采用最小二乘拟合法(LSF)进行求解。仿射变换可以将控制点准确映射到目标位置,如果某个控制点的位置不准确,会对变换造成很大的影响,因此建议控制点个数多于 3 个为好,这时,虽然会产生更多的数学变换误差,但变换的总体精度还是会提高。仿射变换的特点是原空间中的直线在变换后仍为直线,因此,栅格数据集上的正方形和矩形通常会变为具有任意比例和角度方向的平行四边形。

(3)相似变换。

相似变换是尝试保留原始栅格形状的一阶变换。相似变换可以均匀缩放、旋转和平移要素,但不会单独对轴进行缩放,也不会产生任何倾斜。相似变换可使变换后的要素保持原有的横纵比。当形状的保留要比最佳拟合更重要,可采用相似变换。相似变换的 RMS 误差通常要比其他多项式变换更大。相似变换至少需要 3 个控制点,数学表达式如下:

$$x' = Ax + By + C$$
$$y' = -Bx + Ay + F$$

(4)校正。

校正变换对全局最小二乘拟合法(LSF)和局部精度都进行优化。它是将多项式变换和不规则三角网(TIN)插值技术结合起来构建的一种算法。校正变换可使用两组控制点执行多项式变换,并使用 TIN 插值技术来局部校正控制点使其与目标控制点更好地匹配。校正至少需要 3 个控制点。

(5)投影变换。

投影变换能够扭曲线使它们保持平直。进行变换时,之前平行的线可能不再保持平行。投影变换尤其适用于倾斜的影像、扫描的地图和一些影像产品,如 Landsat 和 Digital Globe 影像数据。投影变换的公式如下:

$$x' = (Ax + By + C)/(Gx + Hy + 1)$$
$$y' = (Dx + Ey + F)/(Gx + Hy + 1)$$

执行投影变换至少需要 4 个控制点。当只使用 4 个控制点时,RMS 误差为零。使用更多的点时,采用最小二乘拟合法进行计算,RMS 误差会略高于零。

(6)二、三阶多项式。

二阶、三阶多项式变换可以校正更复杂的畸变。二阶多项式至少需要 6 个控制点,三阶多项式至少需要 10 个控制点。由于控制点数量增多,因此,高阶变换处理的时间将逐渐增多。一般来说,如果栅格数据集需要进行拉伸、缩放和旋转,使用一阶变换即可;而如果必须弯曲栅格数据集,则使用二阶或三阶变换。在实际应用中,很少使用到三阶多项式变换。一阶、二阶、三阶多项式变换效果如图 10-3 所示。

(7)样条函数变换。

样条函数变换实际上是一种橡皮页变换方法,并对局部精度(而非全局精度)进行优化。它基于样条函数,是一种可维护相邻多项式之间的连续性和平滑度的分段多项式。样条函数可将源控制点准确地变换至目标控制点,但不能保证非控制点的像素能得到精确地校正。当控制点很重要并且需要进行精确配准时使用此变换。添加更多的控制点会提高样条函数变换的总体精度。样条函数变换至少需要 10 个控制点。

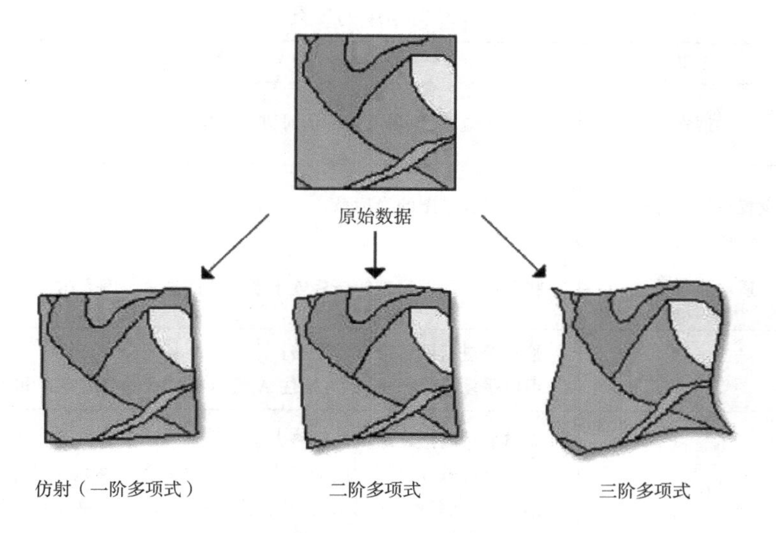

图 10-3　一阶、二阶、三阶多项式变换效果

10.3　地理配准工具

在 ArcGIS Pro 中对栅格数据进行配准需要使用地理配准工具。地理配准选项卡包含对栅格数据集进行地理配准所需的所有工具。地理配准选项卡可以从影像选项卡进行激活，具体操作如下：

①在**内容**窗格上，选择要进行地理配准的栅格图层。

②在**影像**选项卡上，单击**地理配准**，如图 10-4 所示。

③打开**地理配准**选项卡，如图 10-5 所示。

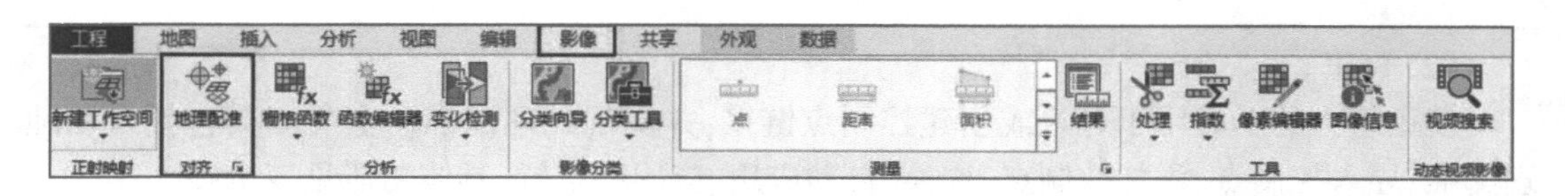

图 10-4　地理配准

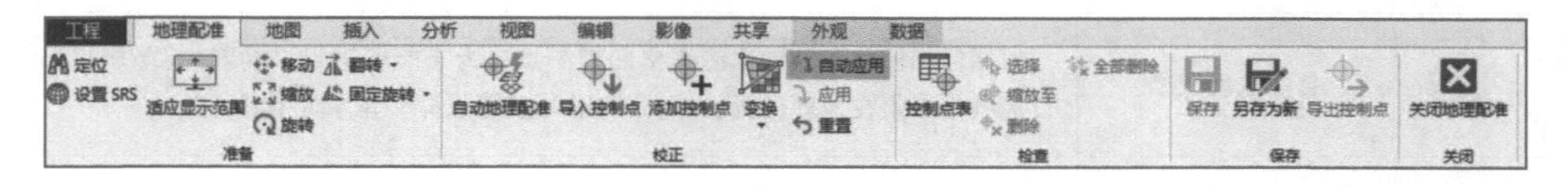

图 10-5　地理配准选项卡

在**地理配准**选项卡中，共有 5 个专题组，分别为准备、校正、检查、保存和关闭。

(1)准备。

准备组中的工具用于设置源栅格和目标数据集的相关属性，主要包括搜索、设置空间参考系统、适应显示范围、移动、比例、旋转、翻转和固定旋转，各工具的功能见表 10-1。

准备组中的工具　　表 10-1

按钮	工具	功能说明
	搜索	在输入地址、地名或坐标值时进行位置查找
	设置空间参考系统	用于设置地图的坐标系
	适应显示范围	将要进行地理配准的栅格置于当前地图显示范围之内
	移动	平移要进行地理配准的栅格； 可以手动平移栅格，也可按住 A 键以在文本框中指定 X 和 Y 平移
	比例	调整要进行地理配准的栅格大小。 可以手动选择进行缩放的锚点位置。在地图上的栅格中心位置，将光标悬停在锚点上，然后按 Ctrl 键。出现折点指针时，将锚点拖动到所需位置。也可以手动缩放该栅格，按下 A 键以指定文本框中的比例因子
	旋转	旋转要进行地理配准的栅格。 可以手动选择旋转的锚点位置。在地图上的栅格中心位置，将光标悬停在锚点上，然后按 Ctrl 键。出现折点指针时，将锚点拖动到所需位置。也可以手动旋转该栅格，也可按下 A 键以指定文本框中的度数
	翻转	水平或垂直翻转栅格
	固定旋转	将栅格向左旋转 90°或向右旋转 90°

(2)校正。

校正组中的工具用于导入或创建控制点链接，并实现地理配准。主要工具包括自动地理配准、导入控制点、添加控制点、变换、自动应用、应用和重置，具体功能见表 10-2。

校正组中的工具　　表 10-2

按钮	工具	功能说明
	自动地理配准	根据目标栅格自动创建源栅格的控制点。为了能够进行自动对准，源栅格与目标栅格必须在地理位置、光谱分辨率和空间分辨率等方面相对接近
	导入控制点	将控制点导入到地理配准会话中。 如果控制点已经存在于控制点表中，则可以选择是否替换现有控制点，如下所示： (1)是——删除现有控制点，然后从文件中导入控制点； (2)否——不删除现有控制点，并将导入的控制点附加到现有控制点； (3)取消——不导入任何控制点

续上表

按钮	工具	功能说明
	添加控制点	添加控制点对,以便对栅格进行地理配准。首先,单击想要进行地理配准的栅格位置,然后在目标上选择相应位置
	变换	设置要使用的变换。在设置变换前,需要最小数量的控制点以供各种变换
	自动应用	使用创建的每个控制点对更新显示。如果不希望在创建每个控制点后更新显示,则可以关闭此选项
	应用	以当前的控制点和变换更新显示。关闭自动应用后,此选项非常有用
	重置	将栅格重置为其原始位置

在进行地理配准时,可以使用快捷键以方便控制点的添加和地理配准操作,常见快捷键见表 10-3。

地理配准中的键盘快捷键　　表 10-3

键盘快捷键	操作	键盘快捷键	操作
C	使用浏览工具覆盖活动工具	H	打开/关闭控制点屏幕提示的可见性
Q	漫游	A	指定移动、缩放或旋转的值
X	逐步缩小	ESC	取消控制点(在创建控制点对时)
Z	持续缩放	空格键	可暂时禁用矢量捕捉(前提是已经打开捕捉功能)
L	打开/关闭地理配准图层的可见性	F5	刷新控制点表

(3)检查。

检查组中的工具用于地理配准结果的质量控制,可以实现对控制点的选择、缩放、删除,以及查看每个控制点的残差,包括打开控制点表、选择控制点、缩放至所选控制点、删除所选控制点和全部删除,具体功能见表 10-4。

校正组中的工具　　表 10-4

按钮	工具	功能说明
	控制点表	打开控制点表
	选择	选择地图显示范围内的控制点对并高亮显示
	缩放至	以所选控制点为中心显示并放大。要继续进行放大并接近该控制点,请多次单击此工具
	删除	删除所选控制点

续上表

按钮	工具	功能说明
	全部删除	删除所有控制点。 当选择删除所有控制点时，系统将提示您确认该选择，如下所示： （1）是——删除所有控制点； （2）否——不删除控制点； （3）取消——不删除任何控制点

点击**控制点表**按钮，将打开控制点表格，如图 10-6 所示，其提供了已创建的控制点对的相关信息，如源点坐标、目标坐标和残差。在该表格上方也提供了对控制点进行操作的按钮，如导入、导出、添加、删除、缩放至等，同时可以手动更改控制点的坐标值。

地图: 地图左（原）.jpg

一阶多项式(仿射)

	链接	源 X	源 Y	X 地图	Y 地图	残差 X	残差 Y	残差
☑	1	951.191254	-8,834.213911	18,597,000.000000	3,414,000.000000	0.000000	0.000000	0.000000
☑	2	1,005.516885	-830.166499	18,596,000.000000	3,431,000.000000	-1,054.325630	8,995.952588	9,057.525352
☑	3	6,694.964686	-883.064572	18,608,000.000000	3,431,000.000000	5,256.226568	9,048.850662	10,464.684230
☑	4	6,634.453776	-8,895.789236	18,608,000.000000	3,414,000.000000	5,316.737478	61.575325	5,317.094031
☑	5	2,412.805162	-1,792.323852	18,599,000.000000	3,429,000.000000	538.386092	7,958.109941	7,976.300736
☑	6	4,310.152378	-1,807.249059	18,603,000.000000	3,429,000.000000	2,641.038877	7,973.035148	8,399.069938
☑	7	3,339.739029	-4,154.826905	18,601,000.000000	3,424,000.000000	1,611.452226	5,320.612995	5,559.289605
☑	8	5,709.299642	-4,642.841875	18,606,000.000000	3,423,000.000000	4,241.891612	4,808.627965	6,412.218598
☑	9	4,751.963622	-6,049.853644	18,604,000.000000	3,420,000.000000	3,199.227632	3,215.639733	4,536.011060
☑	10	1,904.353952	-6,964.165597	18,598,000.000000	3,418,000.000000	46.837302	2,129.951686	2,130.466596
☑	11	3,320.375537	-7,921.870427	18,601,000.000000	3,416,000.000000	1,630.815717	1,087.656516	1,960.244015
☑	12	5,211.511667	-8,408.679252	18,605,000.000000	3,415,000.000000	3,739.679587	574.465341	3,783.545142

图 10-6　控制点表图

（4）保存。

保存组中的工具用于保留变换的结果，主要包括保存、另存为新和导出控制点工具，具体功能见表 10-5。

保存工具　　表 10-5

按钮	工具	功能说明
	保存	以指定的控制点和变换更新当前栅格
	另存为新	根据指定的控制点和变换创建栅格数据集
	导出控制点	将控制点保存到地理配准文本文件中

（5）关闭。

关闭组中包括关闭地理配准按钮，用于关闭当前地理配准编辑会话。

可通过**地理配准选项**对话框设置配准过程中的控制点外观等。具体操作，点击**影像**选项卡中的**对齐旁**的选项按钮，打开**地理配准选项**对话框，如图 10-7 所示。在该对话框中可以设置起点（源点）的符号和颜色、终点（目标点）的符号和颜色，以及链接线的符号和颜色。残差项的设置是控制各种残差是否显示在控制点表中。

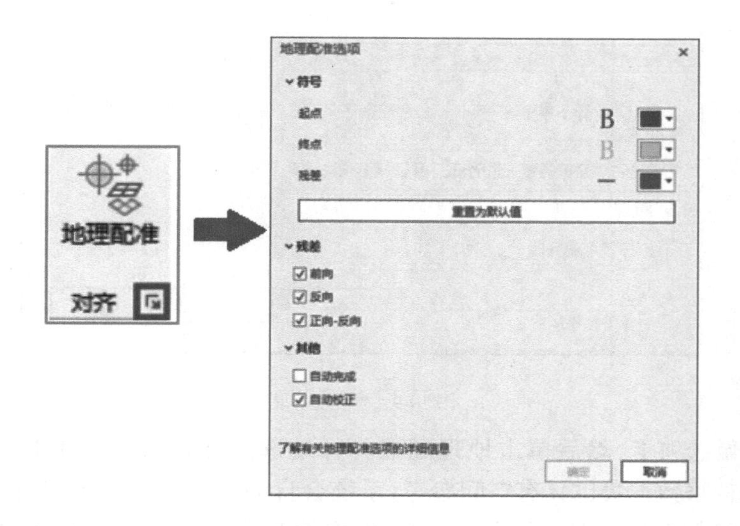

图 10-7　地理配准选项对话框

10.4　地理配准处理过程

进行地理配准一般需要进行四个步骤：加载栅格数据并定义坐标系、添加控制点信息、设置变换方法和变换栅格、评估变换结果并输出结果。

根据使用控制点信息的不同可以将地理配准分为配准到 *XY* 坐标、配准到图层和配准到另一个栅格。

10.4.1　栅格地理配准到 *XY* 坐标

栅格数据配准到 *XY* 坐标需要了解源数据中控制点的真实坐标值。最常见的是将地图中的公里格网点作为控制点，如图 10-8 中"★"标识的公里格网交点，可以通过地图上的坐标信息获得该点精确的坐标值为(18 619 000m，3 414 000m)，因此可以将此类点作为配准的控制点。具体操作步骤如下。

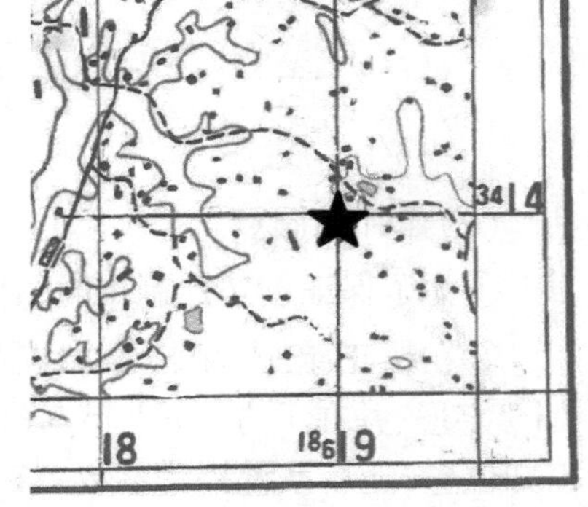

图 10-8　公里格网点作为控制点

(1)设置坐标系。

①在 ArcGIS Pro 中添加需要进行地理配准的源栅格。如果是第一次添加栅格数据，系统自动弹出"构建金字塔"对话框，如图 10-9 所示。金字塔指不同比例下分辨率降低的数据概视图，其能够提升分辨率低于其全分辨率的栅格数据集的绘制速度，对于大型栅格数据集，建议始终构建金字塔。

②进行地理配准的栅格数据一般不具有空间参考，因此在地图窗口中看不见。这时需要在**内容**窗格中，单击要进行地理配准的源栅格图层，右键单击源栅格，然后单击**缩放至图层**，使栅格数据位于地图视图窗口的中间位置。

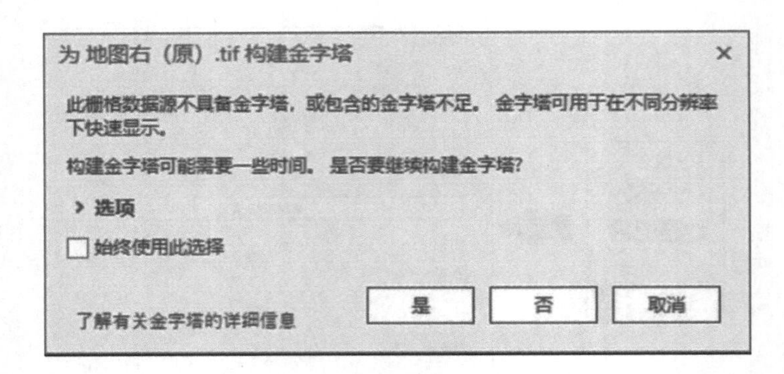

图 10-9　构建金字塔

③单击**影像**选项卡，然后单击**地理配准**打开**地理配准**选项卡。在**准备**组中单击**设置 SRS**。如果栅格数据集已具有空间参考，系统会自动将其用作地图和地理配准会话的坐标系。如果栅格数据集没有空间参考，则地图属性对话框将随即出现，如图 10-10 所示，为地理配准会话选择坐标系。默认的空间参考是地图的当前坐标系。

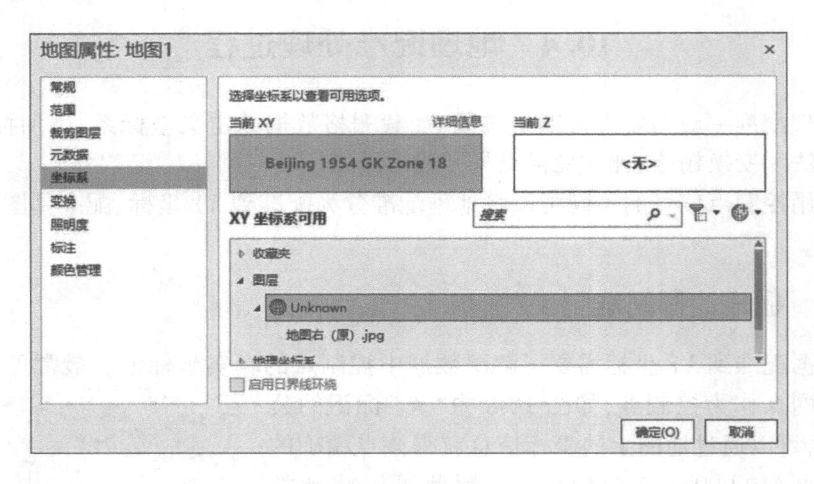

图 10-10　地理配准坐标系设置

（2）添加控制点。

①为了保证创建控制点时图像不移动，在**校正**组中，关闭**自动应用**工具。

②在**校正**组中，单击**添加控制点**工具以创建控制点。这时地图视图中的鼠标变为“十”字形，并在下方提示“起点（源）”。用十字形鼠标在栅格（源图层）中精确地标记一个已知位置；随后系统提示输入“终点（目标）”，这时单击右键打开**目标坐标**对话框，输入此位置相应的 X 和 Y 坐标；单击**确定**，建立一对坐标链接，如图 10-11 所示。重复该过程直到添加足够数量的控制点。

在添加控制点的过程中可以使用表 10-3 中的键盘快捷键对地图进行平移、放大、缩小等操作；同时，也可以单击**检查**组中的**控制点表**打开控制点表格对控制点进行查看和编辑等操作，如图 10-12 所示。

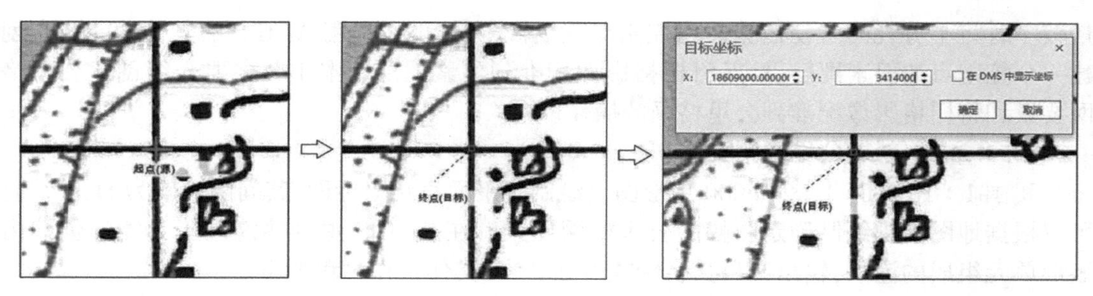

图 10-11　添加控制点

地图1: 地图右 (原) .jpg

一阶多项式(仿射)

	链接	源 X	源 Y	X 地图	Y 地图	残差 X	残差 Y	残差	反向残差 X	反向残差 Y	反向残差	正向-反向残	正向-反向残	正向残差 - 反
☑	1	0.636285	2.524193	18,609,0...	3,415,00...	18,608,9...	3,414,99...	18,919,7...	18,608,9...	3,414,99...	18,919,7...	0.000000	0.000000	0.000000
☑	2	8.552776	1.787816	18,619,0...	3,414,00...	18,618,9...	3,413,99...	18,929,4...	18,618,9...	3,413,99...	18,929,4...	0.000000	0.000000	0.000000
☑	3	8.541075	2.579215	18,619,0...	3,415,00...	18,618,9...	3,414,99...	18,929,5...	18,618,9...	3,414,99...	18,929,5...	0.000000	0.000000	0.000000
☑	4	0.640483	1.734057	18,609,0...	3,414,00...	18,608,9...	3,413,99...	18,919,5...	18,608,9...	3,413,99...	18,919,5...	0.000000	0.000000	0.000000
☑	5	0.527379	15.084740	18,609,0...	3,431,00...	18,608,9...	3,430,98...	18,922,6...	18,608,9...	3,430,98...	18,922,6...	0.000000	0.000000	0.000000
☑	6	8.433751	15.128584	18,619,0...	3,431,00...	18,618,9...	3,430,98...	18,932,4...	18,618,9...	3,430,98...	18,932,4...	0.000000	0.000000	0.000000
☑	7	0.539193	13.508508	18,609,0...	3,429,00...	18,608,9...	3,428,98...	18,922,2...	18,608,9...	3,428,98...	18,922,2...	0.000000	0.000000	0.000000
☑	8	2.903540	15.100772	18,612,0...	3,431,00...	18,611,9...	3,430,98...	18,925,5...	18,611,9...	3,430,98...	18,925,5...	0.000000	0.000000	0.000000
☑	9	5.276326	15.114273	18,615,0...	3,431,00...	18,614,9...	3,430,98...	18,928,5...	18,614,9...	3,430,98...	18,928,5...	0.000000	0.000000	0.000000
☑	10	2.915117	13.521435	18,612,0...	3,429,00...	18,611,9...	3,428,98...	18,925,2...	18,611,9...	3,428,98...	18,925,2...	0.000000	0.000000	0.000000
☑	11	5.289118	13.533856	18,615,0...	3,429,00...	18,614,9...	3,428,98...	18,928,1...	18,614,9...	3,428,98...	18,928,1...	0.000000	0.000000	0.000000
☑	12	8.448418	13.547055	18,619,0...	3,429,00...	18,618,9...	3,428,98...	18,932,1...	18,618,9...	3,428,98...	18,932,1...	0.000000	0.000000	0.000000
☑	13	3.013974	2.534058	18,612,0...	3,415,00...	18,611,9...	3,414,99...	18,922,7...	18,611,9...	3,414,99...	18,922,7...	0.000000	0.000000	0.000000
☑	14	3.019884	1.749178	18,612,0...	3,414,00...	18,611,9...	3,413,99...	18,922,5...	18,611,9...	3,413,99...	18,922,5...	0.000000	0.000000	0.000000
☑	15	5.381356	2.550701	18,615,0...	3,415,00...	18,614,9...	3,414,99...	18,925,6...	18,614,9...	3,414,99...	18,925,6...	0.000000	0.000000	0.000000
☑	16	5.391928	1.766088	18,615,0...	3,414,00...	18,614,9...	3,413,99...	18,925,4...	18,614,9...	3,413,99...	18,925,4...	0.000000	0.000000	0.000000
☑	17	8.488295	8.065986	18,619,0...	3,422,00...	18,618,9...	3,421,99...	18,930,8...	18,618,9...	3,421,99...	18,930,8...	0.000000	0.000000	0.000000
☑	18	5.331806	8.041218	18,615,0...	3,422,00...	18,614,9...	3,421,99...	18,926,9...	18,614,9...	3,421,99...	18,926,9...	0.000000	0.000000	0.000000
☑	19	2.959232	8.029669	18,612,0...	3,422,00...	18,611,9...	3,421,99...	18,923,9...	18,611,9...	3,421,99...	18,923,9...	0.000000	0.000000	0.000000
☑	20	0.580993	8.014661	18,609,0...	3,422,00...	18,608,9...	3,421,99...	18,921,0...	18,608,9...	3,421,99...	18,921,0...	0.000000	0.000000	0.000000

图 10-12　控制点情况

(3)变换栅格。

①在**校正**组的**变换**下拉菜单上选择要使用的变换方法(如一阶多项式、校正、射影等,可参阅本实验 10.2)。

②在**校正**组中,点击**应用**工具,图像将根据刚刚创建的控制点和选择的校正方法进行调整。如果图像不在地图视图的显示范围内,则可能需要“缩放至图层”。

(4)评价和输出。

①单击**检查**组上的**控制点表**按钮,以估算每个控制点的残差。按 L 键可打开和关闭源栅格的透明度。使用“控制点”表删除所有不需要的控制点,或者编辑不准确的点,方法是选择这些点并移动折点。不断调整控制点,也可选择不同的变换方法重复变换栅格的过程,直至残差满足要求为止。

②在**保存**组中,将结果保存为需要的方式。如创建带有配准信息的新栅格文件,则点击**另存为新**按钮,将打开**导出栅格**窗格,如图 10-13 所示。按要求设置相应的参数,将配准后的栅格结果**保存**为新的栅格文件,该栅格文件将具有配准后的坐标信息。推荐使用这种输出方式。

10.4.2　栅格地理配准到图层

上述配准到 *XY* 坐标的操作比较简单易懂,适合于控制点数量较少的情况,当控制点数量较多时将十分耗时且易出错。当控制点数量较多时,可以利用 ArcGIS 的其他功能预先创建一个控制点的要素图层,然后将栅格影像配准到要素图层。本小节主要介绍创建公里格网要素和将栅格影像配准到公里格网的操作。

10.4.2.1　创建公里格网要素

我国 1∶10 000~1∶250 000 地形图上绘制了平面直角坐标网,其间隔一般为 1km,因此可以根据地图知识绘制确定图幅的公里格网要素。在 ArcGIS 中**创建渔网**工具能够创建由矩形单元组成的渔网,输出结果为折线或者面要素,具体操作过程如下。

(1)在**功能区**分析选项卡中点击工具,打开**地理处理**窗格。

(2)在**地理处理**窗格的**收藏夹**选项卡**查找工具栏**输入“渔网”,或者在工具箱选项卡点击**数据管理工具|采样|创建渔网**,打开**创建渔网**窗格,如图 10-14 所示。

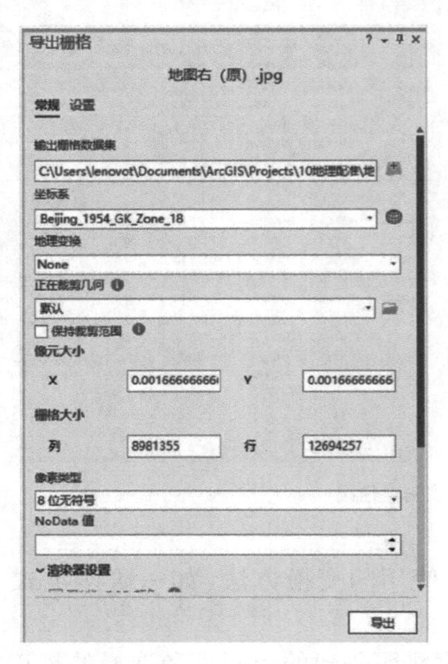

图 10-13　导出栅格窗格

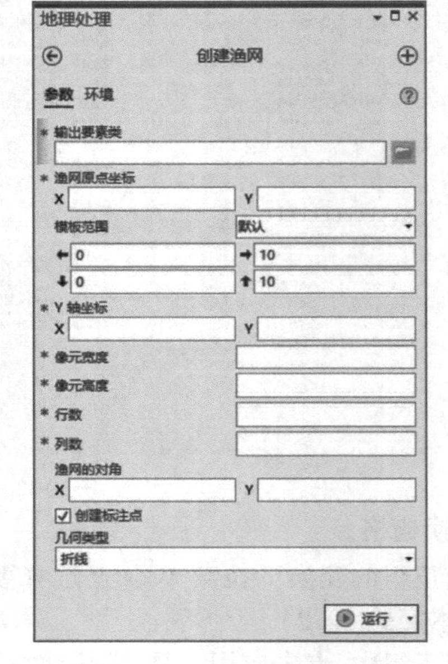

图 10-14　创建渔网窗格

(3)在该窗格中,定义了创建渔网的四组基本信息:空间范围、行列数、旋转角和输出要素名称及类型,共计 11 个参数。

①“输出要素类”:包含由矩形像元组成的渔网的输出要素类名称。

②“渔网坐标原点”:渔网左下角的坐标值。

③“模板范围”(可选):指定渔网的范围,可通过指定坐标或使用模板数据集来输入范围。共有四种选项,分别为 a. 默认——该范围将基于所有参与输入的现有数据集的最大范围设定,这是默认设置;b. 当前显示范围——该范围与数据框或可见显示范围相等,即数据框可见范围的最小 *XY* 坐标和最大 *XY* 坐标。如果没有活动地图,则该选项将不可用;c. 如下面的指定——该范围将基于指定的最小和最大范围值,即使用渔网原点坐标和渔网的右上角参数定义范围;d. 浏览——该范围将基于现有数据集。

④“*Y* 轴”坐标:*Y* 轴坐标用于定义渔网的旋转角。按照原点坐标与 *Y* 轴坐标的连线所定义的角度旋转渔网。如图 10-15 中,*Y* 轴坐标为(6.9,4),则原点至此点的线与正北方向形

成的夹角为渔网的旋转角度。

⑤“像元宽度”“像元高度”:确定每个格网单元的宽度和高度。如果要使用行、列数参数值自动计算宽度,则请将该参数留空或将该值设置为零,这样在运行工具时便会自动计算该值。

⑥“行数”“列数”:确定渔网所包含的行数和列数。如果要使用像元宽度、高度参数值自动计算行、列数,则请将该参数留空或将该值设置为零,这样在运行工具时便会自动计算该值。

⑦“渔网的对角”(可选):渔网右上角的坐标值。

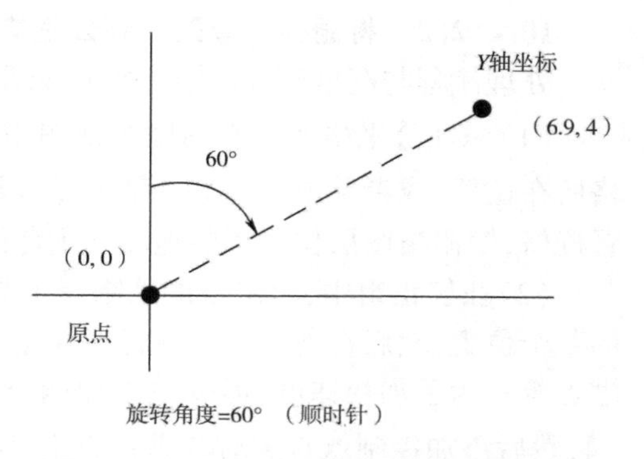

图 10-15 Y 轴坐标与旋转角

⑧“创建标注点”(可选):指定是否创建包含在每个渔网像元中心标注点的点要素类。有两个选项,分别为 a. LABELS——创建带标注点的新要素类,这是默认设置;b. NO_LABELS——不创建标注点要素类。

⑨“几何类型”:确定输出渔网像元是折线要素还是面要素。如果要通过叠加工具集中的工具将渔网与现有数据集叠加,则选择面作为几何类型参数。如果渔网仅作显示之用,则选择折线作为几何类型参数。如果存在大量渔网单元,则通过面创建渔网将比通过折线创建渔网慢得多。

例如,现定义参数如下:

渔网原点坐标=(0,0)

渔网的右上角=(6.9,4)

行数=3

列数=4

Y 轴坐标=(6.9,4)

根据这些参数构建渔网的过程是先根据范围和行列数构建一个未经旋转的渔网,单元格大小为$\left(\frac{6.9}{4},\frac{4}{3}\right)$;随后根据 Y 轴坐标值计算出旋转角为 60°,则将渔网绕原点顺时针旋转 60°,其过程如图 10-16 所示。

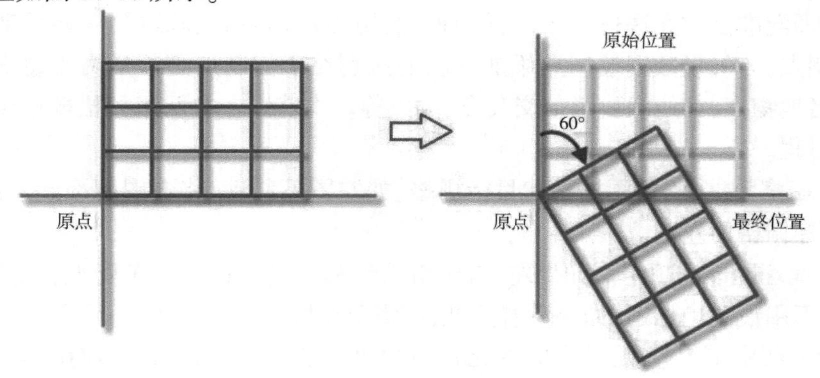

图 10-16 渔网的构建过程

10.4.2.2　将栅格影像配准到公里格网要素

处理流程与配准到 *XY* 大致相同，只是在添加控制点时稍有不同，具体操作步骤如下。

（1）添加公里格网要素到地图视图中，设置**SRS**。使用导航工具缩放和平移到源栅格所在位置，或者单击**适应显示范围**，或者可根据需要使用**移动**、**缩放**和**旋转**来放置栅格，使栅格图层位于当前地图显示范围内。

（2）在**校正**组中，单击**添加控制点**工具。首先单击要进行地理配准的栅格（源图层）上的某个位置，然后在地图上的目标图层上单击相同的位置，系统会自动捕捉到要素的交点、端点等。为了加快速度，可以先添加四个角点作为控制点，然后打开**校正**组中的**自动应用**，然后添加控制点直到对齐满意为止，如图 10-17 所示。

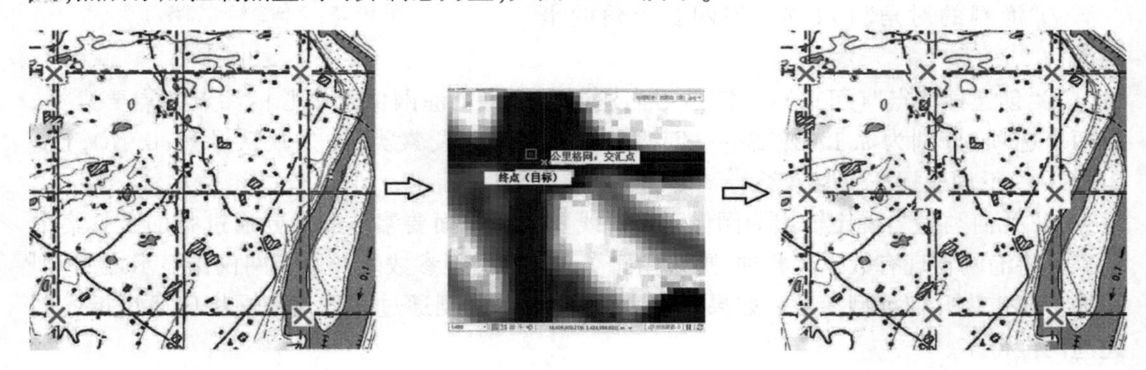

图 10-17　基于要素图层添加控制点过程

需要注意：匹配到要素图层并不局限于公里格网，只要是影像中能够查找到的明确对象，在要素图层中能够找到对应关系即可，如道路交叉点、房屋轮廓点等。

10.4.3　栅格地理配准到另一栅格

在数据处理时，有时候也会遇到需要将两个栅格数据进行配准的情况，如扫描的历史航空影像配准到当前的卫星影像图、两张左右相邻的扫描图像等。

在 ArcGIS Pro 中，**自动地理配准功能**用于将栅格数据集与参考的栅格数据集进行自动地理配准。自动控制点基于图像中不同位置处的光谱特征，因此它适用于航空和卫星影像；但自动地理配准函数无法适用于扫描的地图、历史数据或高程数据，需要手动在栅格图像上添加控制点，与矢量数据控制点添加方法的区别在于控制点必须是两张栅格图像上易于辨识的同名地物点，如线状要素的交叉点、端点等。本节以左右两张扫描栅格图为例讲解具体的操作过程。

（1）加载栅格数据，确定源栅格和目标栅格，如左图不移动，将右图配准到左图，则源栅格为右图，目标栅格为左图。

（2）激活**地理配准**选项卡。如果左、右栅格已经和矢量数据进行了配准，则其具有了空间参考，因此不用设置坐标系；如果没有配准，则需要设置坐标系。

（3）在功能区中单击**外观**选项卡，在**比较**组中单击**卷帘**。在地图上，使用**卷帘**工具以查看历史图像。可以从上到下拖动或从一侧到另一侧拖动，以显示图像下方的内容，如

图 10-18 所示，查找可用于控制点的同名像点。

（4）在**校正**组中，单击**添加控制点**工具以创建控制点。在地图视图中单击右图中的某个位置，然后单击左图中相应的位置，建立控制点间的链接，如图 10-19 所示。

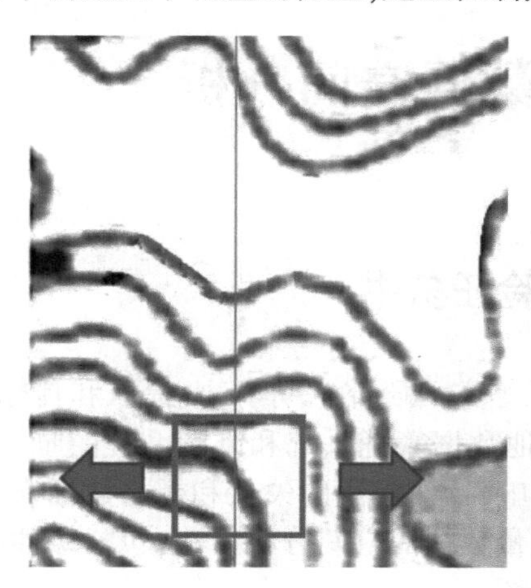

图 10-18　卷帘工具

图 10-19　添加控制点

（5）控制点构建完成后，在**校正**组的**变换**下拉菜单上选择要使用的变换方法，单击**应用**工具实现栅格数据的配准。

实验 11 矢量数据空间分析

11.1 实验任务书

空间分析是从空间物体的位置和形态特征等方面研究空间事物,提取和传输空间物体内在的联系和信息,是地理信息系统区别于其他数据管理系统和制图系统的唯一标志。空间分析方法受到空间数据表示形式的制约和影响,针对常用的矢量和栅格数据模型,空间分析的方法也有所不同。本实验主要讲述基于矢量数据的空间分析方法,包括缓冲区分析、叠加分析和统计分析,网络分析将在实验 14 中介绍。

实验目的:掌握基于矢量数据的缓冲区分析、叠加分析和统计分析方法;能够利用 ArcGIS 软件对矢量地理数据进行综合分析处理,以解决实际问题。

实验数据:某城市行政区划图(City boundary)、图书馆分布图(Library)、学校分布图(School)、公园分布图(Park)和酒吧分布图(Liquor store),将这些矢量数据打包为一个文件 LiquorStoreAnalysisModel. gpk。

实验环境: ArcGIS Pro 或者 ArcGIS Desktop 中的 ArcMap。

实验内容:最近越来越多的市民投诉在酒吧附近存在严重的滋扰行为(如公共场所酗酒、扰乱治安和破坏公物),酒吧数量的增多和位置的不恰当对青少年的健康成长极为不利,城市管理者需要全面了解当前城市内酒吧的开设情况,为后续出台酒吧管理制度提供依据。制度中包括将酒吧的地点限制在距离青少年聚集地(学校、图书馆和公园)300m 以外的区域。基于上述数据进行空间分析:①找出不满足上述条件的酒吧,其结果用专题图的形式呈现;②创建城区内禁止开设酒吧的区域,将城区分为禁止区域和非禁止区域,统计区域面积,将结果用专题图的形式呈现。

实验步骤:

①查找不满足条件的酒吧。利用缓冲区分析和叠加分析找出不满足条件的酒吧。

②创建禁止区域。基于学校、图书馆和公园数据进行缓冲区分析,采用联合工具和融合工具将这些缓冲区合并,创建禁止区域。

③计算禁止区域和非禁止区域面积。基于禁止区域采用标识工具和交集取反工具得到非禁止区域,然后对这两种区域进行统计分析,采用图表的方式显示相关信息。

实验成果:提交实验报告、不满足条件的酒吧地图、城区酒吧开设区域分类图。

11.2 邻域分析

邻域分析用于计算一个或多个要素之间的距离,从而确定要素间的邻近性,用于解决现实生活中诸如下列类似问题:这口井距离某个垃圾填埋场有多远?距离某条溪流 1 000m 之内是否有道路通过?两个位置之间的距离是多少?距某物最近或最远的要素是什么?一个图层中的每个要素与另一图层中的要素之间的距离是多少?ArcGIS Pro 提供的邻域分析工具包括缓冲区、图形缓冲区、多环缓冲区、创建泰森多边形、邻近分析、生成邻近表和生成起点-目的地链接。

11.2.1　缓冲区分析

缓冲区分析是用于确定不同地理要素空间邻近性和邻近度的重要空间分析方法。缓冲区(Buffer)通常用于描述一组或一类地图要素(点、线或面)周围按照设定的距离形成的多边形范围,从而实现数据在二维空间的扩展。从数学角度来看,缓冲区是给定空间对象或集合的邻域,邻域的大小由邻域的半径来定义。给定一个对象 A,则其缓冲区可以定义为:

$$B=\{P \mid d(P,A) \leqslant r\}$$

式中,d 为距离,一般是欧氏距离,但也可以是其他定义的距离;r 为邻域半径;P 为空间中的点。

缓冲区形态有很多种,如点对象有三角形、矩形和菱形;线对象有双侧对称、双侧不对称或单侧缓冲区;面对象有内侧和外侧缓冲区。具体的缓冲区形状如图 11-1 所示。

a) 点要素缓冲区　　b) 线要素缓冲区　　c) 面要素缓冲区

图 11-1　点、线和面状要素缓冲区

11.2.1.1　缓冲区

该工具根据设定的参数在要素周围建立缓冲区,具体操作过程如下。

(1)在**分析**选项卡中点击**工具**按钮,打开**地理处理**窗格,选择**分析工具|邻近分析|缓冲区**,打开**缓冲区**窗格,如图 11-2 所示。

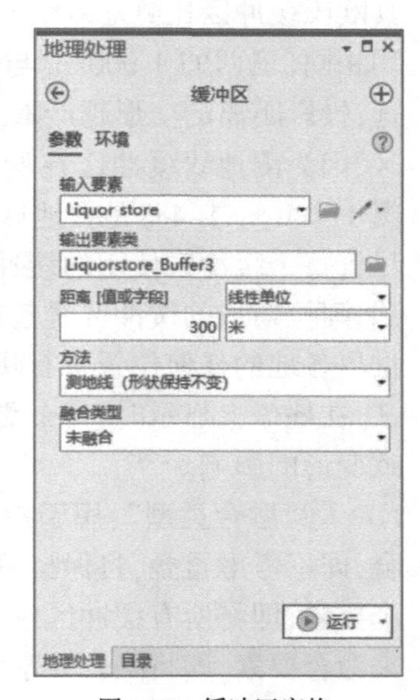

图 11-2　缓冲区窗格

(2)在**缓冲区**窗格中,设定相应的参数。其中,决定缓冲区构建方式的关键参数是距离和方法。

①"距离":即与要缓冲的输入要素之间的距离。该距离可以用表示线性距离的某个值来指定,也可以用输入要素中的某个字段(包含用来对每个要素进行缓冲的距离)来指定。当采用固定距离构建缓冲区时,得到的缓冲区宽度将相同;如果采用字段值作为缓冲距离,当字段的取值有多种情况时,得到的缓冲区宽度也将不同,如图 11-3 所示。

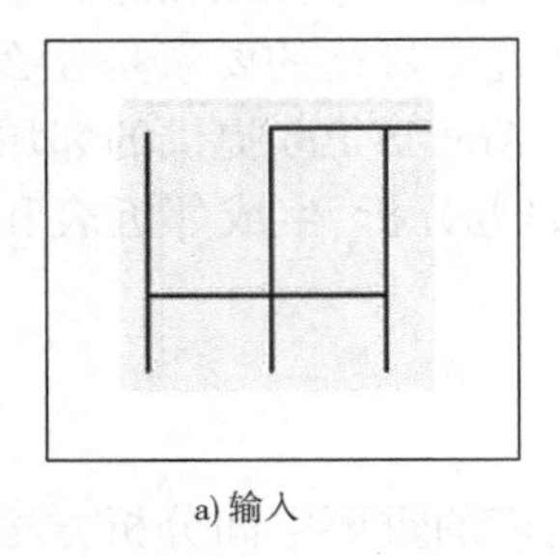
a) 输入

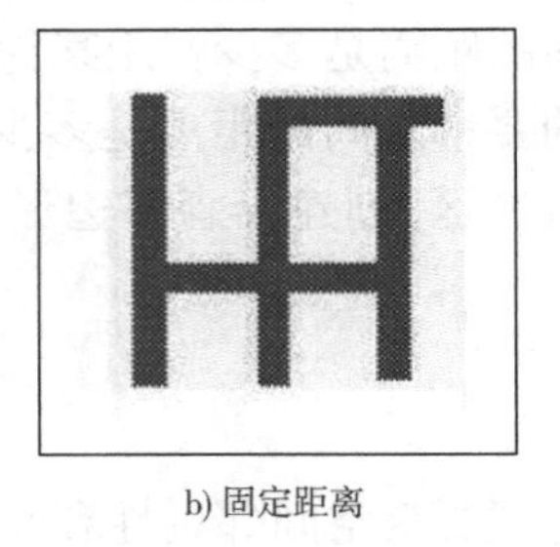
b) 固定距离

c) 字段距离

图 11-3　距离

②“方法”:确定缓冲区的创建方式。系统提供了两种方法:平面方法和测地浅方法。**平面方法**采用二维笛卡儿平面中的距离来构建缓冲区,该距离为笛卡儿平面上两点之间的直线距离或欧式距离。这种方法适合于投影坐标系中要素的缓冲区分析,区域范围较小。**测地线方法**中的距离为大地水准曲面上两点间的距离。这种方法适用于要素分布的区域范围较大甚至覆盖整个地球,或者要素的空间参考为地理坐标系,或者采用的投影使距离发生了变形(如等角圆柱投影)。该方法在创建输出测地线缓冲区之前增密输入要素,从而创建可更准确地表示输入要素形状的缓冲区,确保能够创建形状不变的测地线缓冲区。需要注意:该选项会根据输入的坐标系自动确定要使用的方法。如果输入要素位于投影坐标系中,则将创建欧氏缓冲区;如果输入要素位于地理坐标系中且指定的缓冲距离值单位为线性单位(米、英尺等,而非诸如度等角度单位),则会创建测地线缓冲区。

图 11-4 显示了两种方法构建的缓冲区结果。图 11-4a)中使用墨卡托投影,距离变形规律是赤道附近的点变形较小,远离赤道的点距离变形越来越大。因此,赤道附近的点,其测地线缓冲区与欧氏缓冲区相重合;但是,距赤道较远的点的缓冲区发生了严重的距离变形,其欧氏缓冲区比测地线缓冲区要小得多。因为欧氏缓冲区程序假定投影中每处的映射距离均相同(巴西的 1 000km 与俄罗斯中部的 1 000km 相同);而实际情况并非如此,离赤道越远,投影距离的变形越严重。在全球范围内进行任意类型的距离分析时,应使用测地线缓冲区,因为测地线缓冲区在所有区域均较为准确,而欧氏缓冲区在高变形区域准确度较低。图 11-4b)、11-4c)是在地球上显示的 1 000km 的缓冲区。图 11-4b)为欧式距离的缓冲区,尽管每个缓冲区使用的缓冲距离实际是一样的,但每个欧氏缓冲区大小均不相同(可以看到,阿拉斯加的缓冲区看起来要比巴西的缓冲区小得多)。这是由于生成的缓冲区是根据在世界各地的任何位置所有映射距离均相同这一错误假设所创建的。图 11-4c)为测地线缓冲区,在地球上显示时,每个测地线缓冲区的大小均准确一致,因为其没有受到投影坐标系所致变形的影响。

③“融合类型”:用于指定缓冲区重叠时采取的处理方法。系统提供了三种选项:**未融合**,即不考虑重叠,将保持每个要素的独立缓冲区,这是默认设置;**将全部输出要素融合为一个要素**,即将所有缓冲区融合为单个要素,从而移除所有重叠;**使用字段唯一值或值的组合来融合要素**,即将融合共享所列字段(传递自输入要素)属性值的所有缓冲区。

当输入的是线或者面要素时,还有“侧类型”和“末端类型”的参数。

1 000km缓冲区

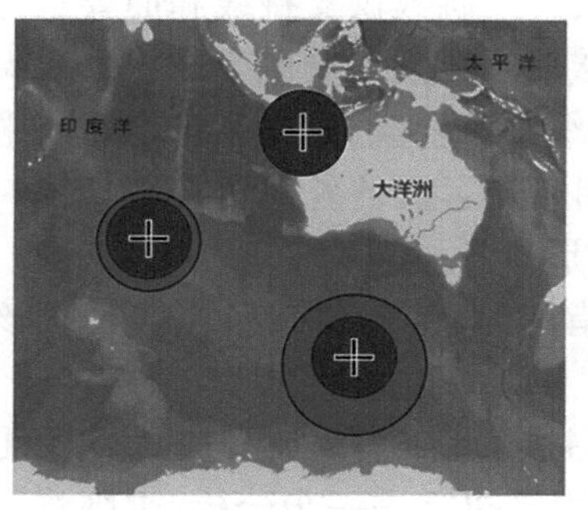

a) 投影平面上的缓冲区

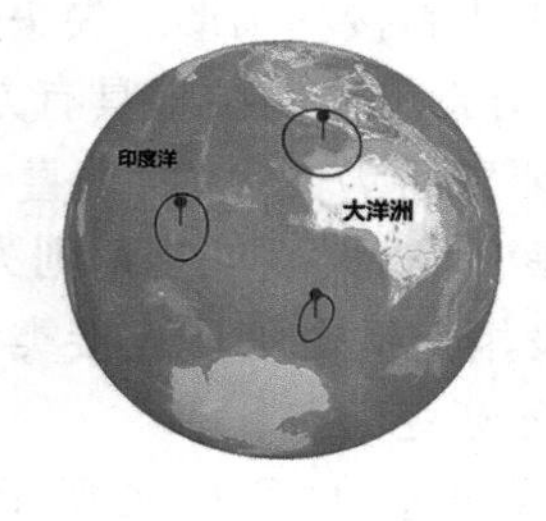

b) 地球上的欧式缓冲区

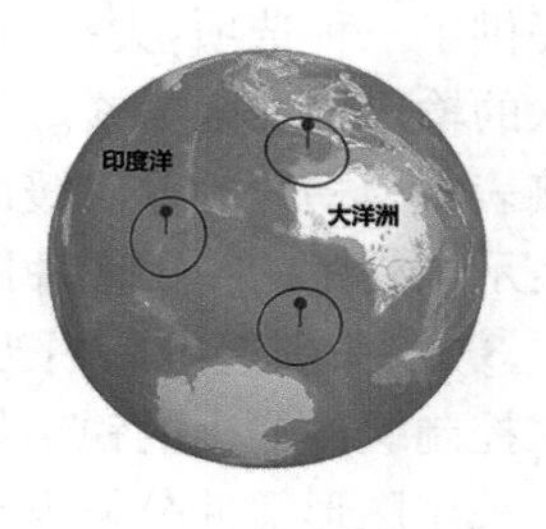

c) 地球上的测地线缓冲区

图 11-4　两种方法的比较

④“侧类型”:指定将在输入要素的哪一侧进行缓冲。系统提供了四种选项:完整、左、右和从缓冲区中排除输入面。**完整**表示对于线输入要素,将在线两侧生成缓冲区。对于面输入要素,将在面周围生成缓冲区,并且这些缓冲区将包含并叠加输入要素的区域。对于点输入要素,将在点周围生成缓冲区。这是默认设置。左表示对于线输入要素,将在线的拓扑左侧生成缓冲区。此选项对于面输入要素无效。右表示对于线输入要素,将在线的拓扑右侧生成缓冲区。此选项对于面输入要素无效。**从缓冲区中排除输入面**表示对于面输入要素,仅在输入面的外部生成缓冲区(输入面内部的区域将在输出缓冲区中被擦除)。此选项对于线输入要素无效。

⑤“末端类型”:指定线输入要素末端的缓冲区形状。系统提供了两种选项:圆形和平面。**圆形**设定缓冲区的末端为圆形,即半圆形。这是默认设置。**平面**设定缓冲区的末端很平整或者为方形,并且在输入线要素的端点处终止。

11.2.1.2　图形缓冲区

图形缓冲区分析是在缓冲区分析的基础上使用了多种制图形状,即在要素周围生成缓冲区时,多种制图形状对缓冲区末端(端头)和拐角(连接)可用。具体操作过程如下。

(1)在**分析**选项卡中点击工具按钮,打开**地理处理**窗格,选择**分析工具|邻近分析|图形缓冲**,打开**图形缓冲**窗格,如图 11-5 所示。

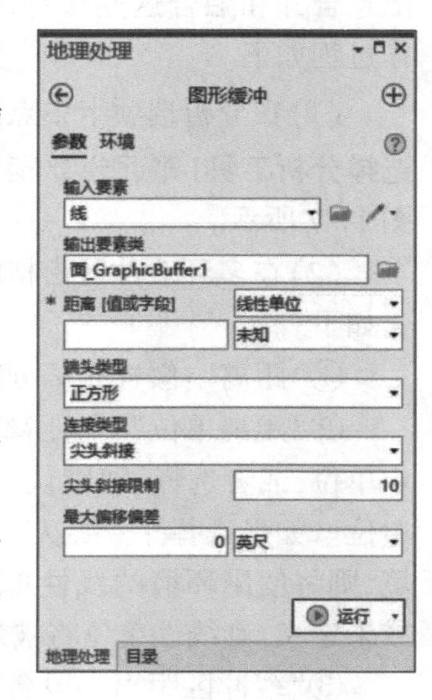

图 11-5　图形缓冲窗格

(2)在**图形缓冲**窗格中,设定相应的参数。与缓冲区分析相区别的参数有端头类型、连接类型和尖头斜接限制,其共同决定制图形状的样式。

①“端头类型”:指定将要进行缓冲的输入要素的端头(末端)类型,该参数仅支持点和线要素。系统提供了三种选项:正方形、平端头和圆形。**正方形**表示输入段末端周围的输出缓冲区将具有方形端头。这是默认设置。**平端头**表示输出缓冲区的端头将垂直于输入段末端。**圆形**表示输入段末端的输出缓冲区

将具有圆形端头。

②“连接类型”:两条线段连接拐角处的缓冲区的形状。该参数仅支持线和面要素。系统提供了三种选项:尖头斜接、平头斜接和圆形。**尖头斜接**表示在拐角周围生成方形或尖角形状的输出缓冲区要素。例如,方形输入面要素具有方形缓冲区要素,这是默认设置。**平头斜接**表示内拐角的输出缓冲区要素将为方形,而垂直于拐角最远点的外拐角将被切掉。**圆形**表示内拐角的输出缓冲区要素为方形,而外拐角则为圆形。

③“尖头斜接限制”:当线段相交呈锐角且连接类型指定为“尖头斜接”时,可使用该参数来控制缓冲输出的锐角如何逐渐变为点。

采用图形缓冲分析得到的缓冲区,如图 11-6 所示。注意:此工具只支持平面欧氏距离的缓冲区构建方法;而且其输出仅适用于制图显示,不能用于执行进一步分析,否则将会导致错误结果。

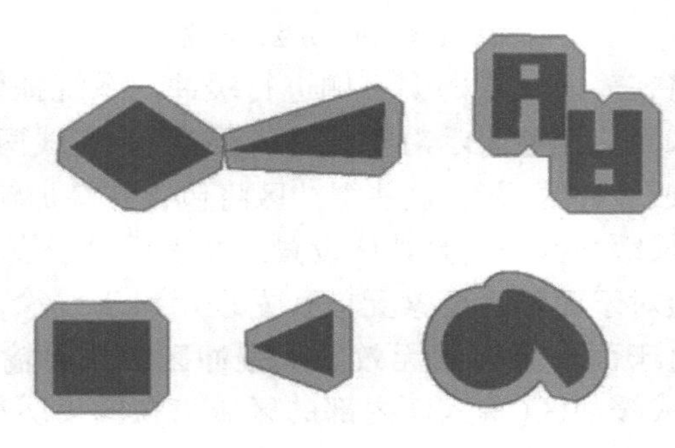

图 11-6　采用图形缓冲分析得到的缓冲区

11.2.1.3　多环缓冲区

多环缓冲区分析是在输入要素周围的指定距离内创建多个缓冲区,使用缓冲距离值可随意合并和融合这些缓冲区,以便创建非重叠缓冲区。具体操作过程如下。

(1)在**分析**选项卡中点击工具按钮,打开**地理处理**窗格,选择**分析工具|邻近分析|多环缓冲区**,打开**多环缓冲区**窗格,如图 11-7 所示。

(2)在**多环缓冲区**窗格中,设定相应的参数。具体参数的含义如下。

①“距离”:缓冲距离列表。

②“距离单位”:与距离值一起使用的线性单位。如果未指定单位,或者选择了“默认”,则将使用输入要素空间参考的线性单位。如果选择了“默认”且已设置了输出坐标系地理处理环境,则将使用环境的线性单位。如果输入要素的空间参考未知或未定义,则线性单位将被忽略。

③“缓冲区距离字段名”:输出要素类中的字段名称,其中存储用于创建每个缓冲区要素的缓冲距离。如果未指定名称,则

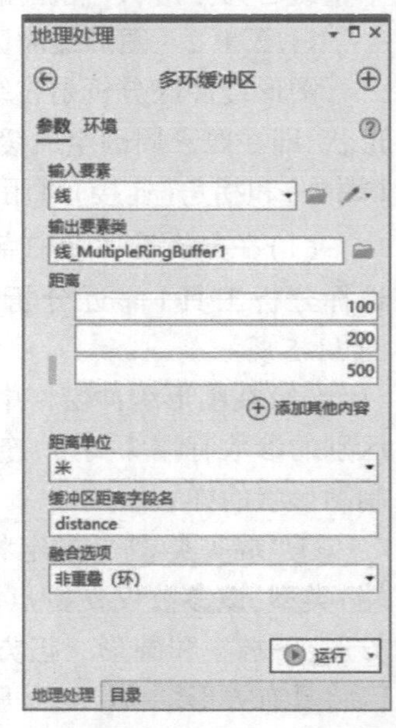

图 11-7　多环缓冲区窗格

默认字段名称为“distance”。此字段类型为“双精度”。

④“融合选项”:确定是否要像围绕输入要素的环一样融合缓冲区。系统提供了两个选项:非重叠(环)和重叠(圆盘)。**非重叠(环)**表示缓冲区为输入要素周围不重叠的圆环(将其视为输入要素周围的圆环)。最小缓冲区将覆盖其输入要素加上缓冲距离的区域,后续缓冲区将是围绕最小缓冲区的圆环,该最小缓冲区不覆盖输入要素或较小缓冲区的区域。相同距离的所有缓冲区都将融合到单个要素中。这是默认设置。**重叠(圆盘)**表示不论是否重叠,都会保存所有缓冲区域。每个缓冲区均会覆盖其输入要素加上任何较小缓冲区的区域。

采用多环缓冲区分析得到的缓冲区如图 11-8 所示。注意:此分析工具没有指定缓冲区构建的方法,系统将根据输入要素的坐标系来选择“平面”或“测地线”。如果输入要素位于投影坐标系中,则将在输出中生成平面缓冲区;如果输入要素具有地理坐标系,则将在输出中生成测地线缓冲区。

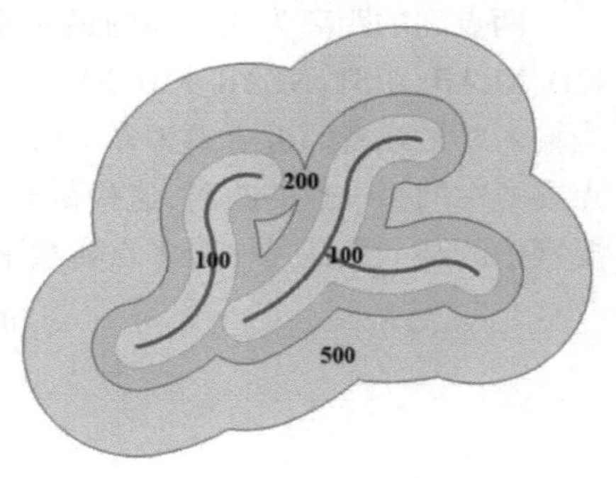

图 11-8　多环缓冲区

11.2.2　创建泰森多边形

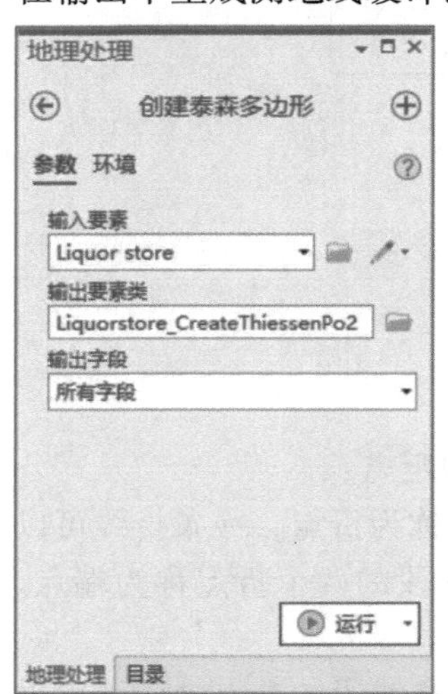

图 11-9　创建泰森多边形窗格

创建泰森多边形工具根据点要素创建泰森多边形。创建的每个泰森多边形只包含一个点输入要素,且泰森多边形中的任何位置与其关联点的距离都比到任何其他点输入要素的距离近。具体操作过程如下。

(1)在**分析**选项卡中点击工具按钮,打开**地理处理**窗格,选择**分析工具|邻近分析|创建泰森多边形**,打开**创建泰森多边形**窗格,如图 11-9 所示。

(2)在**创建泰森多边形**窗格中,设定相应的参数,其结果如图 11-10 所示。输出泰森多边形要素类的外部边界是点输入要素的最小外接矩形范围另加 10%。如果在**环境**选项卡中将**处理范围**设置为特定的范围窗口,则该工具将使用环境定义来定义其外部边界。注意:因为该工具使用的 Delaunay 三角测量方法最适用于投影坐标系中的数据,所以对于地理坐标系中的数据,该工具可能会产生意外的结果。

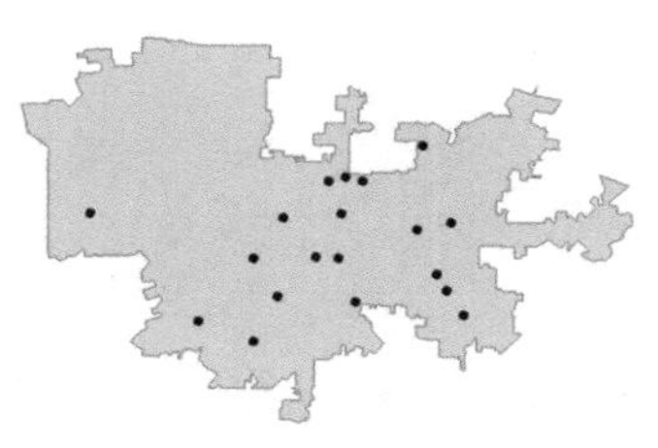

a) 输入的点要素

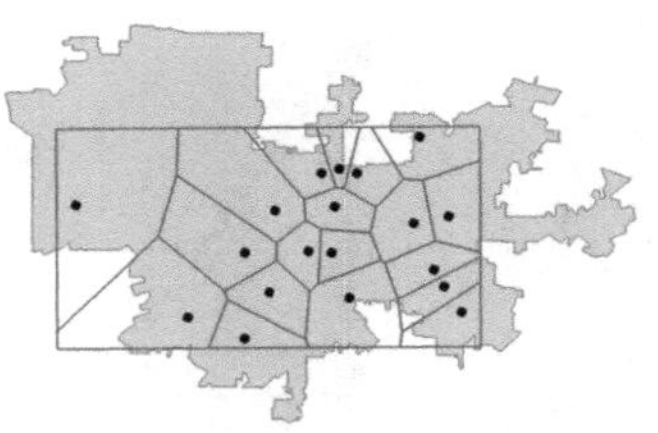

b) 基于点的范围创建的泰森多边形

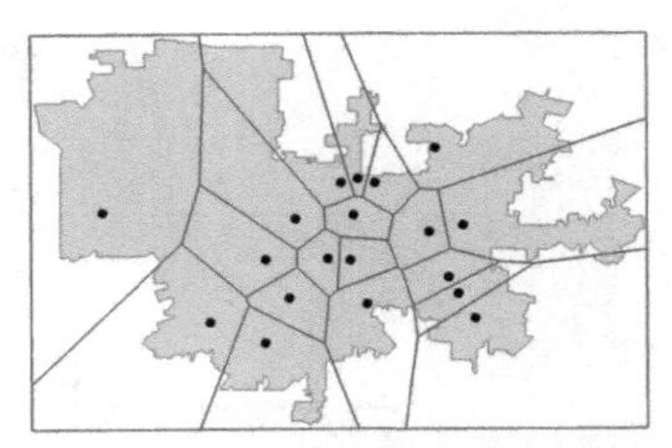

c) 基于指定的范围创建的泰森多边形

图 11-10　泰森多边形的创建

11.2.3 邻近分析

邻近分析用于获得任意两个要素之间最接近的距离和其他邻近性信息,此处的距离是两者之间的最短间距。在 ArcGIS 中,要素间的距离计算遵循以下三个规则。

规则 1:两点间的距离是连接点的直线。

两点间的距离为两点间的最短直线,使用邻近分析工具将产生邻近信息的关键字段 IN_FID、NEAR_DIST、NEAR_FID、NEAR_X、NEAR_Y 和 NEAR_ANGLE,具体含义如图 11-11 所示。当输入要素或者邻近要素为多点时,可按照上述规则计算输入多点要素中的每一点到邻近多点要素中的每一点的距离,这些距离中的最短距离是两个多点要素间的距离。另外,如果多点要素中的某一点在另一个多点要素中的某一点之上,则两个多点要素间的距离为零。

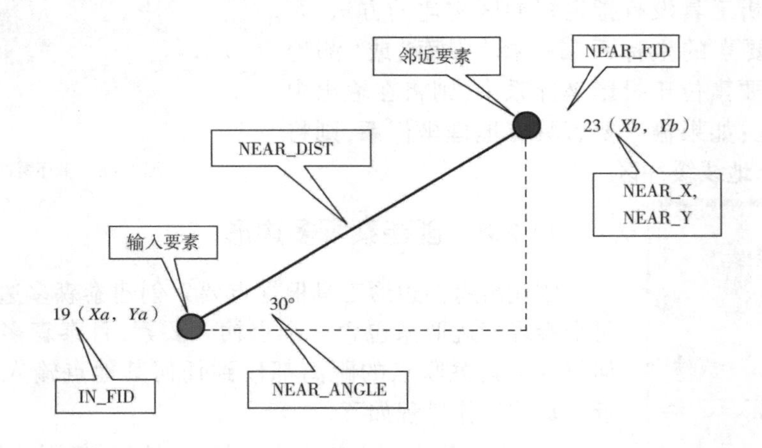

图 11-11 两点间的距离

规则 2:点到折线间的距离是点到折线的垂线或最近的折点的距离。

在 ArcGIS 中,线要素称为折线,折线是点的有序集合,这些点称为折点。一条折线可以拥有任意多的折点。由两个折点定义的线叫作线段。定义一条线段的两个折点称为端点。同理,面是由一条或多条折线定义的封闭区域。

点和线段间的最短距离是点到线段的垂线的长度。如果无法在线段的端点之间画出垂线,那么点到最近端点的距离为最短距离,如图 11-12 所示。如果折线有多条线段时,先确定与点距离最近的线段,之后计算点到该线段的垂直距离。

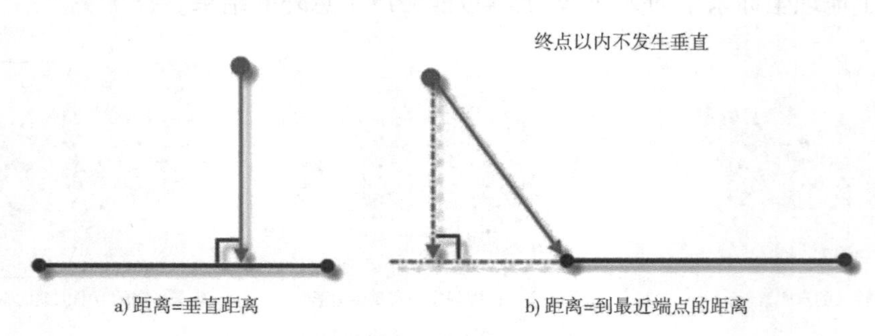

图 11-12 点到折线的距离

由于面是有序线段集合围成的封闭区域,因此计算点到面的距离首先要确定与点距离最近的线段,之后使用规则 2 得出该距离。当点位于面外时距离为正值;否则,距离为零。如图 11-13 所示,点 2 和点 3 到平面的距离为零,而点 1 和点 4 到平面的距离为正值。

规则 3:折线间的距离取决于线段折点。

对于非点要素(如线段),使用规则 2 计算输入线段的两个端点到邻近线段的距离,然后计算出邻近线段的每个端点到输入线段的距离,取两个距离值较小的作为两条线段间的距离。

图 11-14 中线段 *CD* 到线段 *AB* 的距离,分别计算端点 *C*、*D* 到线段 *AB* 的垂线距离 *CX* 和 *DY*,因为 *CX* 在所有折点到线段 *AB* 的距离最短,因此它是两条线段间的最短距离。当两条折线都有多条线段时,找到最近的两条线段,之后根据规则 3 计算两者间的距离。当计算折线和面之间的距离时,要确定最近的两条线段:一条来自折线,而另外一条来自组成面边界的一系列线段。按照规则 3 计算这两条线段间的距离。

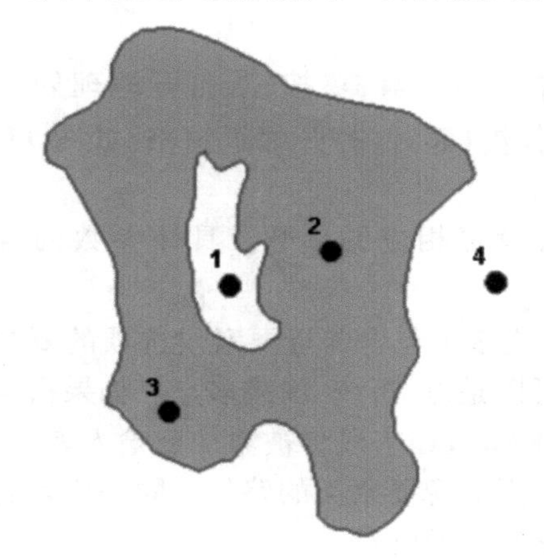

图 11-13　点到面的距离

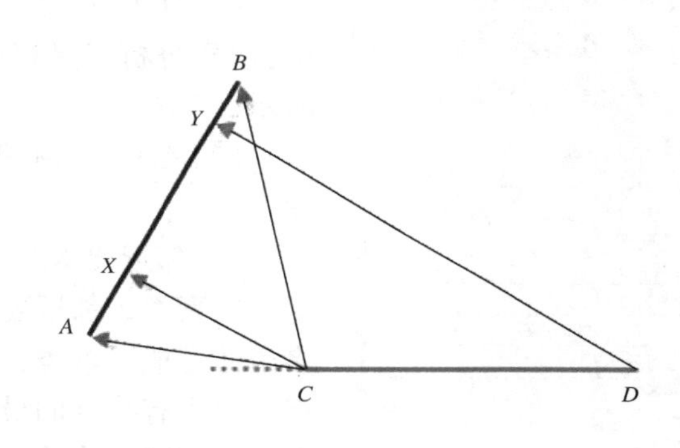

图 11-14　折线到折线的距离

表 11-1 给出的概览图说明了如何计算不同要素类型间的距离以及如何按照上述内容确定最近位置。

要素间距离的计算方法　　表 11-1

输入要素	邻近要素			
	点	多点	线	面
点	输入要素 距离 邻近要素			
多点				
线			延长段	
面	垂直于段			

需要注意：与同一要素距离等近的要素可以有多个，在此种情况下，可随机选择其中一个等近的要素作为最近要素；当一个要素包含或包含于另一个要素时，两者间的距离为零，即当一个要素处于某个面中时，该要素和其环绕面之间的距离为零；只要两个要素有至少一个公共的(X,Y)坐标，两者间的距离就为零，也就是说，当两个要素相交、叠置、交叉或相接时，两者间的距离为零；始终以面要素的边界而不是面的中心或质心来计算距离，如果要素完全处于某个面内，则该要素与其环绕面之间的距离为零；无论以哪个要素作为测量起始点或终止点，两个要素(可为任何类型)间的距离始终相同。

所有计算距离的地理处理工具均使用上述的规则，包括的工具有：邻近分析、生成近邻表和空间连接。

11.2.3.1 邻近分析

邻近工具可以计算输入要素与其他图层或要素类中的最近要素之间的距离和其他邻近性信息。具体操作过程如下。

图 11-15 邻近窗格

(1)在**分析**选项卡中点击工具按钮，打开**地理处理**窗格，选择**分析工具|邻近分析|邻近**，打开**邻近**窗格，如图 11-15 所示。

(2)在**邻近**窗格中，设定相应的参数。具体参数的含义如下。

①“邻近要素”：一个或多个包含邻近要素候选项的要素图层或要素类。邻近要素可以是点、折线、面或多点。如果指定了多个图层或要素类，则 NEAR_FC 字段将被添加到输入表中，并将存储含有找到的最近要素的源要素类的路径。同一要素类或图层可同时用作输入要素和邻近要素。

②“搜索半径”：用于搜索邻近要素的半径。如果未指定任何值，则会考虑所有邻近要素。如果指定了距离，但没有指定任何单位或将单位设置为未知，则将使用输入要素的坐标系单位。如果方法参数使用了“测地线”选项，则使用线性单位(如公里或英里)。

③“位置”：指定是否将邻近要素上最近位置的 X 和 Y 坐标写入 NEAR_X 和 NEAR_Y 字段。

④“角度”：指定是否计算邻近角并将其写入输出表的 NEAR_ANGLE 字段，角度范围为 -180°~ +180°。在方法参数中使用“平面”方法时，0°代表东、90°代表北、180°(或-180°)代表西、-90°代表南；而使用“测地线”方法时，0° 代表北、90° 代表东、180°(或-180°)代表南、-90° 代表西。

⑤“方法”：确定是使用椭球体上的最短路径(测地线)还是使用地平(平面)方法。具体含义请参阅 11.2.1 节缓冲区分析。

⑥“字段名称”：指定将在处理过程中添加的属性字段的名称，各字段的具体含义见表 11-2。如果不使用此参数或将从此参数中排除要添加的任何字段，则将使用默认字段名称。

字段含义　　表 11-2

字段名称	含义及取值
NEAR_FID	最邻近要素的 ObjectID。如果未发现邻近要素,则该值为-1
NEAR_DIST	输入要素与邻近要素之间的距离。该值采用输入要素坐标系的线性单位,如果未发现邻近要素,则该值为-1
NEAR_FC	包含邻近要素的要素类的目录路径。仅在指定了多个邻近要素时,才会将此字段添加到输出表中。如果未发现邻近要素,则该值为空字符串或为空
NEAR_X	邻近要素中距离输入要素最近位置的 *X* 坐标。如果未发现邻近要素,则该值为-1
NEAR_Y	邻近要素中距离输入要素最近位置的 *Y* 坐标。如果未发现邻近要素,则该值为-1
NEAR_ANGLE	连接输入要素和邻近要素的位于 FROM_X 和 FROM_Y 位置的线的角度。如果未发现邻近要素或邻近要素与输入要素相交,则该值为 0

执行该工具不会生成新的文件,其将根据设置的参数将邻近信息添加到输入要素的文件中,如图 11-16 所示。

字段: 添加 计算 | 选择: 按属性选择 切换 　　新增加的字段

FID	Shape	OBJECTID	APN	BCCCODE	BUSTYPE	X_COORD	Y_COORD	NEAR_FID	NEAR_DIST	NEAR_X	NEAR_Y	NEAR_ANGLE
	点	70887	4813930100	446	LIQUOR STORE	6331777.937629	1872450.33134	5	896.087002	6332511.45975	1871935.63025	-35.056743
	点	71884	4832408900	446	LIQUOR STORE	6345619.03674	1874200.312107	-1	-1	-1	-1	0
	点	71906	4833303200	446	LIQUOR STORE	6342969.501321	1872037.288655	-1	-1	-1	-1	0
	点	71925	4833803200	446	LIQUOR STORE	6346369.154337	1872242.133946	-1	-1	-1	-1	0
	点	72059	4841203300	446	LIQUOR STORE	6351100.089006	1876334.618344	-1	-1	-1	-1	0
	点	72293	4842811000	446	LIQUOR STORE	6346649.000229	1874509.254248	-1	-1	-1	-1	0
	点	72347	4842942300	446	LIQUOR STORE	6347624.986697	1874259.067732	-1	-1	-1	-1	0
	点	72824	4873312300	446	LIQUOR STORE	6341281.018129	1869659.6693	-1	-1	-1	-1	0
	点	73140	4881343000	446	LIQUOR STORE	6346137.815047	1869577.939072	-1	-1	-1	-1	0
	点	73355	4882330200	446	LIQUOR STORE	6344869.336638	1869641.847236	8	861.094352	6345396.036	1870323.075	52.29017
	点	73420	4882822700	446	LIQUOR STORE	6342638.518449	1867358.296692	-1	-1	-1	-1	0
	点	73546	4891621700	446	LIQUOR STORE	6350741.815471	1871289.146987	-1	-1	-1	-1	0
	点	74420	4923201500	446	LIQUOR STORE	6341235.5	1864688.563	3	845.347844	6340805.16025	1863960.95	-120.601786
	点	74483	4926420700	446	LIQUOR STORE	6338051.218073	1865911.525903	-1	-1	-1	-1	0

图 11-16　邻近分析的结果

11.2.3.2　生成近邻表

生成近邻表工具用于计算一个或多个要素类或图层中的要素间距离和其他邻近性信息。与可修改输入的**邻近分析**工具不同,**生成近邻表**可将结果写入新的独立表中,并支持查找多个邻近要素。具体操作如下。

(1)在**分析**选项卡中点击工具按钮,打开**地理处理**窗格,选择**分析工具|邻近分析|生成近邻表**,打开**生成近邻表**窗格,如图 11-17 所示。

(2)在**生成近邻表**窗格中,设定相应的参数。与邻近分析相比多了两个参数:一是"输出表",用于存储邻近分析的结果,其为独立的属性表;二是"仅查找最近的要素",用于指定仅返回最近要素或返回多个要素。如果要返回多个要素,则在"最接近匹配项的最大数量"中限制对于每个输入要素报告的邻近要素的数量。其分析结果如图 11-18 所示。该属性表中"IN_FID"字段表示输入要素的 ObjectID,"NEAR_RANK"字段用于记录要素的邻近性。该邻近性用所有邻近要素与单独输入要素的邻近性的顺序值来定义,最近的要素的 NEAR_RANK 值将为 1,其次

图 11-17　生成近邻表窗格

NEAR_RANK 值将为 2,以此类推。需要注意:该表格没有对应的要素,为了显示 FROM_X、FROM_Y、NEAR_X 和 NEAR_Y 位置,输出表可用作创建 XY 事件图层或 XY 转线工具的输入。

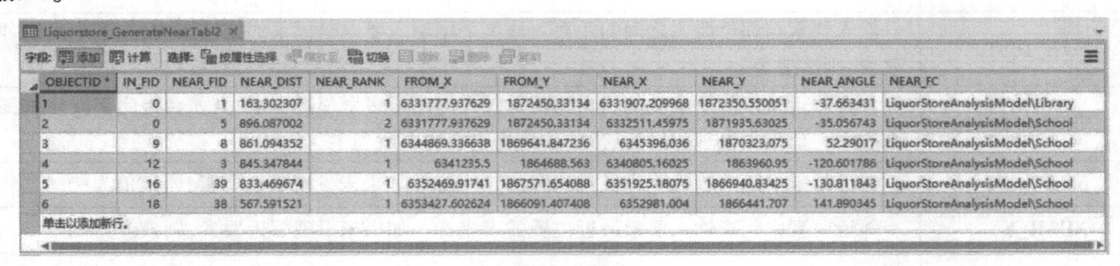

OBJECTID *	IN_FID	NEAR_FID	NEAR_DIST	NEAR_RANK	FROM_X	FROM_Y	NEAR_X	NEAR_Y	NEAR_ANGLE	NEAR_FC
1	0	1	163.302307	1	6331777.937629	1872450.33134	6331907.209968	1872350.550051	-37.663431	LiquorStoreAnalysisModel\Library
2	0	5	896.087002	2	6331777.937629	1872450.33134	6332511.45975	1871935.63025	-35.056743	LiquorStoreAnalysisModel\School
3	9	8	861.094352	1	6344869.336638	1869641.847236	6345396.036	1870323.075	52.29017	LiquorStoreAnalysisModel\School
4	12	3	845.347844	1	6341235.5	1864688.563	6340805.16025	1863960.95	-120.601786	LiquorStoreAnalysisModel\School
5	16	39	833.469674	1	6352469.91741	1867571.654088	6351925.18075	1866940.83425	-130.811843	LiquorStoreAnalysisModel\School
6	18	38	567.591521	1	6353427.602624	1866091.407408	6352981.004	1866441.707	141.890345	LiquorStoreAnalysisModel\School

图 11-18　生成近邻表的分析结果

11.3　叠加分析

叠加分析是 GIS 中一项非常重要的空间分析功能,是在统一空间参考系统下,对多个不同专题的数据层进行一系列集合运算产生新数据的过程。叠加分析的目标是分析在空间位置上有一定关联的空间对象的空间特征和专属属性之间的相互关系,其不仅产生了新的空间关系,还可以产生新的属性特征关系,能够发现多层数据间的差异、联系和变化等特征。叠加分析常常用于解决诸如“什么土地利用在什么土壤类型上?”“什么井在废弃的军事基地中?”“哪些地点较适于用作鹿的栖息地?”“哪些地点最容易发生泥石流?”等问题。

从原理上说,叠加分析是对要素的属性按照一定的数学模型进行计算分析,涉及逻辑交、逻辑并和逻辑差等运算。根据处理要素类型的不同,可分为点与多边形的叠加、线与多边形的叠加、多边形之间的叠加。ArcGIS 软件提供了擦除、标识、更新、联合、相交、交集取反等操作。

11.3.1　擦除

擦除分析通过将输入要素与擦除要素相叠加来创建新的要素类,即将输入要素处于擦除要素之外的部分复制到输出要素类。从逻辑运算的角度来说,执行的是下列操作:

$$R=A-A\cap B$$

其中,A 为输入要素,B 为擦除的要素,R 为输出要素。其结果是从 A 中移除与 B 要素几何重叠的部分后剩余的要素。擦除要素可以为点、线或面。面擦除要素可用于擦除输入要素中的面、线或点;线擦除要素可用于擦除输入要素中的线或点;点擦除要素仅用于擦除输入要素中的点。具体见表 11-3。

擦除分析　　表 11-3

输入图层	擦除图层		
	面	线	点
面		—	—

续上表

输入图层	擦除图层		
	面	线	点
线			—
点		—	—

在 ArcGIS Pro 中实现擦除操作的具体步骤如下。

(1)在**分析**选项卡中点击工具 按钮,打开**地理处理**窗格,选择**分析工具|叠加分析|擦除**,打开**擦除**窗格,如图 11-19 所示。

(2)在**擦除**窗格中,设定输入要素、擦除要素和输出要素类,单击运行按钮完成操作。

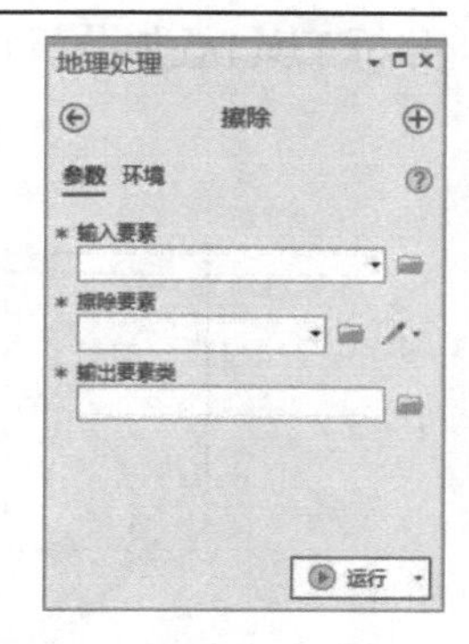

图 11-19 擦除窗格

11.3.2 标识

标识分析是计算输入要素和标识要素的几何交集,与标识要素重叠的输入要素或输入要素的一部分将获得这些标识要素的属性,如图 11-20 所示。

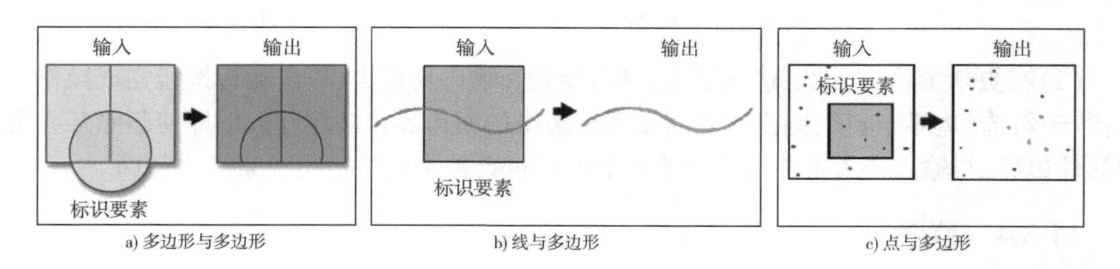

a) 多边形与多边形　b) 线与多边形　c) 点与多边形

图 11-20 标识分析

在 ArcGIS Pro 中实现标识操作的具体步骤如下。

(1)在**分析**选项卡中点击工具 按钮,打开**地理处理**窗格,选择**分析工具|叠加分析|标识**,打开**标识**窗格,如图 11-21 所示。

(2)在**标识**窗格中,设定输入要素、标识要素、输出要素类和要连接的属性,单击运行按钮完成操作。注意:①输入要素可以是点、多点、线或面。注记要素、尺寸要素或网络要素不能作为输入。②标识要素必须是面要素或与输入要素的几何类型相同。③如果将点作为输入而将面作为标识要素,那么直接落在面边界上的点将被添加到输出中两次,为每个包含该边界的面各添加一次。④如果输入要素为线而标识要素为面,并且选中了保留关系参数,则输出线要素类将具有两个附加字段 LEFT_poly 和 RIGHT_poly,用于记录线要素左侧和右侧

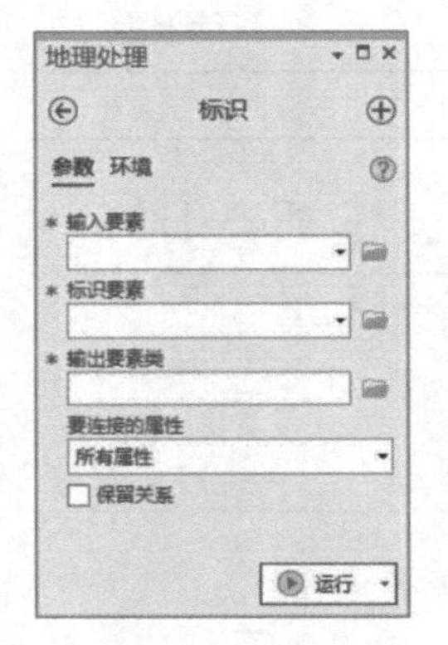

图 11-21 标识窗格

的标识要素的要素 ID。

11.3.3 更新

更新分析是计算输入要素和更新要素的几何交集。输入要素的属性和几何形状根据输出要素类中的更新要素来进行更新，如图 11-22 所示。在此分析中，输入要素和更新要素必须为面，而且输入要素与更新要素的字段名称必须保持一致。如果更新要素类缺少输入要素类中的一个或多个字段，则将从输出要素类中移除缺失字段的输入要素类字段值。

在 ArcGIS Pro 中实现更新操作的具体步骤如下。

(1)在**分析**选项卡中点击工具按钮，打开**地理处理**窗格，选择**分析工具|叠加分析|更新**，打开**更新**窗格，如图 11-23 所示。

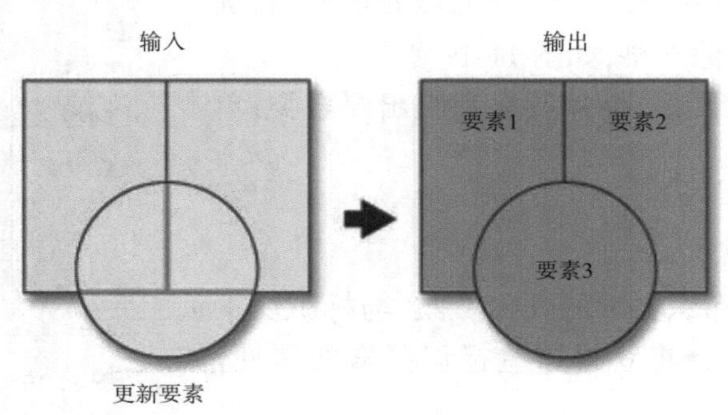

图 11-22 更新分析

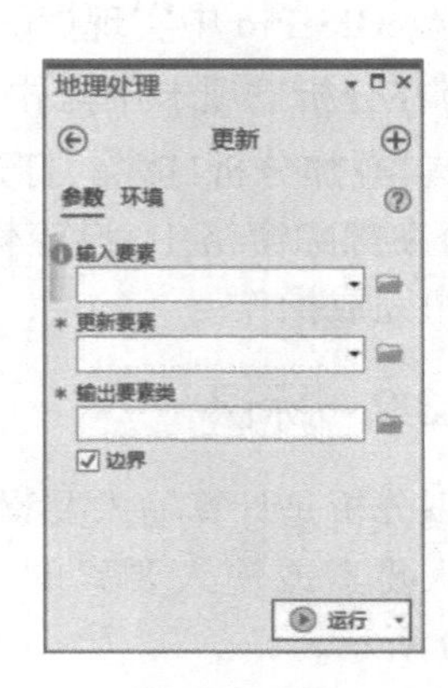

图 11-23 更新窗格

(2)在**更新**窗格中，设定输入要素、更新要素和输出要素类，单击**运行**按钮完成操作。注意：若未勾选“边界”选项，则沿着更新要素外边缘的面边界将被删除。但即使删除某些更新面的外边界，与输入要素重叠的更新要素的属性也会被指定给输出要素类中的面。

11.3.4 联合

联合分析用于计算任意数量的要素类和要素图层的几何并集。所有输入要素类或要素图层必须是多边形。输出要素类将包含代表所有输入的几何并集的多边形以及所有输入要素类的所有字段。联合分析将输入的要素进行裂化和聚类操作，即对多边形进行几何求交，在相交处插入折点将其划分为多个多边形，将 *XY* 容差内的折点捕捉到一起，同时进行属性分配，将输入要素的属性拷贝到新对象的属性表中。该地理处理默认采用输入要素的空间参考，如果要显式控制输出空间参考(坐标系和空间域)，可以在地理处理环境设置空间参考，从而覆盖默认空间参考属性，这时所有输入要素类都会(动态)投影到此空间参考中。联合分析可用逻辑代数式表示如下：

$$R=\{x\mid x\in A\cup B\cup C\cup\cdots\}$$

其中，A、B、C 为输入要素图层；R 为输出要素图层。处理结果如图 11-24 所示，两个图层要素联合,最后的结果是形成了 5 个新要素。

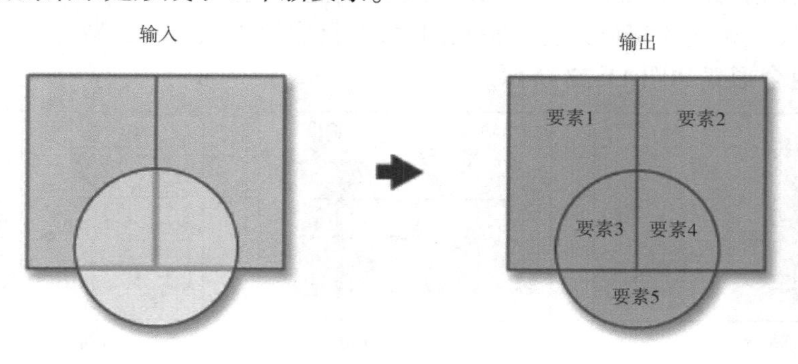

图 11-24　联合分析

在 ArcGIS Pro 中实现联合操作的具体步骤如下。

(1)在**分析**选项卡中点击工具按钮,打开**地理处理**窗格,选择**分析工具|叠加分析|联合**,打开**联合**窗格,如图 11-25 所示。

(2)在**联合**窗格中,设定输入要素、输出要素类和要连接的属性,单击**运行**按钮完成操作。注意:当要素间距小于聚类容差时,等级较低的要素将捕捉到等级较高的要素,最高等级为 1。

允许间隙选项用于确定如何处理输出要素类中被其他面完全包围的空洞区域。勾选该选项,则不会为输出中被面完全包围的区域创建要素。这是默认设置。不勾选该选项,则会为输出中被面完全包围的区域创建一个要素,此要素将具有空属性,其 FID 值为-1,具体结果如图 11-26 所示。

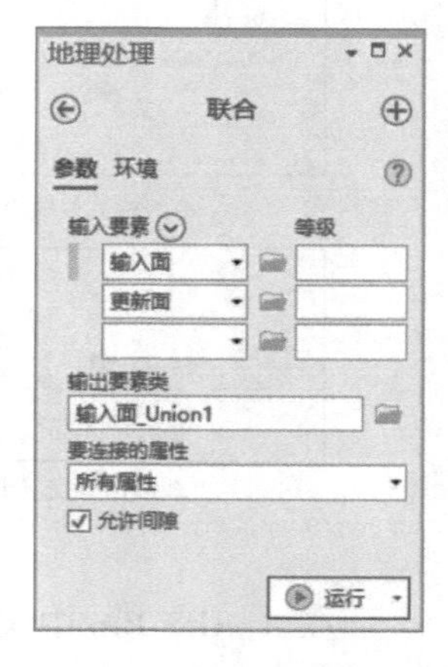

图 11-25　联合窗格

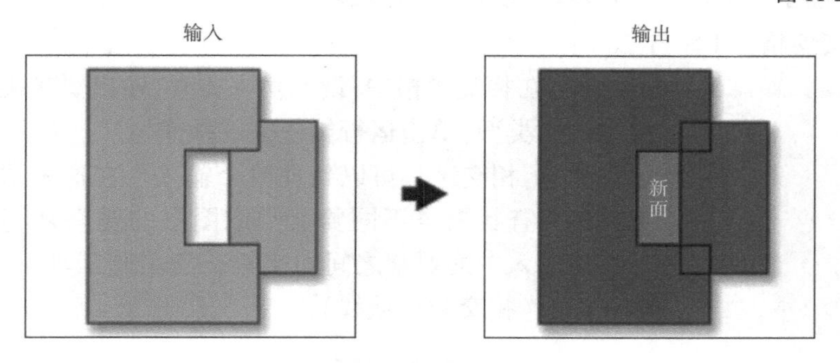

图 11-26　不勾选“允许间隙”的输出结果

11.3.5　相交

相交分析用于计算任意数量的要素类和要素图层的几何交集,所有输入的公共(即相交)要素或要素的一部分将被写到输出要素类中。用逻辑代数式表示如下:

$$R=\{x \mid x \in A \cap B \cap C \cap \cdots\}$$

其中,A、B、C 为输入要素图层;R 为输出要素图层。输入可以是几何类型(点、多点、线或面)的任意组合。输出几何类型只能是与具有最低维度(点=0 维,线=1 维,面=2 维)几何的输入要素类相同的或维度更低的几何类型。指定不同的输出类型将生成输入要素类的不同类型的交集。相同的交集只有一种制图表达,只能使用该几何类型(点、线或面)表示这些交集,具体组合形式如图 11-27 所示。

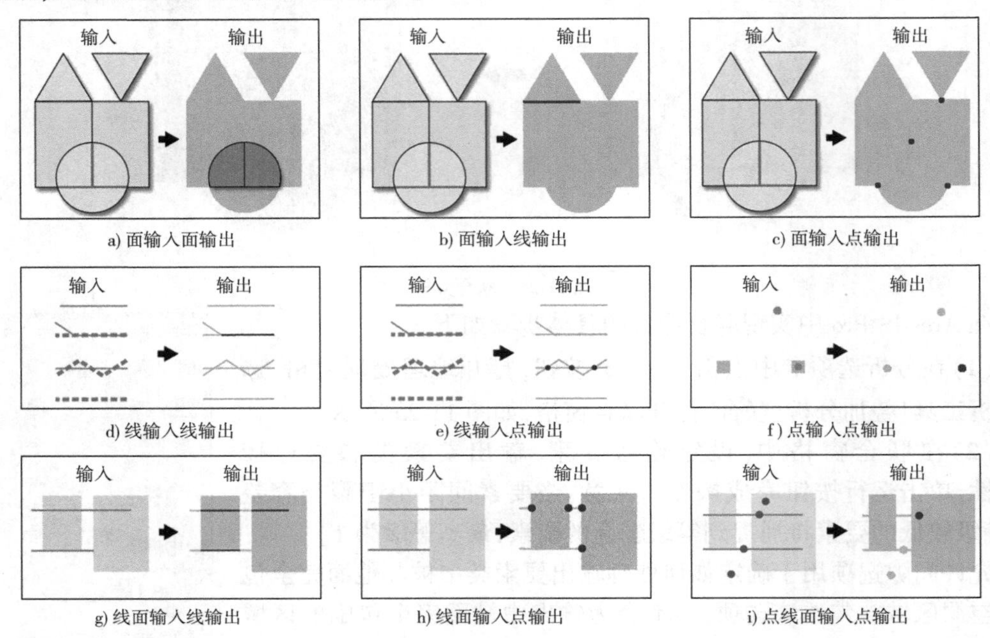

图 11-27　点、线、面相交的几种类型

在 ArcGIS Pro 中实现相交操作的具体步骤如下。

(1)在**分析**选项卡中点击**工具**按钮,打开**地理处理**窗格,选择**分析工具|叠加分析|相交**,打开**相交**窗格,如图 11-28 所示。

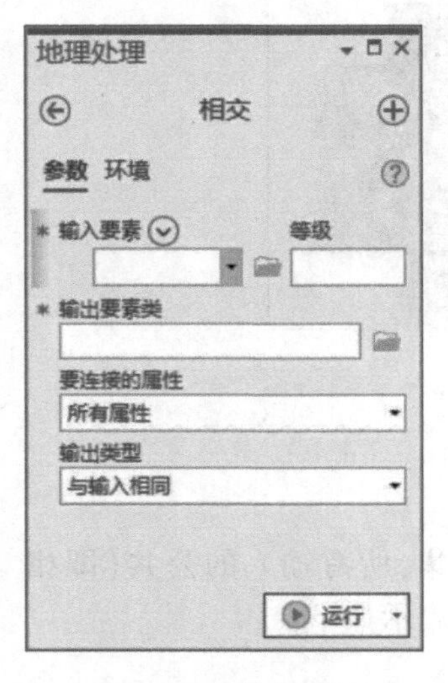

图 11-28　相交窗格

(2)在**相交**窗格中,设定输入要素、输出要素类、要连接的属性和输出类型,单击**运行**按钮完成操作。

注意:相交工具可以处理单个输入。在这种情况下,使用此工具不会查找来自不同要素类或图层的要素之间的交集,但会查找该输入中的要素之间的交集。使用此工具可以发现面叠置和线相交(相交为点或线)。

11.3.6　交集取反

交集取反工具将输入要素和更新要素中不叠置的要素或要素的各部分写入到输出要素类。用逻辑运算式表示如下:

$$R=\{x \mid x \in A \cup B - A \cap B\}$$

其中,A 为输入要素图层;B 为更新要素图层;R 为输出要素图层。输入和更新要素类或要素图层必须具有相同的几何类型,其图解表示如图 11-29 所示。

在 ArcGIS Pro 中实现交集取反操作的具体步骤如下。

(1)在**分析**选项卡中点击**工具**按钮,打开**地理处理**窗格,选择**分析工具|叠加分析|交集取反**,打开**交集取反**窗格,如图 11-30 所示。

(2)在**交集取反**窗格中,设定输入要素、更新要素、输出要素类和要连接的属性,单击**运行**按钮完成操作。

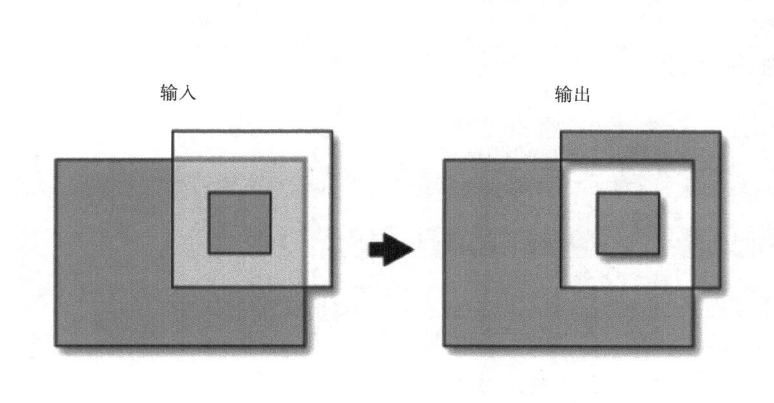

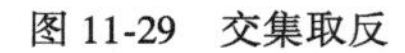
图 11-29　交集取反

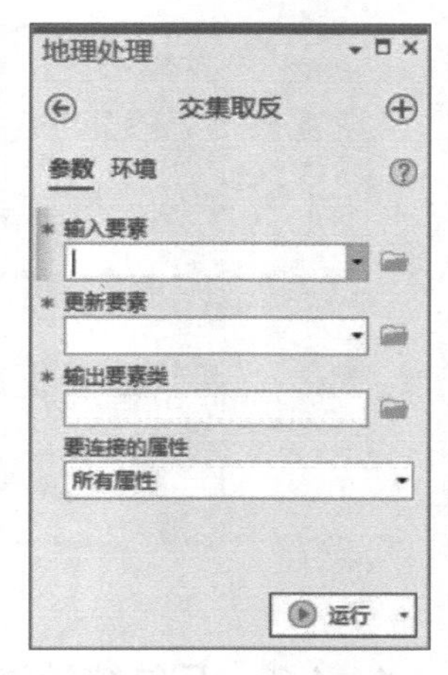

图 11-30　交集取反窗格

11.4　统计分析

统计分析的目的是找出某种属性分布的整体特征和趋势,了解其中的规律,以便对其进行科学的分析和预测。统计分析是建立在概率论与数理统计基础上的地理数学方法,适用于各种随机现象和随机过程的处理。ArcGIS 统计分析工具集不仅包含对属性数据执行标准统计分析的工具(如频数、邻近汇总、汇总统计数据和范围内汇总),也包含对重叠和相邻要素执行面积计算、长度计算和计数统计的工具(如交集指标),还包括用于添加人口统计等人口状况信息或森林百分比等景观信息的工具。注意:空间统计方法是将地理空间(邻域、区域、连通性和/或其他空间关系)直接融入数学逻辑中,其是对空间分布的显著特征进行汇总(例如,确定平均中心或总体方向趋势)、识别具有统计显著性的空间聚类(热点/冷点)或空间异常值、评估聚类或离散的总体模式、根据属性相似性对要素进行分组、确定合适的分析尺度,以及探究空间关系。

11.4.1　频数分析

频数分析是根据输入的表和一组字段,统计各字段所取值出现的次数。具体操作过程如下。

(1)在**分析**选项卡中点击**工具**按钮,打开**地理处理**窗格,选择**分析工具|统计|频数**,打开**频数**窗格,如图 11-31 所示。

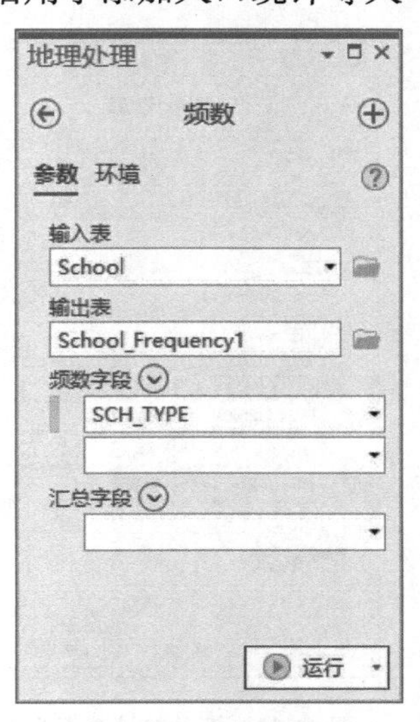

图 11-31　频数窗格

(2)在**频数**窗格中,设定输入表、输出表和频数字段,单击运行按钮完成操作。其结果将产生一个新表,用于存储指定频数字段(SCH_TYPE)出现的次数,次数存储在 Frequency 字段中。如果为每个频数字段指定对应的汇总字段,则统计的次数将会存储在对应汇总字段中,如图 11-32 所示。输出表将包含指定频数字段各种唯一组合的频数;当使用图层时,仅使用图层中当前所选的要素进行计算。

OBJECTID *	FREQUENCY	SCH_TYPE	Class
1	3	Alternative Schools of Choice	3
2	1	Continuation High Schools	1
3	1	District Community Day Schools	1
4	13	Elementary Schools (Public)	13
5	3	High Schools (Public)	3
6	5	Intermediate/Middle Schools (Pu...	5
7	1	Preschool	1
8	13	Private	13
9	2	Special Education Schools (Public)	2

图 11-32　频数分析结果

11.4.2　汇总统计数据分析

汇总统计数据分析是根据输入表,对指定的字段进行统计运算(如求总和、平均值、最小值、最大值、范围、标准差、计数、第一个、最后一个、中值、方差和唯一值)。具体操作过程如下。

(1)在**分析**选项卡中点击工具按钮,打开**地理处理**窗格,选择**分析工具|统计|汇总统计数据**,打开汇总统计数据窗格,如图 11-33 所示。

(2)在**汇总统计数据**窗格中,设定输入表、输出表、统计字段和对应的统计类型,单击运行按钮完成操作。其结果将产生一个新表,包括统计运算结果的字段,字段的命名规则为"统计类型_字段",如对"FREQUENCY"字段统计最大值,则存储该最大值的字段名为"MAX_FREQUENCY",如图 11-34 所示。

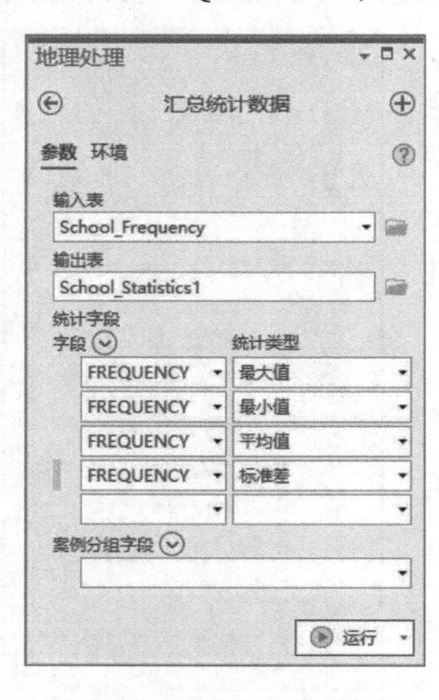

图 11-33　汇总统计数据窗格

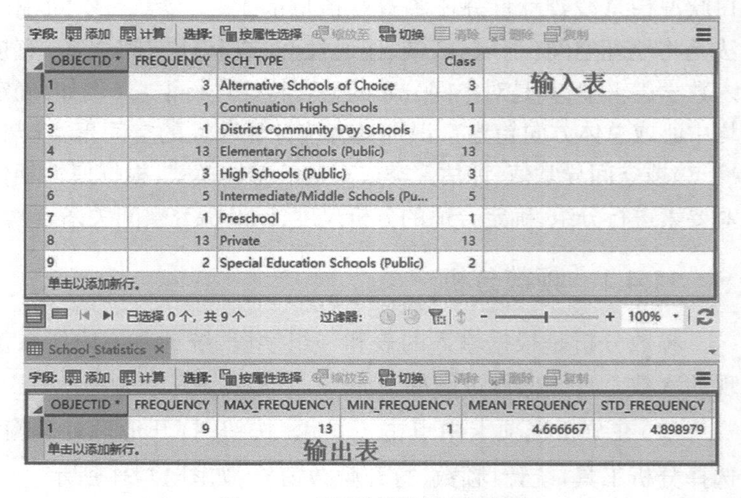

OBJECTID *	FREQUENCY	SCH_TYPE	Class
1	3	Alternative Schools of Choice	3
2	1	Continuation High Schools	1
3	1	District Community Day Schools	1
4	13	Elementary Schools (Public)	13
5	3	High Schools (Public)	3
6	5	Intermediate/Middle Schools (Pu...	5
7	1	Preschool	1
8	13	Private	13
9	2	Special Education Schools (Public)	2

OBJECTID *	FREQUENCY	MAX_FREQUENCY	MIN_FREQUENCY	MEAN_FREQUENCY	STD_FREQUENCY
1	9	13	1	4.666667	4.898979

图 11-34　汇总统计数据分析结果

系统共提供了 12 种统计类型，具体含义见表 11-4。如果未指定“案例分组字段”，则输出表中将仅包含一条记录；如果已指定一个案例分组字段，则每个案例分组字段值均有一条对应的记录。同时需要注意：空值将被排除在所有统计计算之外，如 10、5 和空值的平均值为 7.5[(10+5)/2]；当使用图层时，仅使用图层中当前所选的要素进行计算。

统计类型　　表 11-4

统计类型	含义	统计类型	含义
总和(SUM)	计算指定字段的合计值	计数(COUNT)	查找统计计算中包括的值的数目
平均值(MEAN)	计算指定字段的平均值	第一(FIRST)	查找输入中的第一条记录
最小值(MIN)	查找指定字段所有记录的最小值	最后一个(LAST)	查找输入中的最后一条记录
最大值(MAX)	查找指定字段所有记录的最大值	中值(MEDIAN)	计算指定字段所有记录的中值
范围(RANGE)	查找指定字段的值范围(最大值~最小值)	方差(VARIANCE)	计算指定字段所有记录的方差
标准差(STD)	查找指定字段中的值的标准差	唯一值(UNIQUE)	计算指定字段的唯一值数量

11.4.3　范围内汇总分析

范围内汇总分析是将一个面图层与另一个图层叠加，以便汇总各面内点的数量、线的长度或面的面积，并计算面内此类要素的属性字段统计数据。日常生活中常常使用该分析的场景如：已知某县内宗地的图层和城市边界图层，汇总各城市边界内闲置宗地的平均值；给定各县的图层和道路图层，汇总各县内各种道路类型的道路总里程。具体操作过程如下。

(1)在**分析**选项卡中点击工具按钮，打开**地理处理**窗格，选择**分析工具**|**统计**|**范围内汇总**，打开**范围内汇总**窗格，如图 11-35 所示。

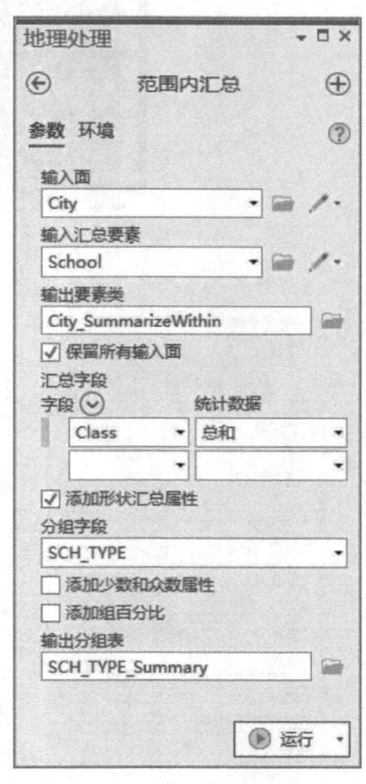

图 11-35　范围内汇总窗格

(2)在**范围内汇总**窗格中，设定输入面、输入汇总要素、输出要素类和汇总字段等参数，单击运行按钮完成操作。“保留所有输入面”确定所有面都将复制到输出要素类，如果不选中此选项，则只有相交或包含至少一个输入汇总要素的面会被复制到输出要素类。“添加形状汇总属性”将形状汇总属性(点的数量、线的长度及面的面积)添加到输出要素类。“添加少数和众数属性”将向输出要素中添加少数和众数字段。“添加组百分比”将向输出要素中添加百分比属性字段。如果指定了分组字段，则需要输出分组表，该表存储了输入面要素按照分组字段汇总的数据，一般包括 JOIN_ID、组字段、形状汇总字段等，输出结果如图 11-36 所示。

与范围内汇总分析原理相似的另一汇总分析为邻域汇总。其区别在于范围内汇总是在现有面内汇总要素，而邻域汇总工具可以在点、线或面周围按照指定的距离生成区域并在这些派生的区域内汇总要素，如计算在指定的新商店位置 5min 车程内的总人口数。由于该工具使用了距离参数(直线距离、行驶时间或行驶距离),需要使用网络分析权限消耗 ArcGIS 的配额。

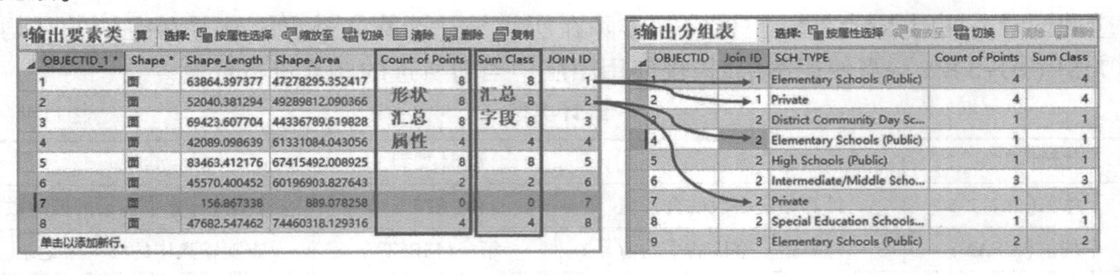

输出要素类

OBJECTID_1 *	Shape *	Shape_Length	Shape_Area	Count of Points	Sum Class	JOIN ID
1	面	63864.397377	47278295.352417	8	8	1
2	面	52040.381294	49289812.090366	8	8	2
3	面	69423.607704	44336789.619828	8	8	3
4	面	42089.098639	61331084.043056	4	4	4
5	面	83463.412176	67415492.008925	8	8	5
6	面	45570.400452	60196903.827643	2	2	6
7	面	156.867338	889.078258	0	0	7
8	面	47682.547462	74460318.129316	4	4	8

输出分组表

OBJECTID	Join ID	SCH_TYPE	Count of Points	Sum Class
1	1	Elementary Schools (Public)	4	4
2	1	Private	4	4
3	2	District Community Day Sc...	1	1
4	2	Elementary Schools (Public)	1	1
5	2	High Schools (Public)	1	1
6	2	Intermediate/Middle Scho...	3	3
7	2	Private	1	1
8	2	Special Education Schools...	1	1
9	3	Elementary Schools (Public)	2	2

图 11-36 范围内汇总分析结果

11.4.4 交集制表分析

交集制表分析是计算两个要素类之间的交集并对相交要素的面积、长度或数量进行交叉制表,原理如图 11-37 所示。具体操作过程如下。

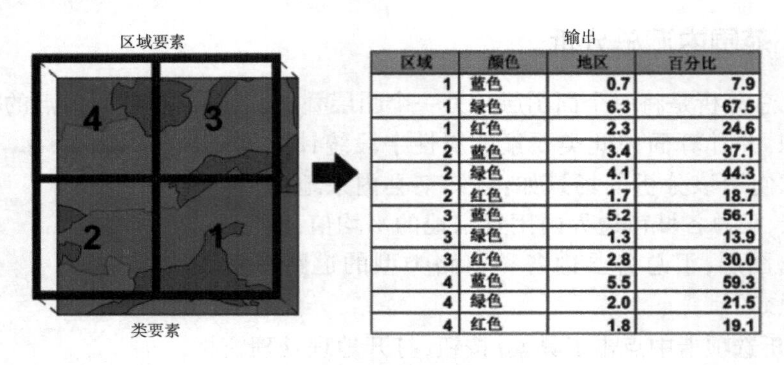

区域	颜色	地区	百分比
1	蓝色	0.7	7.9
1	绿色	6.3	67.5
1	红色	2.3	24.6
2	蓝色	3.4	37.1
2	绿色	4.1	44.3
2	红色	1.7	18.7
3	蓝色	5.2	56.1
3	绿色	1.3	13.9
3	红色	2.8	30.0
4	蓝色	5.5	59.3
4	绿色	2.0	21.5
4	红色	1.8	19.1

图 11-37 交集制表分析原理

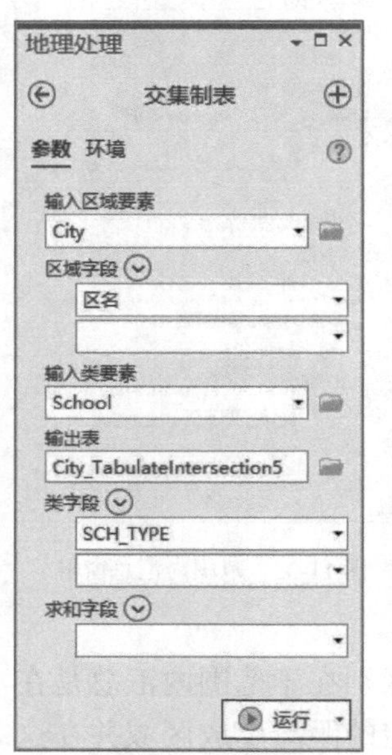

图 11-38 交集制表窗格

(1)在**分析**选项卡中点击工具按钮,打开**地理处理**窗格,选择**分析工具|统计|交集制表**,打开**交集制表**窗格,如图 11-38 所示。

(2)在**交集制表**窗格中,设定相应的参数,单击**运行**按钮完成操作。各参数的含义如下。

①“输入区域要素”:用于标识区域的要素,如 City 面要素。

②“区域字段”:用于定义区域的属性字段,如 City 要素中的“区名”字段。

③“输入类要素”:用于标识类的要素,即与区域要素求交的要素,如 School 点要素。输入类要素的维度要低于区域要素的维度,即输入区域要素为点,则类要素只能为点要素;输入区域要素为线,则类要素为点、线要素;输入区域要素为面,则类要素可以为点、线、面要素。

④“输出表”:将包含区域和类之间交集输出为表。

⑤“类字段”:用于定义类的属性字段,将按照此字段对区域要素进行分割。

⑥“求和字段”:按区域对输入类要素的数值属性进行求和。包括类的总和值(点个数PNT_COUNT、线的长度LENGTH、区域的面积)和基于类与区域相交的百分比的比例。当输入区域要素和输入类要素具有相同的维度(同为面、同为线或同为点)时,输出PERCENTAGE字段记录区域要素与类相交的百分比。如果输入区域要素和输入类要素具有不同的维度(面区域具有线类、面区域具有点类或线区域具有点类),则输出PERCENTAGE字段记录类与区域面相交的百分比。如果输入区域要素或输入类要素中存在重叠要素,则PERCENTAGE字段中要记录的百分比值可能大于100。

图11-38中的参数组合实现的分析为:求City面要素与School点要素的交集,按照City要素中的“区名”和School要素中的“SCH_TYPE”字段进行统计汇总,输出结果包括区名、SCH_TYPE、求和字段PNT_COUNT和PERCENTAGE,如图11-39所示。

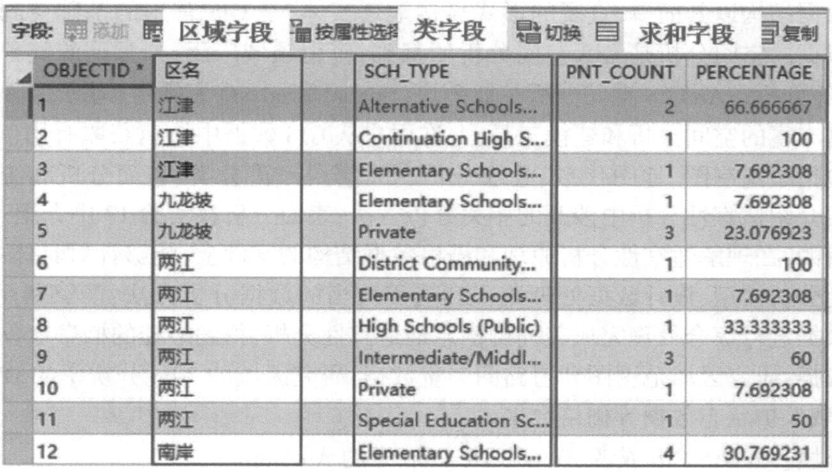

字段: 添加　区域字段　按属性选择　类字段　切换　求和字段　复制

OBJECTID *	区名	SCH_TYPE	PNT_COUNT	PERCENTAGE
1	江津	Alternative Schools...	2	66.666667
2	江津	Continuation High S...	1	100
3	江津	Elementary Schools...	1	7.692308
4	九龙坡	Elementary Schools...	1	7.692308
5	九龙坡	Private	3	23.076923
6	两江	District Community...	1	100
7	两江	Elementary Schools...	1	7.692308
8	两江	High Schools (Public)	1	33.333333
9	两江	Intermediate/Middl...	3	60
10	两江	Private	1	7.692308
11	两江	Special Education Sc...	1	50
12	南岸	Elementary Schools...	4	30.769231

图11-39　交集制表分析结果

实验 12 栅格数据空间分析

12.1 实验任务书

栅格数据结构以其简单、直观的形式表达地理实体,是 GIS 常用的基础空间数据格式。基于栅格数据的空间分析是 GIS 空间分析的基础,应用领域广泛,如常见的气象因子、地表覆盖、地形等分析。ArcGIS 空间分析扩展模块(Spatial Analyst)为栅格(基于像元的)数据提供一组类型丰富的空间分析和建模工具,允许用户从 GIS 数据中快速获取有用信息,常用的分析工具包括距离制图、地图代数、叠加分析、邻域分析、重分类、表面分析和统计分析等。本实验主要介绍适宜性分析中涉及的相关分析方法,表面分析在实验 13 中介绍。

实验目的:在理解适宜性分析原理和栅格数据结构的基础上,能够针对具体的实际问题构建适宜性分析模型、设计数据处理流程和选用恰当的数据分析方法;能够利用 ArcGIS 软件对栅格数据进行综合处理完成美洲狮栖息地适宜性分析,得到最佳的栖息地分析结果。

实验数据:研究区域范围图和道路图矢量数据;研究区域的 30m 分辨率的 DEM、地表覆盖数据、区域保护状态数据等栅格数据。

实验环境:ArcGIS Pro 或者 ArcGIS Desktop 中的 ArcMap。

实验内容:美洲狮野外生存的环境受到人类活动的影响越来越严重,动物保护组织需要根据美洲狮的习性与研究区域的特点确定美洲狮最佳的栖息地。栖息地在选择时应满足以下条件。

①地形的险峻程度——险峻的地形有助于美洲狮捕食猎物并阻碍人类的开发进程。

②茂密的土地覆被——可为追踪猎物提供掩护。

③保护区——一个地区受到保护将确保未来的城市发展不会破坏栖息地。

④与道路的距离——公路不仅对美洲狮而言是危险要素,而且会推动人类的开发进程。

利用多种空间分析工具,在研究区域内提取出能够满足上述条件的区域,制作成美洲狮最佳栖息地专题地图。

实验步骤:

适宜性分析模型可用于确定安置某物或保留某个区域的最佳位置。例如,使用适宜性模型来进行房产开发、学校或公司总部的选址、野生动物保护区或防火区的最佳位置等。无论应用领域如何变化,常规工作流程都是相似的,一般包括定义适宜性模型的目标、标准数据的确定和准备、将每个条件中的值转换为常见适宜性等级、根据不同条件之间的相关性对条件进行加权和合并以创建适宜性地图、查找选址区或保护区,具体过程如图 12-1 所示。

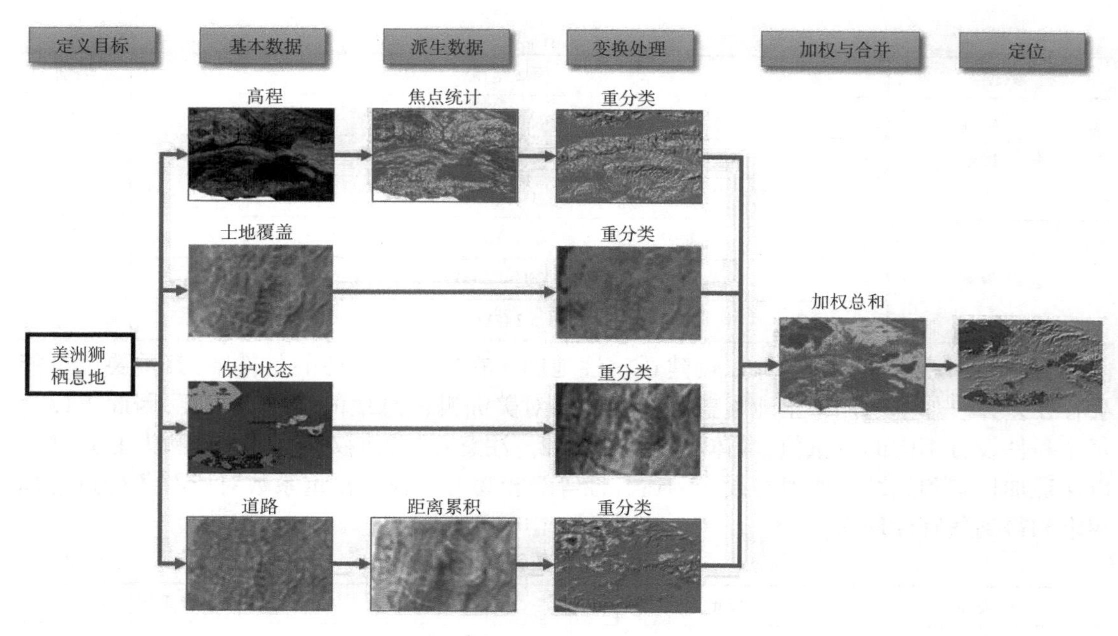

图 12-1　适宜性分析流程

①定义适宜性模型的目标。为了选择美洲狮栖息地，应尽量保证其地势险峻、植被茂密和远离公路的保护区内等特点。

②确定并准备数据。险峻程度数据、土地覆盖数据、保护状态数据和道路距离。由于原始数据中不存在险峻程度和道路距离数据集，因此需要使用空间分析工具从现有的基础数据中派生出这些数据。

③将每个条件中的值转换为常见适宜性等级。险峻程度、土地覆盖、保护状态，以及道路距离是将用于适宜性模型的条件，必须将这些条件综合起来才可以得到满足条件的栖息地。但是仅仅通过数学方法将险峻程度、土地覆盖、保护状态和道路距离相加得到的值没有任何意义，因此在将条件栅格相加之前，要对数据进行标准化处理，使其具有相同的量纲。最常见的处理方法是将每个条件按照值域转化为适宜性等级。在美洲狮栖息地示例中，使用 1~3 的适宜性等级，1 表示最适合美洲狮，3 表示最不适合美洲狮。对 4 种数据的分类情况如表 12-1 所示。

适宜性等级划分　　表 12-1

数据	值域范围	类别
险峻程度	0 ~ 70	3
	70 ~ 140	2
	>140	1
土地覆盖	11(开阔水面)、21(已开发的开放空间)、22(低强度开发地区)、23(中等强度开发地区)、24(高强度开发地区)、31(荒地)	3
	81(干草/牧场)、82(中耕作物)、90(森林湿地)、95(自发草本湿地)	2
	41(落叶林)、42(常绿林)、43(混生林)、52(灌木/灌木丛)、71(草本)	1

续上表

数据	值域范围	类别
保护状态	4、NODATA	3
	3	2
	0、1、2	1
道路距离	0 ~ 100	3
	1 000 ~ 2 000	2
	>2 000	1

④对条件进行加权和合并以创建适宜性地图。在影响适宜性的条件中,其重要性可能会存在差异。如本示例中土地覆盖和保护状态对美洲狮栖息地的影响更重要,因此可以为每个条件设置不同的权重值,具体设置见表 12-2。注意:尽量使权重系数的总和为 1,这样可以保证加权求和的结果取值与设定的适宜性等级相吻合。根据权重系数对所有条件进行加权求和得到适宜性地图。

条件的权重系数 表 12-2

条件	权重系数	条件	权重系数
险峻程度	0.1	保护状态	0.4
土地覆盖	0.4	道路距离	0.1

⑤在适宜性地图上,根据每个位置的属性(如取值 1~3)选择最适宜的位置。

请按照上述适宜性分析的流程,利用空间分析工具对数据进行处理,获得美洲狮的最佳栖息地。在完成此任务的基础上,利用 ModelBuilder 构建美洲狮栖息地适宜性分析模型,实现数据的自动处理(选做)。

实验成果:提交实验报告、美洲狮最佳栖息地专题地图、美洲狮栖息地适宜性分析模型(选做)。

12.2 地理环境设置

地理环境设置是影响工具执行结果的附加参数。这些参数与常规工具参数的区别在于它们不会显示在工具对话框中(存在某些例外情况),但工具在运行时将参考和使用这些参数。地理环境设置通常是执行地理处理任务的先决条件,其在地理处理任务开始之前通过独立对话框进行设置。地理环境参数众多,而且不同的地理处理对应的环境参数也不尽相同。本实验中主要介绍栅格数据处理中涉及的环境参数,包括工作空间、输出坐标、处理范围和栅格分析等。

在**分析**选项卡的**地理处理**组中点击**环境**按钮,或者在已经运行的某个工具窗格中选择**环境**选项卡,都可以打开**环境**对话框,如图 12-2 所示。两种方式的区别在于前者设置的参数将影响当前窗口中所有的地理处理,而后者仅对当前地理处理有效。

12.2.1 工作空间

工作空间用于设置当前工作空间和临时工作空间的路径。“临时工作空间”用于存放不愿保留的输出数据。ArcGIS 空间分析的中间过程文件和结果文件均将自动保存到指定的工作目录中。在 ArcGIS Pro 中,“临时工作空间”和“当前工作空间”环境在默认情况下会同步到工程的默认地理数据库。

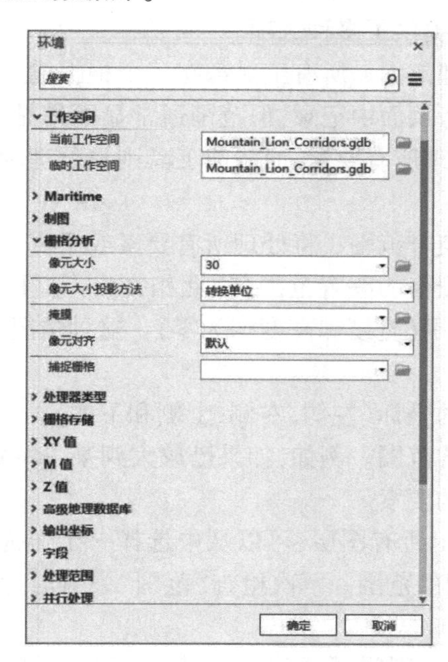

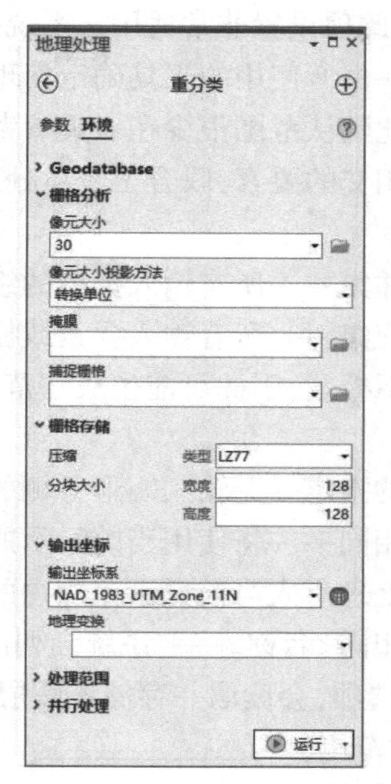

图 12-2 两种形式的“环境”对话框

使用工具对话框时,将使用“当前工作空间”和“临时工作空间”环境自动生成输出数据集名称。如果设置了“临时工作空间”环境,则自动生成的输出路径将是临时工作空间。如果未设置“临时工作空间”环境,则会检查当前工作空间环境。如果设置了“当前工作空间环境”,则自动生成的输出将是当前工作空间。如果既未设置“临时工作空间”环境,也未设置“当前工作空间”环境,则自动生成的输出环境路径将是某一输入的工作空间。

12.2.2 输出坐标

用于设定地理数据集的输出坐标系,如果涉及投影变换,还需要设置地理变换,如图 12-3 所示。需要注意:处理过程将在与输出地理数据集相同的坐标系中进行。如果“输出坐标系”环境不同于输入坐标系,则在工具执行期间输入将投影到输出坐标系,但该投影不会影响输入。如果输入或输出坐标系处于“未知”状态,系统将假设输入的坐标系与输出坐标系相同。在下拉对话框中提供了多种输出坐标系的选项:①与输入相同即输出地理数据集的坐标系将与输入坐标系相同,这是默认设置;②当前地图即将使用当前显示的地图或场景的坐标系;③与图层相同<名称>即列出所有图层,可以选择一个作为坐标系。

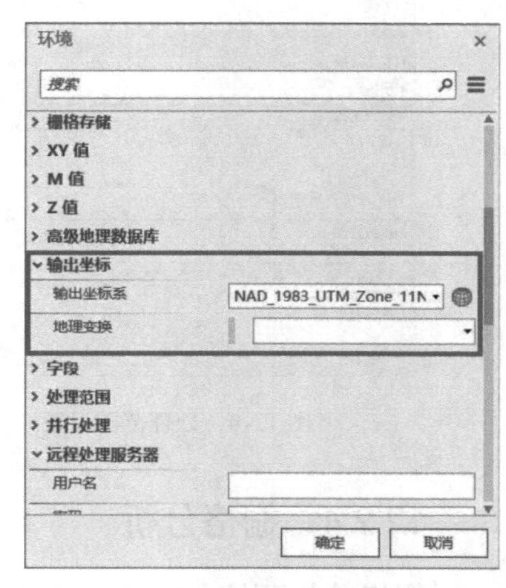

图 12-3 输出坐标设置

12.2.3　处理范围

“范围”环境设置可定义工具将要处理的要素或栅格的范围。如果只需要处理大型数据集的一部分,则此项设置非常适用。系统提供了多种选项。

①默认——由所使用的工具确定处理范围。所有工具都有一个根据输入数据计算得出的默认范围。此默认范围很少在工具参考页面中记录,但范围通常显而易见。例如,相交工具只处理彼此相交的要素,联合工具可处理所有要素,而裁剪工具则只处理裁剪要素范围内的要素。

②输入的并集——所有输入数据的组合范围。将处理所有要素或栅格。

③输入的交集——所有输入要素或栅格的叠置范围(彼此相交)。请注意:有可能所有要素或像元均不叠置,因此可能生成空范围(宽度和高度均为零)。这种情况下,不会处理任何要素或像元。

④如下面的指定——输入矩形各侧的坐标(左侧、右侧、上侧和下侧)。

⑤与显示相同——将使用当前显示的范围。例如,如果已放大到某一特定研究区域,则可使用此选项处理落入当前显示范围内的要素。

⑥与图层相同<名称>——系统会列出所有图层,可以从中选择一个作为范围。类似于“与显示相同”选项,会读取并存储该图层的范围。下次检查“范围”设置时,其将读取“如下面的指定”中的范围。

注意:如果选择的是“如下面的指定”,则需要通过四个值(左侧、右侧、上侧和下侧坐标)来定义一个矩形,如图 12-4 所示。该矩形只用于选择要素而非裁剪。该选择中输出数据集的范围通常会大于“范围”设置,以便将穿过范围矩形的要素或像元包括在内,如图 12-5 所示。

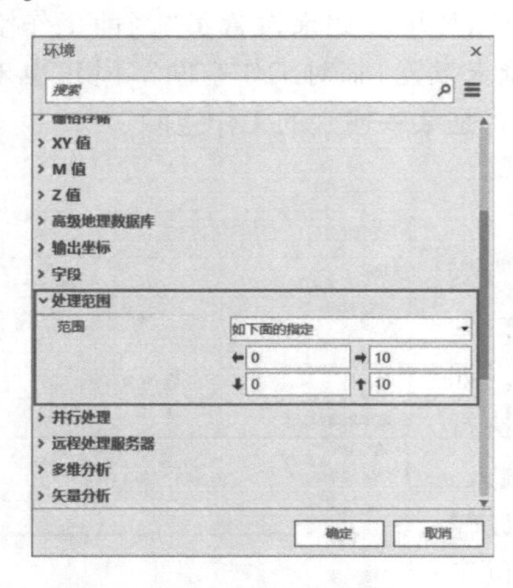

图 12-4　处理范围设置

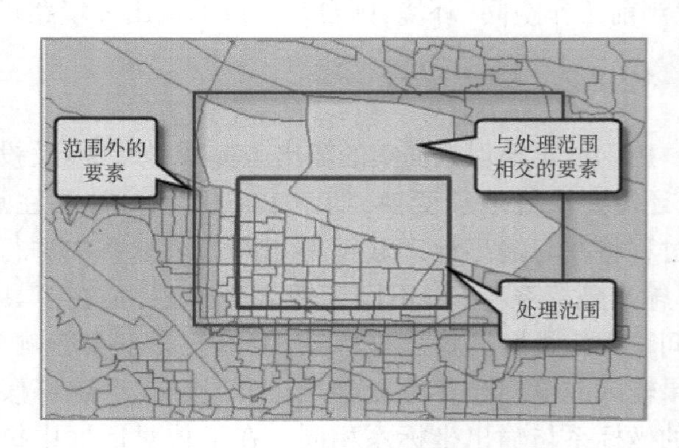

图 12-5　处理范围的作用

12.2.4　栅格分析

栅格分析环境包括像元大小、像元大小投影方法、掩膜、像元对齐和捕捉栅格的设置,如

图 12-6 所示。

(1)像元大小。

其设置在操作时使用的输出栅格像元大小或分辨率。系统提供了 3 种选项。

①输入最大值——使用所有输入数据集的最大像元大小,这是默认设置。

②输入最小值——使用所有输入数据集的最小像元大小。

③与图层相同<名称>——使用指定图层或栅格数据集的像元大小。

如果要使用特定数值的像元大小,可以在文本框中直接输入该值。如果要素数据集作为工具的输入,则默认像元大小将采用要素数据集范围的宽度或高度(取较小的值)除以 250 后得出的值。如果指定了像元大小数值,则当输出使用的空间参考与输入数据的空间参考不同时,输入数据集不进行投影。在其他情况下,输入数据集将进行投影并将使用新的像元大小。

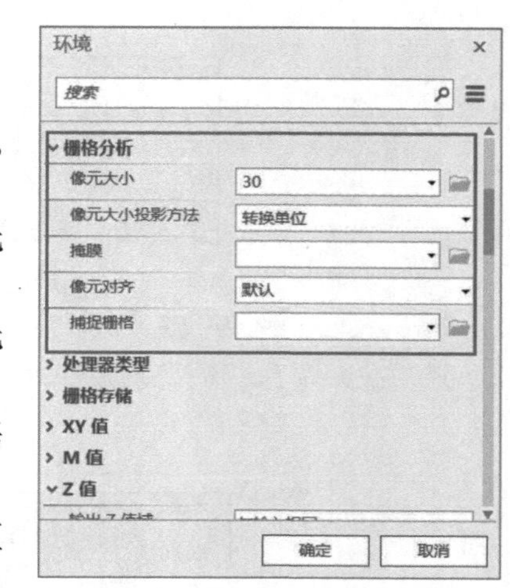

图 12-6　栅格分析设置

(2)像元大小投影方法。

在分析过程中当涉及投影数据集时,该设置可以使用定义的方法来控制输出栅格像元大小的计算。系统提供了三种计算投影像元大小的方法。

①转换单位——根据涉及的坐标系类型转换单位。从一个投影坐标系(PCS)投影到另一个 PCS 时,将按相应系数转换线性单位。从一个地理坐标系(GCS)转换到另一个 GCS 时,将转换角度单位。从 GCS 投影到 PCS 或从 PCS 投影到 GCS 时,输出像元大小将根据投影范围与原始范围的四条边和两个对角的平均比值进行计算,如图 12-7 所示。这是默认设置。

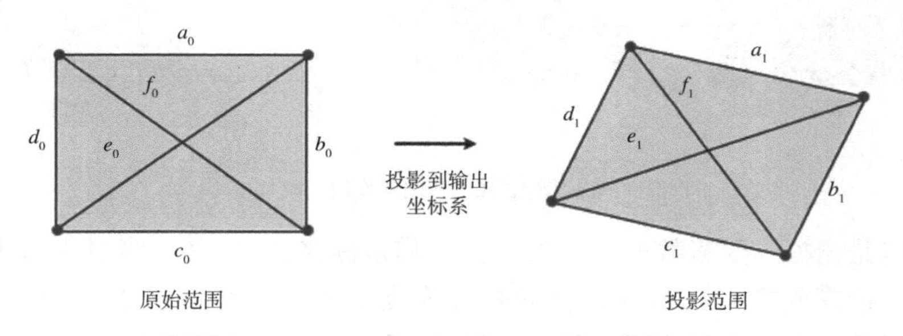

$$像元大小_{投影}=1/6\ (a_1/a_0+b_1/b_0+c_1/c_0+d_1/d_0+e_1/e_0+f_1/f_0)\times 像元大小_{原始}$$

图 12-7　转换单位的计算方法

②保留分辨率——在投影范围中保留与原始范围内相同数量的方形像元。输出像元大小将根据投影范围与原始范围的面积之比进行计算。对于 GCS 和 PCS 的所有组合,此方法可比默认的转换单位方法更准确地计算方形像元的平均大小,结果如图 12-8 所示。

③范围的中心——原始范围的中心将投影到输出坐标系。通过获取从中心点到其四个相邻点的投影距离的平均值来计算输出像元大小,如图 12-9 所示。

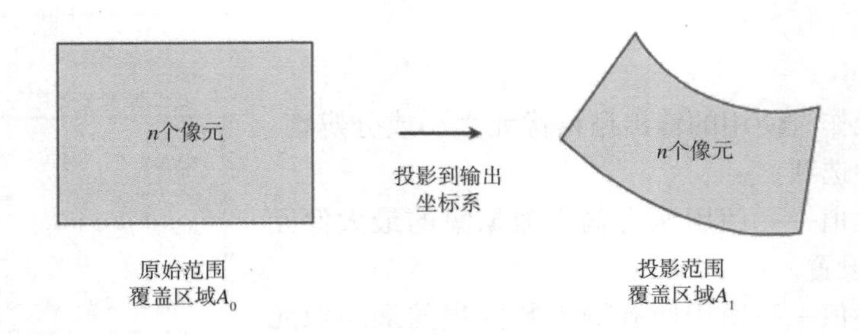

图 12-8　保留分辨率的计算方法

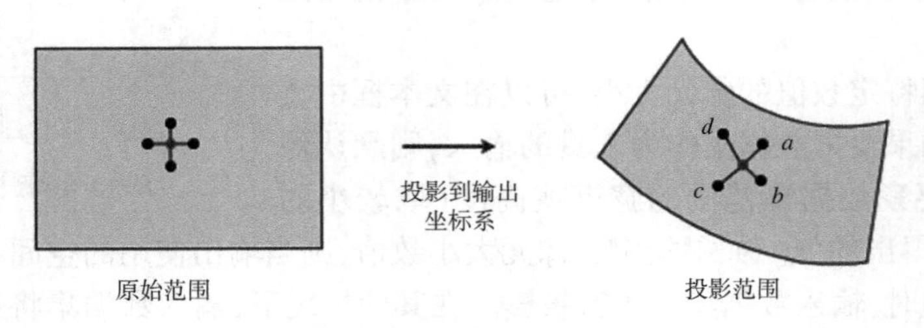

图 12-9　范围中心的计算方法

(3)掩膜。

该设置将分析处理过程限定在落入掩膜范围内的像元,掩膜外的所有位置都将在输出中指定为 NoData,如图 12-10 所示。

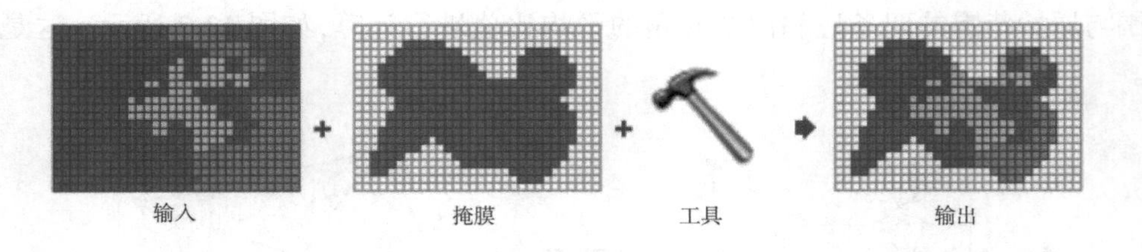

图 12-10　掩膜的作用

掩膜可以是栅格或要素数据。如果分析掩膜是栅格,则定义掩膜时将考虑所有具有有效值的像元。掩膜栅格中的 NoData 像元将视为位于掩膜之外,并且在输出中将为 NoData。如果分析掩膜是一个要素类或要素图层,则在执行时它将内部转换为栅格。

(4)像元对齐。

该设置将调整输出的像元对齐方式,使其与指定处理范围的像元对齐方式一致。系统提供了三种选项。

①默认——像元对齐方式将遵循工具的默认行为。这是默认设置。

②与处理范围对齐——将调整输出像元的范围使其与指定处理范围的像元对齐方式一致,其将使用在环境设置中指定的重采样方法对输入栅格进行重采样。

③与输入对齐——输出像元将遵循输入的对齐方式,并且不对数据进行重采样。

注意:如果在“捕捉栅格”环境中指定了范围,其将覆盖“像元对齐”中的范围。

(5)捕捉栅格。

该设置将调整输出栅格的范围,以使它们的像元对齐方式与指定的捕捉栅格的像元对齐方式相匹配。捕捉的范围由以下三个因素决定:输入数据集、输出范围环境设置和工具的参数范围。对于给定的捕捉栅格和范围(要捕捉的范围),通过调整左下角和右上角来确定输出范围。

12.3 距 离 制 图

12.3.1 基本概念

距离制图根据每一个栅格相距其最邻近要素(也称为“源”)的距离分析制图,从而反映每个栅格与其最邻近源的相互关系。其中涉及的相关概念有源、成本栅格数据、距离累积数据、距离分配数据和距离方向数据。

源表示距离分析中的目标或目的地。其表现在 GIS 数据特征上就是一些离散的点、线、面要素。要素可以邻接,但属性必须不同。源可以用栅格数据表示,也可以使用矢量数据表示。

成本即到达目标、目的地的花费,包括金钱、时间、人们的喜好等。成本栅格数据记录通过每个栅格单元的通行成本。成本数据的制作一般利用重分类功能完成。当成本数据需要考虑多个成本因素时,则在重分类的基础上还需要对各个成本因素进行加权合并。

距离累积数据指的是栅格中每个像元到最近源的累加距离(或成本),如图 12-11 所示。图中红色像元的距离累积距离为 $1.5=(1+2)/2$;蓝色像元的距离累积距离为 $6.4=1.5+\sqrt{2}\times(2+5)/2$。可以解决诸如到最近城镇的距离是多少这样的问题。

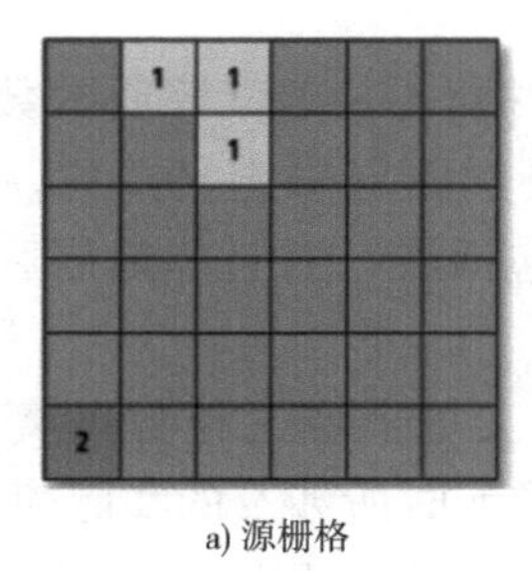

a) 源栅格

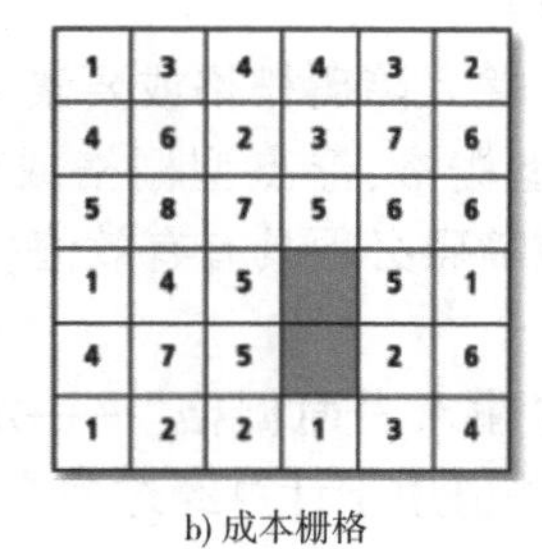

b) 成本栅格

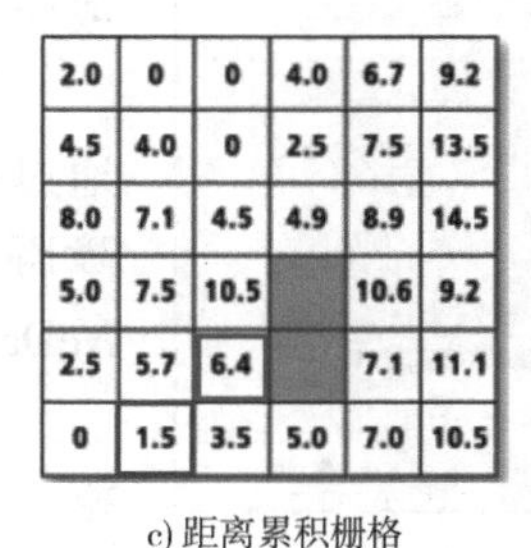

c) 距离累积栅格

图 12-11 距离累积数据

距离分配数据是表示每个像元的赋值都是距其最近源的值。距离计算可以采用直线距离、成本距离、真实表面距离,以及垂直和水平成本系数来确定。可以解决诸如最近的城镇是什么的问题。

距离方向数据表示每个像元到最近源的方向。在 ArcGIS 中,根据栅格的连通性将距离方向分为 8 种,用 1~8 编号来表示,0 用于表示源位置。值 1~8 按顺时针方向从右侧开始依次对方向进行编码，如图 12-12 所示。可以解决诸如到最近城镇的方向是什么的问题。

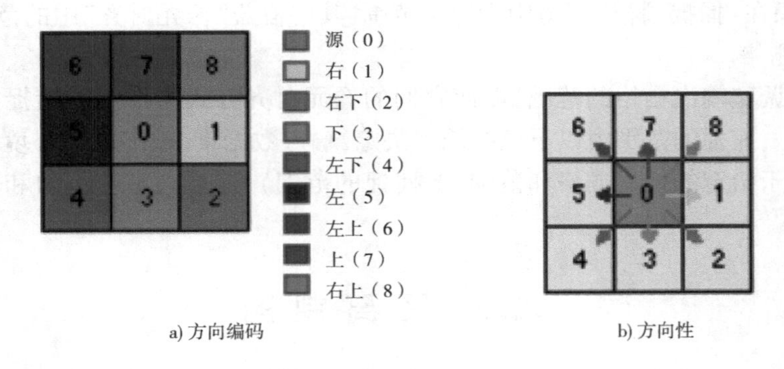

图 12-12　距离方向数据

ArcGIS Pro 提供了多种用于测量距离和分析的函数，如距离累积、距离分配、最佳路径为线、最佳路径为栅格和最佳区域连接等。

12.3.2　距离累积

通过距离函数（直线距离、成本距离、真实表面距离，以及垂直和水平成本系数）计算每个栅格单元到源的累积距离。具体操作如下。

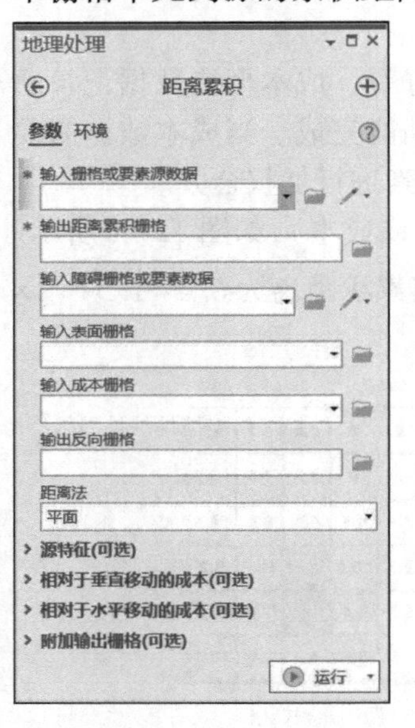

图 12-13　距离累积

（1）在**分析**选项卡中点击工具按钮，打开**地理处理窗格**，选择**空间分析工具**（**Spatial Analyst**）|**距离**|**距离累积**，打开**距离累积窗格**，如图 12-13 所示。

（2）在**距离累积**窗格中，设置下列参数：

①“输入栅格或要素源数据”——即源的位置，用于标识计算每个输出像元位置的最小积累成本距离所依据的像元或位置。可以为栅格或要素数据集，对于栅格，输入类型可以为整型或浮点型。

②“输入障碍栅格或要素数据”——定义障碍的数据集。可通过整型栅格、浮点型栅格或要素图层来定义障碍。对于栅格障碍，该障碍必须具有有效值（包括零），并且非障碍区域必须为 NoData。

③“输入表面栅格”——定义每个像元位置的高程值的栅格。这些值用于计算经过两个像元时所涉及的实际表面距离。

④“输入成本栅格”——定义以平面测量的经过每个像元所需的阻抗或成本。每个像元位置上的值表示经过像元时移动单位距离所需的成本。每个像元位置值乘以像元分辨率，同时也会补偿对角线移动来获取经过像元的总成本。成本栅格的值可以是整型或浮点型，但不可以为负值或零。

⑤“距离法”——指定是否使用平面（平地）或测地线（椭球）方法计算距离。系统提供了两种方法：平面（PLANAR）和测地线（GEODESIC）。平面方法将使用 2D 笛卡尔坐标系对投影平面执行距离计算。这是默认设置。测地线方法将在椭圆体上执行距离计算。

⑥“输出距离累积栅格”——输出距离栅格，其包含每个像元距最小成本源的累积距离，这是必选输出项。

⑦“输出反向栅格”——输出反向栅格，其中包含以度为单位的计算方向。该方向可用于识别沿最短路径返回最近源同时避开障碍的下一像元。值的范围是 0°～360°，并为源像元保留 0°。正东（右侧）是 90°，且值以顺时针方向增加（180°是南方、270°是西方、360°是北方）。

除了上述参数外，还提供了源特征、相对于垂直移动的成本、相对于水平移动的成本和附加输出栅格选项：

⑧“源特征”——通过四个参数来定义源，分别为初始累积、最大累积、要用于成本的乘数和行驶方向。初始累积用于在移动开始之前设置初始成本，该值必须大于等于 0。如果指定了初始累积，则输出成本距离表面上的源位置将设置为初始累积值；否则，输出成本距离表面上的源位置将设置为零。最大累积用于设置源在到达极限前可累积多少成本，值必须大于零。每个源的成本计算将在达到指定累积后停止，默认累积为到输出栅格边。要应用于成本的乘数用于指定出行模式或源的量级，乘数越大，在每个像元间移动的成本将越大，该值必须大于零，默认值为 1。行驶方向可确定移动是否从源开始并移动至非源位置，或从非源位置移动回源。

⑨“相对于垂直移动的成本”——用于输入垂直栅格，其定义每个像元位置的 Z 值，这些 Z 值用于计算坡度，而坡度用于标识在不同的像元之间移动时产生的垂直系数。

⑩“相对于水平移动的成本”——用于输入水平栅格，在栅格上的这些值必须是整数，以北纬 0°（或朝向屏幕顶部）为起始值，范围为 0°～360°，顺时针增加。平坦区域应赋值为-1。每个位置上的值与水平系数结合使用，用来确定在相邻像元之间移动时产生的水平成本。

⑪“附加输出栅格”——包括两个可选的输出项最小积累成本源像元的方向标识方位角，值的范围是 0°～360°，并为源像元保留 0°。正东（右侧）是 90°，以顺时针方向增加（180°是南方、270°是西方、360°是北方）。输出源方向栅格用于存储源的位置，其为多波段输出。第一个波段包含行索引，第二个波段包含列索引。这些索引用于标识相距最小积累成本距离的源像元的位置。

设置好参数，点击运行完成距离分配，图 12-14 显示的是采用源和范围进行的直线距离累积结果，同时输出了反向栅格。可以看出栅格数据的距离累积类似于矢量数据的缓冲区分析。

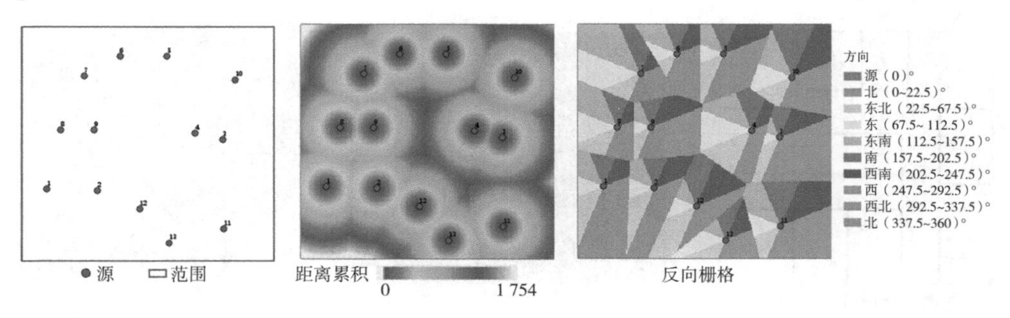

图 12-14　距离累积

12.3.3 距离分配

距离分配是通过分配函数(直线距离、成本距离、真实表面距离,以及垂直和水平成本系数)将所有栅格单元分配给其最近的源。具体操作如下。

(1)在**分析**选项卡中点击**工具**按钮,打开**地理处理**窗格,选择**空间分析工具(Spatial Analyst)|距离|距离分配**,打开**距离分配**窗格,如图 12-15 所示。

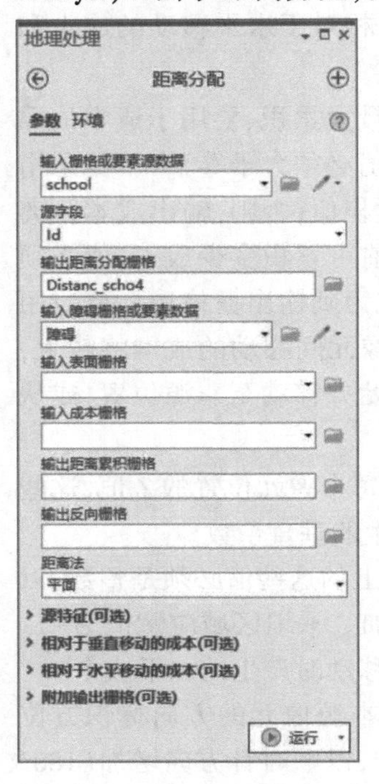

图 12-15 距离分配

(2)在**距离分配**窗格中,设定相应的参数,其与距离累积相同,此处不再赘述。其中“源字段”用于向源位置分配值的字段,必须为整型。

需要注意:当输入源数据是栅格时,源像元集包括具有有效值的源栅格中的所有像元,值 0 将被视为合法的源,具有 NoData 值的像元不包括在源集内。当输入源数据是要素类时,源位置在执行分析之前从内部转换为栅格。栅格的分辨率可以由像元大小环境来控制。默认情况下,如果未在工具中指定任何其他栅格,分辨率将由输入空间参考中输入要素范围的宽度与高度中的较小值除以 250 来确定。

如果未指定范围环境设置,则通过以下方式确定处理范围:如果仅指定了输入栅格或要素源数据和输入障碍栅格或要素数据,则将输入的并集(每侧扩展两个像元宽度)用作处理范围;如果指定了以下任意栅格数据集,即输入表面栅格、输入成本栅格、输入垂直栅格或输入水平栅格,则处理范围为这些栅格的交集。

如果未指定像元大小或捕捉栅格环境设置,并且指定了多个栅格作为输入,像元大小和捕捉栅格根据优先顺序进行设置:输入成本栅格、输入表面栅格、输入垂直栅格、输入水平栅格、输入栅格或要素源数据和输入障碍栅格或要素数据。

设置好参数,点击运行完成距离分配,图 12-16 显示的是采用源、范围和障碍栅格进行的直线距离分配的结果,同时输出了距离累积栅格。可以看出,栅格数据的距离分配类似于矢量数据的泰森多边形分析。

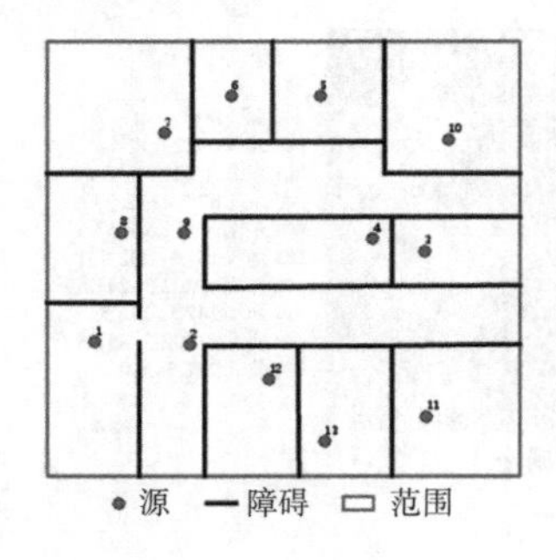

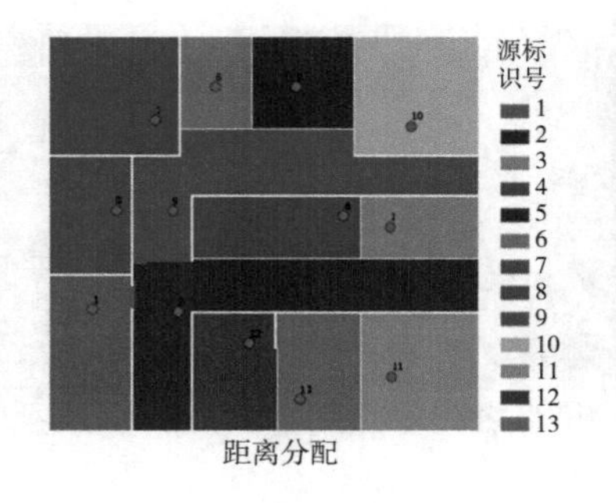

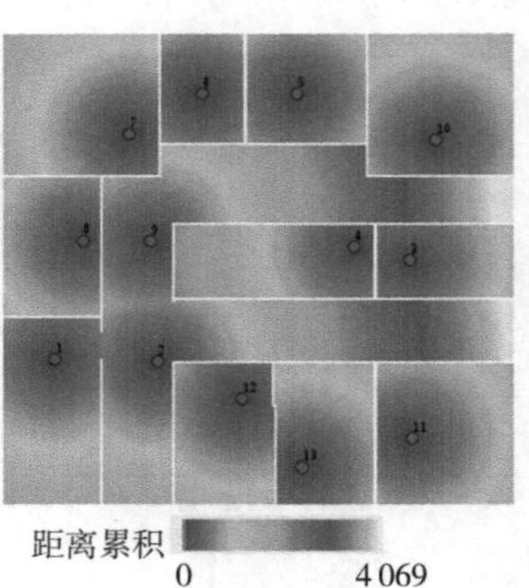

图 12-16 距离分配

12.3.4　最佳路径

最佳路径分析类似于矢量数据集中的最短路径分析，其通过最佳距离函数获取从一个或一组源出发，到达一个或一组目标的最佳路径，该分析可用于诸如找出从起火点到消防站的最佳路径这样的路径分析。根据最佳路径输出值的不同，可分为“最佳路径为线”和“最佳路径为栅格”两个分析工具，其分析原理相同，区别在于前者输出的路径为线要素，而后者输出的路径为栅格。

在最佳路径计算过程中，目标数据可以是点要素，也可以是区域要素，因此，路径的计算方法存在三种类型。

①每个像元(EACH_CELL)：为目标数据中每个像元寻找一条最小成本路径。

②每个区域(EACH_ZONE)：为每个目标寻找一条最小成本路径，每个目标的最小成本路径可起始于该目标内成本距离权重最小的像元。

③最佳单一(BEST_SINGLE)：为所有目标寻找一条最小成本路径。此时，只有一条输出路径。

创建的最佳路径必须基于成本数据，其需要通过“距离累积”或“距离分配”工具创建距离累积栅格和反向栅格，最后通过执行最佳路径功能获得最佳路径。具体实现过程如下。

(1)在**分析**选项卡中点击工具按钮，打开**地理处理**窗格，选择**空间分析工具(Spatial Analyst)|距离|最佳路径为线**，打开**最佳路径为线**窗格，如图 12-17 所示。

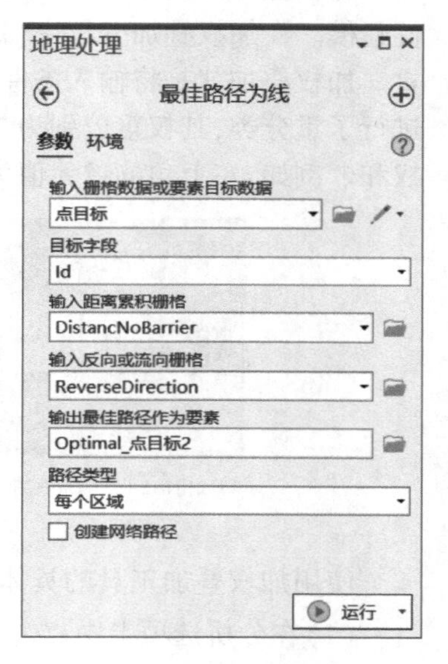

图 12-17　最佳路径为线

(2)在**最佳路径为线**窗格中，设置目标数据、目标字段、输入距离累积栅格、输入反向或流向格栅、路径类型等，点击**运行**完成操作。输出折线要素具有一个名为 DestID 字段以及名为 PathCost 字段的属性。DestID 字段用于标识每条线通向的目的地。PathCost 字段显示每条路径的总累积成本。如果将输出写入文件地理数据库，则会生成一个名为 shape_length 的字段，其中包含最小成本路径的总长度。

图 12-18 为生成的最佳路径，其为寻找点目标(水滴图标)到最近源(圆点)的最佳路径，水滴点和源点之间的连线为所求的源到目的地的最佳路径。

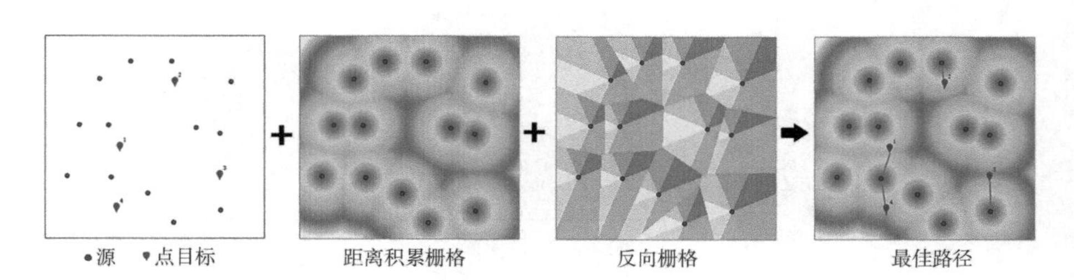

图 12-18　最佳路径

12.4 叠加分析

叠加分析工具可以将多个输入栅格数据基于不同的权重值进行合并，输出一个新的栅格数据。系统提供了三种常用的叠加方法：加权叠加、加权总和和模糊叠加。同时也提供了模糊隶属度和查找区域工具。

12.4.1 加权叠加

加权叠加工具是最常用的叠加分析方法之一，用于解决多准则问题，如地点选择和适宜性建模。在加权叠加分析中，每个条件的重要性不同，因此可以为每个条件指定不同的权重。加权叠加就是将输入条件乘以权重然后求和，其原理如图 12-19 所示，两个输入栅格已进行了重分类，其权重分别为 75%和 25%，则输出栅格的每个像元的值为相同位置像元的加权和。例如，左上角的像元值为 Int(2×75%+3×25%) = Int(2.25) = 2。

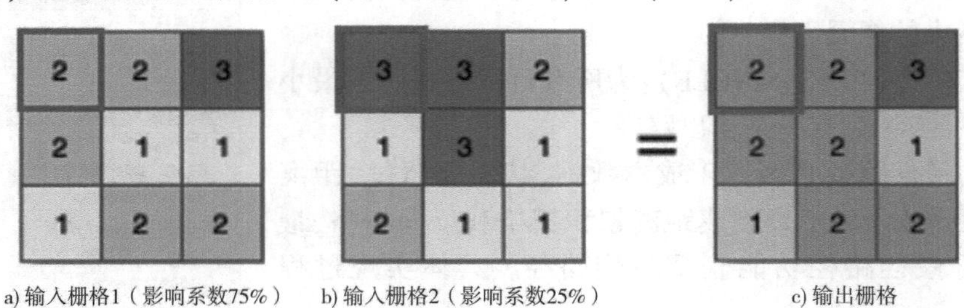

图 12-19 加权叠加原理

使用加权叠加工具的具体操作如下。

(1)在**分析**选项卡中点击**工具**按钮，打开**地理处理**窗格，选择**空间分析工具(Spatial Analyst)|叠加分析|加权叠加**，打开**加权叠加**窗格，如图 12-20 所示。

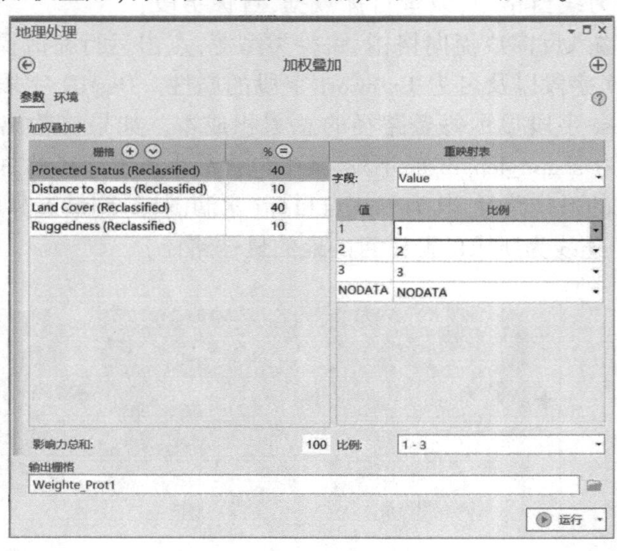

图 12-20 加权叠加窗格

(2)在**加权叠加**窗格中,包含一个加权叠加表,用于设置输入栅格表和重映射表,进而执行多个栅格数据之间的多条件分析计算。

①“栅格”——通过⊕浏览栅格数据集或者通过⊙将打开的地图图层添加到输入列表,作为进行加权叠加的输入栅格;“%”表示输入栅格相对于其他条件栅格的影响力百分比,影响力仅通过整数值进行指定。十进制值将向下舍入为最近的整数,影响力总和必须等于 100。使用设置等效影响选项(⊜按钮)对所有栅格的影响力百分比进行平衡设置并且要保证总和为 100。

②“重映射表”——设置要参与加权处理的字段。根据设置的字段,其具体取值将在列表中显示出来。可以直接输入值或者从下拉列表中选择一个值。除了数值以外,还可以使用以下选项:Restricted 和 NoData。其中,**Restricted** 表示无论其他输入栅格是否具有为该像元设置的其他等级值,都将受限制的值(设置的评估等级最小值为-1)分配至输出像元中;**NoData** 表示无论其他输入栅格是否为该像元设置了其他等级值,都将 NoData 分配至输出中的像元。

③“比例”——用于定义重映射值的评估等级,其将决定加权叠加表中的比例。

④“输出栅格”——输出加权栅格。

设置好上述参数,点击运行完成操作。需要注意:所有输入栅格数据必须为整型。浮点型栅格数据要先转换为整型栅格数据,然后才能在加权叠加中使用。

12.4.2　加权总和

加权总和工具将每个输入栅格的指定字段值与指定权重相乘,然后将所有输入栅格相加来创建输出栅格。其原理如图 12-21 所示,根据输入栅格的值,将像元值乘以其加权因子,然后将结果相加即可创建输出栅格。例如,左上角像元值的计算为 (2.2×75%)+(3×25%)= 2.4。

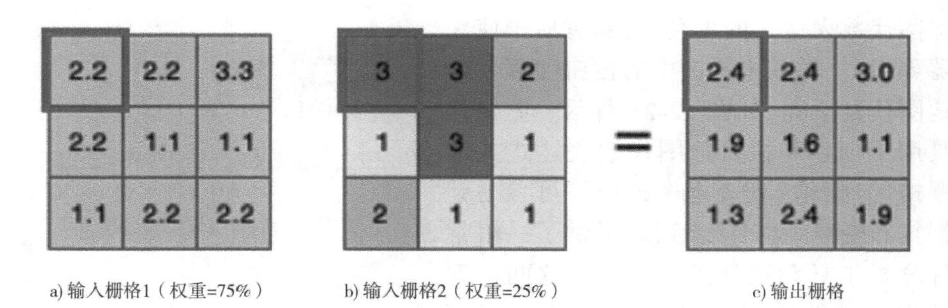

a) 输入栅格1(权重=75%)　b) 输入栅格2(权重=25%)　c) 输出栅格

图 12-21　加权总和原理

加权总和工具与加权叠加工具类似。这两种工具主要区别为:加权总和工具不会将重分类值重设到评估等级,因此,分析可保持其分辨率;加权总和工具允许使用浮点值和整型值,而加权叠加工具仅接受整型栅格作为输入。

一般来说,加权叠加工具最常用于适宜性建模,并且可用于确保遵循正确的方法。加权总和工具在需要保持模型分辨率,或需要浮点型输出或小数权重时很有用。

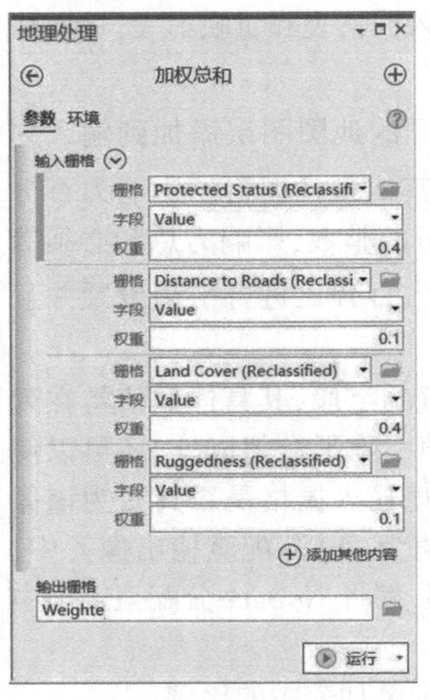

图 12-22 加权总和窗格

运行加权总和工具的具体操作如下。

(1)在分析选项卡中点击工具按钮,打开地理处理窗格,选择空间分析工具(Spatial Analyst)|叠加分析|加权总和,打开加权总和窗格,如图 12-22 所示。

(2)在加权总和窗格中,添加栅格、选择要在叠加分析中使用的字段、为输入栅格指定权重,点击运行完成操作。每个输入栅格的像元值与其栅格权重相乘,其结果像元值相加即会生成最终输出栅格。注意:权重可以是任意浮点型值(包括负值),并且不限定该值必须是相对百分比,也无须等于 1.0。

12.5 地图代数

地图代数是一种简单而强大的代数语言,允许用户通过代数方式来访问 Spatial Analyst 的工具、运算符、函数和类。其最基本的格式是,输出栅格位于等号(=)左边,工具、运算符及其参数位于等号右边,如下语句:用于计算山体阴影,即确定太阳在方位角为 99°且高度角为 33°时的照明度,并且创建名为 outShade 的 Raster 对象来存储结果。

```
from arcpy. sa import *
outshade=Hillshade("inelevation",99,33)
```

使用地图代数的方法有三种:栅格计算器工具、Python 窗口和偏好的 Python 集成开发环境(IDE)。本节主要介绍栅格计算器。栅格计算器工具是空间分析(Spatial Analyst)工具集中可以执行地图代数表达式的工具,其具有易于使用的计算器界面,只需单击界面中的按钮便可创建大部分地图代数语句,如图 12-23 所示。栅格计算器工具用于创建和执行地图代数表达式并输出结果栅格。"栅格"列表框中列出了可参与计算的数据集和变量。"工具"列表提供了一组常用的条件分析工具和数学工具。双击这两个列表中的数据和运算符,其将自动加入表达式框中。需要注意:输入数据的完整路径或指定的当前工作空间环境设置中存在的数据应括在双引号("")中;长整型、双精度型或布尔型变量将括在百分号(%%)中;而数字和标量则可直接输入。当表达式中使用多个运算符时,其不一定按照从左到右的顺序执行,具有最高优先值的运算符将首先执行。如果两个运算符的优先级值相同,则按表达式中从左到右的顺序来处理。可以使用括号限定优先级,不管指定的是什么运算符,总是首先处理最底

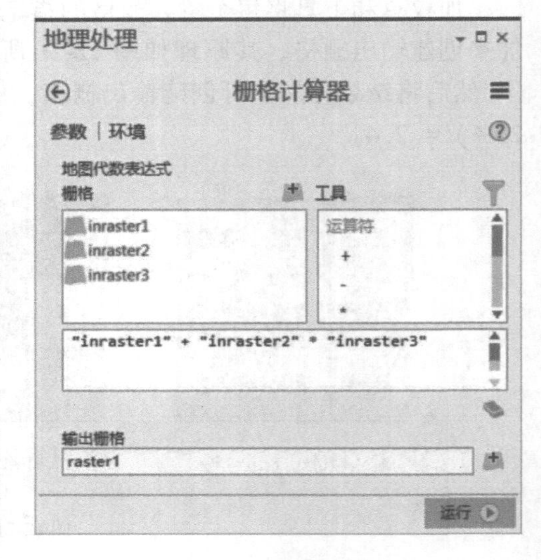

图 12-23 栅格计算器

层括号中的运算。表12-3按优先级从低到高的顺序列出了所有地图代数运算符。同一行中的运算符具有相同的优先级。

运算符的优先级　　表12-3

级别	运算符	参考
1	<、<=、>、>=、==、!=	小于、小于等于、大于、大于等于、等于和不等于
2	|	布尔或
3	^	布尔异或
4	&	布尔与
5	<<、>>	按位左移、按位右移
6	+、-	加、减
7	*、/、//、%	乘、除、整除和模
8	+、-、~	一元加号、取反和布尔非
9	**	幂

当对数字使用运算符时,输出结果为数字,如“outVar=3+7”的输出结果为数字10;对栅格使用运算符时,输出结果为栅格,如表达式“outRas=Raster(‘inraster1’)+Raster(‘inraster2’)”将每个栅格像元的值相加并输出一个新的栅格;对栅格和数字同时用运算符时,输出结果为栅格,如“outRas=Raster(‘inraster1’)+4”,将栅格的每个像元加入数字4,得到新的输出栅格。

12.6 邻域分析

12.6.1 邻域分析原理

栅格数据的邻域分析类似于矢量数据的统计分析,其通过计算各邻域内所包含的所有输入像元的指定统计量从而得到输出值。

邻域是一个可遍历输入数据的移动窗口或搜索半径窗口。Spatial Analyst中包含两种基本的邻域运算:一种针对位置重叠的邻域,另一种针对位置不重叠的邻域。如点、线、焦点统计工具处理邻域重叠的输入数据集;而块统计工具则处理邻域不重叠的数据,原理如图12-24所示。在重叠邻域运算中,只有当前正在处理的像元才会接收邻域中所有像元的计算结果;而在不重叠邻域中,处于邻域的最小外接矩形内的所有像元都会接收相同的输出值。

12.6.1.1 邻域的形状

邻域类型有环形、圆形、矩形和楔形,每种形状的参数定义如图12-25所示。默认情况下邻域是宽和高为三个像元单位的正方形。

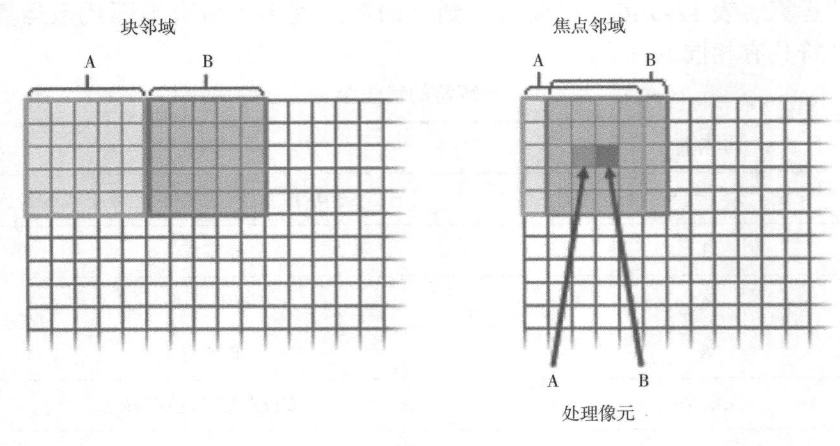

图 12-24 邻域的重叠与不重叠

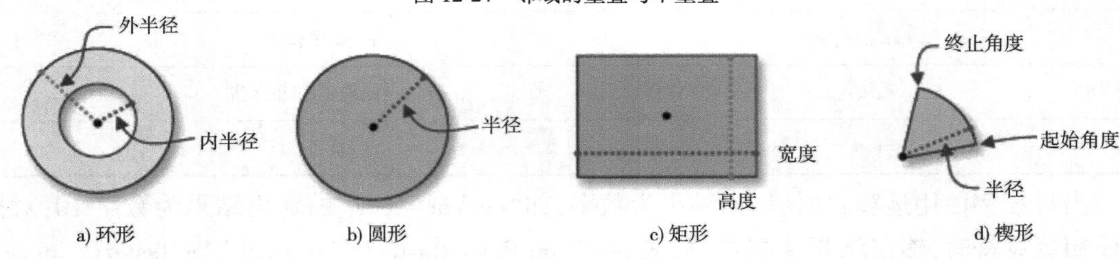

图 12-25 邻域的形状

环由两个圆组成,一个圆位于另一个圆的内侧,从而构成圆环。中心落在小圆半径范围以外,但落在大圆半径范围以内的像元将包含在邻域处理范围内,图 12-26a)表示了内径为 1 个像元、外径为 3 个像元的环形邻域,深色阴影表示示例环形块邻域计算中将包括的像元。圆通过指定半径值来创建圆形邻域,图 12-26b)表示半径为 3 个像元的圆形邻域,深色阴影表示示例圆形块邻域计算中将包括的像元。矩形通过提供以像元或地图单元为单位的宽度和高度值来确定矩形邻域,图 12-26c)表示宽度为 6 个像元、高度为 4 个像元的矩形邻域,深色阴影表示示例矩形块邻域计算中将包括的像元。楔形是由半径、起始角度和终止角度指定的饼形邻域。楔形按逆时针方向从起始角延伸到终止角。角度指定为 0°~360°之间的算数度,其中 0°位于 X 轴正方向(3 点钟方向);角度可为整型或浮点型,也可使用负角度。图 12-26d)表示半径为 3 个像元、起始角为 0°、终止角为 270°的楔形邻域,深色阴影表示示例楔形块邻域计算中将包括的像元。

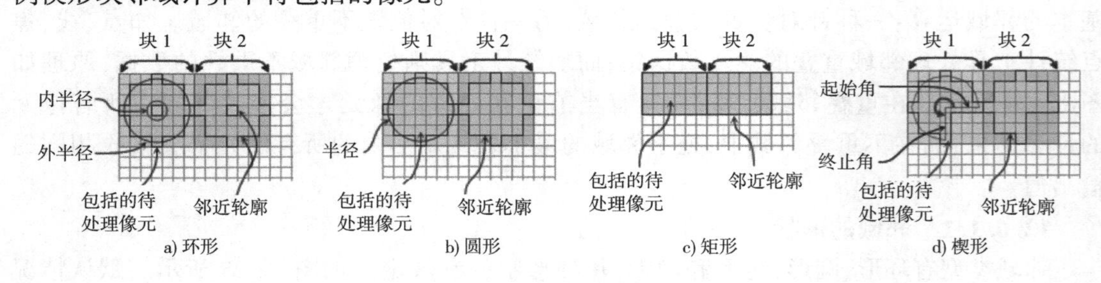

图 12-26 各形状邻域的栅格化

除了上述几何形状外，也可以通过不规则形状核文件创建不规则形状的邻域。不规则形状核文件属于 ASCII 文本文件，可以使用任何文本编辑器来创建此文件。文件格式如下：

第一行指定了邻域的宽度和高度（表示为由空格分开的 X 轴方向上的像元数和 Y 轴方向上的像元数）；随后几行则指定了邻域中各个位置的值。按照与各像元在所在邻域中相同的配置输入这些像元值。各个值之间需要由空格分隔。零、正值、负值和小数值均可作为像元的值。某像元位置的值为 0（非空），表示该像元不属于该邻域从而无法用于邻域处理；而值为非 0（如 1、-7、2），则表示该值对应的像元（和像元值）属于该邻域。这些值表示各输入值的权重，如图 12-27 所示，深色阴影表示核文件定义的不规则形状。

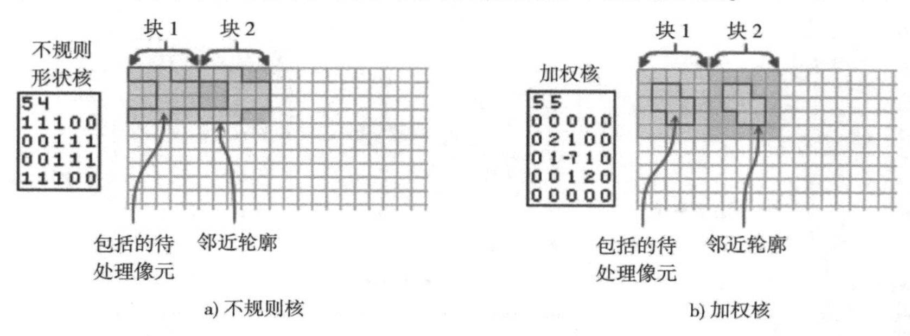

图 12-27　不规则形状核文件

12.6.1.2　邻域统计的类型

可为待处理邻域内的像元值计算各种统计量，包括平均值、众数、最大值、最小值、中值、少数等，具体见表 12-4。

ArcGIS 中的邻域分析中提供了点统计、焦点统计、线统计、块统计等工具。

邻域统计类型　　表 12-4

序号	类型	含义
1	平均值	计算邻域内像元的平均值
2	众数	计算邻域内像元的众数（出现次数最多的值）
3	最大值	计算邻域内像元的最大值
4	中值	计算邻域内像元的中值
5	最小值	计算邻域内像元的最小值
6	少数	计算邻域内像元的少数（出现次数最少的值）
7	百分比数	计算邻域内像元的百分比数。默认情况下将计算 90% 百分比数。也可以使用百分数值参数来指定其他值（从 0 到 100）
8	范围	计算邻域内像元的范围（最大值和最小值之差）
9	标准差	计算邻域内像元的标准差
10	总和	计算邻域内像元的总和（所有值的总和）
11	变异度	计算邻域内像元的变异度（唯一值的数量）

12.6.2　点统计

点统计工具用于执行计算输出栅格数据的邻域运算，各像元的输出值是落入其指定邻域范围内所有输入点要素的函数。函数即为统计邻域的类型，如最大值、平均值或者邻域内所有值的总和。以总和为例，执行点统计工具，则输出栅格中的每个像元的值为落入其指定邻域内的输入点的总数。邻域可以相互重叠。需要注意：该工具直接对点要素而非栅格进行操作；同时只能针对四种特定的邻域形状计算统计值，无法自定义邻域形状。图 12-28 显示了点统计工具计算“总和”的处理过程。通过字段值为 1、2、3 的 11 个输入点，使用邻域为 3×3 的矩形进行点统计。邻域窗口为输出栅格中每个像元确定将在统计计算中考虑的输入点，将计算结果记录在待处理的像元中，然后继续对下一个像元进行运算，直至所有输出像元都处理完毕。图中显示了第三行像元值得计算。

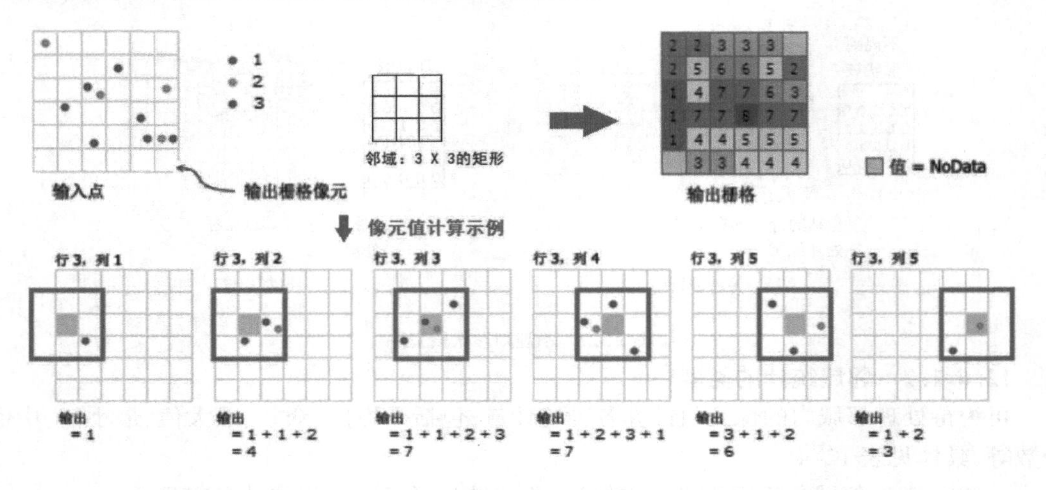

图 12-28　点统计的原理

点统计工具的具体操作如下。

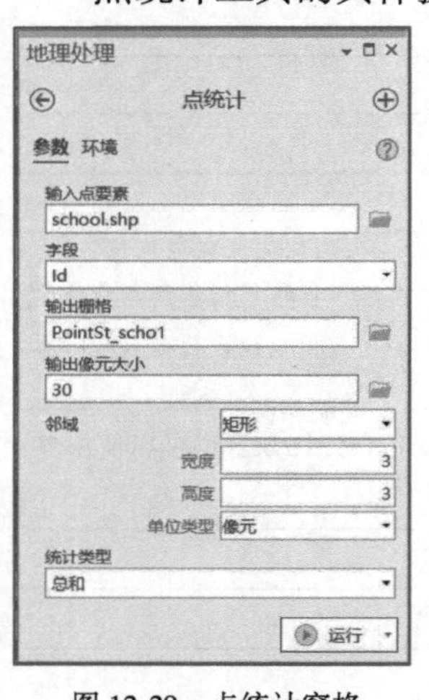

图 12-29　点统计窗格

(1) 在**分析**选项卡中点击**工具**按钮，打开**地理处理**窗格，选择**空间分析工具(Spatial Analyst)|邻域分析|点统计**，打开**点统计**窗格，如图 12-29 所示。

(2) 在**点统计**窗格中，输入要进行处理的点要素、选择参与统计计算的字段、设置邻域形状和统计类型，点击**运行**按钮完成操作。注意：输出像元大小可以通过数值进行定义，也可以从现有栅格数据集获取。如果没有将像元大小明确指定为参数值，则将从像元大小环境获取相应值(前提是已指定环境)。如果未指定参数像元大小和环境像元大小，但已设置捕捉栅格环境，则将使用捕捉栅格的像元大小。如果未指定任何内容，则像元大小会通过使用范围的宽度或高度中的较小值除以 250 来计算，其中范围位于在环境中指定的输出坐标系内。

12.6.3　焦点统计

焦点统计工具可执行用于计算输出栅格数据的邻域运算，各输出像元的值是其指定邻域范围内所有输入像元值的函数。其类似于点统计工具，不同之处在于它直接对栅格数据进行处理。其邻域可以相互重叠,可以是环形(圆环)、圆形、矩形、楔形或通过核文件定义的任意形状。图 12-30 中演示焦点统计计算总和统计值的邻域处理过程。邻域为 3×3 的矩形,逐个对像元进行统计处理,如行 3、列 5 的像元总和计算为(3+2+4+4+1+2+3+5=24),因此输出像元值为 24(加粗表示的像元)。

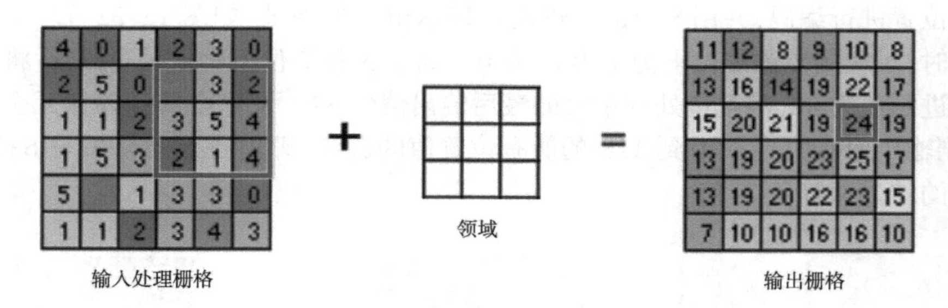

图 12-30　焦点统计处理原理

焦点统计工具的具体操作如下。

(1)在**分析**选项卡中点击**工具**按钮,打开**地理处理**窗格,选择**空间分析工具(Spatial Analyst)|邻域分析|焦点统计**,打开**焦点统计**窗格,如图 12-31 所示。

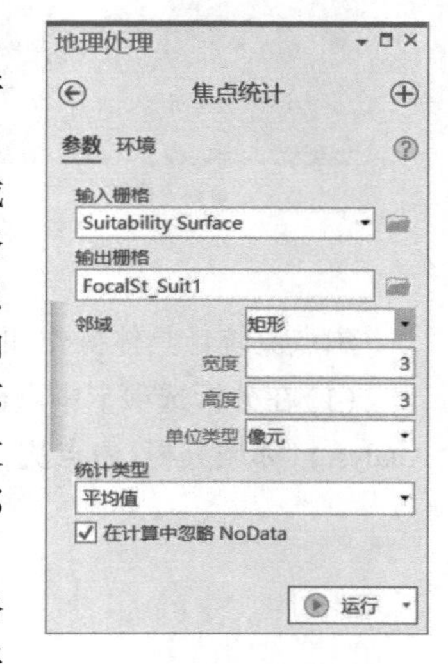

图 12-31　焦点统计窗格

(2)在**焦点统计**窗格中,输入要进行处理的栅格、设置邻域形状和统计类型,点击**运行**按钮完成操作。注意:如果输入栅格为整型,则所有统计类型均可用。如果输入栅格为浮点型,则只有平均值、最大值、中值、最小值、百分比数、范围、标准差和总和统计类型可用;众数、少数和变异度统计类型则不允许使用。不规则与权重邻域类型需要指定核文件,核文件应具有 *.txt 文件扩展名。仅当统计类型为平均值、标准差和总和时,方可将邻域类型设置为权重

"NoData 复选框"用于指定在进行统计计算时是否将忽略 NoData 值。默认为选中该项,即当邻域中存在 NoData 值时,将忽略此 NoData 值。计算该像元值时仅使用邻域内具有数据值的像元来确定输出值。这意味着如果处理像元值为 NoData,则一旦选择了该选项,处理像元即可在输出栅格中接收值,前提是该邻域内至少有一个像元具有有效值。如果不选中此项,邻域内有任意像元的值是 NoData,则处理像元的输出将为 NoData。

12.6.4　焦点流

焦点流工具用于确定输入栅格中每个像元的 3×3 直接邻域内值的流量。流量表示液体移动(比如水沿着高程表面或者倾斜表面流动),需要注意其并不表示有多少液体流入,而记录的是从哪个像元流入。焦点流使用"移动窗口"方法来处理整个数据集,类似于焦点统计工具的工作原理。但是,计算输出值的方式却与此不同。

图 12-32 演示了焦点流的处理过程,对于待处理单元图 12-32a)中间加深的像元,其有 8

个直接邻域；要检验一个特定的邻域像元是否将要流入待处理像元，则用待处理单元的值减去每个邻域像元的值，如果所得值为正数，则邻域像元将无法流入待处理像元；如果所得值为负数，则邻域像元可流入待处理像元，如图 12-32b）所示，有 3 个像元的值为负值；记录这三个像元的位置信息到待处理单元。为了将多个像元的位置信息记录到一个像元中，对 8 邻域像元位置进行编码，并用 8 位的二进制来表示组合的地址，如图 12-32c）所示。当该位置为负值时，对应的二进制位上为 1；反之为 0。如 1，5 和 7 位上的取值 1，最后将二进制数转换位十进制数为 82，因此待处理单元的最后输出值位 82。设想全部相邻像元全都流向一个像元，则输出值将收到从 1 到 128 的所有位置值的总和，即由 128+64+32+16+8+4+2+1 计算所得的结果值等于 255。

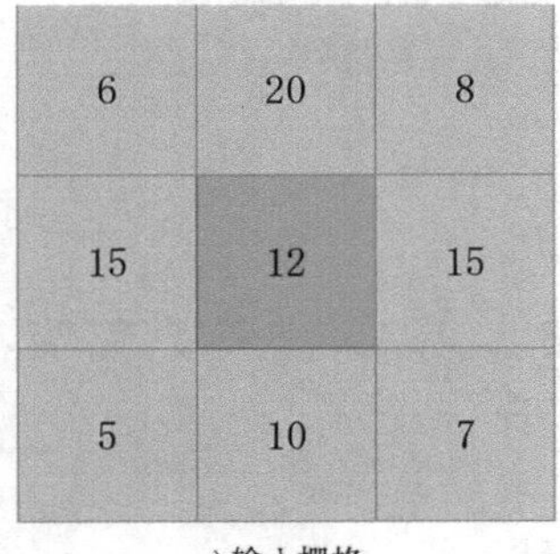

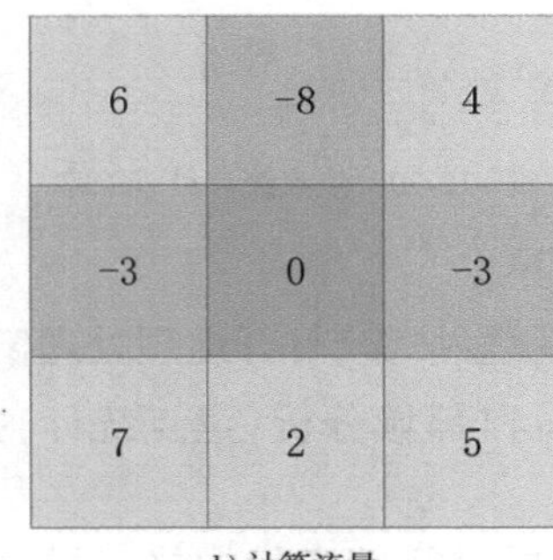

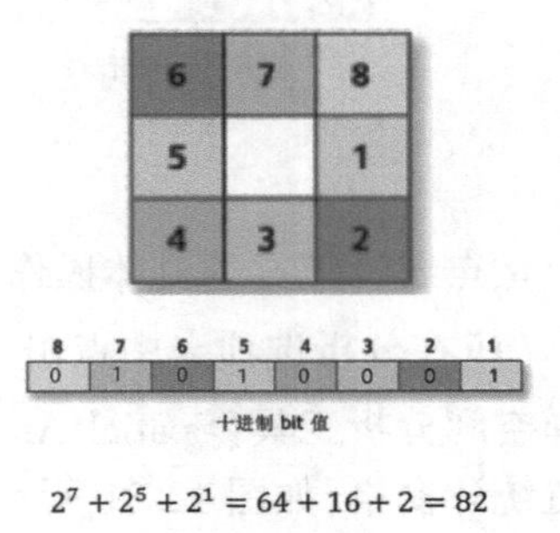

a) 输入栅格　　b) 计算流量　　c) 计算位置

图 12-32　焦点流统计的原理

焦点流统计具体操作如下。

（1）在**分析**选项卡中点击工具按钮，打开**地理处理**窗格，选择**空间分析工具（Spatial Analyst）|邻域分析|焦点流**，打开**焦点流**窗格，如图 12-33 所示。

图 12-33　焦点流窗格

（2）在**焦点流**窗格中，输入表面栅格和输出栅格，点击**运行**按钮完成操作。注意：阈值为可选项，表示必须先等于或超过该值，然后才能出现流。如果相邻像元位置上的值与待处理像元的值之差小于或等于阈值，则输出将为 0（或无流量）。

12.7　重　分　类

重分类工具可通过多种方法将像元值重分类或更改为替代值。如根据新信息替换值、将某些值分组、将值重分类为常用等级、将特定值设置为 NoData,或将 NoData 像元设置为值等。系统提供的重分类方法有单个值的重分类,如查找工具;按照值的范围进行重分类,如使用 ASCII 文件重分类、使用表重分类、重分类工具;按照间隔区域进行重分类,如分割工具;根据变换函数进行重分类,如按函数重设等级工具。需要注意:所有重分类方法均应用于区域中的每个像元。也就是说,当对现有值应用某替代值时,所有重分类方法都可将该替代值应用到原始区域的各个像元。重分类方法不会仅对输入区域的一部分应用替代值。本节以常用的"重分类工具"为例讲解其用法。

(1)在**分析**选项卡中点击工具按钮,打开**地理处理**窗格,选择**空间分析工具(Spatial Analyst)|重分类|重分类**,打开**重分类**窗格,如图 12-34 所示。

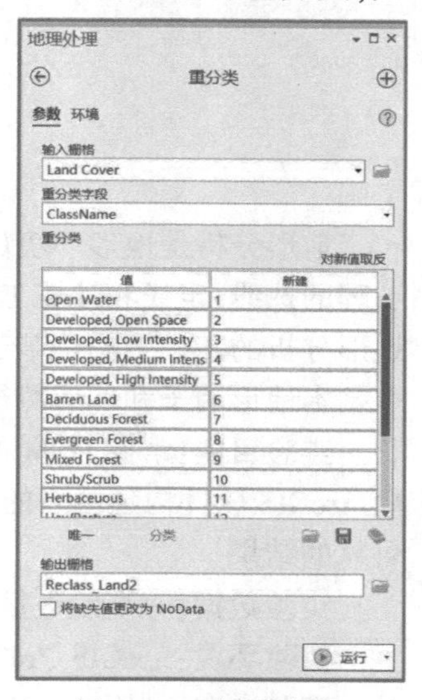

图 12-34　重分类窗格

(2)在**重分类**窗格中,输入要进行重分类的栅格、选择要进行重分类的字段;在重分类选项中,点击"唯一"或者"分类"方法,分别对应将单个值指定给新的输出值,或者根据输入值的范围指定给新的输出值,根据不同的方法在新旧值对照表中更改新值,点击**运行**按钮完成操作。"将缺失值更改为 NoData"选项为可选项,默认为不选中,即如果输入栅格的任何像元位置含有未在重映射表中出现或重分类的值,则该值应保持不变,并且应写入输出栅格中的相应位置。如果勾选该选项,则表明如果输入栅格的任何像元位置含有未在重映射表中出现或重分类的值,则该值将在输出栅格中的相应位置被重分类为 NoData。图 12-35 显示了对土地利用类型的重分类。

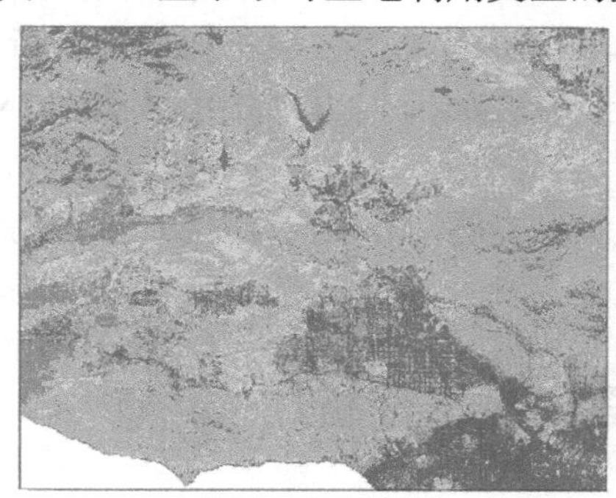
a) 输入的土地利用类型

b) 土地利用类型重分类

图 12-35　重分类结果

实验 13 地 形 分 析

13.1 实验任务书

地形分析是地形环境认知的一种重要手段,在工程建设方面(如公路、铁路、高压线路等工程的选线、定线和计算工程量)应用甚广,并为实现设计工作的自动化提供了条件。数字地形分析的基础工作是基于地表采样数据构建数字高程模型(DEM),随后以 DEM 为核心提取基本地形因子和地形特征、进行可视性分析和水系特征分析等。

实验目的:掌握 DEM 的构建方法;能够针对具体的地形分析任务编制技术方案;能够利用 ArcGIS 软件构建恰当的 DEM 模型,并基于该模型进行地形因子的提取和通视分析,得出可靠的结果。

实验数据:等高线数据(shape 文件格式)。

实验环境:ArcGIS Pro 或者 ArcGIS Desktop 中的 ArcMap 和 ArcScene。

实验内容:利用 ArcGIS 软件,基于等高线数据构建研究区域的二维数字高程模型(包括规则格网 GRID 和不规则三角网 TIN 模型)和三维数字高程模型;在数字高程模型的基础上进行坡度和坡向提取;对局部区域进行剖面分析和通视分析。

实验步骤:

仔细分析实验数据和地形特点,选择恰当的实验区域,确定构建 DEM 的方法;随后在 ArcGIS 软件中采用恰当的工具按照要求构建二维的 GRID 和 TIN 模型、三维数字高程模型;在此基础上提取坡度和坡向信息,制作成专题地图;并对局部区域进行剖面分析和通视分析,具体流程如图 13-1 所示,主要用到三维分析(3D Analyst)工具集中的栅格、TIN 数据集、表面三角化等工具。

实验成果:二维 GRID 模型、二维 TIN 模型、坡度专题图和坡向专题图(图片格式),三维数字高程模型及漫游(视频格式)。

13.2 栅格表面创建与分析

地理学研究中认为空间分布对象都是空间相关的,即彼此接近的对象往往具有相似的特征。表面表示在其范围内每个点都具有值的连续分布现象。对于表面上无数点的值,在实际工作中无法一一进行实测,而是在区域内实测一些典型的、具有代表意义的点,如高程点、降雨点和温度实测点等;对于非实测点,根据地理学第一定律(接近采样点的点值相对于距离采样点较远的点,与采样点相似的可能性更大),可利用各种插值方法为其指定值,构建连续表面。表面可以是等值线、栅格或 TIN 等数据结构表达。

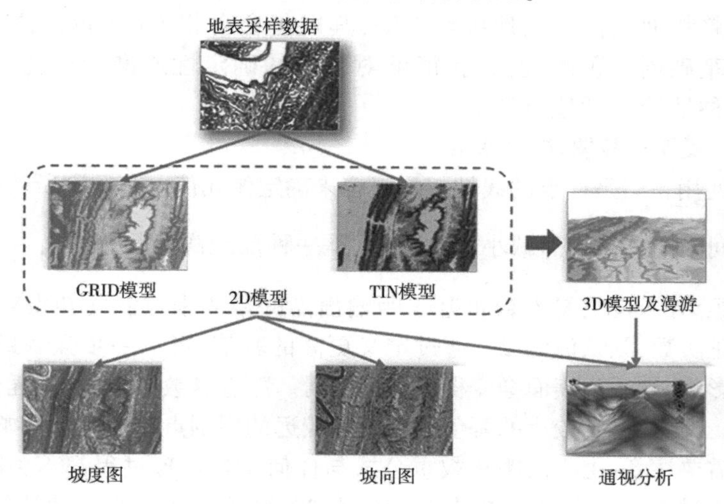

图 13-1　数据处理流程

栅格表面将研究区域划分为像元阵列，每个像元的属性表示表面的值，如高程值。表面的详细程度取决于栅格像元的大小。图 13-2 显示了由已知的观测值采用插值方法获得的栅格表面。

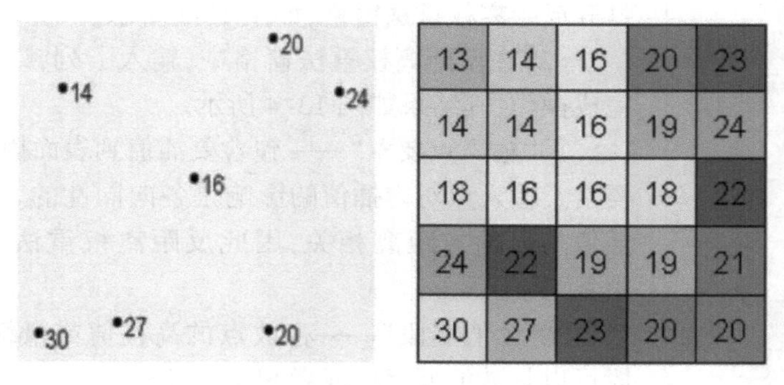

图 13-2　插值获得栅格表面

基于这种简单结构的栅格数据进行表面分析和计算，其速度一般要快于其他表面的计算。因此，栅格表面是 ArcGIS 软件系统中最常用的表面模型，它通过三维分析工具箱（3D Analyst）中的栅格工具集来提供栅格表面创建和分析的功能，主要包括插值分析、表面分析、转换、数学分析和重分类等。

13.2.1　栅格插值分析

栅格插值工具根据采样点值预测输出栅格数据集中所有位置的值，从而创建连续表面。得出每个位置预测值的方法有很多种，包括反距离权重法（Inverse Distance Weighting，IDW）、克里金法、自然邻域法、样条函数法、含障碍的样条函数、地形转栅格和趋势面法等。由于每种方法对数据的限制会有所不同，因此不同的方法适用于不用的数据。这些方法可以归为两大类：一是确定性方法，其将根据周围测量值和用于确定所生成表面平滑度的指定数学公式将值指定给位置。包括 IDW、自然邻域法、含障碍的样条函数法和趋势面法。二是地统计方法，其以包含自相关（测量点之间的统计关系）的统计模型为基础创建预测表面，且能够对预测的确定性或准确性提供某种度量。克里金法即是一种地统计插值方法。

13.2.1.1　反距离权重法（IDW）

IDW 工具使用一组采样点的线性权重组合来确定像元值。其假定所映射的变量因受到与其采样位置间距离的影响而减小，因此权重是一种反距离函数，如$\frac{1}{d}$，$\frac{1}{d^2}$。反距离权重法主要依赖于反距离的幂值，幂参数可基于距输出点的距离来控制已知点对内插值的影响。幂参数是一个正实数，默认值为 2。通过定义更高的幂值，可进一步强调最近点，使得邻近数据受到最大影响，表现为表面会变得更加不平滑。随着幂数的增大，内插值将逐渐接近最近采样点的值。反之，指定较小的幂值将对距离较远的周围点产生更大影响，从而导致更加平滑的表面。需要注意：由于反距离权重公式与任何实际物理过程都不关联，因此，无法确定特定幂值是否过大。作为常规准则，认为值为 30 的幂是超大幂，不建议使用。

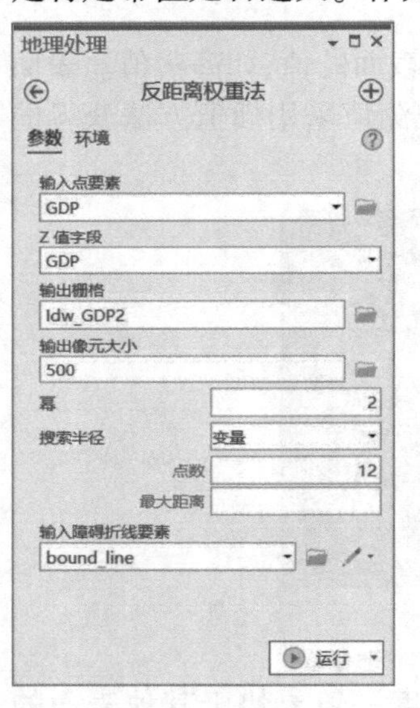

图 13-3　反距离权重法窗格

反距离权重法插值工具的具体操作如下。

（1）在**分析**选项卡中点击**工具**按钮，打开**地理处理**窗格，选择**3D 分析工具（3D Analyst）|栅格|插值分析|反距离权重法**，打开**反距离权重法**窗格，如图 13-3 所示。

（2）在**反距离权重法**窗格中，输入下列参数，点击**运行**按钮完成操作，其结果如图 13-4 所示。

①“输入点要素”——包含要插值到表面栅格中的 Z 值的点要素。输入点对内插值的影响是各向同性的。由于输入点对内插值的影响与距离相关，因此反距离权重法无法创建山脊或山谷。

②“Z 值字段”——存放点的高程值或量级值的字段，该字段可以是数值型字段或者 Shape 字段。

③“输出栅格”——插值计算后的表面栅格，其总为浮点栅格。

④“输出像元大小”——将创建的输出栅格的像元大小。此参数可以通过数值进行定义，也可以从现有栅格数据集获取。如果未将像元大小明确指定为参数值，则将使用环境像元大小值（如果已指定）；否则，将使用其他规则通过其他输出计算像元大小。如果未指定任何内容，则像元大小会通过使用范围的宽度或高度中的较小值除以 250 来计算，其中范围位于环境中指定的输出坐标系内。

⑤反距离权重函数——通过幂、搜索半径、点数和最大距离等来定义该函数。幂即反距离的指数，用于控制内插值周围点的显著性。幂值越高，距离远的数据点的影响会越小。它可以是任意大于 0 的实数，但取用 0.5~3 的值可以获得最合理的结果，默认值为 2。搜索半径用来定义对输出栅格中各像元值进行插值的输入点，指定搜索邻域的方式有两种：变量和固定。“变量”使用可变搜索半径来查找用于插值的指定数量的输入采样点，配合“点数”和

“最大距离”调整半径的大小，其为默认设置。“点数”指定要用于执行插值的最邻近输入采样点数量的整数值，默认值为 12 个点。“最大距离”用于限制对最邻近输入采样点的搜索半径，默认值是范围的对角线长度。也就意味着：计算内插像元值时，搜索的点数达到设定值或者半径长度达到“最大距离”均会终止搜索。“固定”使用指定的固定距离，将利用此距离范围内的所有输入点进行插值，并配合“距离”和“最小点”来实现搜索。对于每个内插像元而言，用于查找输入点的圆半径完全相同。最小点数表示在邻域内将使用的最少测量点数。计算各内插像元时会使用位于半径内的所有测量点。当邻域中的测量点数小于所指定的最少值时，搜索半径将不断增大，直到可以囊括最少点数为止。

⑥“输入障碍折线要素”——即一个用作可限制输入采样点搜索的隔断线的折线（polyline）数据集。其可以表示地表中的悬崖、山脊或某种其他中断。仅将那些位于障碍同一侧的输入采样点视为当前待处理像元。

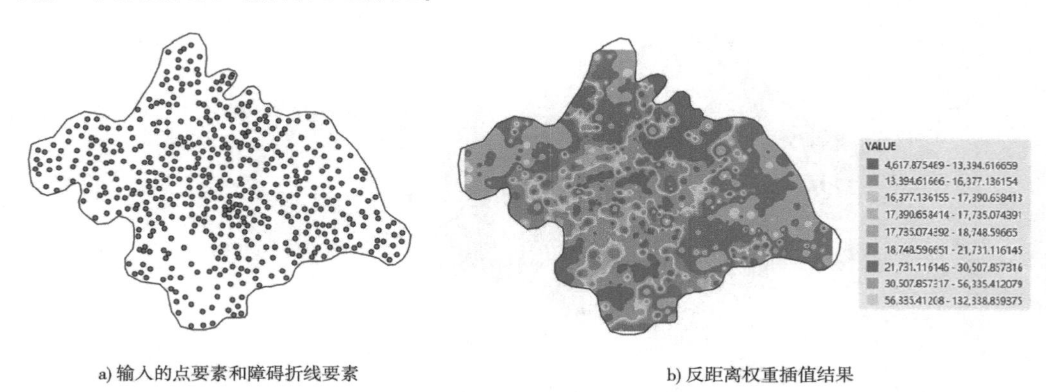

a) 输入的点要素和障碍折线要素　　b) 反距离权重插值结果

图 13-4　反距离权重法插值（幂 = 2）

13.2.1.2　自然邻域法

自然邻域法插值可找到距查询点最近的输入样本子集，并基于区域大小按比例对这些样本应用权重来进行插值。该方法是 Sibson 于 1981 年提出的，因此其也称为 Sibson 或“区域占用（area-stealing）”插值，其基本属性是局部性，即仅使用查询点周围的样本子集，不会推断趋势且不会生成输入样本尚未表示的山峰、凹地、山脊或山谷。点的自然邻域是用其泰森多边形计算的，样本点参与插值计算的权重是根据插值点泰森多边形与样本点泰森多边形重叠的比例确定的，如图 13-5 所示，左图为样本点的泰森多边形。现对插值点 9 进行计算，则联合邻近点生成新的泰森多边形，右侧中间的多边形为插值点 9 的泰森多边形。计算其与原始多边形的重叠比例，如与 1 点泰森多边形的重叠比例为 19.1%、2 点为 0.38%，该比例即为样本点参与插值计算的权重。

具体操作步骤如下。

（1）在**分析**选项卡中点击工具按钮，打开**地理处理**窗格，选择**3D 分析工具（3D Analyst）|栅格|插值分析|自然邻域法**，打开**自然邻域法**窗格，如图 13-6 所示。

（2）在**自然邻域法**窗格中，输入参与计算的点要素、Z 值字段、输出栅格名称和像元大小，点击**运行**按钮完成操作，其结果如图 13-7 所示。

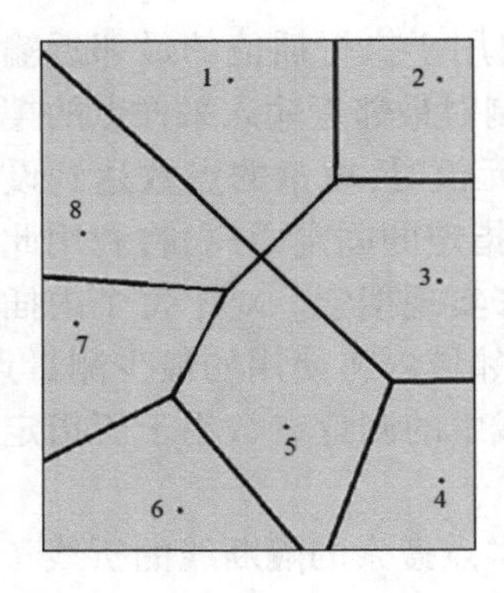

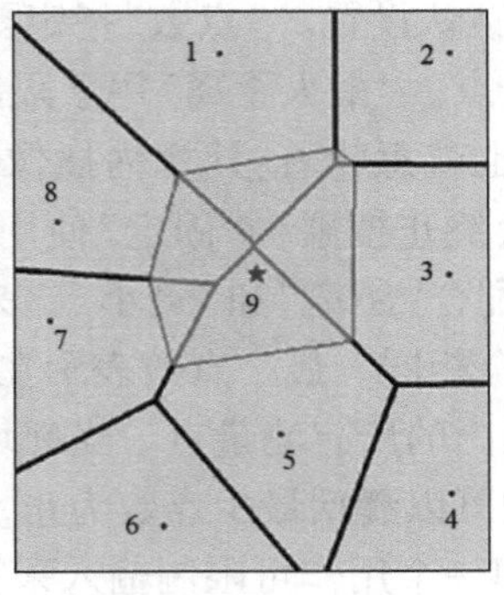

图 13-5　自然邻域法的权重计算示例

图 13-6　自然邻域法窗格

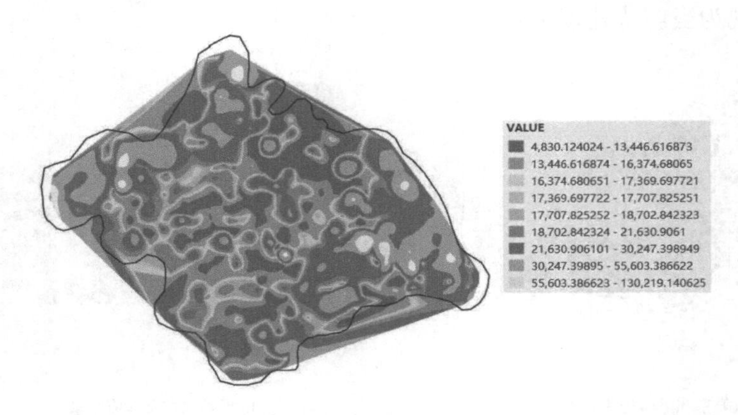

图 13-7　自然邻域法插值结果

13.2.1.3　样条函数法

样条函数法工具所采用的插值方法是通过可最小化整体表面曲率的数学函数来估计值，以生成恰好经过输入点的平滑表面。该方法最适合生成平缓变化的表面，如高程、地下水位等表面。样条函数法插值得到的表面具有两个特点：一是表面恰好经过样本点；二是通过表面上每个点获得的表面二阶导数项平方的累计总和最小（表面具有最小曲率）。目前，系统提供了两种不同的计算方法：正则化样条函数法和张力样条函数法。正则化样条函数法使用可能位于样本数据范围之外的值来创建渐变的平滑表面，其插值结果可能超出样本点的取值范围。张力样条函数法根据建模对象的特性来控制表面的硬度，它使用受样本数据范围约束更为严格的值来创建不太平滑的表面。对于两种不同的样条函数，还可以通过设置“权重”和“点数”来进一步控制输出的表面。

“权重”参数将影响插值表面的特征。对于正则化样条函数，权重参数定义曲率最小化表达式中表面的三阶导数的权重，权重越高输出表面越平滑，其常用的典型值有 0、0.001、0.01、0.1 和 0.5。对于张力样条函数，权重参数定义张力的权重，权重越高输出表面越粗糙，其常用的典型值有 0、1、5 和 10。

“点数”定义在计算每个插值像元时所使用的点数。指定的输入点越多，较远数据点对每个像元的影响就越大，输出表面也就越平滑。注意：点数越多，所需处理输出栅格的时间将越长。

具体操作步骤如下。

(1)在**分析**选项卡中点击工具按钮,打开**地理处理**窗格,选择**3D 分析工具(3D Analyst)|栅格|插值分析|样条**,打开**样条**窗格,如图 13-8 所示。

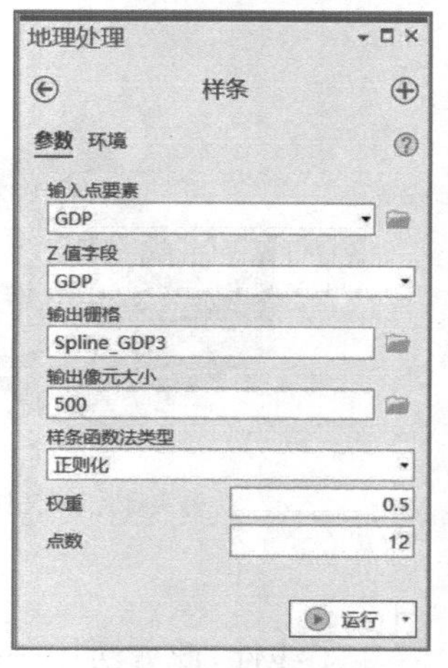

图 13-8　样条函数法

(2)在**样条**窗格中,输入参与计算的点要素、Z 值字段、输出栅格名称和像元大小,选择样条函数法类型和对应权重与点数,点击**运行**按钮完成操作,其结果如图 13-9 所示,左图为采用正则化样条函数法、右图为采用张力样条函数法进行的掩膜内插。

含障碍的样条函数工具使用的方法类似于样条函数法工具中使用的方法,其主要差异是此工具兼顾在输入障碍和输入点数据中编码的不连续性,通过最小曲率样条法利用障碍将点插值成栅格表面,障碍可以是线或面要素。

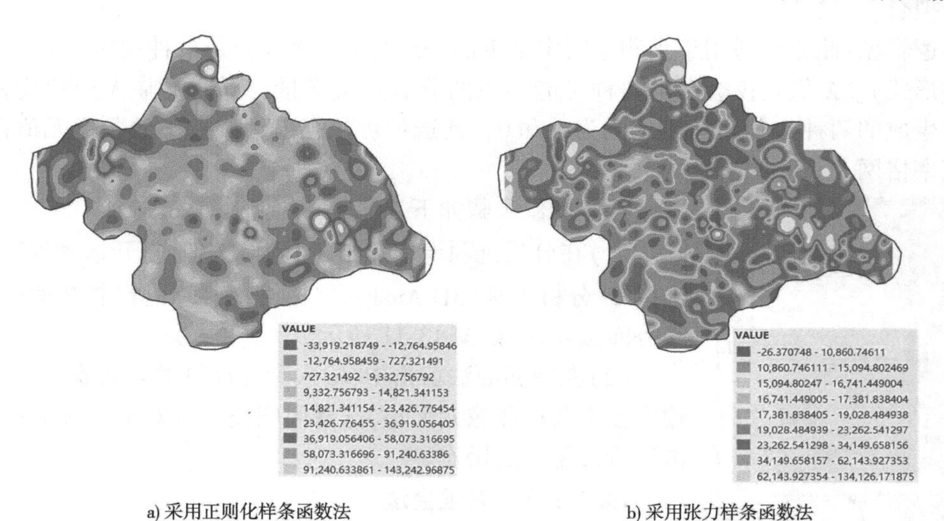

a) 采用正则化样条函数法　　b) 采用张力样条函数法

图 13-9　样条法插值结果

13.2.1.4　趋势面法

趋势面法是一种用数学函数(多项式)定义的平滑表面与输入样本点进行拟合的全局多项式插值法。趋势表面会逐渐变化,并捕捉数据中的粗尺度模式。趋势面插值法类似于取一张纸(平面)通过不断地弯曲调整,使其与离散的采样点不断逼近吻合,直到拟合点与样本点之间的均方根误差(RMS)达到最小,其原理如图 13-10 所示。系统允许最多弯曲 12 次,即十二阶多项式,但一阶多项式到三阶多项式最为常见。

利用趋势面插值法可创建平滑表面,常用于感兴趣区域的表面在各位置间出现渐变,或者是排除长期趋势或全局趋势影响的情况。注意:使用的多项式越复杂,为其赋予物理意义就越困难。此外,计算得出的表面对异常值(极高值和极低值)非常敏感,尤其是在表面的边缘处。

趋势面插值法共有两种基本类型,即线性和逻辑型。

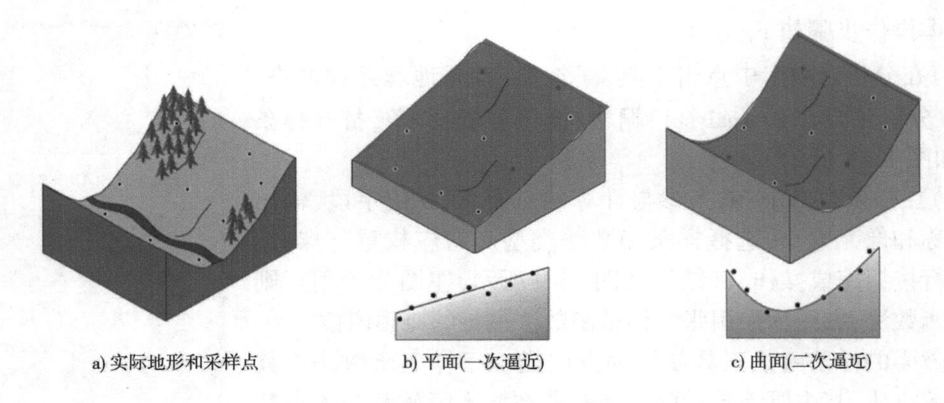

图 13-10　趋势面法原理

①线性：此方法用于创建浮点型栅格。它将通过多项式回归将最小二乘表面与各输入点进行拟合。

②逻辑型：此方法适用于预测空间中给定的一组位置（X,Y）处某种现象存在与否（以概率的形式）。Z 值是仅会产生两种可能结果的分类随机变量，例如，濒临灭绝的物种存在与否。生成的两种 Z 值可分别编码为 1 和 0。此选项可根据值为 0 和 1 的各像元值创建连续的概率格网。

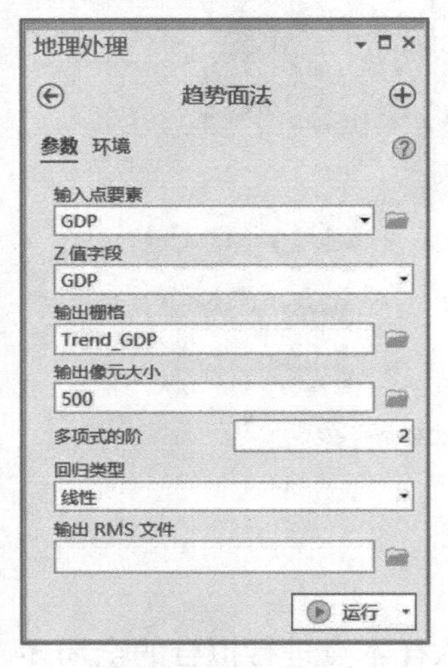

图 13-11　趋势面法

具体操作步骤如下。

(1) 在**分析**选项卡中点击工具按钮，打开**地理处理**窗格，选择**3D 分析工具(3D Analyst)|栅格|插值分析|趋势面法**，打开**趋势面法**窗格，如图 13-11 所示。

(2) 在**趋势面法**窗格中，输入参与计算的点要素、Z 值字段、输出栅格名称和像元大小，选择回归类型和对应多项式的阶，点击运行按钮完成操作。

13.2.1.5　克里金法

克里金法是通过一组具有 Z 值的分散点生成估计表面的高级地统计过程，其包含自相关的统计模型。因此不仅可以预测表面，还能对预测的确定性或准确性提供某种度量。

克里金法假定采样点之间的距离或方向可以反映表面变化的空间相关性，基于这种相关性选择恰当的数学函数，使用指定数量的点或指定半径内的所有点进行拟合以确定每个位置的输出值。克里金法采用的加权插值公式与反距离权重法类似，均由数据的加权总和组成，具体公式如下：

$$\widehat{Z}(s_0)=\sum_{i=1}^{N}\lambda_i Z(s_i)$$

式中：$\widehat{Z}(s_0)$——插值点的高程；

$Z(s_i)$——周围测量点的高程。

但与反距离权重法中权重 λ_i 取决于预测位置的距离不同，克里金法中的权重不仅取决于测量点之间的距离、预测位置,还取决于基于测量点的整体空间排列(即采样点之间的空间相关性)。系统提供了半变异函数来定义采样点间的空间相关性,共有五种常用的半变异函数模型:球面函数、三角函数、指数函数、高斯函数和线性函数,其常用形状如图13-12所示。

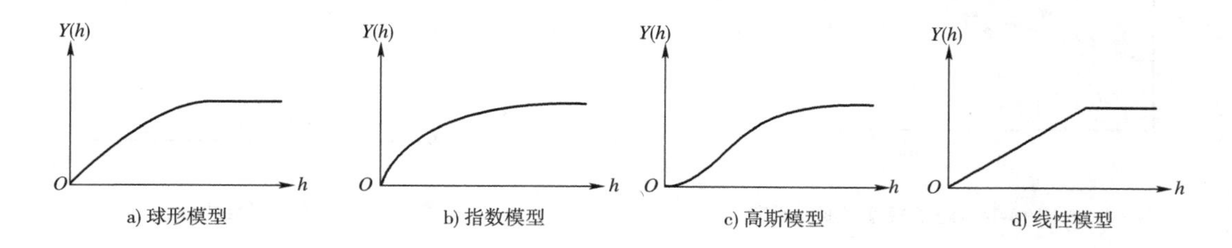

图13-12 半变异函数图形

由于半变异函数和协方差函数是无法观察到的理论值,因此,可以使用经验半变异函数和经验协方差函数根据数据对它们进行估计,具体计算公式如下:

$$\text{Semivariogram}(distance_h) = 0.5 \times \text{average}[(value_i - value_j)^2]$$

该公式基于空间自相关理论,即距离越近的事物就越相似。将待研究点与所有其他测量点进行配对,计算配对位置差值的平方。图13-13演示了对测量值的计算和经验半变异函数的图形表示,其中向东的轴表示点对之间的距离或步长,向北的轴表示半方差。

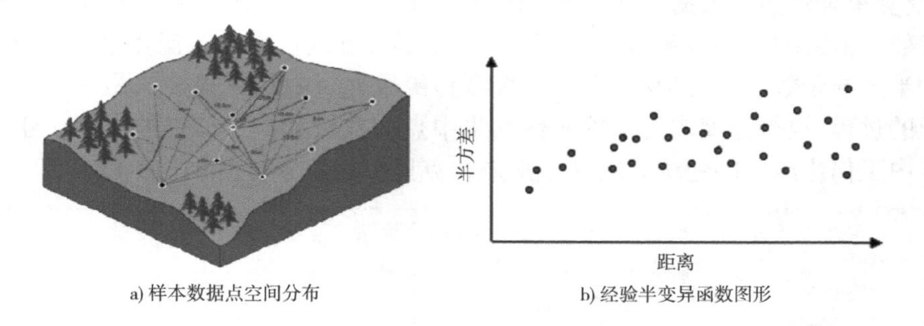

图13-13 经验半变异函数图形

由经验半变异函数图形可以发现样本数据的空间属性(空间自相关的信息),因此可以根据经验半变异函数,利用回归分析拟合半变异函数,这是克里金插值方法的关键步骤。图13-13b)经验半变异函数图形中半方差开始时上升并随距离变大,但超过某一范围后呈现水平状态,则可以使用球面函数来拟合,如图13-14所示。确定了半变异函数模型,还应确定半变异函数的三个关键参数:变程、基台和块金,如图13-15所示。“变程”为模型首次呈现水平状态的距离,比该变程近的距离分隔的样本位置与空间自相关,而距离远于该变程的样本位置不与空间自相关。从理论上讲,在零间距(例如,步长=0)处半变异函数值是0,但是在无限小的间距处,半变异函数的值通常大于0,该值即为块金。块金效应可以归因于测量误差或小于采样间隔距离处的空间变化源(或两者)。“基台”是半变异函数模型在变程处所获得的值(*Y*轴上的值)。“偏基台”等于基台减去块金。

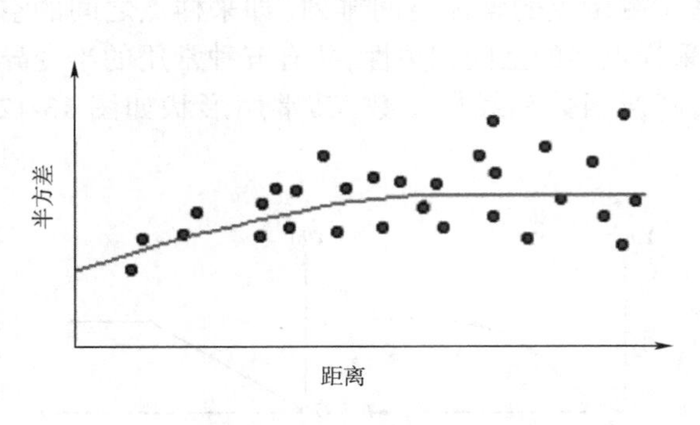

图 13-14　球面模型半变异函数

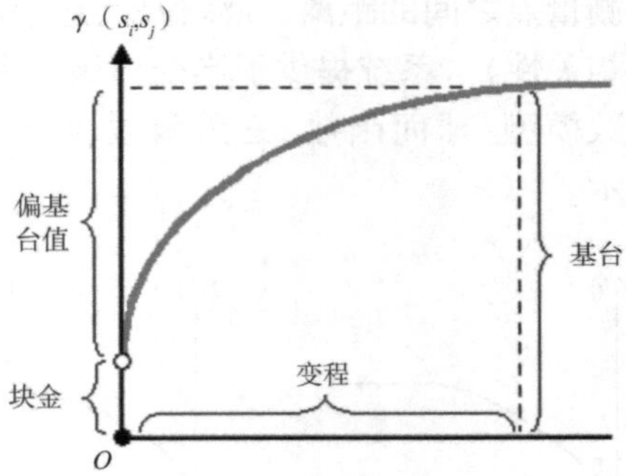

图 13-15　半变异函数的参数

确定了半变异函数模型和相应的参数后，就可以使用这些数据采用克里金插值方法进行预测。具体操作步骤如下。

（1）在**分析**选项卡中点击**工具**按钮，打开**地理处理**窗格，选择**3D 分析工具（3D Analyst）|栅格|插值分析|克里金法**，打开**克里金法**窗格，如图 13-16 所示。

（2）在**克里金法**窗格中，输入参与计算的点要素、Z 值字段、输出表面栅格名称和像元大小，选择半变异函数属性和搜索半径，点击**运行**按钮完成操作。

在半变异函数属性设置中，系统提供了两种克里金方法：普通克里金法和泛克里金法。普通克里金法假定数据存在恒定且未知的平均值，是最广泛使用的克里金方法，也是系统默认方法；泛克里金法假定数据中存在覆盖趋势。对于普通克里金法，系统提供了五种可用的半变异函数（球面函数、三角函数、指数函数、高斯函数和线性函数）；泛克里金法模型具有两种可用的半变异函数（一次漂移函数和二次漂移函数）。注意：克里金法是一个占用大量处理器资源的过程，执行速度取决于输入数据集中点的数量和搜索窗口的大小。建议使用**分析**选项卡中**工作流**组中的**地统计向导**来进行克里金插值分析，如图 13-17 所示。

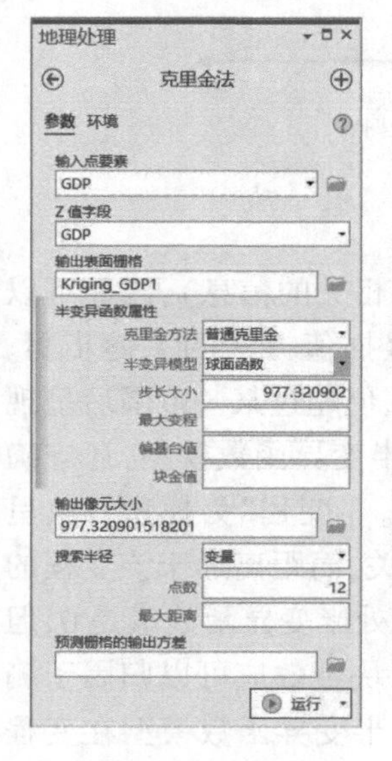

图 13-16　克里金法窗格

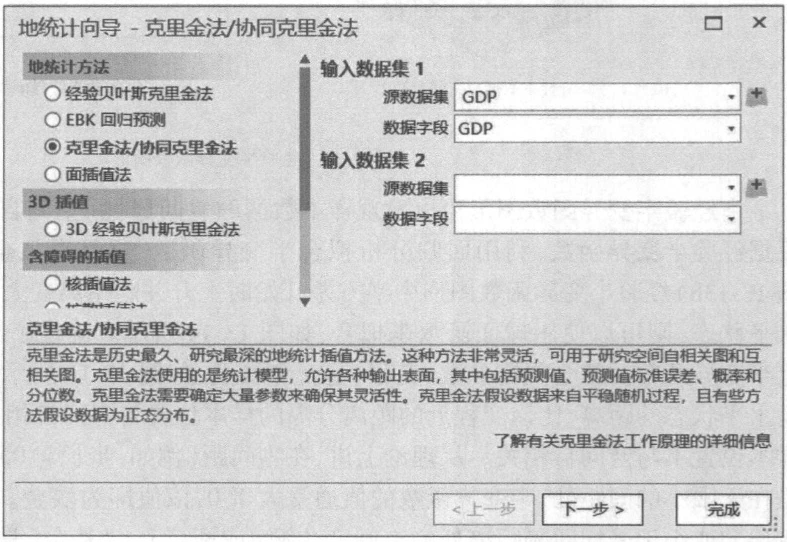

图 13-17　地统计向导

13.2.1.6　地形转栅格

地形转栅格工具和依据文件实现地形转栅格工具利用输入的点、线和面数据，采用迭代有限差分插值技术创建可更准确地表示自然水系的表面，其可更好地保留输入等值线数据中的山脊线和河流网络。该方法的实质是离散化的薄板样条函数法，其粗糙度惩罚系数经过修改，从而使经过拟合后的 DEM 能够还原真实的地形突变。该方法经过优化，因此具有局部插值方法（如反距离权重插值）的计算效率，同时又不会牺牲全局插值方法（如克里金法和样条函数法）的表面连续性。

图 13-18　地形转栅格窗格

具体操作步骤如下。

（1）在**分析**选项卡中点击工具按钮，打开**地理处理**窗格，选择**3D 分析工具（3D Analyst）|栅格|插值分析|地形转栅格**，打开**地形转栅格**窗格，如图 13-18 所示。

（2）在**地形转栅格**窗格中，设置相应的参数，点击**运行**按钮完成操作，其结果如图 13-19 所示。具体参数的含义如下。

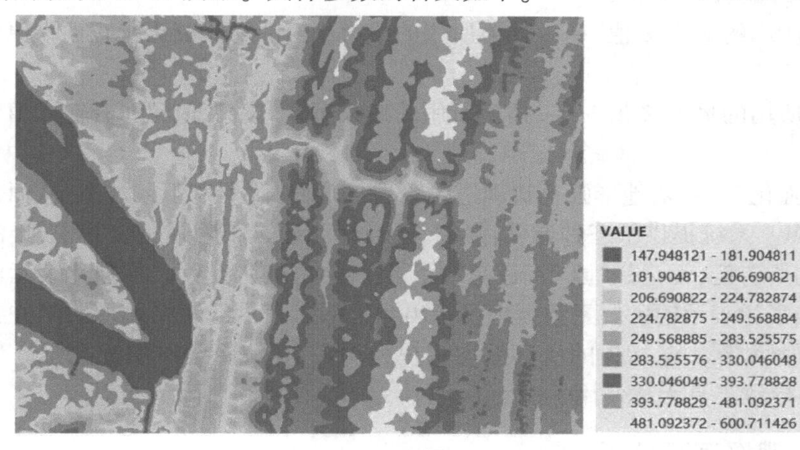

图 13-19　地形转栅格的结果

①“输入要素数据”——要参与插值计算的要素，包括图层名、存储属性的字段名称和要素的类型。系统提供了 9 种要素的类型：POINTELEVATION、CONTOUR、STREAM、SINK、BOUNDARY、LAKE、CLIFF、COAST、EXCLUSION，具体含义见表 13-1。

要素的类型　　表 13-1

类型	含义
POINTELEVATION	表示表面高程的点要素类，“字段”用于存储点的高程
CONTOUR	表示高程等值线的线要素类，“字段”用于存储等值线的高程
STREAM	表示河流位置的线要素类。所有弧线必须定向为指向下游。要素类中应该仅包含单条弧线组成的河流。此输入类型没有“字段”选项
SINK	表示已知地形凹陷的点要素类。地形转栅格不会试图将任何明确指定为汇（局部最小值）的点从分析中移除。所用“字段” 应存储了合理的汇高程。如果选择了 NONE，将仅使用汇的位置

续上表

类型	含义
BOUNDARY	包含表示输出栅格外边界的单个面的要素类。在输出栅格中，位于此边界以外的像元将为 NoData。此选项可用于在创建最终输出栅格之前沿海岸线裁剪出水域。此输入类型没有“字段”选项
LAKE	指定湖泊位置的面要素类。湖面内的所有输出栅格像元均将指定为使用沿湖岸线所有像元高程值中最小的那个高程值。此输入类型没有“字段”选项
CLIFF	悬崖的线要素类。必须对悬崖线要素进行定向以使线的左侧位于悬崖的低侧，线的右侧位于悬崖的高侧。此输入类型没有“字段”选项
COAST	包含沿海地区轮廓的面要素类。位于这些面之外的最终输出栅格中的像元会被设置为小于用户所指定的最小高度限制的值。此输入类型没有“字段”选项
EXCLUSION	其中的输入数据应被忽略的区域的面要素类。这些面允许从插值过程中移除高程数据。通常将其用于移除与堤壁和桥相关联的高程数据。这样就可以内插带有连续地形结构的基础山谷。此输入类型没有“字段”选项

②“像元间距”——在超出指定输出范围和边界外进行像元插值的距离。该值必须大于或等于 0(零)。默认值为 20。

③“插值所用的最小 *Z* 值”——插值所用的最小 z 值。默认值比所有输入值中最小的值低 20%。

④“插值所用的最大 *Z* 值”——插值所用的最大 z 值。默认值比所有输入值中最大的值高 20%。

⑤“地形强化”——对地形强化选项进行设置，以便移除所有汇或洼地，从而创建符合真实地表的 DEM。系统提供了三种选项：强制、不强化和通过凸陷强化。其中，**强制**表示将尝试移除遇到的所有汇，无论是“真”汇还是“伪”汇。这是默认设置。**不强化**表示汇不会被填充。**通过凸陷强化**表示输入要素数据中已指出为汇的点表示已知的地形凹陷并且将不会被更改。输入要素数据中未指出的所有汇均将视为伪汇，算法将尝试填充此汇。伪汇数量超过 8 000 时将导致工具无法使用。

13.2.2 栅格表面分析

栅格表面分析工具可以量化及可视化以数字高程模型表示的地形地貌。其以栅格高程表面作为输入，从中提取基本的地形因子，如坡度角、最陡下坡方向(坡向)、等值线和地貌晕渲(山体阴影)。系统提供了坡度、坡向、等值线、曲率、填挖方、山体阴影等多种表面分析工具。

13.2.2.1 坡度(Slope)

坡度工具用于确定栅格表面每个像元处的坡度(陡度或梯度)。坡度值越小，地势越平坦；坡度值越大，地势越陡峭。输出坡度栅格可使用两种单位计算：度和增量百分比。以度为单位表示的是栅格平面的坡度角 θ；增量百分比是高程增量除以水平增量后再乘以 100，如图 13-20 所示。

系统提供了两种计算坡度的方法：平面和测地线。在平面方法中，坡度按一个像元到与其直接相邻的像元方向上值的最大变化率进行测量，其利用 2D 笛卡尔坐标系对投影平面执行计算，通过最大平均值法来计算得到坡度值。在测地线方法中，其将地球形状视为椭球体,通过测量地形面与参考基准面之间的角度来计算坡度值。无论是平面还是测地线方法,均使用移动的 3×3 像元窗口来处理数据。如果处理像元为 NoData,则该位置的输出将为 NoData。该工具还要求在与处理像元相邻的 8 个像元中,至少有 7 个具有有效值。如果有效像元少于 7 个,则不执行计算,并且该处理像元处的输出将为 NoData。因此,输出栅格最外侧行列的像元均为 NoData,因为沿着输入数据集边界的像元没有足够的有效相邻像元,这就是边缘效应,计算结果如图 13-21 所示。

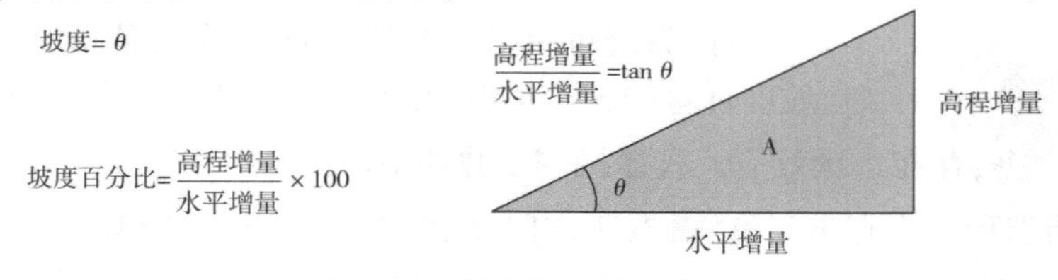

图 13-20　坡度的两种表示方法

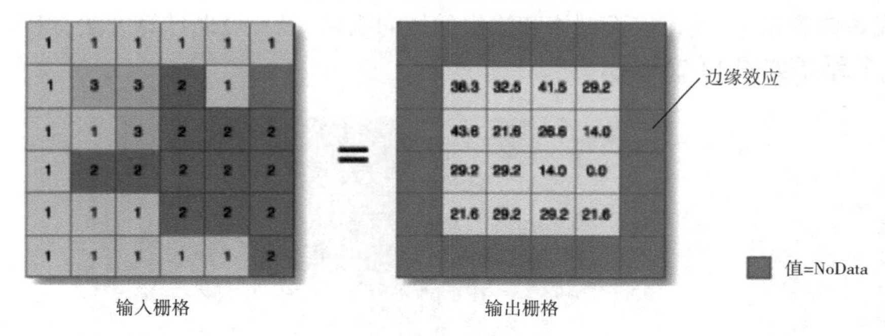

图 13-21　坡度计算的原理

具体操作步骤如下。

(1)在**分析**选项卡中点击**工具**按钮,打开**地理处理**窗格,选择**3D 分析工具(3D Analyst)|栅格|表面|Slope**,打开**Slope** 窗格,如图 13-22 所示。

(2)在**Slope** 窗格中,输入表面栅格和输出的坡度栅格,设置输出坡度数据的测量单位(度或百分比)和计算方法,点击**运行**按钮完成操作,其结果如图 13-23 所示。该工具可与其他类型的连续数据(如人口)配合使用,用来识别值的急剧变化程度。

图 13-22　坡度工具

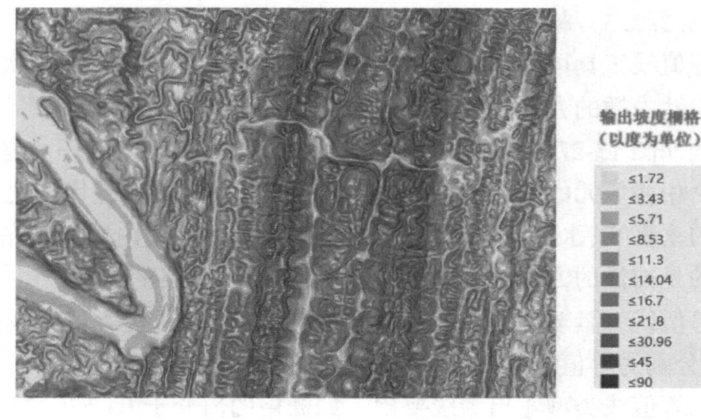

图 13-23　坡度栅格

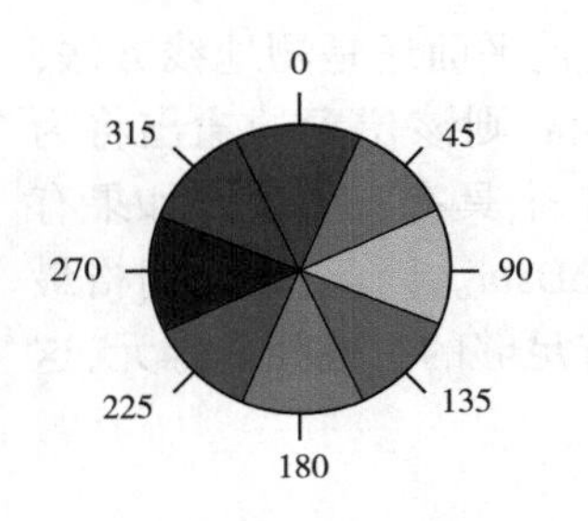

图 13-24 坡向

13.2.2.2 坡向

坡向工具用于确定栅格表面每个像元下坡坡度所面对的方向。该方向使用罗盘方向，以北为基准方向，按顺时针旋转进行测量，角度范围介于 0°（正北）到 360°（仍是正北）之间，即完整的圆，如图 13-24 所示。不具有下坡方向的平坦区域将赋值为 -1。

同样，系统也提供了平面和测地线两种计算坡向的方法，其与坡度计算的方法类似，此处不再赘述。其也使用移动的 3×3 像元窗口来处理数据，存在边缘效应。具体操作步骤如下。

（1）在**分析**选项卡中点击**工具**按钮，打开**地理处理**窗格，选择**3D 分析工具（3D Analyst）|栅格|表面|坡向**，打开**坡向**窗格，如图 13-25 所示。

（2）在**坡向**窗格中，输入表面栅格和输出的坡向栅格，设置坡向计算方法，点击**运行**按钮完成操作，其结果如图 13-26 所示。

图 13-25 坡向工具

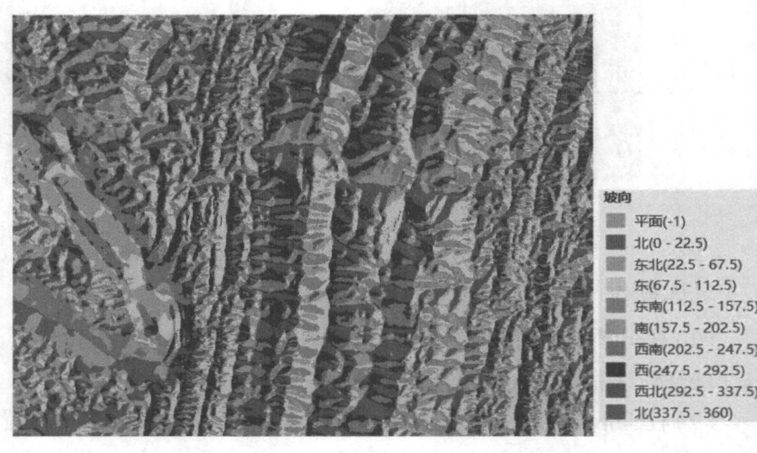

图 13-26 坡向栅格

13.2.2.3 等值线

等值线工具可以根据栅格表面创建等值线的要素类。其实质是根据每个像元点的高程采用线性内插的方法来确定同一等高线上折点的位置，然后顺序连接这些点形成等高线，具体过程如图 13-27 所示。要创建 830m 高程的等值线，第一步是使用双线性插值法来计算每组 4 个相邻像元的中心值（图中方框内的高程）；随后使用点之间的线性插值来确定该值沿相应的垂直线、水平线和对角线的位置；最后将这些内插点顺序连接起来形成等高线。由于使用的是内插的方法，因此等值线不会延伸到栅格的边缘。

等值线工具输出的要素可以是线或面要素，通过等值线类型来设置。系统提供了四种类型，分别为等值线、等值线面、等值线壳和等值线上壳。

①等值线类型输出为线要素。如栅格的值介于 0~575 之间，等值线间隔为 250，则输出 0、250、500 处的等值线，如图 13-28 所示。

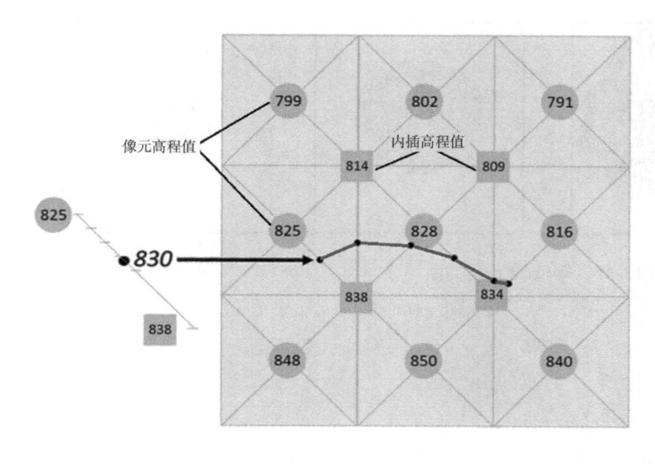

图 13-27　等高线的内插

图 13-28　等值线类型

②等值线面类型输出为非重叠的面。如栅格的值介于 0~575 之间,等值线间隔为 250,则输出 0~250、250~500、500~575 之间的非重叠面,如图 13-29 所示。

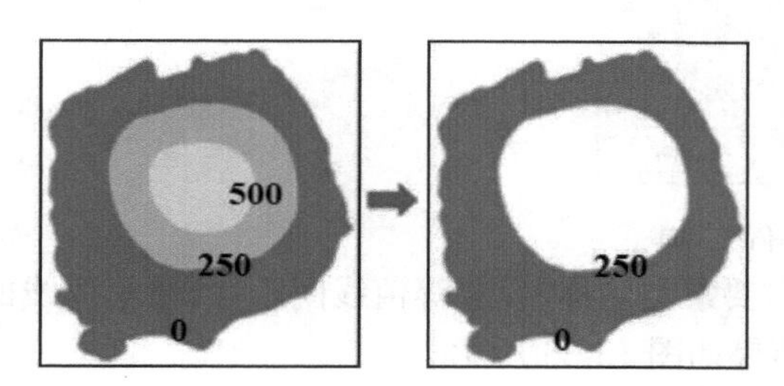

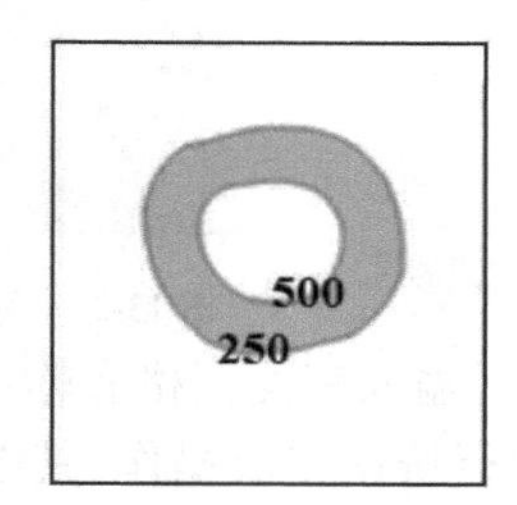

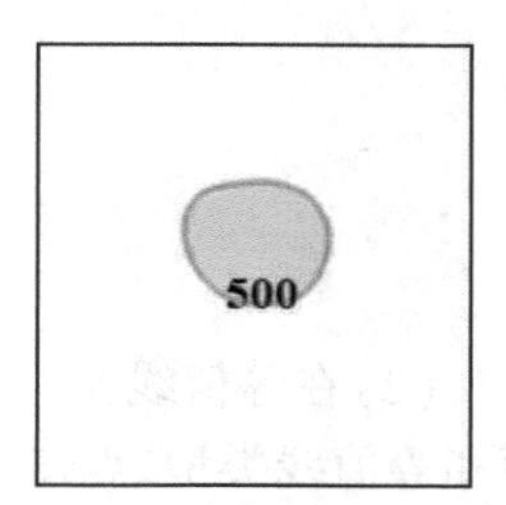

图 13-29　等值线面类型

③等值线壳类型输出为重叠的面。如栅格的值介于 0~575 之间,等值线间隔为 250,则输出 0~575、0~500、0~250 之间的重叠面,如图 13-30 所示。

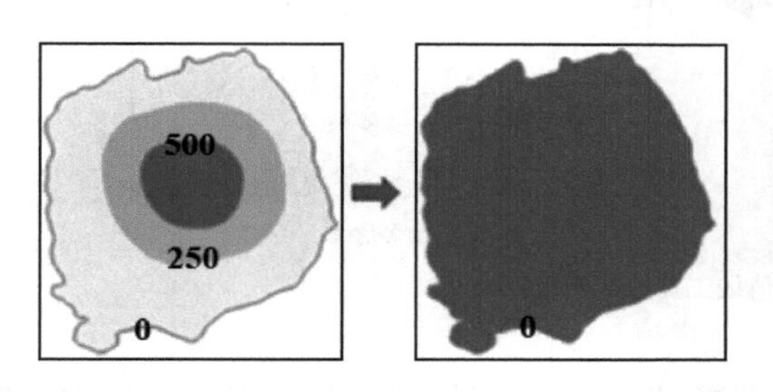

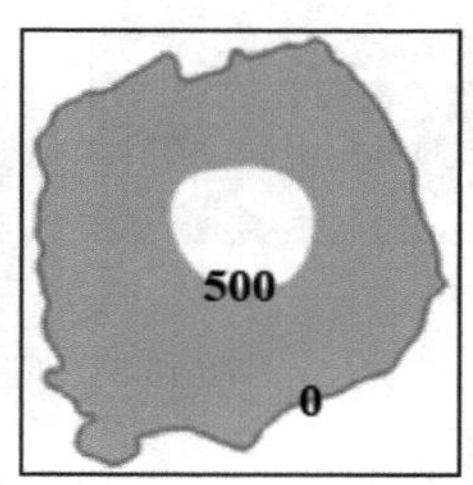

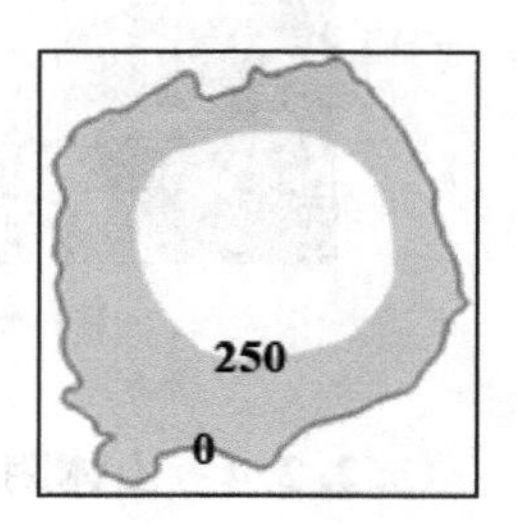

图 13-30　等值线壳类型

④等值线上壳类型输出为重叠的面。如栅格的值介于 0~575 之间,等值线间隔为 250,则输出 0~575、250~575、500~575 之间的重叠面,如图 13-31 所示。

具体操作步骤如下。

(1)在**分析**选项卡中点击工具按钮,打开**地理处理**窗格,选择**3D 分析工具(3D Analyst)|栅格|表面|等值线**,打开**等值线**窗格,如图 13-32 所示。

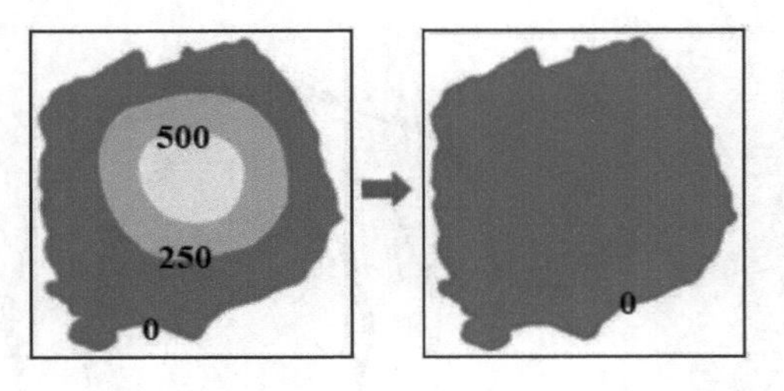

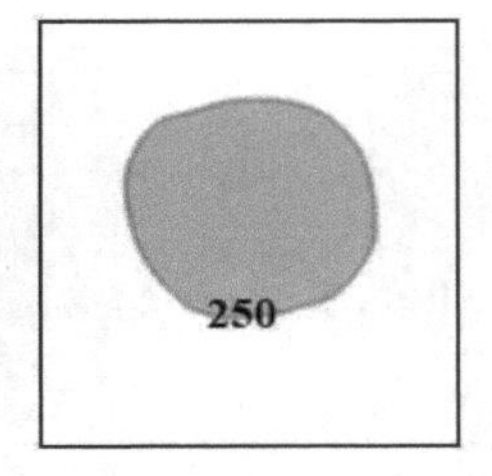

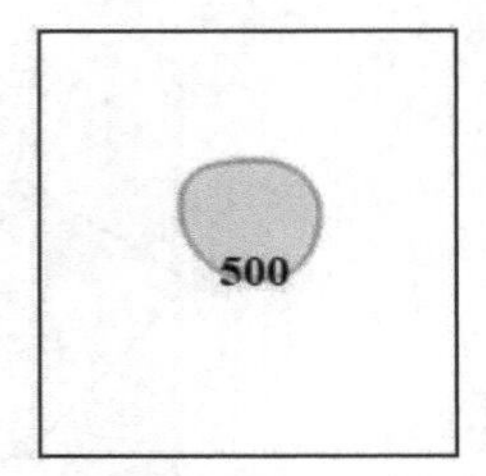

图 13-31　等值线上壳类型

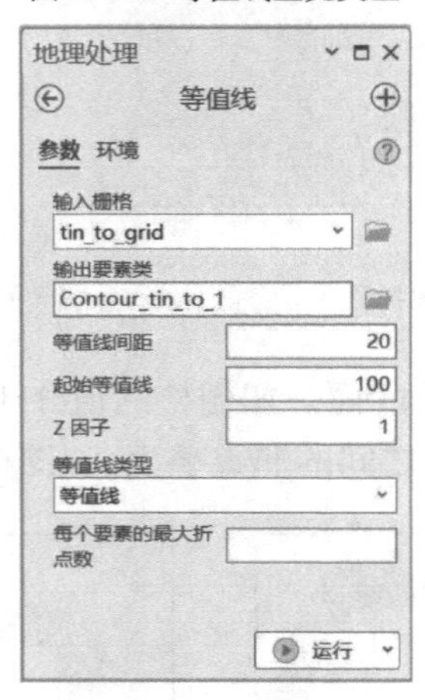

图 13-32　等值线工具

(2)在**等值线**窗格中,输入表面栅格和输出要素类名称,设置等值线间距、起始等值线的值和等值线类型,点击运行按钮完成操作,其结果如图 13-33 所示。

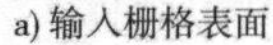

a) 输入栅格表面

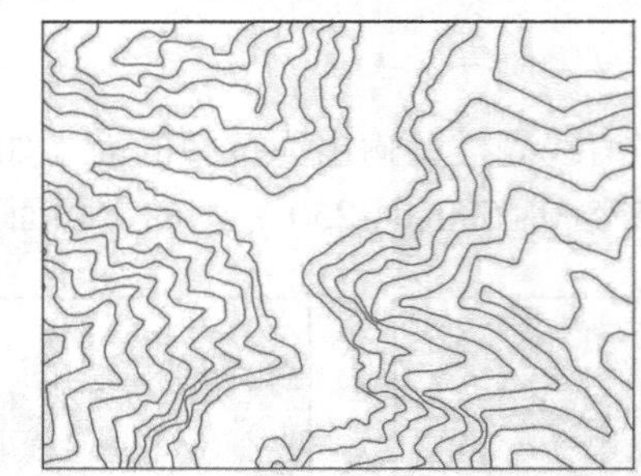

b) 输出等值线

图 13-33　等值线工具的结果

13.2.2.4　山体阴影

山体阴影工具通过考虑光照源的角度和阴影,根据表面栅格计算每个像元的假定照明度,从而创建地貌晕渲。默认情况下,阴影和光线是介于 0~255 之间的整数值。在为任何特定位置创建山体阴影图时,所要考虑的主要因素是太阳在天空中的位置,系统通过方位角和高度角两个参数来定义太阳的位置。

方位角指太阳的角度方向,是以北为基准方向,在 0°~360°范围内按顺时针方向进行测量的。90°的方位角指向为东,默认方位角为 315°,如图 13-34a)所示。

高度角指照明源高出地平线的角度或坡度。高度角的单位为度,范围为 0°(位于地平线上）到 90°（位于头上）之间，默认值为 45°，如图 13-34b）所示。

具体操作步骤如下。

（1）在**分析**选项卡中点击工具按钮，打开**地理处理**窗格，选择**3D 分析工具**（**3D Analyst**）|**栅格**|**表面**|**山体阴影**，打开**山体阴影**窗格，如图 13-35 所示。

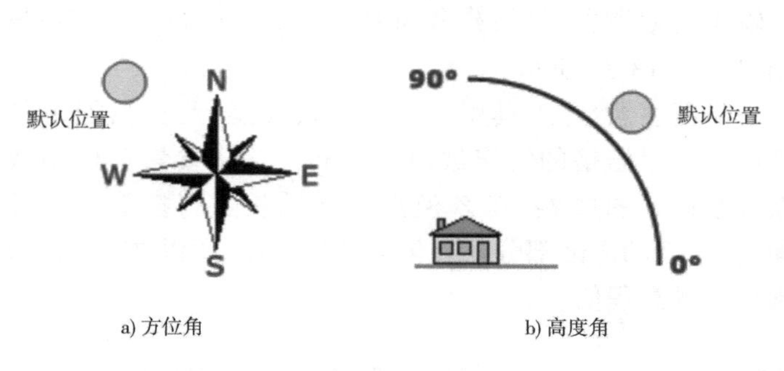

a) 方位角　　b) 高度角

图 13-34　山体阴影的参数

图 13-35　山体阴影工具

（2）在**山体阴影**窗格中，输入表面栅格和输出栅格名称，设置方位角和高度角。“模拟阴影”为可选项，不选中时输出栅格只会考虑本地光照入射角度而不会考虑阴影的影响，输出值“0”表示最暗区域，“255”表示最亮区域；若选中，则输出晕渲栅格会同时考虑本地光照入射角度和阴影，输出值 0 表示阴影区域，“255”表示最亮区域。“*Z* 因子”用于设置 *Z* 单位中地面 *X*,*Y* 单位的数量，当 *X*,*Y* 单位和 *Z* 单位采用相同的测量单位，则 *Z* 因子为 1，这是默认设置；当输入表面的 *X*,*Y* 单位与 *Z* 单位不同时（如 *X*,*Y* 为十进制度，*Z* 为 *M*），则需要使用 *Z* 因子调整 *Z* 单位的测量单位。点击**运行**按钮完成操作，其结果如图 13-36 所示。

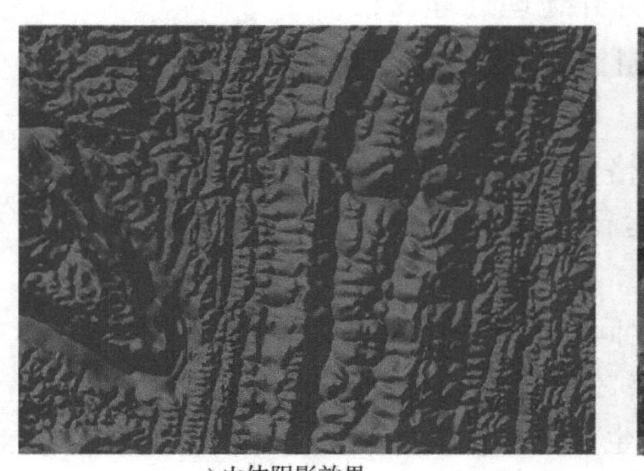

a) 山体阴影效果

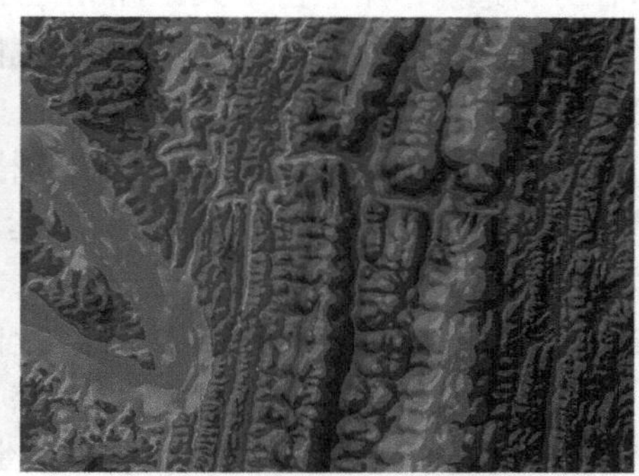

b) 叠加山体阴影的栅格表面

图 13-36　山体阴影工具的结果

13.2.3　转换

转换分析工具提供了将栅格表面转换为其他形式数据的多种工具，包括栅格范围、栅格转 TIN 和栅格转多点。

13.2.3.1　栅格范围

栅格范围分析工具基于栅格表面范围描绘出其边界轮廓，该轮廓是具有高程值的 3D 面或折线。具体操作如下。

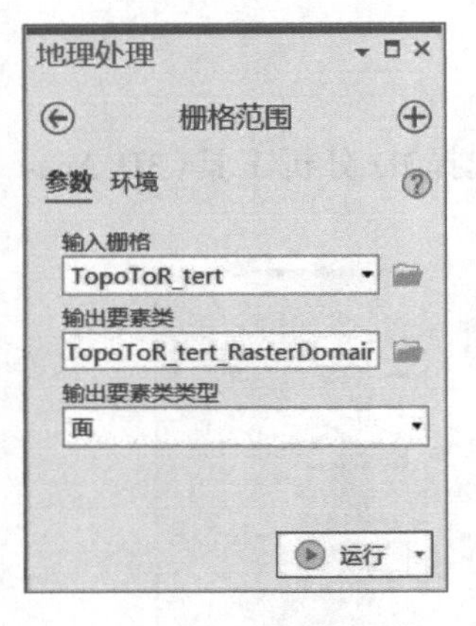

图 13-37 栅格范围工具

(1)在**分析**选项卡中点击工具按钮,打开**地理处理**窗格,选择3D 分析工具(3D Analyst)|**栅格**|**转换**|**栅格范围**,打开**栅格范围**窗格,如图 13-37 所示。

(2)在**栅格范围**窗格中,输入表面栅格和输出要素类名称,设置输出要素类类型(线或者面要素),点击**运行**按钮完成操作。其结果如图 13-38 所示。

需要注意:此工具用于在栅格表面运行,且只能在单波段栅格或多波段栅格的特定波段上运行。输出要素可使用数据值捕获连续像元的边界,其 Z 值沿表面周长进行插值。如果输出为面,由于面的内部部分不会包含任何折点,所以 3D 面仅包含沿要素周长的高程值。

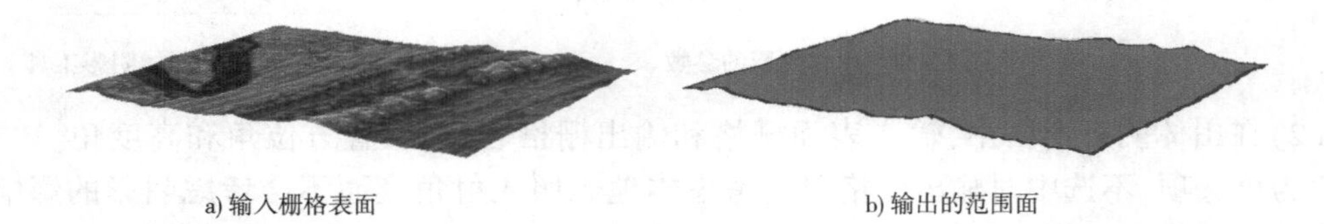

a) 输入栅格表面　　b) 输出的范围面

图 13-38 栅格范围工具的结果

13.2.3.2 栅格转 TIN

栅格转 TIN 分析工具将栅格表面转换为不规则三角网(TIN)数据集。具体操作如下。

(1)在**分析**选项卡中点击工具按钮,打开**地理处理**窗格,选择3D 分析工具(3D Analyst)|**栅格**|**转换**|**栅格转 TIN**,打开**栅格转 TIN** 窗格,如图 13-39 所示。

图 13-39 栅格转 TIN 工具

(2)在**栅格转 TIN** 窗格中,输入表面栅格和输出 TIN 的名称,设置 Z 容差、最大点数和 Z 因子,点击**运行**按钮完成操作。其结果如图 13-40 所示。

注意:“Z 容差”是输入栅格与输出 TIN 之间所允许的最大高度差(Z 单位),默认情况下,Z 容差是输入栅格 Z 范围的 1/10。就地表模型本身而言,将栅格转换为 TIN 并不会生成更好的表面。

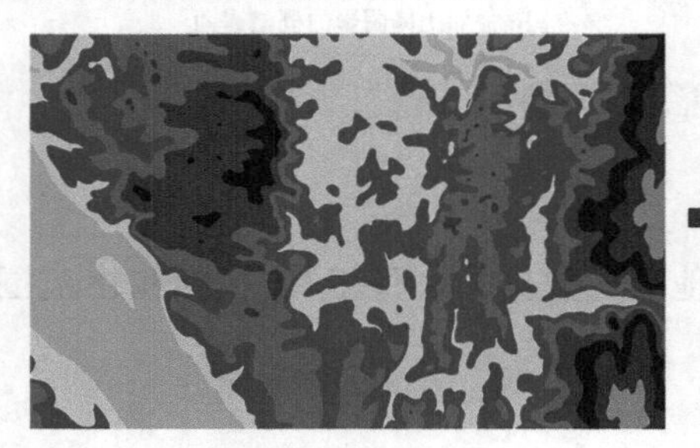

a) 栅格表面

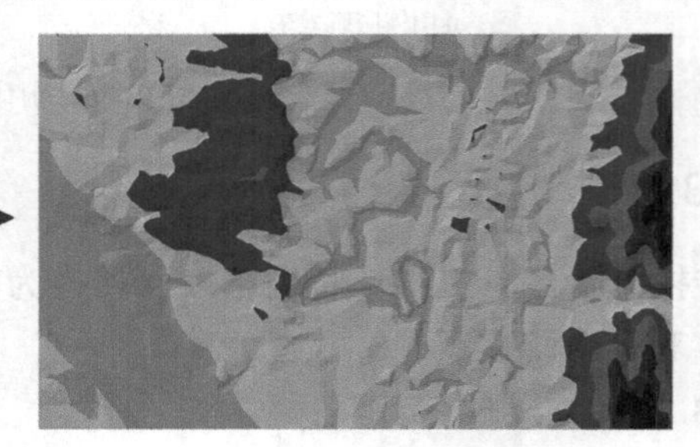

b) Tin表面

图 13-40 栅格转 TIN 结果

13.2.3.3　栅格转多点

栅格转多点分析工具将栅格像元中心转换为3D多点要素。具体操作如下。

（1）在**分析**选项卡中点击工具按钮，打开**地理处理**窗格，选择3D分析工具（3D Analyst）|**栅格**|**转换**|**栅格转多点**，打开**栅格转多点**窗格，如图13-41所示。

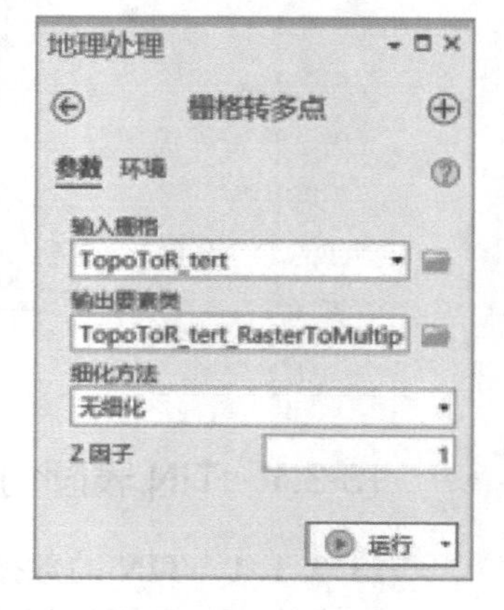

图13-41　栅格转多点工具

（2）在**栅格转多点**窗格中，输入表面栅格和输出点要素的名称，设置细化方法和 Z 因子，点击**运行**按钮完成操作。系统提供了五种细化方法，分别为无细化、Z容差、核、VIP及VIP直方图。

①无细化：不应用细化。这是默认设置。

②Z容差：仅导出维护输入栅格指定 Z 范围内的表面所需的像元。

③核：基于指定细化值将栅格分割成大小相等的分块，然后选择一个或两个符合指定核方法所定义条件的像元。

④VIP：采用创建三维最佳拟合平面所使用的3×3的移动窗口。每个像元都基于其与此平面的绝对差获得一个显著性得分。随后，这些得分的直方图将用于根据细化值参数中指定的百分比数确定要导出的像元。

⑤VIP直方图：创建表格来查看实际显著值和与这些值关联的相应点数。

当输入栅格的大小过大时，应采用细化方法减少导出最多点要素类的像元数。当保留垂直精度很重要时，使用 Z 容差细化方法。当控制水平采样距离很重要时，使用核细化方法。当生成的多点主要应用于可视化应用程序时，使用VIP细化方法。注意此方法相对较快，能够输出可预测点数，并且在选择局部山峰和凹地方面很有优势。然而，该方法对噪点敏感，可能会忽略跨越范围大于3×3的地形要素。VIP直方图作为应用VIP细化方法的初始步骤，它会生成显著性得分的直方图，便于用户了解将选择的点数及每个递增百分数值。

13.3　不规则三角网表面创建与分析

不规则三角网（Triangulated Irregular Network，TIN）是一种数字高程模型的表示方法，与格网DEM比较，其能够减少数据冗余的同时更准确地表达地形特征。TIN表示法利用所有采样点的离散数据，按照一定的组合原则，将离散点连接起来形成不规则的三角形面片，其原理如图13-42所示。

由于离散点可以不规则地放置在表面上，所以在表面起伏变化较大的区域，TIN可具有较高的分辨率，而在表面起伏变化较小的区域，则可具有较低的分辨率。这样，TIN便能够在对已知点之间的值进行建模的同时保持输入数据的所有精度。在ArcGIS软件中，关于TIN模型的地形分析主要通过三维分析工具箱（3D Analyst）中的TIN数据集和表面三角化两个工具集来实现，主要包括TIN表面的创建、编辑、分析和转换等。

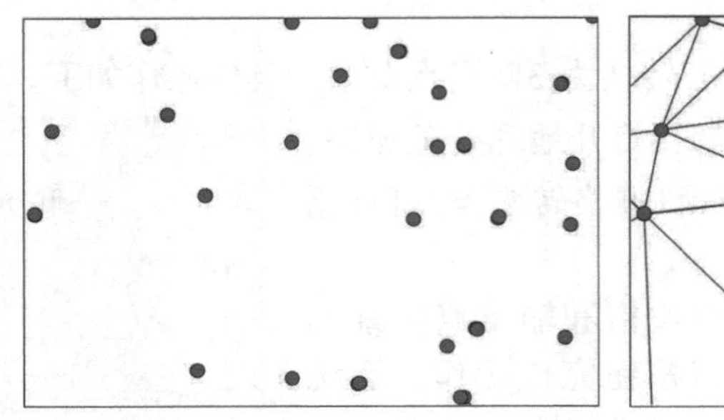
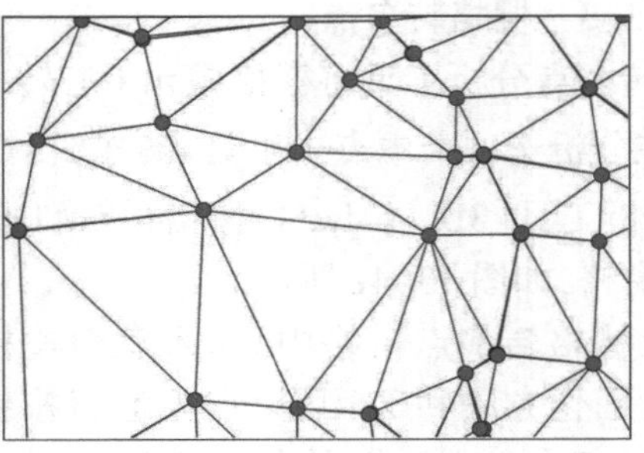

图 13-42　TIN 模型的构建原理

13.3.1　TIN 表面创建

13.3.1.1　TIN 的数据源

创建 TIN 工具可根据输入的不同数据源创建一个不规则三角网(TIN)数据集。其数据源包括点要素、线要素和面要素,在创建 TIN 模型中具有不同的功能。

(1)点要素。

离散的、带有高程信息的点要素是 TIN 的基本输入要素,决定了 TIN 表面的基本形状。在创建 TIN 工具中,点和多点要素被定义为 Mass_Points,用于构成以 TIN 数据结点形式存储的高程值。

(2)线要素。

线要素可作为 TIN 数据结点高程的基本输入要素,这时线要素类型为 Mass_Point 类型,用于决定 TIN 表面的基本形状。同时,线要素也可作为隔断线,通常用来表示现实世界中的自然要素,如山脊线、河流或道路等。隔断线可以是具有高度的线,也可以是没有高度的线,在 TIN 的构建中类型为 Hard_Line 或 Soft_Line。

Hard_Line 为硬隔断线,表示表面上突然变化的特征线,如山脊线、悬崖和河流。在创建 TIN 时,硬隔断线参与计算,并且计算只能在线的两侧各自进行,落在隔断线上的点同时参与线两侧的计算。因此,硬隔断线会改变 TIN 表面的形状。

Soft_Line 为软隔断线,其为添加在 TIN 表面上用以表示线性要素但并不改变表面形状的线,其不参与创建 TIN。

(3)面要素。

面要素可用于表示插值的编辑范围或具有一定范围的表面要素,如湖泊等。面要素的类型有 4 种。

①裁剪多边形(Clip):定义插值的边界,处于裁剪多边形之外的输入数据将不参与插值与分析操作。

②删除多边形(Erase):定义插值的边界,处于删除多边形之内的输入数据将不参与插值与分析操作。

③替换多边形(Replace):可对边界及其内部设置相同的高程值,常用于湖泊或河流的建模。

④填充多边形(Fill):其作为是对落在填充多边形内所有的三角形赋予整数属性值。其

表面的高度不受影响，也不进行裁剪或删除。

注意：在 ArcGIS 中多边形也有“软”和“硬”之分，只是与线的软硬含义有所不同。此处的“软”表示输出表面是平滑过渡的，而“硬”表示输出表面具有明显的中断。因此，结合上面的四种类型，面要素的类型总共有 8 个类别：Hard_Clip、Soft_Clip、Hard_Erase、Soft_Erase、Hard_Replace、Soft_Replace、Hardvalue_Fill、Softvalue_Fill。

13.3.1.2　TIN 的创建与显示

（1）TIN 的创建。

通过工具箱中的“创建 TIN”工具可以实现 TIN 的创建，具体步骤如下。

①在**分析**选项卡中点击工具按钮，打开**地理处理**窗格，选择**3D 分析工具（3D Analyst）|TIN 数据集|创建 TIN**，打开**创建 TIN** 窗格，如图 13-43 所示。

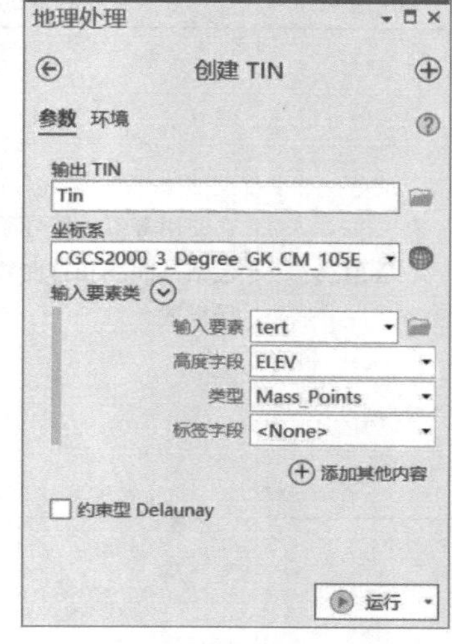

图 13-43　创建 TIN 工具

②在**创建 TIN** 窗格中，输入输出 TIN 的名称和坐标系，设置输入要素类，可以输入多个要素，按照其在创建 TIN 过程中充当的角色选择相应的高程字段和类型，点击**运行**按钮完成操作。

注意：“约束型 Delaunay”复选框指定与 TIN 隔断线一同使用的三角形构建技术。默认设置为不选中，意味着 TIN 在创建时使用符合 Delaunay 的构建规则；如果选中该复选框，则 TIN 将使用约束型 Delaunay 三角形的构建方法，这会将各线段作为单独的边添加，隔断线处将不满足 Delaunay 法则。另外，应将输出 TIN 的空间参考设为投影坐标系。不建议使用地理坐标系，因为当以角度单位表示 *XY* 坐标时无法确保 Delaunay 三角形的构建，这可能会对基于距离计算（如坡度、体积和视线）的准确性产生负面影响。

（2）TIN 的显示。

TIN 是基于矢量的地形数据的一种形式，它通过将一系列折点（点）组成三角形来构建表面，TIN 要素类型包括参与计算的点、线和面要素，可以显示其中的一种 TIN 要素类型，也可以同时显示多种要素类型，还可以采用不同的符号系统渲染 TIN 要素。对应的渲染类型见表 13-2。

TIN 数据的渲染器　　表 13-2

TIN 渲染器	渲染类型	效果
点	使用以下一个符号系统渲染器来绘制 TIN 点： 简单——仅绘制点的位置，不表示其高程值； 高程——表示点的位置，并用颜色区分点的高程； 标签值——表示点的位置，并用颜色区分点的标签值	

续上表

TIN 渲染器	渲染类型	效果
等值线	使用等值线符号系统渲染器来绘制 TIN 线。包括计曲线和首曲线，可以分别设置曲线的符号样式	
边	使用以下一个符号系统渲染器来绘制 TIN 线： 简单——用一样的线表示三角形； 边类型——用不同的颜色表示软、硬、外边	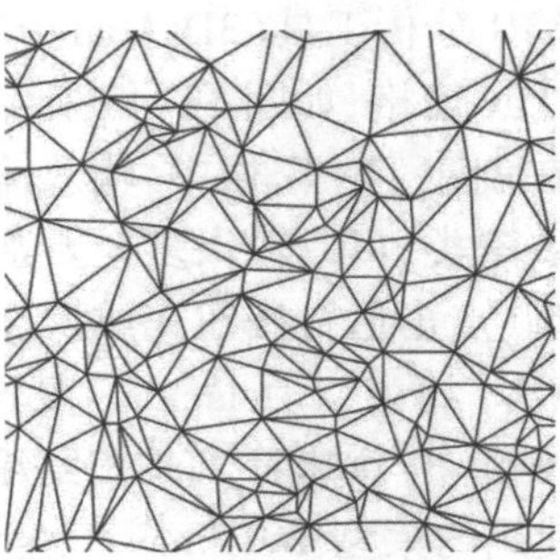
表面	使用以下一个符号系统渲染器来绘制 TIN 表面： 简单——用一种符号来填充表面； 高程——用不同颜色来填充不同高程的表面； 坡度——用不同颜色来填充不同坡度的表面； 坡向——用不同颜色来填充不同坡向的表面； 标签值——用不同颜色来填充不同标签值的表面	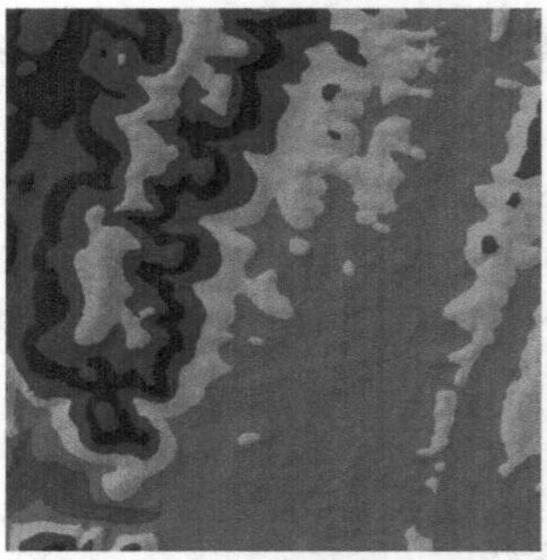

使用**符号系统**窗格更改 TIN 符号系统的操作如下。

①在**内容**窗格中选择 TIN 图层，在**外观**选项卡的**绘制**组单击**符号系统**，或者在右键菜单中单击**符号系统**，打开**符号系统**窗格，如图 13-44 所示。

②在**符号系统**窗格中的顶部有四个选项，对应点、等值线、边和表面，根据表 13-1 选择对应要渲染的要素，并修改其符号的样式和颜色。

在 TIN 数据集工具箱中，软件还提供了编辑、复制、抽稀 TIN 等操作，此处不作详细介绍。

13.3.2　TIN 表面分析

表面三角化工具集提供了基于 terrain、TIN 和 LAS 数据集进行操作的表面分析工具,可以用于提取表面属性(如坡度、坡向和等值线)、识别数据点中的异常值、进行体积计算,以及创建用于对表面进行建模的 3D 要素类。

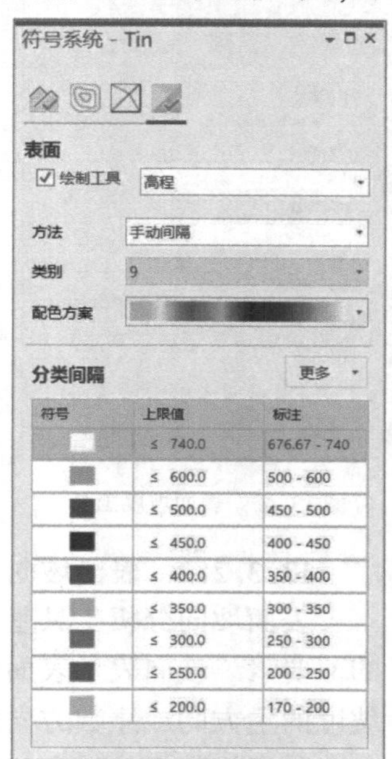

图 13-44　TIN 的符号系统

13.3.2.1　表面坡度

对于不规则三角网而言,坡度为各三角形中的最大高程变化率,计算方法为每个三角形的表面法线(由两条三角形边的矢量叉积计算得出)用于以百分比或度为单位确定坡度。坡度百分比描述了表面法线的高度变化与水平距离变化之间的比率,而以度为单位的坡度是表面法线和水平面之间的倾角。

表面坡度分析工具用于创建不规则表面坡度值范围的面要素,产生的每一个面都表示坡度值范围。系统提供了度和百分比单位来表示坡度值。“度”表示坡度角,范围为 0°~90°。“百分比”表示高程增量相对于水平距离增量的百分比值,范围为 0 至无穷大。平坦表面的百分比值为 0,45°表面的百分比值为 100。该坡度值可以通过“分类间隔表”参数来定义,表的第一、二列为分类间隔,第三列为坡度代码。如果没有指定该分类间隔表,则采用系统默认的分类间隔将坡度分为 9 组,具体情况见表 13-3。

坡度分类间隔表　　表 13-3

分类间隔(百分比)	分类间隔(角度)	坡度代码
1.00	0.57	1
2.15	1.43	2
4.64	2.66	3
10.0	5.71	4
21.50	12.13	5
46.40	24.89	6
100.0	45.00	7
1 000.0	84.29	8
>1 000.0	90	9

表面坡度的具体操作如下。

(1)在**分析**选项卡中点击工具 按钮,打开**地理处理**窗格,选择**3D 分析工具(3D Analyst)|表面三角化|表面坡度**,打开**表面坡度**窗格,如图 13-45 所示。

(2)在**表面坡度**窗格中,键入输入表面名称和输出要素类名称,设置坡度单位(百分比或度),点击**运行**按钮完成操作,结果如图 13-46 所示。

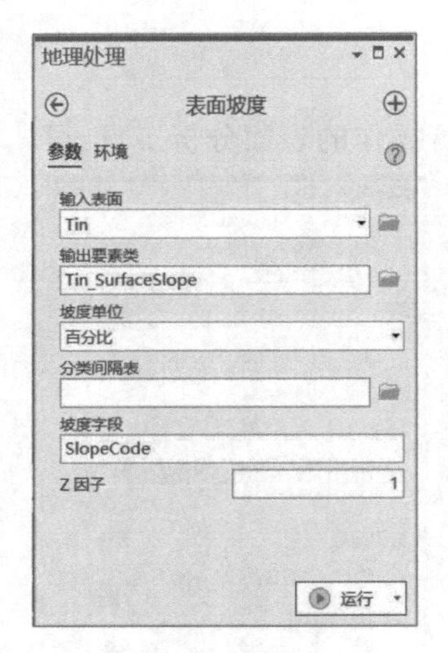

图 13-45 表面坡度工具

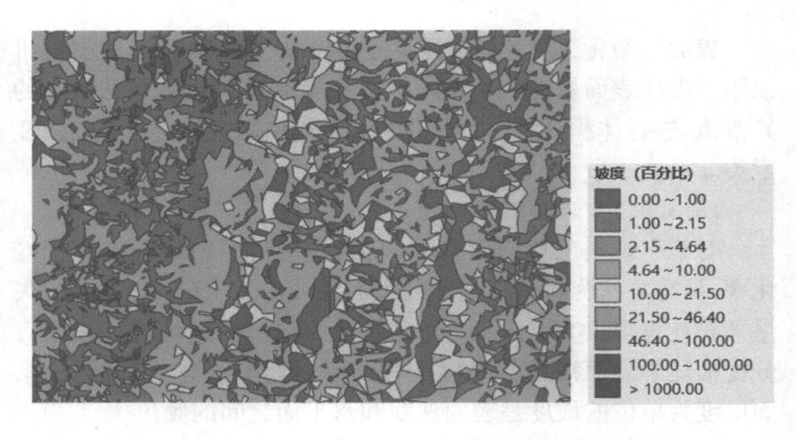

图 13-46 表面坡度分析的结果

13.3.2.2 表面坡向

表面坡向分析工具基于 TIN、terrain 或 LAS 数据集表面的坡向测量值派生出表示坡向的面要素。坡向表示表面的水平方向，以角度单位确定。表面的每个面都会分配到表示其坡度的主方向或序数方向的编码值，编码相同的相邻区域将合并为一个要素。默认的分配方案与栅格数据的坡向相同，见表 13-4。也可通过分类间隔表提供自定义类定义。该表必须包含两列，第一列以角度表示坡向中断点，第二列定义其编码值。

坡向分类间隔表 表 13-4

坡向方向	坡度角范围	坡向代码
平面	无坡度	-1
北	0° ~ 22.5°	1
东北	22.5° ~ 67.5°	2
东	67.5° ~ 112.5°	3
东南	112.5° ~ 157.5°	4
南	157.5° ~ 202.5°	5
西南	202.5° ~ 247.5°	6
西	247.5° ~ 292.5°	7
西北	292.5° ~ 337.5°	8
北	337.5° ~ 360°	9

表面坡向的具体操作如下。

(1) 在**分析**选项卡中点击**工具**按钮，打开**地理处理**窗格，选择**3D 分析工具(3D Analyt)|表面三角化|表面坡向**，打开**表面坡向**窗格，如图 13-47 所示。

(2) 在**表面坡向**窗格中，输入表面名称和输出要素类名称，设置坡度单位（百分比或度），点击**运行**按钮完成操作，结果如图 13-48 所示。

图 13-47　表面坡向工具

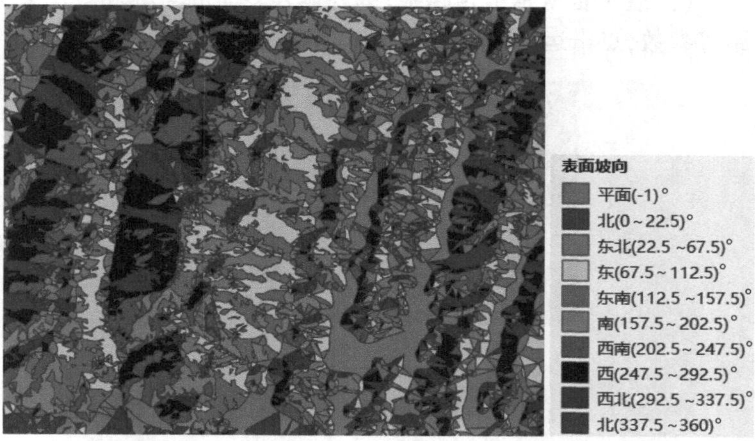

图 13-48　表面坡向分析的结果

13.3.2.3　表面等值线

表面等值线分析工具使用输入的 TIN 数据集计算写入输出要素类的等值线，输出为具有等高线高程值的 2D 折线(polyline)要素类，并可区分计曲线和首曲线。其原理是使用线性插值的方法，将每个三角形视为一个平面，各条等值线位于三角形内的部分均为直线。只有当等值线从一个三角形进入另一个三角形时才会发生方向改变，如图 13-49 所示。这种类型的等值线创建方法可生成工程质量等值线，以表示对表面模型的精确线性解释。但生成的等值线不够平滑，一般不用于美观的制图输出。

表面等值线的具体操作如下。

(1)在**分析**选项卡中点击**工具**按钮，打开**地理处理**窗格，选择**3D 分析工具(3D Analyst)|表面三角化|表面等值线**，打开**表面等值线**窗格，如图 13-50 所示。

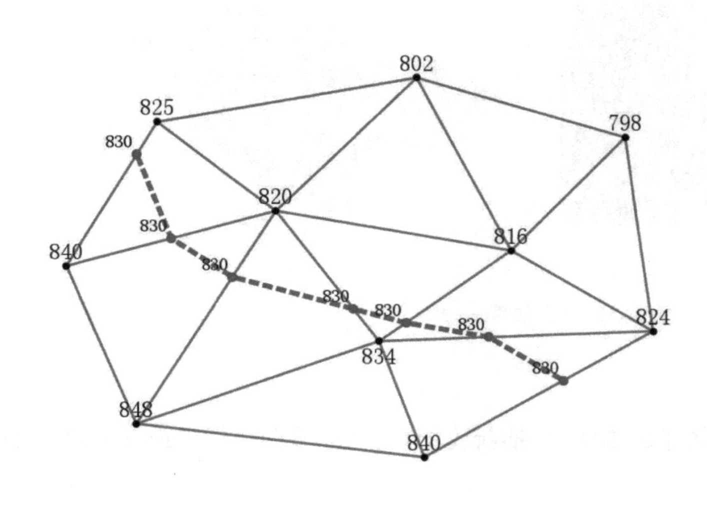

图 13-49　基于 TIN 的等高线插值原理

图 13-50　表面等值线工具

(2)在表面等值线窗格中,键入输入表面的名称和输出要素类的名称,设置等值线的间距等参数,点击运行按钮完成操作,结果如图 13-51 所示。

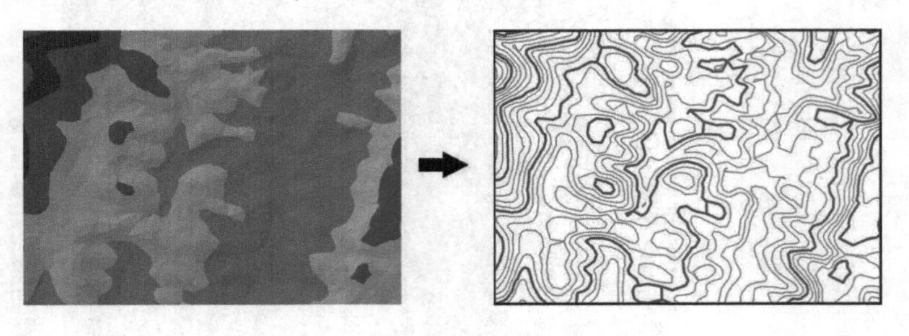

图 13-51　表面等值线的结果

13.4　三维可视化

随着 GIS 技术及计算机技术的不断发展,三维空间分析技术不断发展和完善,已成为 GIS 空间分析的重要内容。三维空间分析是 ArcGIS 软件的一个重要扩展模块,基于数字高程模型(DEM)可以实现连续表面模型的生成,并从透视三维的角度对空间数据进行可视化观察,直观地显示和查询数据,实现对表面模型的分析。

相较于桌面版的 ArcGIS 10. X,ArcGIS Pro 软件将二维、三维数据融合到一个图形界面,并强化了三维数据的支持能力。在 ArcGIS Pro 中,三维地图被称为场景,包括全球或局部模式,对应桌面版中的 ArcGlobe 和 ArcScene,如图 13-52 所示。在全球模式中,地球被绘制成球体,适合大型区域;全球场景支持 WGS 1984 和 CGCS 2000 地理坐标系。在局部模式中,地球以视角方式绘制,适合小型区域,如城市或建筑工地等;局部场景支持地理、投影和自定义坐标系。

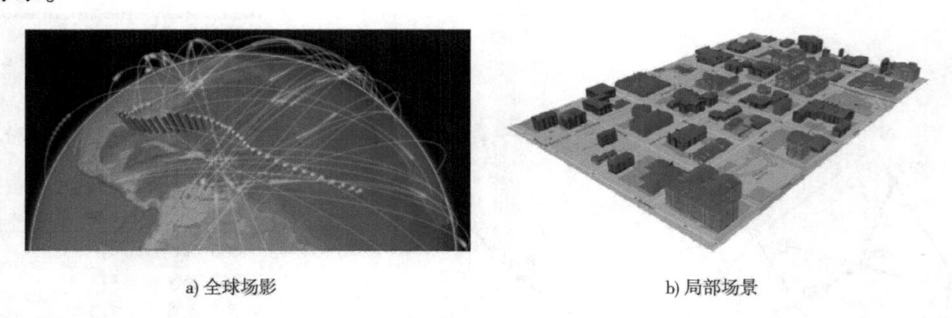

a) 全球场影　　b) 局部场景

图 13-52　场景的两种模式

13.4.1　创建场景

ArcGIS Pro 提供了多种创建场景的方法,包括新建场景、从地图创建场景或导入已有的场景。

13.4.1.1　新建场景

在 ArcGIS Pro 中可以新建场景,具体操作步骤如下。

(1)在**目录**窗格中右键单击**地图**,在右键菜单中选择**新建全局场景**或**新建局部场景**;或者在**插入**选项卡的**工程组**中,单击**新建地图**下拉菜单,选择**新建全局场景**或**新建局部场景**,如图 13-53 所示。ArcGIS Pro 将默认加载一个包含了 3D、2D 图层和新建场景表面的空场景,如图 13-54 所示。其中高程表面包含名为 WorldElevation3D/Terrain3D 的地面图层,用于提供 2D 地图图层的高程值。其是一个世界高程表面, 该表面是由具有不同分辨率或详细信息的多个高程地图组成的复合表面。当不需要该表面时,可以将其删除。

(2)向场景中添加图层。可以通过常规添加数据的方式向场景中添加新的数据并对其符号化。如果数据没有高程信息,则其自动归为 2D 图层,反之则归为 3D 图层类别。

(3)向场景中添加其他高程表面。在**内容**窗格的**高程表面**下,右键点击**地面**,然后单击**添加高程源**,在“添加高程源”对话框中选择高程表面(栅格或 TIN 数据集),这时在地图显示窗口中数据将根据高程表面显示 3D 效果,如图 13-55 所示。可添加多个高程表面,如高分辨率图层可以为较小的感兴趣区域提供高程值,而低分辨率图层可以为周围区域提供高程值。

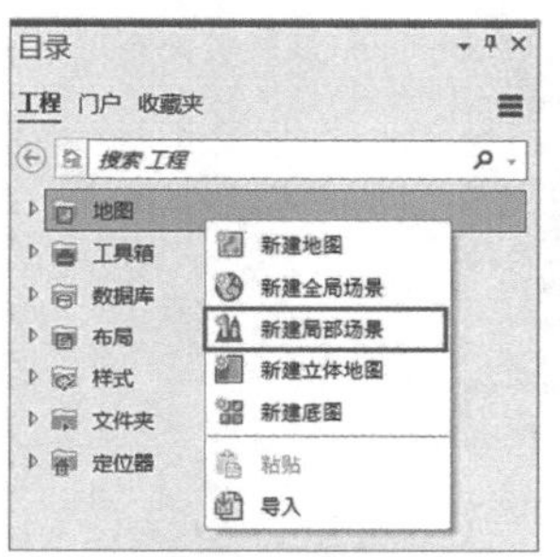

a) 目录窗格新建场景

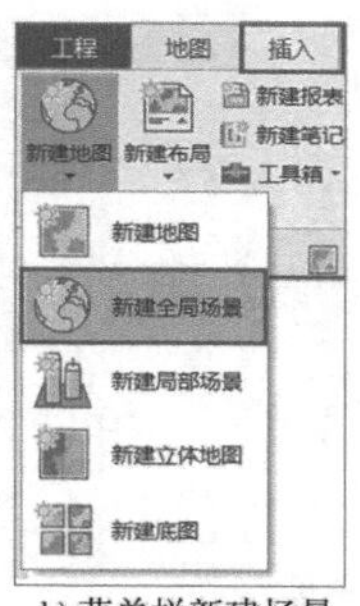

b) 菜单栏新建场景

图 13-53　新建场景

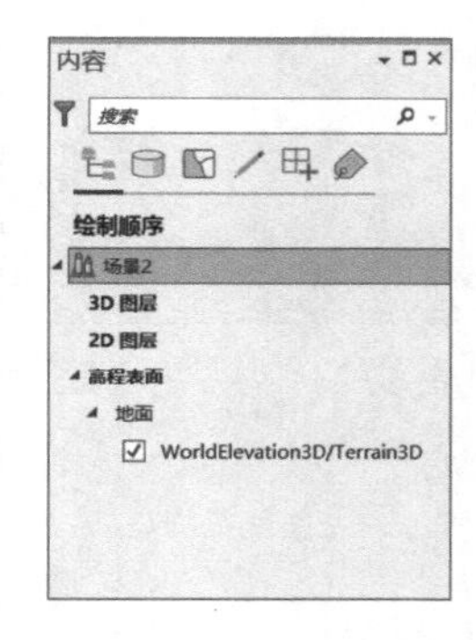

图 13-54　局部场景

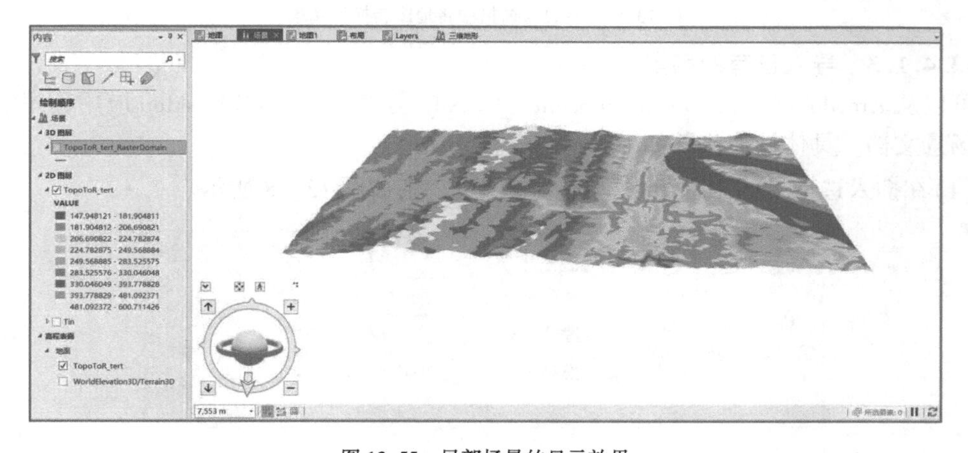

图 13-55　局部场景的显示效果

13.4.1.2　从地图创建场景

可以将 2D 地图转换为场景,通过以下两种方式实现。

(1)在**视图**选项卡的**视图**组中选择**转换**按钮,选择**转全局场景**或**转局部场景**,现有地图将更改为新的场景，如图 13-56 所示。

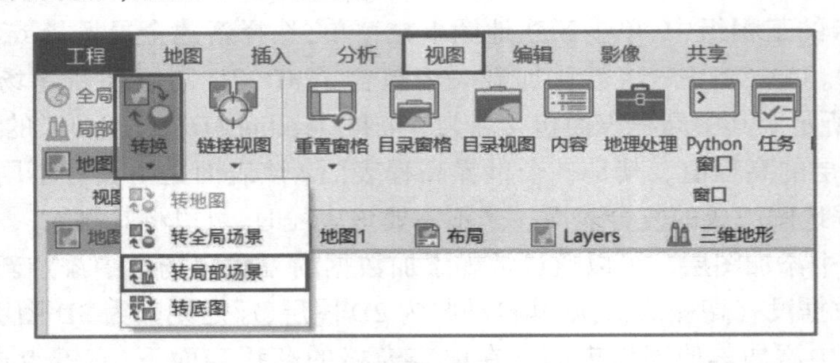

图 13-56 在视图中将地图转换为场景

(2)在目录窗格中，工程选项卡下展开地图，选中需要转换的地图，在右键菜单中选择转全局场景或转局部场景，现有地图将更改为新的场景，如图 13-57 所示。

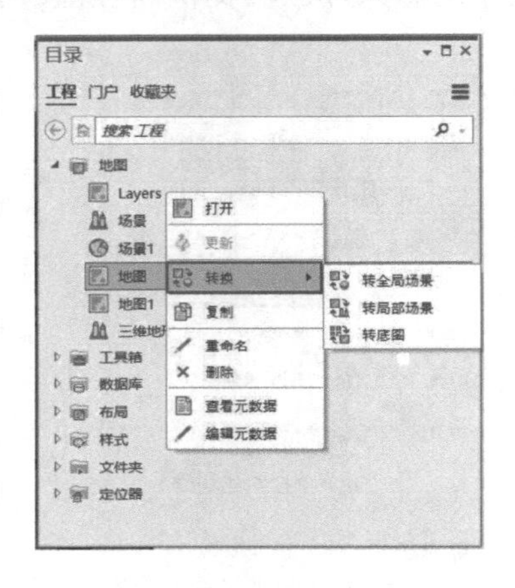

图 13-57 在目录窗格中将地图转换为场景

13.4.1.3 导入已有的场景

可以从 ArcGlobe(* . 3dd)和 ArcScene(* . sxd) 等其他 ArcGIS Desktop 应用程序中导入现有场景文档。具体操作步骤如下。

(1)在插入选项卡的工程组中，单击导入地图，如图 13-58 所示。

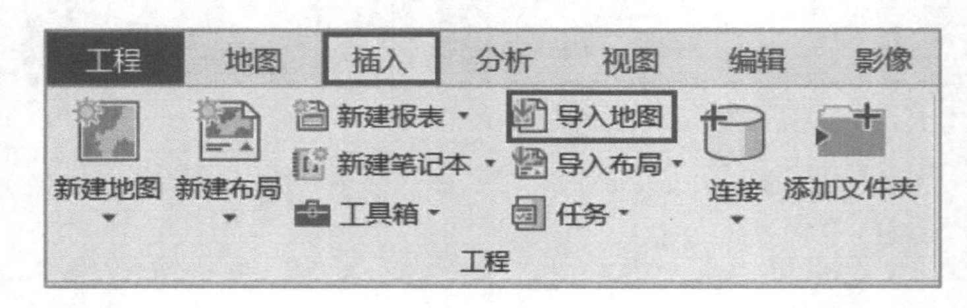

图 13-58 打开导入地图属性

(2)在导入对话框中浏览或搜索要导入的场景(如图 13-59 所示)，单击一个或多个场景以将其添加到工程，单击确定。默认情况下，ArcGlobe 文档以全球视图模式打开，而 ArcScene 文档以局部视图模式打开。

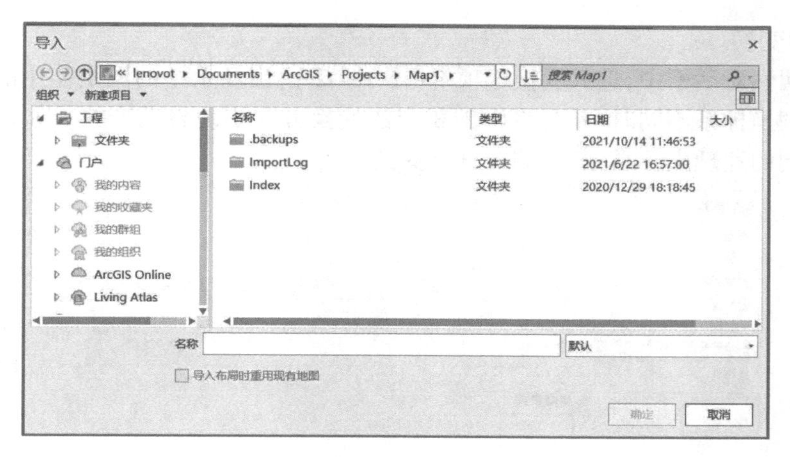

图 13-59　导入对话框

13.4.2　设置场景属性

要实现要素或表面的三维可视化,需要正确设置场景的相关属性,包括场景的坐标系、照明属性、高程表面和图层高程属性的设置。

13.4.2.1　场景的坐标系

使用 3D 数据时,定义平面和垂直坐标系至关重要。如果图层的数据源已定义垂直坐标系,则图层的高程单位与垂直坐标系的线性单位相同。如果各个图层存在不同的坐标系,则须进行适当的转换以确保场景的正确显示。

(1)查询当前场景坐标系。

在**内容**窗格中,右键单击**场景**,单击**属性**打开**地图属性**对话框(图 13-60),进入**坐标系**选项卡,将显示当前场景使用的 *XY* 和 *Z* 坐标系统,如图 13-61 所示。

图 13-60　打开场景属性

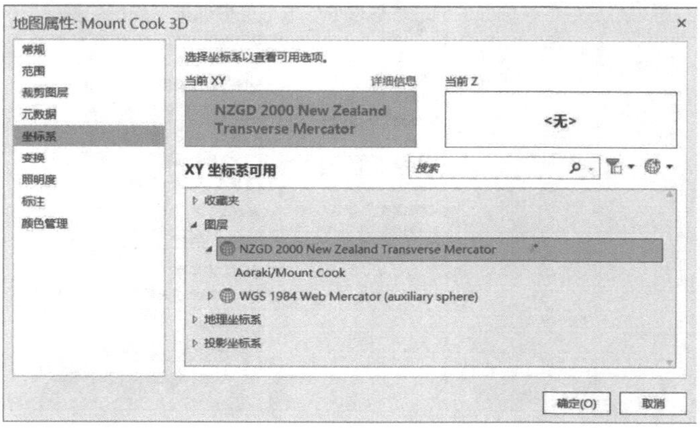

图 13-61　设置场景坐标系

(2)设置当前场景坐标系。

在图 13-61 所示的**地图属性**对话框中,在"*XY* 坐标系可用"列表框中为场景指定地理或投影坐标系,也可以通过**添加坐标系** 按钮添加自定义的坐标系或导入其他文件中的坐标系。

(3)坐标变换。

在**地图属性**对话框中,进入**变换**选项卡(图 13-62),当场景中的图层使用的地理坐标系与场景的地理坐标系不同时,系统将匹配相应的变换方法实现自动变换。如果所有图层和场景使用相同的地理坐标系,则不需要进行变换。

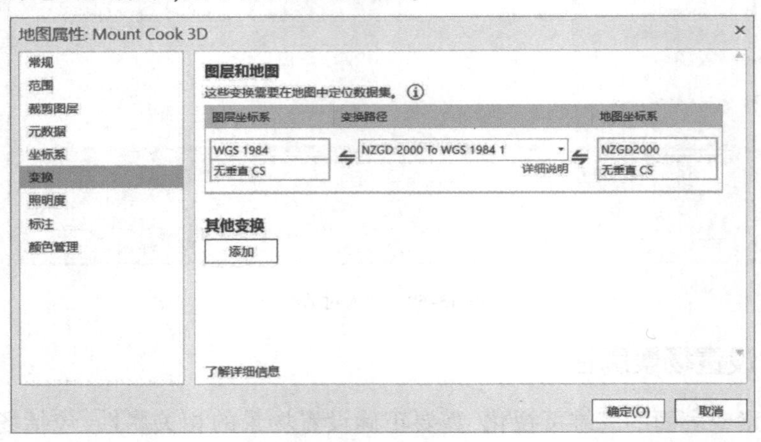

图 13-62　场景坐标系变换

13.4.2.2　照明属性

在场景中设置不同的光照条件可以获得不同的可视效果,使其更具三维效果。

(1)全球场景的照明设置。

在全球场景中,可以设置太阳的位置,从而利用光照和阴影来增强所显示的一天的时间的逼真感,并可以显示地球范围外的星空和大气晕圈。具体操作如下。

在**地图属性**对话框中,进入**照明度**选项卡(图 13-63),有大气光照、阴影、照明度和照明度定义者四项需要设置。

图 13-63　全球场景的照明设置

选中“显示大气效应”复选框可模拟日落等特定气氛。选中“显示星空和晕圈”复选框可显示地球边缘范围外的星空和围绕地球的大气晕圈。不同设置的效果如图 13-64 所示。选中“在 3D 中显示阴影”复选框可在场景中模拟阴影。选中“使用环境光遮蔽”复选框使没有纹理的 3D 内容在深度感知下显示更加逼真。如果添加带纹理的图层,则可能需要关闭环境光遮蔽,因为纹理已经包含了照明信息。环境光遮蔽可能会影响绘制性能。此选项默认为选中状态。选中“使用 Eye-Dome 照明”复选框以将 Eye-Dome 照明效果应用到场景,可以改善 LAS 数据集和点云场景图层的深度感知。此选项默认为选中状态。如果关闭此选项,则将针对所有图层禁用 Eye-Dome 照明,不考虑每个图层的 Eye-Dome 照明设置。设置“照明度”以定义场景的亮度。如果选中了显示大气效应,则光照作用不可用。照明度定义者可以定义场景的太阳位置,系统提供了四种选项。

a) 无任何效应

b)带大气效应

c) 带星空和晕圈效应

图 13-64　全球场景的照明设置的效果

(2)局部场景的照明设置。

在局部场景中只提供了点光照,可以对光源的方位角、高度,以及对比度进行设置。具体操作如下。

在**地图属性**对话框中,进入**照明度**选项卡,如图 13-65 所示。方位角指太阳的角度方向,是以北为基准方向,在 0°~360°范围内按顺时针进行测量的。90°的方位角为东,默认方向角为 315° (NW)。山体阴影的默认太阳方位角(方向)为 315°。高度角指的是照明源高出地平线的角度或坡度,高度角的单位为度,范围为 0°(位于地平线上)到 90°(位于头上)之间,默认值为 90°。山体阴影的默认太阳高度为 45°。对比度用于控制应用到表面的阴影量,在对比度刻度尺上,100 表示无对比度,0 表示最高对比度。

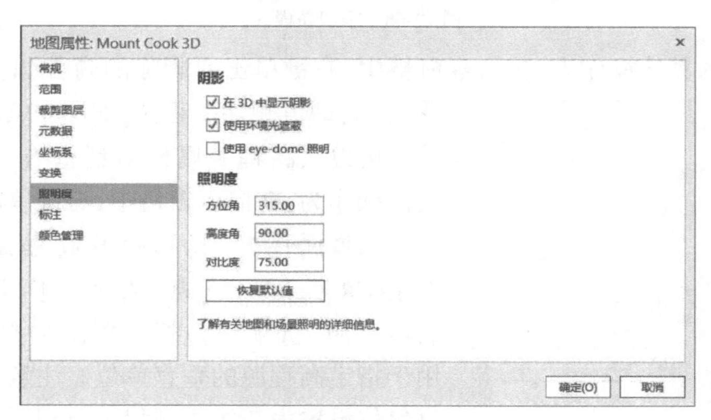

图 13-65　局部场景的照明设置

13.4.2.3　高程表面

高程表面用于定义场景范围内的高度值,场景总是包含至少一个表示地面的高程表面。

在场景中,地面高程表面(Ground)不能被移除,该表面的默认高程源为缓存高程影像服务(WorldElevation3D/Terrain3D);但可以修改地表的高程源,也可以添加或删除自定义的高程表面。

(1)高程源。

高程源是包含定义高程表面的数据。一个高程表面可以具有多个不同类型的高程源,可以是包含高程信息的栅格或 TIN 数据集,也可以是 ArcGIS Online 门户 Web 高程图层或高程影像服务。注意:LAS 数据集和 Terrain 数据集不能用作高程源。高程源在高程表面中的顺序决定了它们的使用顺序,因此,分辨率最高的数据源应位于高程源顺序的最顶部。如果导航到的场景区域超出第一个(具有最高分辨率的)高程源的范围,则将会使用列表中的下一高程源,以此类推。

向高程表面添加高程源的具体操作为:在内容窗格中,右键单击**高程表面**(如 Ground),在右键菜单中单击**添加高程源**打开**添加高程源**对话框(图 13-66),选择要添加的高程源数据,点击**确定**。如果高程表面已存在相同的高程源,则无法重复添加。

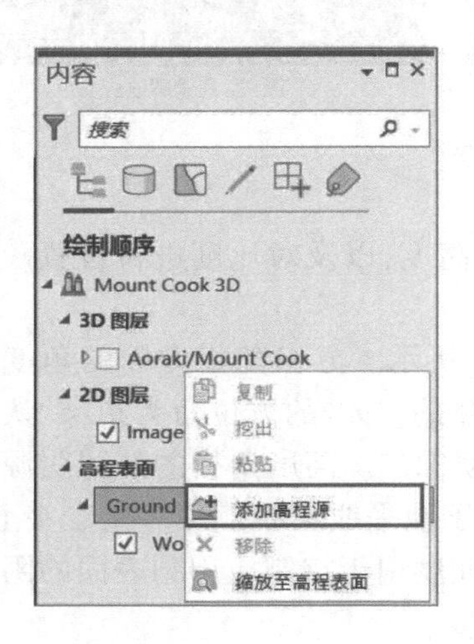

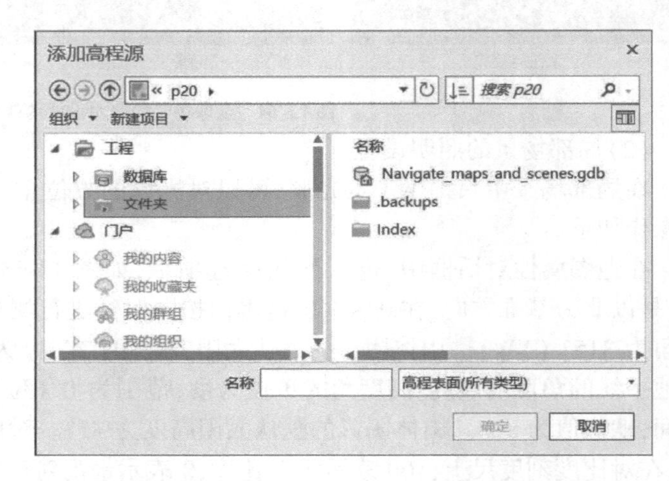

图 13-66　添加高程源

删除高程源的具体操作为:在内容窗格中,右键单击要删除的**高程源**,右键菜单中选择**移除**,即可删除高程源,如图 13-67 所示。

图 13-67　删除高程源

可以从**高程源属性**对话框查看高程源的属性。具体操作为:在内容窗格中,右键单击**高程源**,右键菜单中选择**属性**,即可打开**高程源属性**对话框,如图 13-68 所示。"常规"选项用于指定高程源图层的名称,"源"选项中包括数据源和空间参考。数据源用于指定高程源的垂直单位。注意:应将高程源的垂直单位设置为与场景高程单位相匹配,以避免垂直变形。空间参考定义了高程源的坐标系(地理坐标系和投影坐标系)。

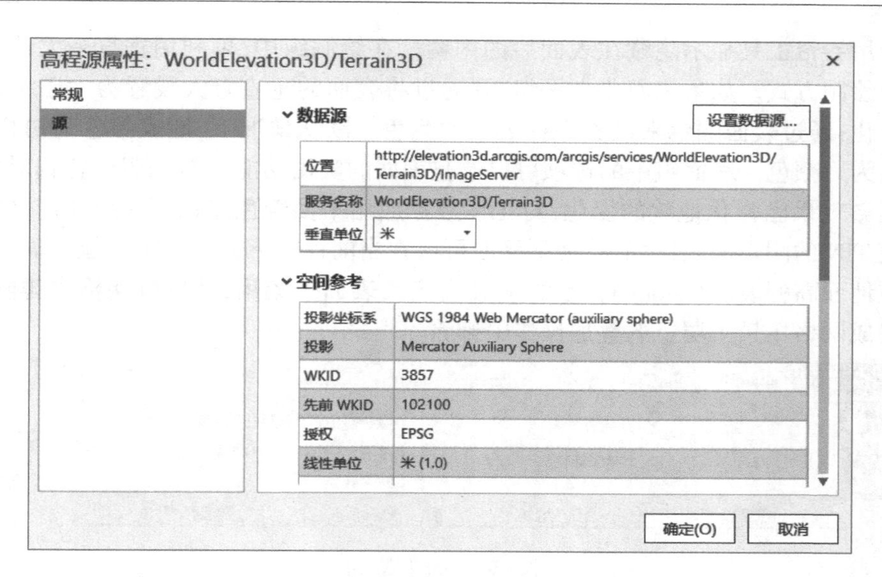

图13-68　高程源属性对话框

(2)添加/删除高程表面。

除了地面高程表面(Ground)外,可以添加和删除自定义的高程表面。需要注意:自定义高程表面必须具有有效的高程源。添加自定义高程表面的方式有两种,即添加高程表面和从源创建表面。在场景的内容窗格中,右键单击**高程表面**,即可看到这两种创建方式,如图13-69所示。

注意:“添加高程表面”仅仅只是新建了一个空的表面,需要通过“添加高程源”操作才能使其具有高程信息;而“从源创建表面”可以根据用户选择的一个或多个高程源创建高程表面。

对于自定义的高程表面,可以通过“挖出”或“移除”操作将其删除,具体操作如下。

在**内容**窗格中,右键单击要删除的**高程表面**,右键菜单中选择“挖出”或“移除”,即可删除高程表面,如图13-70所示。需要注意:挖出是将所选的高程表面剪切到剪贴板,可通过“粘贴”命令将其重新添加到高程表面;而移除是将所选的高程表面从内容窗格中移除。

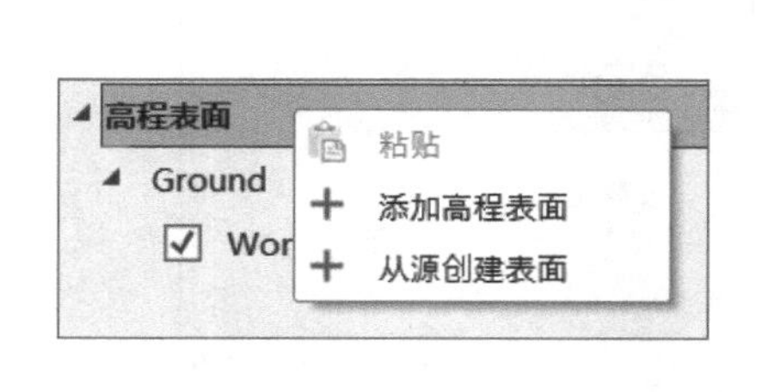

图13-69　添加高程表面

图13-70　删除高程表面

(3)更改高程表面的外观。

可以通过上下文菜单**外观**选项卡调整高程表面显示的外观。具体操作如下。

在**内容**窗格中选中**高程表面**,在菜单栏将出现**外观**选项卡,如图13-71所示。在**效果**组中可以使用**卷帘**工具显示隐藏在表面后的内容。在**绘制**组中，可利用**垂直夸大**选项来调整高程源的绘制方式。如果表面非常平坦，则通过将表面的垂直夸大设置为大于 1 的值来强调垂直分化；通过**表面颜色**来设置高程表面的颜色。默认情况下，地表颜色为白色，自定义表面默认为无颜色。**表面**组中的选项可以调整表面的实用功能。**与光照位置相对应的阴影**可显示阴影效果已强化地貌的变化；**对 TIN 数据应用平面着色**以在不应用任何平滑处理的情况下使 TIN 的阴影面始终如一；**地下导航**可以在当前视图下进行地下导航。需要注意：此选项仅在地面高程表面（Ground）上可用，在自定义表面上禁用；**从集成网格中排除**可将 2D 图层从集成网格场景图层上的叠加操作中排除。

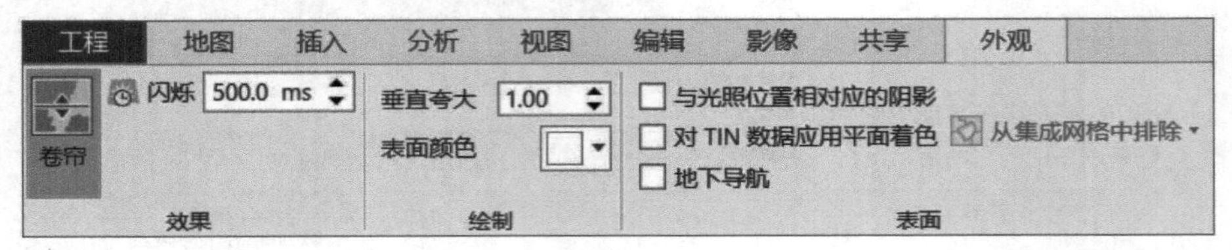

图 13-71　外观选项卡

13.4.2.4　图层高程属性

对于要以 3D 模式进行显示的空间数据，需要设置高度选项。这包括定义要素图层的基本高度和垂直单位，以及选择性地定义制图偏移。基本高度决定了图层中要素的最低高程。在调整相对于基本高度垂直绘制的要素时，会应用到制图偏移。设置图层的高程属性，具体操作如下。

在**内容**窗格中，右键单击要设置的图层，在弹出的右键菜单中单击**属性**，打开**图层属性**对话框。在**图层属性**对话框中，单击**高程**选项卡，如图 13-72 所示。其中可以设置要素的高程面、制图偏移和高程单位等。

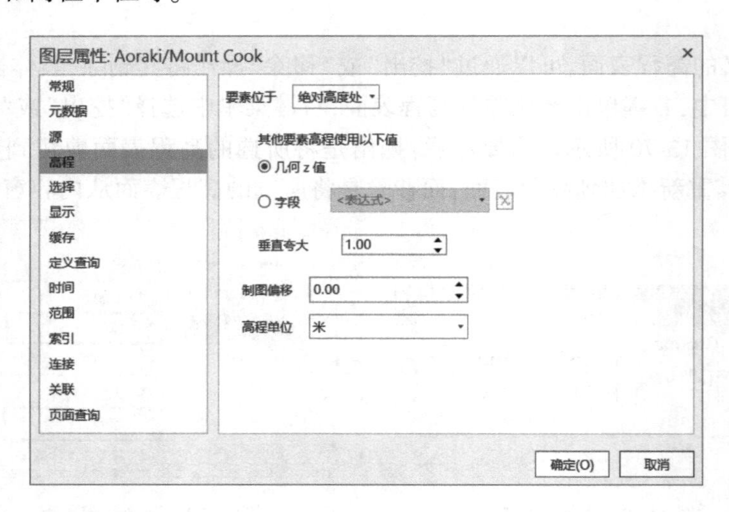

图 13-72　图层属性对话框

"要素位于"用于设置要素的高程面。包括多个选项：地面上、相对地面高度处、绝对高度处、自定义表面上和相对于自定义表面。"地面上"适用于位于地面上的要素，如树、路灯、道路、河流等。"相对地面高度处"适用于置于地面上已知高度的要素，例如建筑物侧面的监控摄像头位置、屋顶的接收装置等。“绝对高度处”适用于无论地面高程如何,始终发生在某个基准面以上恒定高度的要素,如飞机。后两个选项仅支持使用了自定义高程表面的情况。“自定义表面上”适用于所发生的表面不是由地平面表示的要素,例如地下的矿井。“相对于自定义表面”适用于在自定义表面上向要素位置添加附加高度值的情况。各选项的情况如图 13-73 所示。

a) 地面上

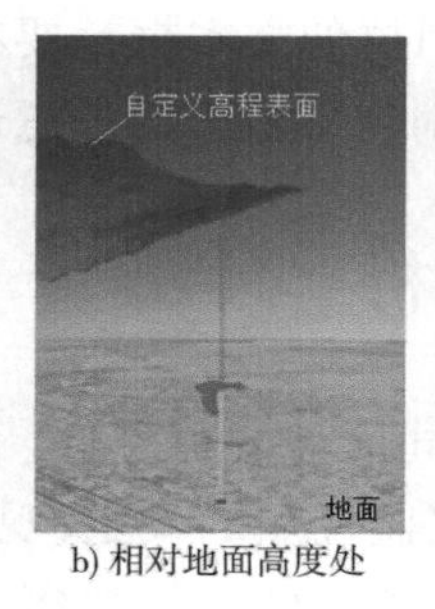

b) 相对地面高度处

c) 绝对高度处

d) 自定义表面上

e) 相对于自定义表面

图 13-73　高程类型

“制图偏移”将垂直调节整个图层的高程值。此选项可将图层中的所有要素提高或降低给定的高度。如果以制图方式升高场景中的一组要素以使其更为明显,则此选项将十分有用。例如,可以将表示消防站的点符号升高离地,以避免被周围建筑物遮挡。

13.4.2.5　要素的拉伸

拉伸是通过垂直拉伸 2D 平面形状在场景中创建 3D 对象的过程。例如,可将建筑物面拉伸一定的高度值,从而创建三维建筑物形状。需要注意:只有点、线和面支持拉伸。

点在拉伸时,将忽略点符号的样式而变成空心垂直主体,如图 13-74a)所示。拉伸线要素将显示为墙,如图 13-74b)所示,需要注意:无论线符号中的笔划符号图层宽度如何,拉伸线都将显示为 1 像素宽的墙面。面要素通过垂直拉伸可创建块,这是将建筑物覆盖区表示为 3D 建筑物的简便方式,如图 13-74c)所示。

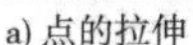
a) 点的拉伸

b) 线的拉伸

c) 面的拉伸

图 13-74　要素的拉伸效果

要实现要素的拉伸,具体操作步骤如下。

(1) 在**内容**窗格中选择想要拉伸的要素图层。

(2) 在**要素图层**下**外观**选项卡的**拉伸**组中,单击**类型**下拉箭头,选择要素拉伸类型,如图 13-75 所示。拉伸类型包括 3 个选项。

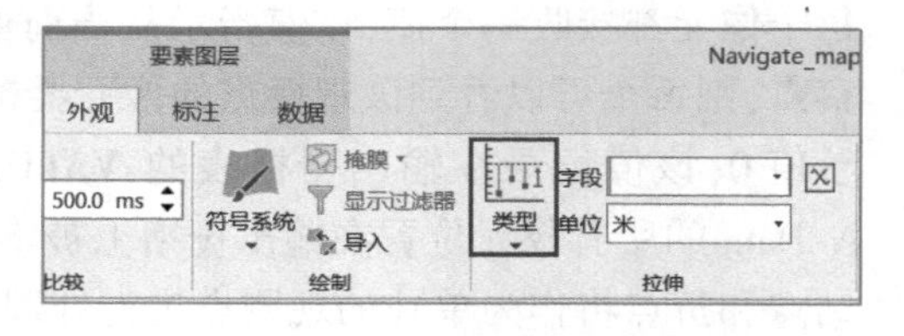

图 13-75　要素拉伸

①“无”:要素未被拉伸,这是默认设置。

②“基本高度 ”:向各要素基本高度的每个折点添加拉伸,对于面要素,系统将创建顶面和底面以连接到拉伸的墙面,从而构成闭合形状。

③“绝对高度 ”:无论各要素的 Z 值是多少,这些要素都将被拉伸到指定的 Z 值以形成平整的顶部。

如果选择了除“无”以外的其他拉伸方法,则可使用拉伸文本框。要在 VBScript 或 Arcade 中定义表达式,请单击拉伸表达式按钮,或者选择对属性值应用任意运算符。

13.5 可见性分析

可见性分析就是分析功能性表面的视域来确定不同区域的可见性。简单来说,就是从观察点能够看见的区域。其应用领域比较广泛,如火灾监控点的设定、观察哨所的设定、巡航导弹航线的设计等。在基于栅格数据的可视分析中,视域就是从观察点能够看到的像元集合,一般将像元赋值为 1;而从观察点看不到的所有像元赋值为 0。如图 13-76 所示,在功能性表面上输入观察点(三角形、圆点标记),利用可见性分析可得到从观察点看到的像元(绿色)和无法看到的像元(红色)。

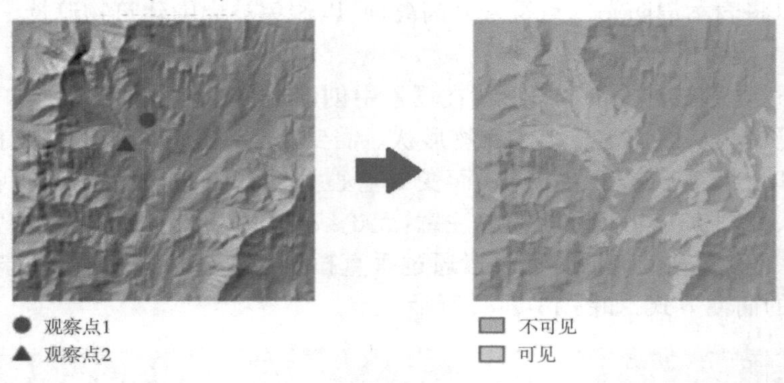

图 13-76 可见性分析

在 ArcGIS 软件中,关于可见性分析主要通过三维分析工具箱(3D Analyst)中的可见性工具集和空间分析工具箱(Spatial Analyst)中的表面分析工具集来提供视点、视域和可见性分析的功能。常用的分析工具包括视域、测地线视域、通视分析等。

13.5.1 视域

视域用于标识可以从一个或多个观察点位置看到的输入栅格中的像元。输出栅格中的每个像元都接收一个值,该值指示从当前像元位置看到的观察点数量。如果仅具有一个观察点,则每个可以看到该观察点的像元会被赋予值 1,所有无法看到该观察点的像元会被赋予值 0,该值记录在输出栅格表的 VALUE 字段中,如图 13-77 所示。输入栅格上已指定 NoData 的所有像元位置在输出栅格上被指定为 NoData。观察点要素类可包含点或线,线的结点和折点将作为单独的观测点进行处理,输出栅格的 VALUE 项中的值给出了对于每个像元可见的结点和折点数。视域工具常用的典型场景如从 15m 高的火警瞭望塔可看到哪些区域、某系列中的下一个通信中继塔应位于何处等。

视域工具的具体操作如下。

(1)在**分析**选项卡中点击工具按钮,打开**地理处理**窗格,选择**3D 分析工具(3D Analyst)|可见性|视域**,打开**视域**窗格,如图 13-78 所示。

OBJECTID *	Value	Count
1	0	80949760
2	1	7900628
3	2	144171

图 13-77　视域的属性表

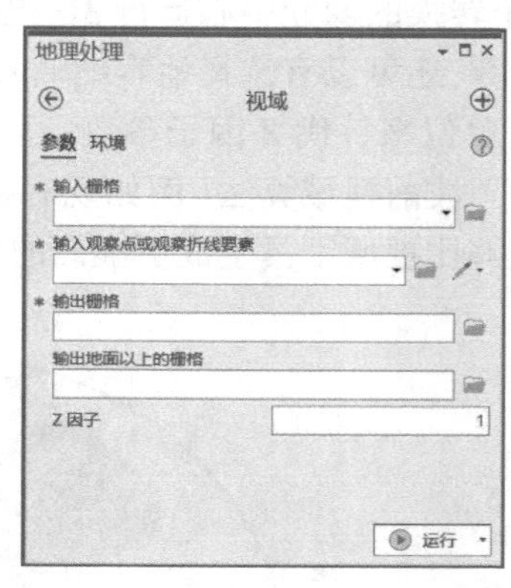

图 13-78　视域窗格

(2)在**视域**窗格中,输入表面栅格、观察点或观察折线要素和输出栅格的名称,击**运行**按钮完成操作,结果如图 13- 79 所示。“输入观察点或观察折线要素”允许用户选择已有的点或线要素作为观察点,也可以点击其后的图标在当前地图内创建新要素作为输入。另外,该工具还有两个可选项“输出地面以上的栅格”和“*Z* 因子”。“输出地面以上的栅格”即地面以上（AGL）输出栅格,其结果是一个栅格,其中每个像元值都记录了为保证像元至少对一个观察点可见而需要向该像元添加的最小高度(若不添加此高度,像元不可见);而在输出栅格中可见像元的值则为 0。“*Z* 因子”表示表面栅格 *Z* 单位中地面 *X*,*Y* 单位的数量。*Z* 单位与输入表面的 *X*,*Y* 单位不同时,可使用 *Z* 因子调整 *Z* 单位的测量单位,如 *Z* 单位是英尺,而 *X*,*Y* 单位是 m,则应使用 *Z* 因子 0. 304 8 将 *Z* 单位从英尺转换为米(1 英尺 = 0. 304 8m)。计算最终输出表面时,将用 *Z* 因子乘以输入表面的 *Z* 值。如果 *X*,*Y* 单位和 *Z* 单位采用相同的测量单位,则 *Z* 因子为 1, 这是默认设置。

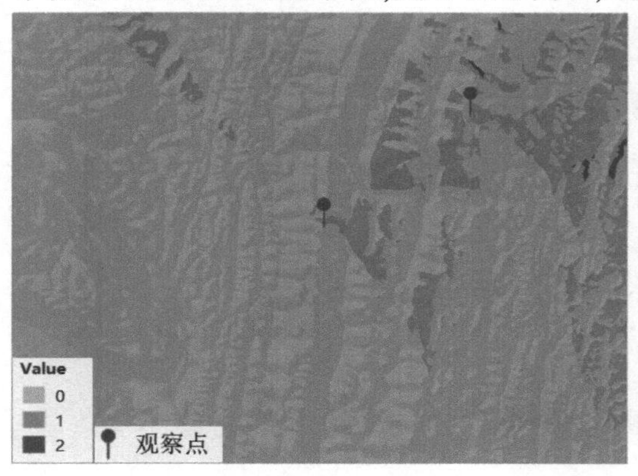

a)输出栅格,只记录观察点可见的次数

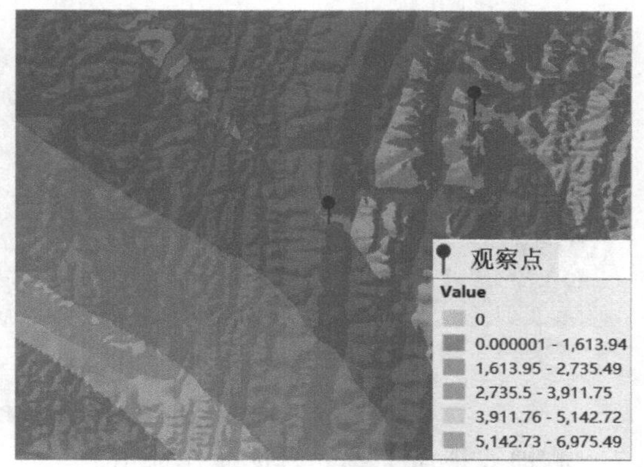

b)AGL 输出,记录像元要添加的高度

图 13-79　视域分析的结果

13.5.2 测地线视域

测地线视域是视域工具的加强版,其视域分析的功能更加强大。该工具使用测地线方法确定对一组点或折线观察点可见的圆形地球表面位置,其将高程表面转换到地心 3D 坐标系中,并对每个转换的像元中心运行 3D 视线,如图 13-80 所示。因此,测地线视域不需要地球曲率校正参数,还可以有选择地容纳输入高程表面中的垂直不确定性或错误,并使用输入空间参考的 Z 单位来替代 Z 因子参数。而且,由于每条 3D 视线的评估均独立于其他视线,可避免一些基于波前视域算法(例如现有视域系列地理处理工具)的潜在错误。因此,测地线视域工具能够比视域工具生成更准确的可视性和 AGL 表面。

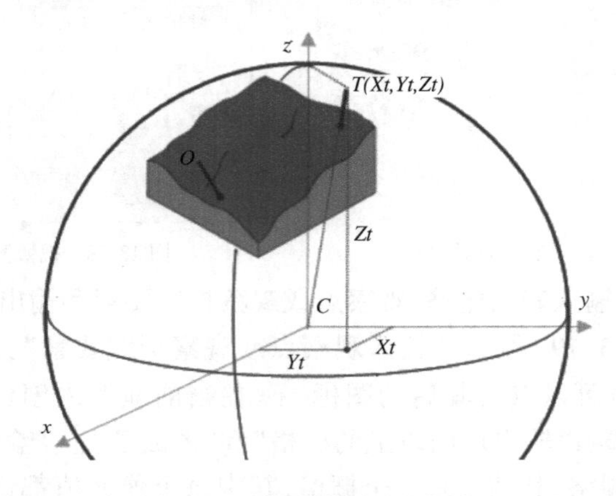

图 13-80 测地线视域工具的原理

该工具可以执行两种类型的可见性分析:频数和观察点。对于频率分析类型(类似于视域工具),当垂直错误参数为 0 或未指定时,输出栅格将记录输入表面栅格中每个像元位置可被输入观察点看到的次数;当垂直错误参数大于 0 时,输出栅格上的每个像元将记录该像元对所有观察点可见的可能性总和。对于观察点分析类型,输出栅格将记录可见区域的唯一区域 ID,它们可通过输出观察点-区域关系表关联到观察点要素,具体的区别如图 13-81。

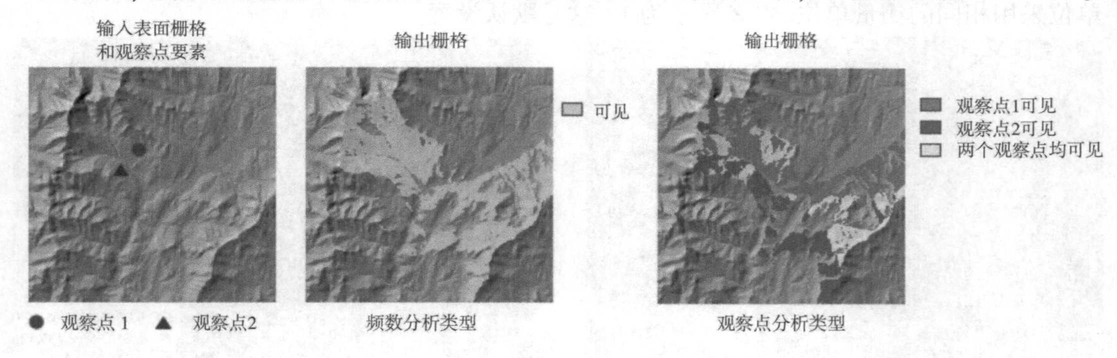

图 13-81 频数和观察点分类的区别

测地线视域工具的具体操作如下。

(1)在**分析**选项卡中点击工具按钮,打开**地理处理**窗格,选择**3D 分析工具(3D Analyst)|可见性|测地线视域**,打开**测地线视域**窗格,如图 13-82 所示。

（2）在**测地线视域**窗格中，输入表面栅格、观察点或观察折线要素和输出栅格的名称，单击运行按钮完成操作，结果如图 13-83 所示。在观察点-区域关系表中 Observer 字段列出了输入要素类中的要素 ID，即观察点的 ID，Region 字段列出了输出可见性栅格属性表中各个区域的像元值。

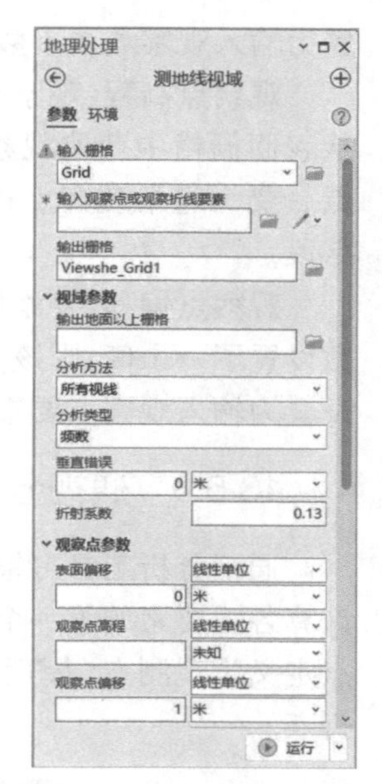

图 13-82　“测地线视域”窗格

该工具提供了“视域参数”和“观察点参数”的设置选项。视域参数中的主要参数有：

①输出地面以上栅格：地面以上（AGL）输出栅格，同视域分析工具。

②分析方法：指定用于计算可见性的方法。有两种方法：所有视线——视线会运行到栅格上的每个像元以创建可见区域，这是默认方法。周长视线——视线仅会运行到可见区域周边的像元以创建可见区域。这种方法的性能比所有视线方法好，因为这种方法的计算中所运行的视线较少。

③分析类型：指定要执行的可见性分析类型，是确定每个像元对观察点的可见性，还是识别各表面位置上可见的观察点。频数——输出将记录输入表面栅格中每个像元位置对于输入观测位置（如点或观察折线要素的折点）可见的次数，这是默认设置。观察点——输出将精确识别从各栅格表面位置进行观察时可见的观察点，此分析类型所允许的最大输入观察点数为 32。

④输出观察点-区域关系表：只有在分析类型为观察点时，才会创建此输出。用于识别对于每个观察点都可见的区域的输出表。此表可关联到输入观察点要素类及输出可见性栅格（用于识别对给定观察点可见的区域）。

观察点参数包括表面偏移、观察点高程、观察点偏移、内半径、外半径等。

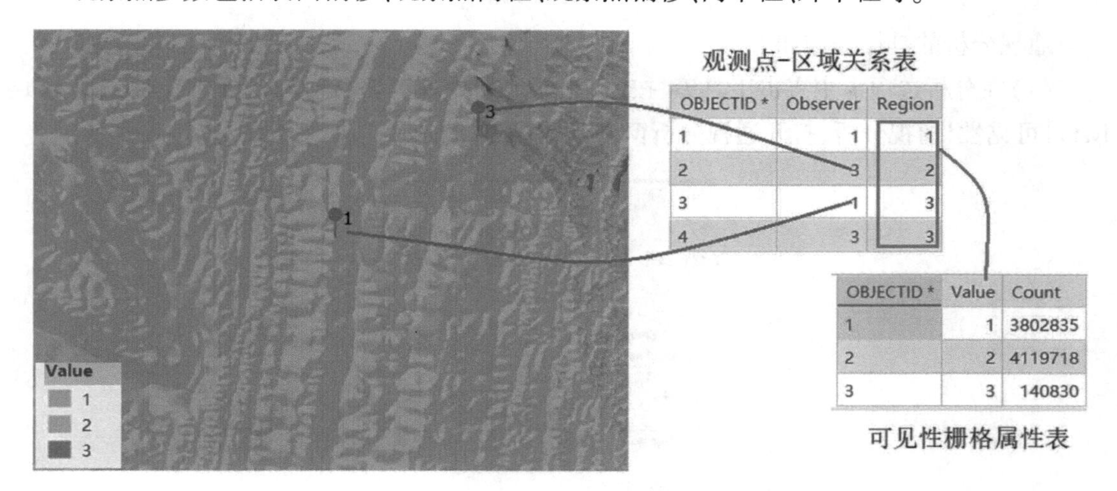

OBJECTID *	Observer	Region
1	1	1
2	3	2
3	1	3
4	3	3

OBJECTID *	Value	Count
1	1	3802835
2	2	4119718
3	3	140830

图 13-83　测地线视域分析结果

表面偏移：要添加到各像元 Z 值的垂直距离，必须为正整数值或浮点值。如果为此参数设置了一个值，则该值将应用到所有观察点。要为每个观察点指定不同的值，请将此参数设置为输入观察点要素数据集中的某个字段。默认值为 0。

观察点高程:观察点或折点的表面高程。如果未指定此参数,则会使用双线性插值法从表面栅格中获取观察点高程。如果为此参数设置了一个值,则该值将应用到所有观察点。要为每个观察点指定不同的值,请将此参数设置为输入观察点要素数据集中的某个字段。

观察点偏移:要添加到观察点高程的垂直距离,必须为正整数值或浮点值。如果为此参数设置了一个值,则该值将应用到所有观察点。要为每个观察点指定不同的值,请将此参数设置为输入观察点要素数据集中的某个字段。默认值是 1m。

13.5.3 通视分析

通视分析工具可根据在 3D 空间中相对于某表面或多面体要素类提供的障碍的位置,计算各线要素的第一个和最后一个折点之间的通视性,如图 13-84 所示。视线的第一个折点定义为观测点,最后一个折点定义为目标点,忽略有两个以上折点的线中的任何中间折点。

图 13-84 通视分析原理

通视分析的具体操作如下。

(1)在**分析**选项卡中点击工具按钮,打开**地理处理**窗格,选择**3D 分析工具(3D Analyst)|可见性|通视分析**,打开**通视分析**窗格,如图 13-85 所示。

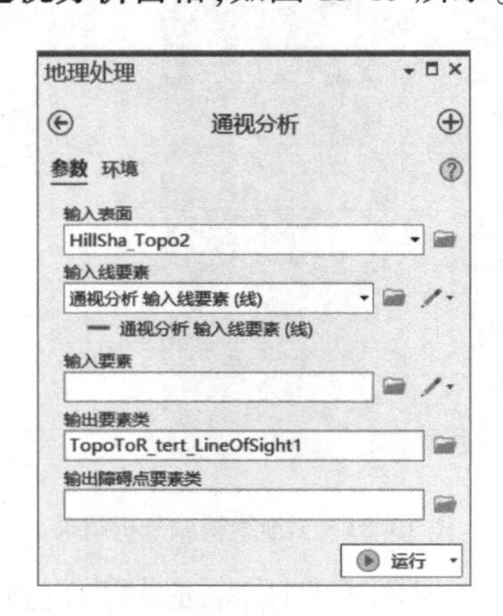

图 13-85 通视分析窗格

(2)在**通视分析**窗格中,输入表面栅格、输入线要素和输出要素类的名称,击**运行**按钮完成操作,结果如图 13-86 所示。"输入线要素"允许用户选择已有的线要素作为视线,也可以点击其后的图标 在当前地图内创建新的线要素作为视线。"输出要素类"的属性表将创建两个字段:VisCode 字段表示沿线的可见性(1 表示可见,2 表示不可见);TarIsVis 字段表示目标可见性(0 表示不可见,1 表示可见)。

另外,该工具还有两个可选项:"输入要素"用于定义其他阻碍元素(例如建筑物)的多面体要素;"输出障碍点要素类"用于标识其目标的观察点视线上的第一个障碍物的位置。

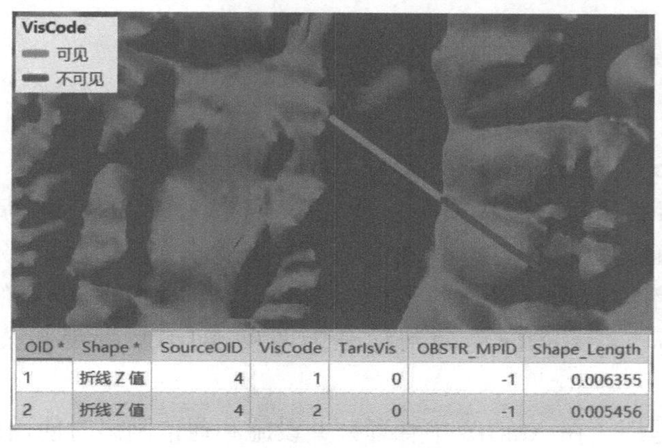

OID *	Shape *	SourceOID	VisCode	TarIsVis	OBSTR_MPID	Shape_Length
1	折线 Z 值	4	1	0	-1	0.006355
2	折线 Z 值	4	2	0	-1	0.005456

图 13-86　通视分析结果

实验 14　网 络 分 析

14.1　实验任务书

网络分析是 GIS 空间分析的一个重要方面,是依据网络拓扑关系(线实体之间、线与结点之间,结点与结点之间的连接关系),通过考察网络元素的空间、属性数据,对网络的性能特征进行多方面的分析计算。其理论基础是图论分析和运筹学分析,对网络中传输的资源充分发挥作用或达到所预想的目标,如最短路径的查找、资源的最佳分配、连通性分析、最佳选址分析等。ArcGIS 中的网络分为两种:网络数据集和公共设施网络(几何网络)。

公共设施网络是用户在 ArcGIS 中管理公共设施和通信网络时使用的主要组件,可提供一个综合功能框架,用于对电力、天然气、水利、雨水、废水和通信等公共设施系统进行建模。该网络只允许资源沿边单向同时行进,即网络中的资源(如管道中石油的流动)不能选择行进的方向,它行进的路径需要由外部因素来决定:重力、电磁、水压等。网络数据集常用于道路、地铁、轻轨等交通网络建模,进行路径、服务范围与资源分配等分析。在这样的网络上允许在边上双向行驶,网络上的资源(如道路上行驶的卡车司机)通常可以自由决定遍历的方向以及目的地。本实验涉及的是网络数据集的传输网络分析。

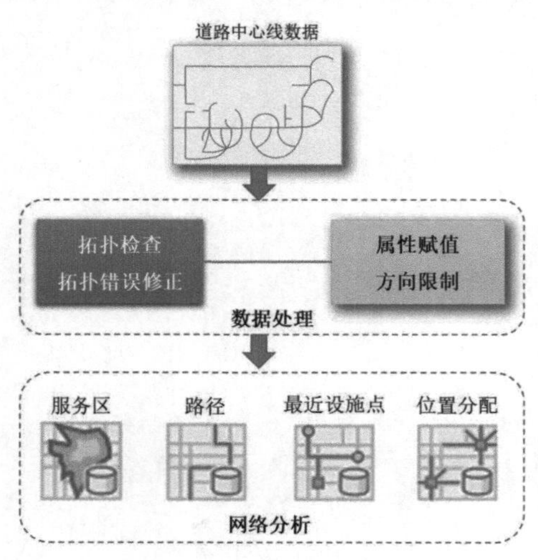

图 14-1　网络分析的流程

实验目的:理解网络数据模型的基本原理和构建方法;能够利用 ArcGIS 软件完成网络数据建模和最短路径分析。

实验数据:实验八的成果——室内车库的地理数据库。

实验环境:ArcGIS Pro 或者 ArcGIS Desktop 中的 ArcMap。

实验内容:利用 ArcGIS 软件对实验数据进行空间和属性信息处理,构建简单的交通网络数据集;基于交通网络数据集进行路径分析,具体过程如图 14-1 所示。

实验成果:提交实验报告、网络数据集的打包文件、路径分析的结果截图(图片格式)。

14.2　网络数据集

14.2.1　网络元素

网络数据集是由网络元素组成的。网络元素包括三种基本的类型:交汇点、边和转弯,如图 14-2 所示,其对应的属性表见附录 E。

交汇点:连接边元素的端点,便于两条边之间的导航。

边:用于连接其他元素(交汇点),并且还是网络资源(车辆等)行进的链接。

转弯:可影响两条或多条边之间连通的存储信息。ArcGIS 提供了通用的转弯模型,用于完善通行成本属性信息;同时允许自定义转弯要素,用于存储与特定转弯移动方式相关的信息,如从一条边禁止左转到另一条边。

连通性:所有网络的基本结构均由边和交汇点组成,连通性用于处理网络边和交汇点之间的相互连接。

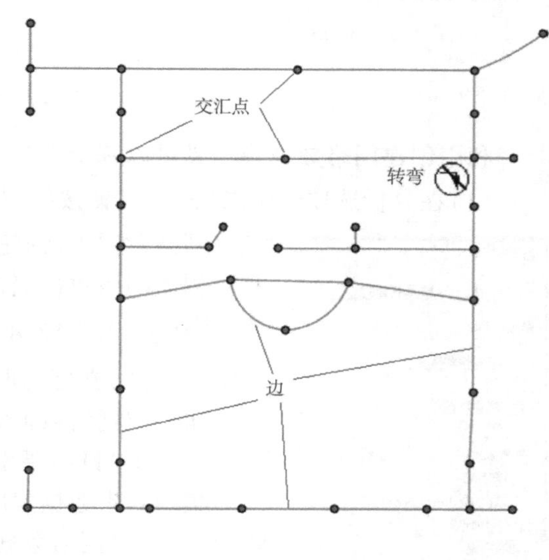

图 14-2　网络元素

网络元素将根据用于创建网络数据集的源要素来生成,可参与创建网络数据集的源要素有三种类型:

线要素——作为边要素源进行参与,这些线要素可以是现实世界中的街道、轻轨、地铁等。

点要素——作为交汇点要素源参与其中,但是多点要素类不能作为交汇点的源。其可以是现实世界中的街道交叉点、火车站、公共汽车站等。

转弯要素源——转弯要素类可以作为转弯要素源参与到网络中。转弯要素源会在导航期间建立边元素之间可能存在的过渡子集的模型。

每个作为源参与网络的要素类都会根据其分配的角色生成交汇点、边或转弯元素,其共同组成的基础图表即为网络。需要注意:在网络数据集中,边的每个端点处必须存在交汇点。因此,如果没有在边的端点处创建交汇点源要素,则构建网络数据集时,将自动创建系统交汇点。系统交汇点作为点存储在源要素类中,在首次构建操作过程中,将自动生成该源要素类。源要素类命名为[网络名称]_Junctions,其中[网络名称]表示网络数据集名称。如图 14-3 所示,将“路径线”作为源来生成网络数据集,系统自动生成了名为 Transportation_ND1_ Junctions 的交汇点。

14.2.2　创建网络数据集

ArcGIS 提供了一组执行网络数据集维护任务的工具,包括创建网络数据集、通过模板创建网络数据集、融合网络、构建网络等。其中最常用的是创建网络数据集和构建网络工具。

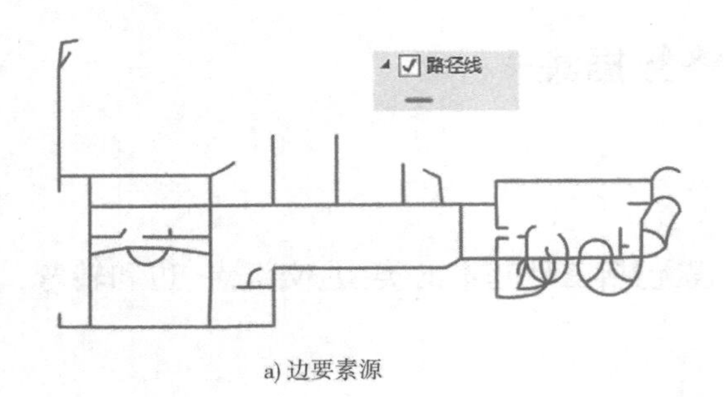

a) 边要素源

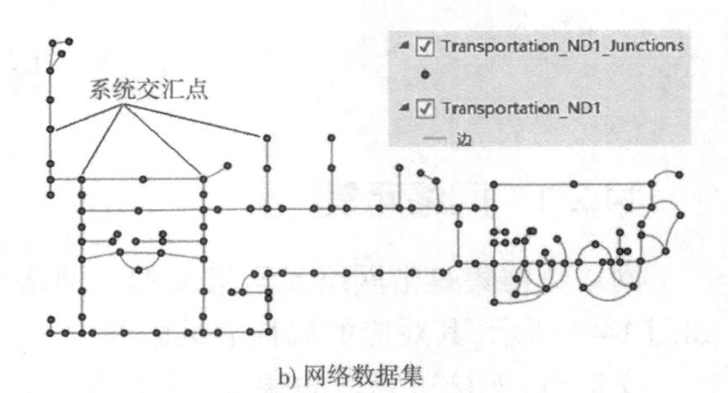

b) 网络数据集

图 14-3　系统交汇点

利用**创建网络数据集**工具可以基于现有要素数据集创建网络数据集，具体操作如下。

(1)在**分析**选项卡中点击工具按钮，打开**地理处理**窗格，选择**Network Analyst 工具|网络数据集|创建网络数据集**，或者在目录窗格右键单击要参与创建网络数据集的要素集，右键菜单中点击**新建|网络数据集**，打开**创建网络数据集**对话框，如图 14-4 所示。

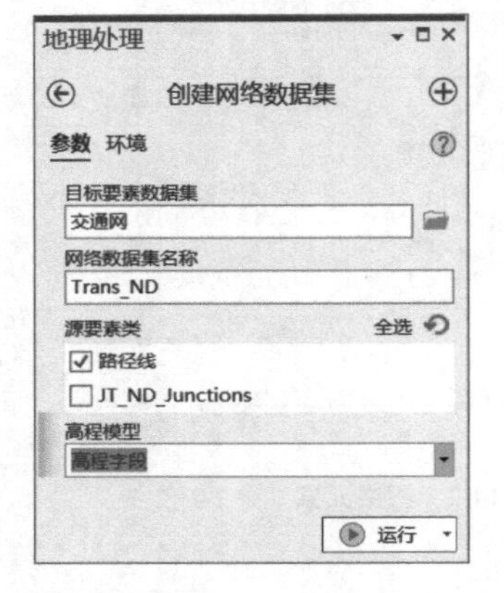

图 14-4　创建网络数据集

(2)在**创建网络数据集**对话框中设置相应参数，点击**运行**按钮完成网络数据集的创建。其参数如下：

①"目标要素数据集"——将创建网络数据集的要素数据集。要素数据集应包含将参与网络数据集的源要素类。

②"网络数据集名称"——要创建的网络数据集的名称。注意：目标要素数据集及其父地理数据库不得包含具有此名称的网络数据集。

③"源要素类"——要作为网络源要素包含在网络数据集中的要素类的名称。必须至少选择一个不是转弯要素类的线要素类，该线要素类将在网络数据集中用作边源。也可以选择点要素类作为网络数据集中的交汇点源，选择转弯要素类作为转弯源。

④"高程模型"——指定用于控制网络数据集中垂直连通性的模型，包括高程字段(具有相同高程字段值的重合端点在网络数据集中被视为连接，这是默认设置)、Z 坐标(线要素几何中的 Z 坐标值用于确定垂直连通性)和无高程三个选项。

需要注意：用该工具创建网络数据集的出行属性(如成本、限制、描述符、出行方式等)均采用默认值，无法支持用户特定的分析需求，因此需要在网络数据集属性页面对相关属性进行配置才可以实现真正意义上的网络分析。

14.2.3　配置网络数据集

如果需要更改网络数据集或检查其当前设置，则需要使用**网络数据集属性**对话框。

在目录窗格中，浏览至放置网络数据集的文件夹位置。右键单击**网络数据集**并从上下文菜单中选择**属性**，打开**网络数据集属性**对话框，如图 14-5 所示。

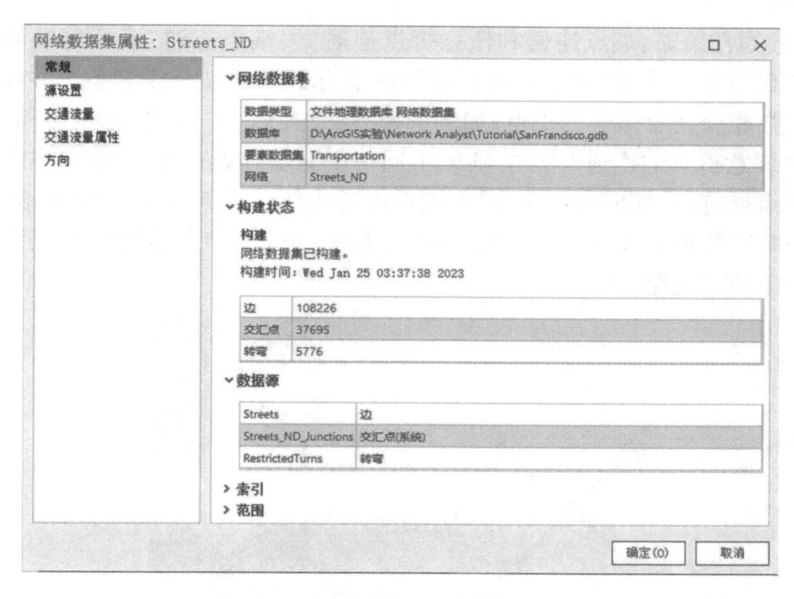

图 14-5　网络数据集属性对话框

14.2.3.1　常规

常规选项卡用于查询网络数据集的属性,如名称、数据源、范围、空间参考、交通流量、连通性等,不可对这些属性进行编辑修改。

14.2.3.2　源设置

源设置包括三个选项卡:源、垂直连通性和组连通性。“源”将显示当前参与网络数据集的所有源要素类,并可以对源进行添加和移除操作,如图 14-6 所示。需要注意:当网络数据集图层在地图中打开时,将无法编辑网络数据集的属性。在“添加/移除源”对话框上要素数据集中的其他折线和点要素类都将被列出,通过勾选或取消复选框实现源的添加和删除操作。

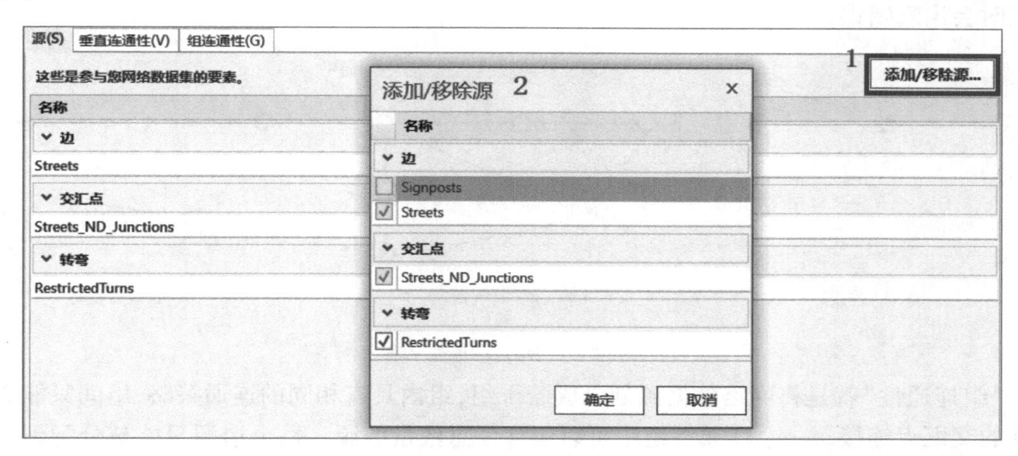

图 14-6　添加/移除源

连通性是指空间或集合的一种拓扑性质,网络数据集的连通性是基于线端点、折点和点的几何重叠,并取决于网络数据集上设置为属性的连通性策略。

(1)边的连通性策略:端点连通和任意折点连通。“端点连通”表示线要素仅在重合端点处连接,而“任意折点连通”则表示线要素将在重合折点处被分成多条边并在该折点处连接。两条道路在相交处有重合的折点,如果选择“端点连通”方式,则表示上下两层道路不连通;如果选择“任意折点的连通”方式,则表示同一平面上连通的十字路口,如图 14-7 所示。如果道路在折点处打断,变成 4 条路,设置端点连通或任意折点连通,结果都表示十字路口。如果两条道路相交的地方没有折点,或是折点不重合,设置“端点连通”或“任意折点连通”,结果都表示上下两层道路。

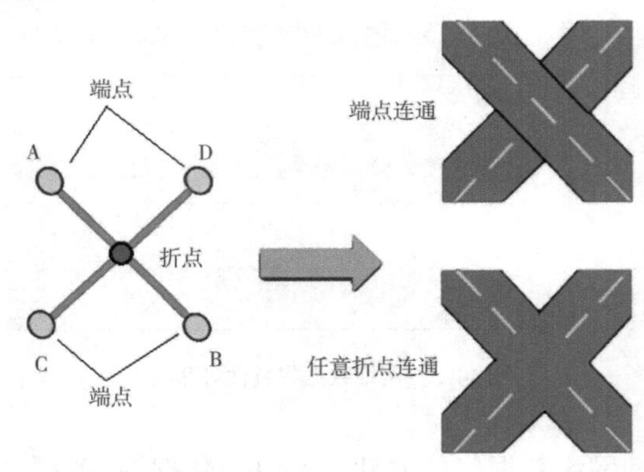

图 14-7　边的连通性策略

(2)交汇点的连通性策略:在多模式网络数据集中,处于不同连通性组的边仅可以通过两个连通性组共享的交汇点进行连接,这时交汇点的连通策略包括:支持和覆盖。“支持”策略表示遵从边的连通性策略。如果边连通策略为端点连通,则交汇点在端点处与边连接;如果边连通策略为折点连通,则交汇点在折点处与边连接。“覆盖”策略表示边在所有交汇点处均能连接。交汇点采用“支持”和“覆盖”两种策略的不同连接结果,如图 14-8 所示。需要注意的是:点参与创建网络数据集,点所在的边上必须有与之重合的折点,否则验证网络数据集时会出现错误。

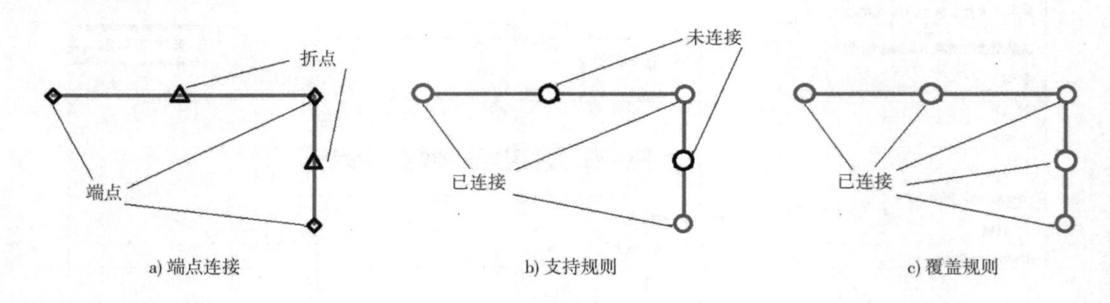

图 14-8　交汇点的连通策略

“组连通性”就是将网络数据源划分成若干组,组内具有相同的连通策略,组间只能通过公共的交汇点连接。一个连通性组中可以包含任意数量的源。每个边源只能被分配到一个连通性组中,每个交汇点源可被分配到一个或多个连通性组中。网络数据集包含了道路网和铁路网,这两个网分属不同的连通组,红色的车站将两个连通性组之间连接起来,如图 14-9 所示。连通性组既区别了两个网络,又通过共享交汇点(车站)把二者连接在一起。

组连通性对多模式交通系统建模非常有用。

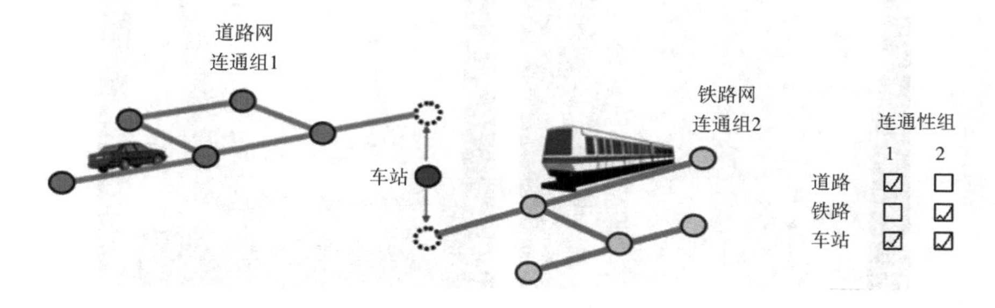

图 14-9　组连通性

在“组连通性(G)”选项卡中，可以设置连通组数和网络数据源(边和交汇点)的连通策略，如图 14-10 所示。

源(S)　垂直连通性(V)　组连通性(G)

组计数：2　更改子类型用法...

名称	策略	组
∨ 边		
Walking_Pathways	端点	○ ◉
Streets	任意节点	◉ ○
∨ 交汇点		
MajorAttractions	覆盖	☑ ☑

图 14-10　组连通性选(G)项卡

“垂直连通性”用于设置不同高度的网络数据源的连通性，其除了 X，Y 平面的限制外，高程也要相同。可使用两个选项对高程进行建模：高程字段和几何中的 Z 坐标值。

“高程字段”在网络数据集中只能定义端点处高程，无法赋值线中的折点。因此网络数据集会将所有折点的高程视为 NULL。这意味着对于具有“任意折点”连通性策略的边源，在同一连通性组中，与线端点重合的折点仅当该线端点具有高程字段值 NULL 时才会连通；此外，折点还将与同一连通性组中的所有其他重合折点连通。如果二者位于两个不同的连通性组中，则它们不会连通。如图 14-11 中，线要素 L1、L2、L3 和 L4 在同一连通组，采用端点连通。在四个端点重合的位置，由于高程值的不同，导致 L1 只能和 L2 连通，L3 只能和 L4 连通。

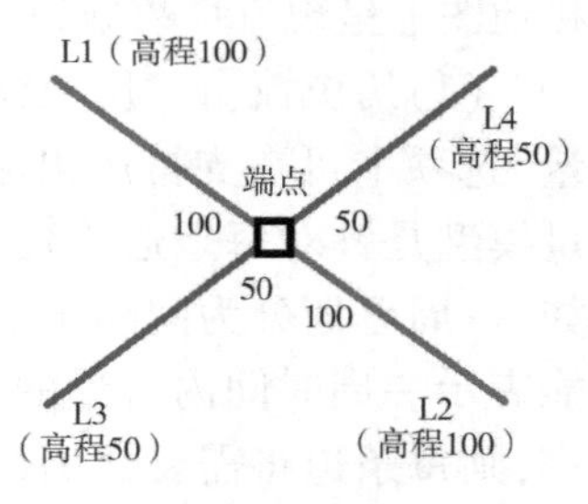

图 14-11　垂直连通性

如果源要素的几何中存储了 Z 值，则可以创建 3D 网络数据集，即网络数据源中的所有点均具有高程值，如图 14-12 所示。三维网络同样遵从连通性组的连通性策略设置。

在“垂直连通性(V)”选项卡中，可以为每个源数据设置高程字段，如图 14-13 所示，将针对每个边源显示一个包含两行的表格，一行对应顺方向，一行对应逆方向。起始节点和终止节点的概念是从线要素的数字化方向中派生出来的。起始节点位于线的起点，终止节点位于线的终点。同样，“沿”方向是指沿线的数字化方向行驶，而“相对”方向是指沿与线数字化方向相反的方向行驶。在表格中的下拉列表中选择所需字段，如 F_ZLEV、T_ZLEV。

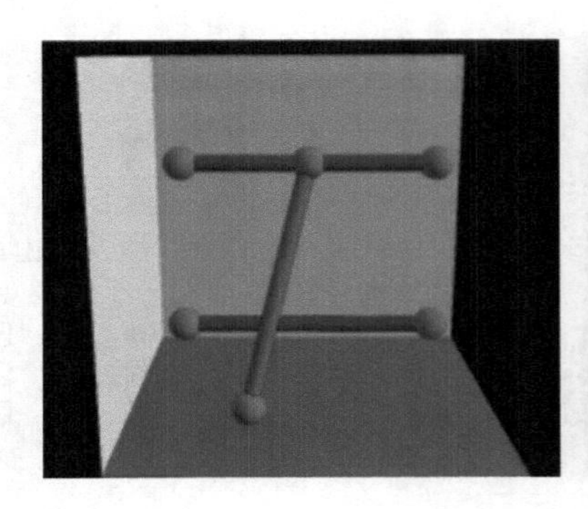
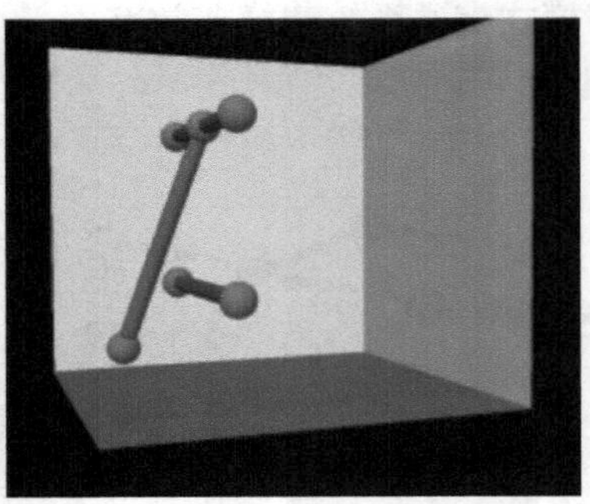

图 14-12　3D 网络数据集

源(S)　垂直连通性(V)　组连通性(G)

策略：高程字段

建立垂直连通性，其中源要素的端点共享以下三个值：x、y 和高程字段值。

名称	高程字段
∨ 边	
Streets (起始节点)	F_ZLEV
Streets (终止节点)	T_ZLEV
Walking_Pathways (起始节点)	<无>
Walking_Pathways (终止节点)	<无>

图 14-13　垂直连通性(V)选项卡

14.2.3.3　交通流量

流量数据提供的是有关特定路段上的行驶速度如何随时间变化的信息。在网络分析中流量影响着行驶时间,而行驶时间继而又会影响到分析结果。通过 ArcGIS Network Analyst extension,可使用历史流量和实时流量两种模型在网络数据集中存储行驶速度。借此便能够在地图上呈现流量数据,并在给定的当前或典型流量速度下执行网络分析。

(1)历史流量。历史流量模型基于行驶速度遵循为期一周的循环模式。通过“历史流量”选项卡可在支持历史流量的网络数据集上配置属性,如图 14-14 所示。典型的历史流量模型是针对每条边创建一系列成本。成本表示一周内一天中不同时间的流量速度。例如,一周可划分为间隔 1 小时的 168 个独立单元,这意味着每条边需要 168 个成本属性才能表示一周时间内流量的变化趋势。如果将时间跨度缩短为间隔 5 分钟以优化时间分辨率,则每条边将需要 2 016 个成本属性。存储所有这些唯一值需要大量空间,尤其是对于大型网络而言。此外,许多街道在一天内具有的成本相同,因此存在许多不必要的重复数据。基于以上原因,ArcGIS 使用规一化模型来最小化流量数据,即并未存储各要素的 168 或 2 016 个成本属性,而只是创建一个关联表来保存该信息。表中的每一行包含一天中各时间间隔的速度或行驶时间(可选)。一行对应一个流量剖析,表示速度在一天之中的变化过程。

(2)实时流量。实时流量考虑了当前交通的状况,可以很好地弥补历史流量模型的不足。通过“实时流量”选项卡可以配置网络数据集上的实时流量,如图 14-15 所示。要创建有效的实时流量网络数据集,需要访问实时流量源(DTF 格式),并在网络数据集上设置历史流量数据。街道-TMC 表把速度和边关联起来,是不同组织(包括流量数据提供商)支持的标准唯一标识符。

网络数据集属性: Streets_ND

常规
源设置
交通流量
交通流量属性
方向

历史流量(H) 实时流量(L)

指定您的历史流量数据是基于速度还是基于行驶时间。

速度(S) 行驶时间(T)

流量剖析(P)

剖析表

DailyProfiles

通过提供第一个时间片字段和最后一个时间片字段，指定要查找历史流量剖析的时间范围。

第一个时间片字段 SpeedFactor_0000

最后一个时间片字段 SpeedFactor_2355

时间片总数 288

指定每个时间片的持续时间(以分钟为单位)。 5

时间片的总持续时间 24 小时

指定第一个时间片的起始时间 0:00

最后一个时间片结束时间 0:00

剖析分配(A)

选择一个表，其中包含街道畅通行驶速度(或行驶时间)及街道与流量剖析之间的关系。

街道 - 剖析表 Streets_DailyProfiles

畅通行驶速度字段 SPFREEFLOW

畅通行驶字段单位 公里/小时

针对一周内的每一天，为各定向边段选择包含流量剖析 ID 的字段。

星期一字段	PROFILE_2
星期二字段	PROFILE_3
星期三字段	PROFILE_4
星期四字段	PROFILE_5
星期五字段	PROFILE_6
星期六字段	PROFILE_7
星期日字段	PROFILE_1

确定(O) 取消

图 14-14 历史流量选项卡

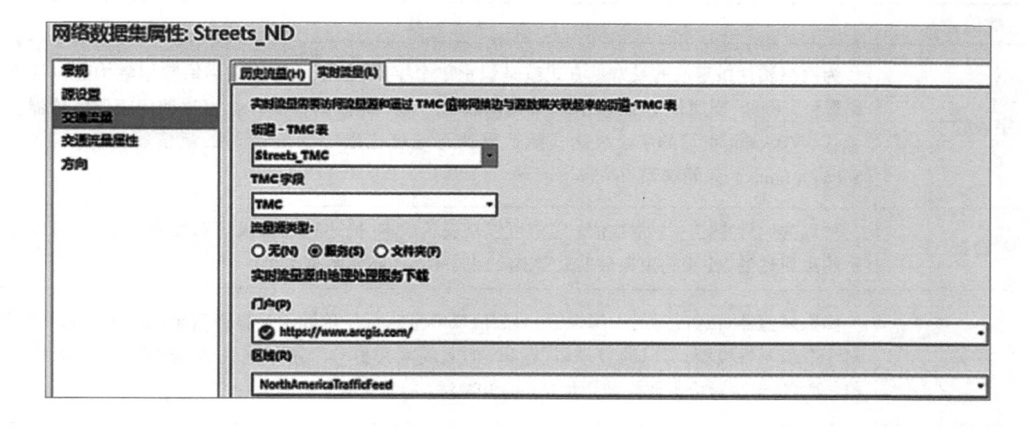

图 14-15 实时流量选项卡

实时流量的工作过程如图 14-16 所示。首先在网络数据集上查询边以获得当前行驶时间,然后使用标识源要素信息(源要素类、源要素,以及“自—至”和“至—自”位置)查找一个或多个 TMC 值,随后查找 DTF 文件获得实时流量,最后结合 DTF 文件和 TMC 关联的行驶速度,与查询边的长度结合以决定实际的行驶时间。

14.2.3.4 交通流量属性

交通流量属性用于定义资源在网络中穿越时的相关属性,包括成本、约束、描述符、出行模式、时区和等级等。

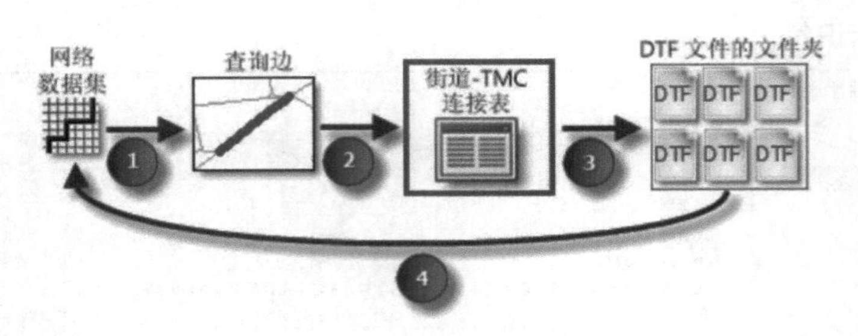

图 14-16　实时流量工作流

(1)成本。

成本属性用于定义网络数据集上的阻抗和构建阻抗模型,如行程时间、任务量、行驶距离等。这些属性一般沿着边进行分配,也就是说,可以将它们沿某边长度成比例划分。在路径计算(也称“查找最佳路径”)过程中,网络分析经常涉及成本(也称“阻抗”)的最小化(行程时间最小化或距离最小化)。因此,成本属性的设置是网络分析成败的关键。

成本的属性包括:名称、单位、数据类型、参数和赋值器。其中,名称表示成本属性的名称。单位定义成本属性的单位,其可以基于时间或距离。如果未指定单位,也可以选择其他。数据类型定义成本属性的数据类型,可以是长整型、浮点型或双精度型。参数表示值的占位符,可针对特定分析更改这些值。每个参数都有一个有意义的默认值,必要时可被覆盖。赋值器为边、交汇点和转弯源指定相应的成本值。赋值器类型包括常量、功能(函数)、字段脚本和元素脚本等。具体区别见表 14-1。

赋值器类型　　表 14-1

赋值器	描述
字段脚本	为网络属性指定值的最常见方式就是识别单个字段,该字段用于在网络数据集构建时计算网络属性。例如,当属性值描述测量(如用米表示的每个路段的长度)时,可以使用字段赋值器。注意:以 VBScript 编写的字段表达式赋值器执行速度比以 Python 编写的赋值器更快,但 ArcGIS Server (Linux) 只能解释 Python
常量	可以为属性指定一个常数值。该值可以是表示成本、描述符和等级等属性的数字,也可以是表示约束属性的“使用约束条件”或“忽略约束条件”的布尔数据类型
函数	函数赋值器可通过对另一属性值、参数值或常量执行简单数学运算或逻辑比较来计算属性值。对于数值属性类型,可以通过乘以、除以、加上或减去另一个网络属性、常量或参数值来得到该值。注意:无法对成本属性使用加法(+)和减法(-)运算符
元素脚本	可从执行 VBScript 或 Python 脚本的结果分配属性。这样可对复杂属性进行建模。元素脚本赋值器不会在构建网络时指定值。相反,只有在网络分析需要使用某属性时(可能发生在求解时),它才会为该属性指定值。如果某个属性的值不断变化,使用元素脚本赋值器可以确保每个网络分析的属性都得到更新
与默认值相同	每个源类别都有一个默认赋值类型。当源赋值器类型设置为与默认值相同时,则会使用设置为默认的赋值器
相同	当边类别的源赋值器类型设置为相同时,则使用源要素街道(沿街道方向)使用的赋值器

通过“成本”选项卡可以添加、编辑成本。在网络数据集属性对话框中单击交通流量属

性|成本，打开“成本”选项卡，如图 14-17 所示。其中，按照时间和距离属性列出了已经创建的成本（如 DriveTime，Miles 等）。建议将成本的名称定为单位，如长度属性一般命名为 Meters、Miles，时间属性命名为 Hours、Minutes 等。创建网络数据集工具会根据网络源中的几何字段自动创建一个成本属性 Length，表示网络边的长度。可以通过右上角的菜单按钮，利用重命名对已经存在的成本修改名称及其他参数；利用新建添加新的成本。

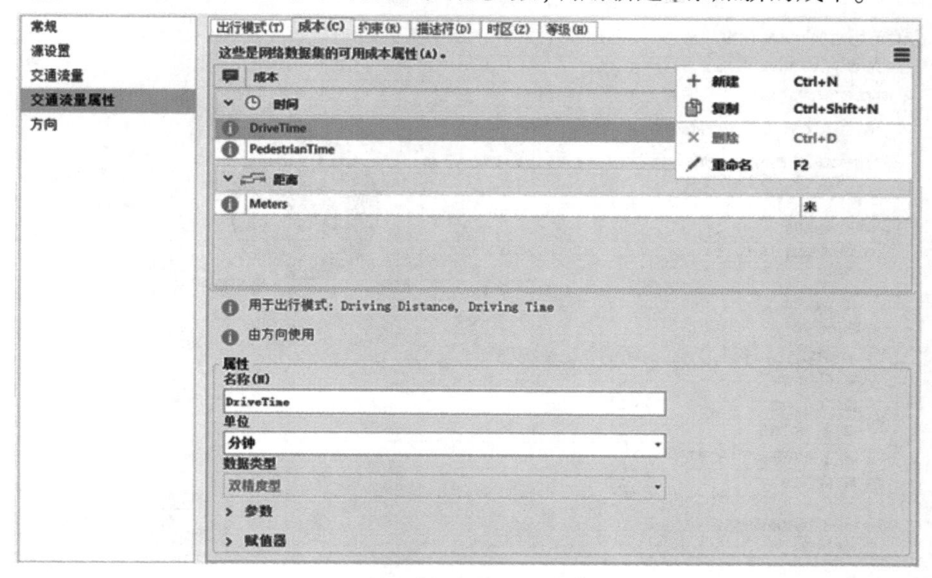

图 14-17　成本选项卡

现以添加成本为例讲解操作过程。

①在成本选项卡中，选择右上角菜单中的新建或按 Ctrl+N，新行即会添加到成本部分。

②在属性部分的名称字段中输入新成本属性的名称（如 Minutes），从单位下拉列表中选择单位（如分钟）。

③在赋值器部分的边组中，将赋值器分配给源要素。如：对于“Streets（沿）”行，将类型由“与默认值相同”更改为“字段脚本”，在结果框中输入[FT_Minutes]；对于“Streets（相对）、Walking_Pathways（沿）和 Walking_Pathways（相对）”行，重复上述操作步骤，为每条边赋值成本属性，结果如图 14-18 所示。

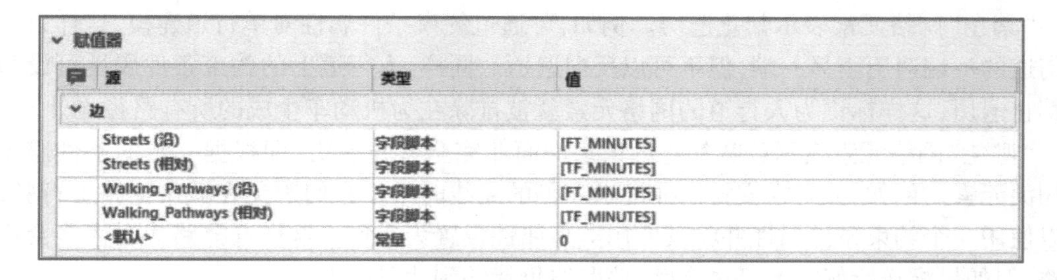

源	类型	值
Streets (沿)	字段脚本	[FT_MINUTES]
Streets (相对)	字段脚本	[TF_MINUTES]
Walking_Pathways (沿)	字段脚本	[FT_MINUTES]
Walking_Pathways (相对)	字段脚本	[TF_MINUTES]
<默认>	常量	0

图 14-18　在赋值器中为边源赋值

④在赋值器部分的转弯组中，为网络数据集设置转弯属性。如将“<默认>”行的类型更

改为“转弯类别”；双击 <默认> 的值列，以使转弯类别设置按钮可用，然后单击“转弯类别设置”按钮，打开转弯类别赋值器对话框，如图 14-19 所示。在对话框中将“左转弯”和“反向转弯”的秒数更改为 5，其意味着当遇到左转弯或反向转弯时，任何使用“Minutes”成本属性的分析都会增加 5 秒的延迟。单击确定完成更改并关闭转弯类别赋值器对话框。

⑤在网络数据集属性对话框上，单击确定完成成本的添加。

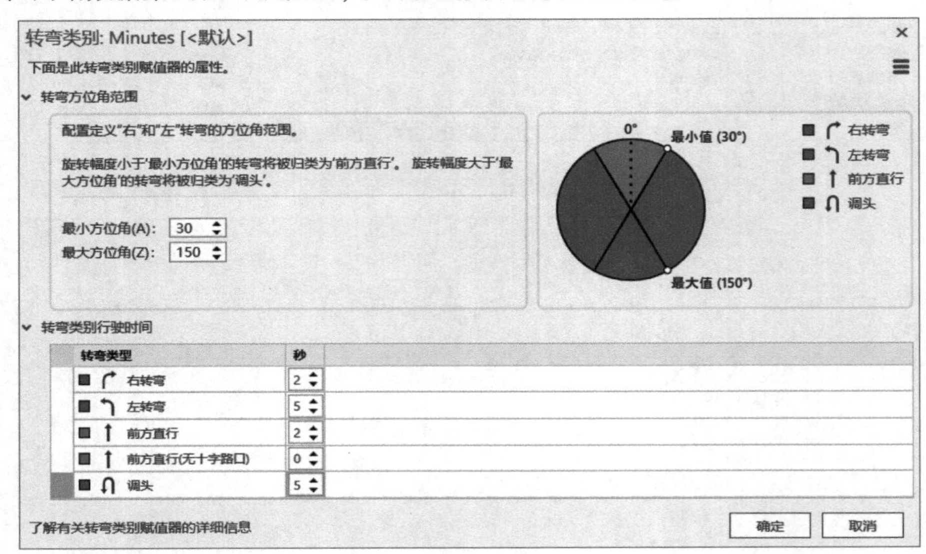

图 14-19　转弯属性的赋值

（2）约束。

在网络分析过程中，约束属性主要用于禁止、避免甚至首选使用具有特定特征的遍历道路。例如，约束条件可用于防止行人走上高速公路，或者防止过高的卡车在没有足够净空高度的道路上行驶。在任何情况下，约束条件属性经配置后均可为网络数据源中的每一个网络元素返回一个布尔值（True 或 False）。对于给定的网络元素，如果约束条件返回 True，则意味着在对包括该约束条件的出行模式进行分析期间对该元素应用了相应的使用类型；如果返回 False，则意味着约束条件对于被评估的特定网络元素无影响。约束条件的使用类型包括：禁止、避免和首选使用。另外，网络元素避免或首选使用的程度可通过选择“高”“中”或“低”来定义。

“禁止”网络元素表示禁止遍历。例如，可通过约束条件属性对单行道建模，这样只可以从街道的一端遍历至另一端，但不可以反向遍历。同样，人行道上的约束条件属性可设为完全禁止遍历，这样标识为人行道的网络元素就被排除在为机动车生成的所有路径之外。

“避免”网络元素表示放宽禁止约束条件而非完全禁止遍历，即根据一定的条件避免遍历相关元素。例如，如果在安排商业配送车辆的路线时希望它们避免在城市支路上行驶，则可以使用一个约束条件属性并将其使用类型属性设置为避免。这样选择路线时大多会避免支路，但如果配送恰好需要经过支路，该路线仍能够到达目的地。

“首选使用”网络元素表示优先遍历。例如，在某些道路上运送危险品是非法的，而某些道路则允许通过，还有一些道路属于首选使用的道路，因为在这些道路上发生事故最容易获得紧急响应和控制。因此,在运送危险材料为非法的道路上配置一个使用类型值为禁止的约束条件属性,而在非常适宜运送危险材料的道路上再配置一个使用类型值为首选的约束条件属性。这样一来,规划车辆将绝不会被安排在禁止的道路上行驶,而是可能被安排在首选使用的道路上行驶。

通过**约束**选项卡可以添加、编辑约束属性,具体操作如下。

①在**约束**选项卡中,点击右上角的选项按钮 ☰,选择菜单中的**新建按钮** ＋ 或按 Ctrl+N 。新行即会添加到约束条件部分。

②在**属性**部分的名称字段中输入新约束条件的名称(如驾驶汽车),从"使用类型"下拉列表中选择使用类型(如禁止)。

③在**赋值器**部分的**边**组中,将赋值器分配给源要素。如:对于 Streets(沿)行,将类型由"与默认值相同"更改为"字段脚本",在结果框中输入 [AR_AUTO] = "N",此字段用于指示汽车是否可以在道路上合法行驶,值 Y 表示汽车可以在该道路上行驶,而值 N 表示汽车无法在该道路上行驶; Streets(相对)保留为"相同"。Walking_Pathways(沿)的类型改为"常量",并将禁止列的值改为"True";将 Walking_Pathways(相对)保留为"相同",单击**确定**按钮,完成约束条件的添加。该约束条件用于禁止机动车穿越某些道路,结果如图 14-20 所示。

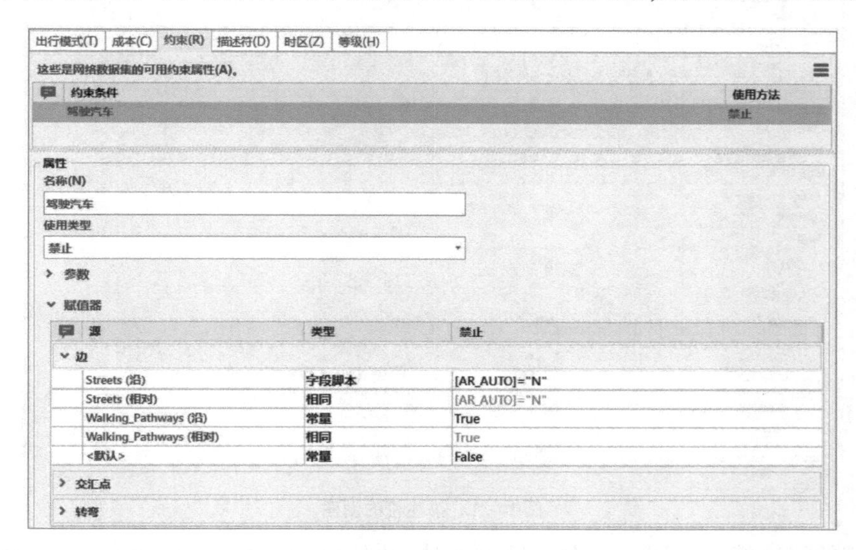

图 14-20　添加约束条件

需要注意:约束条件始终为布尔型。无论约束条件定义为字段脚本、元素脚本或函数,只有当约束条件的表达式、脚本或函数返回值为 True,才会对该边产生影响。任何其他值都将被解释为 False,且不会对边产生影响。在此例中,当"Strees"边要素的属性[AR_AUTO]为"N"时,机动车禁止驶入该边要素;并且机动车禁止驶入所有的"Walking_Pathways"边要素。

通过该对话框右上角的选项按钮☰,也可以复制、编辑和删除约束条件,此处不再赘述。

(3)描述符。

描述符用于描述网络或网络元素不可分配的属性,如车道数目、街道速度限制、车辆高度限制等。不同于成本属性,描述符数值不取决于边元素的长度。其不能作为阻抗使用,但是它可以与距离结合使用来创建可作为阻抗使用的成本属性(例如行驶时间)或者约束条件。通过**描述符**选项卡可以添加、编辑描述符属性,具体操作如下。

①在**描述符**选项卡中,点击右上角的选项按钮☰,选择菜单中的**新建按钮**＋**或按 Ctrl+N**。新行即会添加到描述符部分。

②在**属性**部分的名称字段中输入新描述符的名称〔如 Height_Limit(Feet)〕,从"单位"下拉列表中选择单位。如果描述符属性是基于时间的,请选择任一可用的时间单位;如果描述符属性是基于距离的,请选择一个基于距离的单位;如果描述符属性是基于速度的,则选择一个基于速度的单位。否则,请选择其他。

③在**赋值器**部分的**边**组中,将赋值器分配给源要素。例如"Streets"要素源提供了两个字段 TF_HeightLimit_Meters 和 FT_HeigtLimint_Meters 用于存储每条街道对车辆高度的限制。因此,对于 Streets(沿)行,将类型由"与默认值相同"更改为"字段脚本",在结果框中输入[FT_HeightLimit_Meters]/0. 304 8(表示从 FT_HeightLimit_Meters 字段中获取车辆高度限制值,并将其由米转换为英尺);Streets(相对)行的值改为[TF_HeightLimit_Meters]/0. 304 8,单击确定完成描述符的创建,结果如图 14-21 所示。

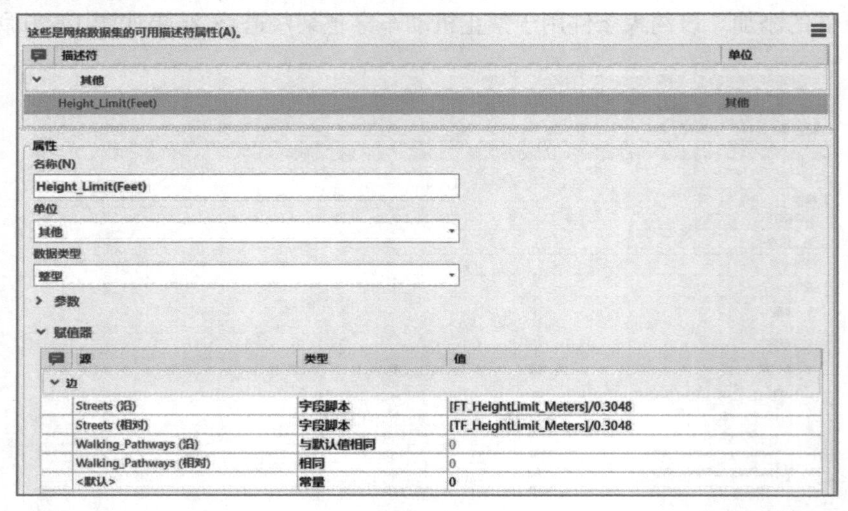

图 14-21　描述符的创建

创建好的描述符可以用作成本或约束条件,此处以创建高度限制约束条件为例讲解如何使用描述符。在约束选项卡中,新建"高度限制"的禁止型约束条件,添加参数"Vehicle Height (Feet)";并在赋值器中将 Streets(沿)行的类型更改为"功能",在功能赋值器中设置如下表达式:Height_Limit (Feet) <= Vehicle Height (Feet),如图 14-22 所示。保留 Walking_Pathways 行的默认值,在网络数据集属性对话框上,单击**确定**完成约束条件的创建,其表示边上的 Height_Limit (Feet) 小于或等于分析图层中的 Vehicle Height (Feet) 输入,则该边将禁止通行,最终结果如图 14-23 所示。

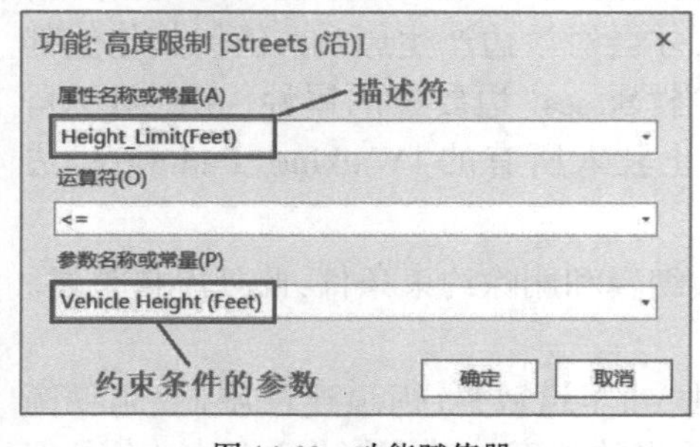

图 14-22　功能赋值器

(4)等级。

等级是指分配给网络元素的次序或级别。街道网络源要素上的某个属性可能会将道路分为三个(或更多)类,如本地、次要和主要。可以利用源要素上的该属性在网络数据集上构建一个等级属性。在求解网络分析时便可以选择使用等级属性,由此可以减少跨越大型网络求解分析时所要花费的时间。如模拟司机在高速公路和省际公路上通常会选择的行驶方式。通过**等级**选项卡可以添加和配置等级属性。“Streets”网络源要素的属性中提供了字段“FUNC_CLASS”来存储道路网的等级,其取值为 1~5,类型为文本。现以此为例创建等级属性,具体操作如下。

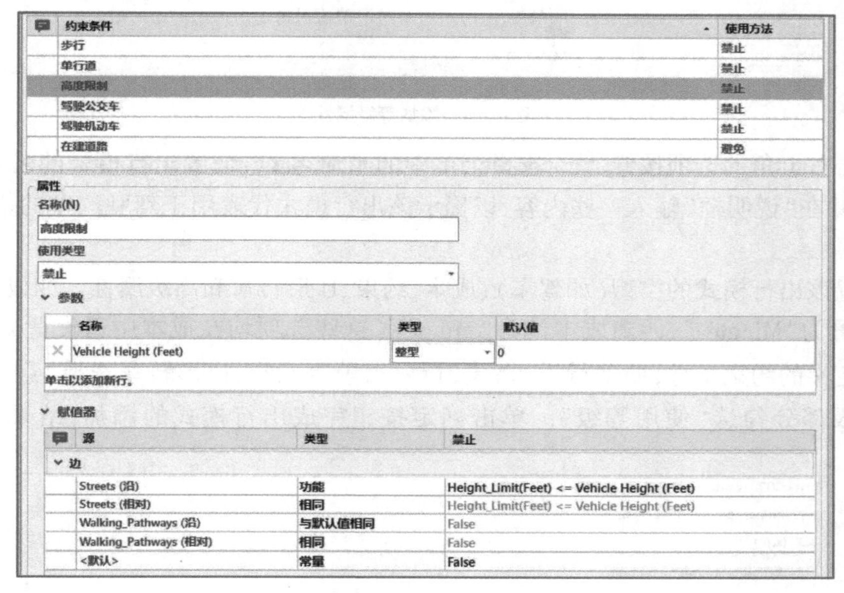

图 14-23　利用描述符创建约束条件

①在**等级**选项卡中,选中“添加等级属性”复选框。

②在**范围**部分,定义主要道路、次要道路和地方道路的范围。如根据源要素的等级将主要道路设置为 1~2;次要道路范围设为 3~4;地方道路设为 5。

③在**赋值器**部分,将赋值器分配给源要素。如对于 Streets(沿)行,将赋值器类型更改为“字段脚本”,在结果框中输入表达式 Cint([FUNC_CLASS])(注意:Cint 函数是将字段值转换为整数);对 Walking_Pathways(沿)行进行相同的设置,单击**确定**按钮完成等级属性的添加,结果如图 14-24 所示。

对于设置好的等级属性,可以在出行模式或转弯设置中使用。

(5)出行模式。

出行模式本质是由一系列特定的网络属性(成本、约束、描述符和等级)构成的模板,有了预定义出行模式,可以快速将预定义设置应用于网络分析,而不必手动选择每个设置。通过**出行模式**选项卡可以定义出行模式,具体操作如下。

①在**出行模式**选项卡中,点击右上角的选项按钮 ☰,选择菜单中的**新建按钮** + 或按 **Ctrl+N**,新建一个出行模式。

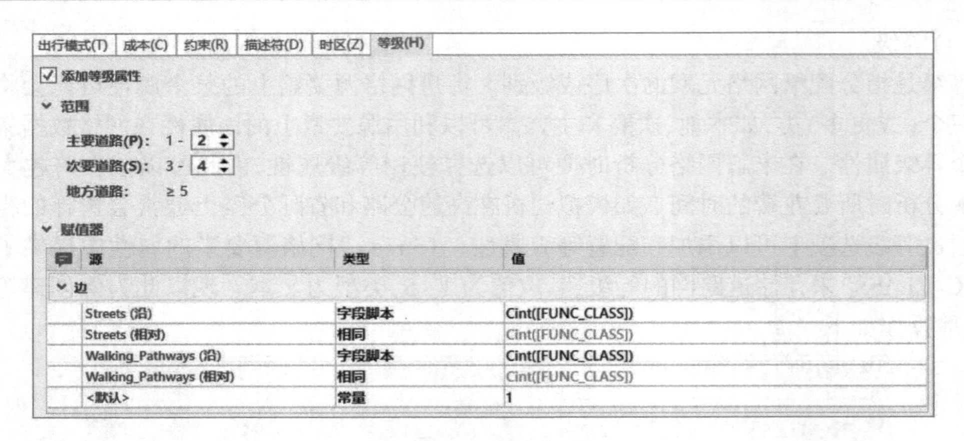

图 14-24　添加等级属性

②点击右上角的选项按钮 ，选择菜单中的**重命名** ，设置出行模式的名称[如驾车(时间)]，并在“说明框”输入一些内容，以提示该出行模式代表用于驾驶汽车的基于时间的出行模式。

③设置该出行模式的类型(如驾车)、成本、约束、U 形转弯和高级属性。如成本部分，将“阻抗”设置为“Minutes”、距离成本设为“Miles”（这些选项均在成本中已设置）；约束部分选择预先定义的约束条件，如单行道、在建道路、驾驶机动车；U 形转弯选择“ 死巷和交叉点”；高级部分勾选“使用等级”。单击**确定**按钮完成出行模式的添加，结果如图 14-25 所示。

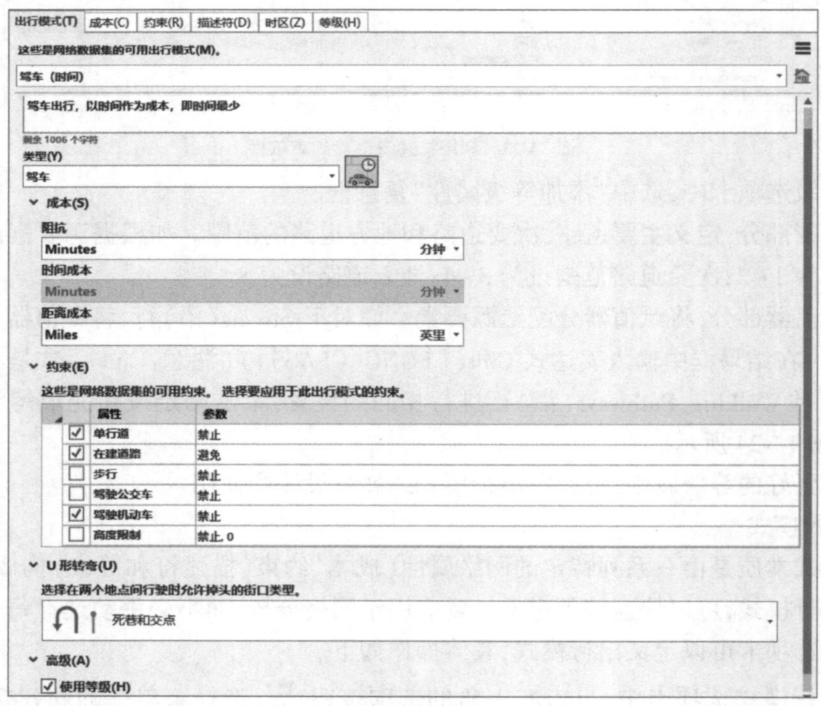

图 14-25　创建出行模式

14.2.4　构建网络

如果网络数据的属性进行了编辑，必须重新构建网络数据集。构建网络时将创建和更新网络边，并确保其具有来自源要素的最新信息。重新构建网络数据集的工具为“构建网络”，具体操作如下。

(1)在**分析**选项卡中点击工具按钮，打开**地理处理**窗格，选择**Network Analyst 工具|网络数据集|构建网络**，打开**构建网络**对话框，如图 14-26 所示。

(2)在**构建网络**对话框，选择需要重新构建的网络数据集(如 RoadNet_ND)，然后单击底部的**运行**按钮，完成网络数据集的重构。

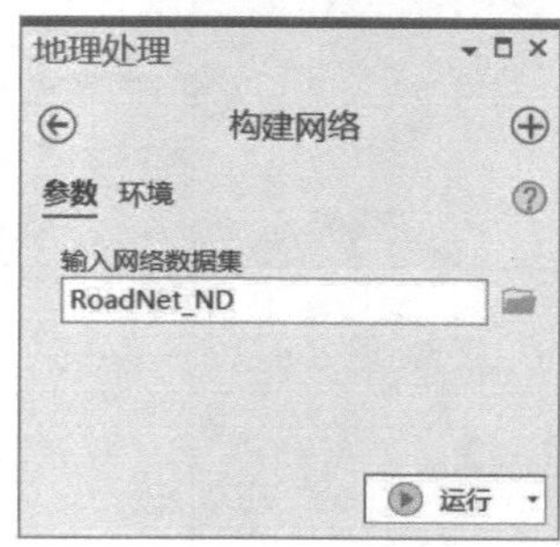

图 14-26　构建网络

14.2.5　浏览网络数据集

对于已经构建好的网络数据集，可以使用“浏览网络”工具检查元素和属性，具体操作如下。

(1)将新建的网络数据集(如 RoadNet_ND)拖动到地图上，并确保在内容窗格中选择该网络数据集图层。

(2)在功能区出现上下文菜单**Network Analyst**，单击**Network**，“浏览网络”工具将处于激活状态，如图 14-27 所示。

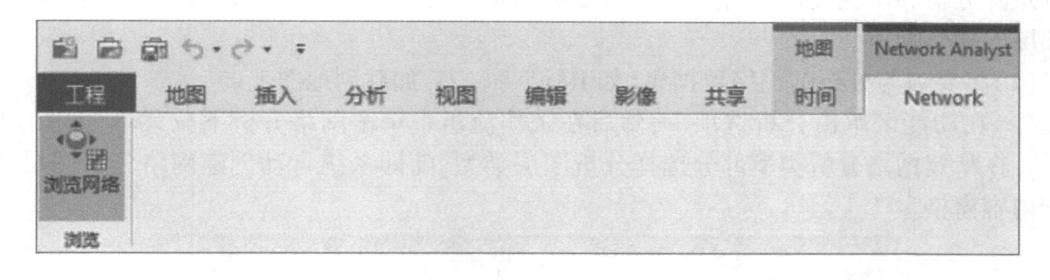

图 14-27　浏览网络工具

(3)单击该工具并在地图上拖出一个方框，以从网络数据集中选择元素，“浏览网络”窗口随即显示。该窗口会显示在地图上标识的网络元素以及与其关联的元素和属性，如图 14-28 所示。该窗口将停靠在地图窗口右侧，分为两部分。

①网络元素——窗口上半部分显示浏览网络工具在地图中识别的网络元素。这些元素按边、交汇点和转弯等元素类型进行分组。元素列表中的每个元素由元素 ID (EID) 及其关联的源要素的对象 ID (OID) 表示。如果网络数据集的垂直连通性策略为高程字段，则元素项目标题还包含每个网络元素的关联源要素端点的逻辑高程值。

②元素详细信息——窗口的下半部分由网络元素标题汇总、交通流量属性子选项卡和连通性子选项卡组成。旨在描述所选的主要元素的出行模式、成本、约束、描述符、等级等属性。

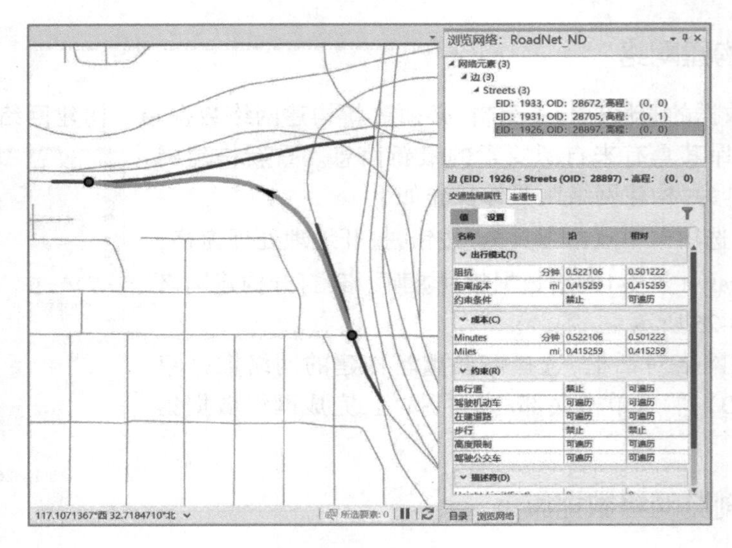

图 14-28　浏览网络窗口

14.3　网络分析

网络分析是基于网络数据集的特征和属性,利用距离、权重和规划条件来进行分析,得到结果并应用到实际,主要包括路径分析、服务区分析、最近设施点分析、位置分配分析、OD 成本矩阵分析和车辆配送分析。所有的分析均是依托网络分析图层来实现的,创建网络分析图层的操作如下。

(1)将要参与分析的网络数据集(如 RoadNet_ND)加载到地图上。

(2)在功能区单击**分析**选项卡,然后在**工作流**组中单击**网络分析**下拉菜单,如图 14-29 所示。在**新建网络分析类型**部分选择分析图层类型,随即系统自动创建网络分析图层并添加到内容窗格。

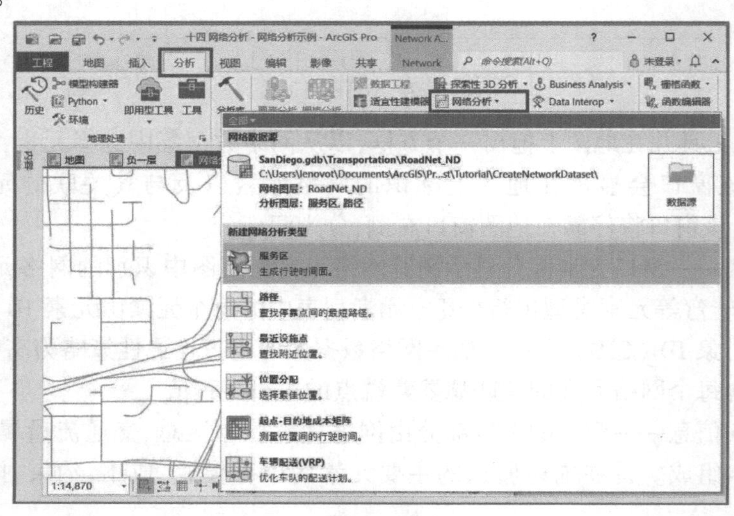

图 14-29　创建网络分析图层

14.3.1　路径分析

路径分析用于查找两个或多个位置之间的最佳路线。“最佳路线”的内涵取决于所选的成本，如果以时间为成本，则是最快路线；如果以距离为成本，则是最短路线。无论是基于何种成本进行路径分析，其流程均如图 14-30 所示，通过在路径图层输入多个停靠点信息，路径求解程序通过分析输出一条或多条路径，显示在路径图层上。

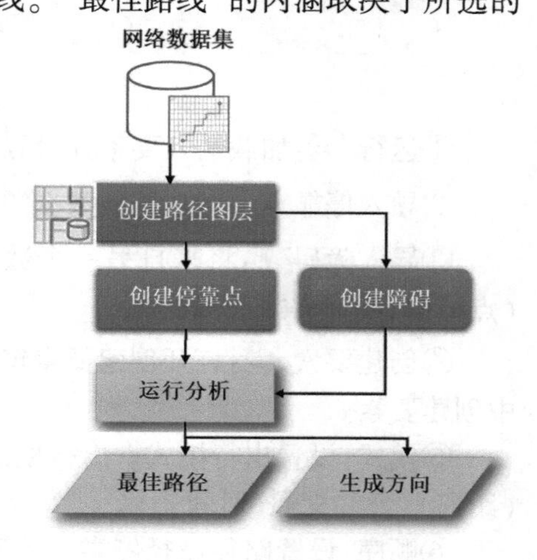

图 14-30　路径分析流程

路径图层提供设置和求解路径问题所需的结构和属性，其实质是一个图层组，包括进行路径分析需要使用的图层，如停靠点、路径、点障碍、线障碍和面障碍等。创建路径图层的具体操作如下：在**分析**选项卡的工作流组中，单击**网络分析**|**路径**，路径图层将被添加到内容窗格，它包括多个保留分析输入和输出的子图层，如图 14-31 所示。

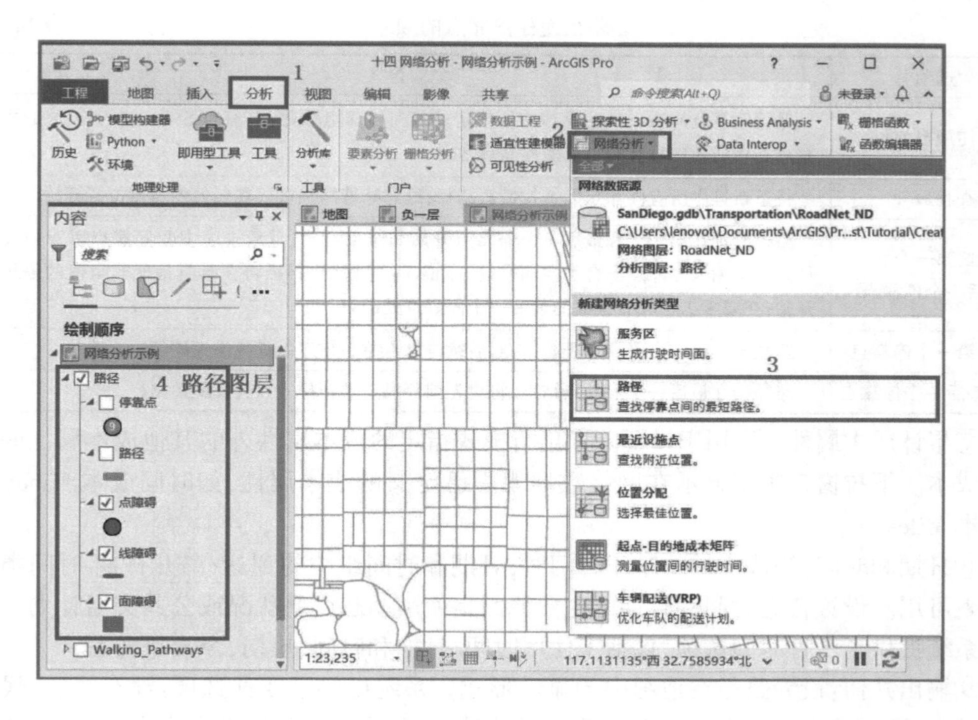

图 14-31　创建路径图层

在**内容**窗格中，选中“路径”图层，在 ArcGIS Pro 顶部的功能区将出现上下文菜单 Network Analyst，其中包括“路径”选项卡，如图 14-32 所示。此选项卡提供了进行路径分析的所有功能按钮。

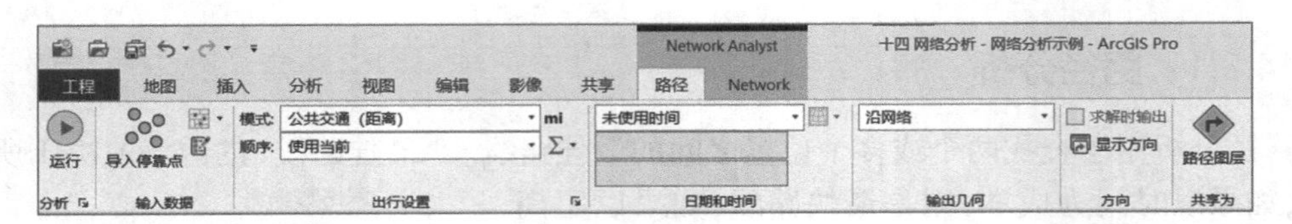

图 14-32 路径选项卡

①运行 ：加载输入要素并设置分析属性后，单击以求解路径分析。

②导入停靠点 ：从其他数据源（如点要素图层）将要素加载到停靠点要素类。

③导入障碍 ：将来自另一个数据源（如另一个要素图层）的要素导入为障碍要素类（点障碍、线障碍或面障碍）。

④创建要素 ：打开创建要素窗格，从可用模板中选择相应的绘图模式以在当前地图中创建要素。

⑤模式：设置出行模式。出行模式是在构建网络数据集时定义的，如驾车（时间）、驾车（距离）、公共交通（时间）。

⑥顺序：设置路径途径停靠点的顺序。系统提供了 5 种选项：使用当前、查找最佳、保留第一个和最后一个停靠点、保留第一个停靠点和保留最后一个停靠点，具体含义见表 14-2。

路径途径停靠点的顺序 表 14-2

选项	含义
使用当前	保留停靠点的 Sequence 字段中所指定的相对停靠点顺序，具有空 Sequence 字段值的所有停靠点都会插入到具有非空值的停靠点之后。
查找最佳	将重新排序所有停靠点以查找最短路径，这意味着路径可以在任何停靠点位置开始。
保留第一个和最后一个停靠点	路径分别在第一个和最后一个停靠点开始和结束，但将重新排序中间停靠点以查找最短路径。如果输入停靠点混合了空和非空 Sequence 字段值，路径将在具有最低非空值的停靠点处开始，在要素类中具有空值的最后一个停靠点处结束。
保留第一个停靠点	路径会在第一个停靠点开始，将对后续停靠点重新排序以查找最短路径。
保留最后一个停靠点	路径会在最后一个停靠点结束，将对先前停靠点重新排序以查找最短路径。

⑦累计成本属性 ：用于设置除了出行模式指定的成本属性外的其他成本属性的积累运行成本。下拉窗口中将显示在网络数据集中已定义的成本属性，如时间成本 Minutes、距离成本 Miles。

⑧日期和时间：当成本单位基于时间时，日期和时间组中的到达/离开日期-时间类型下拉列表可用。设置特定时间和日期的主要原因是使用动态交通状况或公共交通计划求解分析。系统提供了 5 种时间选项，包括未使用时间、日期和时间、星期、今天和现在。

⑨输出几何：设置路径在地图中的显示形式。系统提供了 3 种选项：没有线、直线和网络。其中，没有线表示不生成输出线性形状；直线表示将简化几何输出为直线；沿网络表示在地图上沿网络生成实际路径。

⑩方向：求解后输出方向并打开方向窗格。

利用该选项卡进行路径分析的具体步骤如下。

（1）在**输入数据**组中选择**导入停靠点**、**导入障碍**或**创建要素**在相应图层添加参与路径分析的起点、途经点、终点和障碍点(线、面)。例如,选择创建要素按钮,随即出现**创建要素**窗格,其中显示了可供编辑的图层列表,如图14-33所示。

(2)在**路径:停靠点**图层下单击停靠点。使用点工具在地图上创建一些停靠点。同时,在编辑选项卡上,单击**属性**,在随即出现**属性**窗格中编辑停靠点的属性(如名称),如图14-34所示。

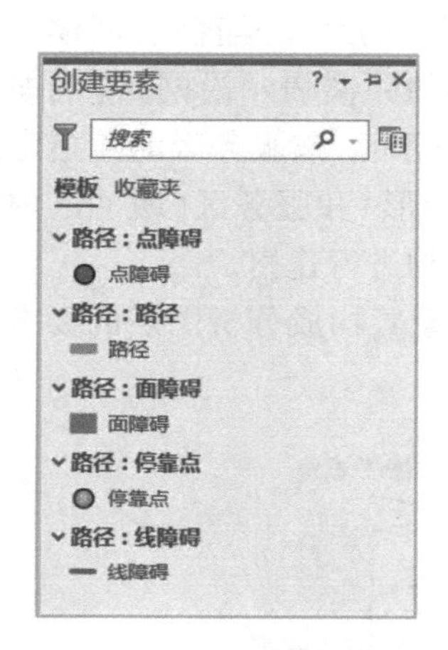

图14-33　创建停靠点

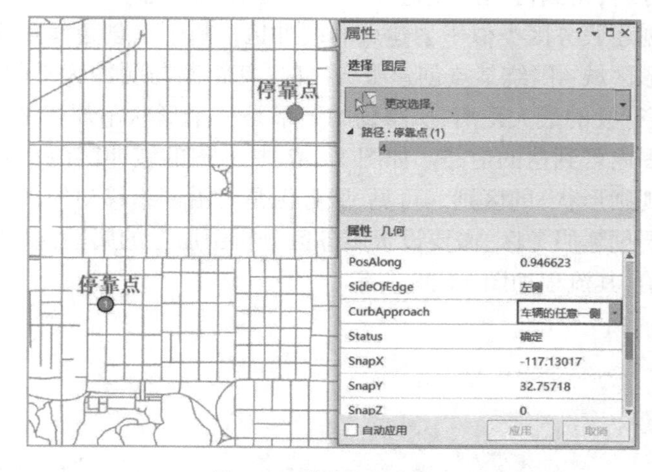

图14-34　停靠点及其属性

(3)在**路径:点障碍**图层下单击点障碍,在地图上绘制一个障碍点;或者在**路径:线障碍**图层下单击线障碍,在地图上绘制一个障碍线;或者在**路径:面障碍**图层下单击线障碍,在地图上绘制一个障碍面。

(4)在**出行设置**组中设置模式和顺序,在**输出几何**组设置路径的显示形式,如图14-35所示。

图14-35　路径分析的设置

(5)单击运行按钮,路径求解程序根据设置对停靠点求解最短路径,并将结果显示在路径图层,如图14-36所示。

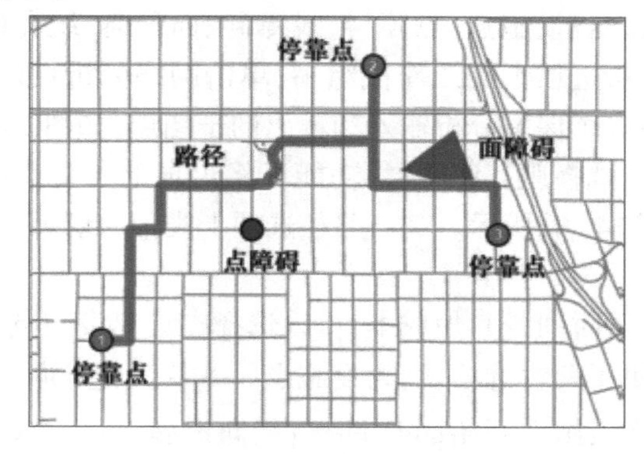

图14-36　路径分析结果

14.3.2 服务区分析

日常生活中常常有这样的问题:如 5min 内能行驶到距这里多远的距离、或者哪些区域在超市的 5km 行驶距离内,这就是 GIS 中典型的空间分析,即结合道路网络的阻力进行最短路径分析,得到可达的覆盖范围,这个区域就是服务区。

创建服务区类似于创建点的缓冲区。基于点创建缓冲区时的距离是直线,创建的是一个圆形区域;围绕某点创建服务区时,其距离与缓冲区不同,该距离表示沿网路(例如公路网)可行驶的最大距离,所得到的结果是一个形状不规格的服务区,该服务区涵盖指定的距离范围内可到达的道路。如图 14-37 中 5km 的缓冲区(深色圆形)和服务区(缓冲区内浅色的不规则形状)的区别。可见,服务区是对沿网络移动的人或物进行建模。

要创建服务区,需要设置服务区分析图层上的属性,以及设置构成分析图层的要素类的字段值,其流程如图 14-38 所示。

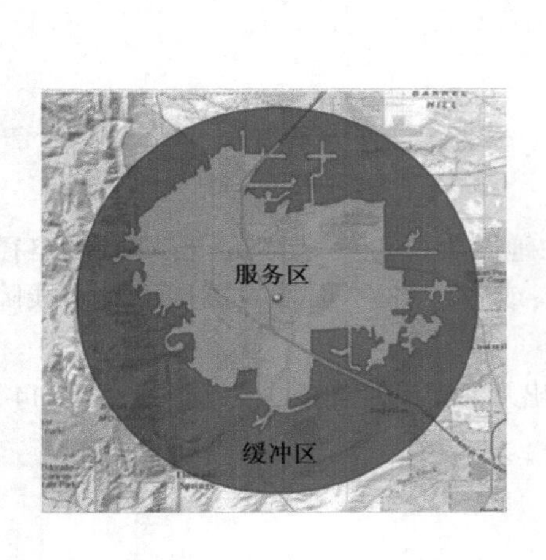

图 14-37 服务区与缓冲区

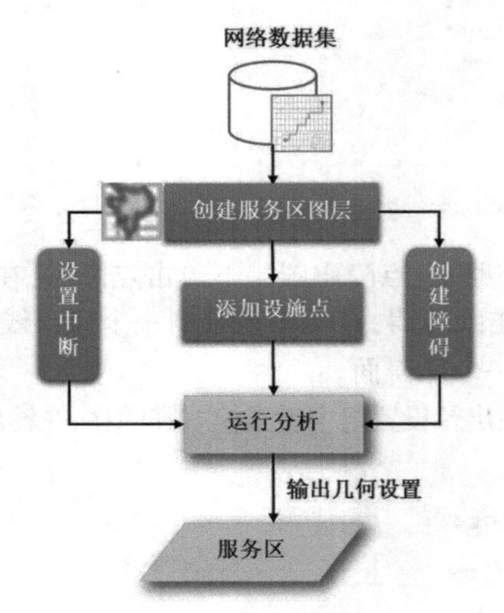

图 14-38 服务区分析流程

服务区图层提供设置和求解服务区问题所需的结构和属性,同时也呈现求解后的结果。其实质也是一个图层组,包含设施点、点障碍、线障碍、面障碍、线和面图层。创建服务区图层的具体操作如下:在**分析**选项卡的**工作流**组中,单击**网络分析|服务区**。服务区图层将被添加到**内容窗格**,它包括多个保留分析输入和输出的子图层,如图 14-39 所示。

同样,在**内容窗格**中,选择**服务区**图层,功能区将出现上下文菜单**Network Analyst**,其中包括**服务区**选项卡,如图 14-40 所示。其与路径选项卡类似,此处只介绍其中不同的功能的设置。

①方向:通过累积行驶时间或其他成本,可以选择在远离设施点还是朝向设施点的方向上创建服务区。系统提供了两种选项:远离设施点——从设施点向外围测量服务区,或者时间和日期表示服务区在设施点开始的时间;朝向设施点——从外围向设施点测量服务区,或者时间和日期表示服务区在设施点结束的时间。

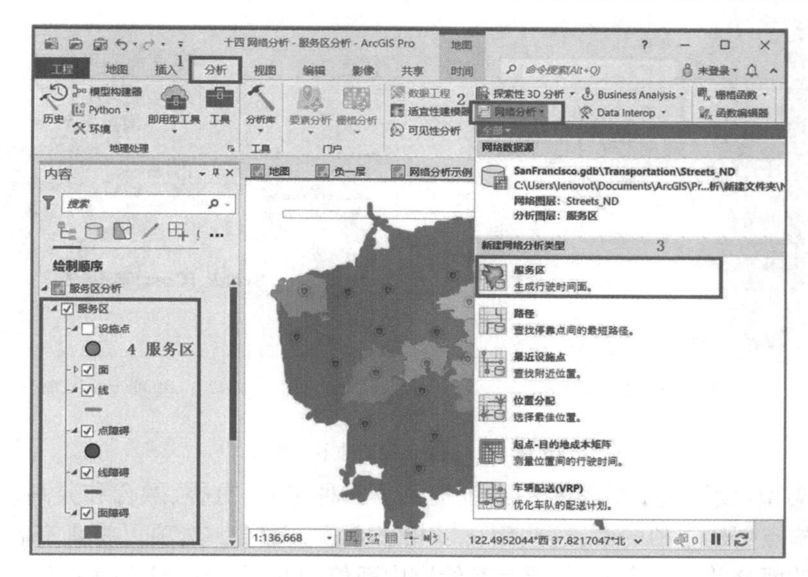

图 14-39　创建服务区图层

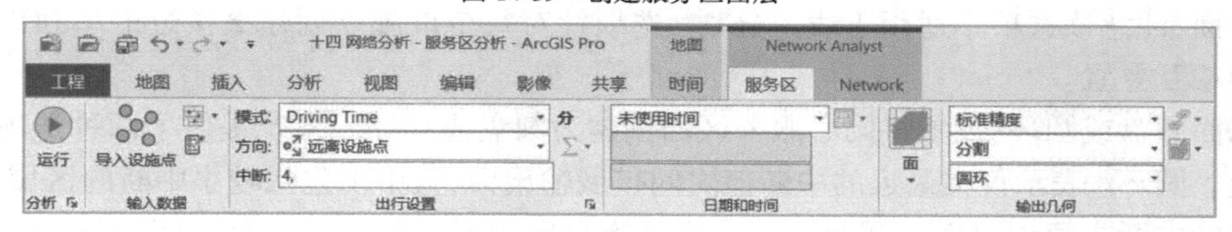

图 14-40　服务区选项卡

②中断：指定要计算的服务区范围。例如，中断 10 将创建距离设施点 10 个单位（如 10 分钟或 50km）的服务区。模式下拉列表的右侧表示选定出行模式的单位。可以在“中断”文本框中输入多个中断值，如 2、3、4 分钟。分析程序将为每个设施点创建 2、3、4 分钟的同心服务区，如图 14-41a）所示。注意：中断设置只有在设施点的 Braeks_[cost]字段值为空时才起作用，即当 Braeks_[cost]字段值不为空时，服务区的区域由该值确定；如果为空，则服务区的区域由“中断”文本框输入的值确定。例如设施点 A 和 B，为它们查找行驶时间区域。设施点 A 的 Breaks_DriveTime 值是 3，设施点 B 的 Breaks_DriveTime 字段没有值。如果将中断设置为 5（分钟），那么查找服务区时，设施点 A 将找到 3 分钟服务区，设施点 B 将找到 5 分钟服务区，如图 14-41b）所示。

③输出几何：设置输出的服务区的外观样式。可以选择输出服务区的类型为面、线或者面和线。

④面细节层次：为输出面指定需要的细节层次。系统提供了三种选项：概化、标准精度和高精度。其中，概化 在网络数据集包括等级属性时此选项可用。在等级服务区分析中，相对于低等级的边，求解程序更倾向于选择高等级的边。**标准精度**表示其生成速度很快，且准确性相对较高，但向服务区面的边界处移动时，质量会在一定程度上降低。输出标准细节面可能导致无法到达的孤立网络元素被覆盖，例如道路。**高精度**选项可获得最为详细的面。面中可能出现洞；它们表示不超出中断阻抗的情况下或由于行驶限制而无法到达的孤立网络元素。需要注意：生成高精度面所需的时间最长。

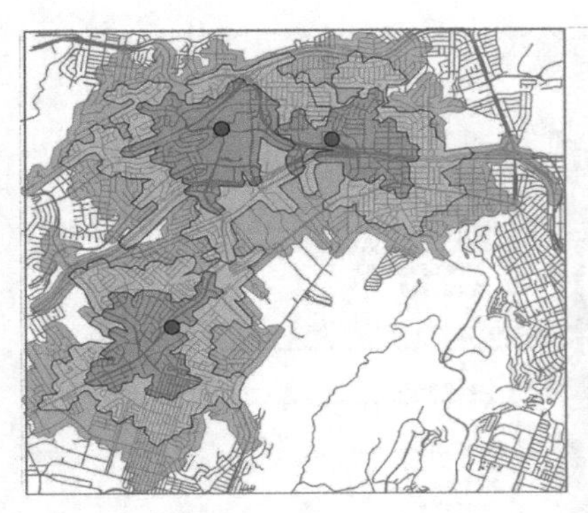

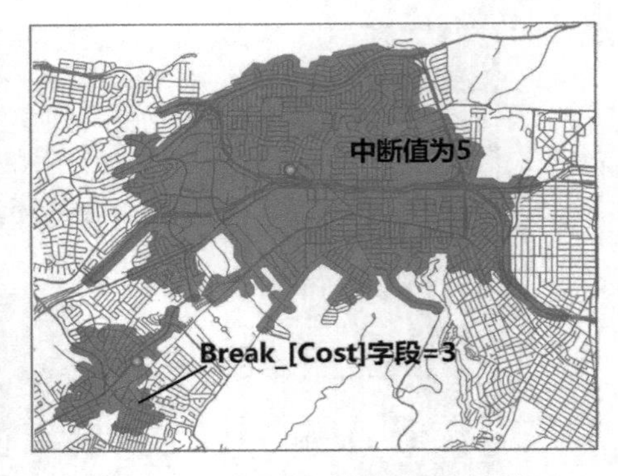

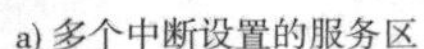
a) 多个中断设置的服务区

b) Break_[Cost]字段值和中间断值生成的服务区

图 14-41　中断值设置的不同效果

⑤边界类型:设置边界的类型。系统提供了三种选项:重叠、融合和分割。重叠选项针对每个设施点创建单独的面,这些面可以相互叠置。**融合**选项可将具有相同中断值的多个设施点的面合并为一个面,如果具有给定中断值的面不相交,这些面仍然会合并为一个多部分面,注意该选项不适用于线。**分割**选项针对每个设施点创建最接近的单独面,这些面不会相互叠置。

⑥面圆盘或圆环:设置将同心服务区面创建为圆盘或圆环。系统提供了两种选项:圆环和圆盘。**圆环**表示仅在最近的中断值之间扩展输出面,其中不包括较小中断的区域。这将在连续的中断之间创建面。**圆盘**表示从设施点向中断点扩展输出面。例如创建 5min 和 10min 服务区,则 10min 服务区面将包括 5 min 服务区面以下的区域,以及从 5min 到 10 min 中断之间的区域。

⑦排除边源:在生成服务区面时选择排除某些网络数据集边源。即不会在已排除源周围生成面,即使它们在分析中遍历。

⑧面修剪距离:控制从到达的网络边到服务区面的接近程度。修剪距离指附近没有其他可到达道路时,从服务区面应延伸到道路的距离,类似于线缓冲大小。该参数可对道路中心线与道路之间的可到达距离进行粗略建模。这在网络非常稀疏且不需要服务区覆盖大片不含要素的区域时十分有用。该参数包括距离的值和单位。默认值是 100m。需要注意:当输出形状类型为线或面细节层次为概化时,该参数不可用。

利用该选项卡进行服务区分析的具体步骤如下。

(1)在输入数据组中,单击**导入设施点**按钮,随即出现添加位置对话框,如图 14-42 所示。

(2)在**添加位置**对话框中,确保将输入网络分析图层设置为服务区,并将子图层设置为设施点,单击“输入位置”下拉菜单并选择要导入的要素文件(如 FireStations 要素),保留其余参数的默认设置,然后单击**确定**按钮,完成设施点添加。

(3)在**出行设置**组的**模式**文本框中选择“Driving Time”,中断的单位(分钟)显示在模式文本框的右侧;设置中断值为 2、4;在**输出几何**组中设置输出设施点分配类型为“融合”;其他设置采用默认。

(4)单击运行▶按钮,服务区求解程序将创建一个地图来显示可在 2min 和 4min 的响应时间内到达的区域,并将结果显示在服务区图层,如图 14-43 所示。

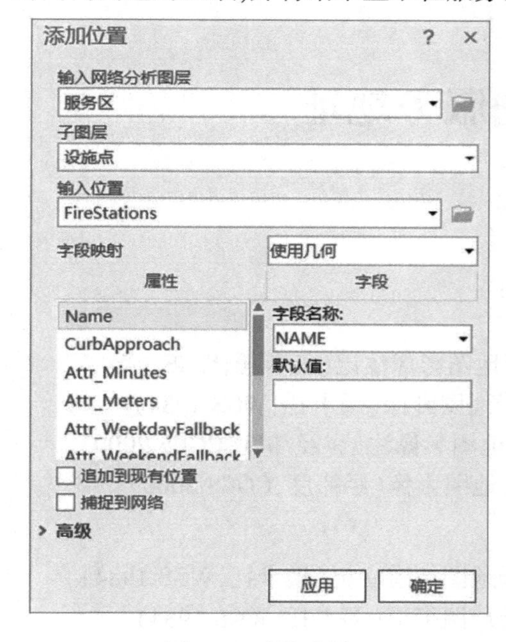

图 14-42　添加位置

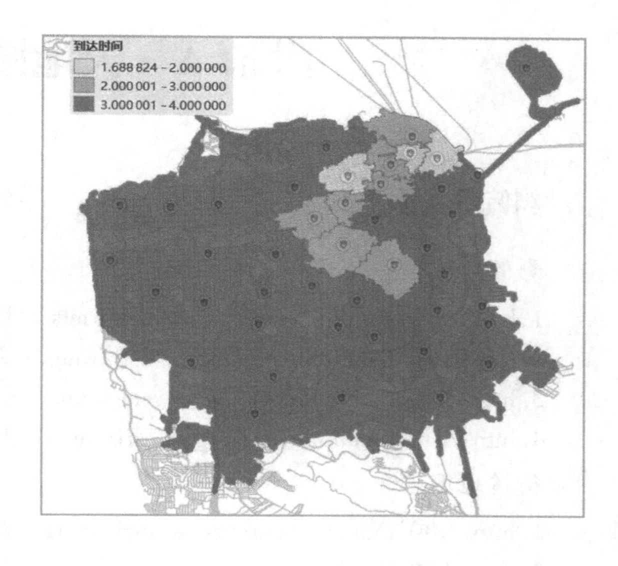

图 14-43　服务区求解结果

附录 A　天地图服务地址

纠偏后的服务：

影像地图：

1. http://t0. tianditu. com/cia_w/esri/wmts　天地图影像注记(墨卡托,WGS 1984)
2. http://t0. tianditu. com/img_w/esri/wmts　天地图影像(墨卡托,WGS 1984)
3. http://t0. tianditu. com/cia_c/esri/wmts　天地图影像注记(经纬度,CGCS 2000)
4. http://t0. tianditu. com/img_c/esri/wmts　天地图影像(经纬度,CGCS 2000)

街道地图：

1. http://t0. tianditu. com/cva_w/esri/wmts　天地图街道注记(墨卡托,WGS 1984)
2. http://t0. tianditu. com/vec_w/esri/wmts　天地图街道(墨卡托,WGS 1984)
3,http://t0. tianditu. com/cva_c/esri/wmts　天地图街道注记(经纬度,CGCS 2000)
4. http://t0. tianditu. com/vec_c/esri/wmts　天地图街道(经纬度,CGCS 2000)

未纠偏的服务：

影像地图：

1. http://t0. tianditu. com/cia_w/wmts　天地图影像注记(墨卡托,WGS 1984)
2. http://t0. tianditu. com/img_w/wmts　天地图影像(墨卡托,WGS 1984)
3. http://t0. tianditu. com/cia_c/wmts　天地图影像注记(经纬度,CGCS 2000)
4. http://t0. tianditu. com/img_c/wmts　天地图影像(经纬度,CGCS 2000)

街道地图：

1. http://t0. tianditu. com/cva_w/wmts　天地图街道注记(墨卡托,WGS 1984)
2. http://t0. tianditu. com/vec_w /wmts　天地图街道(墨卡托,WGS 1984)
3. http://t0. tianditu. com/cva_c/wmts　天地图街道注记(经纬度,CGCS 2000)
4. http://t0. tianditu. com/vec_c/wmts　天地图街道(经纬度,CGCS 2000)

附录 B　ArcGIS Pro 中用于编辑的键盘快捷键

键盘快捷键是键或键的组合,可作为替代方法执行通常单击鼠标执行的命令,见表 B-1。

表 B-1

类别	键盘快捷键	操作	注释
常规编辑	Ctrl+Shift+M	打开修改要素窗格	
	Ctrl+Shift+C	关闭创建要素窗格	
	C+拖动	平移	平移视图
	X+拖动	缩小	按住并拖动光标。松开指针会进行缩小
	Z+拖动	放大或缩小	放大或缩小视图
	T	显示折点	绘制新线时,按住可在指针附近显示现有要素的折点
	空格键	捕捉	创建或修改要素时,按住可打开或关闭捕捉功能
	Esc 或 Ctrl+Delete	取消编辑	禁用当前的交互式编辑工具,并取消所有未完成的编辑
	F2	完成	将更改应用于当前要素并完成激活操作
撤销和恢复	Ctrl+Z	撤销	逐步撤销记录在撤销堆栈中的操作和编辑
	Ctrl+Y	恢复	逐步恢复记录在撤销堆栈中的操作和编辑
选择工具	Shift+ 选择	添加所选要素	将所选要素添加到当前选择的内容。注:使用草绘几何的编辑工具时,例如修整工具,此快捷方式将暂停草绘模式,并允许向所选内容添加要素
	Ctrl+ 选择	移除所选要素	从当前选择的内容中移除所选要素
	Ctrl+Shift+ 选择	只选择此要素	保留所选要素并从当前选择的内容中移除其他所有要素

续上表

类别	键盘快捷键	操作	注释
编辑折点	T+悬停	显示捕捉容差范围内的折点	在指针的当前捕捉容差范围内的折点处闪烁显示正方形
	Ctrl+Shift+单击	选择多个折点	在选定折点之间以统一方式拖动多个线段
	A+单击	添加折点	在单击线段的位置处创建折点
	D+单击	删除折点	删除单击的折点
	H+拖动	编辑高程	垂直移动启用 Z 值的折点，并保留其 x，y 坐标。将鼠标悬停在控点上，直到指针变为折点，然后拖动该折点。此快捷键适用于 3D 场景
	Ctrl+拖动	移动贝塞尔曲线	移动贝塞尔曲线并保留其形状。将鼠标悬停在曲线上，直到指针变为线段，然后拖动该曲线
	Ctrl+拖动	移动贝塞尔控点	移动与另一个折点重合时无法选择的贝塞尔控点。将鼠标悬停在控点上，直到指针变为折点，然后拖动该控点
	Ctrl+H	将 Z 值移动到指针	将选定折点的 Z 值移动到指针的高程。保留 X 值和 Y 值。这仅在启用立体模式时可用
	Ctrl+G	移动指针 Z 值	将指针 Z 值移动到所选折点的高程。这仅在启用立体模式时可用
修改注记	在“修改要素”窗格中编辑注记时，可以使用以下快捷方式		
	Ctrl+拖动	更改“随沿要素”距离	在“随沿要素”模式下，更改注记要素与边界要素之间的距离
几何属性表	在几何属性表中编辑折点值时，可以在修改要素窗格或几何选项卡的属性窗格中使用以下快捷方式		
	下箭头键	前进到下一折点	前进到下一折点并使其在地图中闪烁
	上箭头键	返回到上一折点	返回到上一折点并使其在地图中闪烁
	Shift+单击	选择包含行	选择您单击的第一行与最后一行之间的所有行
	Ctrl+单击	选择多个行	选择多个行
	Shift+下箭头	添加下一折点	将下一折点添加到选择中并使其在地图中闪烁。在按住 Shift 键的同时切换方向键将取消选择行
	Shift+上箭头	添加上一折点	将上一折点添加到选择中并使其在地图中闪烁。在按住 Shift 键的同时切换方向键将取消选择行
	Ctrl+U	切换选择内容	取消选择当前选择内容，然后选择所有未选择的行
	Ctrl+A	选择所有折点	选择所有折点
	Ctrl+空格键	选择或取消选择行	选择或取消选择当前行
	Tab	前进到下一字段	应用当前编辑，然后转到下一列。如果在行的末尾，则转到下一行的第一个单元格

续上表

类别	键盘快捷键	操作	注释
	Ctrl+Enter	应用编辑并转至下一行	应用当前编辑并转至同一列的下一行
	Shift+Enter	应用编辑并转至上一行	应用当前编辑并转至同一列的上一行
复制并粘贴到表格中	当编辑出现在属性窗格、修改要素窗格，以及模板属性对话框中表内的值时，可以使用以下快捷方式		
	Ctrl+C	复制所选内容	复制单元格中所选的值
	Ctrl+V	粘贴所选内容	将复制的值粘贴到单元格
	F2	编辑单元格	编辑当前单元格的内容
	Esc	取消操作	取消编辑值并将原始值恢复到单元格
文本格式化标签	当在属性窗格的注记选项卡中修改选定注记时，可以使用下列格式化快捷方式		
	Ctrl+U	应用下划线	插入行内文本格式化标签 <UND> 所选文本字符串 </UND>
	Ctrl+Shift+A	应用全部大写	插入行内文本格式化标签 <ACP> 所选文本字符串 </ACP>
	Ctrl+Shift+K	应用小写形式	插入行内文本格式化标签 <SCP> 所选文本字符串 </SCP>
	Ctrl + Shift + 加号（+）	应用上标	插入行内文本格式化标签 ^{所选文本字符串}
	Ctrl+等号（=）	应用下标	插入行内文本格式化标签 _{所选文本字符串}
移动	Ctrl+单击	重新定位锚点	将选择锚点重新定位到单击位置。您可以放大要素，而不会在活动视图中看到当前的锚点位置
	Ctrl+拖动	移动锚点	移动选择锚点
缩放	F	应用缩放因子	打开比例对话框
	Ctrl+单击	重新定位锚点	将选择锚点重新定位到单击位置。可以放大要素，而不会在活动视图中看到当前的锚点位置
	Ctrl+拖动	移动锚点	移动选择锚点
	S	访问辅助锚点	打开和关闭辅助锚点。打开时，锚点将位于指针位置
旋转	A	角度	打开角度对话框
	Ctrl+单击	重新定位锚点	将选择锚点重新定位到单击位置。可以放大要素，而不会在活动视图中看到当前的锚点位置
	Ctrl+拖动	移动锚点	移动选择锚点
	S	访问辅助锚点	打开和关闭辅助锚点。打开时，锚点将位于指针位置

续上表

类别	键盘快捷键	操作	注释
创建注记	Ctrl+W	查找文本	使用最顶层所选要素图层中的标注表达式或字段值替换文本框中的文本字符串。选择与要素关联的注记时,将根据原始要素类计算文本。如果无法计算,则使用文本一词
	N	查找下一个文本	使用查找文本 时,逐一浏览所选注记要素
	F6	指定绝对 X, Y, Z	打开绝对 X,Y,Z 对话框
	Tab	切换侧面 和翻转注记	将未完成的文本翻转 180°至随沿边的左侧或右侧。使用随沿要素 创建文本时,可以使用此快捷键
	O	使用“随沿要素”选项	打开编辑器设置对话框。使用随沿要素 创建文本时,可以使用此快捷键
	Ctrl+拖动	更改“随沿要素”距离	在“随沿要素”模式下,更改注记要素与边界要素之间的距离
创建点要素	F6	指定绝对 X, Y, Z	打开绝对 X,Y,Z 对话框
创建折线和面要素	F6	指定绝对 X, Y, Z	打开绝对 X,Y,Z 对话框
	A	指定方向	打开方向对话框
	D	指定距离	打开距离对话框
	G	指定方向和距离	打开方向和距离对话框
	F	指定偏转	打开偏转对话框
	F7	指定线段偏转	打开线段偏转对话框
	P	使线平行显示	约束平行于另一条线段的新线段的方向。将鼠标悬停在现有线段上,然后按键盘快捷键。释放键将设置约束并闪烁将其约束到的线段
	E	使线垂直显示	约束垂直于另一条线段的新线段的方向。将鼠标悬停在现有线段上,然后按键盘快捷键。释放键将设置约束并闪烁将其约束到的线段
	Esc 或 Ctrl+Delete	取消编辑	取消未完成的要素
	F3	添加直角并完成要素	将最后两段自动补全为直角,并完成要素
	F4 或 Shift+双击	完成当前部分	将更改应用于当前部分,并使构造工具处于活动状态,为要素创建另一部分
	空格键	打开和关闭捕捉	按住空格键,会暂时关闭捕捉功能。创建手绘折线或面要素时,暂时打开捕捉功能

续上表

类别	键盘快捷键	操作	注释
创建弧线段	R	指定半径	将打开半径对话框
创建终点弧线段	R	指定半径	将打开半径对话框
通过追踪创建	O	查看选项	打开选项对话框
	Tab	设置负偏移	转换偏移的一侧并追踪边的另一侧
	Ctrl+拖动	追踪所选要素	仅追踪所选要素。如果追踪所选要素已打开，则可以追踪所选要素及未选要素
通过流创建	O	查看选项	打开选项对话框
	F8	启动或停止流	开始或停止流传输
创建圆	F6	指定绝对 X，Y，Z	打开绝对 X,Y,Z 对话框
	R	指定半径	将打开半径对话框
创建椭圆	F6	指定绝对 X，Y，Z	打开绝对 X,Y,Z 对话框
	A	指定方向	打开方向对话框
	Shift + 拖动	将几何创建为圆形	将几何约束为圆形。创建椭圆的第一个点，按键盘快捷键，然后拖动
高程工具	S	暂停草绘平面	使用从视图获取 Z 时，暂停当前 3D 高程草绘平面。可通过此操作单击并在较低的高度处设置 Z 值
创建矩形	F6	指定绝对 X，Y，Z	打开绝对 X,Y,Z 对话框
	A	指定方向	打开方向对话框
	Shift+拖动	将形状创建为正方形	将形状约束为正方形。创建矩形的第一个点，按键盘快捷键，然后拖动
	Tab	打开或关闭水平/网格对齐	打开后，矩形将以 90°受到垂直或水平约束
拓扑错误检查器	上箭头键和下箭头键	移动指针	在错误表的行间上下移动指针
	Ctrl + Shift + 等号(=)	缩放错误	将活动地图缩放至当前错误
	D	显示拓扑规则	显示当前错误违反的拓扑规则
	F	选择要素	选择导致该错误的父要素
	X	将错误标记为异常	将当前错误标记为异常
	E	清除异常	清除当前异常并将该记录标记为错误

附录 C　ArcGIS Pro 中符号效果

符号效果是符号结构的一部分,系统提供了多种符号效果,见表 C-1。

表 C-1

符号效果	说明
添加控制点	将控制点动态添加到线或轮廓,以指定使用模板的标记放置或几何效果的放置位置
箭头	沿线要素创建带有样式和宽度已指定的箭头的动态线
缓冲区	在要素周围创建一个指定直径的动态面
圆扇形	围绕点以指定半径创建动态面。起始角度和终止角度可定义扇形宽度
剪切	创建一条动态线,并在线或轮廓的起点、中间和末端(可选)进行剪切
虚线	基于模板根据线或面轮廓创建动态多部件线几何
圆环	相对于面要素的轮廓创建一个指定宽度的动态面圆环
封闭面	在线或面的空间范围内创建一个动态面
扩展	创建一条以指定偏转角和长度从线要素的起点或终点扩展的动态线

续上表

符号效果		说明
急转弯		在线上创建带有角度、位置和宽度已指定的急转弯的动态线
羽式定位器		创建源自点要素的指定长度和角度的动态羽式定位器
移动		创建在 x 和 y 方向偏移指定距离的动态几何;通常用于模拟下拉阴影
偏移		创建一条与线或面要素垂直的偏移指定距离的动态线或轮廓
偏移影线		从在连接处偏移和斜切的线或面轮廓创建动态多部件线几何
从端点偏移		创建一条相对于线要素的起点或终点偏移指定距离的动态线
半径		创建源自点要素的指定长度和角度的动态线
正多边形		在点要素周围创建具有指定边数的动态面。所有边的长度都相等,所有角度也都相等
反转		翻转另一几何效果的动态输出
旋转		创建与要素成指定旋转角度的动态几何
缩放		创建一条根据线或轮廓按指定系数缩放的动态线。所有折点都相对于要素包络矩形的中心点进行移动。值大于 1 则沿远离中心点的方向移动折点;值在 0~1 之间则朝中心点方向移动折点;值为 0 则创建一条空的动态线;值小于 0 则绘制一条反向动态线,折点跨越到中心点的另一侧。 此符号效果可创建一条与线或面要素垂直的偏移指定距离的动态线或轮廓

续上表

符号效果	说明
隐藏	抑制控制点对之间的线要素部分
锥状面	沿线要素创建一个动态面,该面的宽度沿其长度按两个指定量变化(以线要素的长度百分比定义)
波形	沿线轮廓创建一条具有正弦曲线波、方波、三角波或不规则波的重复波形图案的动态线

附录 D　标记符号图层位置放置方法

当标记符号图层包含在线或面符号中时，它包括一个标记位置，用于确定符号相对于要素几何放置标记的方式和位置。系统提供了多种标记放置，大多数标记放置在线和面符号中都有效，但有些仅在一种几何类型中有效，见表 D-1。

表 D-1

标记放置	说明	示例
沿线	根据放置模板（可以是单个数字，也可以是一系列数字），标记沿线或面轮廓均匀放置。10 的放置模板每 10 点（或以 2D 符号显示单位定义的其他单位）放置一个标记。10，2 的放置模板在沿线第 10 个点处放置第一个标记，然后向后推移 2 个点放置第二个标记，然后再向后推移 10 个点放置第三个标记，以此类推。 选中与线成角度可将标记相对于线进行定向，而非向上。设置垂直偏移以将标记放置在远离线的位置。 确定端点是以一定的标记或间距绘制，还是自由绘制。将端点设置为半间距，以便从一条连接线无缝过渡到另一条线。将端点设置为自定义时，可以设置自定义偏移来调整标记相对于线末端的位置。设置偏移值以沿线推动所有标记	沿笔画似均匀间隔放置的三角形标记用于符号化冷锋
沿线（随机大小）	根据放置模板的选择，标记沿线或面轮廓均匀放置，但尺寸和放置方向是随机的，如随机化属性所指定。偏移和端点的设置方式与沿线放置相同	以随机大小和角度放置的不规则形状标记表示多岩石的海岸线
沿线（大小可变）	根据放置模板的选择，标记沿线或面轮廓均匀放置，但大小会逐步变化，如最小缩放、最大缩放、大小计数和方法属性所指定。 方向不是随机的。标记始终指向线，但可以使用最大随机偏移量属性随机化与线的偏移量。端点的设置方式与沿线放置相同。 使用按照部分放置属性，以确定如何将标记放置在多部分要素上	其大小沿笔画增加的飓风标记用于符号化飓风路径

续上表

标记放置	说明	示例
围绕面	在由位置属性指定的位置处，围绕面放置单个标记。使用边缘偏移属性将标记移入或移出面。 使用按照部分放置属性，以确定如何将标记放置在多部分要素上	影线填充轮廓上的警告标记用于符号化危险区域
在端点处	如端点属性所指定，标记放置在线的末端。从两者、起点、终点或无中进行选择。 方向和偏移的设置方式与沿线放置相同。此放置仅可用于线符号。 使用按照部分放置属性，以确定如何将标记放置在多部分要素上	NW Polk Ave NW Tyler Ave 位于笔画末尾的汽车标记用于符号化行驶路线
在线上	如端点属性所指定，标记放置在线的末端。从两者、起点、终点或无中进行选择。 方向和偏移的设置方式与沿线放置相同。此放置仅可用于线符号。 使用按照部分放置属性，以确定如何将标记放置在多部分要素上	标记描绘虚线上的远足者的标记用于符号化远足路径
在折点上	根据在规则折点上属性，单个标记放置在线或轮廓的折点上。可以使用与线成角度放置标记，并且可以按垂直偏移值远离线或轮廓来放置标记。 可以选择使用在端点处设置（起点和终点）和在控制点上设置放置标记。您可以添加具有符号效果的控制点。 使用按照部分放置属性，以确定如何将标记放置在多部分要素上	放置在笔画折点处的电线杆用于符号化电源线
位于比例位置	通过在位置属性中指定线的总长度的比例，标记沿线或轮廓的长度按比例放置。 可以通过指定起始位置、终止位置和垂直偏移的值来自定义位置。 使用翻转第一个属性标记将标记放置在不同方向的终点。 使用按照部分放置属性，以确定如何将标记放置在多部分要素上	将两个箭头标记沿笔画按比例放置，以符号化主题箭头

续上表

标记放置	说明	示例
采用测量单位	根据要素的M值，沿线按设定间隔值放置单个标记。关联标记可包含已连接到M值属性的文本元素。 可以使用与线成角度设置放置标记，并且可以按垂直偏移值远离线或轮廓来放置标记。 可以选择使用在端点处设置（起点和终点）放置标记。指定跳过标记率值以按某一间隔禁止标记。当一起显示两级或多级间隔时非常有用。 使用按照部分放置属性，以确定如何将标记放置在多部分要素上。 有关详细说明，请参阅沿线绘制测量影线	沿笔画放置两个具有不同大小的文本元素的标记图层表示沿路径的距离
居中	单个标记放置在面内，位于面上、质心或方法属性所指定的边界框中心处。 您可以指定在 X 和 Y 方向上的偏移量，如果标记超过大小或与面轮廓重叠，则将标记剪切到面边界。此放置仅可用于面符号。 使用按照部分放置属性，以确定如何将标记放置在多部分要素上	放置在纯绿色填充区域中心的树木标记用于符号化一个公园
填充面	如位置属性所指定，标记根据固定格网或随机设置放置在面内。 通过 X 步长和 Y 步长属性调整标记的间距。如果选择固定，则需指定格网角度。选择随机时，需指定随机性值。 如果两个标记图层一起绘制，请指定不同的种子值，以确保实现不同的随机放置。完全相同的种子值会将两个标记符号图层中的标记随机放置在相同的位置。 您可以指定在 X 和 Y 方向上的偏移量，如果标记与面轮廓重叠，则将标记剪切到面边界。此放置仅可用于面符号	将两种类型的鱼标记符号随机放置在纯蓝色填充内，以符号化一个放养的湖泊

附录 E　网络元素的属性表

网络数据集是由网络元素组成的,网络元素包括三种基本的类型:交汇点、边和转弯,分别对应两个要素类属性表和一个转弯属性表,见表 E-1~表 E-3。

交汇点要素属性表　　表 E-1

字段名	描述
ObjectID	系统管理的 ID 字段
Shape	点的几何
SourceName	从其中创建点的源的名称
SourceOID	遍历的源要素的对象 ID。该值是指 SourceName 字段中标识的要素类中的要素的对象 ID。 如果 SourceName 值为 MidspanJunctions 或 SourceType 值为 VIRTUAL,则 SourceOID 为-1
SourceType	该字段有三个可能的值: NETWORK——要素代表遍历的网络数据集元素; NA_CLASS——要素代表网络分析图层中的遍历要素; VIRTUAL——要素代表服务区分析中的遍历障碍或休息点终点,或街道地图数据集中的遍历交汇点
EID	元素 ID (EID) 唯一地描述网络元素。该字段用于指示遍历的网络元素的 EID。网络元素的 EID 与要素的 ObjectID 无关。一个要素可以存储为网络中的多个不同元素。 如果要素不代表网络数据集中的交汇点,则 EID 为-1。例如,如果点代表路径上的停靠点,则 EID 为-1
RouteID	如果输入网络分析图层为路径、最近设施点或车辆配送,则该字段被命名为 RouteID 且用于唯一地标识遍历交汇点的路径要素。该值是指输入网络分析图层中的“路径”子图层的对象 ID。 如果输入网络分析图层为服务区,则该字段被命名为 FacilityID 且用于唯一地标识其服务区遍历交汇点的设施点。该值是指输入网络分析图层中的“设施点”子图层的对象 ID
Attr_[CostAttributeName]	基础交汇点的成本
Cumul_[CostAttributeName]	基础网络元素从路径或服务区的起点到当前点要素的位置的累积成本

边要素属性表

表 E-2

字段名	描述
ObjectID	系统管理的 ID 字段
Shape	线的几何
SourceName	从其中生成线的边源要素类的名称
SourceOID	遍历的源要素的对象 ID
SourceType	SourceType 的值始终为 NETWORK,这说明线要素代表遍历的网络数据集元素
EID	该字段用于指示所遍历的网络边的元素 ID（EID）。EID 唯一地描述网络元素。网络元素的 EID 与要素的 ObjectID 无关。一个要素可以存储为网络中的多个不同元素
FromPosition	指定输出线要素关于基础源要素的数字化方向的开始位置。 值为 0(零)表示线在基础源要素的起点处开始。 值为 1 表示线在基础源要素的终点处开始。 值在 0 到 1 之间表示服务区线在沿基础源要素的某一点处开始;例如,值为 0.25 表示服务区线在数字化方向上沿基础源要素的百分之二十五处开始
ToPosition	指定输出线要素关于基础源要素的数字化方向的结束位置。 值为 0(零)表示线在基础源要素的起点处结束。 值为 1 表示线在基础源要素的终点处结束。 值在 0 到 1 之间表示服务区线在沿基础源要素的某一点处结束;例如,值为 0.25 表示服务区线在数字化方向上沿基础源要素的百分之二十五处结束
FromJunctionID	FromJunctionID 用于指示交汇点要素类中与线要素起点重合的点要素的对象 ID
ToJunctionID	ToJunctionID 用于指示交汇点要素类中与线要素终点重合的点要素的对象 ID
RouteID	如果输入网络分析图层为路径、最近设施点或车辆配送,则该字段被命名为 RouteID 且用于唯一地标识遍历边的路径。该值是指输入网络分析图层中的“路径”子图层的对象 ID。 如果输入网络分析图层为服务区,则该字段被命名为 FacilityID 且用于唯一地标识其服务区遍历边的设施点。该值是指输入网络分析图层中的“设施点”子图层的对象 ID
Attr_[CostAttributeName]	基础边的成本。该字段的单位与字段名中引用的成本属性的单位相同
Cumul_[CostAttributeName]	该字段的单位与字段名中引用的成本属性的单位相同
Attr_[RestrictionAttributeName]	指定遍历的边是否已使用该字段名中所引用的约束属性。 0 值——遍历的边未使用约束; 1 值——遍历的边使用了约束

转弯属性表 表 E-3

字段名	描述
ObjectID	系统管理的 ID 字段
SourceName	从其中创建转弯记录的源的名称
SourceOID	遍历的源要素的对象 ID。该值是指 SourceName 字段中标识的要素类中的要素的对象 ID。 如果 SourceName 值为 ImplicitTurns，则 SourceOID 为 -1
SourceType	该字段有两个可能的值： NETWORK——记录代表遍历的网络数据集元素； VIRTUAL——记录代表遍历的通用转弯
EID	元素 ID（EID）唯一地描述网络元素。该字段用于指示遍历的网络元素的 EID。网络元素的 EID 与要素的 ObjectID 无关。一个要素可以存储为网络中的多个不同元素。 如果记录代表遍历的通用转弯，则 EID 为-1
FromEdgeID	FromEdgeID 用于指示与转弯重合的边要素类中的线要素的对象 ID
ToEdgeID	ToEdgeID 用于指示与转弯的端点重合的边要素类中的线要素的对象 ID
RouteID	如果输入网络分析图层为路径、最近设施点或车辆配送，则该字段被命名为 RouteID 且用于唯一地标识遍历转弯的路径。该值是指输入网络分析图层中的“路径”子图层的对象 ID。 如果输入网络分析图层为服务区，则该字段被命名为 FacilityID 且用于唯一地标识其服务区遍历转弯的设施点。该值是指输入网络分析图层中的“设施点”子图层的对象 ID
Attr_[CostAttributeName]	基础转弯的成本。该字段的单位与字段名中引用的成本属性的单位相同
Cumul_[CostAttributeName]	该字段的单位与字段名中引用的成本属性的单位相同
Attr_[RestrictionAttributeName]	指定遍历的转弯是否已使用该字段名中所引用的约束属性。 0 值——遍历的转弯未使用约束； 1 值——遍历的转弯使用了约束

参考文献

[1] 汤国安,杨昕. ArcGIS 地理信息系统空间分析实验教程[M]. 2 版. 北京:科学出版社,2016.

[2] 汤国安,钱柯健,熊礼阳,等. 地理信息系统基础实验操作 100 例[M]. 北京:科学出版社,2017.

[3] 李仁杰,张军海,胡引翠,等. 地图学与 GIS 集成实验教程[M]. 北京:科学出版社,2019.

[4] 余明. 地理信息系统导论实验指导[M]. 北京:清华大学出版社,2015.

[5] 张明华,潘传姣,卢晓宁,等. 地图学[M]. 成都:西南交通大学出版社,2015.

[6] 龚健雅,秦昆,唐雪华,等. 地理信息系统基础[M]. 2 版. 北京:科学出版社,2019.

[7] ESRI Inc. ArcGIS Pro 帮助. https://pro. arcgis. com/zh-cn/pro-app/3. 0/help/main/welcome-to-the-arcgis-pro-app-help. htm.

[8] 李仁杰,张海军,胡引翠, 等. 地图学与 GIS 集成实验教程[M]. 北京:科学出版社,2020.

[9] 龚健雅,秦昆,唐雪华,等. 地理信息系统基础[M]. 2 版. 北京:科学出版社,2022.

[10] 何宗宜,宋鹰,李连营. 地图学[M]. 2 版. 武汉:武汉大学出版社,2023.

[11] 宋小冬,钮心毅. 地理信息系统实习教程[M]. 4 版. 北京:科学出版社,2023.

参考文献

[1] [illegible] ArcGIS [illegible][M]. [illegible]. 北京: 科学出版社, 2016.
[2] [illegible][M]. 北京: 科学出版社, 2017.
[3] [illegible] GIS [illegible][M]. [illegible]: 科学出版社, 2019.
[4] [illegible][M]. [illegible]: 清华大学出版社, [illegible].
[5] [illegible][M]. [illegible], 2015.
[6] [illegible][M]. 2版. 北京: 科学出版社, 2019.
[7] ESRI Inc. ArcGIS Pro [illegible][EB/OL]. https://pro.arcgis.com/[illegible]/pro-app/3.0/help/main/welcome-to-the-arcgis-pro-app-[illegible].
[8] [illegible][M]. 北京: 科学出版社, 2020.
[9] [illegible][M]. [illegible], 2022.
[10] [illegible][M]. 2版. [illegible], 2023.
[11] [illegible][M]. [illegible], 2023.